칼의 기본

일식칼의 종류부터
올바른 관리법까지

주부의벗사 엮음 | 최강록 옮김

ㅊㄹ

한국어판 일러두기

- 이 책에서 *은 저자의 설명이고, ◆와 괄호 안 일본어 뜻풀이는 한국 독자를 위한 옮긴이의 설명입니다.
- 외래어와 외국어 표기는 국립국어원 외래어 표기법을 따랐습니다.

칼을 바르게 사용하는 방법을 익혀두는 것은 요리를 능숙하게 만드는 지름길. 부엌에 들어서는 일이 즐거워집니다.

요리는 '재료를 자르는 것'에서부터 시작됩니다. 그러므로 생선을 손질하고, 고기를 자르고, 채소의 껍질을 벗기는 것도 칼이 없으면 시작할 수 없습니다. 칼은 식재료를 먹기 편한 크기로 자르는 것은 물론, 식재료가 잘 익게 하거나 맛이 잘 배어들게 하고, 식감에 변화를 주거나 보기 좋게 완성하는 등 요리를 보다 맛있게 하기 위해 사용합니다.

결국 칼을 사용하는 것은 조리의 기본입니다. 칼을 제대로 사용하면 요리가 즐거워질 뿐만 아니라 조리 과정의 효율도 올라가며, 요리의 맛 또한 향상됩니다. 이 책에서는 칼의 기초 지식, 해산물 손질법, 채소와 고기를 자르는 방법의 기[illegible] 해산물과 자른 채소, 고기로 만든 요리도 소개합니다.

손에 익을 때까지 차분하게 임해보세요. 칼을 올바르게 잡고, 바른 자세로 정성껏 자르는 데 집중해봅시다. 잘 안 돼도 괜찮습니다. 반복해서 하다 보면 반드시 칼 사용에 익숙해질 테니까요.

자, 그럼 날이 잘 드는 칼과 청결한 도마를 준비하고 시작해봅시다.

차례

제1장 칼 사용의 기본

제2장 해산물의 손질법과 요리

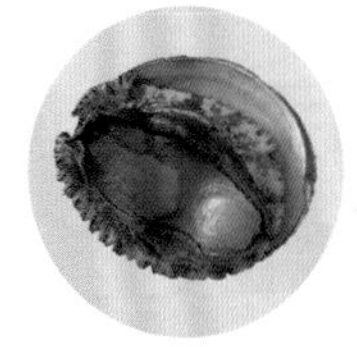
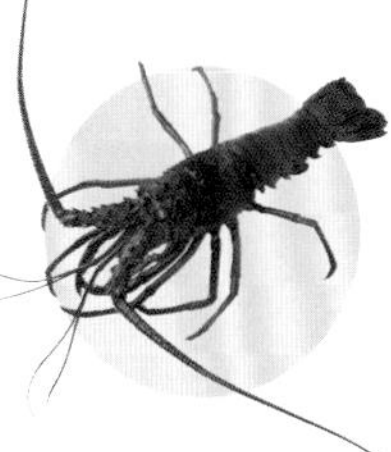

제3장 채소 써는 방법과 요리

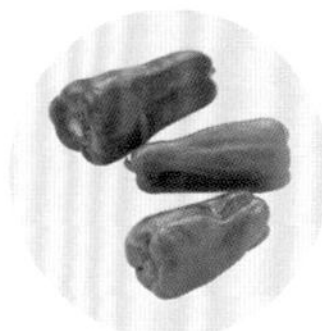

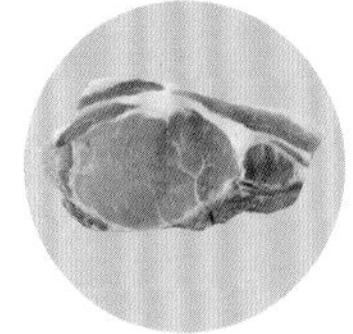
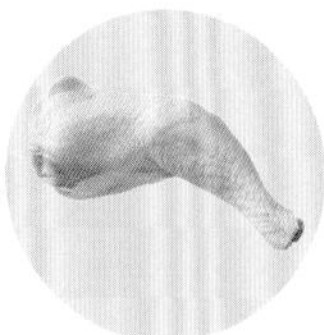

제4장 고기 써는 방법과 요리

이 책의 사용법

- 요리의 재료는 2인분이 기본이나 레시피에 따라서는 4인분 또는 만들기 편한 분량으로 하였습니다.
- 재료의 표기는 1컵=200ml, 1큰술=15ml, 1작은술=5ml, 쌀 1합= 180ml입니다.
- 전자레인지의 가열 시간은 500W를 기준으로 하였습니다. 600W라면 0.8배, 700W라면 0.5배로 시간을 환산해주세요. 기종에 따라 다를 수 있습니다.
- 오븐 토스터 등의 가열 시간은 기종에 따라 달라집니다. 요리 상태를 확인해가면서 조절해주세요.
- 불 세기는 특별히 표기하지 않은 경우 중불입니다.
- 다시는 다시마와 가쓰오부시를 넣어 만든 육수입니다. 조미료를 사용할 경우에는 제품에 함유된 염분을 고려해주세요.
- 소금물은 물 1컵에 소금 1작은술을 가득 넣고 녹인, 바닷물과 비슷한 농도(3%)의 염수. 생선에 균일하게 옅은 소금 간을 할 때 등에 사용합니다.

제1장

칼 사용의 기본

식재료의 손질과 자르는 방법을 배우기 전에
먼저 칼을 아는 것에서부터 시작합니다.
깔끔하고 솜씨 좋게 그리고 안전하게 자르기 위해
기억해둬야 할 칼의 종류와 특징, 올바른 자세와
잡는 방법, 자르는 방법, 손질법 등 칼에 관한
기본적인 지식을 꼼꼼하게 설명해드립니다.

칼의 부위별 명칭

같은 방법으로 자르더라도 칼의 어디를 어떻게 잡느냐, 어느 부분을 사용해 자르느냐에 따라 완성된 모습은 크게 달라질 수 있습니다. 잡는 방법과 자르는 방법을 올바르게 마스터하기 위해서라도 칼의 부위를 기억해두는 것이 매우 중요합니다. 칼을 다루는 능력을 향상시키기 위해서는 도구인 칼을 아는 것이 그 첫걸음입니다.

일식칼과 양식칼

칼은 크게 예부터 일본에서 사용되어온 일식칼과 일본인이 고기를 본격적으로 먹게 된 메이지시대 이후에 들어온 양식칼로 구분된다. 일식칼은 일식의 중심인 생선과 채소를 깔끔하고 효율적으로 자르기 쉬운 형태이고, 양식칼은 육류에도 적합하다는 특징이 있다. 가장 큰 차이점은 칼날의 생김새. 일식칼은 나키리보초*나 일부 특수한 칼을 제외하곤 모든 칼이 한쪽 면에만 칼날이 있는 외날이고, 양식칼은 양면에 칼날이 있는 양날이다.

*나키리보초 : 채소를 써는 날이 얇고 넓은 식칼.

양날
양쪽에 같은 각도로 칼날이 붙어 있어 똑바로 자를 수 있으므로 고기, 채소, 생선, 과일 등의 모든 재료를 자르기 편하다. 오른손잡이, 왼손잡이에 관계없이 사용할 수 있다는 것도 장점.

외날
자른 재료가 쉽게 떨어지고, 칼날이 날카롭게 파고들기 때문에 잘 잘린다. 단, 한쪽에만 칼날이 있기 때문에 칼이 안쪽으로 기울기 쉽고, 앞뒤가 잘리는 정도도 다르다(칼날이 있는 쪽이 앞, 없는 쪽이 뒤).

칼끝
칼코
칼등(등)
배
중앙부
칼날
칼턱
가쿠마키(물소의 뿔) 또는 목쇠*(금속제)

*목쇠 : 기물의 주둥이에 끼우는 쇠붙이.

손잡이 뿌리 (중지걸이)
손잡이
각
자루 끝

재질의 종류와 특징

칼날의 재질에는 강철과 스테인리스 등이 있다. 칼이 잘 드는 것은 단연 강철 재질로, 일반적으로 가격이 비쌀수록 칼날의 경도가 높고 절삭력, 내구성도 좋아진다. 단, 강철 칼은 녹이 쉽게 슬고 사용 후 바로 물기를 닦아야 하는 등 꼼꼼한 관리가 필요하다. 스테인리스 재질은 녹이 잘 슬지 않아 손질·관리는 수월하나, 강철에 비하면 경도가 낮기 때문에 절삭력과 내구성이 떨어진다. 다루기 쉬운 것은 스테인리스지만, 칼의 생명은 역시 날이 잘 드는 것. 하나를 고르자면 강철 재질을 추천한다.

칼의 종류와 특징

칼은 일식칼만 해도 50가지 이상이라고 할 정도로 다양한 종류가 있습니다. 전부 갖출 필요는 없지만 각종 칼은 각각의 용도에 맞게 만들어진 것이므로 필요에 따라 나누어 사용하는 편이 작업을 원활하게 해줍니다. 물론 요리의 완성 상태에도 차이가 납니다. 여기서는 가정에서 갖춰두기 적합한 종류의 칼을 소개합니다.

야나기바보초(柳刃包丁)

주로 회를 썰 때 사용하는 칼로, '사시미칼'이라고도 한다. '야나기(버들)바'는 칼끝이 가늘고 뾰족한 데서 붙은 이름. 칼날의 길이가 길고, 가느다란 몸체에 날카로운 칼날이 붙어 있는 것도 특징이다.

다코비키보초(たこ引き包丁)

간토형 사시미칼. 야나기바보초처럼 칼끝이 뾰족하지 않으나, 역시 칼날의 길이가 길고 가느다란 몸체에 칼날도 날카롭다. 문어(다코)뿐만 아니라 회를 썰 때 사용한다.

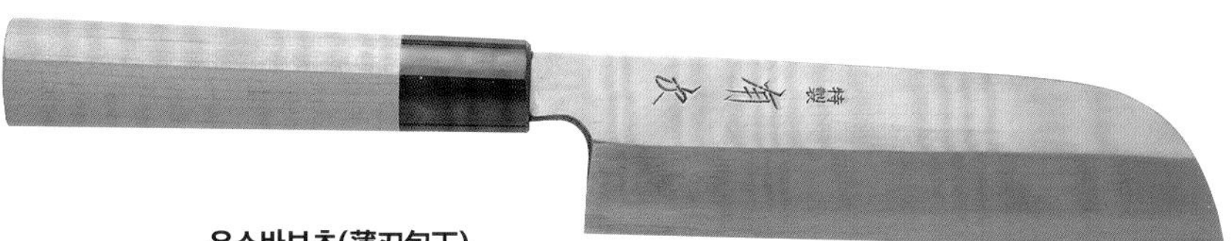

우스바보초(薄刃包丁)

이름 그대로 칼날이 얇고, 칼끝까지 일직선으로 곧게 붙어 있는 것이 특징. 채소의 껍질을 벗기거나 자르는 데 적합하고 겐(劍)*을 만들거나 얇게 채 썰 때 사용하면 아삭한 식감을 낼 수 있다.

*겐 : 회에 곁들이는 채소.

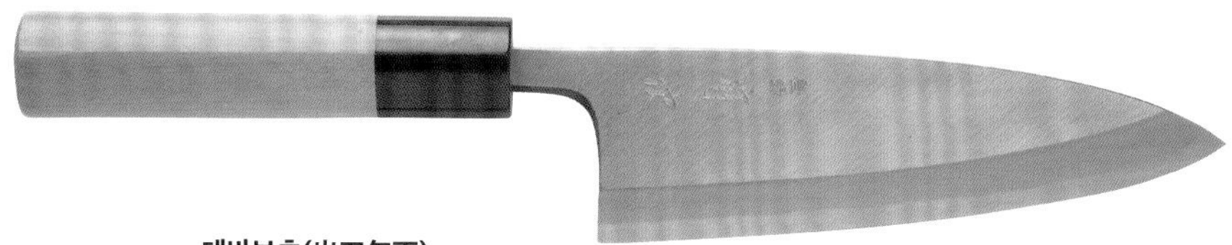

데바보초(出刃包丁)

비늘 또는 내장을 제거하거나 생선을 세 장으로 포 뜨는 등 주로 밑손질에 사용하는 칼. 묵직하고 칼날이 두껍기 때문에 뼈를 두들겨 자르거나 식재료를 잘게 다질 때도 알맞다.

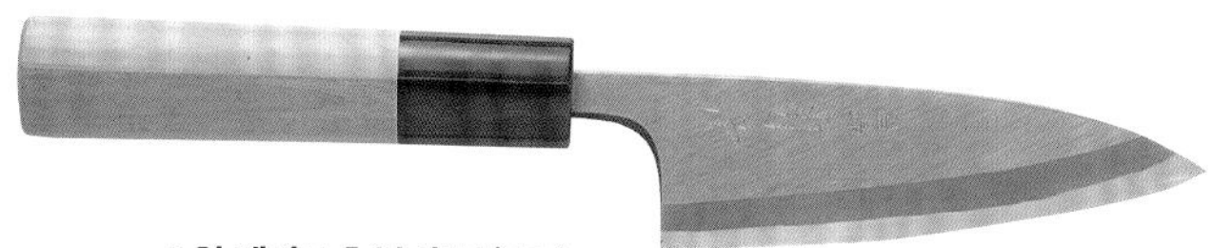

소형 데바보초(小出刃包丁)

작은 데바보초. 칼날이 작아 세세한 곳까지 손이 미칠 수 있기 때문에 작은 해산물을 손질할 때 편리하다.

양식칼

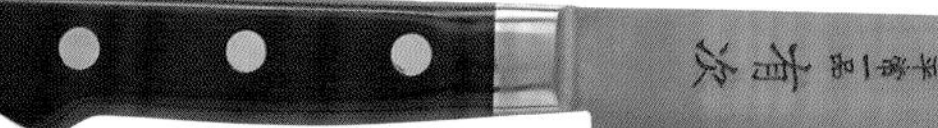

우도(규토牛刀)

고기 전용 칼로 수입된 데서 우도라고 불리지만, 생선이나 채소, 빵 등 대부분의 식재료에 사용하고 칼코가 가늘기 때문에 섬세한 작업도 가능하다.

산토쿠보초(三徳包丁)

고기, 생선, 채소에 모두 사용할 수 있도록 일본에서 개발된 양식칼로 '만능칼(분카文化보초)'이라고도 부른다. 우도와 비교하면 칼날 폭이 넓고, 칼날 끝의 곡면이 적다.

양식 데바보초(洋出刃包丁)

용도는 일식 데바보초와 같으나 양식 데바보초는 양날로 되어 있다.

페티나이프

소형 양식칼. 한 손에 쥐기 쉽고 칼날도 얇고 가늘어서 채소나 과일의 껍질 벗기기 외에 장식 썰기 등 정교한 작업에도 편리하다.

갖춰두면 좋은 도구

해산물이나 채소의 밑손질은, 칼만으로는 어려운 작업도 있다. 이 도구들이 있으면 밑손질에 요긴하게 쓰인다.

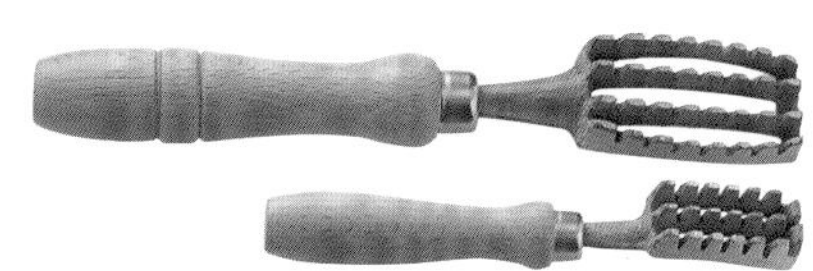

비늘치기

생선의 비늘을 제거하기 위한 도구로, '고케◆비키'라고도 한다. 비늘을 대강 제거하는 데 편리하고, 단단한 비늘도 벗기기 쉽다.

◆고케: 비늘의 방언.

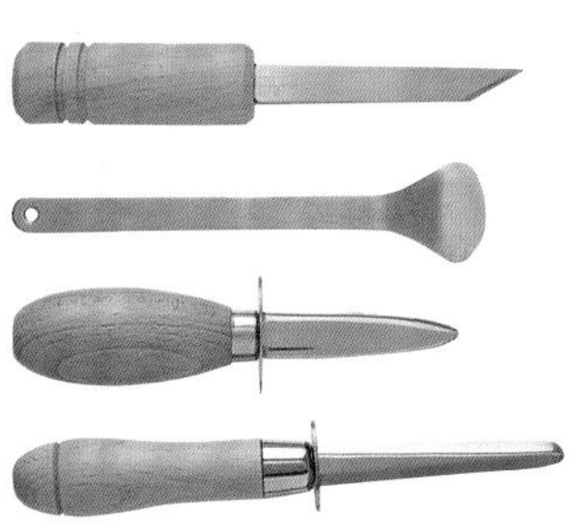

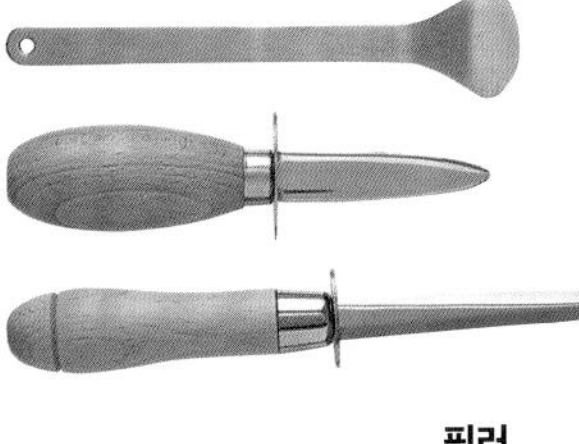

조개칼

쌍각류의 조개껍데기를 열기 위한 도구. '조개까기'라고도 부른다. 굴칼(맨 위)과 가리비조개칼(위에서 두번째) 등 조개 종류에 맞는 칼의 형태를 궁리하여 제작한 전용 칼, 칼을 쥔 손을 보호하기 위해 솥전◆을 붙인 타입(위에서 세번째, 네번째) 등이 있다.

◆솥전: 솥 몸의 바깥 중턱에 둘러 댄 전.

장어송곳(메우치)

생선을 고정하기 위한 도구로, 바닷장어나 민물장어 등 길쭉한 생선을 손질할 때 사용한다. 핀 타입(위) 외에 T자형(아래)도 있다.

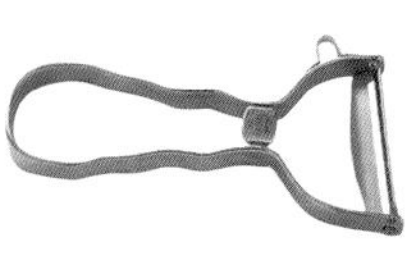

필러

껍질을 벗기는 도구. 채소나 과일의 껍질을 빠르게 벗길 수 있고, 면을 아주 얇게 슬라이스하거나 모서리를 깎아낼 때도 이용 가능하다. 날 옆에 붙어 있는 U자형 돌기를 사용하면 감자의 싹도 간단히 도려낼 수 있다.

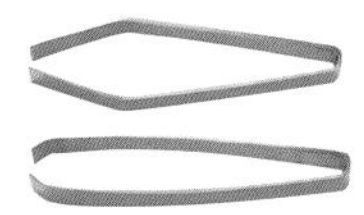

가시핀셋(호네누키)

생선의 잔가시 등을 뽑아낼 때 사용하는 도구. 간사이형(위)과 간토형(아래)이 있으므로, 쓰기 편한 쪽을 고른다.

금속꼬챙이(동그란 꼬챙이)

주로 구이에 사용하는, 강철이나 스테인리스로 된 꼬챙이. 생선에 꼬챙이를 꿰어 구우면 보기 좋게 구울 수도 있고, 가다랑어다타키◆ 등 직화 구이에도 사용할 수 있다. 밑에서부터 길이 45cm(생선꼬치), 36cm(은어꼬치), 15cm.

◆다타키: 덩어리살의 표면을 직화나 철판 등에 가볍게 구워 식힌 뒤 썰어 먹는 음식.

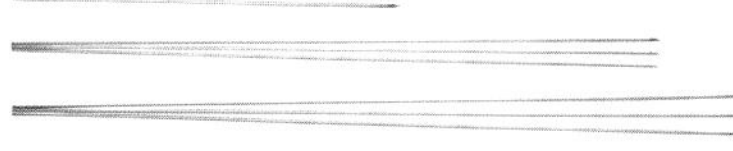

칼을 다루는 방법

실제로 칼을 다룰 때 가장 중요한 것은 자를 때의 자세와 칼을 잡는 방법입니다. 바른 자세로 올바르게 칼을 잡으면 정확하고 효율적으로 힘을 전달할 수 있어, 칼의 움직임도 부드러워집니다. 불필요한 힘을 사용하지 않게 되어 손이 쉽게 피로해지지 않는다는 장점도 있습니다. 포인트를 기억하고 기본을 확실하게 몸에 익혀둡시다.

기본 자세

항상 식재료에 대해 칼이 수직이 되게 자세를 잡는다. 그러기 위해서는 도마에서부터 주먹 하나가 들어갈 정도의 거리를 두고 비스듬히 서는 것이 좋으며, 이것이 기본 자세다. 비스듬히 서면 칼날 끝에서 팔꿈치까지 일직선이 되기 때문에 힘을 정확하게 칼에 전달할 수 있다. 팔이 몸에 부딪히지 않아 앞뒤로 크게 움직이기 편한 데다, 도마의 넓이와 길이도 효과적으로 사용할 수 있다.

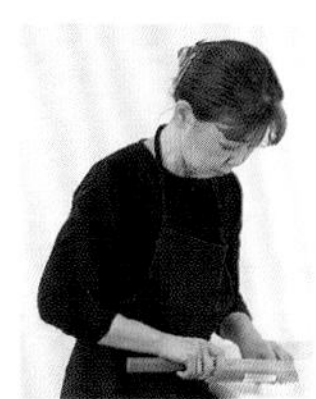

상반신은 살짝 앞으로 기울이고, 바로 위에서부터 식재료를 내려다보며 자른다.

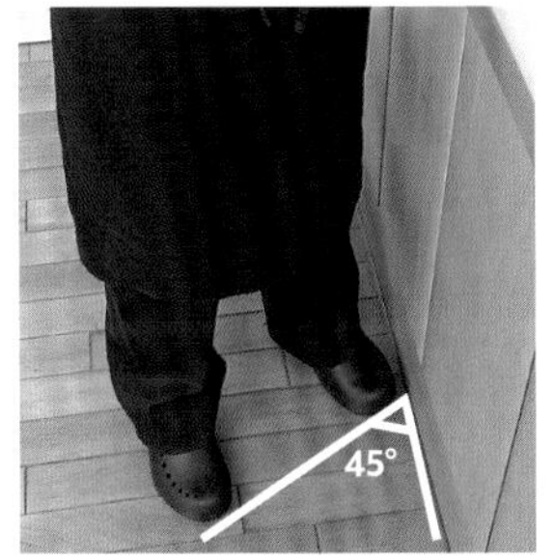

양쪽 다리는 어깨 너비로 벌리고, 발끝과 도마(조리대)가 약 45도 각도가 되게 왼쪽 다리를 반보 뺀다.

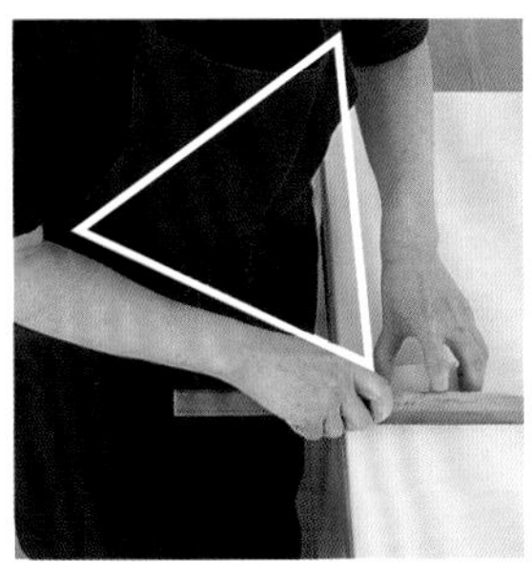

양쪽 겨드랑이에 힘을 빼 편안한 자세를 취하고, 몸과 양쪽 겨드랑이가 좌우로 균등한 삼각형이 되게 자세를 잡는다.

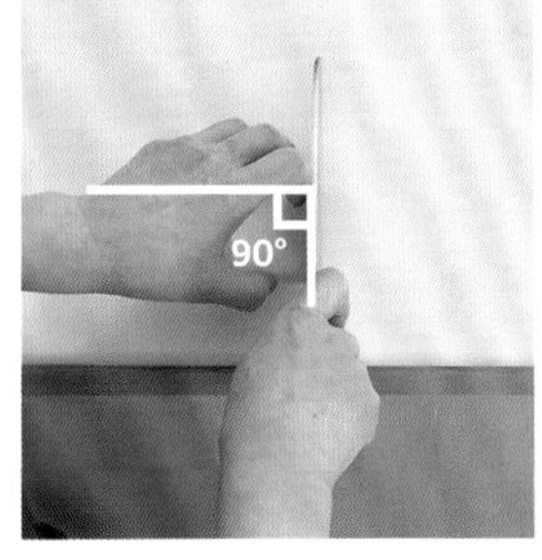

식재료를 도마와 평행하게 놓고, 칼은 식재료에 대해 직각으로 넣는다.

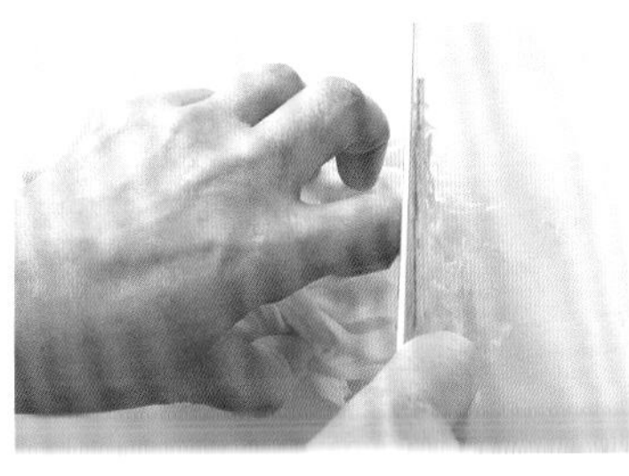

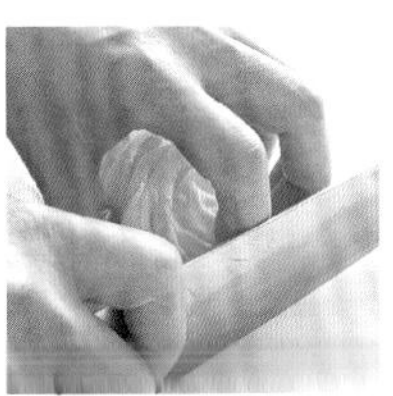

칼은 둥글게 오므린 검지의 두번째 관절에 맞대어 움직인다.

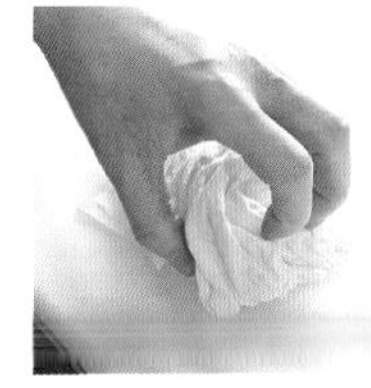

식재료를 누르는 왼손은 달걀을 가볍게 쥔다는 느낌으로 손가락을 오므리는 것이 기본이다.

껍질을 벗길 때는 식재료를 쥐고, 칼과 엄지 사이에 껍질을 두어 벗긴다.

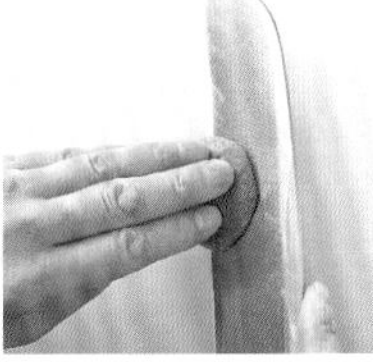

자르는 방법에 따라서 왼손을 얹는 방법도 달라진다. 저며 썰기의 경우 손가락 끝을 펴서 가볍게 누른다.

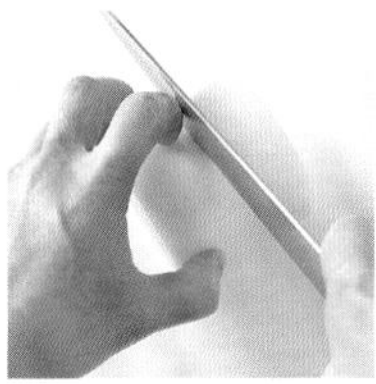

무처럼 큰 재료는 엄지와 중지, 약지로 잡고 검지는 오므려 첫번째 관절에 칼을 맞댄다.

칼을 잡는 방법의 기본

칼을 잡는 방법에는 '누름 형태' '손가락 지지 형태' '쥠 형태' 등의 기본형이 있는데 모두 손잡이를 세게 쥐면 불필요한 힘이 들어가 칼을 컨트롤하기 어려워집니다. 잡을 때의 포인트는 중지, 약지, 새끼손가락으로 손잡이를 가볍고 자연스럽게 쥐고, 엄지와 검지로 안정감을 주는 것. 특히 누름 형태와 손가락 지지 형태는 손가락을 대는 위치도 중요하므로 사진을 참고하여 확인하세요.

누름 형태

칼을 잡는 가장 기본적인 방법. 생선의 비늘을 긁어내거나, 채소를 자르는 등 다양한 용도에 사용된다. 데바보초의 경우 칼 손잡이 뿌리에 중지를 걸치고, 엄지와 검지로 칼을 감싸 쥔다. 엄지와 검지로 감싸면 칼이 안정되고, 힘을 주어도 좌우로 흔들리지 않는다. 손잡이를 나머지 손가락으로 가볍게 쥔다.

칼의 뒷면에서 본 모습. 엄지 끝으로 칼날 측면(뒷면)을 누른다.

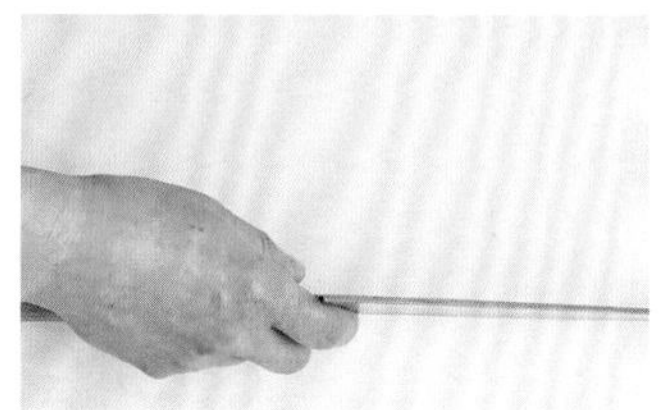
바로 위에서 본 모습. 칼을 일직선이 되게 엄지와 검지로 감싼다.

칼의 앞면에서 본 모습. 검지의 측면 전부를 칼날의 측면(앞면)에 대고 누른다.

칼의 종류에 따라 쥐는 위치를 바꾼다

옆의 사진처럼 우스바보초와 우도는 무게중심 위치가 다르다. 중심이 앞쪽에 있는 것은 앞쪽으로, 뒤쪽에 있는 것은 조금 뒤쪽으로 중심에 맞게 쥐는 위치를 바꾸면 피로감을 줄일 수 있다.

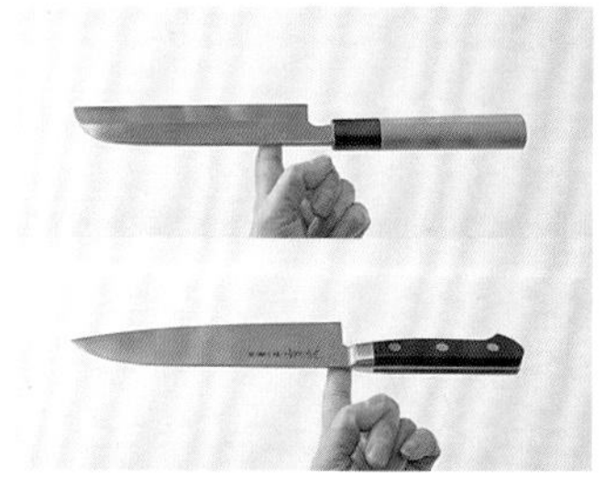

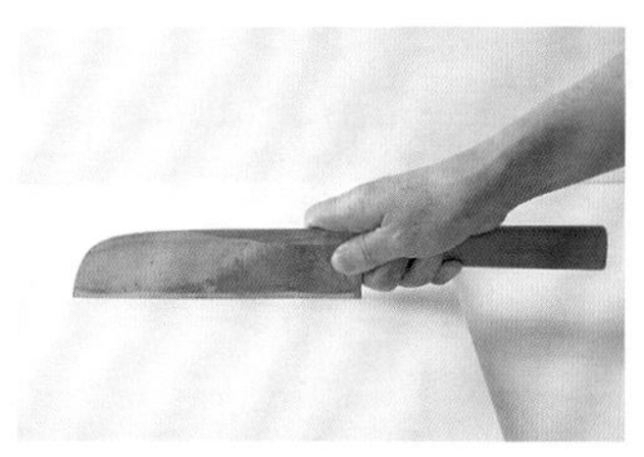
우스바보초
우스바보초의 중심은 칼턱보다 앞쪽에 있다. 데바보초를 잡는 요령처럼 손잡이뿌리에 중지를 걸고, 엄지와 검지로 칼을 감싸 쥔다.

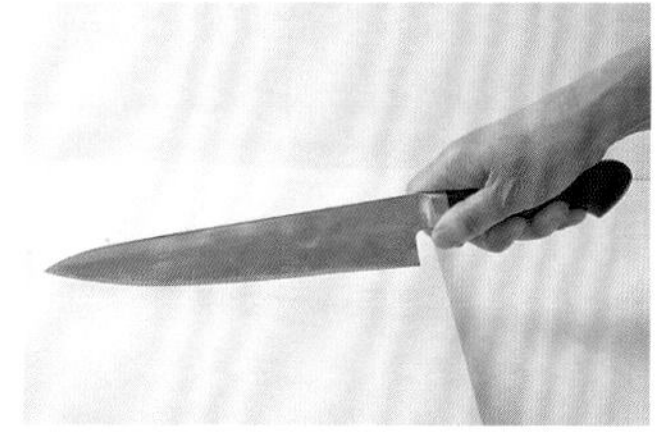
우도
우도의 중심은 손잡이에 붙은 쪽의 칼 근처로, 우스바보초보다 뒤에 있다. 가쿠마키나 목쇠 주위를 엄지와 검지로 누르고, 나머지 3개의 손가락으로 손잡이를 쥔다.

산토쿠보초
산토쿠보초의 중심은 우도보다 조금 앞쪽에 있다. 검지가 칼날에 살짝 걸쳐질 정도로 하여 엄지와 검지로 누르고, 나머지 3개의 손가락으로 손잡이를 쥔다.

손가락 지지 형태

야나기바보초로 회를 썰거나, 데바보초로 생선을 세 장 뜨기 할 때 등에 적합한 방법이다. 검지를 칼등에 얹으면 칼끝까지 신경이 전달되기 때문에 정확하면서 섬세하게 자를 수 있다. 손잡이 뿌리에 중지를 걸치고 손잡이를 잡았다면, 검지를 펴서 칼등에 얹는다.

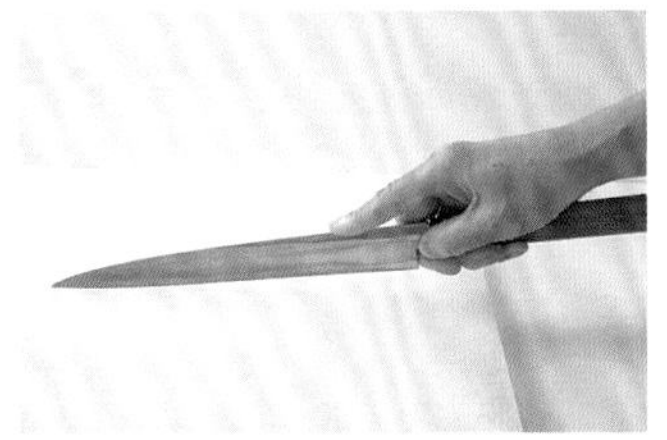

칼의 뒷면에서 본 모습. 엄지 끝으로 칼날의 측면(뒷면)을 누른다.

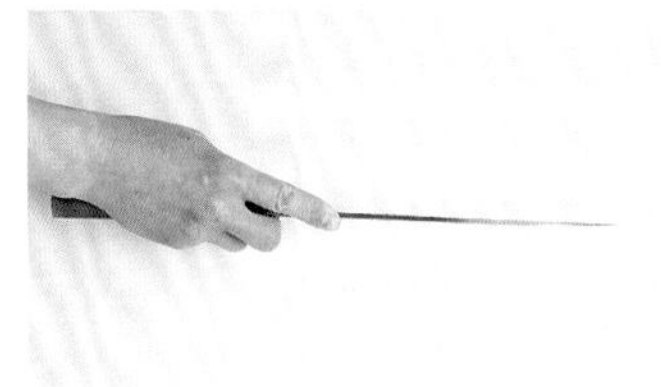

바로 위에서 본 모습. 칼을 일직선이 되게 잡고, 검지 끝을 칼등에 얹어 누른다.

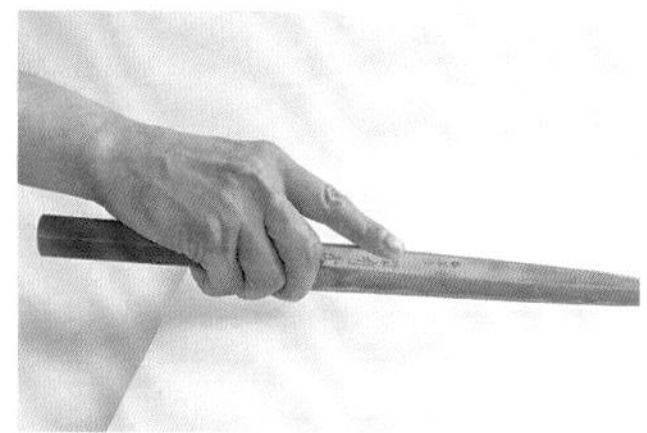

칼의 앞면에서 본 모습. 중지를 손잡이 뿌리에 걸치고, 손가락 측면으로 칼을 받쳐 기울거나 흔들거리는 것을 방지한다.

쥠 형태

데바보초로 뼈 등을 두들겨 자르거나 식재료를 잘게 다질 때는 힘을 주기 편한 쥠 형태가 적합하다. 스냅을 사용해 칼턱으로 내려치게 되므로, 가쿠마키나 목쇠가 보일 정도로 자루 끝을 잡으면, 칼의 무게를 더 효과적으로 이용할 수 있다.

칼의 뒷면에서 본 모습. 5개의 손가락 전부를 사용해 손잡이를 쥔다.

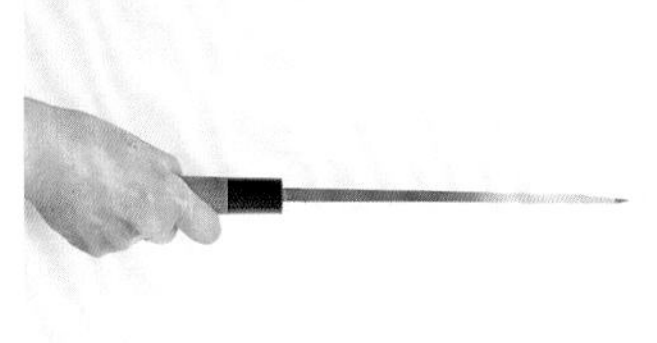

바로 위에서 본 모습. 칼을 일직선이 되게 잡는다.

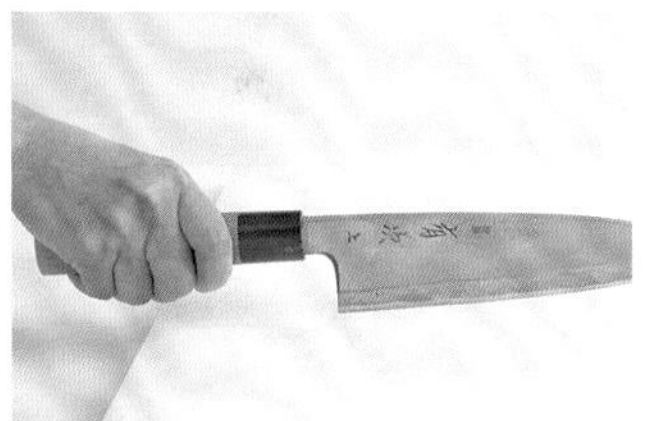

칼의 앞면에서 본 모습. 앞면에서도 가쿠마키나 목쇠가 보일 정도로 자루 끝을 잡는다.

뒤집어 잡은 칼날

칼날을 위쪽이나 바깥쪽으로 향하게 하여 사용하는 것을 '사카사보초(逆さ包丁)'라고 한다. 생선의 갈비뼈가 붙은 부분을 떼거나 배를 가르는 등 생선의 밑손질에 주로 사용하나, 여러 겹으로 겹친 것을 자를 때도 이 방법을 사용하면 편하다.

칼의 앞면에서 본 모습. 칼날을 위로 향하게 하고, 칼날에 손가락이 닿지 않게 잡는다.

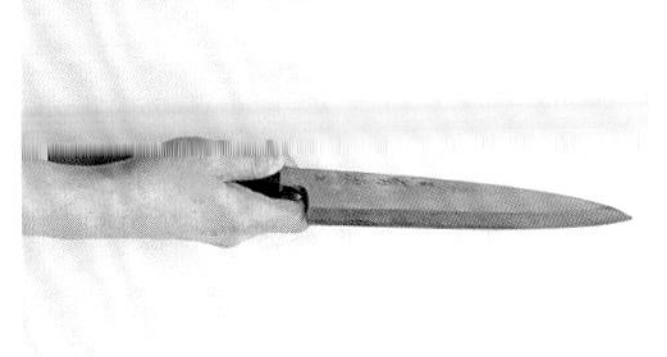

위에서 본 모습. 칼날을 위쪽 또는 바깥쪽으로 향하게 하나, 칼 자체는 일직선이 되게 잡는다.

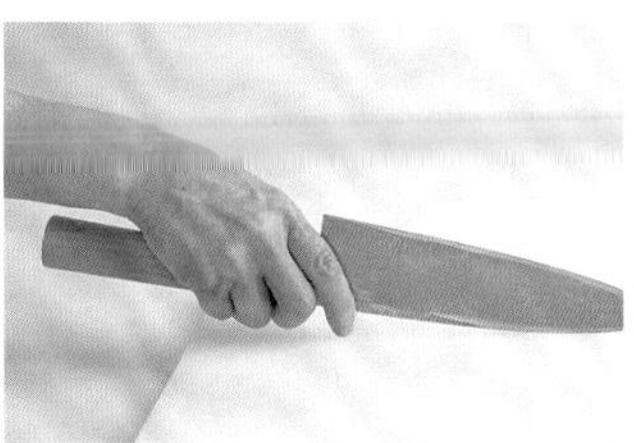

칼의 뒷면에서 본 모습. 검지의 측면을 칼 측면에 약간 닿게 하여 흔들리지 않도록 한다.

써는 방법의 기본

식재료에 따라서는 꾹 눌러 써는 방법이 더 편한 것도 있으나, 다수의 식재료는 위에서 밑으로 눌러 썰면 단면이 으깨져서 깔끔하게 싹둑 썰리지 않습니다. 써는 방법의 기본은 '찌른다' '당긴다' '저민다'입니다. 칼은 내 몸 쪽에서부터 먼 쪽으로, 또는 먼 쪽에서 몸 쪽으로 미끄러지듯이 움직일 때야말로 진가를 발휘합니다. 특히 '당겨 썰기', '저며 썰기'에서는 칼 전체를 사용해 한 번에 자르는 것이 중요합니다.

찔러 썰기(우스바보초/누름 형태)

채소를 썰 때 사용하는 방법으로, 특히 단면 썰기나 얇팍 썰기, 채 썰기 등 채소를 썰 때 적합하다.

우스바보초는 팔꿈치에서 칼끝까지 고정하고, 어깨를 움직여 칼을 똑바로 앞으로 찔러넣어 썬다. 이렇게 하면 칼을 도마와 평행하게 움직일 수 있다.

칼이 도마에 닿으면 원래의 위치로 당겨서 돌아온다. 칼의 움직임은 평행사변형을 그리듯 한다. 이것을 일정한 리듬으로 반복한다.

우도의 경우

칼끝을 내린 자세를 취하고, 칼을 앞으로 찌르듯 내리면서 그대로 몸에서 먼 쪽으로 찔러 썬다. 우스바보초로 자를 때는 손목이 움직이지 않으나, 우도는 칼끝의 곡선에 맞춰 스냅을 살려 손목을 움직인다.

당겨 썰기(야나기바보초/손가락 지지 형태)

당겨 썰기나 평 썰기 등 회를 써는 방법이다. 원활하게 썰기 위해서는 식재료의 위치도 중요하므로, 식재료는 도마에서 내 앞에 가깝게 놓는다.

몸 쪽에 가깝게 식재료를 놓고 칼끝을 살짝 세운 자세를 취해, 칼턱에서부터 똑바로 칼을 넣는다.

그대로 슥 하고 칼을 당겨, 칼 전체를 사용해서 썬다. 활모양을 그리듯 칼끝을 끌어내리면서 한 번에 당기는 것이 비결.

칼끝까지 똑바로 당겨서 잘라낸다.

저며 썰기(야나기바보초/손가락 지지 형태)

회를 저며 썰거나 생선을 두툼한 두께로 썰 때 사용하는 방법으로, 왼쪽 끝에서부터 썬다. 표고버섯 같은 채소의 경우에도 요령은 같다.

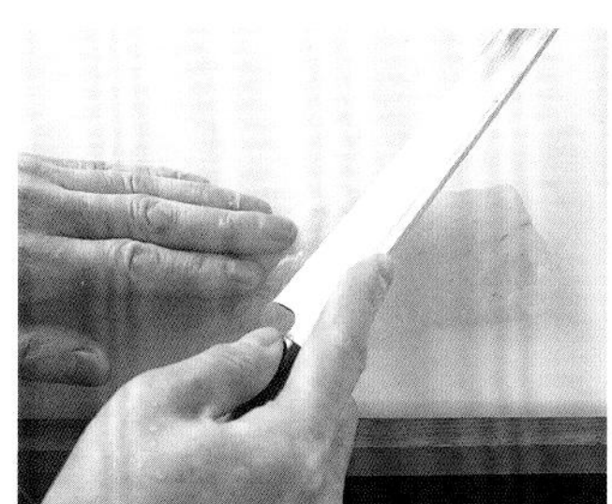

칼을 비스듬히 눕힌 자세를 잡고, 칼턱 부분부터 넣는다. 저며 썰기의 경우도 원활하게 칼을 움직일 수 있도록 식재료는 도마에서 몸 쪽에 가깝게 놓는다.

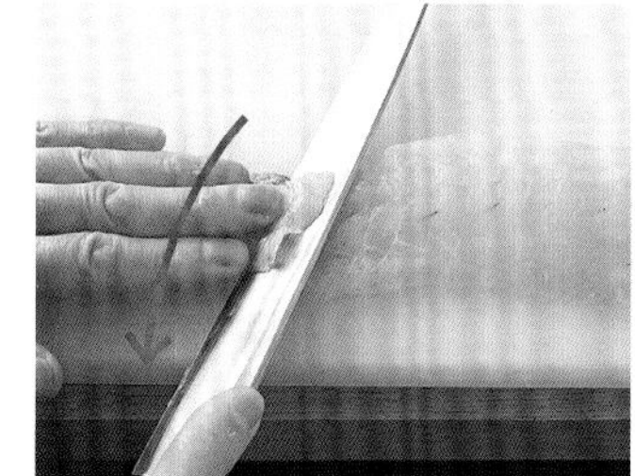

칼의 각도를 유지한 채, 활모양을 그린다는 느낌으로 슥 하고 칼을 당겨 칼 전체를 사용하여 썬다.

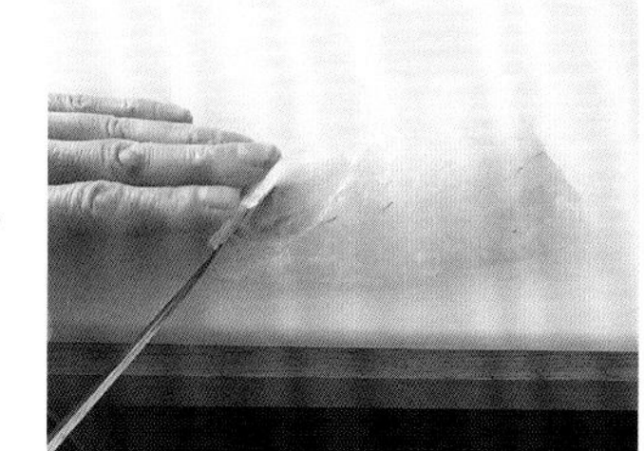

마지막에 칼을 살짝 들고, 칼끝을 세워 똑바로 잘라낸다.

눌러 썰기(데바보초/누름 형태)

김이나 다시마, 뱅어포 등은 찌르거나 당겨 썰기 어렵다. 칼의 무게를 이용하여 위에서부터 밑으로 눌러 써는 편이 수월하다.

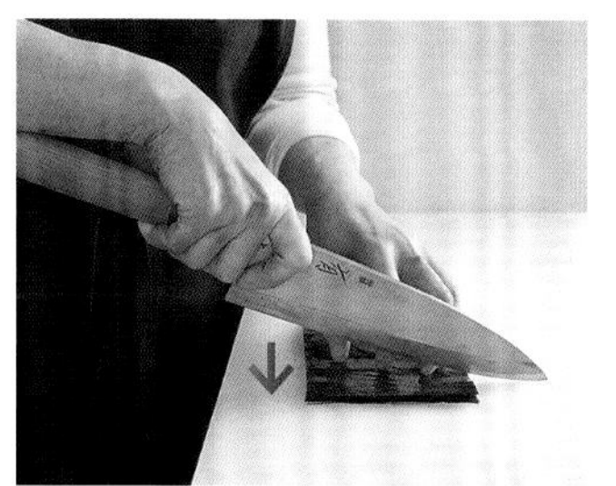

칼턱은 띄우고 칼끝을 도마에 댄 뒤, 칼끝을 축으로 하여 똑바로 아래로 썬다.

힘을 꾹 주어 칼을 눌러 잘라낸다.

껍질을 벗긴다(우스바보초)

'육면 깎기'와 '돌려 깎기'는 채소를 다듬는 기본 기술로, 이 두 가지를 익혀두면 대부분의 채소 다듬기에 응용할 수 있다.

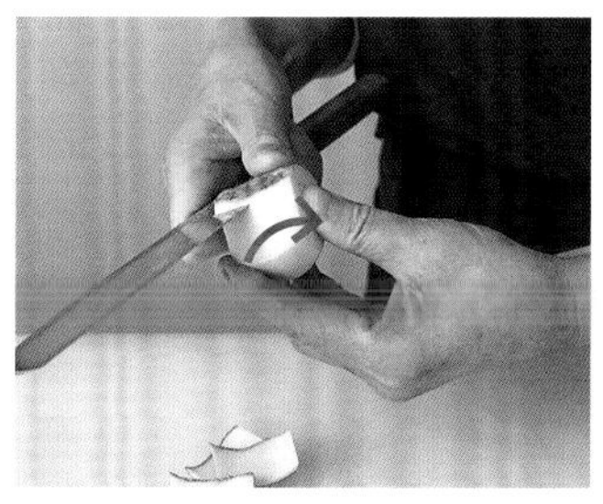

육면 깎기

토란은 위아래 꼭지를 자르고, 잘라낸 부분을 잡는다. 토란을 고정시키고 오른쪽 단면에서 칼을 눕혀 넣어 왼쪽 끝까지 한 번에 벗긴다.

아치형이 되게 곡면을 만든다. 칼은 수평을 유지하면서 앞쪽으로 비스듬하게 미끄러지듯 당기고, 칼턱을 사용해 벗긴다.

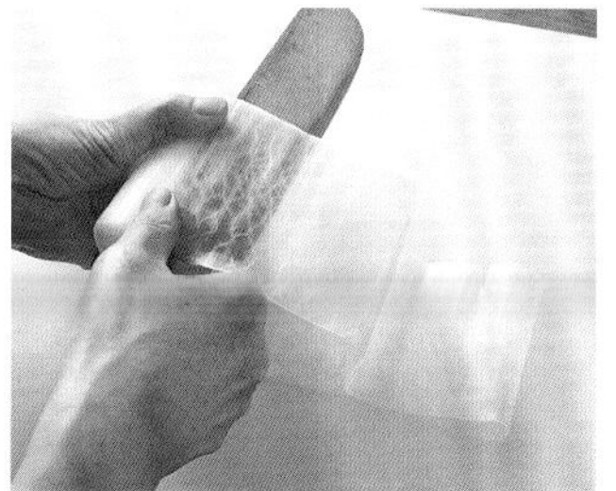

돌려 깎기

무를 세로로 잡은 채로 칼을 똑바로 넣고, 칼을 앞뒤로 움직이면서 무를 조금씩 돌린다. 칼을 항시 수평으로 유지하는 것이 얇고 균일하게 벗겨낼 수 있는 비결이다.

칼 손질의 기본

칼은 사용 후 뒤처리도 매우 중요합니다. 칼 손질을 제대로 해야만 날카로움이 유지되고 오랜 기간 사용할 수 있습니다.

늘 해야 하는 손질

쓰고 난 칼과 도마는 세정제를 사용해 닦는다. 특히 강철 재질은 녹이 잘 슬기 때문에 사용 후 바로 닦아 물기를 완전히 제거한다. 부주의로 칼날에 다치지 않도록, 칼은 가장 먼저 세척해 칼 거치대에 넣은 후 다른 것들을 씻는다.

칼

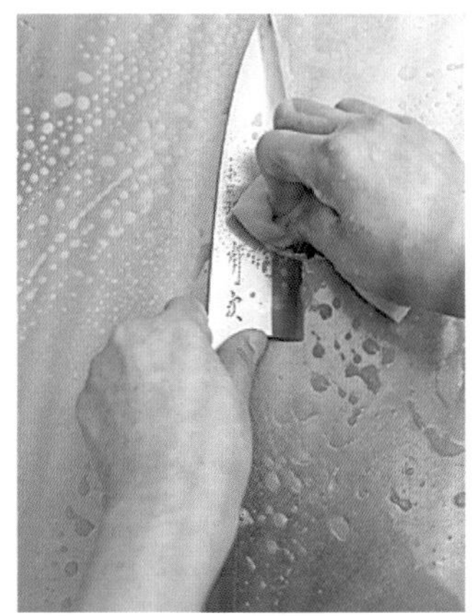

싱크대에 칼을 바짝 대고 세제를 묻혀, 스펀지솔로 칼턱부터 칼끝을 향해 문지른다.

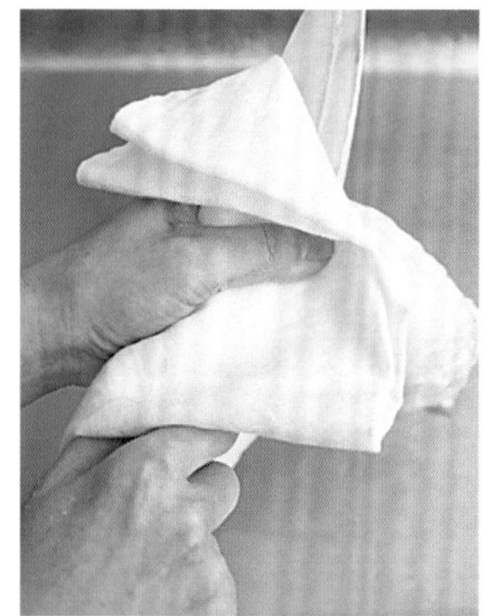

물기를 닦을 때도 칼날에 주의하며 칼등 쪽으로 행주를 감싸 위아래로 닦는다. 물기가 남기 쉬운 손잡이 뿌리 부분도 반드시 닦아낼 것.

도마

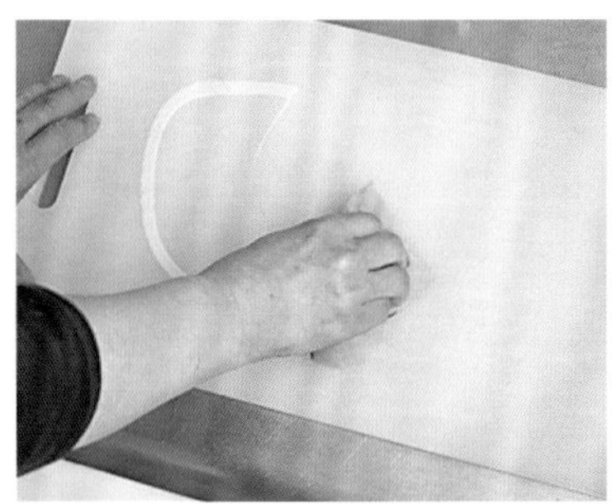

양쪽 모두 세제를 묻힌 스펀지솔로 원을 그리듯 문지른다.

물로 헹군 후 물기를 닦고 바람이 잘 통하는 장소에 세워 완전히 말린다.

칼 가는 방법

날이 무뎌졌다고 느끼면 바지런히 칼을 간다. 균일하게 힘을 줘서 칼이 숫돌에 찰싹 달라붙으면 미끄러트리듯 미는 것만으로도 자연스레 갈린다.

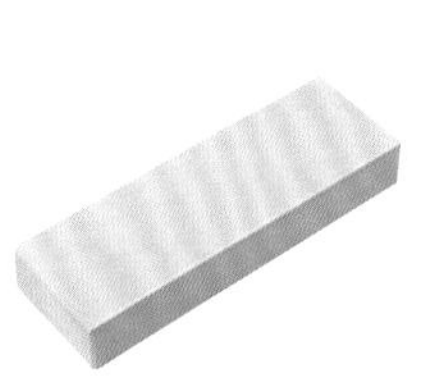

숫돌은 입자가 거친 것부터 고운 것까지 다양한데, '나카토*'만 있어도 충분하다. 움푹 파인 부분이 생겼다면 벽돌 등으로 문질러 평평하게 한다.

*나카토: 막숫돌과 고운 숫돌의 중간 숫돌.

숫돌은 적어도 30분 이상 물에 담가 충분히 수분을 흡수시킨다.

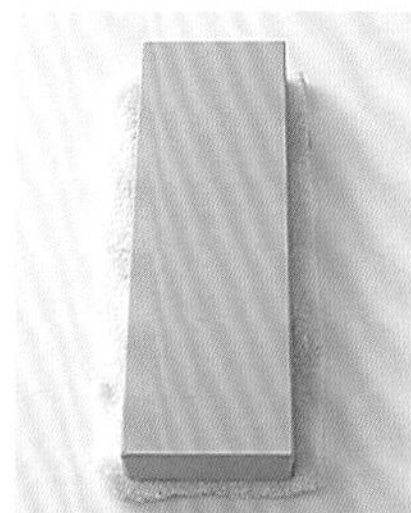

세로로 똑바르게 놓는다. 물기를 꽉 짠 젖은 행주를 깔아 숫돌이 미끄러지지 않게 한다.

마찰로 인해 칼날이 상하지 않게끔 중간중간 물을 뿌려 숫돌 표면이 젖어 있는 상태에서 간다.

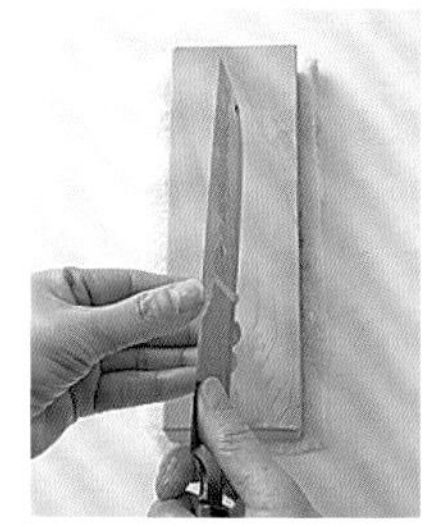

칼날에 엄지 안쪽을 살짝 대서 잘 갈렸는지 확인한다.

데바보초

칼날을 왼쪽으로 놓고 칼턱에 엄지가 닿도록 잡는다. 숫돌의 오른쪽 아래 부분에 칼끝이 오게끔 비스듬히 놓고, 왼손 검지와 중지로 칼끝을 눌러 칼날을 숫돌에 바짝 댄다(왼쪽). 그대로 칼의 곡면에 맞추어 완만한 커브를 그리면서, 숫돌의 왼쪽 위로 밀어낸다(두번째→세번째). 칼턱의 각까지 갈았다면 힘을 빼고 밀어낼 때의 커브를 따라가듯 당긴다. 이 동작을 반복한다.

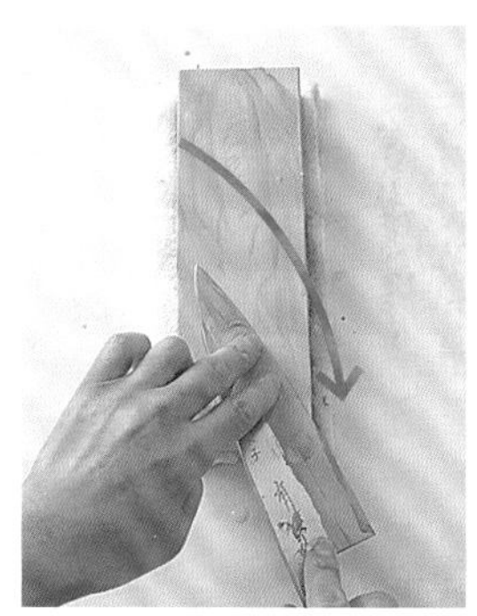

날이 갈렸다면 칼을 뒤집어 칼 뒤쪽으로 넘어간 칼날을 다듬는다. 칼을 숫돌에 바짝 대고 숫돌의 왼쪽 위에서 오른쪽 아래로, 커브를 그리면서 수차례 슥 하고 당긴다.

우스바보초

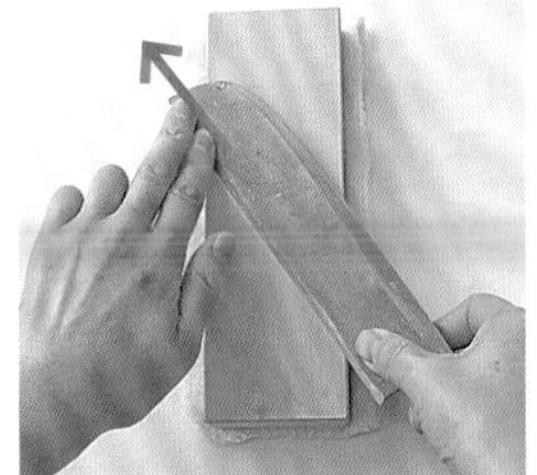

칼날이 일직선으로 붙어 있는 우스바보초는 숫돌의 왼쪽 위 방향으로 똑바로 밀어낸다. 원래의 위치(숫돌의 오른쪽 아래)로 돌아올 때도 똑바로 당기고, 마지막에 칼을 뒤집어 넘어간 칼날을 다듬을 때도 똑바로 당긴다.

우도

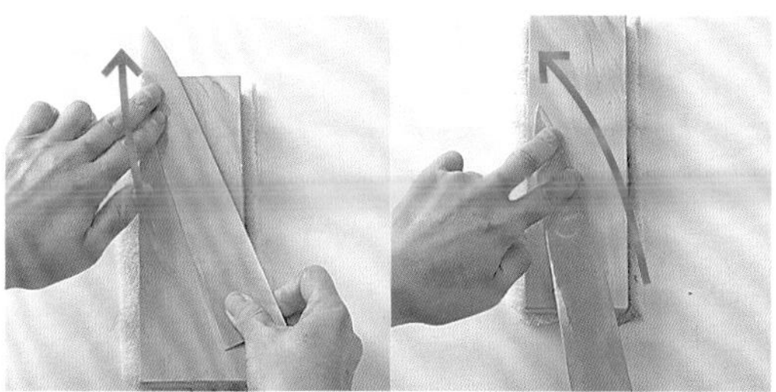

양날칼인 우도는 양면의 날을 균등하게 갈아주는 것이 포인트로, 한쪽 날을 간 뒤 칼을 뒤집어 반대쪽 칼날도 같은 요령으로 간다. 양면을 갈아주기 때문에 칼날이 한쪽으로 넘어가 있는 경우를 줄일 수 있다.

제2장

해산물의 손질법과 요리

생선 한 마리를 통째로 손질할 수 있게 되면 요리의 폭이 넓어집니다. 이 장에서는 쉽게 접할 수 있는 전갱이, 정어리부터 주로 손질된 것을 구입하는 경우가 많은 방어와 연어, 고급 어종으로 취급되는 도미와 옥돔, 전복까지 해산물 40종의 손질법을 재료 본연의 맛을 최대한 살린 요리와 함께 소개합니다.

손질 전 기초 지식 1

생선의 맛은 신선도에 있습니다. 그 맛을 살리기 위해서는 구입 즉시 제대로 밑손질을 하는 것이 매우 중요합니다. 신속하게 작업하기 위해 먼저 생선의 부위와 몸의 구조를 확인해둡시다. 어떤 생선이든 공통된 뼈나 지느러미가 손질 시의 기준이 됩니다.

부위별 명칭

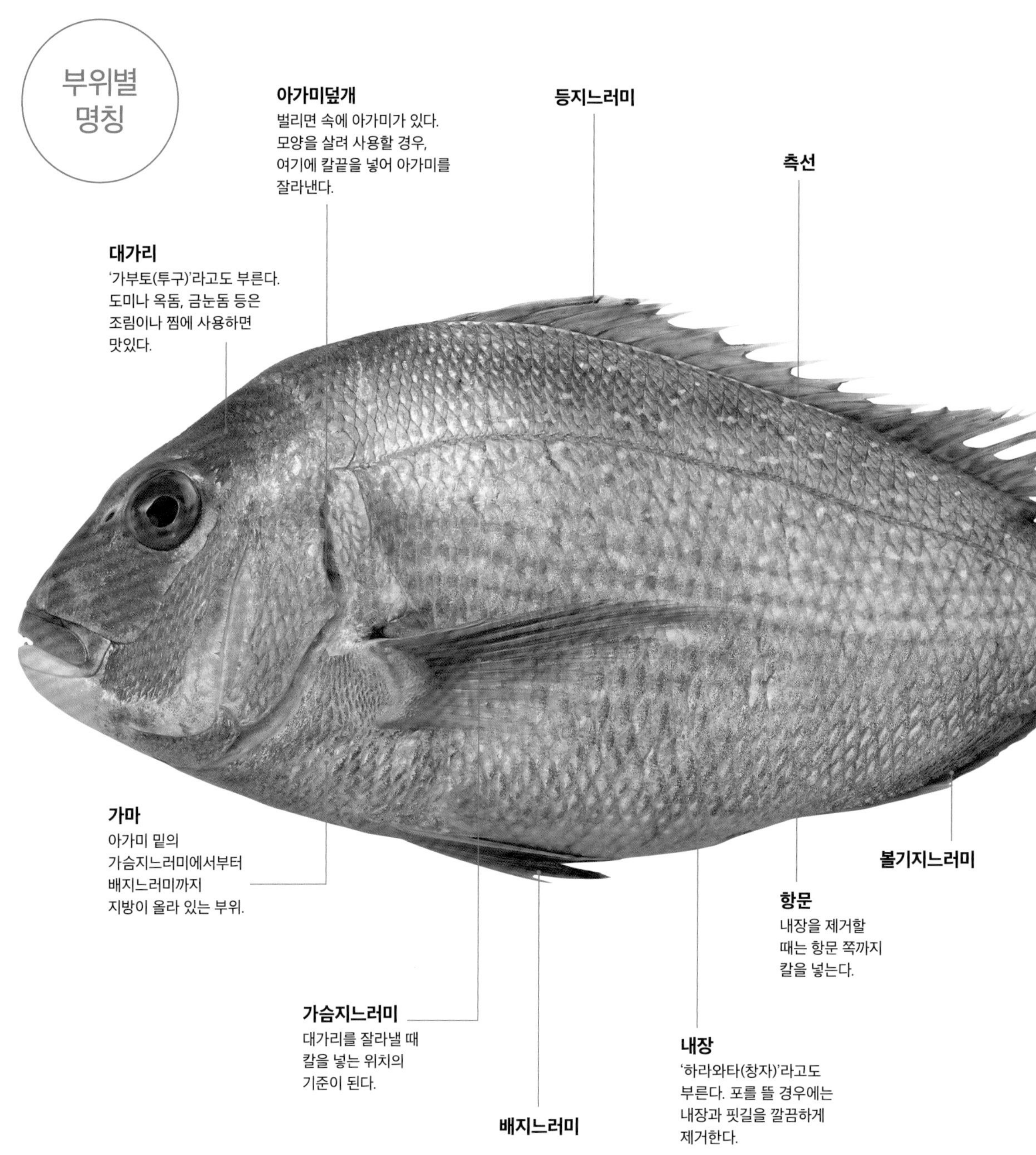

꼬리 시작 부분

꼬리지느러미

몸통 중앙부의 단면

중앙의 굵은 뼈(척추뼈)에서 위아래로 뻗어 있는 등뼈에 거의 수직으로 잔가시(혈합육血合肉을 지나가는 가시)가 나와 있다. 배 부분은 갈비뼈가 내장을 감싼 형태다.

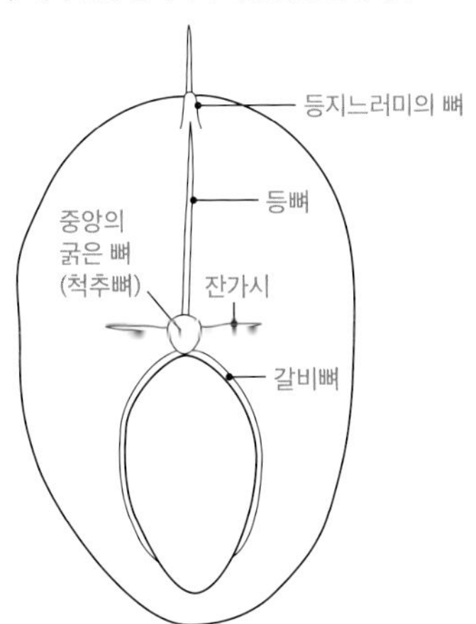

생선 손질 순서

막 사왔다면

생선을 곧바로 가게에서 받아온 얼음으로 덮고 랩을 씌워 보관(가능하면 빙온실*에서)한다. 당일 사용하는 것이 가장 좋으나, 다음 날 사용해야 한다면 내장을 제거하여 세척해놓는 것이 좋다.

*빙온실: 회나 고기 등 과도하게 얼면 안 되는 식품을 보관하는 칸.

손질하기 전에

먼저 흐르는 물에 표면의 이물질이나 점액질을 깨끗이 씻어낸다. 호염성(염분에 강한 성질) 장염 비브리오 등이 붙어 있을 가능성이 있으므로, 수돗물로 확실히 씻어낸다.

1 비늘을 제거한다

▼

2 대가리를 자른다

▼

3 아가미와 내장을 제거한다

▼

4 세척한다

▼

5 물기를 닦아낸다

▼

6 살과 뼈로 나눈다

▼

7 갈비뼈를 제거한다

▼

8 잔가시를 제거한다

미즈아라이의 기본

비늘을 제거한다

비늘은 머리에서부터 꼬리 쪽을 향해 나 있으므로, 반대 방향으로 긁어 제거하는 것이 원칙이다. 생선을 잡는 손은 눈의 가장자리를 꽉 움켜쥐듯 한다. 살 쪽을 움켜잡으면 손의 온기로 인해 생선이 따뜻해져 신선도가 떨어지거나 살이 부스러지는 원인이 된다.

비늘 제거

(비늘치기를 사용)

비늘이 크고 단단한 생선은 칼을 사용하면 날이 상할 수 있으므로 전용 비늘치기를 사용한다. 아름다운 껍질 모양을 살려야 하는 경우에도 비늘을 긁어낸다.

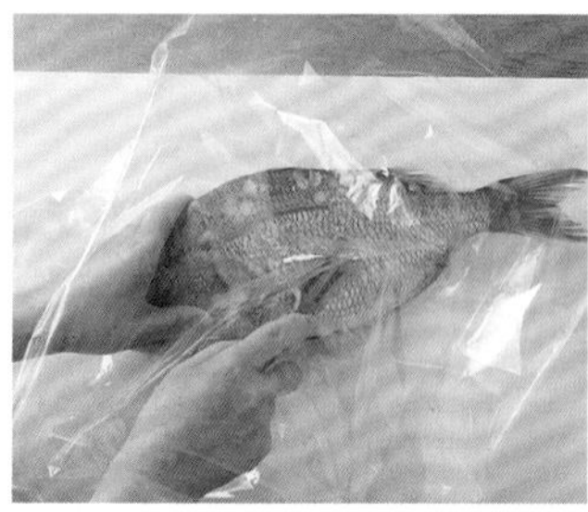

비닐봉지에 넣고 작업하면 비늘이 튀지 않아 뒷정리도 수월해진다.

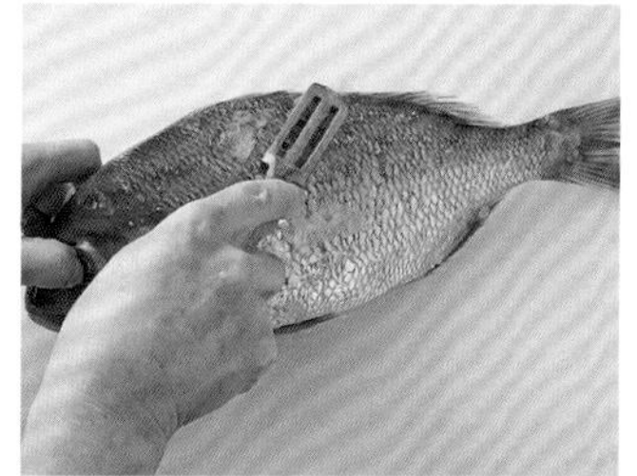

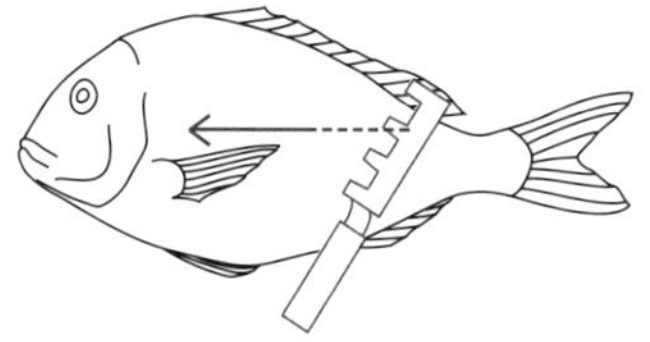

1 생선의 표면을 물로 적신 뒤 왼손으로 눈 가장자리를 잡는다. 비늘치기로 꼬리에서부터 머리 쪽으로 비늘을 들어 올리듯 긁어낸다.

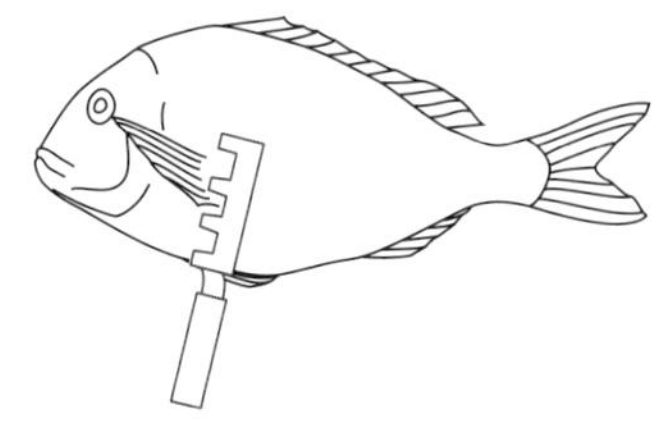

2 생선 몸통의 형태에 맞춰 비늘치기의 각도를 조절한다. 지느러미 주변과 아가미 가장자리도 꼼꼼하게 긁어낸다.

비늘 제거

(데바보초를 사용)

작은 생선을 포함하여 일반적인 생선에는 데바보초를 사용한다. 살이 잘리지 않도록 주의하여 칼코, 칼턱을 몸통의 생김새에 맞춰 나눠 쓰며 비늘을 제거한다.

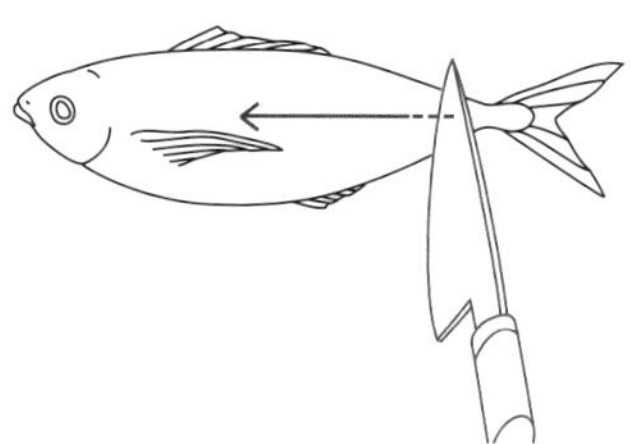

1 생선의 표면을 물로 적신 뒤 왼손으로 눈 주위를 움켜쥐듯 잡는다. 칼을 약간 눕혀, 꼬리에서 머리 쪽으로 칼코를 촘촘히 움직이며 비늘을 긁어낸다.

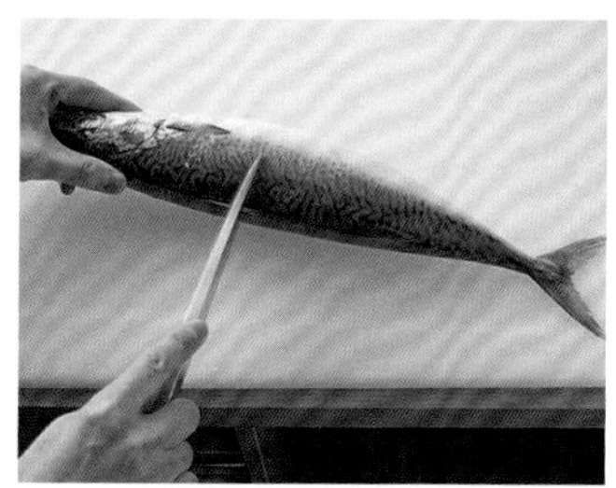

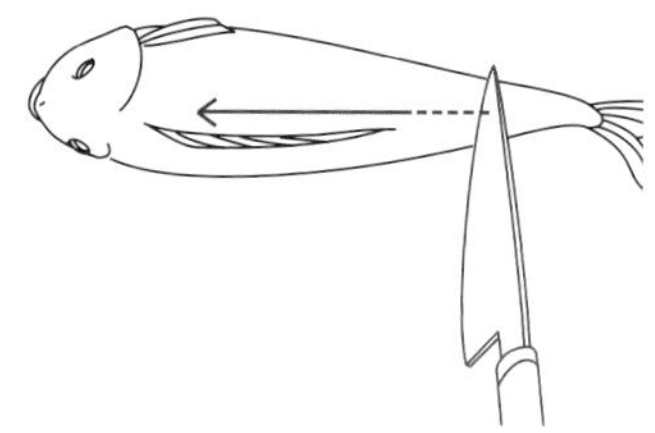

2 지느러미 아래쪽 비늘은 지느러미를 들어올린 후 제거한다. 지느러미 주변에도 잔비늘이 밀집해 있으므로, 칼코와 칼턱을 대고 긁어낸다. 반대쪽도 같은 요령으로 제거한다.

비늘과 아가미, 내장을 제거하고 깨끗이 씻어 물기를 제거하는 과정까지의 밑손질을 '미즈아라이(水洗い)'라고 합니다. 살과 뼈로 나눌 경우의 미즈아라이, 대가리와 꼬리를 자르지 않는 경우의 미즈아라이의 차이도 여기서 확실히 기억해두세요. 칼 잡는 방법과 움직임, 다른 쪽 손의 위치나 사용법을 바르게 알아두는 것도 매우 중요합니다.

칼로 비늘 깎아내기

(야나기바보초를 사용)
비늘이 촘촘한 생선이나 비늘을 요리에 이용하는 생선은 야나기바보초를 사용해 비늘을 깎아낸다. 비늘은 한 장의 껍질처럼 붙어서 제거된다.

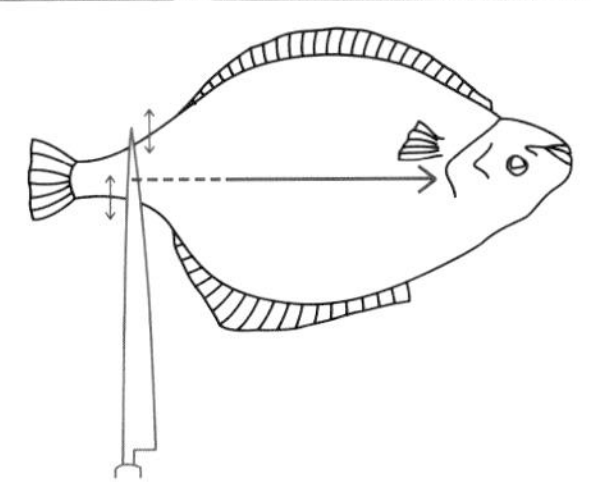

1 생선의 표면을 물에 적신 뒤 꼬리 시작 부분에서부터 비늘과 껍질 사이에 칼을 눕혀 넣고, 대가리 쪽을 향해 앞뒤로 잘게 움직여 얇은 피막째로 비늘을 벗겨나간다.

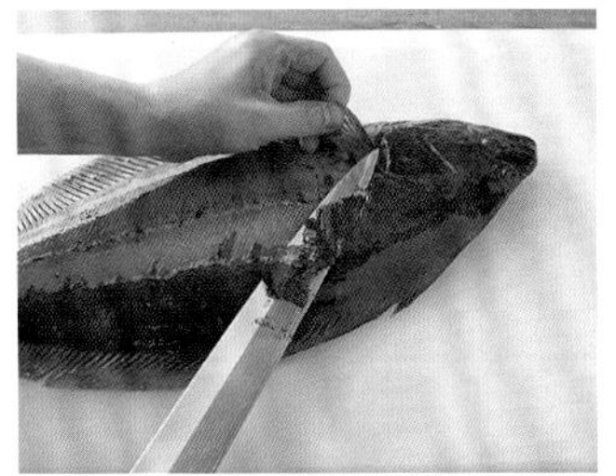

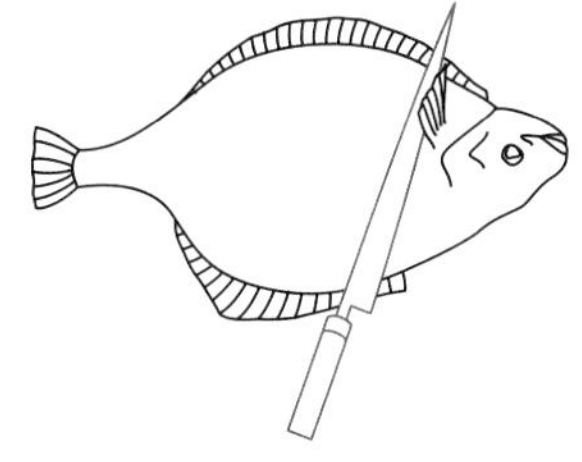

2 지느러미 주변과 아가미 주변까지 남기지 말고 꼼꼼하게 제거한다. 반대쪽도 같은 요령으로 제거한다.

잔비늘을 제거한다

눈이나 입 주위, 지느러미가 붙은 부분, 배 쪽 등 비늘이 남아 있기 쉬운 부분이 있으므로 꼼꼼하게 비늘을 제거한다.

사용 도구
데바보초

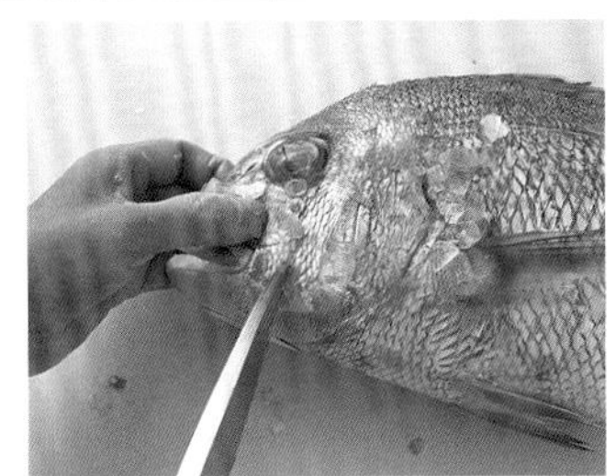

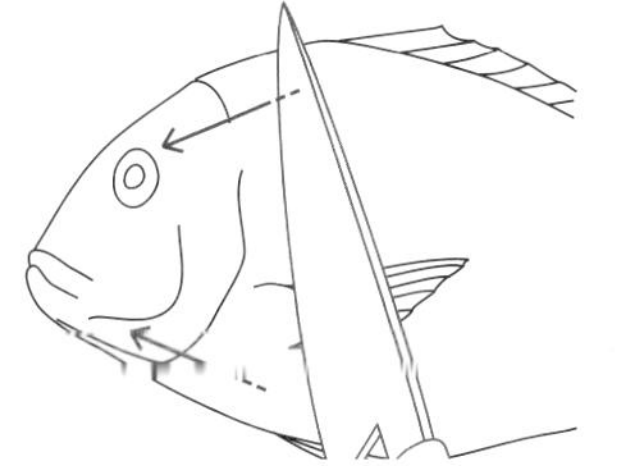

1 대가리를 요리에 사용할 경우에는 눈과 주둥이 주변, 대가리 위쪽, 볼 주변 비늘을 칼턱이나 칼코의 각도를 조정하며 제거한다.

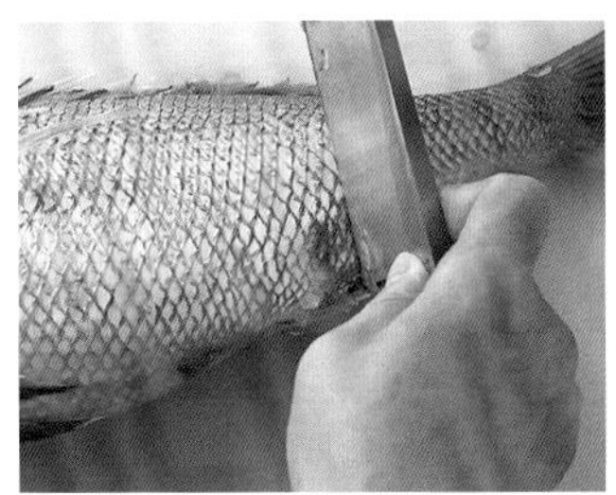

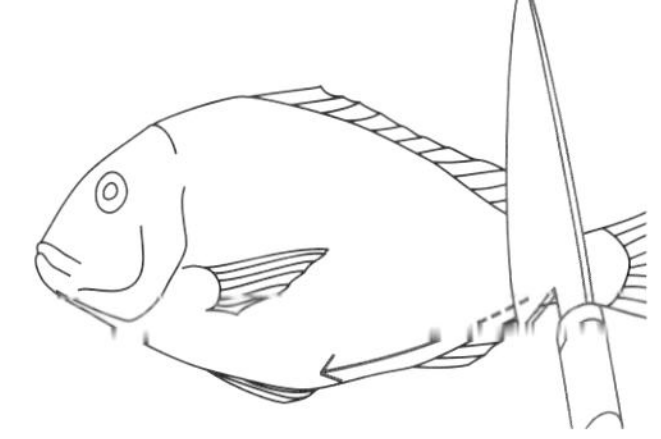

2 배 부위의 배지느러미, 볼기지느러미 주위도 배가 터지지 않도록 큰 힘을 주지 말고 칼을 세워서 긁어낸다.

대가리를 자른다

대가리와 꼬리까지 요리에 사용할 때 이외에는 대부분 대가리를 잘라낸다. 자르는 위치는 대가리를 조리하느냐 하지 않느냐에 따라 다르다. 대가리와 몸통은 머리뼈 위쪽과 중앙의 굵은 뼈에 이어져 있으므로, 그 관절을 잘라내는 것이 포인트이다.

가마 아래쪽으로 잘라내기

대가리에 가마를 붙여 잘라내는 방법. 대가리를 요리에 쓸 때 사용한다.

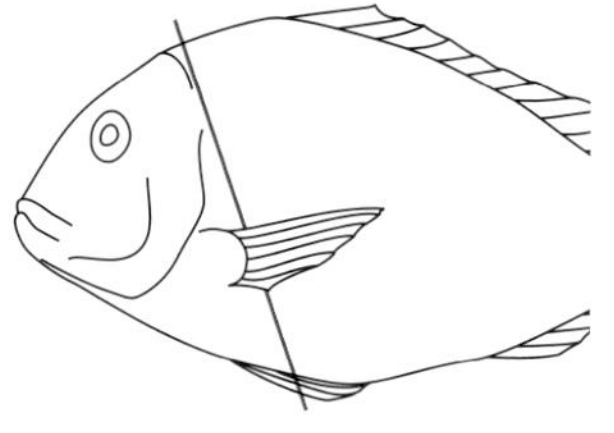

1 가슴지느러미를 들춰 칼을 넣고, 대가리가 붙은 부분에서 배지느러미 아래쪽으로 비스듬히 중앙의 굵은 뼈에 닿을 때까지 자른다.

2 몸통을 뒤집어 배지느러미를 잡고 가마를 세운 뒤, 배지느러미 아래쪽에서 대가리가 붙어 있는 가슴지느러미 아래쪽까지 비스듬히 자르고 연결 부위를 눌러 잘라 대가리를 떼어낸다.

비스듬히 잘라내기

대가리에 살이 남지 않게끔 대가리 쪽으로 칼을 비스듬하게 깊숙이 넣어 자르는 방법. 대가리를 조리하지 않을 때 사용한다.

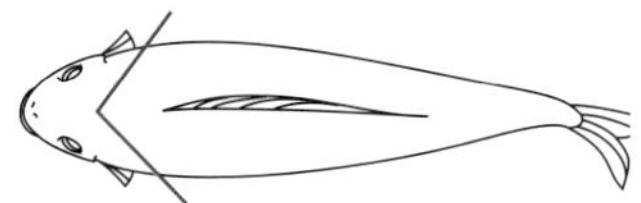

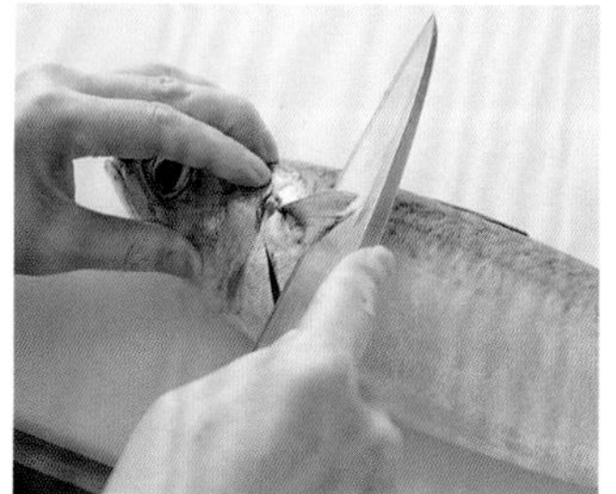

1 가슴지느러미가 붙어 있는 부분에 칼을 비스듬히 넣어 중앙의 굵은 뼈까지 자른다.

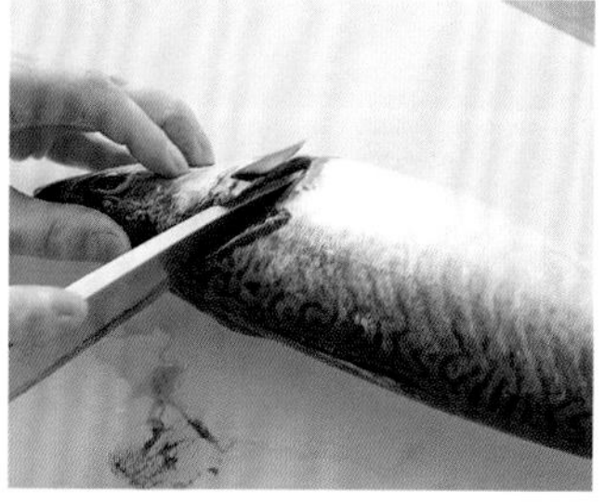

2 뒤집어서 등을 내 앞으로 향하게 놓고, 같은 방법으로 가슴지느러미가 붙어 있는 부분에 비스듬히 칼을 넣어 대가리를 잘라낸다.

대가리만 잘라내기

대가리에 가능한 한 살을 남기지 않고 잘라내는 방법. 가마를 살과 붙인 채 요리할 때 사용한다.

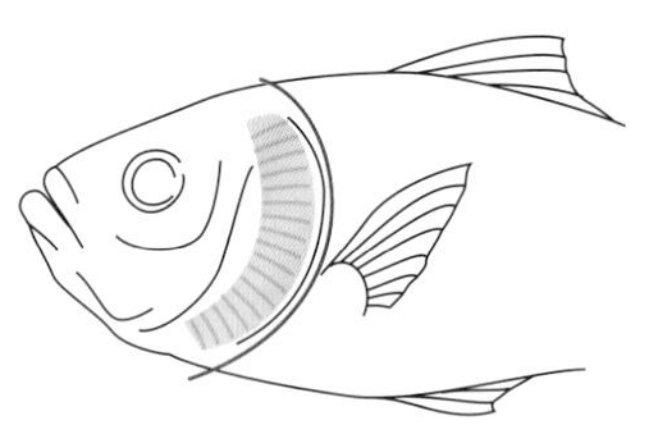

1 대가리에 살이 남지 않게끔, 아가미덮개를 따라 배 쪽에서 가슴지느러미까지 깊게 칼집을 넣는다.

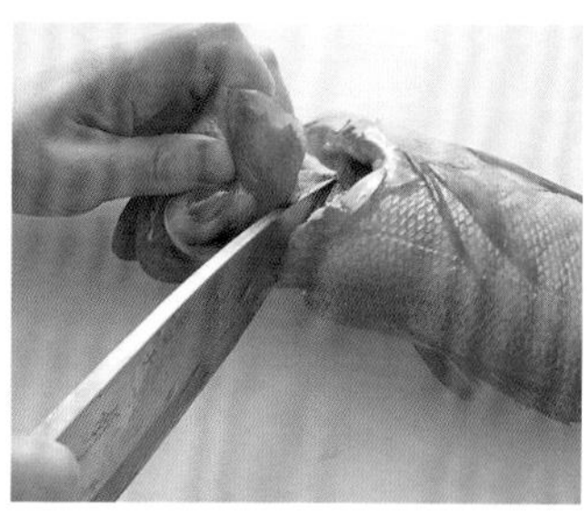

2 등 쪽에서 아가미덮개를 따라 가슴지느러미까지 깊게 칼을 넣는다. 중앙의 굵은 뼈를 자르고 대가리를 떼어낸다.

아가미와 내장을 제거한다

꽁치나 은어같이 내장을 음미하면서 먹을 때 이외에는 가능한 한 빨리 내장을 제거하는 것이 신선도를 유지하기 위한 기본이다. 아가미와 내장 제거 방법은 생선의 종류, 크기, 조리 용도에 따라 달라진다.

아가미를 떼어낸다

대가리를 조리할 때는 비린내의 원인인 아가미를 제거한다.

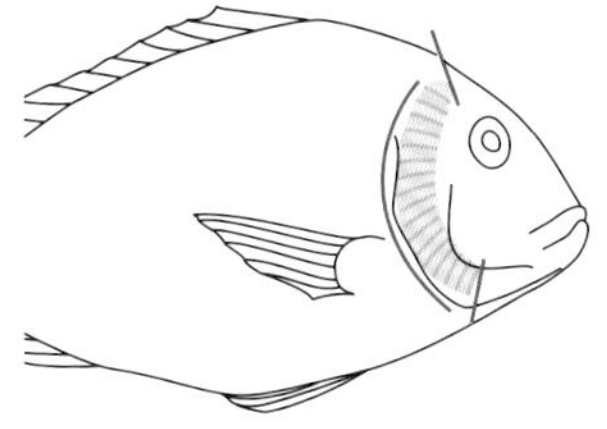

1 아가미덮개를 열고 칼코를 넣어 아가미와 아래턱이 연결된 부위, 아가미와 대가리 윗부분이 연결된 부위를 자른다.

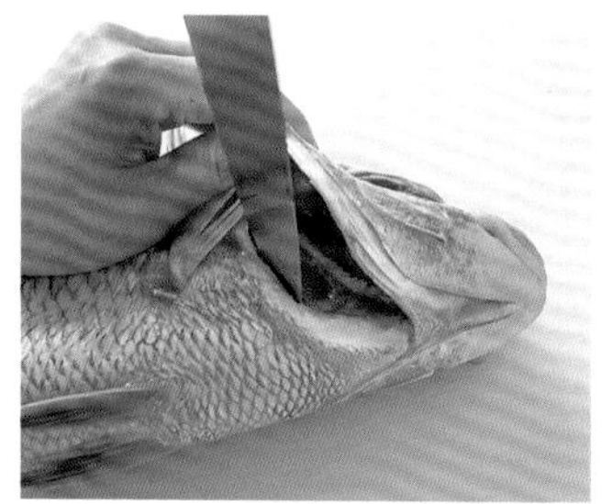

2 아가미 바깥쪽에 칼을 넣어 활모양을 그리듯, 가마와 연결된 아가미의 얇은 막을 자른다. 반대쪽 아가미도 같은 요령으로 떼어낸다.

항문까지 갈라 펼친다

가마 밑에서 칼을 넣어 항문까지 배를 갈라 열고, 내장을 꺼낸다.

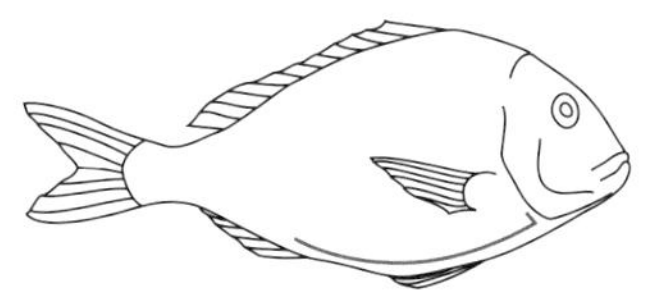

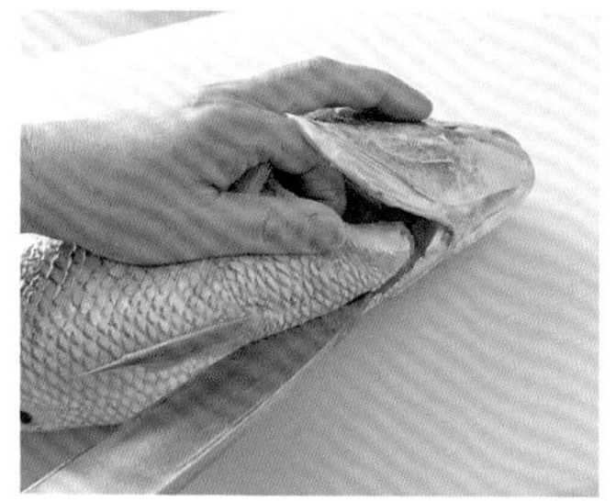

1 꼬리를 왼쪽, 배를 내 앞으로 놓고 가마 밑에서부터 칼을 넣어 잘라나간다. 이때, 칼을 깊게 넣으면 내장이 잘려 깔끔하게 꺼낼 수 없으므로 주의한다.

2 두 장의 배지느러미 사이를 지나 항문까지 잘라 배를 가른다. 배 안쪽에 칼을 넣어 아가미와 내장을 긁어낸다. 등뼈를 따라 길게 나 있는 피막에 칼집을 넣는다.

항문까지 갈라 펼친다

대가리를 잘라낸 경우에는 항문에서 대가리 쪽으로 칼집을 넣는다.

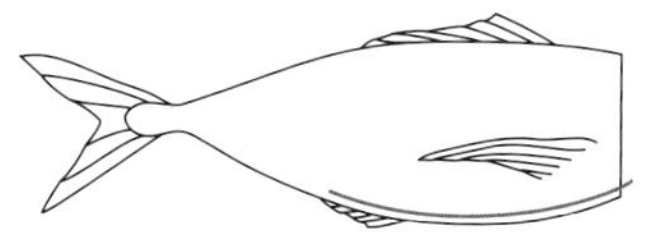

1 꼬리를 왼쪽, 배를 내 앞으로 놓고 칼을 반대 방향으로 잡는다. 항문에 칼코를 넣어 대가리 쪽을 향해 내장이 상처나지 않게 배를 갈라 연다.

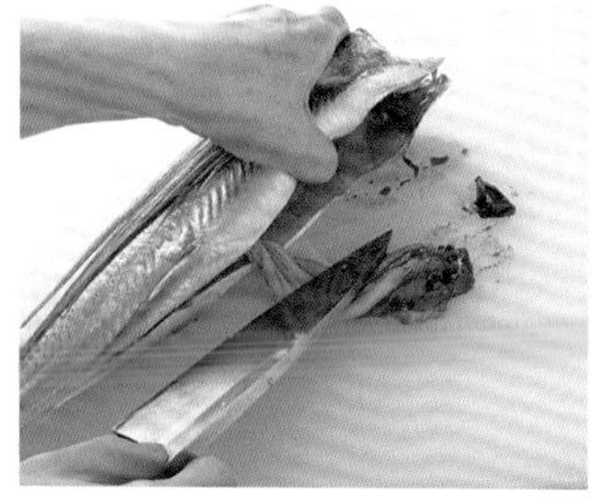

2 배 안쪽에 칼을 넣어 내장을 긁어낸다. 등뼈를 따라 길게 나 있는 피막에 칼집을 넣는다.

아가미와 내장을 제거한다

항문까지 자른다

정어리같이 복부에 단단한 비늘이 있는 생선은 배를 잘라낸다.

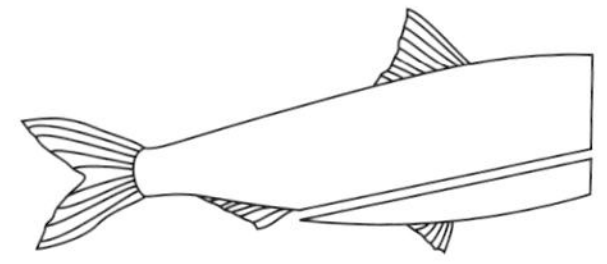

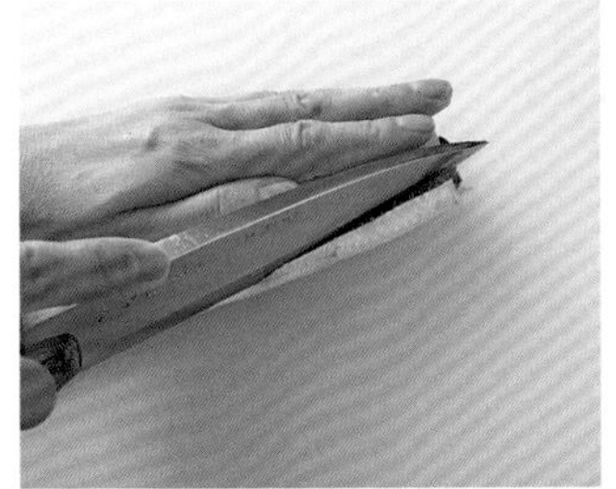

1 꼬리를 왼쪽, 배를 내 앞으로 놓고 대가리 쪽에서 항문 쪽으로 비스듬히 잘라낸다.

2 배 안쪽에 칼을 넣어 내장을 긁어낸다.

가쿠시보초(隱包丁)*

그릇에 담을 때 바닥을 향하는 쪽 배에 칼집을 내서 내장을 꺼낸다.

*가쿠시보초: 재료가 잘 익게 하거나 양념이 잘 배도록 내는 칼집. 여기서는 내장을 꺼내기 위해 따로 배를 가르지 않고 가쿠시보초를 통해 내장을 꺼낸다.

1 아가미를 떼어낸 상태에서 대가리를 오른쪽, 배를 내 앞으로 놓고 가슴지느러미 밑에서 비스듬히 아래로 3cm 정도의 칼집을 낸다.

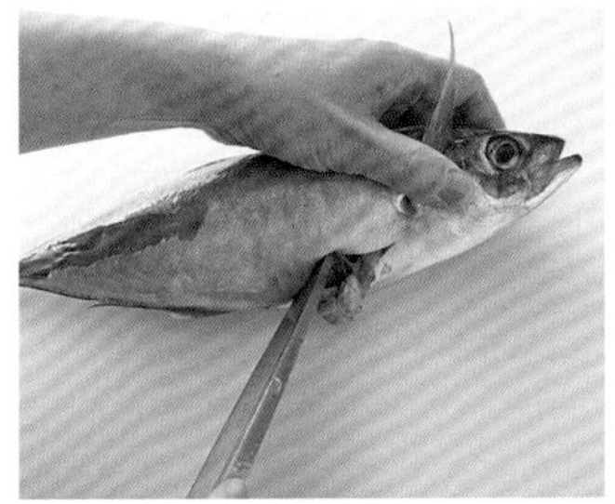

2 칼집 사이로 칼코를 찔러넣고 생선을 세우듯 들어 내장을 긁어낸다.

젓가락으로 내장 빼기

칼을 사용하지 않고 젓가락으로 양쪽 지느러미와 내장을 집어서 빼낸다.

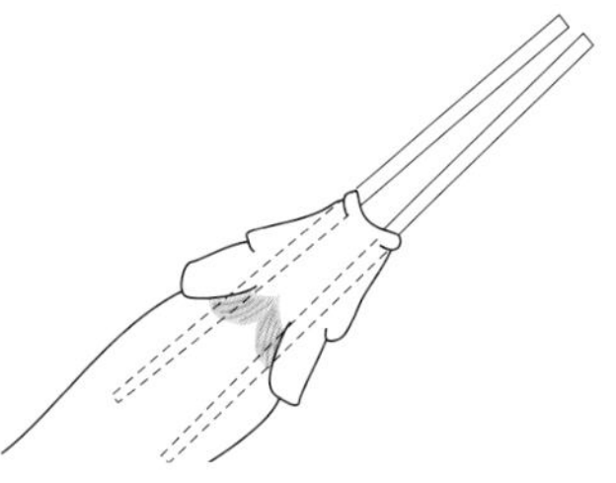

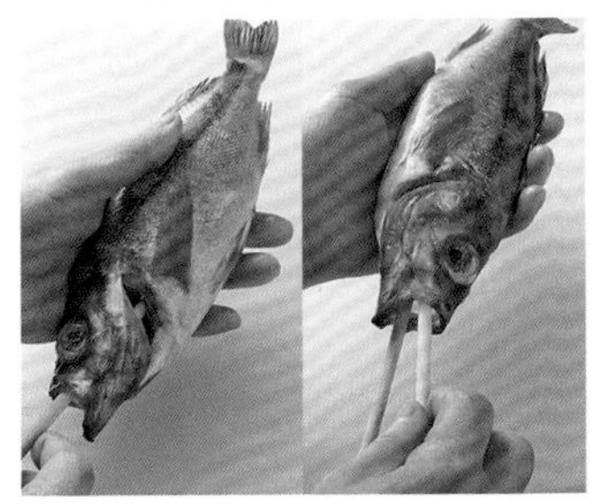

1 젓가락 1개를 입으로 찔러넣고, 아가미를 걸쳐 항문까지 통과시킨다(왼쪽). 생선을 뒤집어 다른 1개의 젓가락을 찔러넣고, 반대쪽 아가미를 걸쳐 항문까지 통과시킨다(오른쪽).

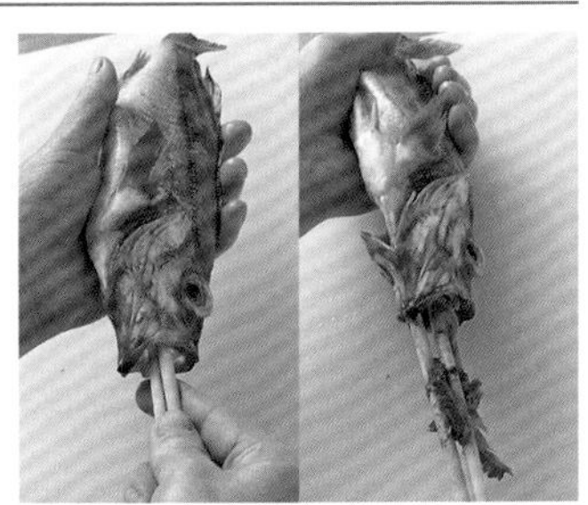

2 꼬리 부분을 손으로 잡고, 2개의 젓가락을 천천히 비틀어 당긴다(왼쪽). 아가미에 내장이 붙은 것을 확인했으면 한 번에 당겨 뽑는다(오른쪽).

물에 씻는다 / 물기를 닦는다

미즈아라이의 완성 단계. 신선도를 떨어뜨리는 원인인 피와 이물질 등을 깨끗한 물로 씻어낸다. 단, 장시간 물에 담가놓으면 살에 물이 밸 뿐 아니라 감칠맛도 사라지기 때문에 신속하고 정확하게 작업한다.

물에 씻는다

비늘, 이물질, 피를 씻어낸다. 특히 몸 안쪽에 피막이 남지 않게 한다.

1 몸 안쪽에 남은 피막과 내장을 칫솔 등으로 꼼꼼하게 제거한다. 등뼈 주위에 있는 검은 피막이 사라져 분홍빛을 띠며 깨끗해질 때까지 확실히 씻어낸다.

2 작은 생선 또는 살이 부드러운 생선은 손가락 끝이나 행주 등으로 살에 상처가 나지 않도록 배 속까지 씻는다. 물에 흔들어 씻고 물기를 제거한다.

물기를 닦는다

씻은 뒤 물기를 신속하게 닦아낸다. 살이 쉽게 상하므로 물기는 절대 남기지 않는다.

1 키친타월이나 마른 행주 등으로 표면은 물론 배나 아가미덮개 안쪽, 가슴지느러미 아래쪽도 잊지 말고 닦아 물기를 꼼꼼히 제거한다.

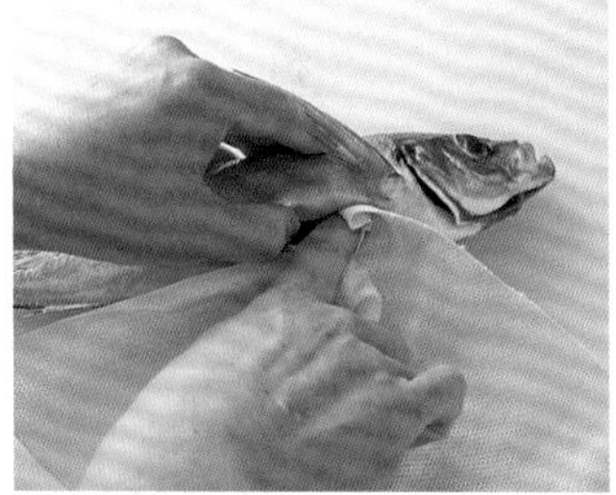

2 칼집에도 키친타월이나 마른 행주 등을 밀어넣어, 안쪽의 물기를 확실히 닦아낸다.

내장의 처리

꺼낸 내장은 신문지 등에 싸서 바로 버린다. 음식물 쓰레기 수거일까지 기일이 남았을 때는 두 겹의 비닐 봉투에 담아 냉동고에 넣어둔다.

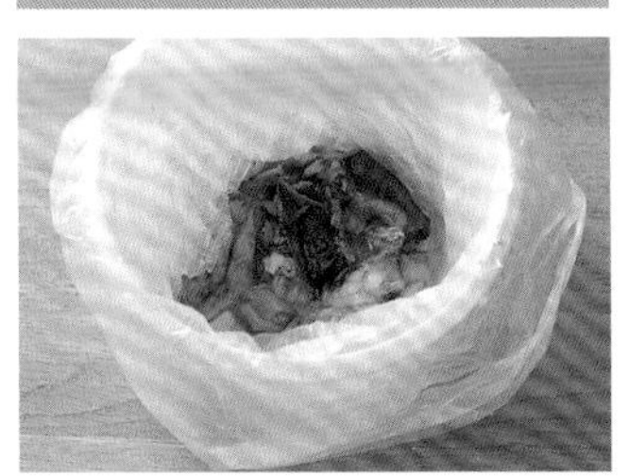

미즈아라이 종료

미즈아라이를 제대로 한 생선은 신선도 가 오래 유지되고 비린내도 나지 않는다. 조리하기 전까지는 마르지 않도록 키친타월로 감싼 후, 랩으로 싸서 냉장고의 빙온실에 넣어놓는다.

생선 포를 뜨는 기본 방법

살 2장, 등뼈 1장으로 잘라 나누는 가장 기본적인 방법. 가정에서 자주 사용하는 전갱이나 고등어 같은 적당한 크기의 생선은 배→등→등→배의 순서로 배와 등 양쪽 방향으로 칼을 넣어 살을 바른다.

사용 도구 데바보초

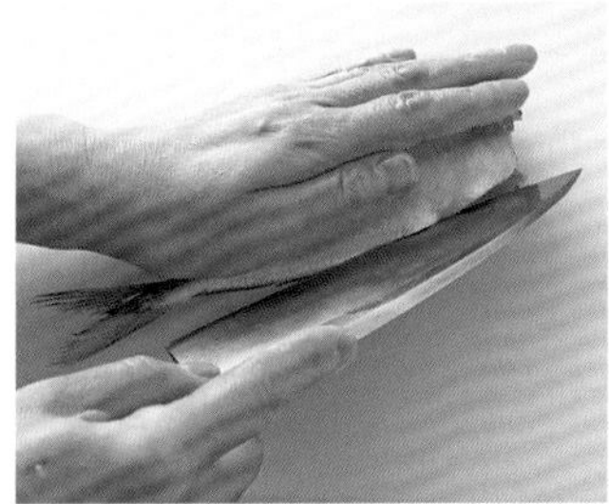

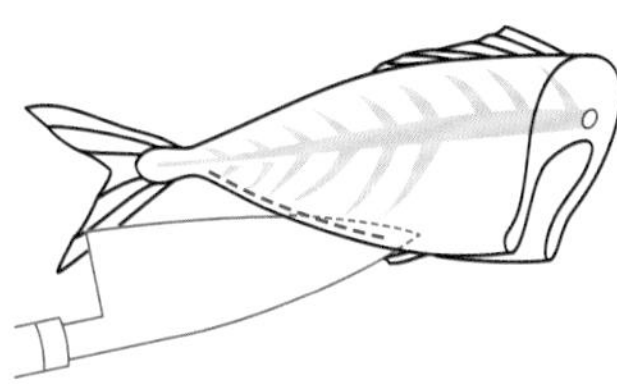

1 꼬리를 왼쪽, 배를 내 앞으로 놓고 배에 낸 칼집 가장자리에서 꼬리지느러미 몇 mm 정도 위에 칼을 넣어 꼬리 부분까지 자른다.

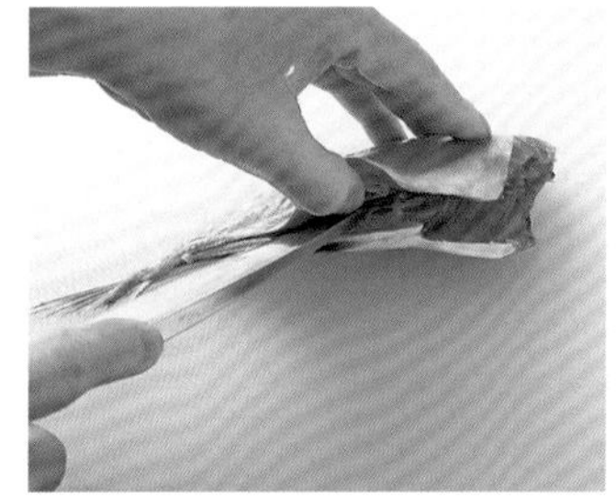

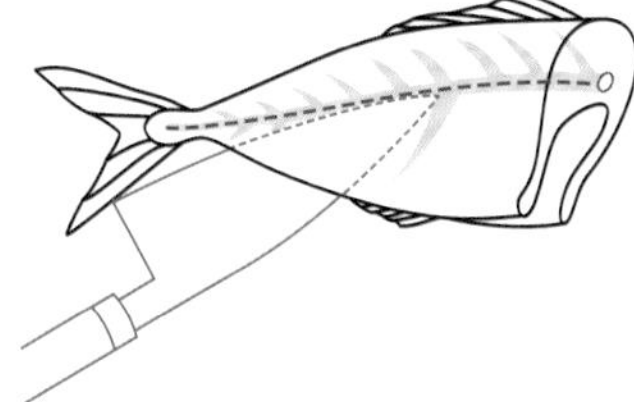

2 다시 대가리 쪽에서 칼을 넣어 등뼈를 따라 내 앞으로 당기듯 움직이며 중앙의 굵은 뼈에 닿을 때까지 잘라나간다.

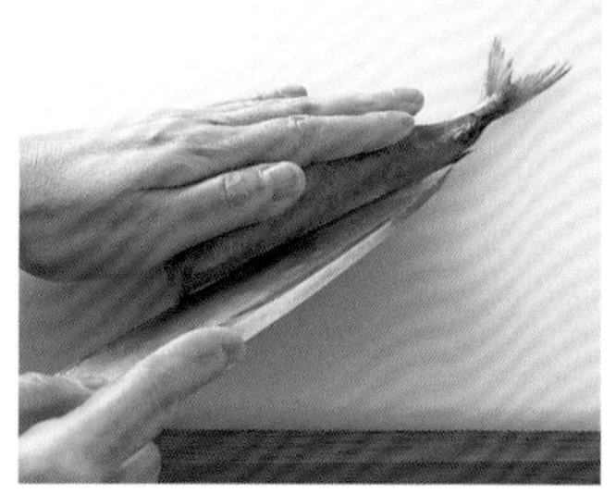

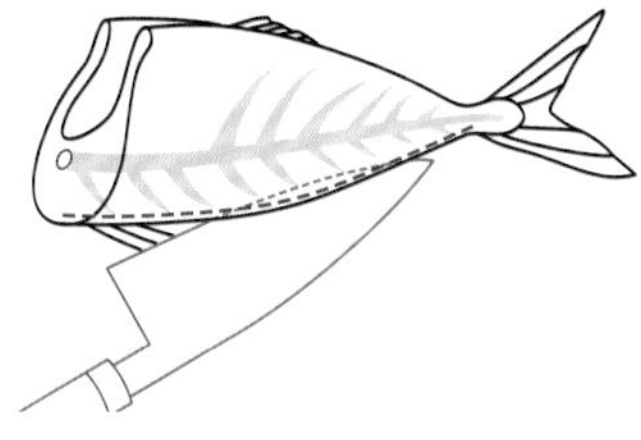

3 등이 내 앞으로 오게끔 방향을 바꾸어 꼬리 부분에서 대가리 쪽을 향해 등지느러미 위로 칼집을 넣는다.

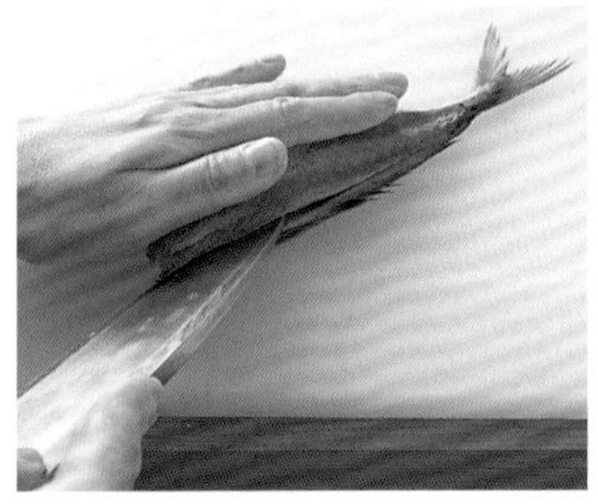

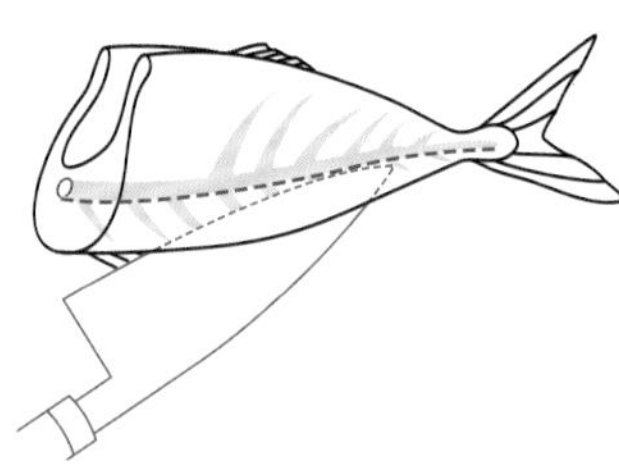

4 다시 꼬리 쪽에서 칼을 넣어 등뼈를 따라 내 앞으로 당기듯 움직이며 중앙의 굵은 뼈에 닿을 때까지 잘라나간다.

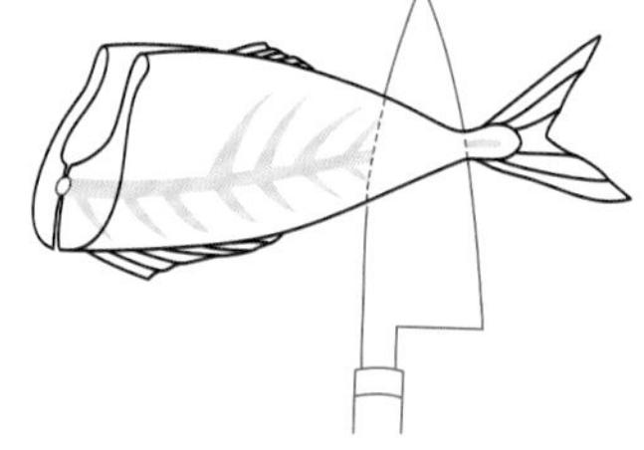

5 꼬리 쪽 등뼈 위에 칼코를 반대 방향으로 찔러넣고, 살짝 칼집을 넣는다. 아직 꼬리가 붙은 부분을 잘라내지 않는다.

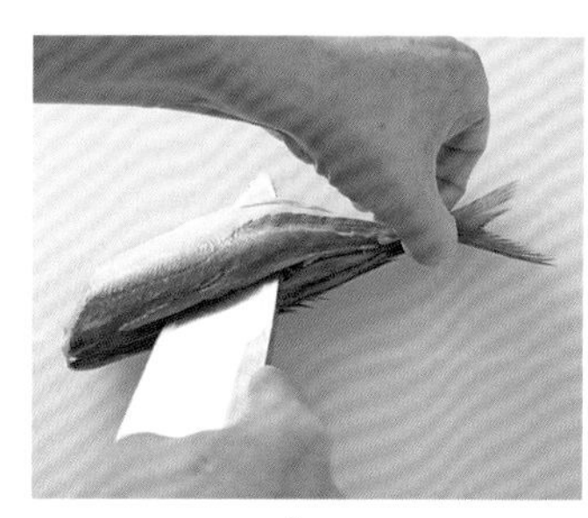

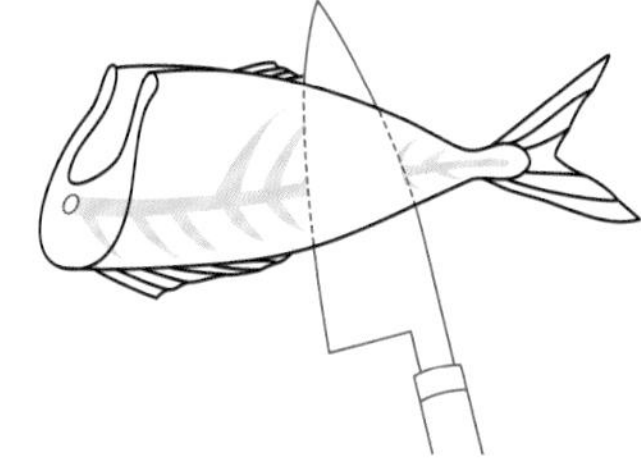

6 왼손으로 꼬리 부분을 잡고 칼을 뒤집어 등뼈 위를 타고 내리듯 칼을 움직이며 대가리 쪽까지 한 번에 잘라나간다.

여기서 소개하는 4종류의 포 뜨기 방법을 익혀두면 대부분의 생선에 응용할 수 있습니다. 크기나 형태가 다르더라도 기본 방법은 동일합니다. 1장의 널빤지 같은 등뼈에서 양쪽 살을 발라 떼어내면 됩니다. 드드득 하고 뼈를 자르는 듯한 소리가 나도록 등뼈를 따라 바르는 것이 포인트입니다.

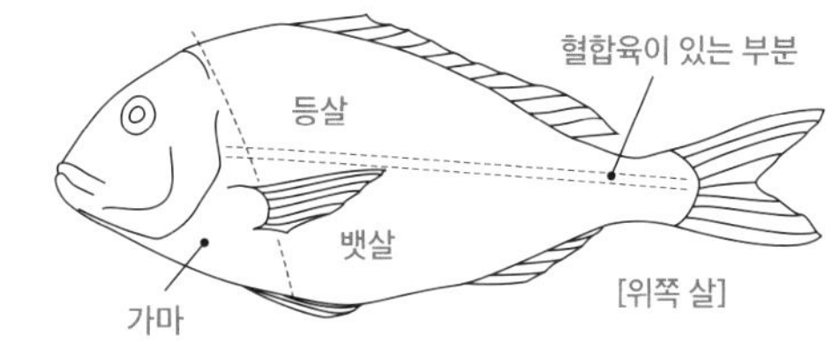

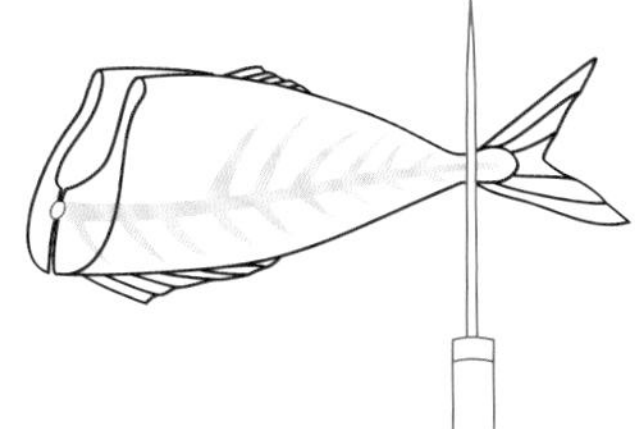

7 꼬리 부분을 자르고 한쪽 살을 떼어낸다. 이 반쪽 살은 대가리를 왼쪽으로 하고 배를 내 쪽으로 놓았을 때 아래쪽 살이다.

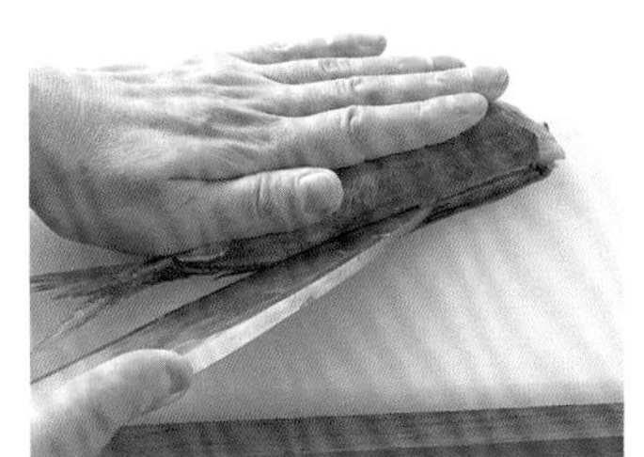
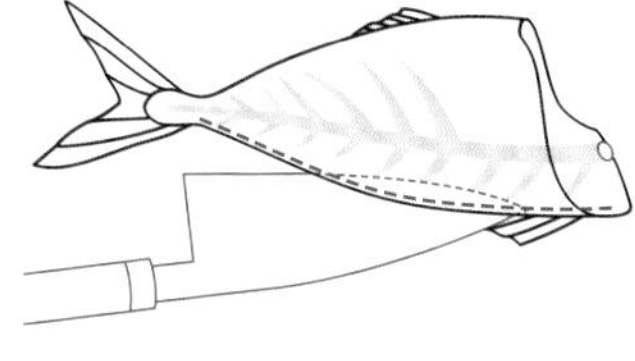

8 등뼈를 밑으로, 등을 내 앞으로 놓고 대가리 쪽에서 꼬리 쪽을 향해 등지느러미 위에 칼집을 낸다.

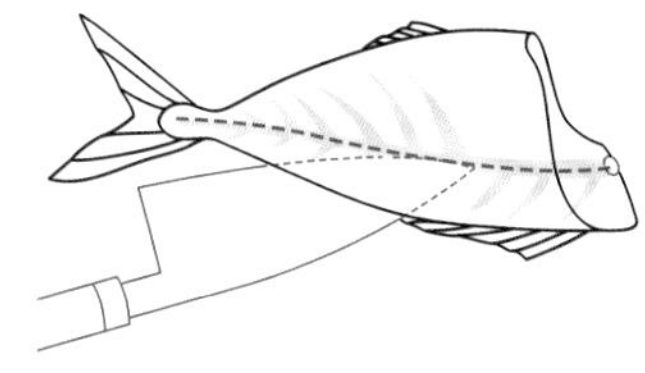

9 다시 대가리 쪽에서 칼을 넣어 등뼈를 따라 내 앞으로 당기듯 움직이며 중앙의 굵은 뼈에 닿을 때까지 발라나간다.

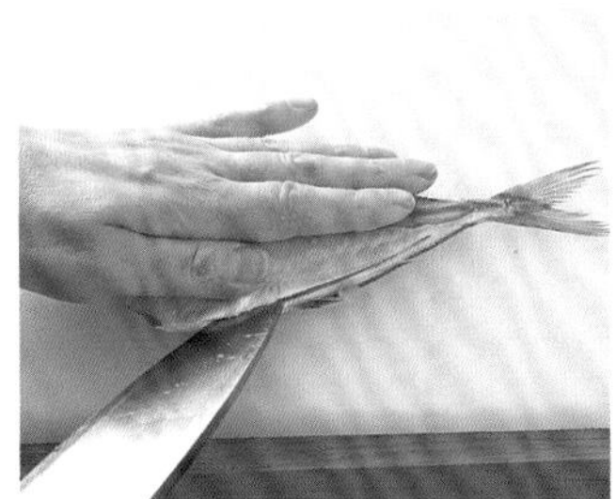
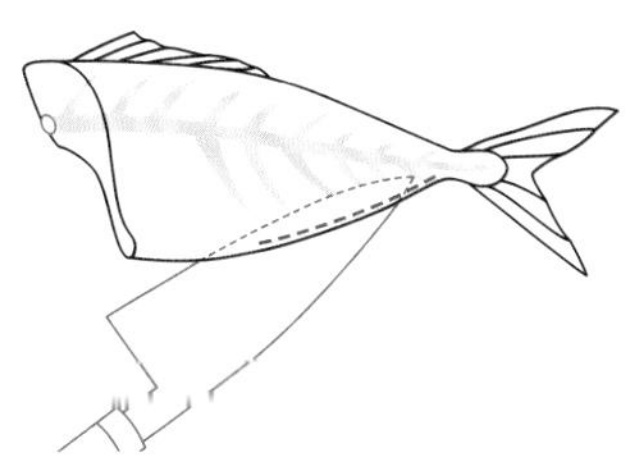

10 배가 내 앞으로 오게끔 방향을 바꿔, 꼬리 부분에서 대가리 쪽으로 등뼈 위에 칼집을 넣는다.

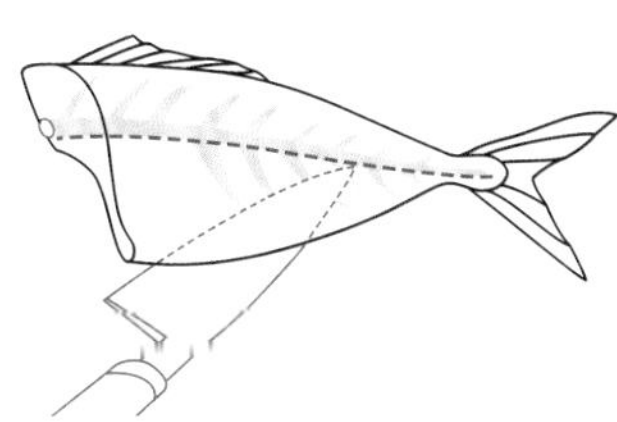

11 다시 꼬리 쪽에서 칼을 넣어 등뼈에 칼을 대고 당기듯 중앙의 굵은 뼈에 닿을 때까지 발라나간다.

5, **6**, **7**과 같은 방법으로 살을 떼어내면 이 반쪽살은 생선 대가리를 왼쪽으로 하고 배를 내쪽에 놓았을 때의 위쪽 살.
사진은 세 장 뜨기 한 모습.

도미처럼 육질이 탱탱하거나 살이 잘 으깨지지 않는 생선의 세 장 뜨기는 몸통의 방향을 바꾸지 않고, 뱃살에서 등살까지 한 방향으로 칼을 움직여 살을 바른다.

사용 도구 데바보초

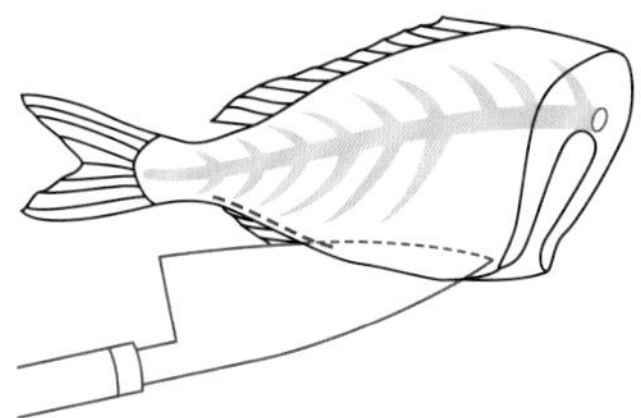

1 대가리 쪽을 오른쪽으로, 배를 내 앞으로 놓고 배 쪽 칼집 가장자리부터 꼬리지느러미 몇 mm 위로 칼을 넣어 꼬리 부분까지 칼집을 낸다.

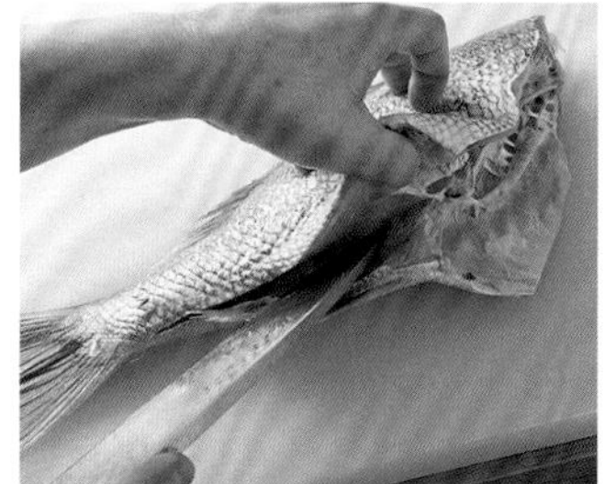

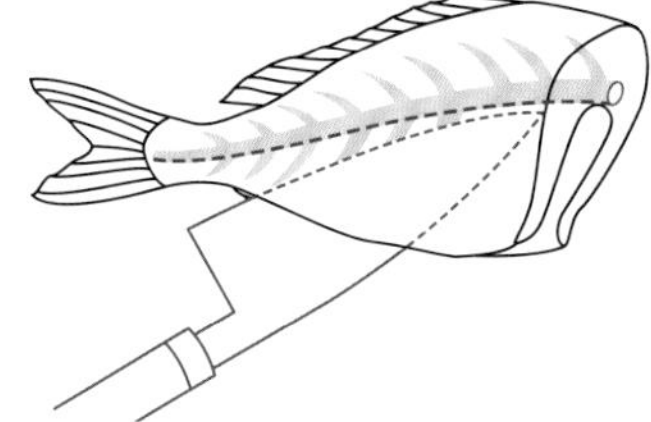

2 왼손으로 살을 잡고 들어 올려가면서 등뼈를 따라 칼을 내 앞으로 크게 당기듯 움직여 중앙의 굵은 뼈까지 잘라나간다.

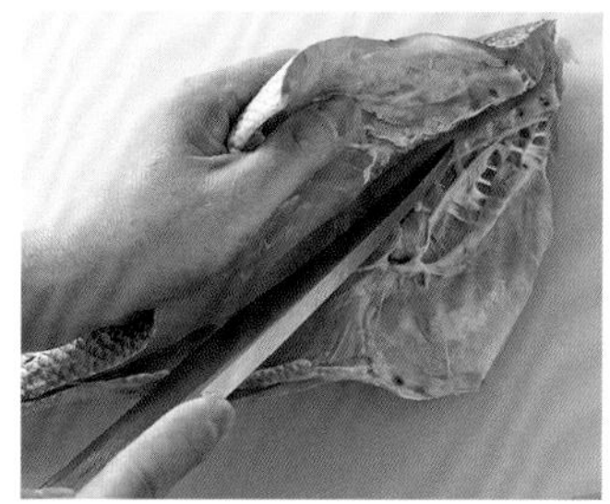

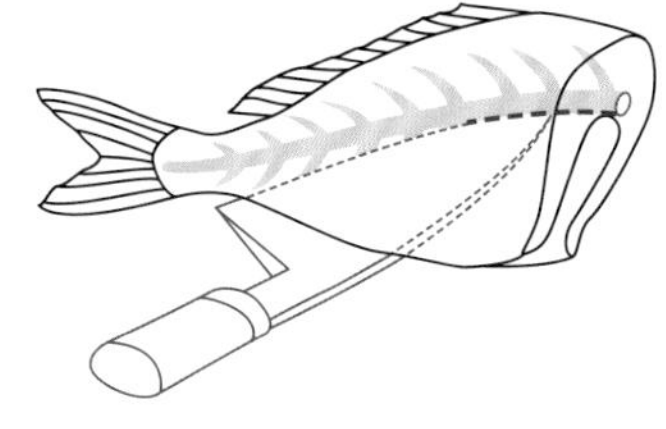

3 칼을 약간 세워, 중앙의 굵은 뼈와 갈비뼈의 연결 부위를 잘라낸다. 거기에 굵은 뼈 위를 타고 내리듯 움직여 살을 떼내어간다.

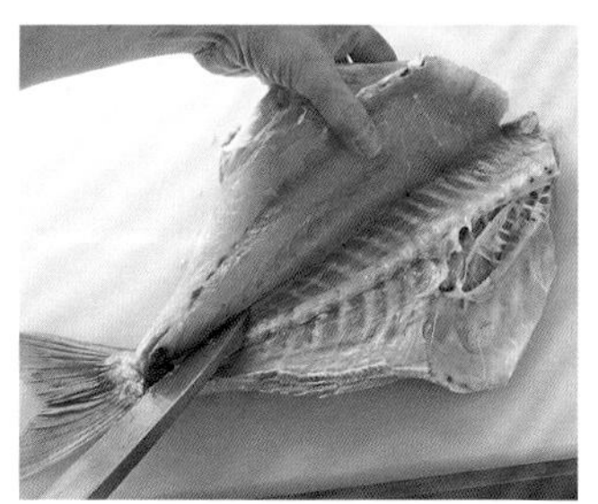

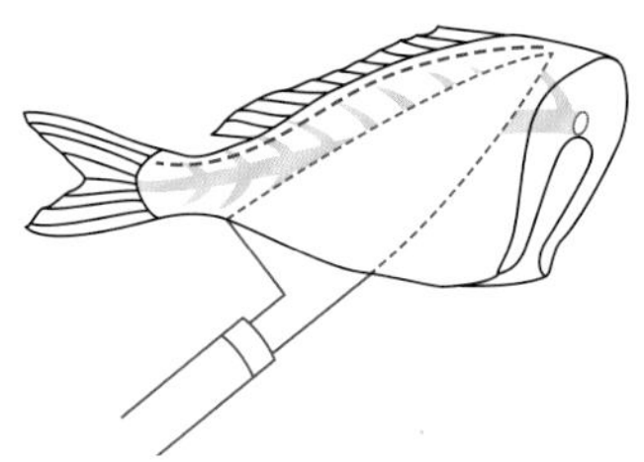

4 반복적으로 칼을 넣어 등지느러미 쪽까지 자르면서 살을 분리해간다.

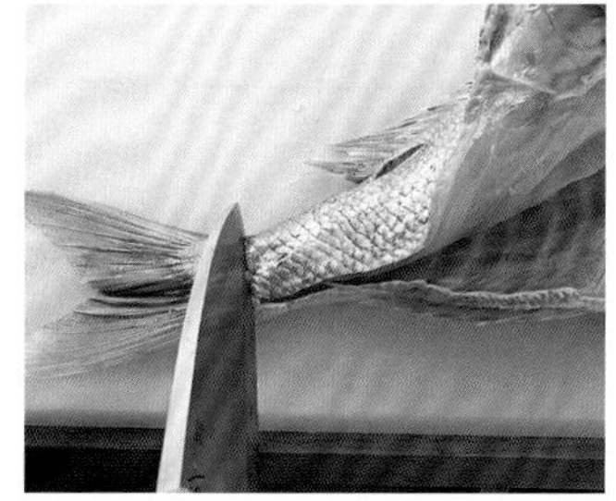

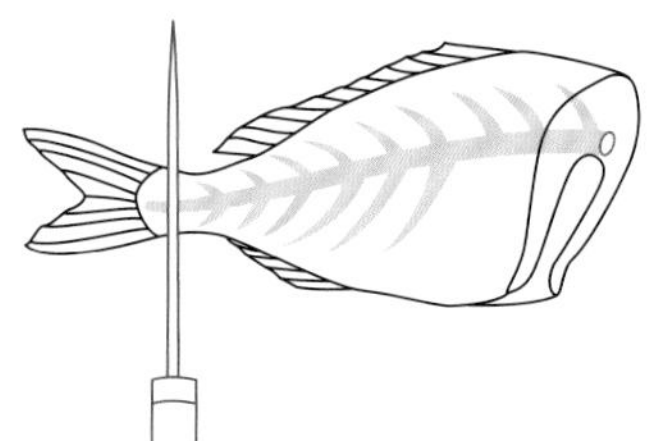

5 꼬리 부분까지 잘라 펼쳤다면 들춰 올렸던 살을 원래대로 덮고 꼬리 부분을 자른다.

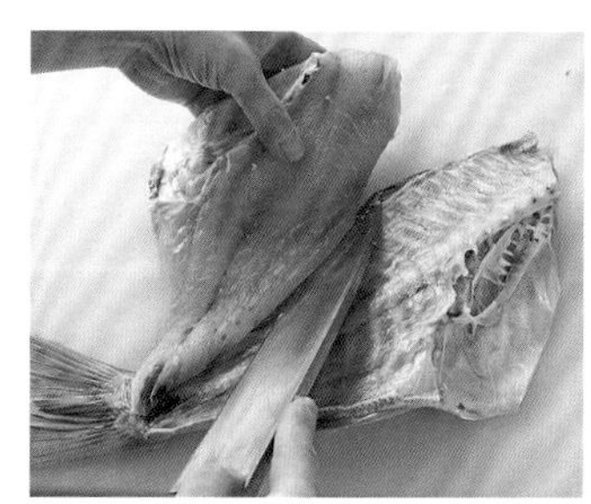

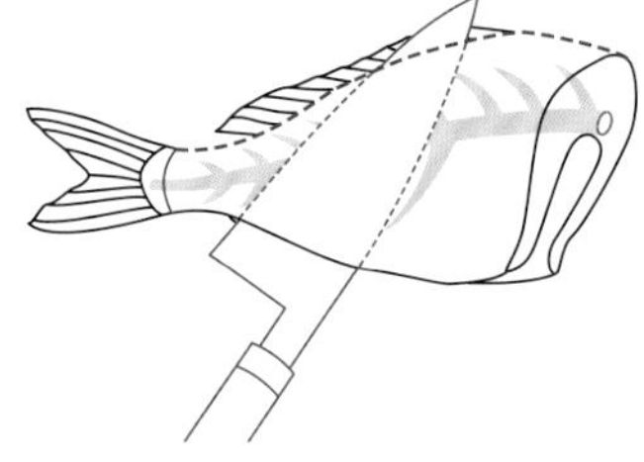

6 대가리 쪽에서 등지느러미를 따라 칼을 움직여 살을 분리한다.

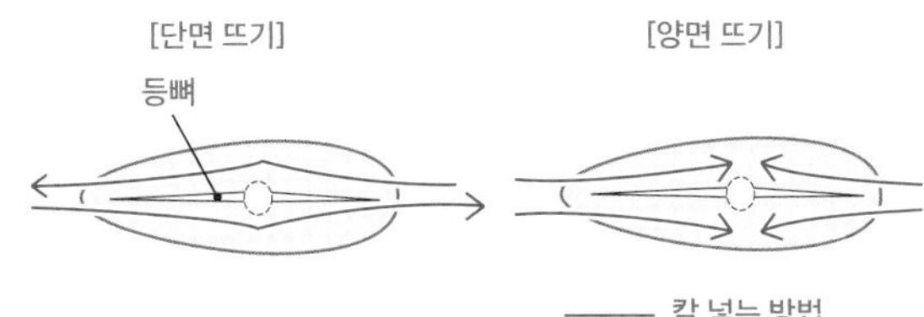

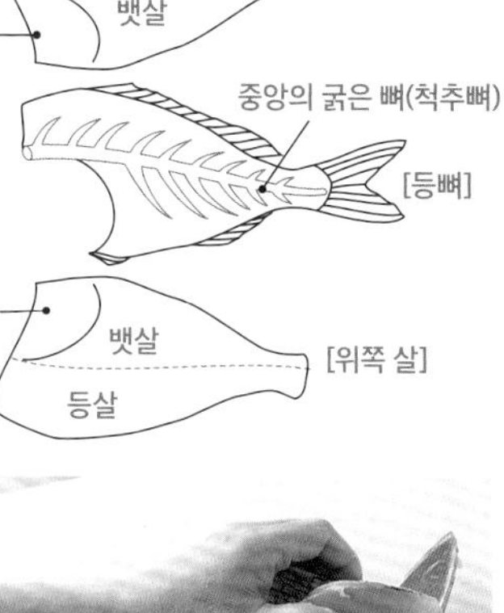

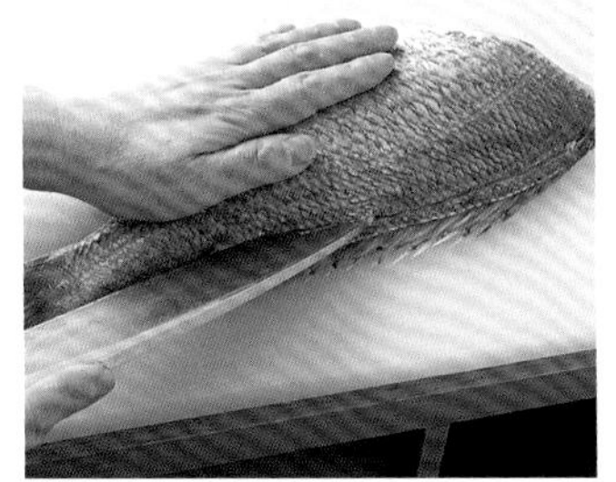

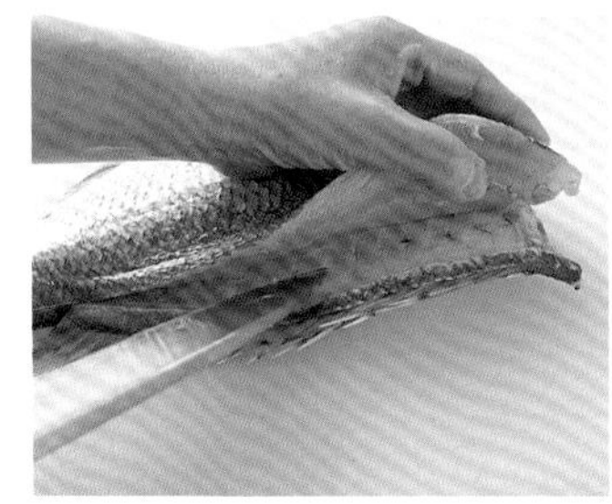

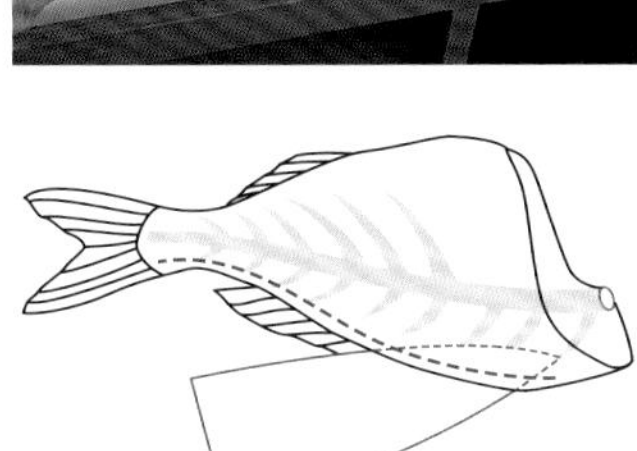

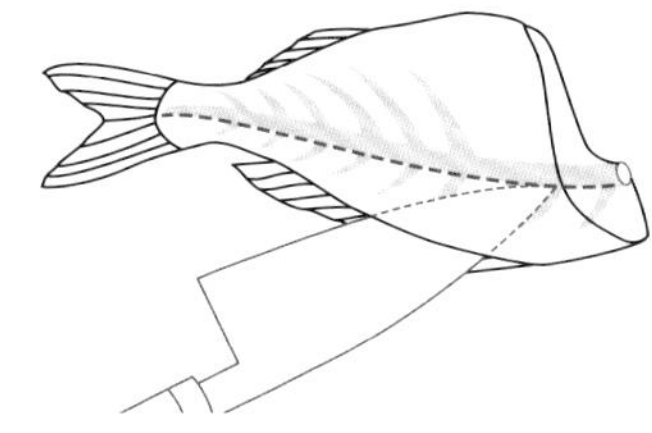

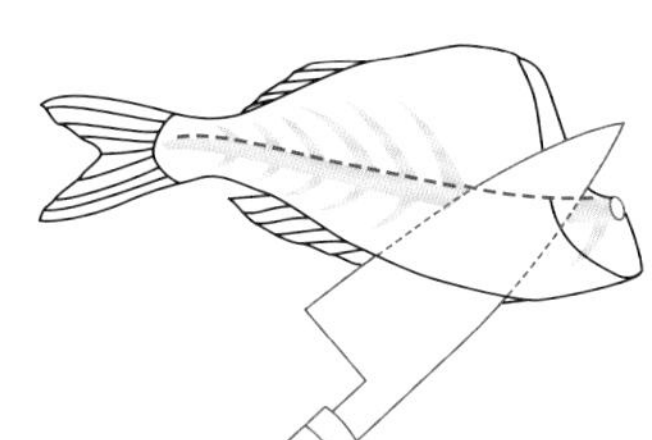

7 등뼈를 밑으로, 배를 내 앞으로 놓고 대가리 쪽에서 꼬리 쪽으로 등지느러미 위에 칼집을 낸다.

8 왼손으로 살을 잡고 들춰가며 반복해서 칼을 넣어, 중앙의 굵은 뼈까지 잘라 나간다.

9 칼을 약간 세워 중앙의 굵은 뼈와 갈비뼈의 연결 부위를 잘라낸다. 다시 굵은 등뼈 위를 긋듯이 타고 내려 배 근처까지 살을 떼내어간다.

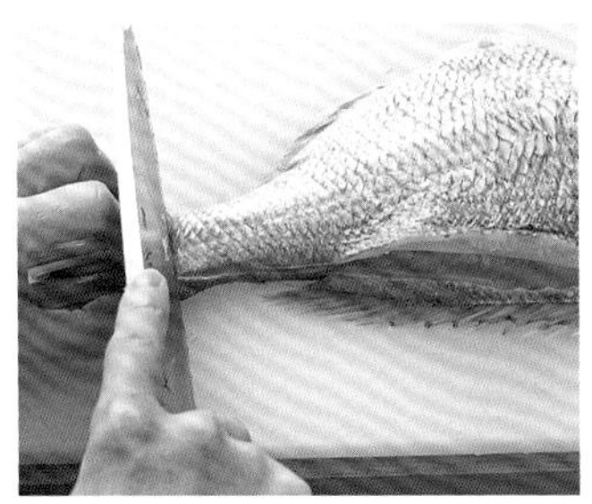

세 장 뜨기 한 모습.

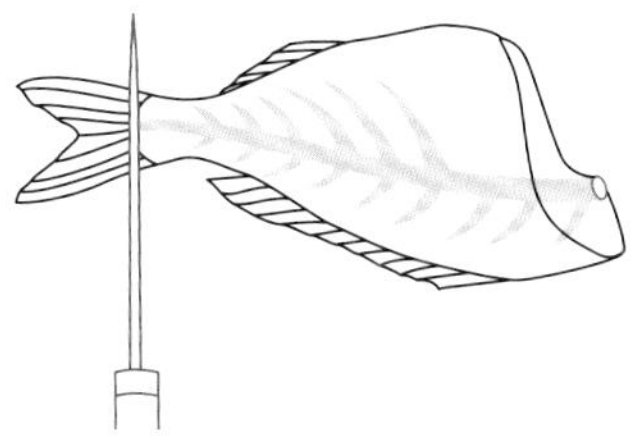

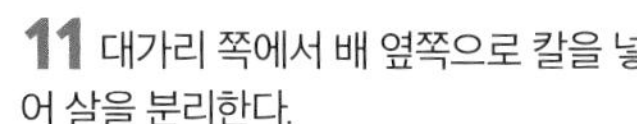

10 꼬리 부분까지 잘라 펼쳤다면 들춰 올렸던 살을 원래대로 덮고 꼬리 부분을 수직으로 자른다.

11 대가리 쪽에서 배 옆쪽으로 칼을 넣어 살을 분리한다.

왼손잡이의 세 장 뜨기 (양면 뜨기)

왼손잡이는 모든 공정이 좌우 반대이다. 일식칼은 외날이기 때문에 왼손잡이 전용 칼이 필요하다.

사용 도구 왼손잡이용 데바보초

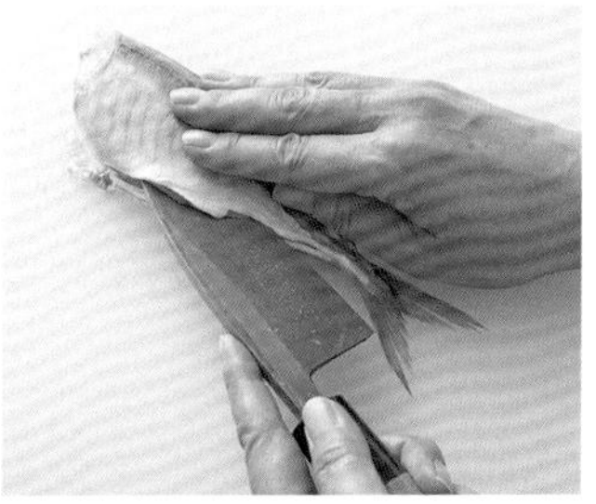

1 꼬리를 오른쪽으로, 배를 내 앞으로 향하게 놓고 배 쪽 칼집부터 꼬리 부분까지 칼집을 낸다. 등뼈에 칼을 대고 중앙의 굵은 뼈가 닿을 때까지 잘라나간다.

2 등이 내 앞으로 오게끔 방향을 바꾸고, 꼬리 부분부터 대가리 쪽까지 등지느러미 위로 칼집을 낸다. 등뼈에 칼을 대고 중앙의 굵은 뼈가 닿을 때까지 잘라나간다.

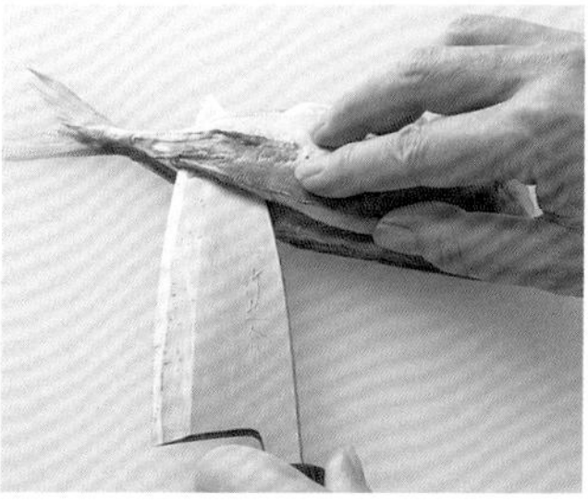

3 꼬리 부분 등뼈 위에 칼코를 반대 방향으로 찔러넣고 살짝 칼집을 넣는다. 아직 꼬리 부분을 잘라내지 않는다.

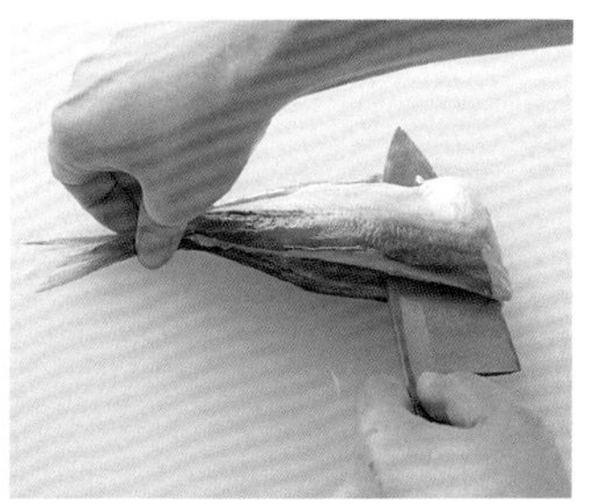

4 칼코를 뒤집어 대가리 쪽으로 향하게 하고 오른손으로 꼬리 부분을 누른 후 등뼈 위를 따라 내리듯 칼을 움직여 대가리 쪽까지 한 번에 잘라나간다.

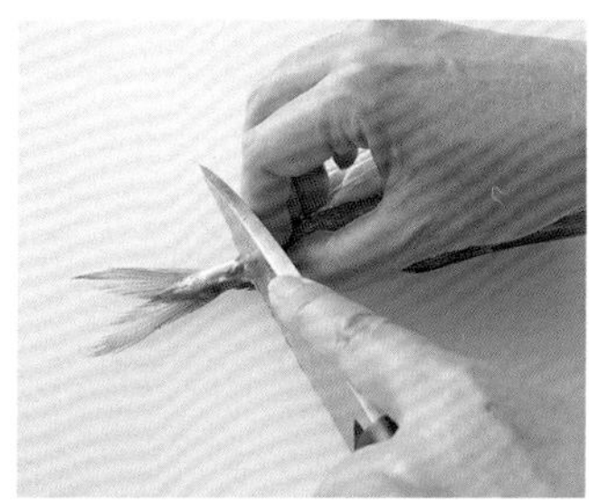

5 꼬리 부분을 잘라 떼어낸다.

6 등뼈를 밑으로, 등을 내 앞으로 놓고 대가리 쪽에서 꼬리 부분까지 등지느러미 위에 칼집을 낸다. 등뼈에 칼을 대고 중앙의 굵은 뼈까지 잘라나간다.

7 배가 내 앞으로 오게끔 방향을 바꾸고, 꼬리 부분부터 대가리 쪽까지 등뼈 위로 칼집을 낸다. 등뼈에 칼을 대고 중앙의 굵은 뼈에 닿을 때까지 잘라나간다.

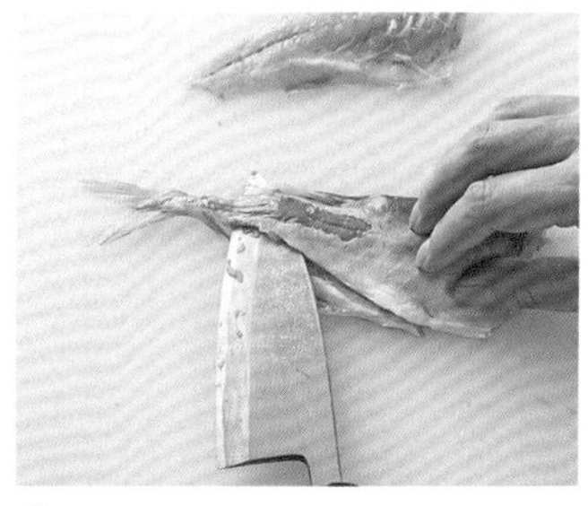

8 꼬리 부분 등뼈 위에 칼코를 반대 방향으로 찔러넣고 살짝 칼집을 넣는다. 아직 꼬리가 붙은 부분을 잘라내지 않는다.

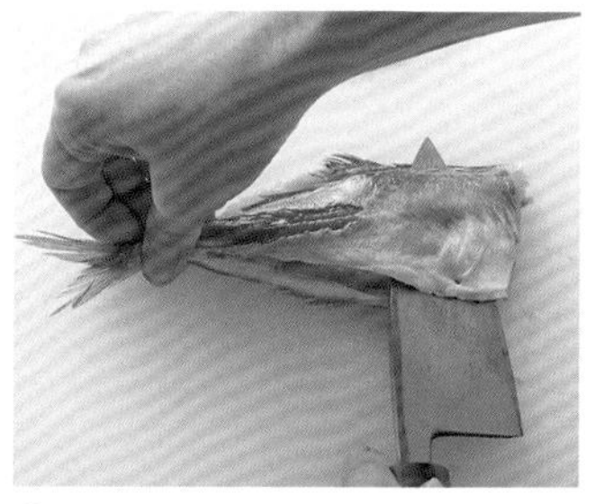

9 칼코를 대가리 쪽으로 향하게 하고 오른손으로 꼬리 부분을 눌러 등뼈 위를 따라 내리듯 칼을 움직이며 한 번에 잘라나간다. 꼬리 부분을 잘라 떼어낸다.

한칼 뜨기

세 장 뜨기의 일종. 대가리에서 꼬리까지 한칼에 살을 발라내는 방법으로, 등뼈에 살이 남는 사치스러운 방법이라 하여 '다이묘(넓은 영지를 소유한 지방 영주) 뜨기'라는 이름으로 불린다. 학꽁치, 꽁치 같은 가늘고 긴 생선이나 살이 부드러운 생선에 사용한다. 단시간에 빠르게 살을 발라내야 하는 경우에도 적합한 방법이다.

사용 도구 데바보초

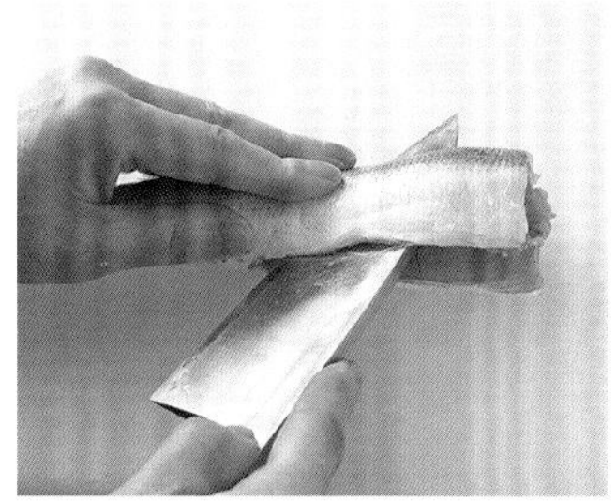

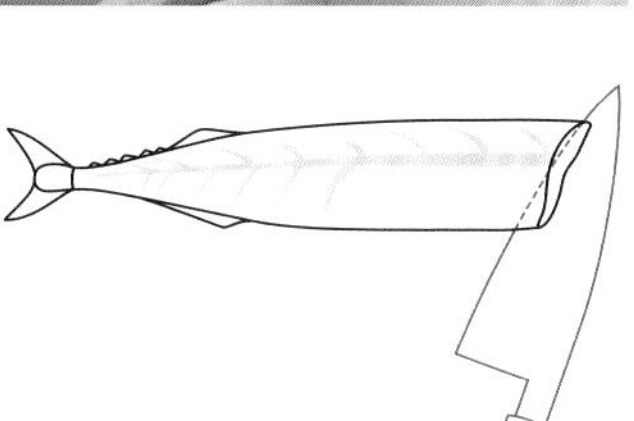

1 대가리 쪽을 오른쪽으로, 배를 내 앞으로 놓고 대가리 쪽에서 등뼈 위로 칼을 넣어, 칼끝이 등 쪽으로 튀어나오게 해서 내 앞으로 당기듯 자른다.

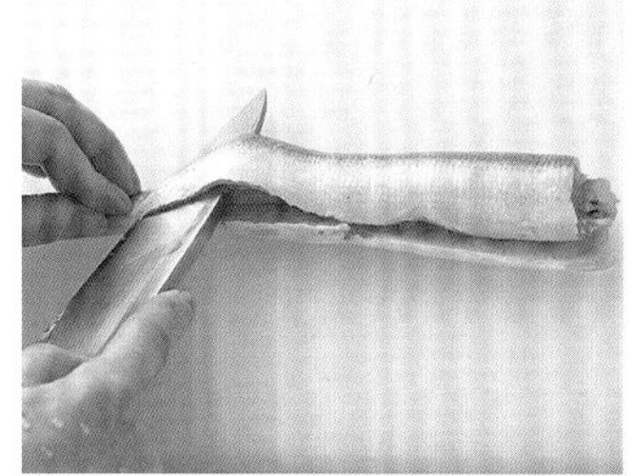

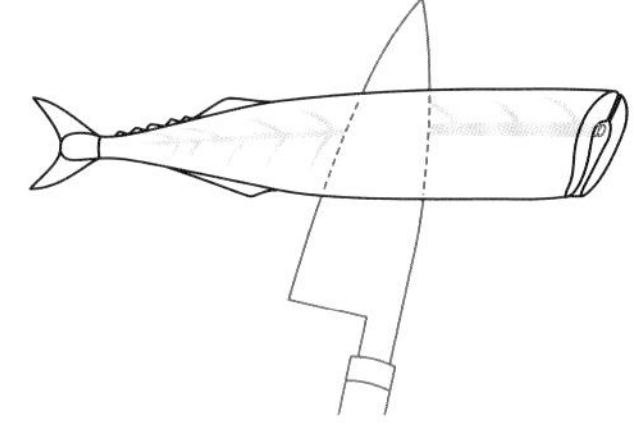

2 중앙의 굵은 뼈 위로 미끄러지듯 한칼에 꼬리 앞쪽까지 잘라 살을 발라낸다.

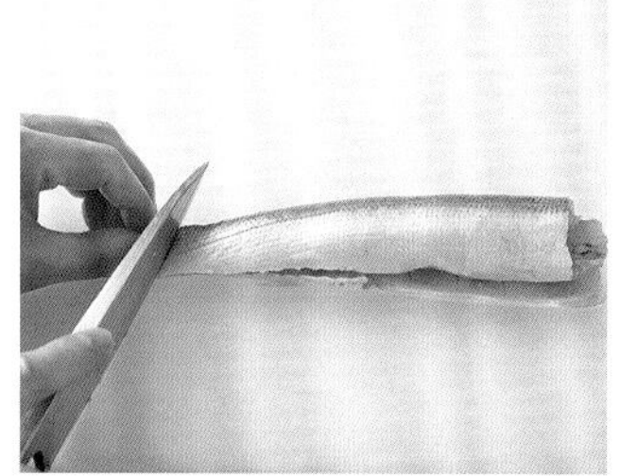

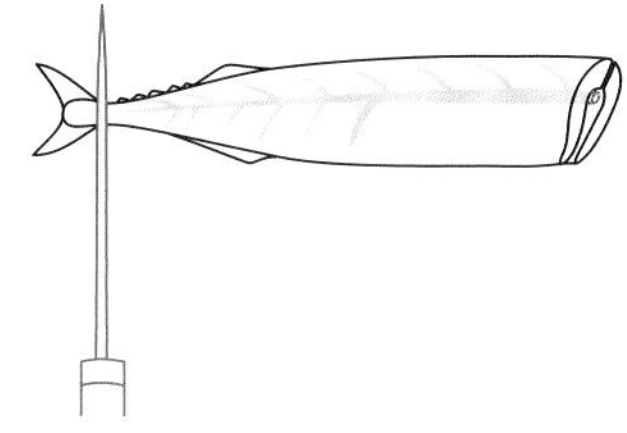

3 꼬리 부분을 잘라 떼어낸다.

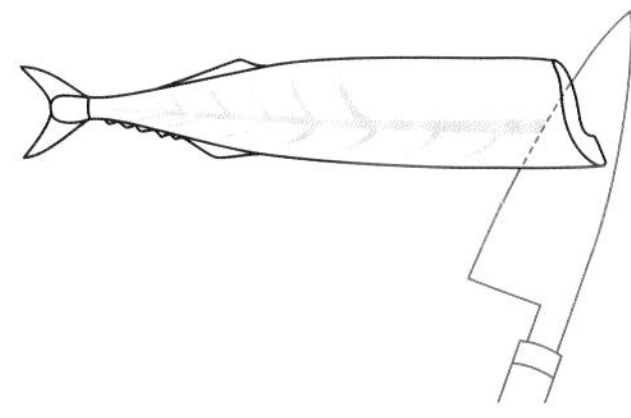

4 등뼈를 밑으로, 등을 내 앞으로 놓고 대가리 쪽에서 칼을 넣어 중앙의 굵은 뼈 위를 미끄러지듯 한칼에 꼬리 앞쪽까지 잘라나간다.

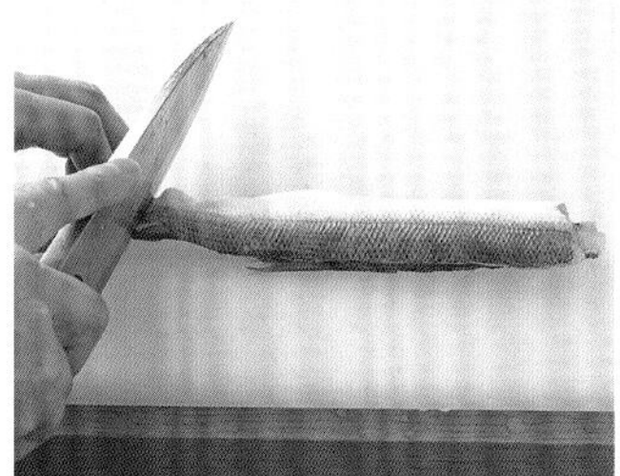

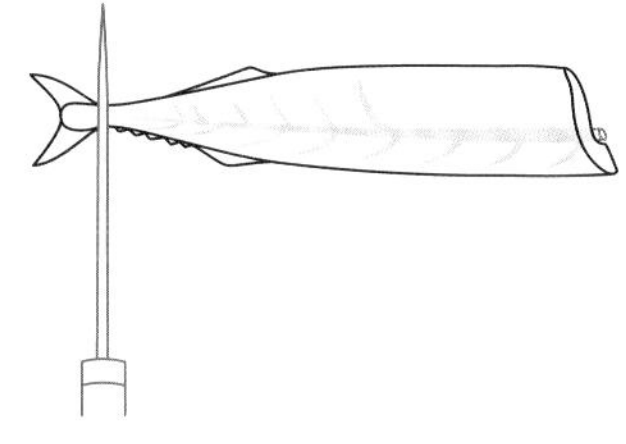

5 꼬리 부분을 잘라 떼어낸다.

한칼 뜨기 한 모습.

절단면으로 본 한칼 뜨기

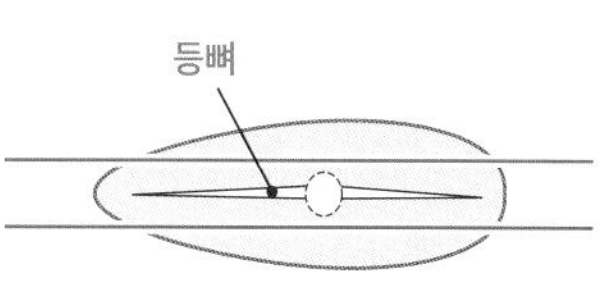

다섯 장 뜨기

가자미, 광어 같은 평평하고 넓적한 생선 살을 발라내는 방법. 앞뒤의 살을 등살과 뱃살로 나눠 살 4장과 등뼈 1장, 총 5장으로 발라낸다.

사용 도구 데바보초

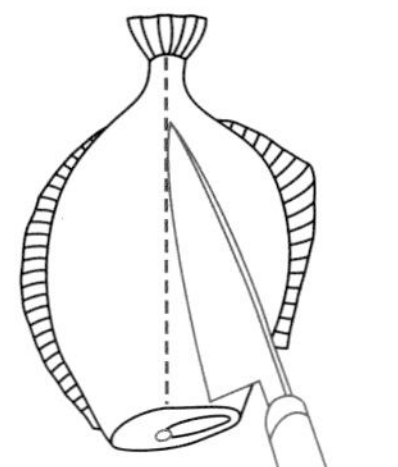

1 등 쪽을 위로, 대가리 쪽을 내 앞으로 오게 놓고 꼬리 부분에서 대가리 쪽으로, 측선(중앙에 있는 줄)을 따라 중앙의 굵은 뼈에 닿을 때까지 세로로 칼집을 넣는다.

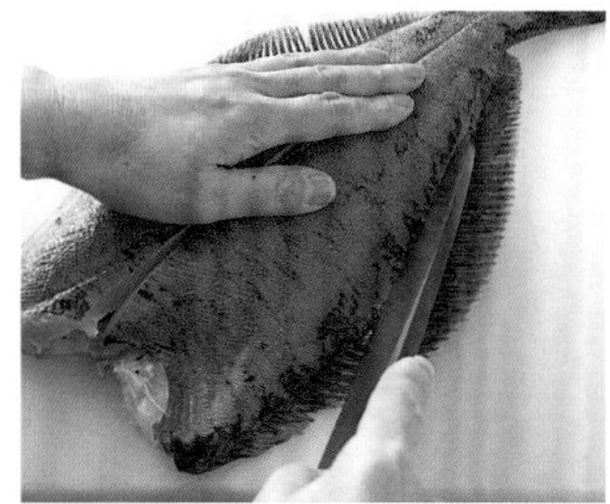

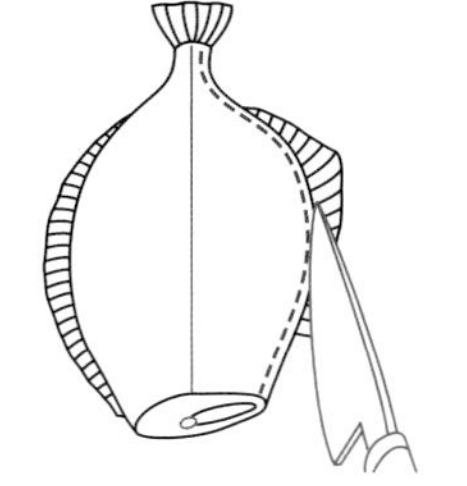

2 볼기지느러미 가장자리에서 3mm 정도 안쪽 부분에 칼끝을 대고, 지느러미가 붙어 있는 부분을 따라 칼집을 넣는다.

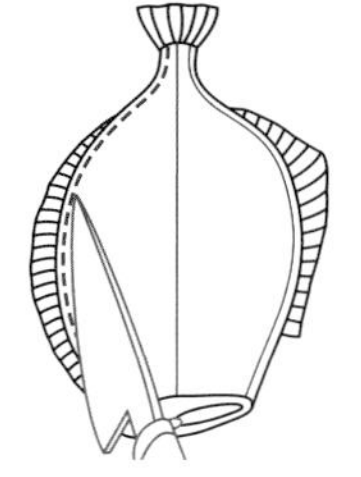

3 등지느러미 쪽도 같은 요령으로 지느러미를 따라 칼집을 넣는다.

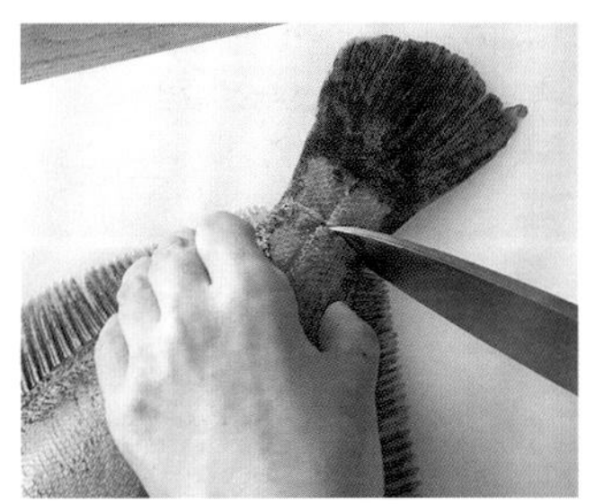

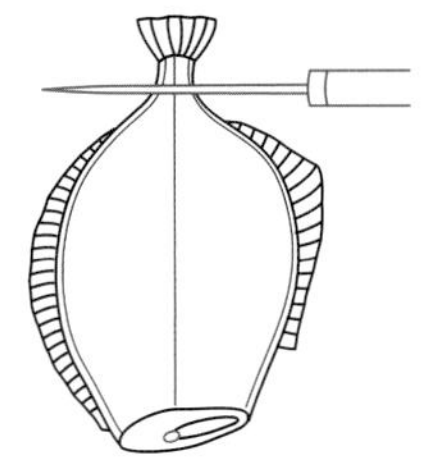

4 꼬리 부분에 칼집을 넣는다.

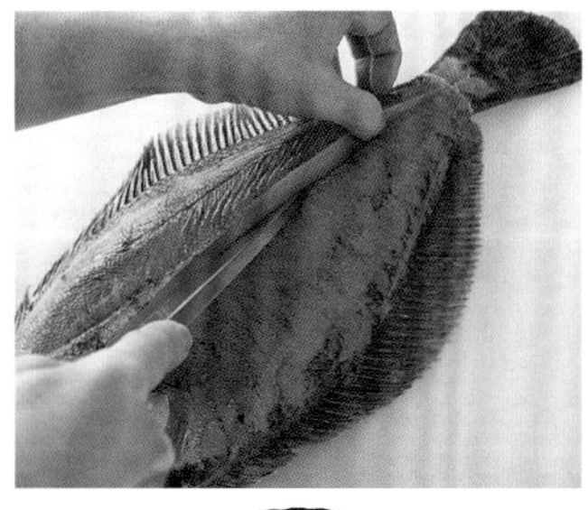

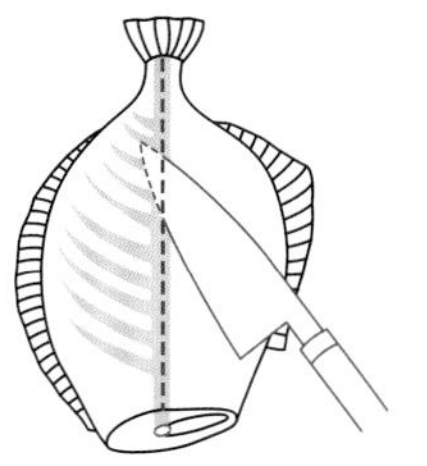

5 중앙에 낸 칼집에서 등 쪽을 향해 칼을 눕혀 넣고, 중앙의 굵은 뼈 위를 미끄러지듯 훑어 뼈에서 살을 떼어낸다.

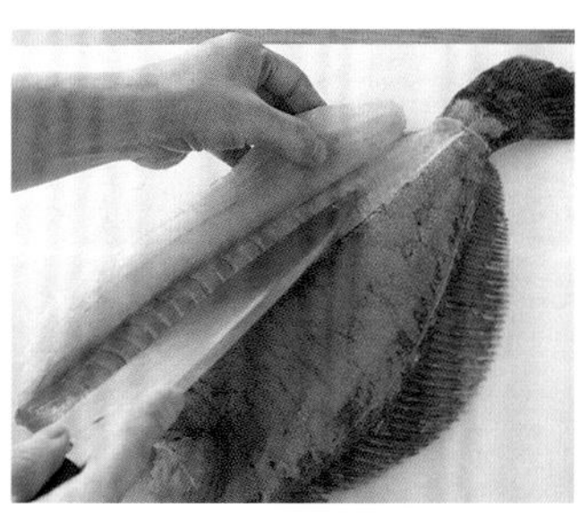

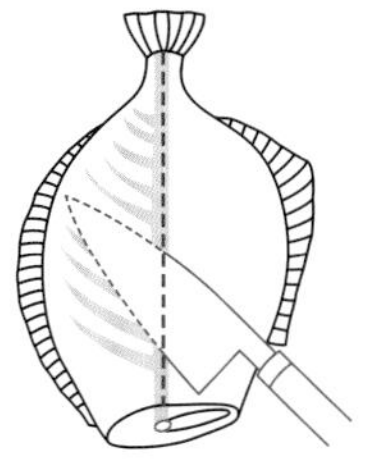

6 꼬리 부분 근처의 살을 등뼈를 따라 발라내고, 왼손으로 살을 들어올리면서 발라나간다. 칼을 눕혀 등뼈에 대고 내 앞으로 당기듯이 움직인다.

81쪽의 가다랑어 살을 발라내는 방법(후시오로시)도 다섯 장 뜨기의 일종으로, 살이 두툼하고 부서지기 쉬운 생선 살을 발라내는 방법.

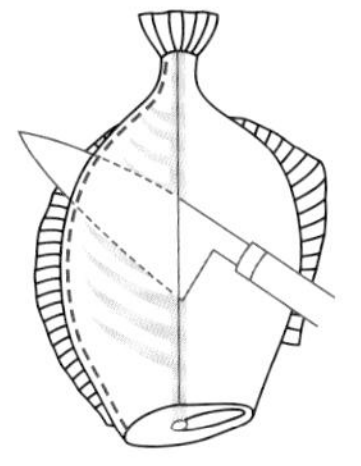

7 3에서 넣었던 칼집까지 잘라나가고, 지느러미살*이 등뼈에 남아 있지 않도록 꼼꼼하게 잘라내어 등살을 떼어낸다.

*지느러미살(엔가와)이란, 가자미나 광어 등의 양쪽 끝에 있는 지느러미를 움직이는 근육 부분을 가리킨다. 적당히 지방이 올라 있고 독특한 식감으로 희소가치가 있다(150쪽 참조).

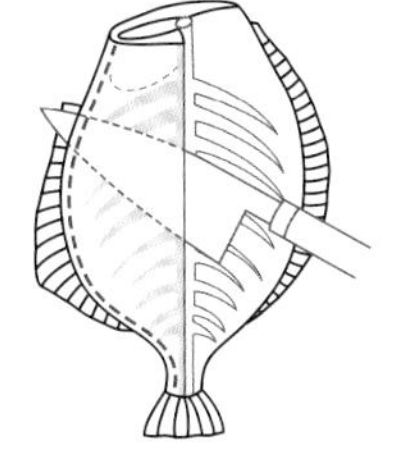

8 위아래 방향을 바꿔 대가리 쪽에서 칼을 눕혀 넣고, 중앙의 굵은 뼈 위를 미끄러지듯 훑어 뼈에서 살을 떼어낸다.

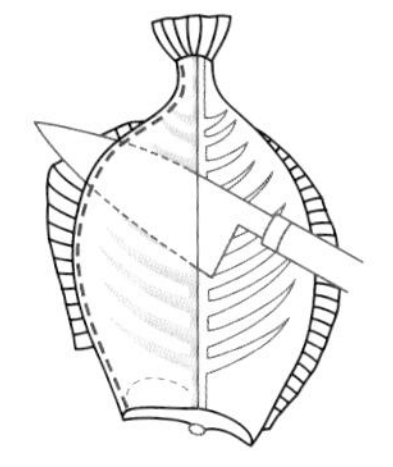

9 2에서 넣었던 칼집까지 등뼈를 따라 잘라나가고, 지느러미살이 등뼈에 남지 않도록 꼼꼼하게 잘라 뱃살을 떼어낸다.

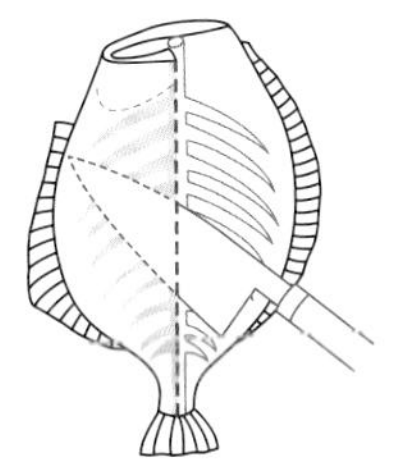

10 뒤집어서 꼬리를 내 앞으로 놓고, 뒤집은 쪽 살을 같은 요령으로 발라낸다(생선을 놓는 방향은 반대).

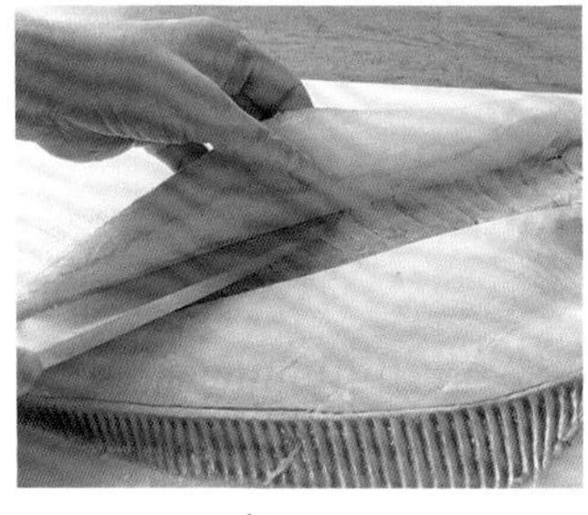

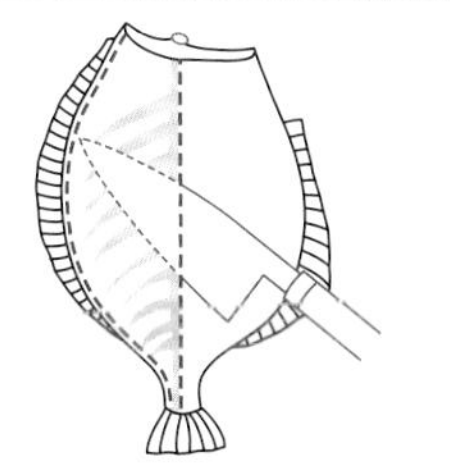

11 칼을 눕혀 등뼈를 따라 살을 발라낸다.

다섯 장 뜨기 한 모습(사진은 광어).

절단면으로 본 다섯 장 뜨기

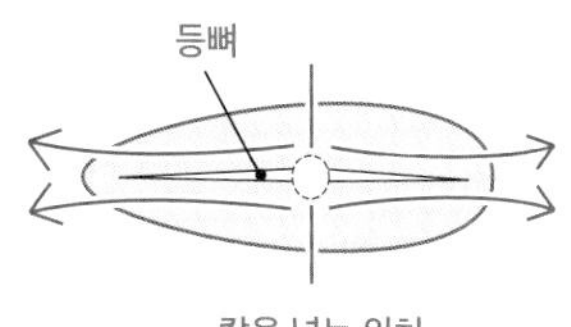

갈비뼈를 제거한다

발라낸 살을 회 뜨거나 소테* 등으로 요리하는 경우, 배 부분에 남아 있는 뼈(갈비뼈)를 얇게 저며 제거한다.

*소테: 적은 기름이나 버터 등으로 살짝 볶는 것.

사용 도구 **데바보초**

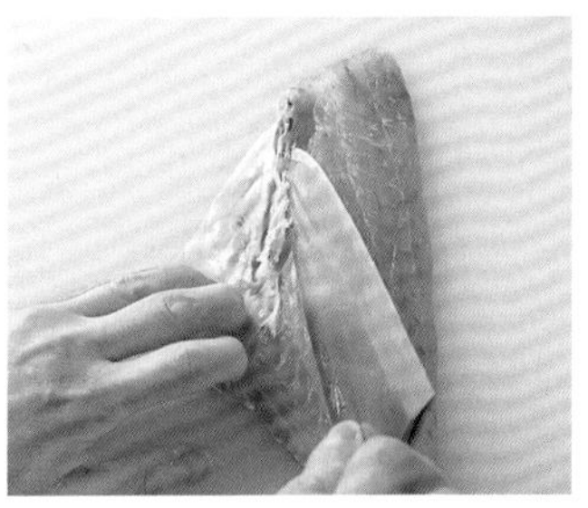

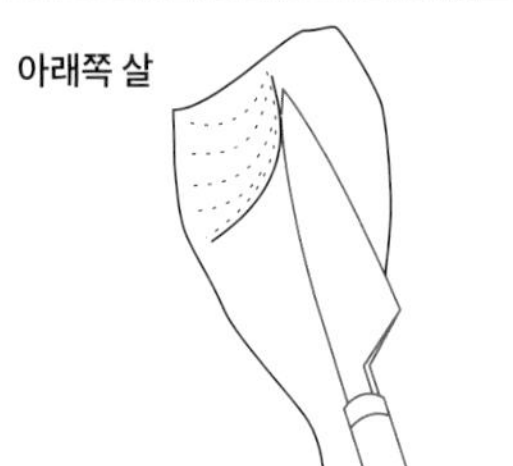

1 아래쪽 살은 뱃살이 왼쪽으로 가게 놓고, 칼은 뒤집어 잡아 갈비뼈가 붙어 있는 부분에 칼끝을 찔러넣는다. 위쪽으로 올려 잘라 뼈 끝을 떼어서 갈비뼈를 세운다.

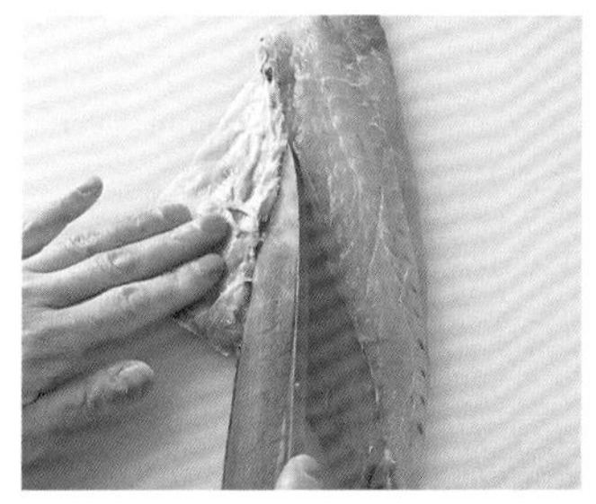

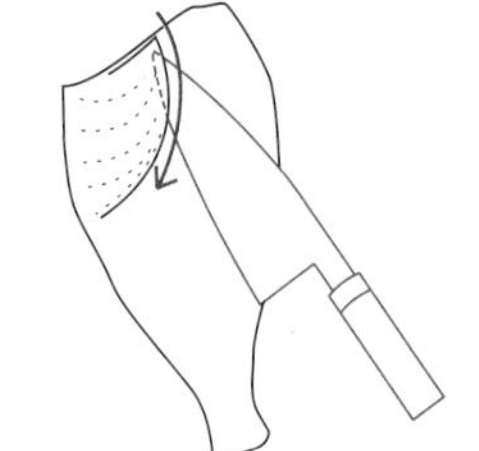

2 칼을 원래대로 바꿔 잡고, **1**의 칼집에 대가리 쪽에서 눕혀 넣어 내 앞으로 당기며 갈비뼈를 떠낸다는 느낌으로 잘라나간다.

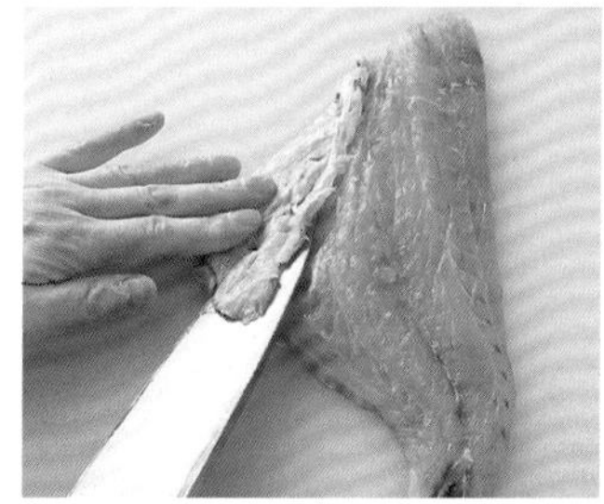

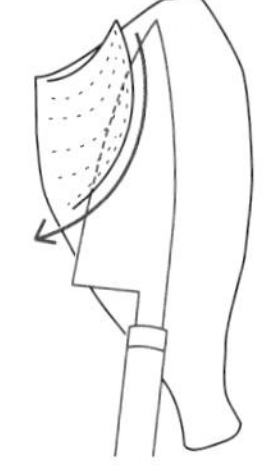

3 배의 만곡을 따라 칼턱에서 칼코까지 크게 사용해 배의 얇은막째 갈비뼈를 떼내어간다.

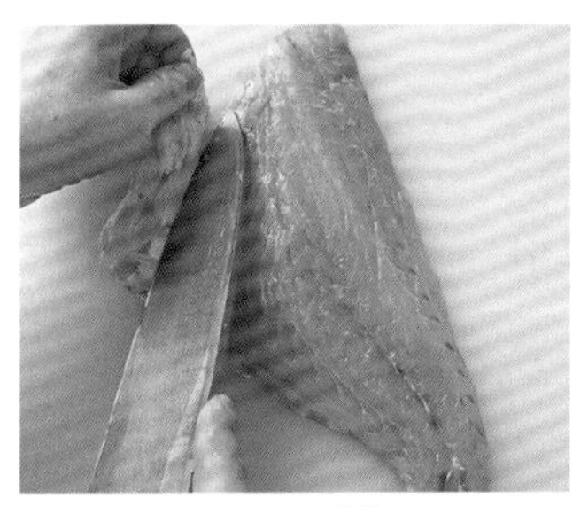

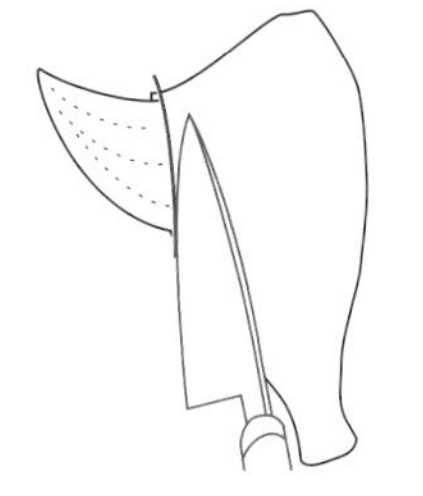

4 갈비뼈의 앞쪽 끝 부근까지 잘라나갔다면 갈비 뿌리에서 떠낸 부분을 왼손으로 젖혀 펼치고, 배의 얇은 부분을 잘라낸다. 마지막에 칼을 세워서 잘라낸다.

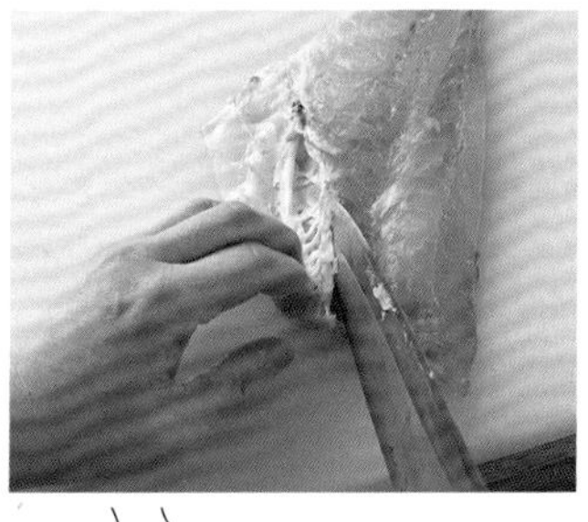

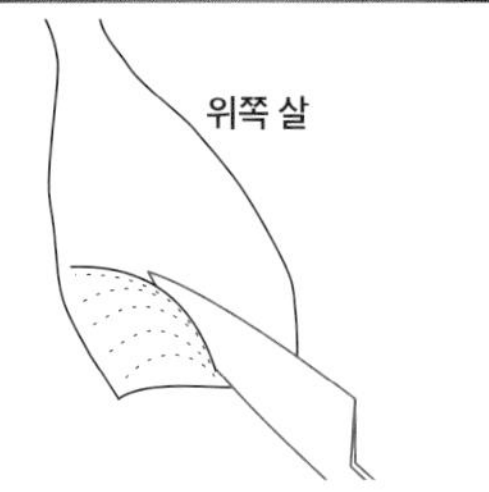

5 위쪽 살은 뱃살이 왼쪽으로 오게 놓고, 칼은 뒤집어 잡아 갈비뼈가 붙어 있는 부분에 칼끝을 찔러넣는다. 위쪽으로 올려 잘라 뼈 끝을 떼어서 갈비뼈를 세운다.

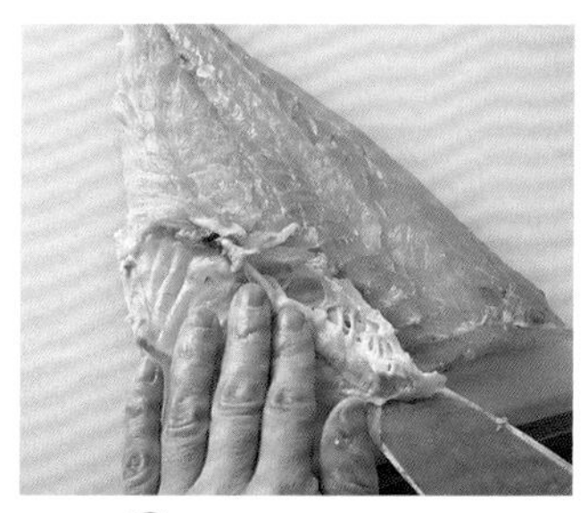

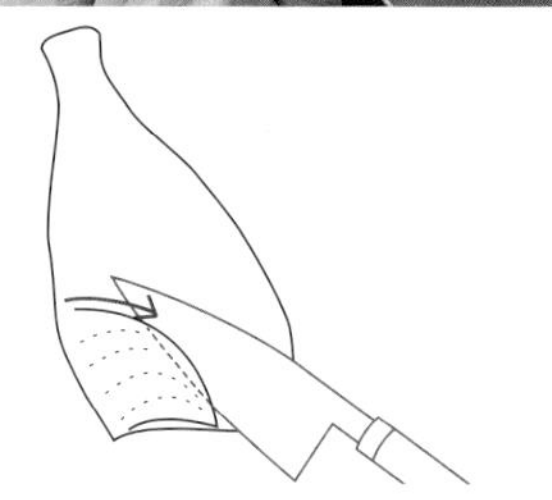

6 칼을 원래대로 바꿔 잡고, **5**의 칼집에 꼬리 쪽에서 눕혀 넣어 **2**, **3**, **4**와 같은 요령으로 갈비뼈를 떠낸다.

잔가시를 제거한다

발라낸 살에는 굵은 뼈가 있던 부분(대가리부터 항문 바로 위까지)을 따라 지아이보네*가 박혀 있다. 반쪽 살을 그대로 사용할 경우에는 이 잔가시를 가시핀셋으로 뽑아내고, 횟감으로 토막 내는 경우에는 핏길과 잔가시를 함께 잘라낸다.

*지아이보네 : 혈합육을 따라 있는 가시.

가시핀셋을 사용한다

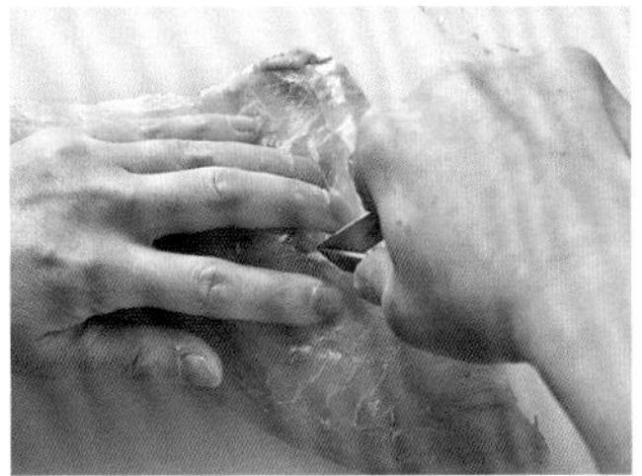

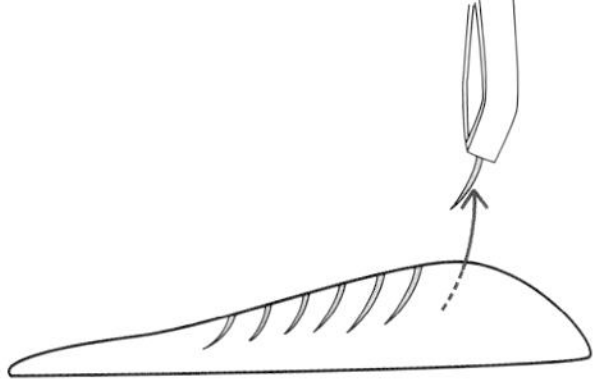

대가리 쪽을 오른쪽으로 놓고, 잔가시를 가시핀셋으로 집어 당겨 뽑는다. 잔가시는 대가리 쪽에서 꼬리 쪽으로 비스듬히 박혀 있으므로 오른쪽 위를 향해 뽑는다. 뼈에 살이 붙어 나올 수 있기 때문에 잔가시의 양 옆을 손가락 끝으로 가볍게 누르면서 당겨 뽑는다. 회에 가시가 있으면 식감이 나빠지므로 가시가 남지 않도록 손가락 끝으로 확인하고, 1개씩 꼼꼼하게 뽑아낸다. 단, 손의 온기로 생선의 신선도가 떨어질 수 있으므로 신속하게 작업한다.
여기까지 처리한 생선살을 순살(조미上身)이라고 부른다.

데바보초를 사용한다

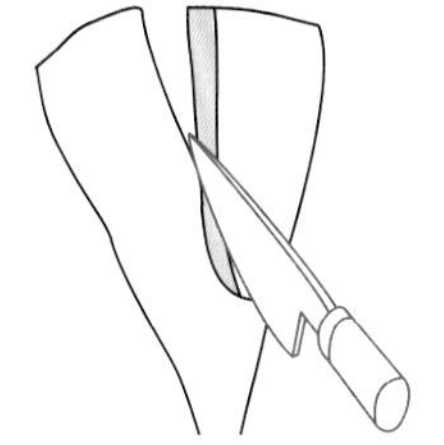

1 뱃살이 오른쪽으로 오게끔 세로로 놓고, 등살과 뱃살 사이에 있는 잔가시와 혈합육 부분이 뱃살에 남도록 대가리에서 2/3지점(항문 바로 위 지점)까지 자른다.

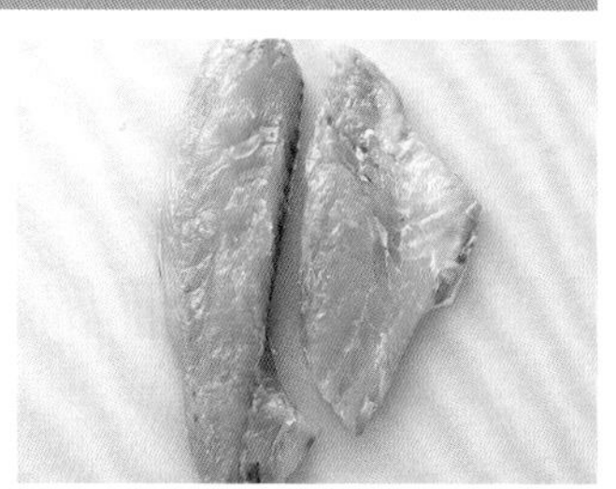

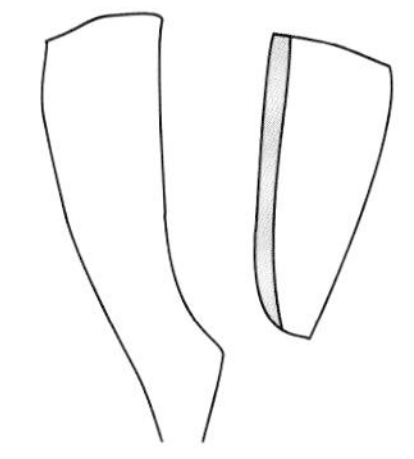

2 뱃살 너비에 등살 너비를 맞춰 약간 비스듬하게 자른다.

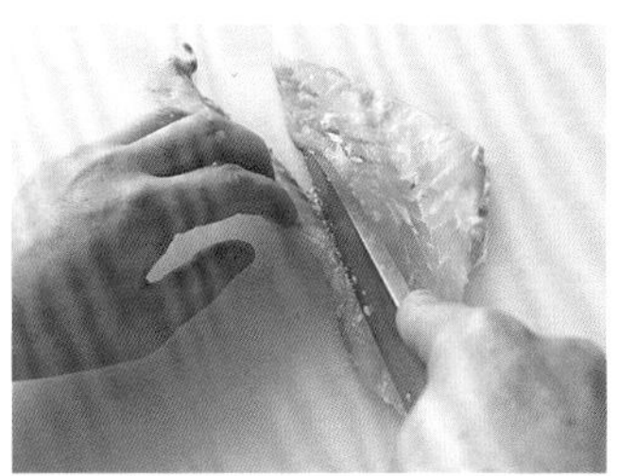

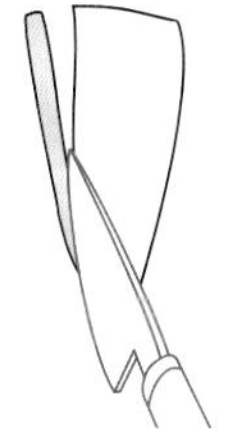

3 뱃살에서 잔가시와 혈합육 부분을 잘라낸다.

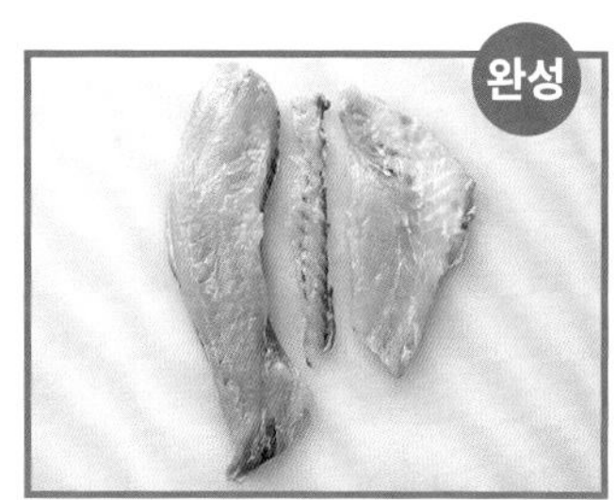

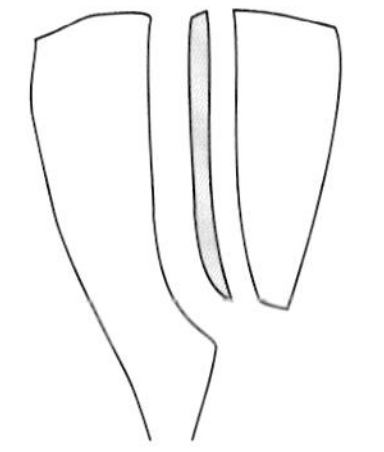

잔가시를 혈합육이 있는 부분과 함께 잘라 횟감용으로 토막 낸 상태.

껍질을 벗긴다

회나 다시마 숙성회, 다타키(날생선을 잘게 다져 먹는 음식) 등에 사용할 경우 대부분 껍질을 벗긴다. 칼로 꼬리 쪽에서 대가리 쪽으로 껍질을 벗기는 방법(바깥쪽으로 벗기기)이 일반적이나, 전갱이나 정어리 등 작고 살이 부드러운 생선은 손으로 벗기는 것도 가능하다.

야나기바보초를 사용한다(바깥쪽으로 벗기기)

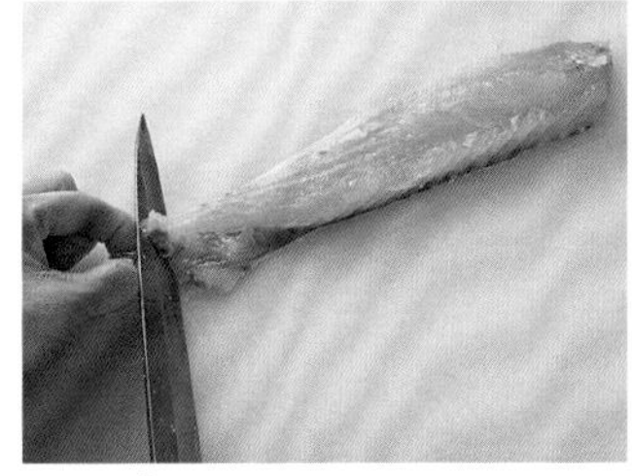

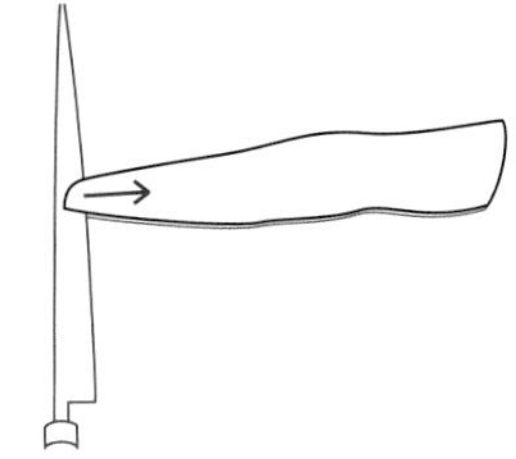

1 꼬리 쪽을 왼쪽으로 놓고, 꼬리 끝 쪽의 껍질 부근까지 칼집을 낸다. 끝을 왼손으로 잡고, 칼을 껍질과 살 사이의 칼집에 넣는다.

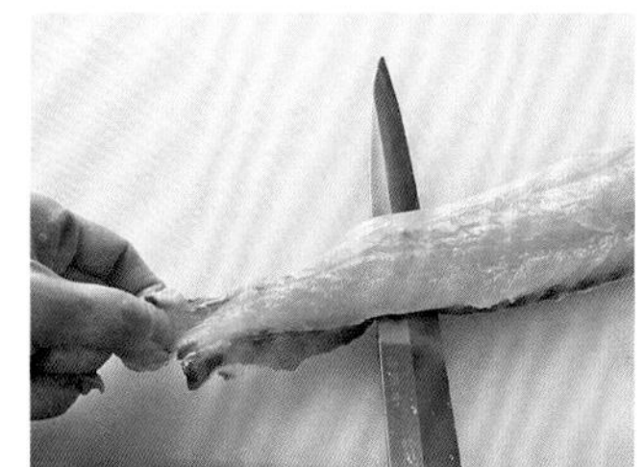

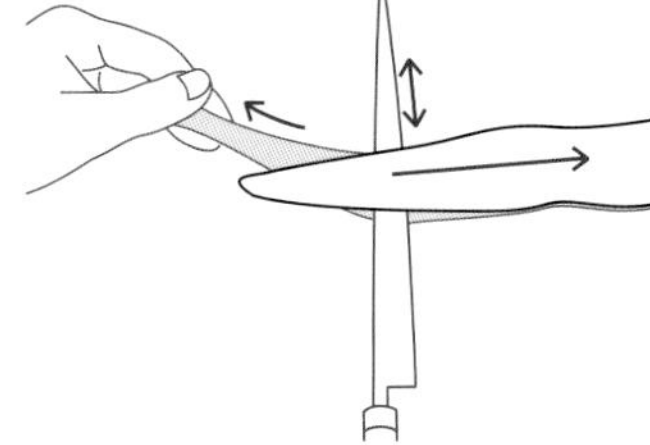

2 껍질을 칼의 방향과 반대 방향으로 당기고, 칼날을 도마에 바싹 붙여 오른쪽 방향으로 움직인다.

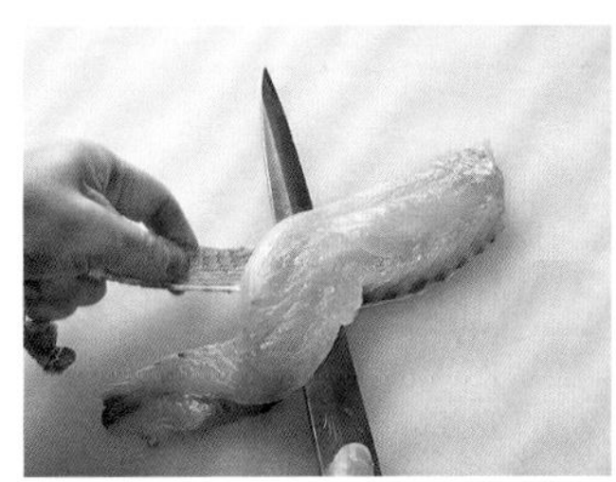

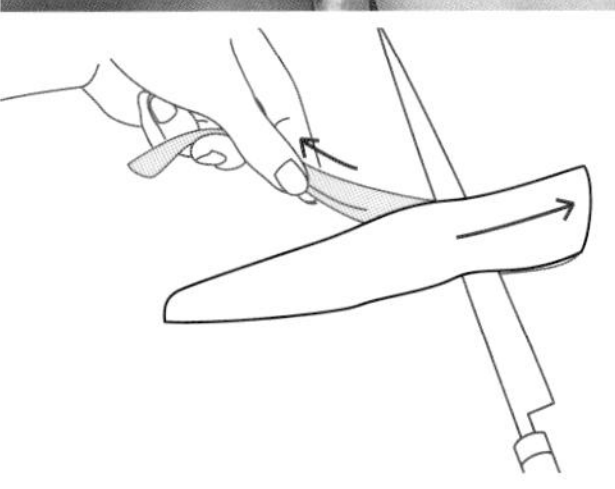

3 왼손으로 껍질을 잡아당기면서 칼을 위아래로 움직이며, 칼날의 각도가 바뀌지 않게 하여 대가리 쪽까지 당겨 자른다.

껍질을 벗겨낸 모습. 살에 남은 껍질은 얇게 저며낸다.

살이 부드러운 가다랑어 등은 꼬리 쪽을 오른쪽으로 놓고, 꼬리 쪽에서부터 대가리 쪽으로 껍질을 벗겨낸다(안쪽으로 벗기기, 83쪽 참조).

손으로 벗긴다

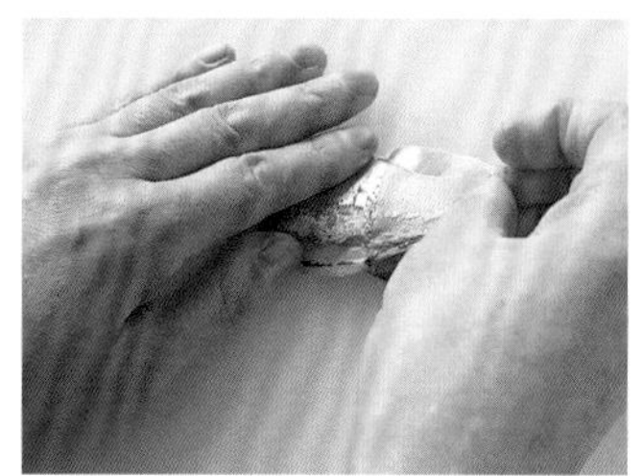

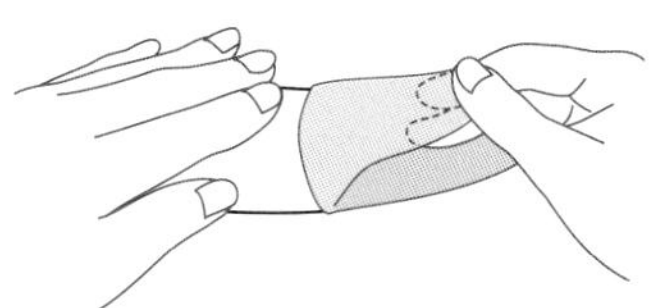

1 손톱을 사용해서 대가리 쪽 모서리의 얇은 껍질을 떼어낸다. 대가리 쪽을 왼쪽으로 놓고, 왼손으로 살을 눌러 떼어낸 껍질을 꼬리 쪽으로 천천히 당긴다.

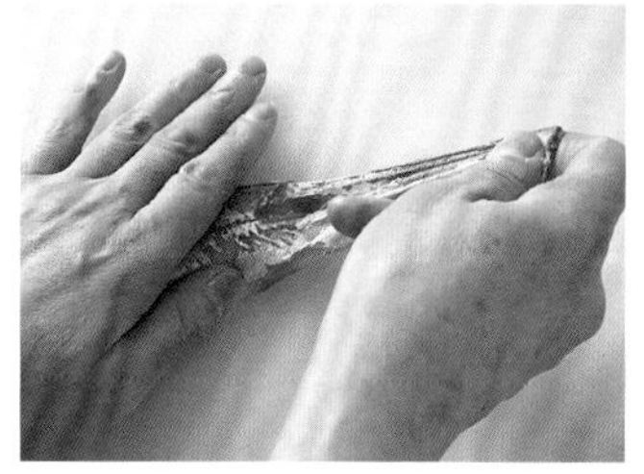

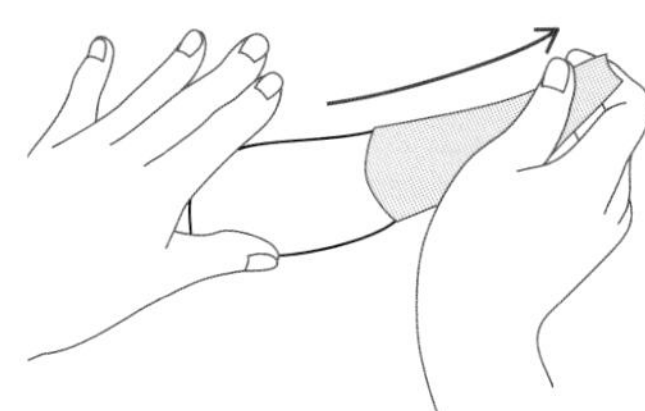

2 손바닥으로 살을 누르면서 벗겨낸다.

대가리를 반으로 가른다

생선 대가리의 볼살이나 입술 등에는 진한 감칠맛이 있어 조림, 구이, 국물 요리의 건더기 등에 사용된다. 이런 요리에 사용하는 경우, 도미같이 큰 대가리는 2등분으로 가른 후 먹기 편하게 나눈다. 생선 중에서도 특히 단단한 부위이므로 완력이 필요하다.

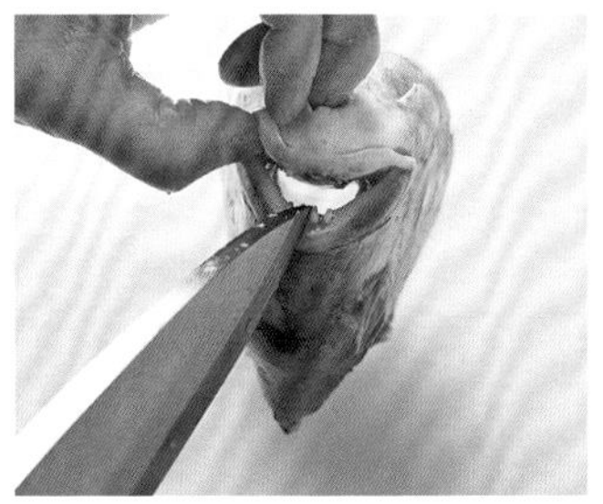

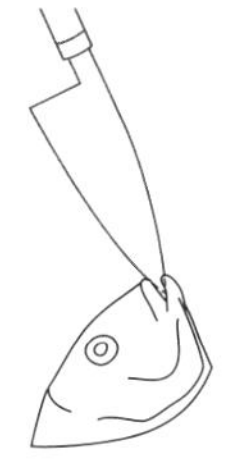

1 눈을 내 앞으로 오게 세우고, 2개의 앞니 사이에 데바보초의 칼끝을 찔러넣는다. 왼손으로 눌러 움직이지 않게 확실히 고정한다.◆

◆행주 등으로 감싸 잡아야 위험하지 않다.

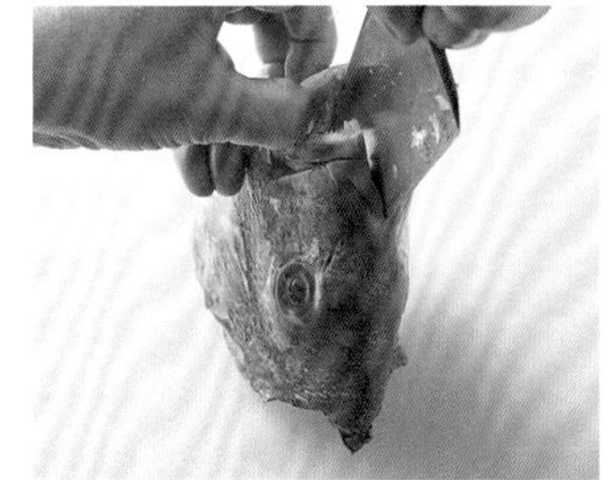

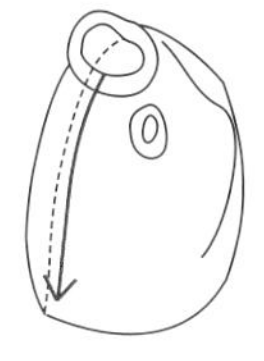

2 칼을 위에서 조금씩 똑바로 잘라 내려간다. 중심부에 있는 단단한 뼈에 닿으면 약간 비스듬히 잘라낸다.

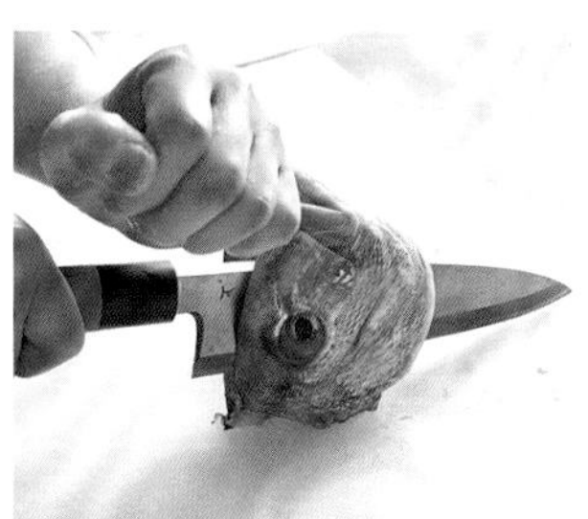

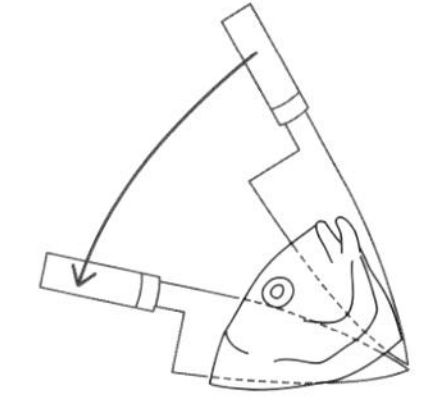

3 칼등을 왼손 주먹으로 두드려 깊게 칼을 넣고, 단숨에 눌러 자른다.

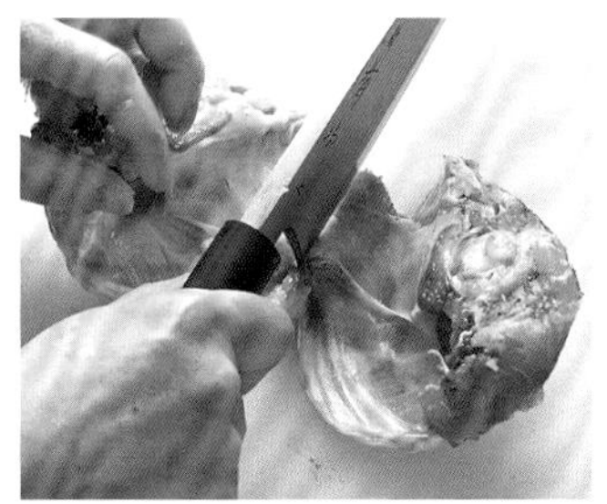

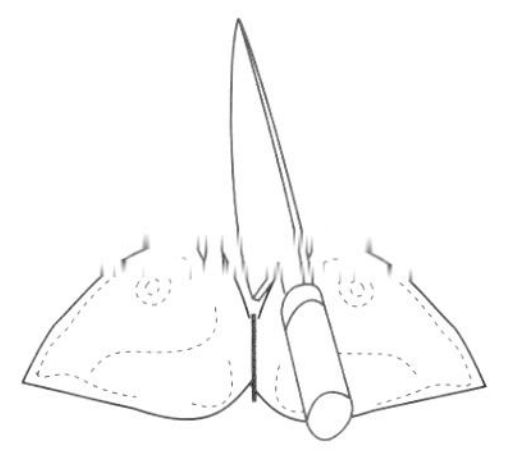

4 대가리를 좌우로 펼치고, 밑턱이 붙은 부분을 칼턱으로 두드려 잘라내서 2등분한다. 이것을 '나시와리◆'라고 한다.

◆나시와리 : 배를 쪼개듯이 세로로 가르기.

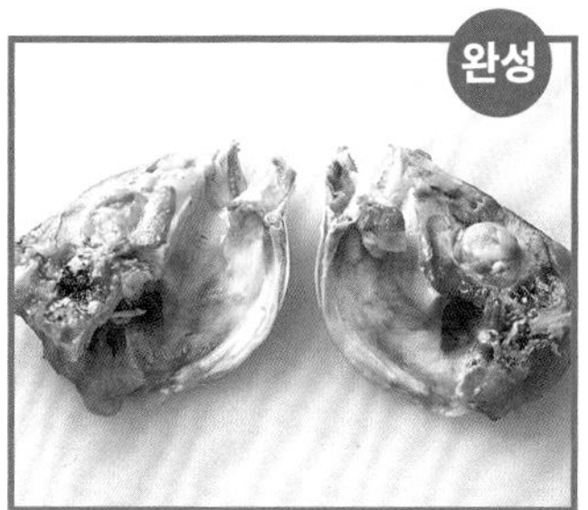

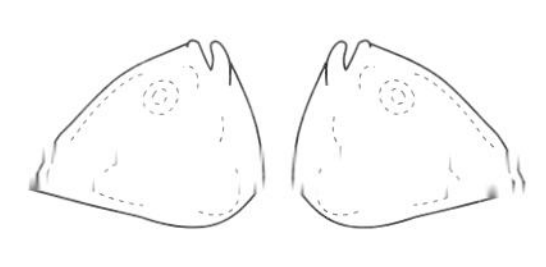

대가리를 좌우 2개로 나눈 모습.

2등분한 대가리는 용도에 맞게 잘라 나눈다. 살이 없는 부분은 다시용.

생선회의 기본

날생선을 그대로 먹는 회는 생선의 신선도는 물론이거니와 생선의 종류, 상태에 맞게 썰어 보기 좋게 완성하는 것이 매우 중요합니다. 포인트는 야나기바보초의 긴 칼날을 사용하여 한쪽 끝부터 다른 쪽 끝까지 집중해서 써는 것. 올바르게 써는 방법을 익혀 두면 가정에서도 한 단계 수준 높은 회를 즐길 수 있습니다.

평 썰기

회를 써는 가장 일반적인 방법. 가다랑어나 방어, 도미 등 비교적 크고 살이 두툼한 생선에 사용한다.

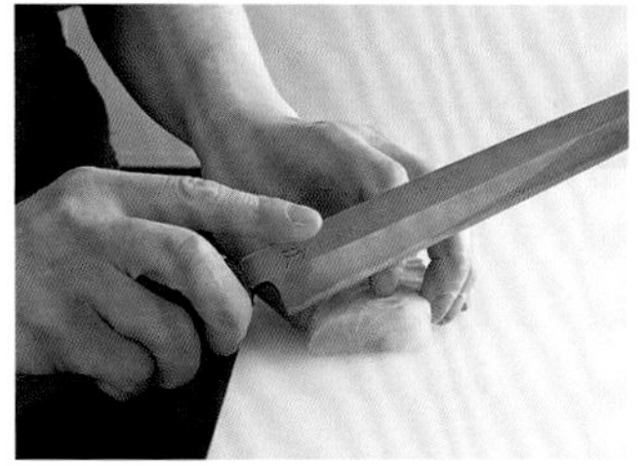

1 껍질 쪽을 위로, 살이 얇은 쪽을 내 쪽으로 놓는다. 칼턱을 내 앞쪽 살의 모서리에 대고 칼끝을 든다.

2 칼끝이 전체적으로 활모양의 곡선을 그리듯, 슥 하고 칼을 내 앞으로 당긴다.

3 칼날 전체를 사용하여 한 번에 당긴다. 절대 칼을 앞뒤로 움직이지 말 것.

4 칼에 붙은 살은 그대로 둔다.

5 칼에 붙은 살을 오른쪽으로 보내고 칼을 기울여 살을 뗀다. 같은 요령으로 남은 살을 썬다.

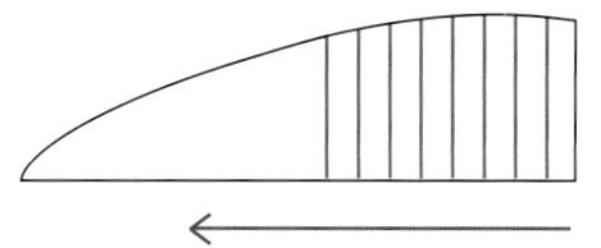

네모나게 썰기

주사위처럼 육면체로 써는 방법. 살이 두툼하고 부드러운 참치나 방어, 가다랑어 등에 사용한다.

1 회로 썰기 쉽게 토막 내고, 잔가시와 혈합육을 제거한 살을 짧은 쪽 단면이 1~1.5cm가 되도록 가늘고 긴 막대 모양으로 썬다.

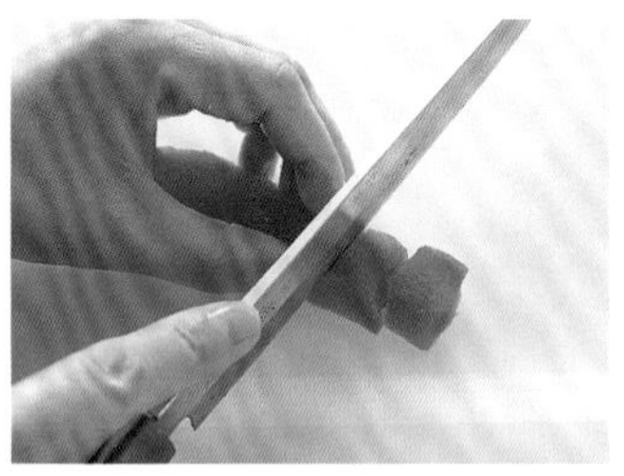

2 막대 모양으로 썬 살을 가로로 놓고, 1~1.5cm 폭으로 당겨 썬다. 몸에서 먼 쪽 살의 모서리에 칼턱을 대고 단번에 자른다.

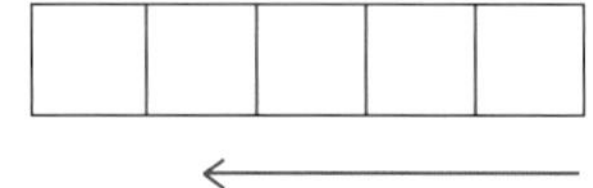

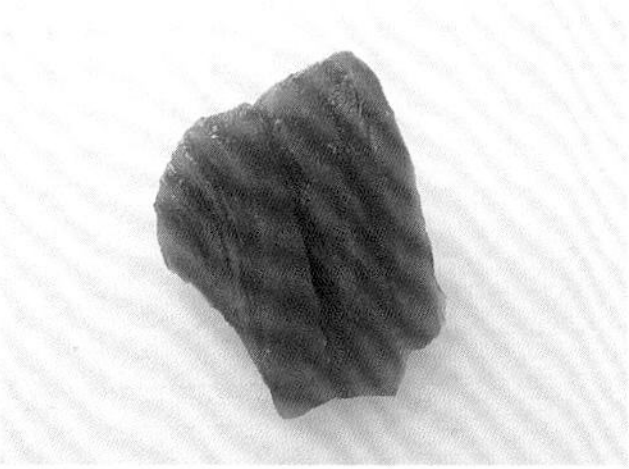

잡아당겨 썰기

평 썰기의 응용 방법으로, 살은 움직이지 않게 한다. 참치나 가다랑어 등 살이 부드러운 생선에 사용한다.

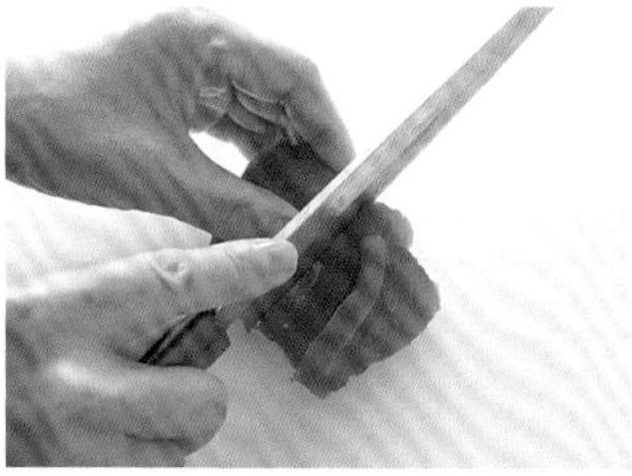

1 회 뜨기용으로 정리한 살의 두께가 얇은 쪽을 내 쪽으로 놓고, 칼턱을 내 앞쪽 살 모서리에 대 칼끝을 든다.

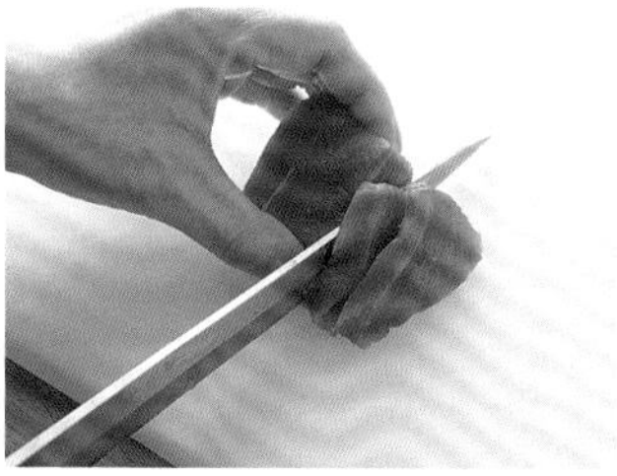

2 칼끝이 활모양의 곡선을 그리듯, 칼날 전체를 사용해 한 번에 당겨 썬다.

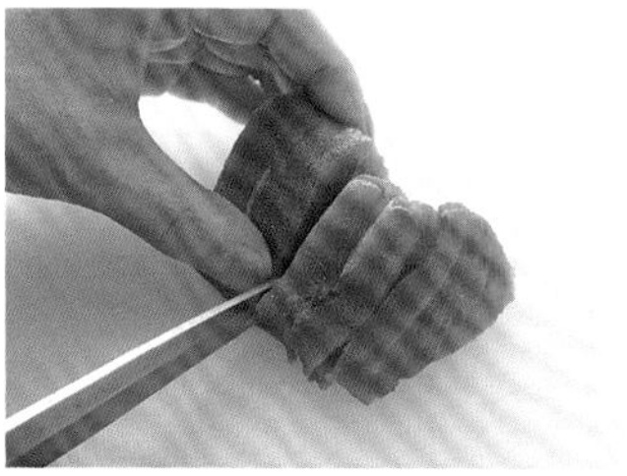

3 자른 살은 옆으로 옮기지 않은 채 그대로 두고, 남은 살을 같은 방법으로 썬다.

가늘게 썰기

이른바 생선 채 썰기. 탄력 있는 오징어, 몸통이 가느다란 학꽁치나 보리멸 등에 사용한다.

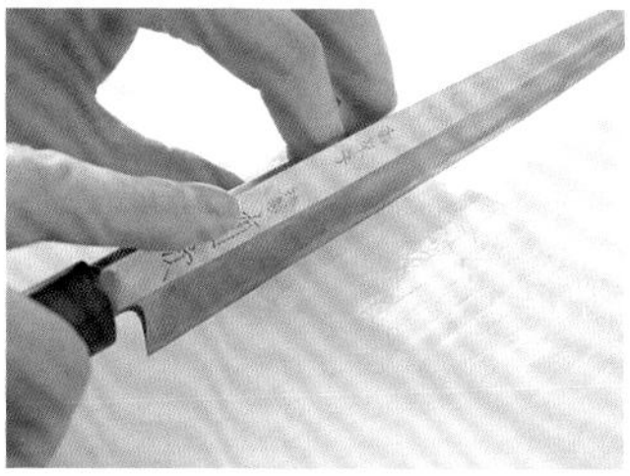

1 칼의 중간에서 약간 나에게 가까운 지점을 살에 똑바로 댄다.

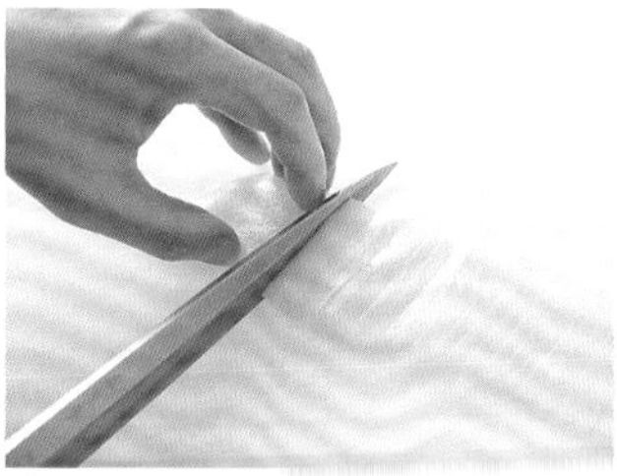

2 칼코까지 사용하여 한 번에 당겨 썬다. 오른쪽 끝에서부터 3~5mm 간격으로 리드미컬하게 썰어간다.

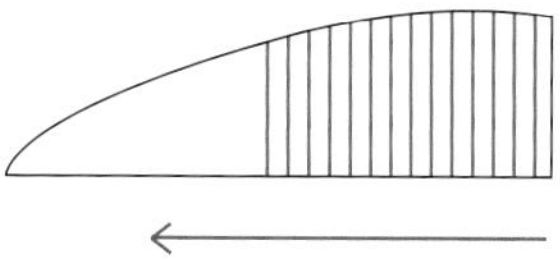

저며 썰기

도미나 광어, 가자미 등 섬유질 때문에 질기고 살이 단단한 흰 살 생선과 두께가 균일하지 않은 횟감에 사용한다.

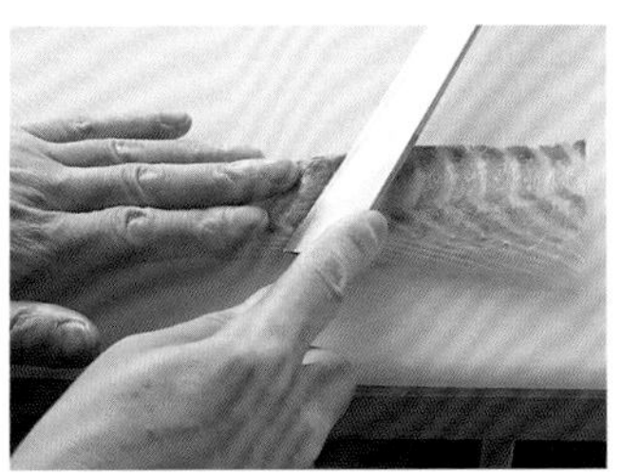

1 꼬리 쪽을 왼쪽으로, 살이 얇은 쪽을 내 쪽으로 놓는다. 왼손을 살에 얹고 칼을 눕혀 칼턱을 살에 댄다.

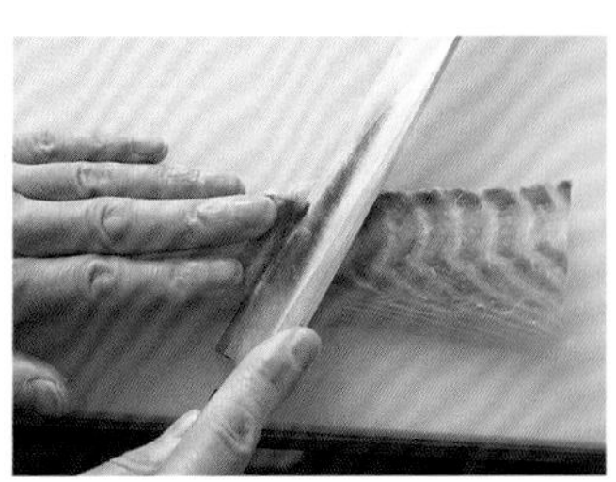

2 칼끝이 활모양의 곡선을 그리듯 칼을 내 앞으로 당긴다.

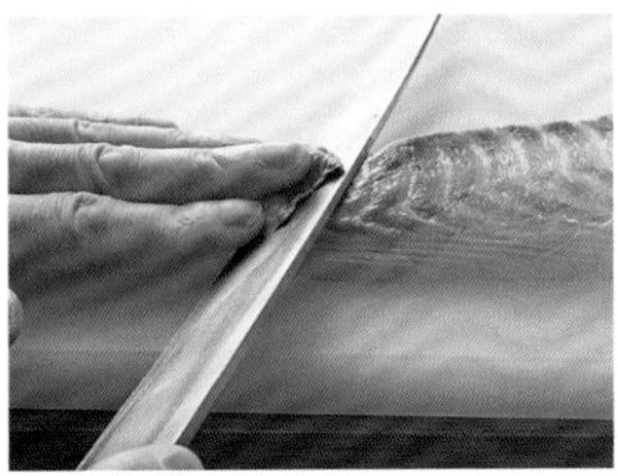

3 칼의 각도를 유지하면서 칼 전체를 사용해 저며 썬다.

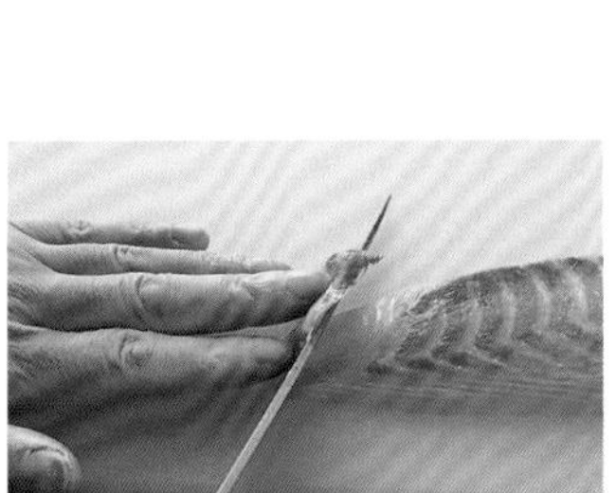

4 마지막에 눕혔던 칼을 들어 칼끝을 똑바로 세우며 썰어준다.

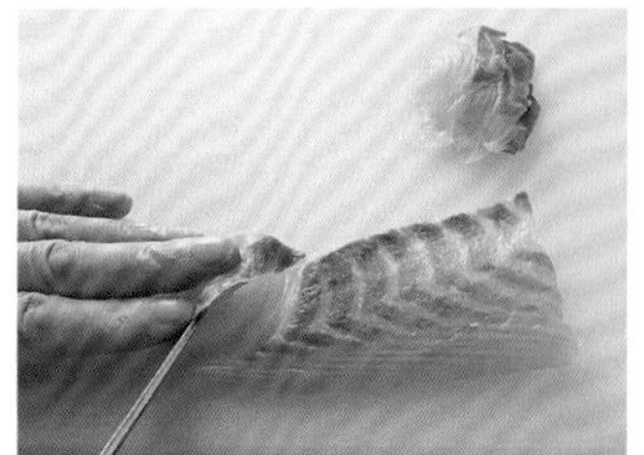

5 자른 살을 왼손으로 잡아 한쪽에 놓는다. 살이 넓은 부분은 칼을 세우고, 얇은 부분은 칼을 눕혀 완성된 크기를 일정하게 한다.

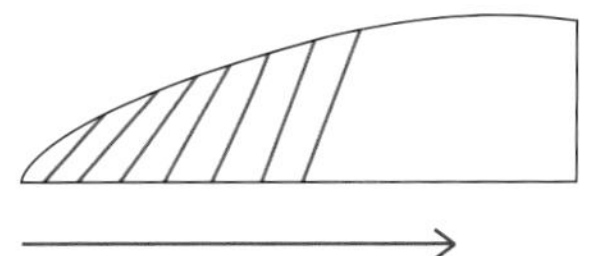

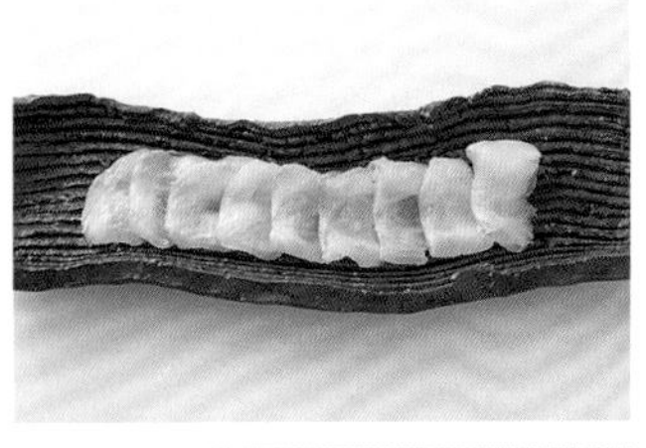

얇게 저며 썰기

저며 썰기의 일종. 광어, 쥐치처럼 살이 단단한 흰 살 생선을 담은 그릇이 비칠 정도로 얇게 써는 방법.

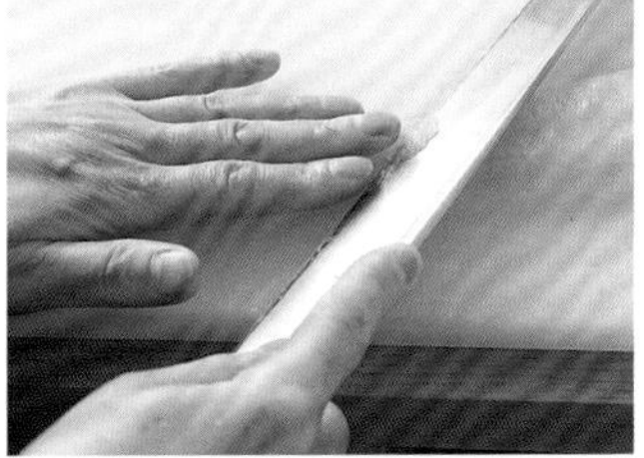

1 꼬리 쪽을 왼쪽으로, 살이 얇은 쪽을 내 쪽으로 놓는다. 왼손을 살에 얹고, 칼을 크게 눕혀 칼턱을 살에 댄다.

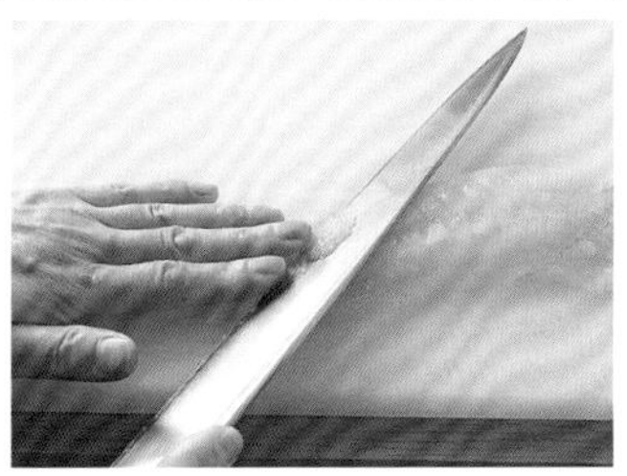

2 저며 썰기와 같은 요령으로, 칼의 각도를 유지하면서 칼 전체를 사용해 아주 얇게 저며 썬다.

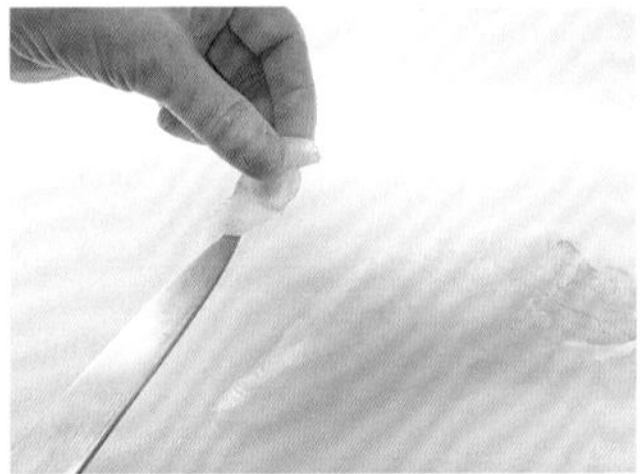

3 칼을 살짝 세워 잘라내고 1장씩 그릇에 담는다.

칼집 넣어 썰기

칼집을 1줄씩 넣고 평 썰기한다. 고등어나 가다랑어의 다타키 등 껍질 있는 생선이나, 지방이 오른 생선에 사용한다.

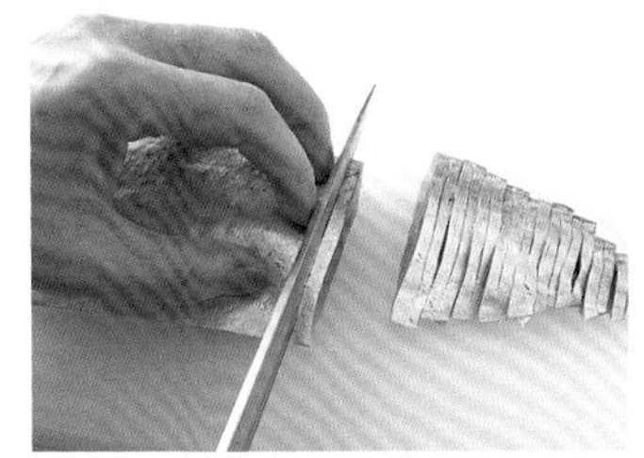

1 껍질 쪽을 위로 오게 하고 얇은 살 쪽을 내 쪽으로 놓는다. 칼턱을 대고 살 중간 정도까지 칼집을 넣는다.

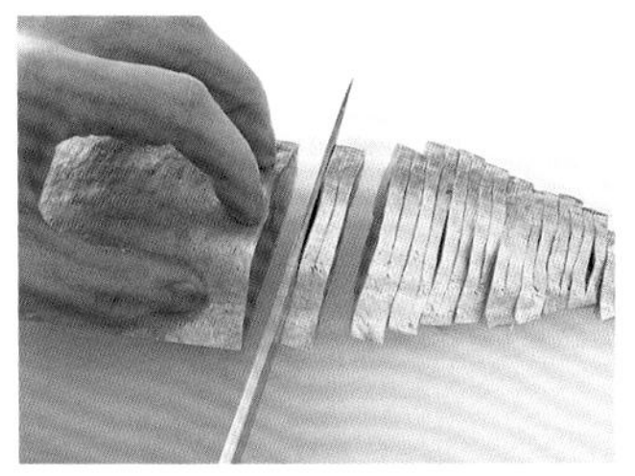

2 칼집과 같은 너비로 칼을 왼쪽으로 옮기면서 평 썰기 요령으로 당겨 썬다.

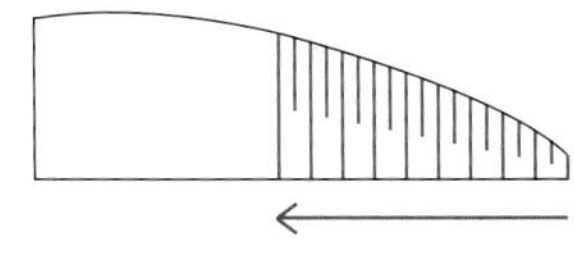

잔물결 썰기

저며 썰기의 응용으로, 표면에 물결무늬를 넣는다. 문어나 전복같이 비교적 단단한 해산물에 사용한다.

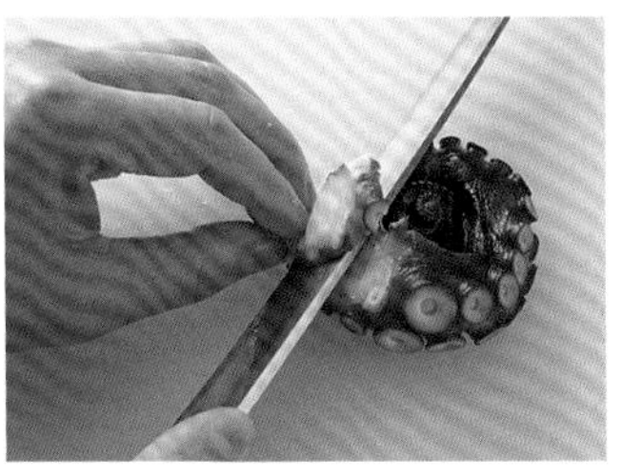

1 왼쪽 끝에서부터 칼을 눕힌 채로 칼턱을 몸에서 먼 쪽에 대고, 칼을 눕혔다 세웠다 자잘하게 움직이면서 잘라나가 물결 모양을 만든다.

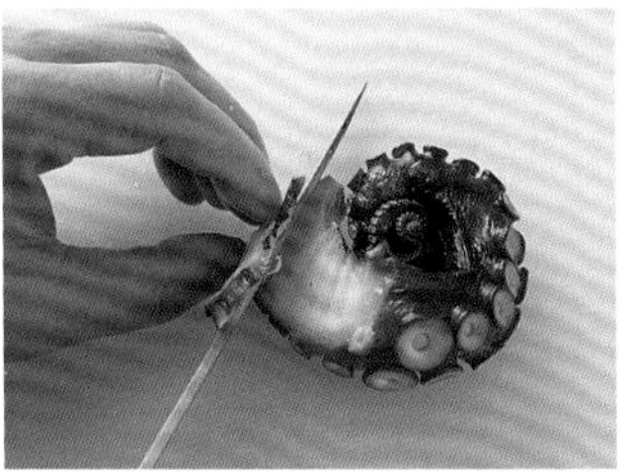

2 칼을 잡은 손목을 유연하게 넘실거리듯 움직여 파도 모양을 만든다. 마지막에 칼을 세워서 잘라낸다.

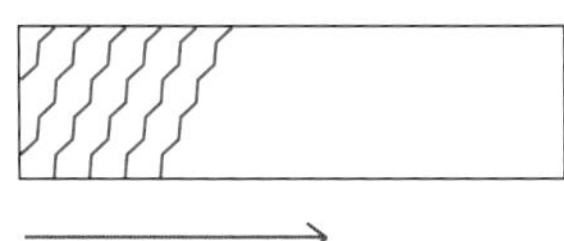

격자무늬 썰기

사슴의 등 문양과 비슷하게 비스듬히 격자로 칼집을 넣는다. 피조개나 오징어, 껍질 있는 생선 등에 사용한다.

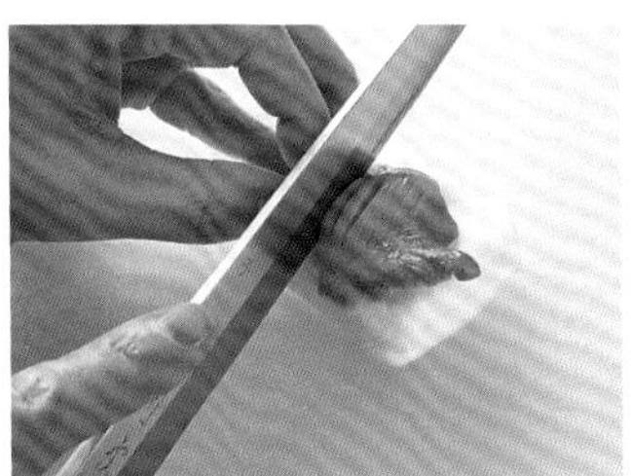

1 살의 바깥쪽을 위로 오게 하여, 비스듬히 칼집을 넣는다. 피조개 등은 미끄러지지 않고 잘리는 면이 편편하게끔 접은 키친타월 위에 올리면 썰기 편하다.

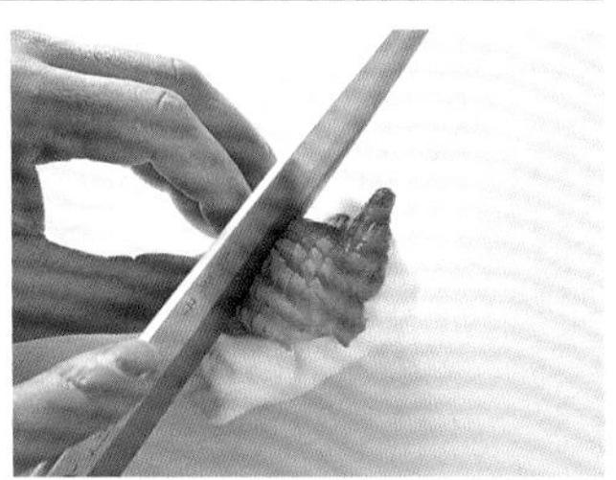

2 90도 돌려 격자무늬가 되도록 칼집을 넣는다. 오징어나 생선 등은 칼집을 넣은 뒤에 채 썰기나 저며 썰기를 해도 좋다.

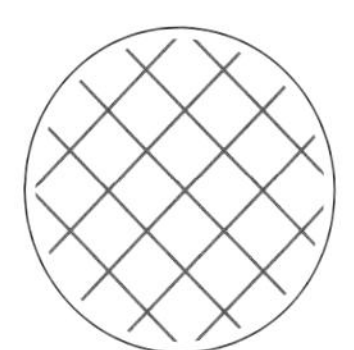

놀래미

일본 전국의 암초 지대에 사는 물고기. 흰 살 생선으로 깊은 감칠맛이 있고, 기름을 바른 것처럼 표면이 끈적끈적하게 번들거리는 모습에서 '아부라메(油目)'라고도 불린다. 육질은 단단하며, 크기는 20~30cm 정도. 비교적 손질하기 쉬운 생선이나 기름기가 많아 신선도가 빨리 떨어진다. 비늘이 작으므로 꼼꼼하게 긁어 제거하는 것이 중요하며, 껍질 가까이까지 뻗어 있는 가시를 잘라 먹기 편하게 만드는 작업을 해야 한다.

대표 요리

칡 전분을 듬뿍 발라 국물 요리의 건더기로 사용하거나 양념을 발라 구워 다진 산초잎을 뿌린 요리가 일반적이다. 개성 강한 맛이 아니므로 회나 데리야키, 조림, 가라아게 등에도 적합하다. 가시를 끊어내도 껍질이 질기므로, 회로 먹을 때는 껍질을 끓는 물에 익히거나 직화에 굽는 과정이 필요하다.

재료 선택 포인트

미즈아라이

비늘을 제거한다
→ 대가리를 자른다
→ 내장을 제거한다
→ 씻는다
→ 물기를 제거한다

사용 도구
데바보초

1 대가리를 왼쪽으로 놓고 손으로 잡은 뒤, 칼로 꼬리에서 머리 쪽으로 긁어 비늘을 제거한다. 등과 배, 반대쪽도 같은 요령으로 긁어낸다.

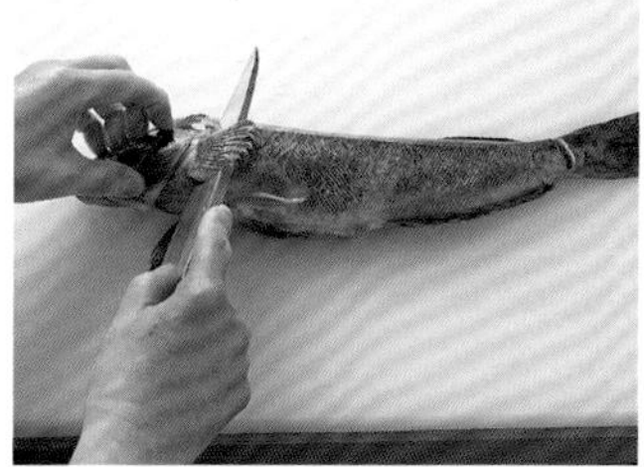

2 가슴지느러미 밑에서 머리 쪽으로 비스듬히 칼을 넣고, 반대쪽도 같은 요령으로 칼을 넣어 대가리를 잘라낸다.

Point

놀래미의 대가리는 요리에 사용하지 않으므로, 양쪽으로 칼을 넣어 V자로 대가리를 잘라내 가능한 한 살을 많이 남긴다.

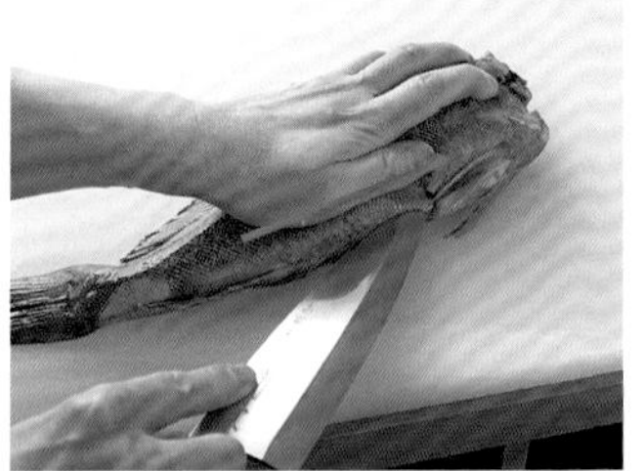

3 꼬리를 왼쪽, 배를 내 앞으로 놓고 칼끝을 항문에 넣는다. 사진과 같은 방향으로 칼을 밀어 배의 중심을 가른다.

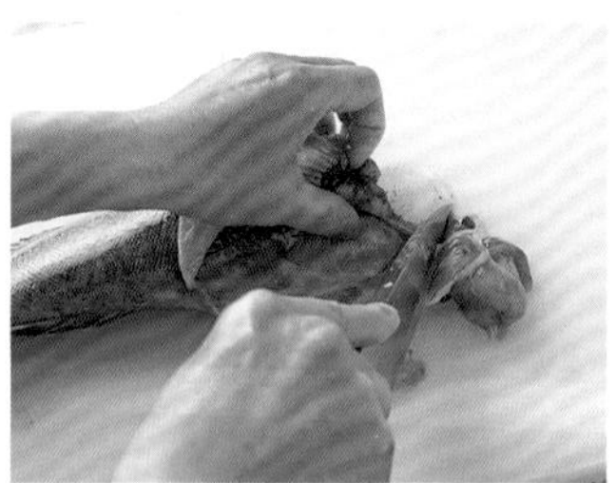

4 살을 들어 올려 배 안쪽에 칼을 넣고, 칼코로 내장을 긁어 제거한다.

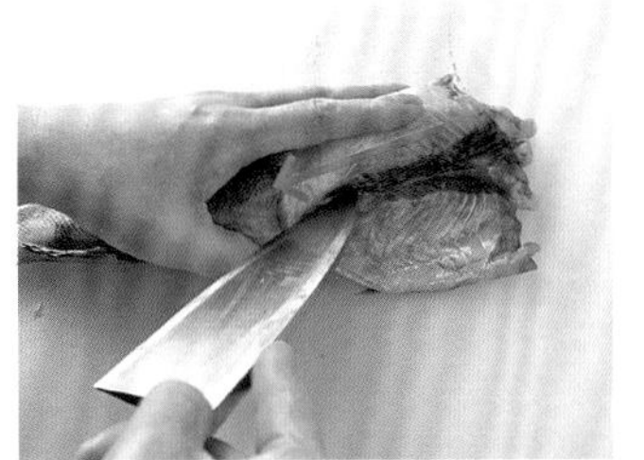

5 피막에 칼집을 하나 넣는다.

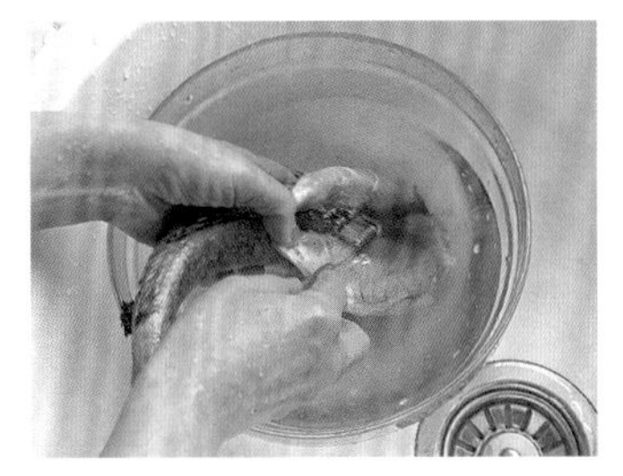

6 물을 담은 볼에 넣고, 칫솔 등을 사용해 피막을 닦아낸다. 남아 있는 내장이나 이물질을 깨끗하게 씻어낸다.

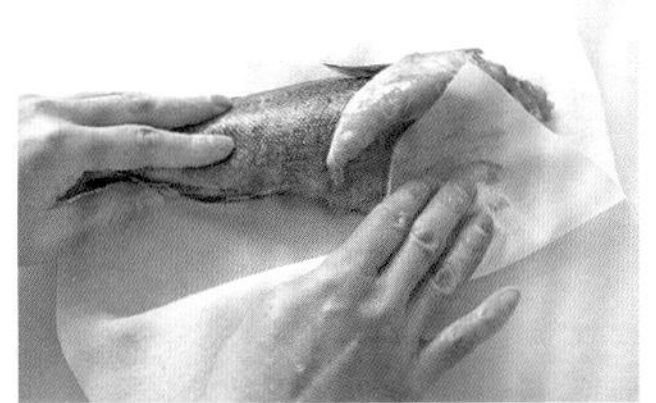

7 물에 살살 흔들어 씻고 물기를 떨어낸 후, 키친타월로 물기를 닦아낸다. 배 속의 물기도 완전히 제거한다.

포를 뜬다
(세 장 뜨기/양면 뜨기)

사용 도구
데바보초

1 대가리 쪽을 오른쪽, 배를 내 앞으로 놓고 항문 부분에서 칼을 눕혀 넣어, 꼬리 부분까지 칼집을 넣는다.

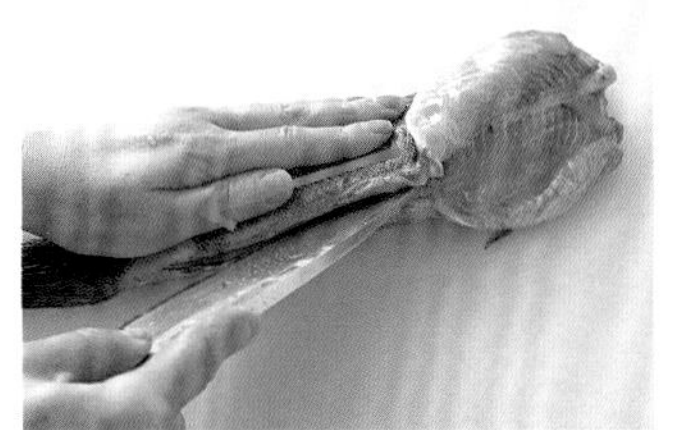

2 등뼈에 칼날이 닿게 칼을 넣고, 중앙의 굵은 뼈까지 잘라나가다 갈비뼈가 붙은 부분을 칼코로 끊는다.

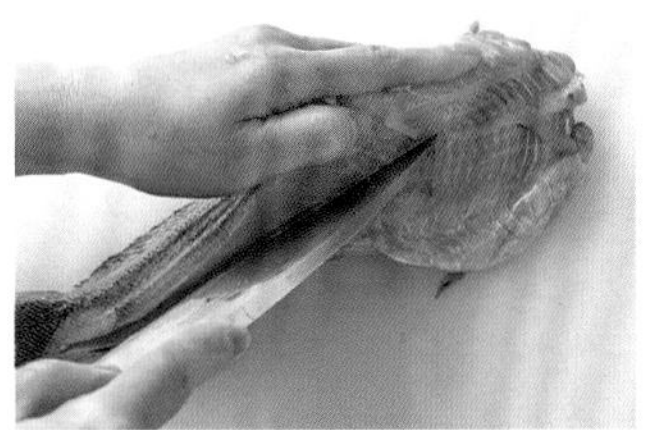

3 등이 내 앞으로 오도록 방향을 바꾸고, 꼬리 부분에서 대가리 쪽으로 등지느러미 위를 따라 칼집을 넣는다.

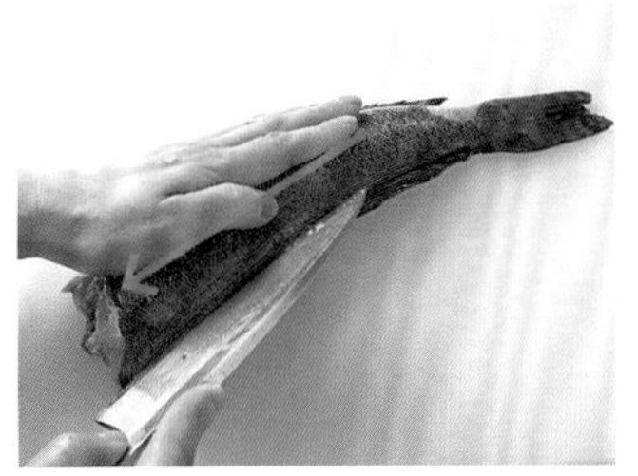

4 다시 한번 꼬리 쪽에서 칼을 넣어, 등뼈에 칼이 미끄러지듯 당기며 중앙의 두꺼운 뼈가 닿을 때까지 잘라나간다.

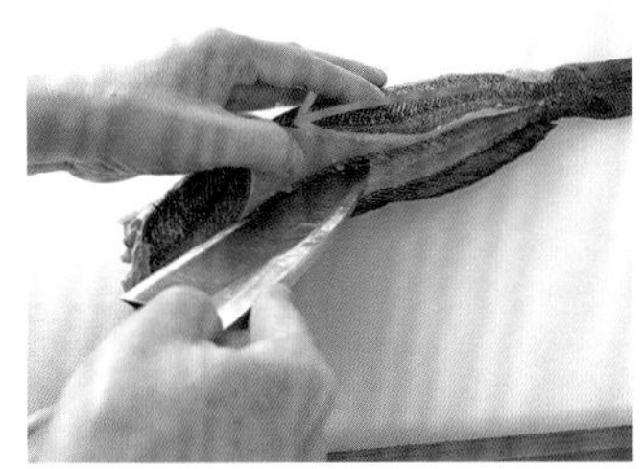

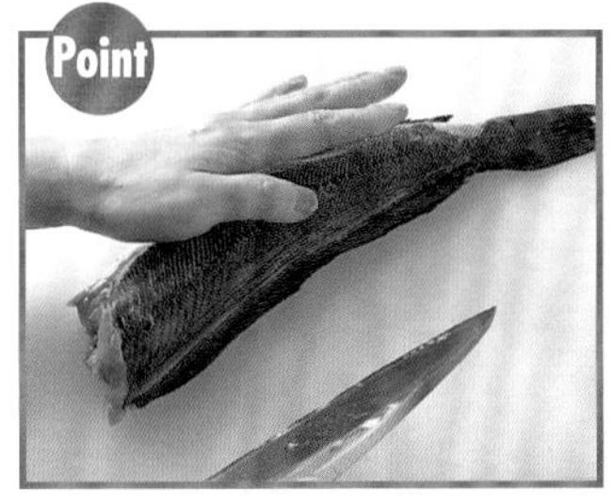

칼집을 넣을 때는 왼손으로 껍질을 당겨 살 쪽을 들어올리면, 칼을 넣기가 편하다.

5 꼬리 부분의 등뼈 위에 사진과 같은 모습으로 칼을 찔러넣고, 꼬리 쪽으로 칼을 살짝 넣는다. 이때 완전히 잘라내지 않는다.

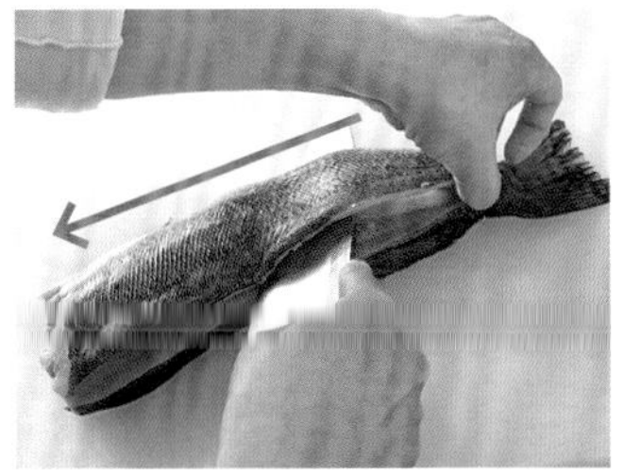

6 칼을 뒤집고 왼손으로 꼬리 부분을 눌러 등뼈 위를 한 번에 타고 내려가 살을 잘라 분리한다. 마지막에 꼬리가 붙은 부분을 자른다.

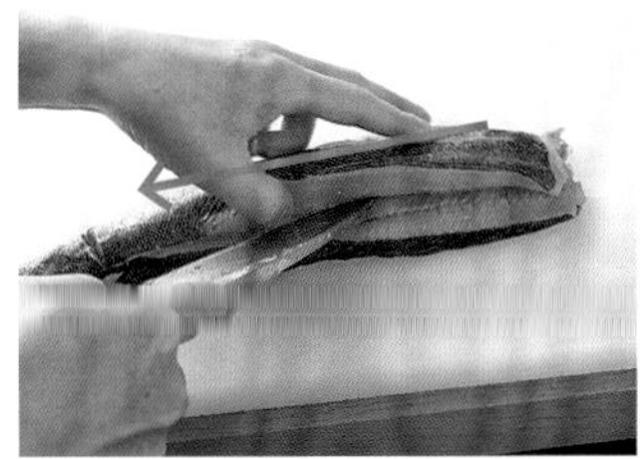

7 등뼈를 밑으로 가게 놓고 **3**, **4**와 같은 요령으로 등지느러미 위의 대가리 쪽에서 칼을 넣는다.

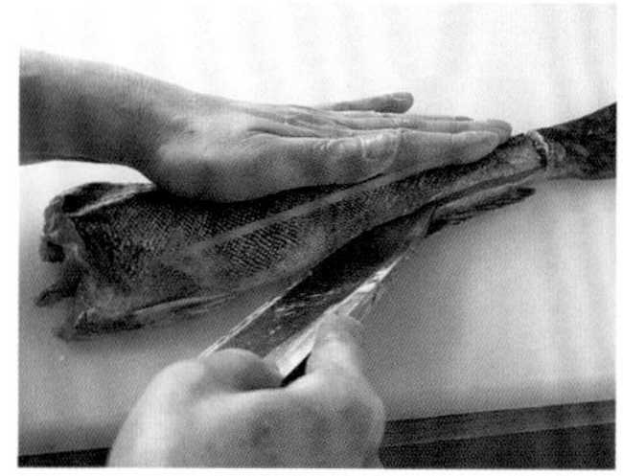

8 방향을 바꿔 배를 내 앞으로 향하게 놓고, 꼬리 부분에서 칼을 넣어 중앙의 굵은 뼈 근처까지 칼집을 넣는다.

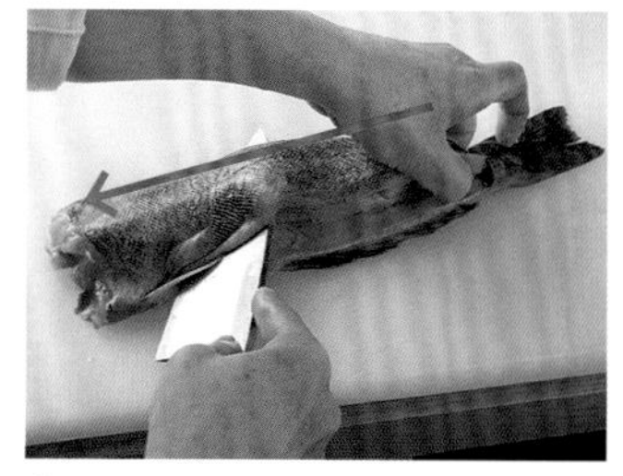

9 꼬리가 붙어 있는 부분에 칼을 거꾸로 찔러넣고, 등뼈 위를 타고 내려 살을 발라낸다. 마지막에 꼬리가 붙은 부분을 자른다.

세 장 뜨기 한 모습.

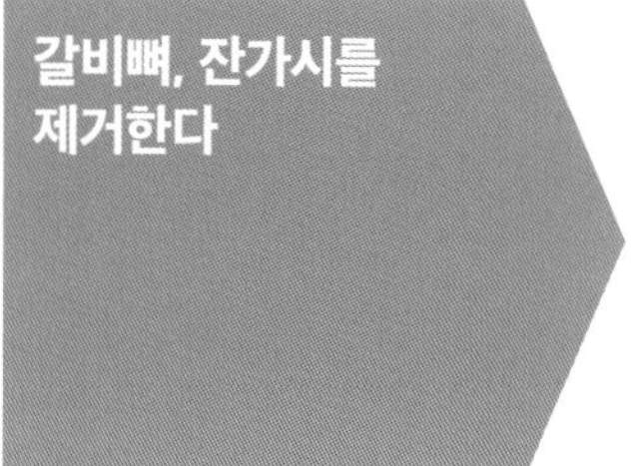

갈비뼈, 잔가시를 제거한다

사용 도구
데바보초
가시핀셋(호네누키)

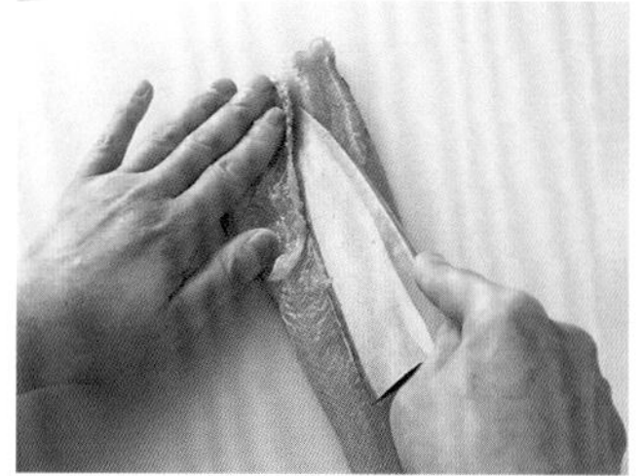

1 갈비뼈가 왼쪽으로 가게 놓고, 갈비뼈가 붙은 부분을 뒤집어 잡은 칼로 분리한 뒤, 원래대로 잡아 뼈를 얇게 떠낸다.

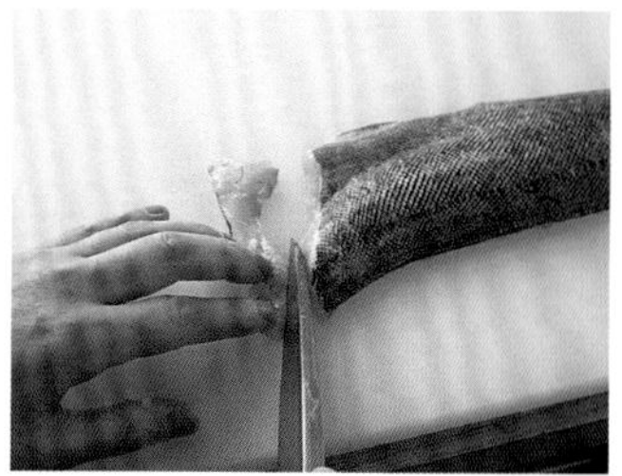

2 대가리 쪽 단면에 붙어 있는 단단한 뼈는 잘라낸다.

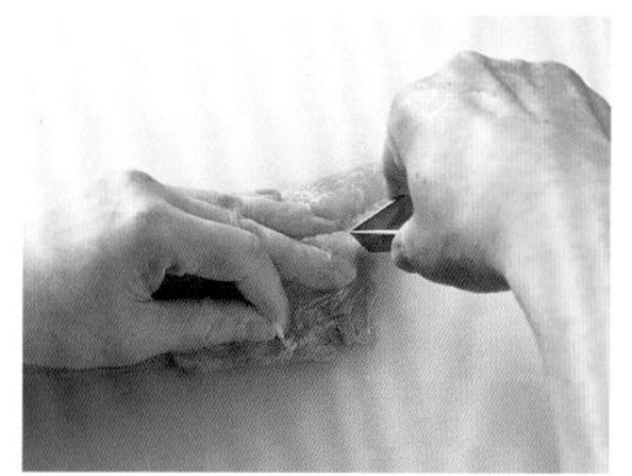

3 잔가시는 가시핀셋으로 집고, 가시의 양쪽을 손가락으로 눌러 당겨 뽑아낸다.

잔뼈를 자른다

사용 도구
데바보초
야나기바보초

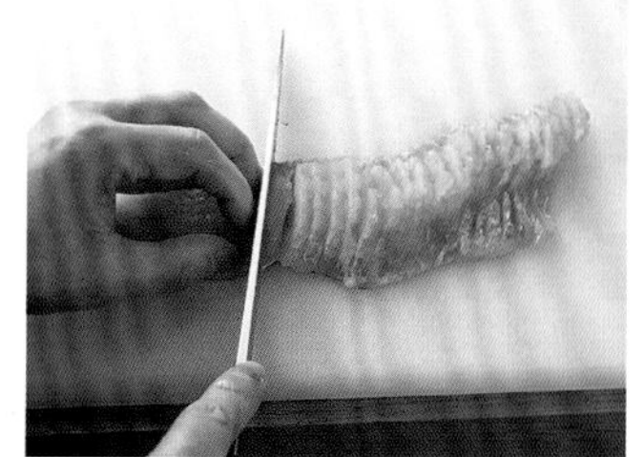

살을 위쪽으로, 얇은 살 쪽을 내 쪽으로 놓고 5mm 간격으로 껍질이 보일 때까지 깊게 찔러넣듯 잘라, 껍질 근처에 있는 뼈를 자른다.

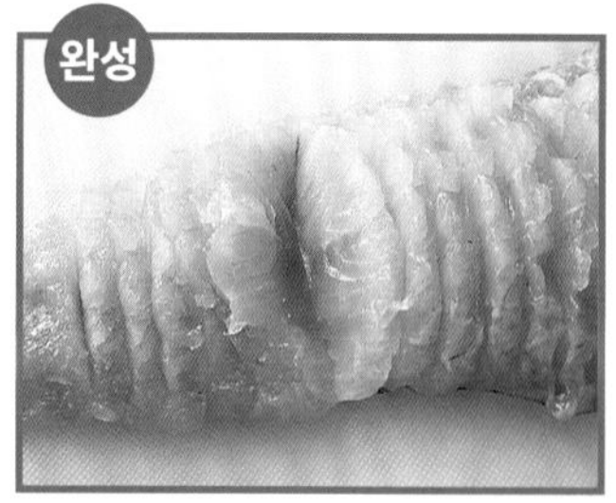

잔뼈를 자른 모습.

칡전분을 묻힌 놀래미맑은장국→51쪽

칡전분을 묻힌 놀래미맑은장국

재료(2인분)

놀래미(잔뼈를 자른 것) 100g • 청나래고사리 6줄기 • 다시 1과 1/2컵 • 칡전분(또는 감자전분), 소금 적당량 • 청주 1큰술 • 국간장 소량 • 다시마 적당량 • 산초잎 적당량

만드는 법

1 놀래미는 칼집을 넣은 안쪽까지 꼼꼼하게 칡전분을 바른다.

2 청나래고사리는 질긴 뿌리 부분을 제거해 끓는 물에 소금을 넣어 데치고 물에 담가 식힌 뒤 물기를 뺀다.

3 냄비에 다시를 붓고 끓이다 청주를 넣고, 소금과 국간장으로 간한다.

4 냄비에 물을 듬뿍 받고 다시마, 소금을 넣어 끓인다. 끓기 직전의 온도를 유지하며 **1**의 놀래미를 조심스레 넣고, 칼집이 벌어지며 익을 때까지 2~3분 익힌다.

5 놀래미의 물기를 빼고, 뜨거울 때 그릇에 담는다. **3**의 국물에 데운 청나래고사리를 얹고 국물을 부은 후, 산초잎을 올린다.

전갱이

작고 살이 잘 부서지지 않으며 뼈도 단단한 전갱이는 초심자가 손질하기 쉬운 생선이다. 단, 측면에 '제이고'라고 불리는 벨트 형태의 단단한 비늘이 있으므로 먼저 이 제이고를 제거한 후 포를 뜬다. 일본에서 일반적으로 전갱이라고 하면 '마아지'를 지칭하나, 몸 길이 20cm 전후의 전갱이는 주아지, 10~15cm는 고아지, 5~6cm는 마메아지라고 나누어 부른다.

대표 요리

대표적인 요리인 회, 다타키, 초절임, 소금구이, 프라이, 말린 포는 물론 그릴이나 소테도 맛이 좋다. 작은 크기의 전갱이는 통째로 튀겨 난반즈케*를 만들면 뼈째로 먹을 수 있다.

*난반즈케: 생선, 채소를 튀겨 조미 국물에 담가 맛을 들여 먹는 요리.

재료 선택 포인트

미즈아라이

제이고, 비늘을 제거한다
→ 대가리를 자른다
→ 내장을 제거한다
→ 씻는다
→ 물기를 제거한다

사용 도구
데바보초

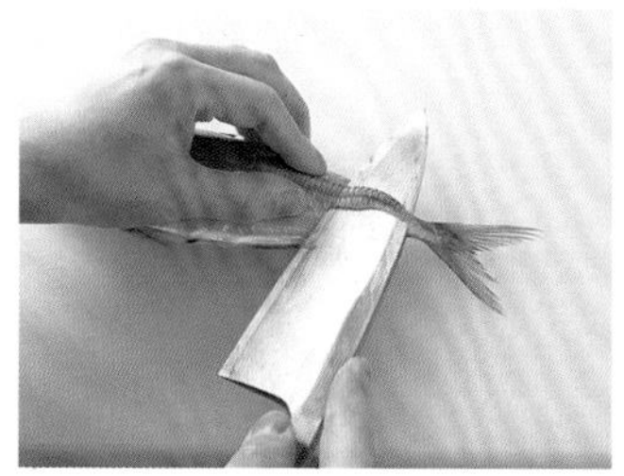

1 대가리를 왼쪽으로 가게 놓고, 제이고를 제거한다. 꼬리 쪽에서 칼을 눕혀 넣고, 위아래로 움직여가면서 제거한다.

2 비늘을 깎아내는 요령으로 칼을 위아래로 움직여가며 대가리가 붙은 부분까지 비늘을 벗긴다. 반대쪽도 같은 방식으로 제거한다.

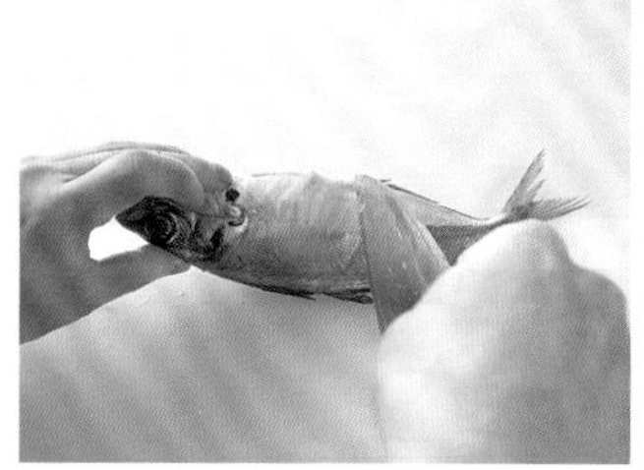

3 대가리를 왼쪽으로 향하게 놓고 손으로 잡은 뒤, 남은 비늘을 칼로 꼬리에서 머리쪽으로 긁어 제거한다.

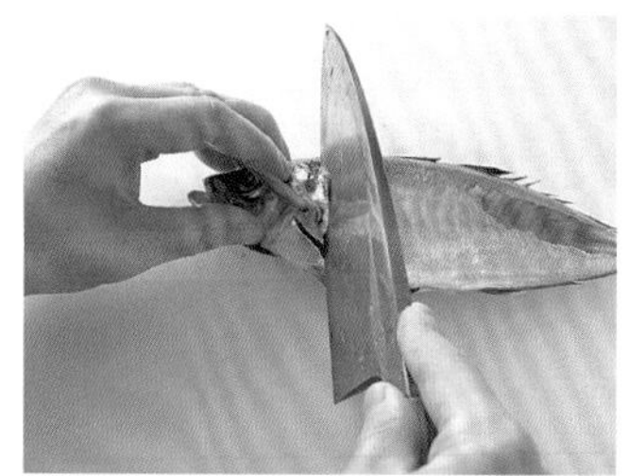

4 가슴지느러미 아래쪽에서 머리 쪽으로 비스듬히 칼집을 넣고, 몸통을 뒤집어서 반대쪽도 같은 요령으로 칼집을 넣는다.

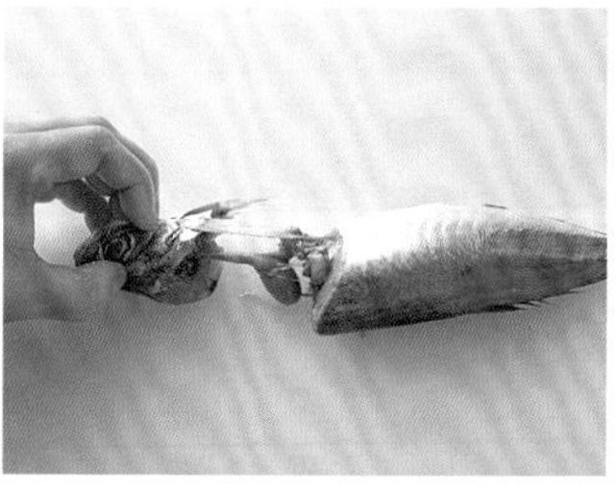

5 칼을 세워서 대가리 부분의 등뼈를 자르고, 대가리를 잡아당겨 떼어낸다.

6 꼬리를 왼쪽으로, 배를 내 앞으로 오게 놓고 사진과 같이 칼끝을 항문에 넣는다. 그대로 칼을 밀어 배의 중심을 가른다.

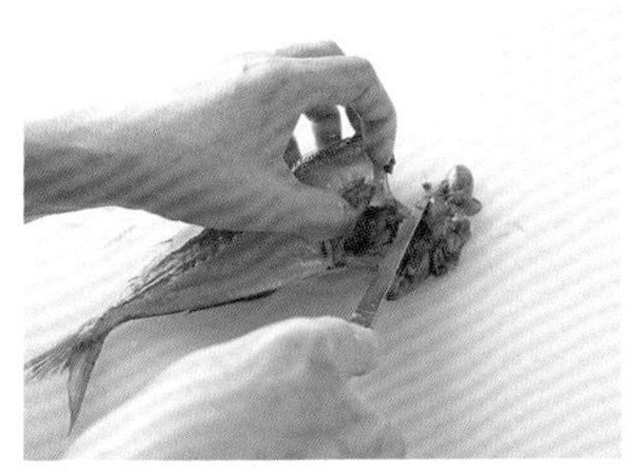

7 살을 들어 배 속에 칼을 넣고, 칼코로 내장을 긁어낸다.

8 물을 듬뿍 받은 볼에 넣고, 칫솔 등을 사용하여 피막을 긁어낸다. 남은 내장과 이물질을 깨끗하게 씻어낸다.

9 살살 흔들어 씻고 물기를 닦은 후, 키친타월로 물기를 닦아낸다. 배 속의 물기도 완전히 닦아낸다.

사용 도구
데바보초

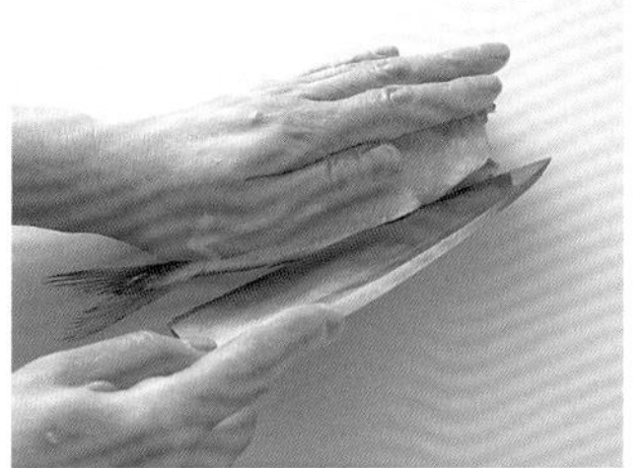

1 대가리 쪽을 오른쪽으로, 배를 내 앞으로 오게 놓고 항문에서 칼을 눕혀 넣어 꼬리 부분까지 칼집을 낸다.

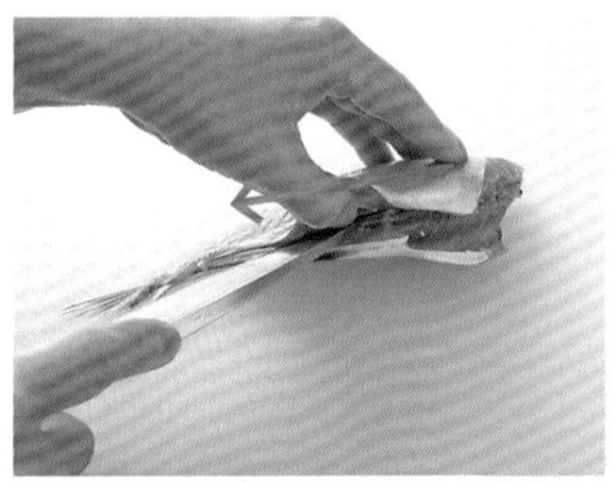

2 다시 대가리 쪽에서 칼을 넣어, 등뼈에 칼날을 대고 당겨 중앙의 굵은 뼈 근처까지 잘라나간다.

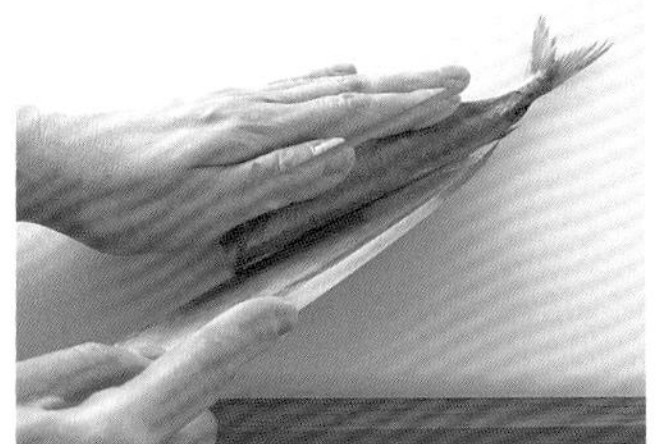

3 등이 내 앞으로 오게 방향을 바꿔, 꼬리 부분에서 대가리 쪽으로 등지느러미 위를 타고 칼집을 넣는다.

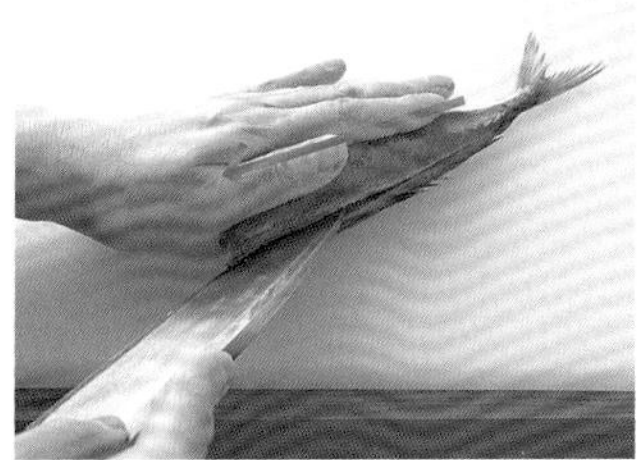

4 다시 한번 꼬리 쪽에서 칼을 넣어 등뼈에 칼날을 대고 당겨 중앙의 굵은 뼈 근처까지 잘라나간다.

5 꼬리 부분의 등뼈 위에 칼을 찔러넣고, 사진과 같은 방향으로 칼을 살짝 넣는다. 이때 완전히 잘라내지 않는다.

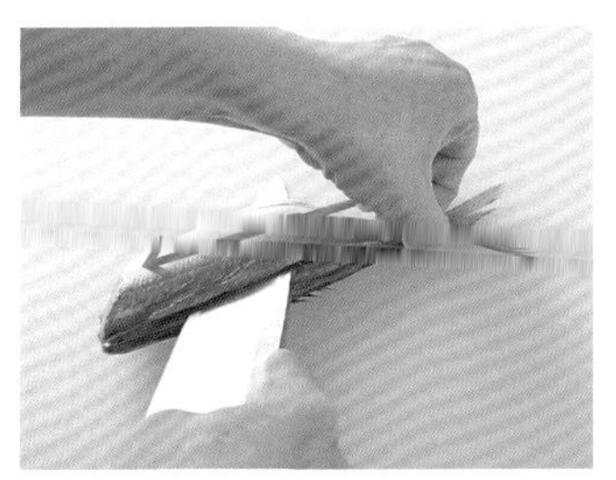

6 칼을 뒤집고 왼손으로 꼬리 부분을 누른 뒤, 등뼈 위를 타고 대가리 쪽으로 한 번에 움직여 살을 잘라낸다.

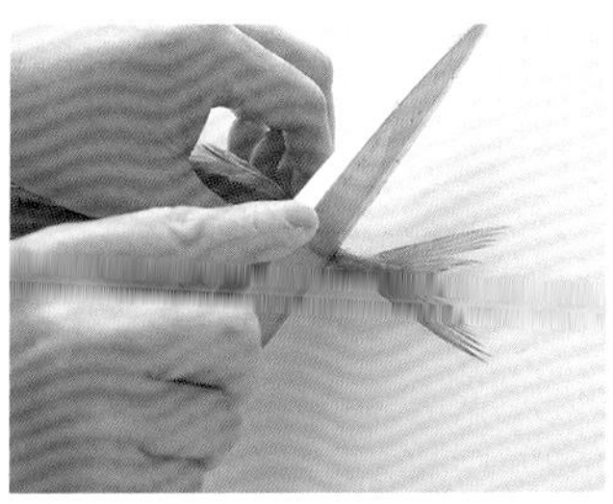

7 꼬리 부분을 잘라 완전히 분리한다.

8 등뼈를 밑으로 가게 놓고, **3**, **4**와 같은 요령으로 대가리 쪽에서 중앙의 굵은 뼈 근처까지 칼집을 넣는다.

9 방향을 바꿔 배 쪽에 같은 요령으로 칼집을 넣는다. 이후 **5**, **6**, **7**과 같은 요령으로 살을 분리한다.

세 장 뜨기 한 모습.

갈비뼈, 잔가시를 제거한다

사용 도구
데바보초
가시핀셋

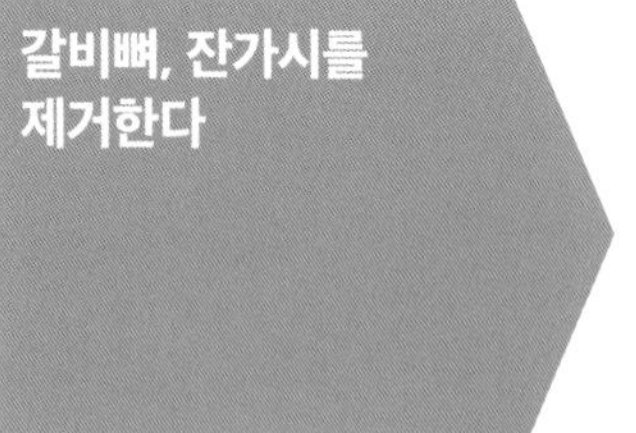

1 갈비뼈가 왼쪽으로 오게 놓고, 갈비뼈가 붙은 부분을 뒤집어 잡은 칼로 분리한 뒤, 원래대로 잡아 뼈를 얇게 떠낸다.

2 다른 쪽도 갈비뼈가 왼쪽으로 오게 놓고, 같은 요령으로 갈비뼈를 얇게 떠낸다.

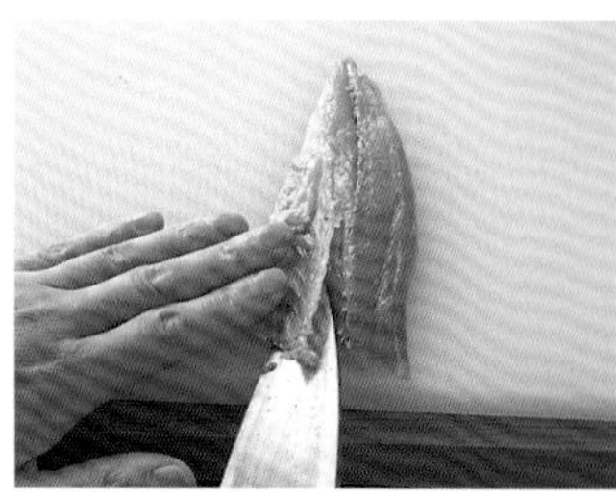

3 잔가시는 가시핀셋으로 뽑아낸다.

전갱이소테, 방울토마토소스→60쪽

껍질을 벗긴다

껍질을 위로, 대가리를 왼쪽으로 오게 놓고 왼쪽 끝에서 껍질을 살짝 벗겨 오른손으로 잡는다. 그대로 껍질을 당겨 벗긴다.

껍질은 대가리 쪽에서 꼬리 쪽으로 당기는 것이 포인트. 왼손으로 살을 눌러 꼬리 쪽으로 당기면 깔끔하게 벗겨진다.

미즈아라이

(통생선 조리용)

제이고, 비늘을 제거한다
→ 내장을 제거한다
→ 아가미를 제거한다
→ 씻는다
→ 물기를 제거한다

사용 도구
데바보초

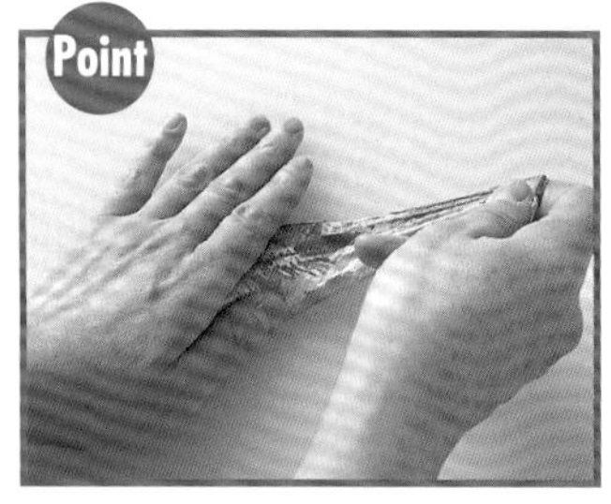

1 제이고와 비늘을 제거한 뒤(→52쪽), 대가리를 오른쪽, 배를 내 앞으로 오게 놓고 가슴지느러미 밑쪽에서 비스듬히 아래를 향해 2~3cm 길이의 칼집을 넣는다.

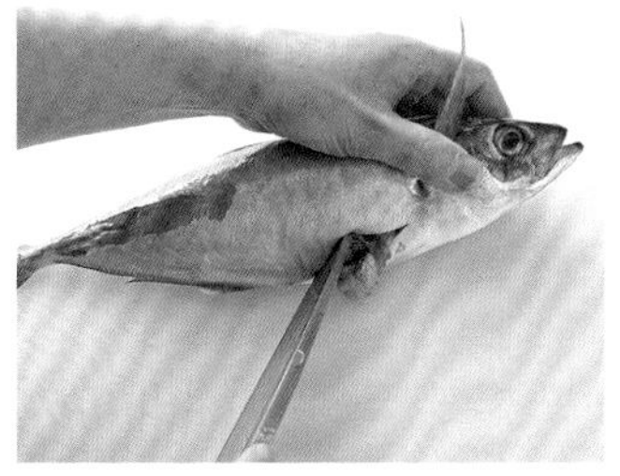

2 칼집에 칼코를 찔러넣고 살을 들춰 내장을 긁어낸 후, 칼끝으로 피막에 칼집을 넣는다.

3 아가미덮개를 벌려 칼코를 넣고, 아가미 위아래에 붙은 것을 자른다. 이어서 아가미 주위의 얇은 막도 곡면을 따라 자른다.

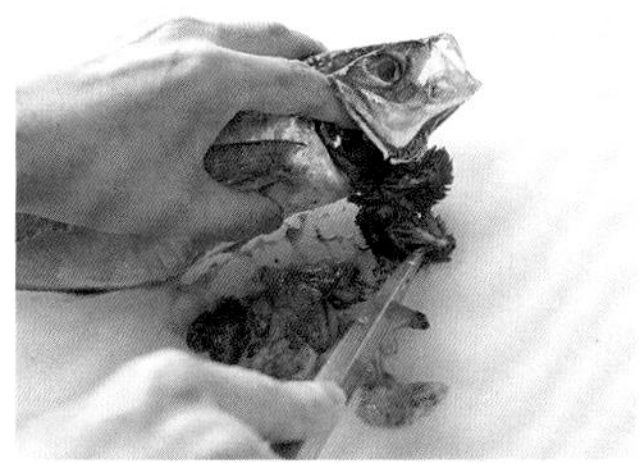

4 아가미를 자른 후, 칼끝으로 아가미를 잡아당겨 제거한다.

5 물을 받은 볼에 넣고, 배 속을 씻는다. 피막을 손가락으로 문질러 남은 내장도 씻어내고 배 속에 있는 물기도 닦는다.

통째로 미즈아라이 한 모습(아랫면).

통째로 미즈아라이 한 모습(윗면). 배 쪽의 칼집은 아랫면에 있으므로, 그릇에 담았을 때 보이지 않는다.

장식 칼집을 넣는다

사용 도구
데바보초

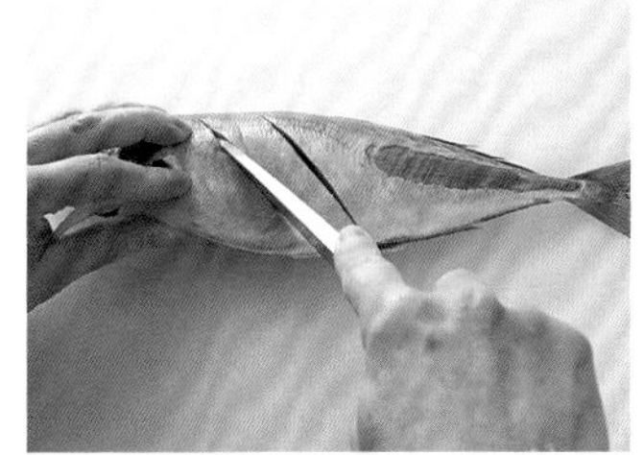

1 대가리를 왼쪽, 배를 내 앞으로 오게 놓고 몸통 중간 정도에 살 두께의 반 정도까지 깊게 비스듬히 2개의 칼집을 넣는다.

2 **1**의 칼집에 비스듬하게 교차시켜 1개의 칼집을 넣는다.

장식 칼집을 넣은 모습.

전갱이허브그릴→61쪽

살을 갈라 펼친다

(대가리를 자르지 않고 배 가르기)

제이고, 비늘을 제거한다
→ 아가미, 내장을 제거한다
→ 씻는다
→ 물기를 닦는다
→ 살을 갈라 펼친다

사용 도구
데바보초

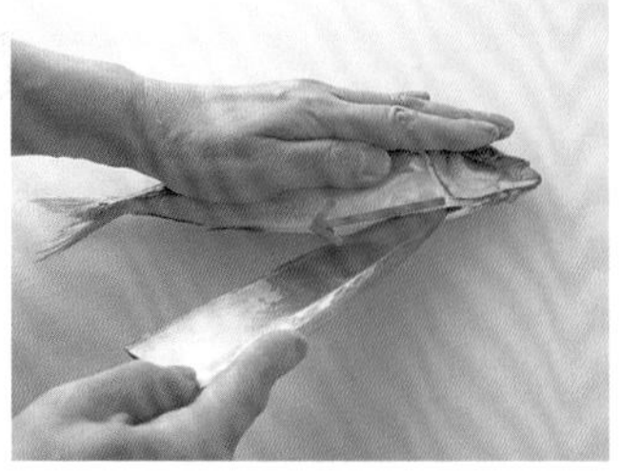

1 제이고와 비늘을 제거하고(→52쪽) 대가리를 오른쪽, 배를 내 앞으로 오게 놓는다. 턱 밑에서 칼을 넣어 항문까지 배의 중앙을 가른다.

2 배를 갈라 아래턱의 아가미가 붙은 부분을 자른다. 계속해서 아가미 주변의 얇은 막, 위턱의 아가미 연결 부위도 자른다.

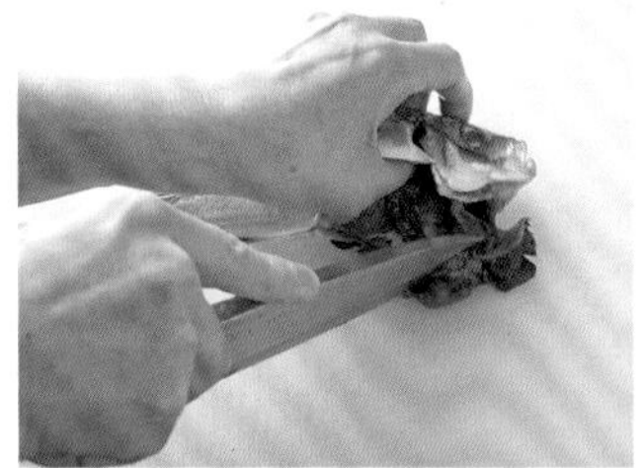

3 칼끝으로 아가미를 끌어내 내장과 함께 빼낸다. 남은 내장도 칼코로 꼼꼼히 긁어 제거한다.

4 물을 받은 볼에 넣고, 손가락으로 피막을 긁어가면서 배 속을 씻는다. 깔끔해지면 물기를 닦는다.

5 대가리를 오른쪽, 배를 내 앞으로 오게 놓고 세 장 뜨기와 같은 요령으로 등뼈에 칼날을 대고 칼집을 넣어간다.

6 중앙의 굵은 뼈까지 자른 후 살을 들추고, 턱이 2등분으로 쪼개지게끔 대가리에 칼집을 넣는다.

7 다시 칼날을 등뼈에 대고 등 쪽까지 칼을 넣어 1장이 되게끔 펼친다.

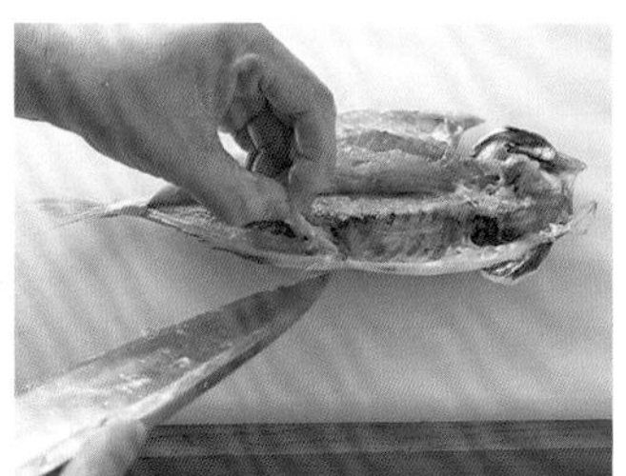

8 내장의 막이 남아 있으면 꼼꼼하게 제거해 마무리한다.

대가리를 붙인 채 배 쪽을 가른 모습.

절여서 하룻밤 말린 전갱이→62쪽

살을 갈라 펼친다
(등 가르기)

사용 도구
데바보초

1 미즈아라이하여(→52쪽) 대가리를 오른쪽, 등을 내 앞으로 오게 놓고 대가리 쪽에서 칼을 넣어 등지느러미 위를 따라 칼집을 넣는다.

2 세 장 뜨기와 같은 요령으로 등뼈를 따라 2~3회 칼을 넣어, 배 근처까지 칼집을 낸 뒤 1장이 되게끔 펼친다.

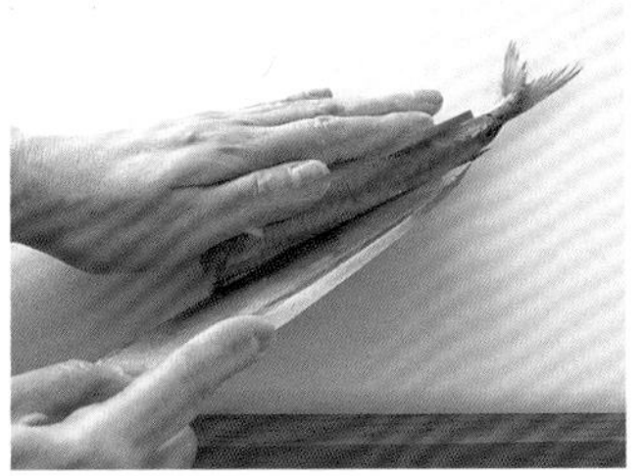

3 방향을 바꿔 몸통을 뒤집은 후, 등뼈를 밑으로 가게 놓는다. 다시 꼬리 부분에서 등지느러미 위에 칼집을 넣는다.

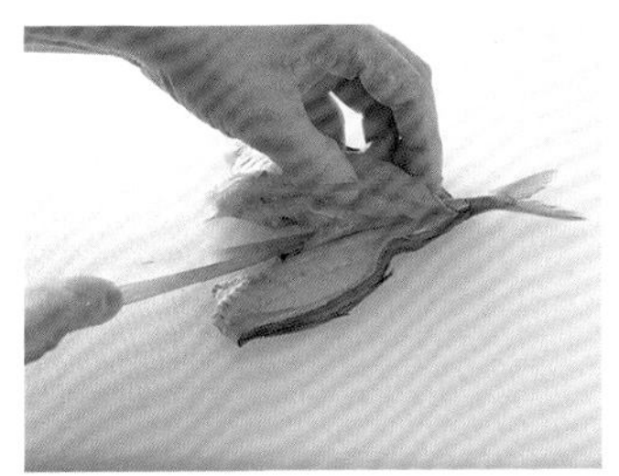

4 등뼈를 따라 여러 번 칼을 움직여 등뼈와 살을 분리한다.

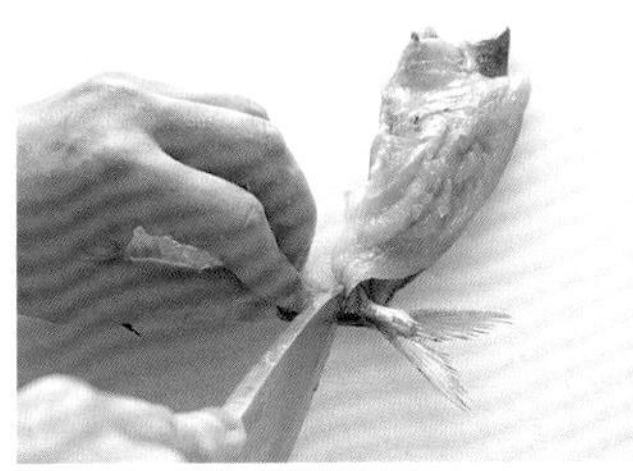

5 살을 책장 넘기듯 펼치고, 꼬리가 붙은 부분의 등뼈를 잘라낸다.

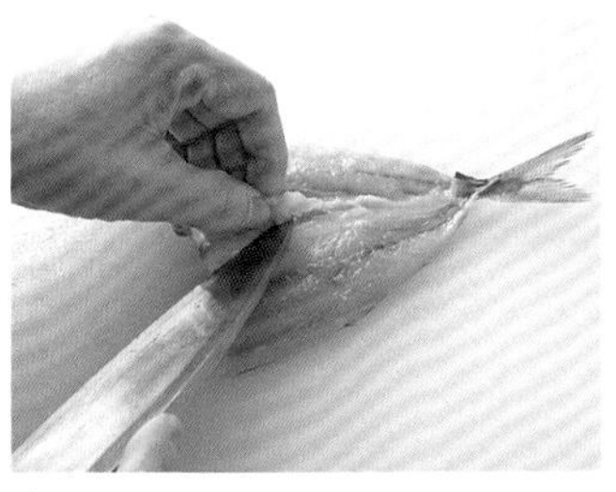

6 갈비뼈를 제거한 뒤 꼬리를 오른쪽으로 향하게 놓고, 갈비뼈 앞에서 칼을 넣어 얇게 떠낸다.

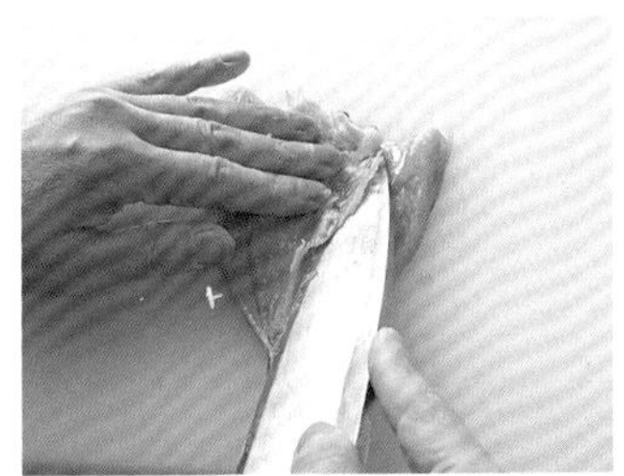

7 다른 한쪽의 갈비뼈는 꼬리가 내 앞으로 오게 방향을 바꾸고, 오른쪽에서 칼을 넣어 얇게 떠낸다.

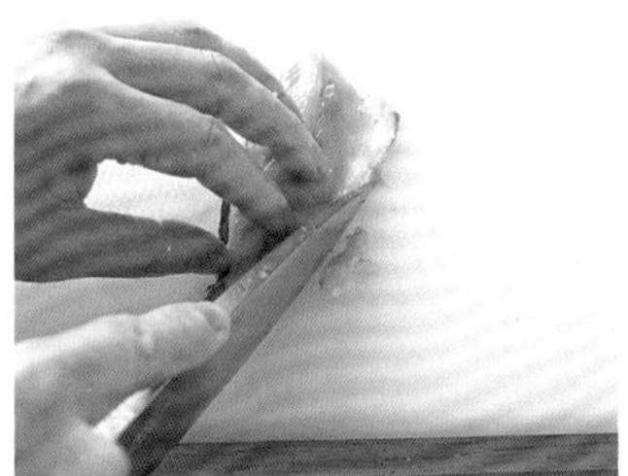

8 껍질이 안쪽으로 오게끔 살을 반으로 접고, 중앙에 남은 볼기지느러미의 뼈를 살이 잘리지 않도록 잘라낸다.

등 가르기로 갈라 펼친 모습.

전갱이프라이→62쪽

가늘게 썰기

*껍질을 벗긴 위쪽 살을 사용

사용 도구
야나기바보초

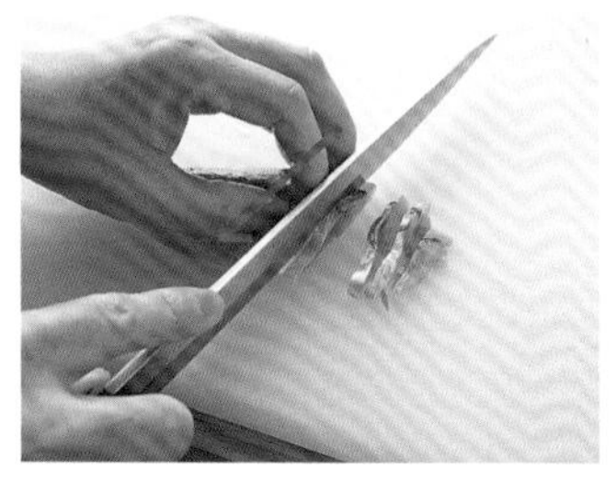

껍질은 위를 향하고 얇은 살은 내 쪽에 오게 횟감을 놓는다. 오른쪽 끝에서 5mm 간격으로, 칼을 똑바로 한 번에 당겨 썰어 나간다.

가늘게 썰기 한 모습.

전갱이초절임과 오이생강초무침→59쪽

다타키

*껍질을 벗긴 위쪽 살을 사용

사용 도구
데바보초
야나기바보초

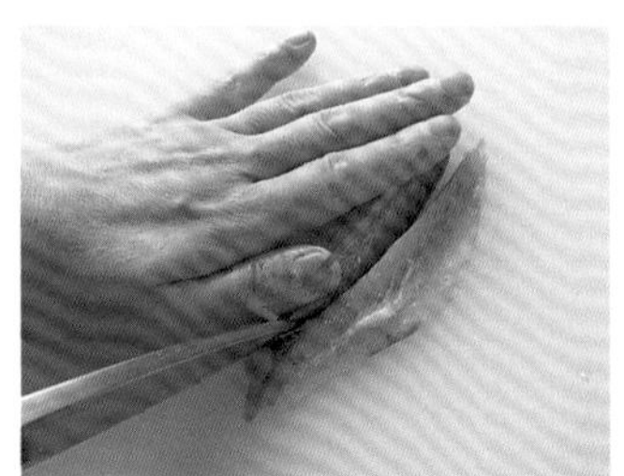

1 뱃살을 오른쪽으로 오게 놓고, 혈합육과 잔가시를 등살에 남게끔 데바보초를 사용해 세로로 자른다. 마지막에 비스듬하게 썰어 살의 너비를 똑같게 한다.

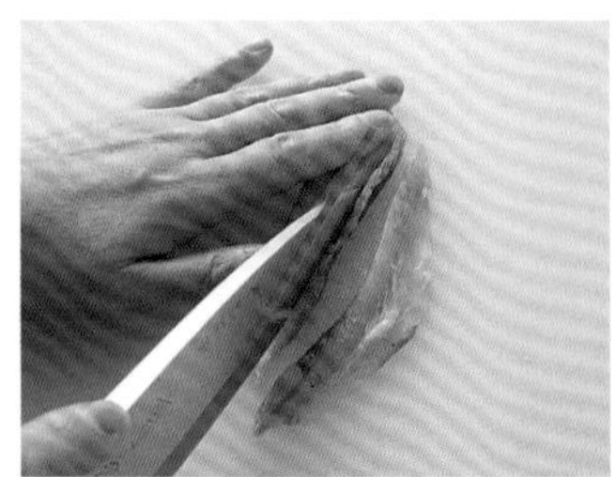

2 등살에 남은 혈합육과 잔가시를 잘라낸다.

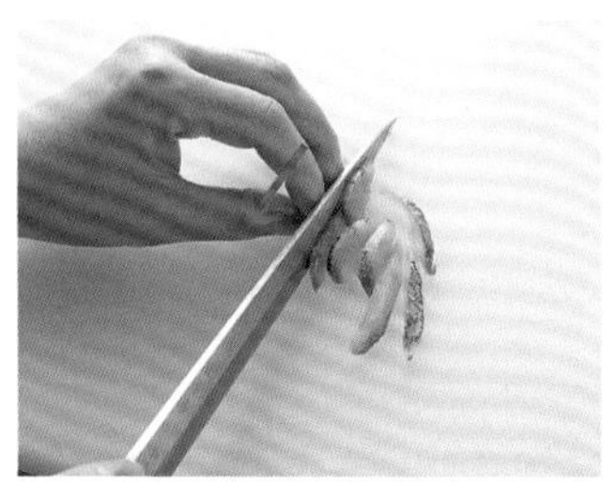

3 야나기바보초로 칼을 바꿔, 잘라 나눈 등살을 가늘게 썬다. 살이 작을 경우에는 비스듬한 모양으로 가늘게 썰어 길이를 확보하면 된다.

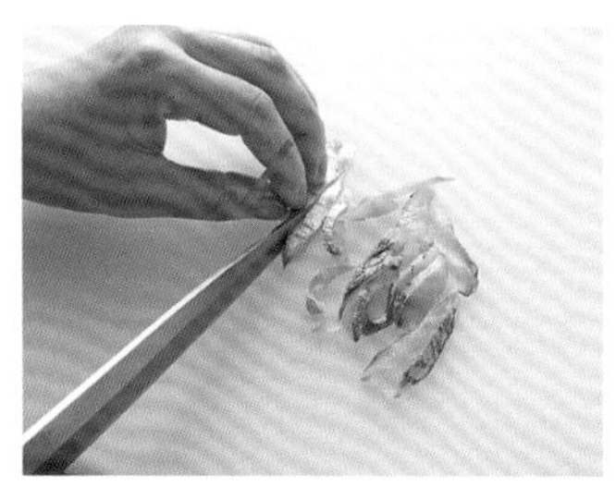

4 뱃살도 같은 요령으로 가늘게 썬다.

5 가늘게 썬 회를 모아놓고, 오른쪽 끝부터 5mm 정도 두께로 썬다. 회로 먹을 경우에는 너무 잘게 썰지 않는 편이 맛있다.

다타키 한 모습.

전갱이다타키→59쪽

전갱이초절임과 오이생강초무침

재료(2인분)

전갱이 횟감(껍질이 붙은 것) 1/2마리 분량 • **희석초**[식초와 물 각각 1큰술, 설탕과 소금 약간] • 오이 1/3개 • 양하 1개 • **생강초**[청주와 쌀식초, 국간장 각 1/2큰술, 소금 약간, 생강즙 적당량] • 소금과 다시마 각 적당량

만드는 법

1 전갱이는 소금을 듬뿍 뿌려 15분 정도 놓아둔 후 물기를 닦는다.

2 희석초의 재료를 섞어 전갱이를 담가 5분 정도 둔다. 물기를 제거한 후 다시마에 말고 랩으로 감싸 냉장고에서 1시간 정도 숙성한다.

3 오이는 가늘게 썰고 소금을 살짝 뿌려 버무린 후, 숨이 죽으면 물에 씻어 물기를 짠다. 양하는 채 친다.

4 생강초 재료의 청주는 랩을 씌우지 않고 전자레인지에 10초 정도 돌려 알코올을 날린 뒤, 나머지 재료와 함께 섞는다.

5 **2**의 전갱이 껍질을 벗겨 가늘게 썬 후, **3**과 함께 섞어 생강초로 무친다.

전갱이다타키

재료(2인분)

전갱이 횟감(껍질을 벗긴 것) 1마리 분량 • 햇생강 10g • 차조기잎 5장 • 쪽파 1~2줄 • 레몬즙 1/2작은술 • 간장 1작은술 • 양하 1개 • 장식용 차조기잎 2장

만드는 법

1 생강, 차조기잎, 쪽파는 다진다.

2 전갱이는 다타키 하여 **1**과 합친 후 레몬즙, 간장을 섞는다.

3 채 썬 양하를 그릇에 담아 차조기잎을 곁들이고, 그 앞에 **2**를 담는다.

전갱이소테, 방울토마토소스

재료(2인분)

전갱이 횟감(껍질이 붙은 것) 1마리 분량 • 마늘 1알 • 방울토마토 1팩 • 바질잎(큰 것) 2장 • 올리브유 1작은술 • 화이트와인 2큰술 • 소금, 후추 각 적당량

만드는 법

1 전갱이에 소금을 뿌려 5분 정도 놓아 둔다.

2 마늘은 얇게 슬라이스하고, 방울토마토는 절반 혹은 4등분한다. 바질의 줄기를 제거하고 큼지막하게 다진다.

3 프라이팬에 마늘과 올리브유를 넣고 약불로 가열한다. 마늘 향이 나고 기름이 달궈지면 물기를 닦은 전갱이를 껍질 면이 밑으로 향하게 넣는다. 전갱이 가장자리가 하얗게 변하면 뒤집어서 속까지 익힌다. 전갱이를 꺼내 기름을 제거하고 그릇에 담은 후, 보온해놓는다.

4 마늘이 바삭바삭해지면 건져내고 토마토를 볶는다. 화이트와인을 부어 조린 후, 토마토가 가볍게 으깨져 소스 형태가 되면 소금과 후추로 간한다. 바질을 넣고 불을 끈다.

5 전갱이에 4의 소스를 끼얹고, 마늘을 흩뿌린 뒤 후추를 뿌린다.

전갱이허브그릴

재료(2인분)

전갱이(통생선 조리용으로 밑손질한 것) 큰 것 1마리 • 가지, 주키니, 파프리카, 옥수수 각 적당량 • 타임 4~5줄기 • 마늘 2알 • 올리브유 적당량 • 레몬 2조각 • 이탈리안파슬리 적당량 • 소금 적당량

만드는 법

1 전갱이는 소금을 뿌려 30분 정도 놓아둔다.

2 전갱이의 물기를 닦고 장식 칼집을 넣는다. 배 쪽에 낸 칼집과 입으로 마늘과 타임을 채워넣는다. 표면에 올리브유를 바른다.

3 가지와 주키니는 비스듬하게 1cm 두께로 잘라 소금을 뿌려 10분 정도 놓아둔 후, 물기를 닦고 올리브유를 바른다. 파프리카와 옥수수는 먹기 편한 크기로 자르고 올리브유로 버무린다.

4 예열한 그릴에 전갱이를 넣고 7~8분 굽는다. 가지와 주키니를 2~3분, 파프리카와 옥수수를 4~5분 굽고 가볍게 소금을 친다.

5 그릇에 함께 담고 빗 모양으로 자른 (227쪽 참조) 레몬과 이탈리안파슬리를 곁들인다.

절여서 하룻밤 말린 전갱이

재료(2인분)

전갱이(대가리를 자르지 않고 배 가르기 한 것) 2마리 • 소금 적당량 • 차조기잎 2장 • 레몬(빗 모양으로 자른 것) 2조각

만드는 법

1 전갱이는 소금물에 30분 정도 담가놓는다.

2 전갱이의 물기를 제거하고 채반에 밭쳐 바람이 잘 통하는 곳에서 하루 동안 건조시킨다. 살을 만졌을 때 끈끈하게 달라붙는 정도가 좋다.

3 예열한 그릴에 4~5분 굽는다.

4 그릇에 담고, 차조기잎과 레몬을 곁들인다.

전갱이프라이

재료(2인분)

전갱이(등 가르기 한 것) 작은 것 2마리 • **타르타르소스**[삶은 달걀 1개, 양파 1/8개, 작은 오이 피클 2개(13g), 케이퍼 1작은술, 파슬리 1/2줄기, 마요네즈 2큰술] • 양배추(채 친 것) 2장 분량 • 반으로 자른 방울토마토 6개 • 밀가루, 달걀물, 빵가루, 튀김유 각 적당량

만드는 법

1 전갱이는 밀가루, 달걀물, 빵가루 순서로 묻힌다.

2 삶은 달걀, 양파, 피클, 케이퍼, 파슬리는 잘게 다진다. 양파는 물에 씻어 물기를 짠 후, 다른 재료와 함께 섞어 타르타르소스를 만든다.

3 튀김유를 170℃로 달구어 전갱이를 튀긴다.

4 기름을 뺀 후 양배추, 토마토와 함께 담고 **2**의 소스를 곁들인다.

붕장어

크기가 큰 것은 몸 길이가 1m까지 성장하는 상당히 가늘고 긴 생선으로, 조리할 때는 살을 갈라 펼쳐 사용한다(간사이에서는 배 가르기, 간토에서는 등 가르기를 하는데 이 책에서는 등 가르기를 소개한다). 갈라 펼칠 때는 점액질 때문에 미끄러지지 않게 장어 송곳으로 찔러 확실히 고정해야 한다. 또 맛있게 요리하기 위해서는 껍질 쪽 점액질을 깨끗이 제거해야 하는데, 특히 조릴 때는 뜨거운 물을 부어 점액질을 잘 긁어내야 한다. 튀기거나 구울 경우에는 식재료용 솔을 이용해 닦아내는 것으로 충분하다.

대표 요리

뭐니 뭐니 해도, 붕장어조림이 최고다. 에도마에스시*의 재료로 빠질 수 없고, 조린 붕장어는 그대로 일품요리다. 양념을 바르지 않고 구운 후 고추냉이간장을 찍어 먹거나 튀겨 먹어도 맛있다.

*에도마에스시: 에도시대에 생긴 초밥. 이때 처음으로 쥐는 초밥이 만들어졌다.

재료 선택 포인트

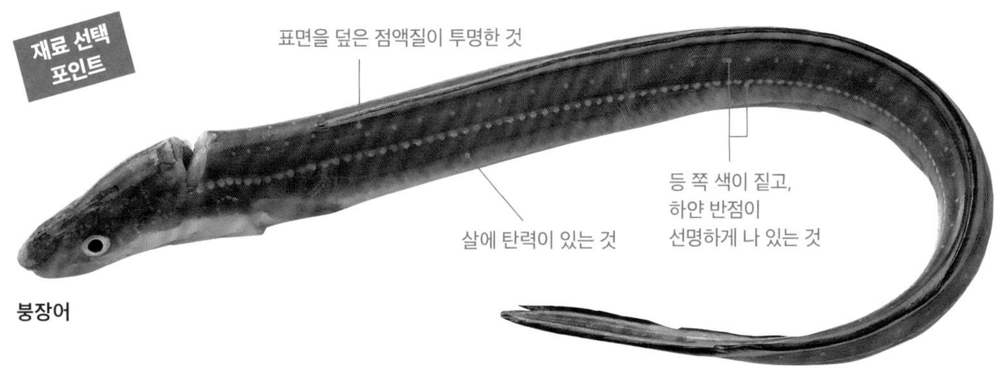

붕장어

살을 갈라 펼친다
(등 가르기)

점액질을 제거한다 → 살을 가른다 → 내장을 제거한다 → 씻는다 → 물기를 닦는다 → 등뼈, 갈비뼈를 제거한다 → 대가리를 자른다 → 지느러미를 제거한다

사용 도구
장어송곳
데바보초

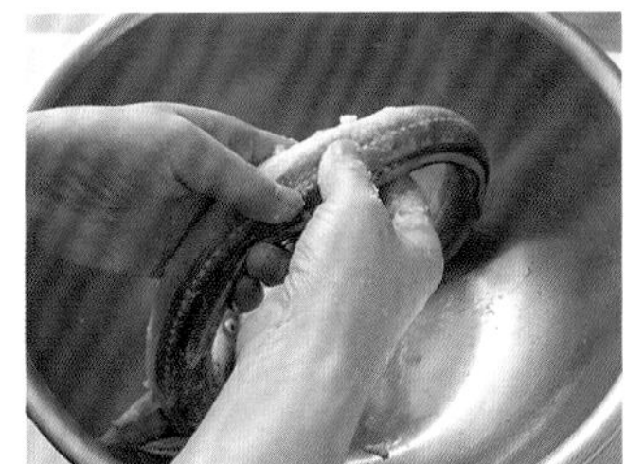

1 표면에 소금을 뿌려 빈틈없이 문질러 닦아 점액질을 제거한다. 제거 후 물에 씻어내고 물기를 닦는다.

2 도마 위 내 앞 우측 끝에 송곳을 찔러넣는다. 등을 내 앞으로 오게 놓고 볼에 송곳을 찔러 칼등으로 두드려 고정한다.

3 대가리 쪽 등지느러미 위로 칼을 넣고 배 쪽 껍질 근처까지 칼끝을 찌른다. 등뼈를 따라 꼬리 끝부분까지 가른다.

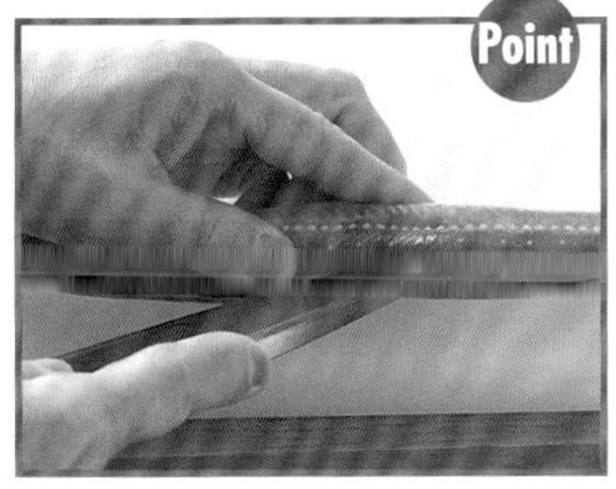

배 쪽 껍질이 잘리지 않도록 왼손 검지로 배를 잡아 칼과 함께 움직이고, 계속 손끝으로 칼끝을 느끼면서 가른다.

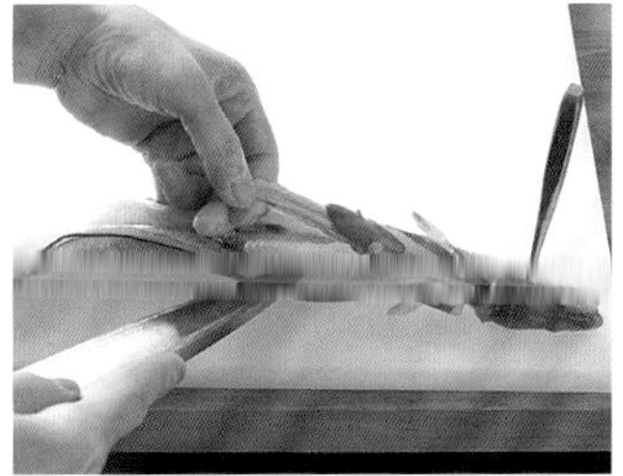

4 살을 펼치고 살에 붙은 내장 주위의 얇은 막을 잘라 내장을 제거한다. 물에 씻고 물기를 닦는다.

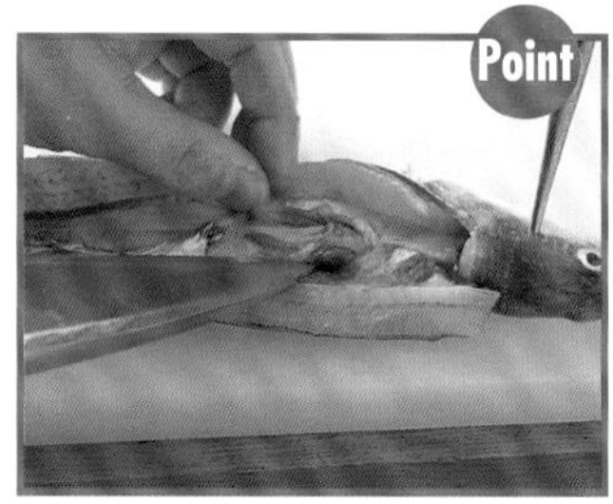

내장에 있는 담낭이 터지면 녹색의 쓴 즙이 튄다. 담낭이 터지지 않게 내장을 얇은 막이 붙은 채로 제거한다.

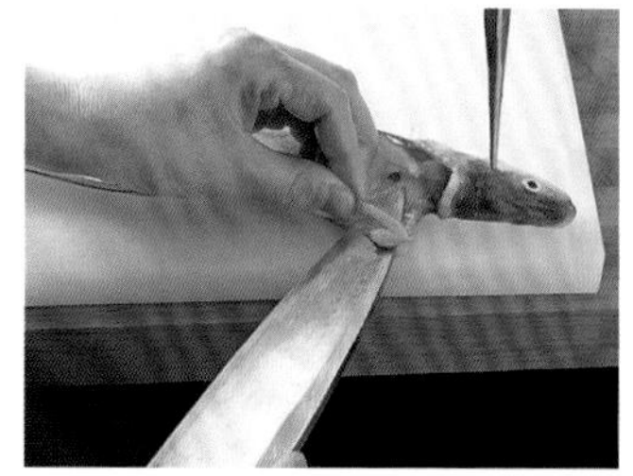

5 등뼈를 제거한다. 먼저 대가리 쪽에서 뼈를 들어올려 등뼈 밑으로 칼을 넣는다.

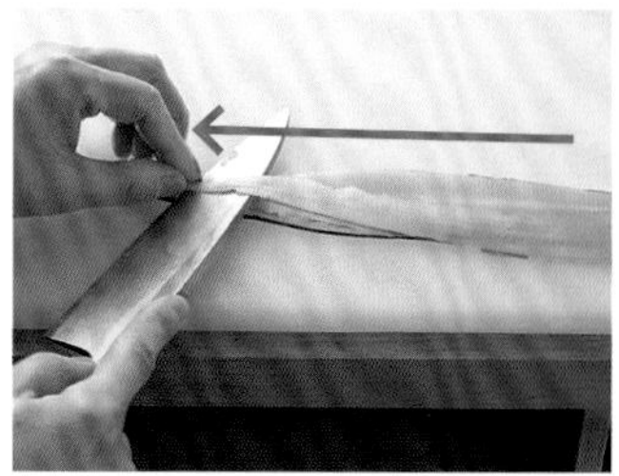

6 등뼈 밑으로 칼을 넣어 꼬리 쪽까지 훑듯이 움직여 등뼈를 떠낸다.

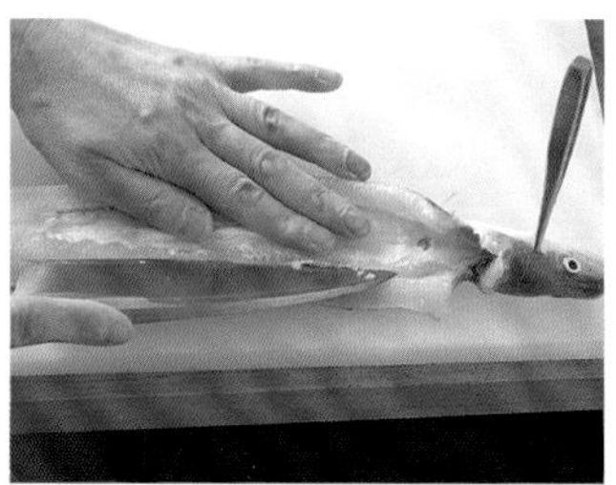

7 갈비뼈를 제거한다. 내 앞쪽 갈비뼈는 앞에서 칼을 넣어 포를 뜬다.

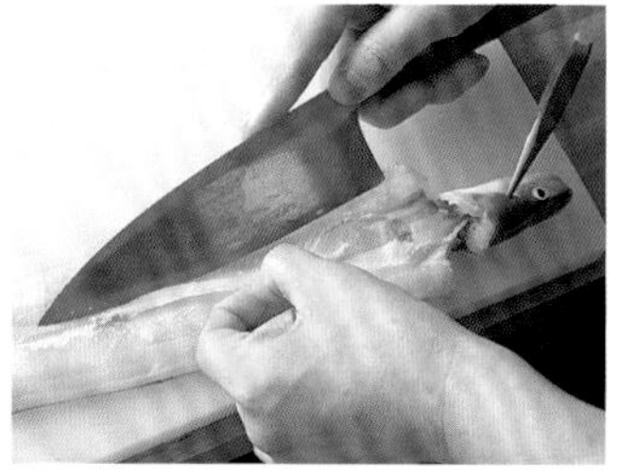

8 반대쪽 갈비뼈는 몸에서 먼 쪽에서 칼을 넣어 포를 뜬다.

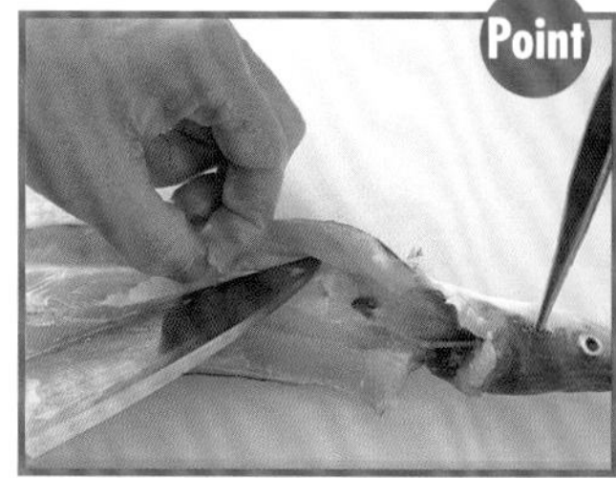

붕장어의 갈비뼈는 중앙의 굵은 뼈 부근에 있는 가시의 튀어나온 부분만 제거하면 된다.

9 칼을 직선으로 넣어 한칼에 대가리를 잘라낸다.

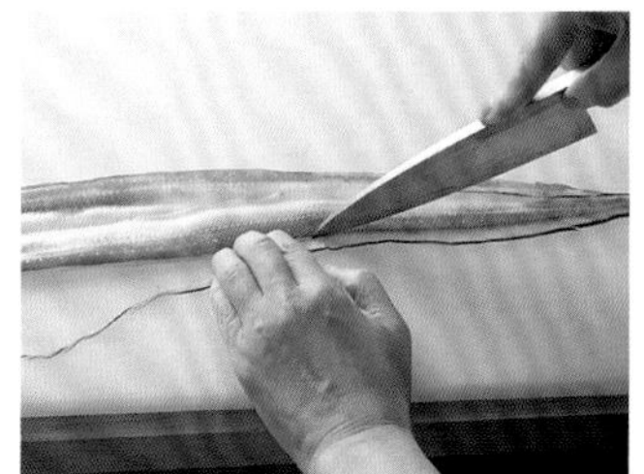

10 껍질 쪽을 위로, 대가리 쪽을 왼쪽으로 향하게 놓고 내 앞쪽 등지느러미는 칼을 당기면서 칼코로 잘라낸다.

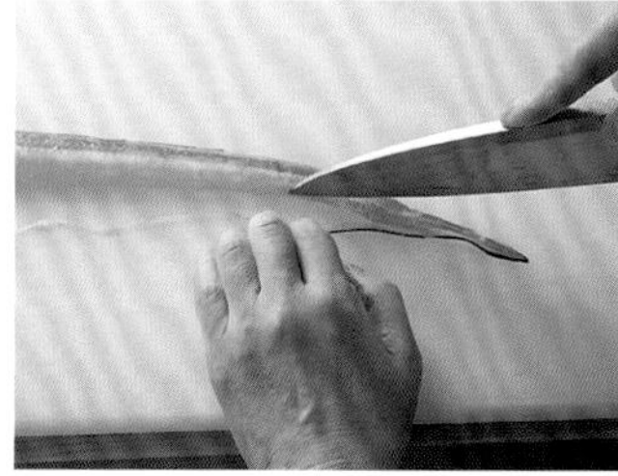

11 살을 닫고 배지느러미를 내 앞으로 긁어낸 후, 칼을 당기면서 칼코로 잘라낸다.

등 가르기 한 모습.

점액질을 제거한다

사용 도구
야나기바보초

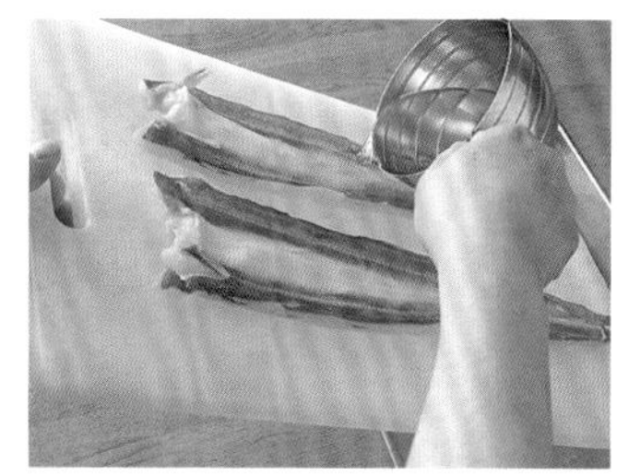

1 대가리 쪽을 왼쪽, 껍질 쪽을 위로 향하게 도마에 늘어놓고 도마를 기울여 뜨거운 물을 끼얹는다. 곧바로 얼음물에 담가 식힌다.

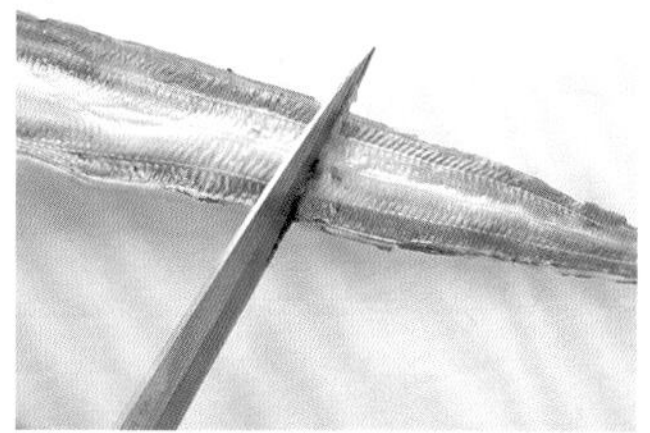

2 뜨거운 물로 인해 하얗게 변한 점액질을 대가리 쪽에서부터 칼로 긁어 제거한다.

붕장어조림 → 아래쪽

붕장어조림

재료(4인분)

붕장어(등 가르기 하고 점액질을 제거한 것) 4마리 • **조림국물**[다시 2컵, 청주와 미림 각 1/2컵, 그래뉴당 15g, 국간장 1과 1/2큰술, 간장 2큰술] • 차조기잎, 고추냉이 각 적당량

만드는 법

1 넓은 냄비에 조림국물의 재료를 넣고 끓이다, 붕장어를 껍질 면이 밑으로 향하도록 똑바로 펴서 늘어놓는다. 나무 뚜껑(오토시부타*)을 덮고 주위에 보글보글 거품이 올라올 정도로 불 을 조절해 약 20분간 조린다.

2 뜨거울 때 나무 주걱 등으로 살살 건져 채반 등에 펼쳐놓는다.

3 조림국물이 약 절반 정도로 줄어 점성이 생길 때까지 강불에 조린다.

4 붕장어를 먹기 편한 크기로 자르고, **3**의 양념을 한 번 정도 발라 차조기잎과 함께 그릇에 담는다. 고추냉이를 곁들인다.

*오토시부타 : 주로 일본 요리에 쓰이는 나무 재질의 조림용 뚜껑.

옥돔

네모난 이마가 인상적인 옥돔은 적, 백, 황 3종류가 있다. 일반적으로 옥돔이라 하면 적옥돔을 지칭하나, 가장 맛있다고 여겨지는 것은 백옥돔이다. 간사이에서는 '구지'라고도 불리며, 예부터 귀한 생선으로 취급되었다. 특히 후쿠이현 와카사만에서 잡히는 '와카사구지'는 교토 요리에 없어서는 안 되는 고급 식재료이다. 비늘 손질은 비늘치기로 긁어 껍질의 아름다움을 살리거나 칼로 깎아내어 비늘튀김을 하거나 비늘이 붙은 채 포를 떠서 그대로 굽는 등 용도에 따라 다르다.

대표 요리

부드러운 살과 섬세하고 고급스러운 단맛이 특징이다. 수분이 많으므로 소금을 치거나 다시마로 감싸 절이면 맛을 한층 더 끌어올릴 수 있다. 비늘을 기름에 튀기거나 비늘을 붙인 채로 굽는 와카사구이도 맛있다.

재료 선택 포인트

미즈아라이

비늘을 제거한다 (긁기/깎기)
→ 대가리를 자른다 (가마를 붙여서 자른다)
→ 내장, 아가미를 제거한다
→ 씻는다
→ 물기를 닦는다

사용 도구
비늘치기
데바보초
야나기바보초

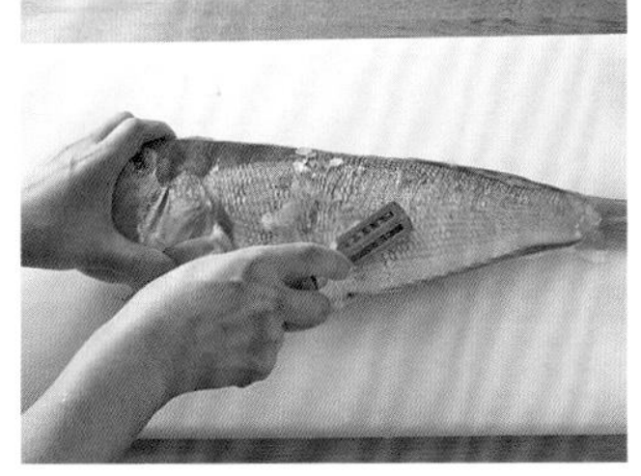

1 껍질을 살릴 경우, 비늘치기로 꼬리부터 대가리 쪽으로 비늘을 긁어낸다. 좁은 부위는 데바보초로 긁어낸다.

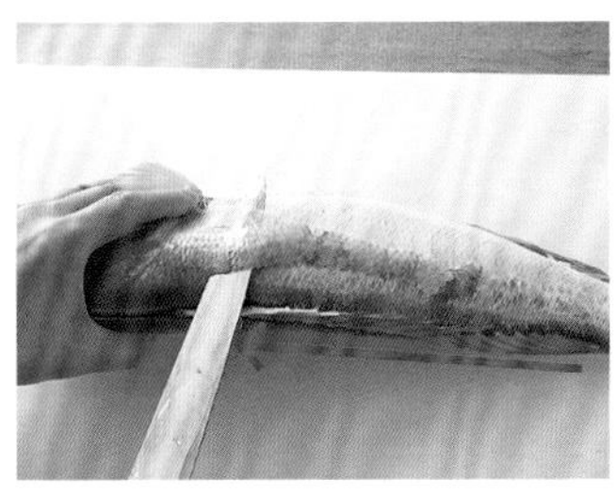

2 비늘을 사용할 경우에는 꼬리에서 머리쪽을 향해 야나기바보초로 비늘을 깎아낸다. 좁은 부위는 데바보초로 긁어낸다.

Point

비늘과 껍질 사이에 칼을 넣어, 표면의 얇은 껍질째 벗겨낸 모습. 비늘은 1장의 껍질같이 붙은 채로 제거된다.

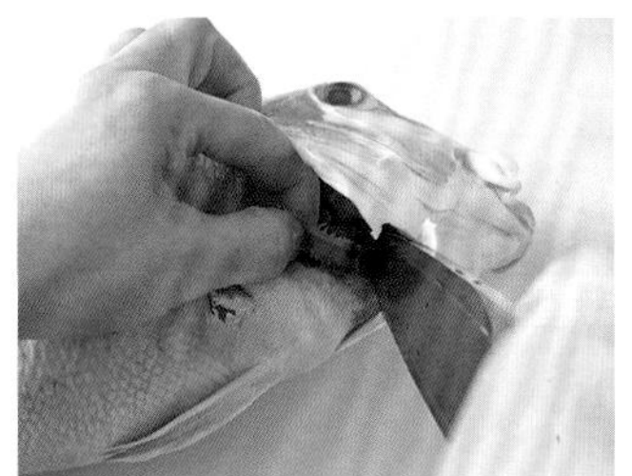

3 아가미덮개를 열고, 데바보초의 칼끝으로 아래턱과 위턱의 아가미 연결부위를 자른다. 몸통을 뒤집어서 반대쪽도 같은 요령으로 자른다.

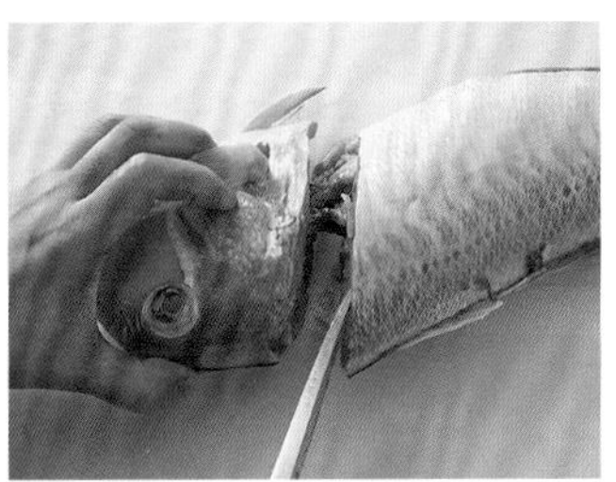

4 가슴지느러미 아래 칼을 넣고, 대가리 부분에서 가마 아래쪽으로 비스듬히 자른다. 몸통을 뒤집어서 반대쪽도 같은 요령으로 대가리를 잘라낸다.

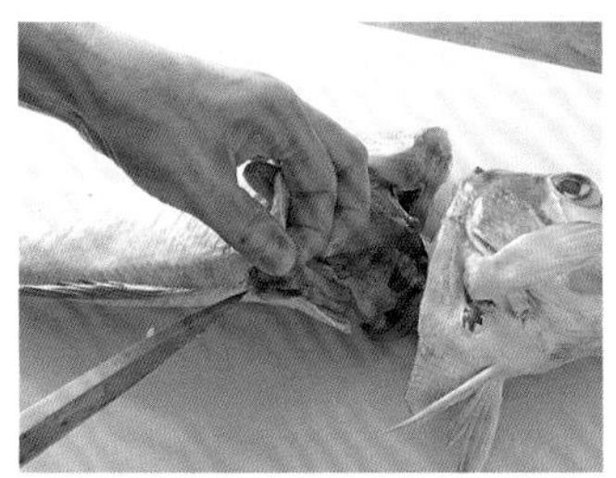

5 배를 항문까지 갈라 열고, 주위의 막에 칼을 넣어 내장을 잘라낸다. 대가리를 당겨 내장과 함께 빼낸다. 칼끝으로 피막에 칼집을 넣는다.

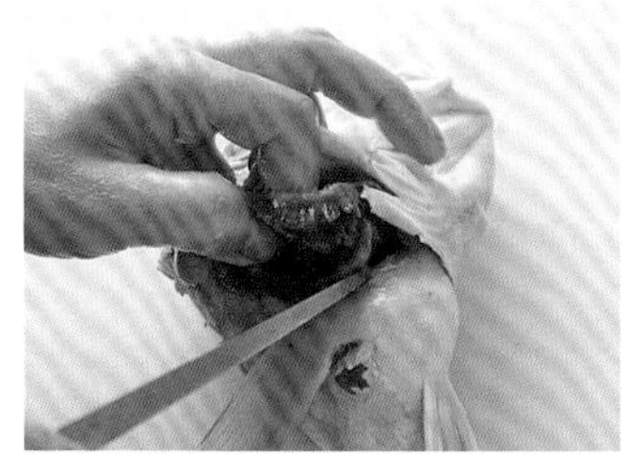

6 잘라낸 대가리의 아가미덮개를 열어 칼끝으로 누르면서 아가미를 잡아당겨 꺼낸다.

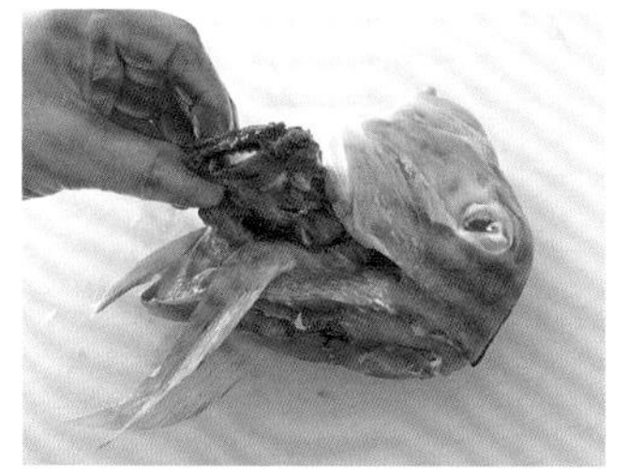

7 손으로 아가미를 꺼내고 몸통과 대가리를 씻는다. 칫솔 등을 사용해 피막과 이물질을 닦아내고 물기를 확실하게 제거한다.

사용 도구
데바보초

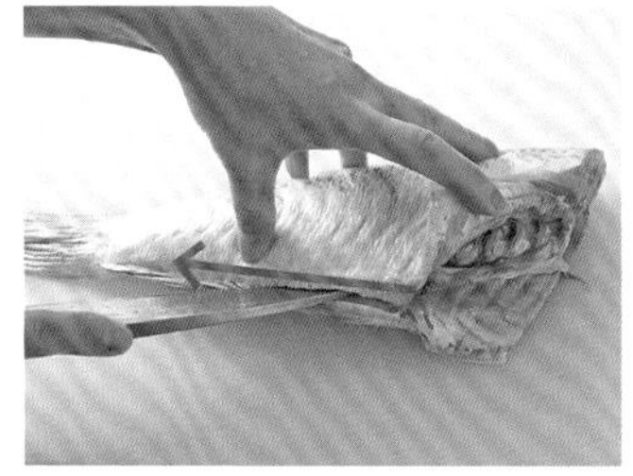

1 대가리 쪽을 오른쪽, 배를 내 앞으로 오게 놓는다. 대가리쪽에서 꼬리 쪽을 향해 칼날을 등뼈 위쪽에 대고 배에 칼집을 넣는다.

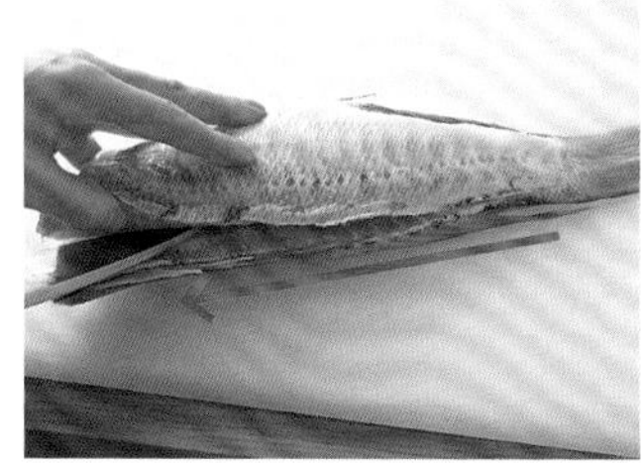

2 여러 번 반복해서 칼을 움직여 중앙의 굵은 뼈에 닿으면 등을 내 앞으로 놓고, 꼬리에서 대가리 쪽을 향해 같은 요령으로 칼을 넣는다.

3 꼬리 부분의 등뼈 위에 사진과 같은 방향으로 칼을 찔러넣어 칼집을 낸다. 칼을 뒤집어 왼손으로 꼬리 쪽을 누르고 대가리 쪽까지 칼로 잘라 살을 떼어낸다.

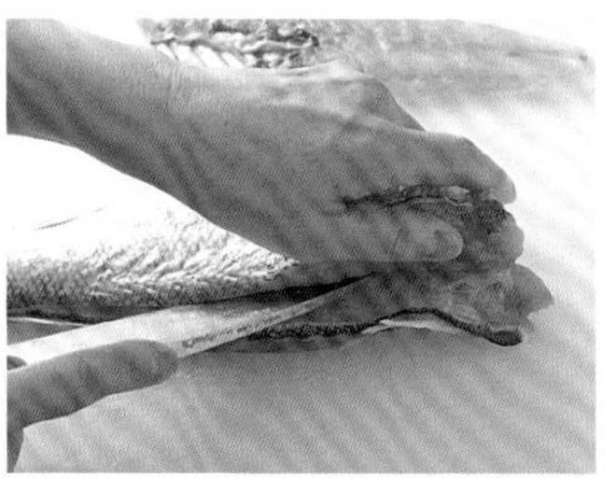

4 뒤집어서 등을 내 쪽으로 놓고 **1**, **2**, **3**과 같은 요령으로 뼈에서 살을 발라낸다.

세 장 뜨기 한 모습.

사용 도구
데바보초

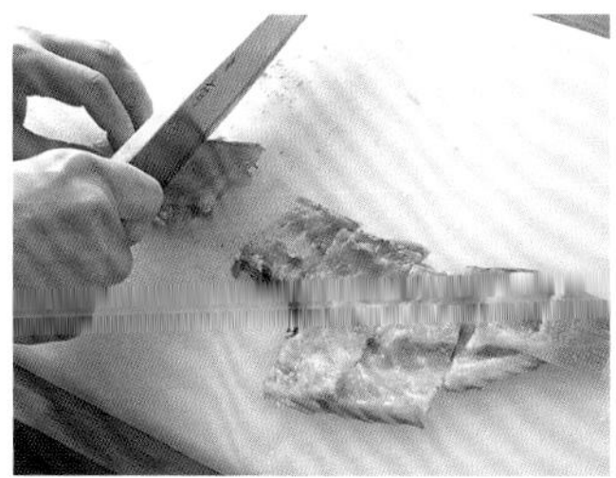

등지느러미와 꼬리지느러미 등을 잘라내고, 칼턱으로 등뼈를 내려친 뒤 5cm 정도 폭으로 자른다.

대가리를 자른다
(나시와리)

사용 도구
데바보초

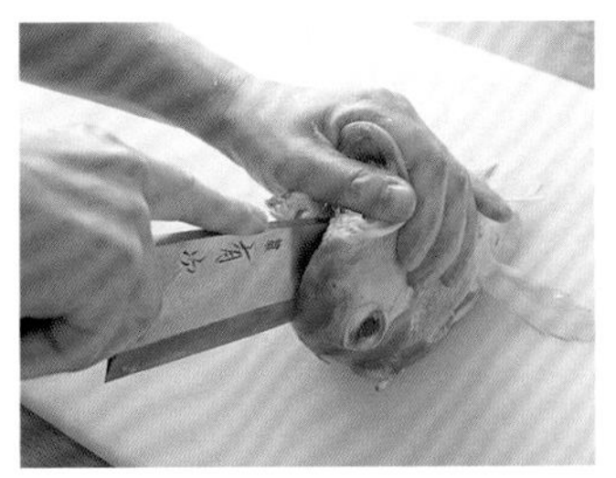

1 눈을 내 앞으로 오게 하여 대가리를 세워놓고, 앞니의 이빨과 이빨 사이에 칼을 찔러 수직으로 내려 자른다.

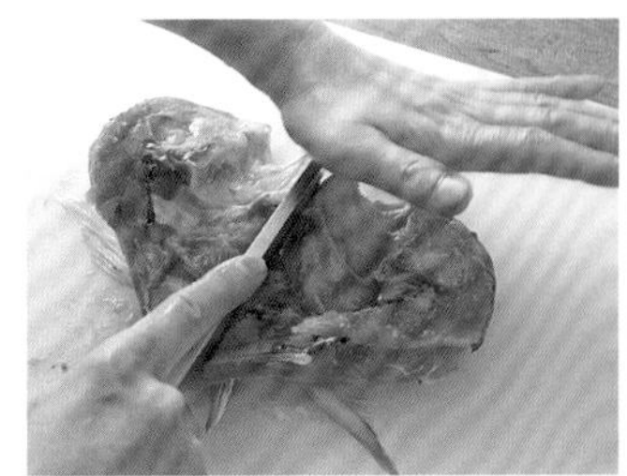

2 대가리를 벌리고 아래턱을 잘라 2등분한다. 단단해서 잘리지 않으면 칼등에 체중을 실어 눌러 자른다.

옥돔대가리맑은조림→70쪽

토막 낸다

갈비뼈를 제거한다
→ 잔가시를 제거한다
→ 용도에 맞는 크기로 자른다

* 비늘을 긁어내고, 세 장 뜨기 한 위쪽 살을 사용

사용 도구
데바보초

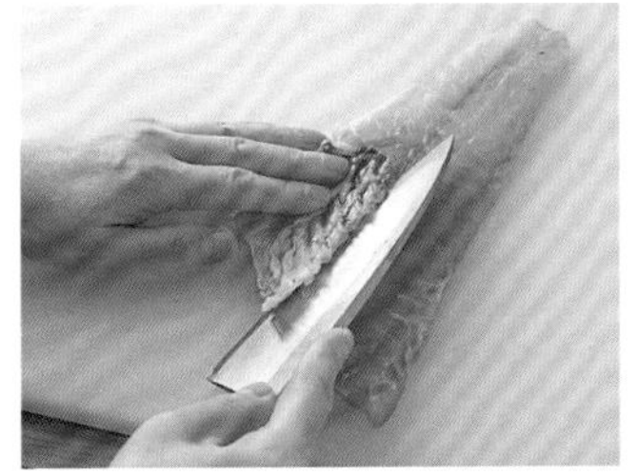

1 갈비뼈를 왼쪽으로 가게 놓고, 갈비뼈가 붙은 부분을 뒤집어 잡은 칼로 분리한 뒤, 원래대로 잡아 뼈를 얇게 떠낸다.

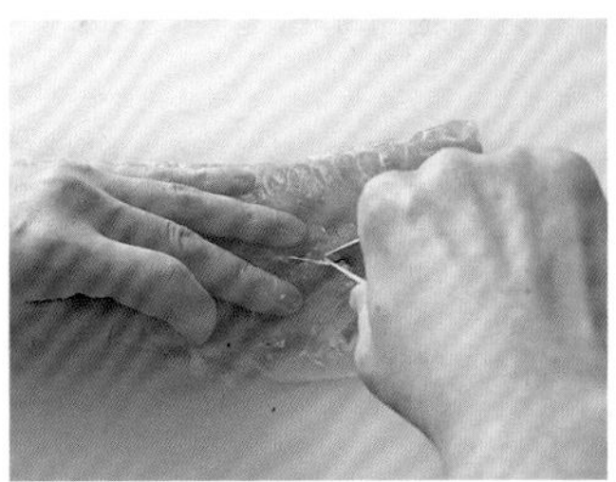

2 대가리 쪽이 오른쪽으로 향하게 놓고 가시핀셋으로 잔가시를 집어 오른쪽 위로 잡아 뽑는다. 이때 가시가 박힌 중심의 양쪽 주변을 손가락으로 가볍게 누른다.

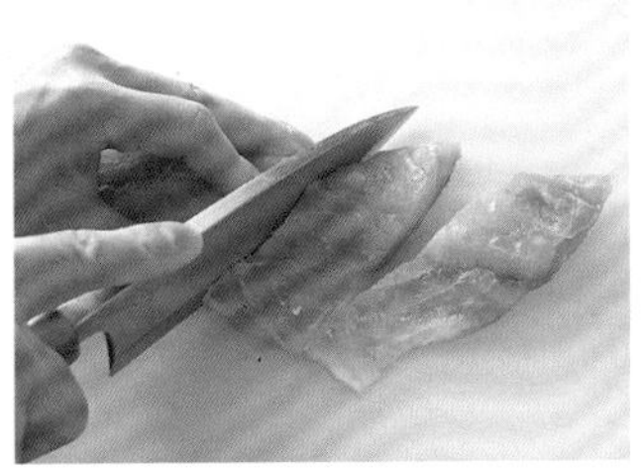

3 요리에 알맞은 크기로 칼날을 크게 사용해 직선으로 당겨 자른다.

필레로 만든다

* 비늘을 칼로 깎아내고 세 장 뜨기 하여 갈비뼈를 제거한 아래쪽 살을 사용

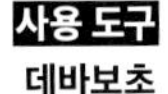

사용 도구
데바보초

뱃살이 오른쪽으로 가게 놓고, 등살과 뱃살 사이에 있는 혈합육과 잔가시를 배 쪽에 남게끔 세로로 자른다. 마지막에는 비스듬히 자른다.

마지막에 직선으로 자르면 꼬리 부분이 가늘어지므로, 살의 너비를 일정하게 만들기 위해 약간 비스듬히 자른다. 뱃살에 남은 혈합육과 잔가시를 잘라낸다.

필레로 만든 모습.

옥돔다시마숙성회→69쪽

껍질을 벗긴다
(바깥쪽으로 벗기기)

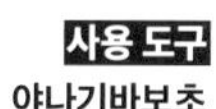
사용 도구
야나기바보초

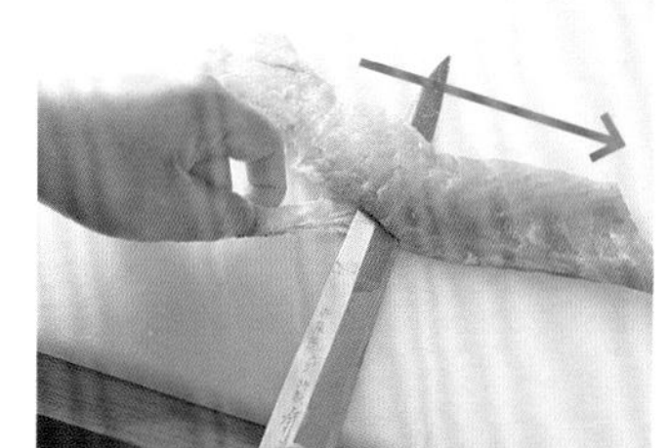
껍질을 아래쪽, 꼬리를 왼쪽에 놓는다. 왼손으로 껍질 끝을 잡고 칼날을 도마에 찰싹 붙여 칼을 위아래로 움직여가며 당겨서 제거한다.

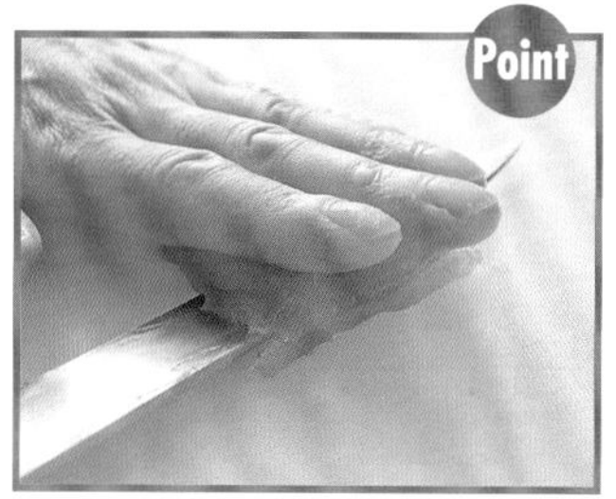

살이 두툼한 부분에 칼을 수평으로 넣고 편을 뜨듯이 잘라 펼쳐, 전체 두께를 균일하게 한다.

가늘게 썰기
* 껍질을 제거하고 다시마로 감싸 절인 필레(등살)를 사용

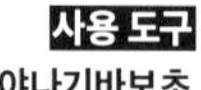
사용 도구
야나기바보초

일정한 두께로 썰고, 세로로(생선 대가리에서 꼬리 라인을 따라) 오른쪽 끝에서 5mm 간격으로, 칼을 똑바로 당겨 잘라나간다.

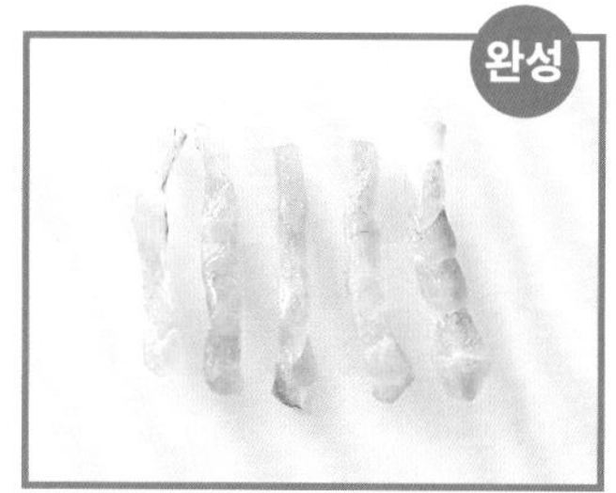

가늘게 썬 회.

옥돔다시마숙성회 → 아래쪽

옥돔다시마숙성회

재료(2인분)

옥돔 필레(껍질을 제거한 것) 100g・차조기잎 2장・고추냉이 적당량・이리자케* 2큰술・소금, 시라이타콘부◆ 각 적당량

만드는 법

1 옥돔에 소금을 뿌리고 시라이타콘부 사이에 끼워 랩으로 감싼 후, 냉장고에 하룻밤 둔다.

2 옥돔의 두께를 일정하게 만든 후, 세로로 가늘게 썬다. 그릇에 차조기잎을 깔고 회를 담아, 고추냉이를 얹고 이리자케를 뿌린다.

*이리자케(만들기 편한 분량)

쌀 2큰술을 프라이팬에서 엷은 갈색이 날 정도로 볶고, 청주 1컵, 으깬 우메보시 2개와 섞어 약불에서 1/3 양이 될 때까지 졸인 후 거른다.

◆시라이타콘부: 다시마 표면을 깎아 중심부터 하얀 부분만 남긴 것.

옥돔유안야키

재료(2인분)

옥돔 살 2덩이(1덩이 60~70g) • **유안지***[청주, 미림, 간장 각 1/4컵, 유자(통 썰기 한 것) 4장] • 순무(작은 것) 1/2개 • **단촛물**[쌀식초와 물 각 2큰술, 그래뉴당 6g, 소금 1꼬집] • 작은 홍고추(씨를 뺀 것) 1개 • 소금과 미림 각 적당량

만드는 법

1 옥돔은 소금을 뿌려 15분 이상 둔 후, 물기를 닦는다. 분량의 재료를 섞은 유안지에 옥돔을 넣어 20~30분 절인다. 물기를 닦아내고 껍질 쪽에 칼집을 넣는다.

2 순무는 빗 모양으로 잘라 껍질을 두껍게 벗긴 후 소금물에 담근다. 숨이 죽으면 물기를 빼고, 단촛물에 30분 정도 담가둔다.

3 **1**을 예열한 그릴에서 5~6분 굽는다. 유안지를 조리용 붓으로 2~3회 발라가면서 소스를 말리듯이 굽고, 마지막에 미림을 바른다. 그릇에 담아 **2**의 물기를 빼 반으로 자른 후 곁들이고, 송송 썬 홍고추를 올린다.

*유안지 : 간장과 청주 미림을 배합한 소스.

옥돔대가리맑은조림

재료(2인분)

옥돔 대가리(반으로 가른 것) 1마리분 • 옥돔 뼈 1마리분 • 순무(큰 것) 1개 • **조림국물**[청주 1/2컵, 물 1과 1/2컵, 다시마 7g, 생강(슬라이스) 3장, 미림 1큰술, 소금 1/4작은술 조금 넘게] • 소금 적당량

만드는 법

1 옥돔의 대가리와 뼈에 소금을 뿌리고, 15분 놓아둔다. 볼에 넣고 80℃ 정도의 물을 듬뿍 부어 불순물이 뜨게 한다. 다시 물에 넣어 남은 비늘과 피 등을 씻어낸 후, 물기를 닦는다.

2 조림국물의 청주, 물, 다시마, 생강을 섞어 10분 놓아둔 후 약불로 끓인다.

3 순무는 6등분한 후 껍질을 두툼하게 벗긴다. 순무의 부드러운 줄기 부분을 소금물에 데치고, 다시 찬물에 넣어 식힌 후 물기를 짠다.

4 **2**가 끓어오르면 미림과 소금, **1**, **3**을 넣고 나무 뚜껑을 덮어 주위에서 보글보글 끓어오를 정도로 불 조절하여 5~6분 조린다. 옥돔의 눈이 하얗게 되면 대가리만 건져낸다. 순무도 익을 때까지 조린 후 건져낸다. 조림국물은 한 번 거른다.

5 거른 조림국물에 대가리와 순무를 넣고 데운 후, 그릇에 담는다. 순무 줄기를 조림국물에 넣어 데운 후 곁들인다.

은어

아름다운 자태와 고급스러운 맛으로 '맑은 물의 여왕'이라고도 불리는 민물고기. 특유의 향이 있다는 데서 '향어(香魚)'라고도 하고, 다수의 은어가 1년 안에 수명을 다한다는 데서 '연어(年魚)'라고도 불린다.
여름의 성어, 초여름의 '와카아유(若鮎)', 산란 전 초가을의 '오치아유(落ち鮎)' 모두 각각 그 맛이 깊다. 몸통 전체를 살려 사용하는 경우가 많고, 살을 발라낼 경우에는 섬세한 살에 상처가 나지 않게 주의 깊게 다루어야 한다.

대표 요리
은어의 특징인 향기와 내장의 살짝 쓴 맛을 제대로 맛보기 위해서는 역시 소금구이가 제격이다. 신선한 은어라면 뼈째로 썰어 날것으로 먹어도 좋고, 오치아유는 간로니*나 니쓰케*로 만들어도 맛있다.

*간로니: 작은 크기의 생선이나 채소를 설탕, 간장, 미림 등을 넣고 찐득하게 조린 것.
*니쓰케: 생선이나 채소를 간장, 설탕, 미림, 청주 등을 넣고 자작하게 조린 것.

재료 선택 포인트

자연산과 양식을 구분하는 방법
양식 은어는 자연산에 비해 살이 쪄 있고, 가슴지느러미 위에 있는 황색의 얼룩무늬가 불명확하며 전체적으로 거무스름하다.

미즈아라이

비늘을 제거한다 (긁기)
→ 대가리를 자른다
→ 내장을 제거한다
→ 씻는다
→ 물기를 닦는다

사용 도구
데바보초

1 대가리를 왼쪽으로 놓고 손으로 잡아, 꼬리에서 대가리 쪽을 향해 칼로 긁어 비늘을 제거한다. 등과 배, 반대쪽도 같은 요령으로 긁어 제거한다.

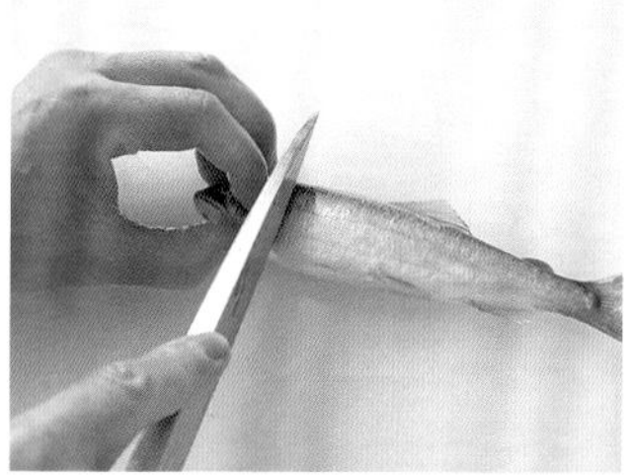

2 가슴지느러미 아래쪽에 칼을 직선으로 넣어, 단칼에 대가리를 잘라낸다.

3 대가리를 자른 단면으로 내장을 잡아당겨 제거한다. 세게 잡아당기면 찢어지므로 주의한다.

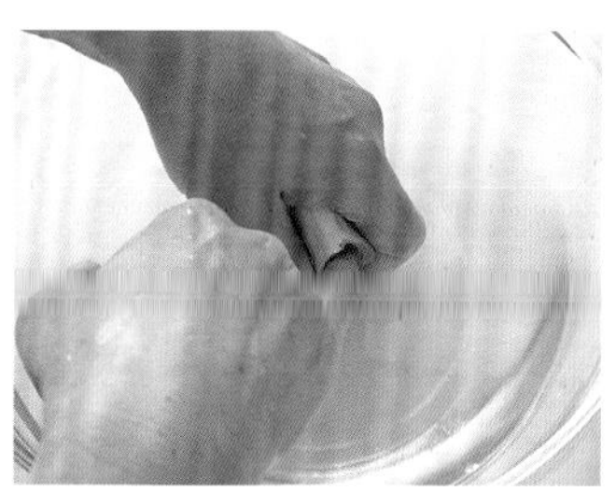

4 물을 받은 볼에 넣고, 단면에 새끼손가락을 넣어 배 속의 피막과 남은 내장을 씻어낸 후 물기를 닦는다.

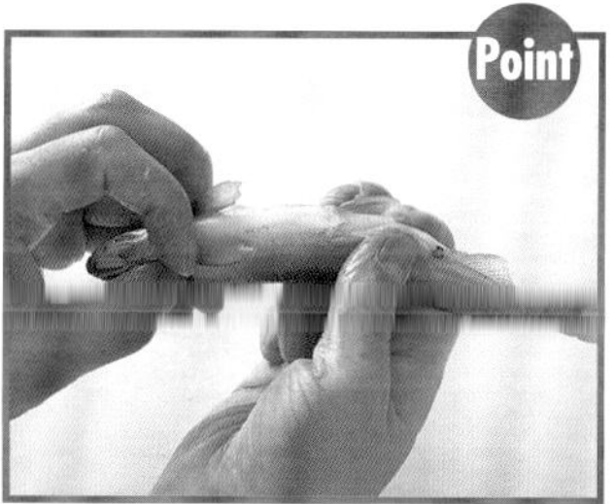

소금구이 등 통째로 사용할 경우, 비늘을 제거한 뒤 대가리 쪽에서 배 쪽으로 배설물을 밀어 빼내고 물로 씻은 후 물기를 제거한다.

얇게 썰기
(세고시(背越し◆)용)

* 미즈아라이가 끝난 은어를 사용

사용 도구
가시핀셋
야나기바보초

◆세고시: 생선 써는 방법의 하나로 생선의 대가리, 지느러미, 내장 등을 제거한 후 등뼈째 써는 것.

1 등을 내 앞으로 오게 해서 등지느러미를, 배를 내 앞으로 오게 해서 배지느러미와 볼기지느러미를 각각 핀셋으로 뽑아낸다.

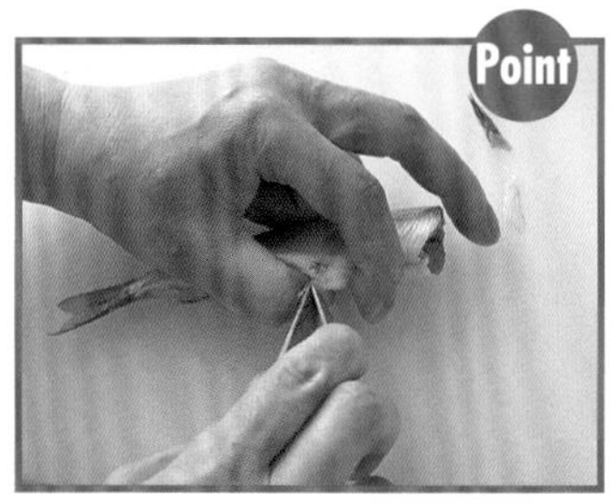

지느러미 뿌리를 가시핀셋으로 잡고, 뿌리의 양 주변을 손가락으로 눌러 당겨 뽑으면 도중에 찢어지지 않고 깔끔하게 뽑힌다.

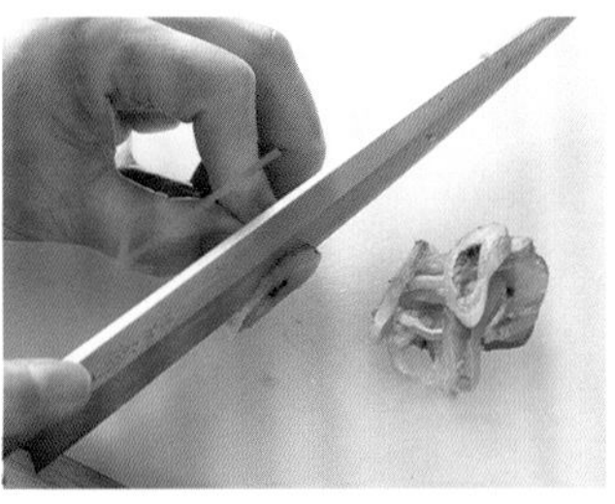
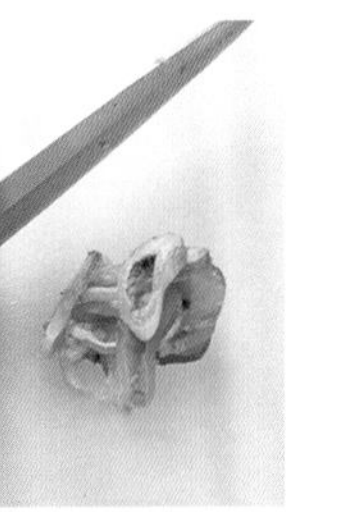

2 대가리 쪽을 오른쪽, 배를 내 앞으로 오게 놓고 오른쪽 끝에서부터 2~3mm 폭으로, 단숨에 칼을 당겨 뼈째 자른다.

세고시용으로 얇게 썬 은어.

은어세고시→73쪽

꼬챙이를 꽂는다
(오도리구시(踊り串)◆)

* 비늘을 제거하고 배설물을 빼낸 후, 통생선을 사용

사용 도구
금속꼬챙이(45cm)
대나무꼬챙이

◆오도리구시: '오도리'란 '춤'이라는 뜻으로 꼬치를 꿴 생선의 모습이 춤을 추는 듯 보인다 하여 붙은 이름. 주로 통생선에 사용한다.

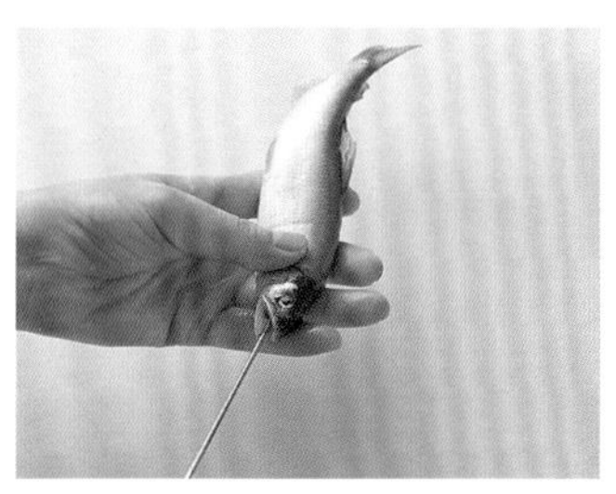

1 대가리를 내 앞으로, 배가 왼쪽으로 오게끔 왼손으로 잡고, 입으로 꼬챙이를 찔러넣는다.

2 아가미 뒤쪽에서 꼬챙이를 찔러 뺀다.

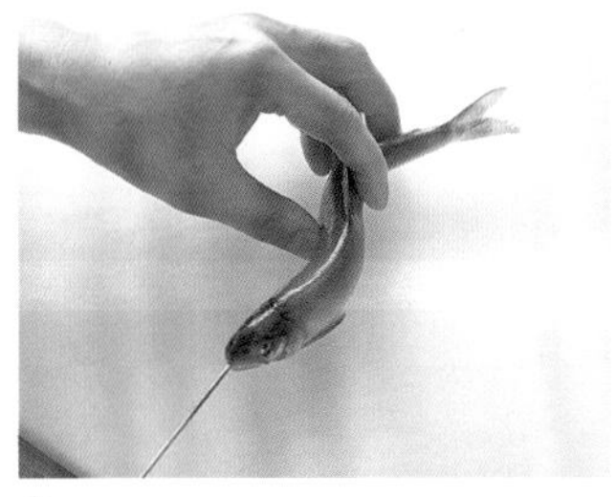

3 살을 구부려 2cm 정도 간격으로 다시 찔러넣는다. 위에서 봤을 때, 헤엄치듯 구부러지게 하는 것이 포인트이다.

4 항문 주변으로 꼬챙이를 찔러 나오게 해서 **3**의 형태를 고정시킨다. 껍질 표면으로 나오지 않게, 꼬챙이는 살을 통해 나오게 한다.

꼬챙이를 꽂은 모습. 위는 윗면, 아래는 아랫면.

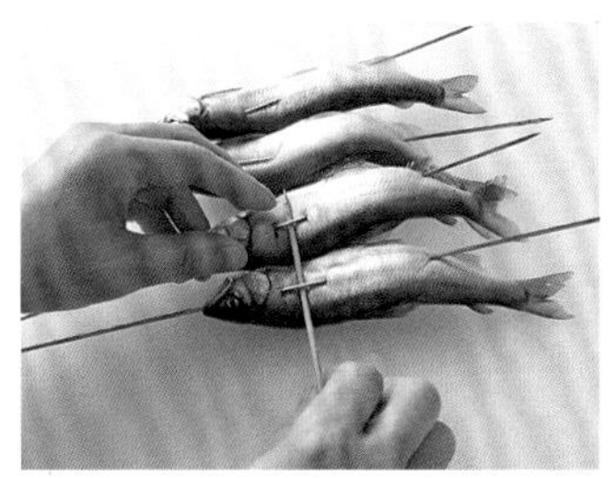

5 여러 마리를 구울 때는 부채 모양으로 늘어놓고, 금속꼬챙이 밑으로 대나무꼬챙이를 1줄 꿰어 안정시킨다. 이것을 '받침 꼬챙이'라고 한다.

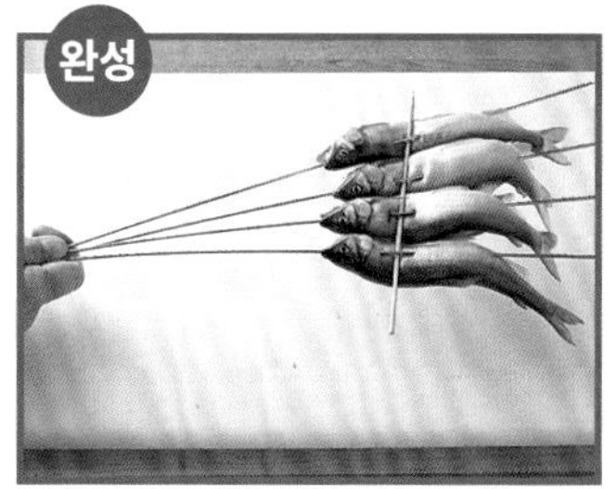

대나무꼬챙이를 꿰어 받친 모습.

은어소금구이→74쪽

은어세고시

재료(2인분)

은어(미즈아라이 한 것) 작은 것 2마리 • **여뀌초된장**[여뀌잎 1/2묶음, 시로타마미소* 2큰술, 쌀식초 2작은술] • 백오이(얄팍 썰기 한 것) 1/2개 • 차조기꽃 2줄기 • 래디시(돌려 깎아 나선형으로 꼰 것), 여뀌잎 각 적당량

만드는 법

1 여뀌초된장을 만든다. 여뀌잎은 떼어 큼지막하게 다지고, 절구에 곱게 간다. 시로타마미소를 넣고 고루 섞은 후 쌀식초를 넣어 농도를 맞춘다.

2 은어는 얇게 썰어 얼음물에 넣고 재빠르게 휘젓거나 흐르는 물을 부어가며 씻은 후 물기를 확실히 제거한다.

3 그릇에 오이를 깔고 은어를 담아 차조기꽃, 래디시, 여뀌잎을 뿌린다. 1을 곁들인다.

***시로타마미소*(만들기 편한 분량)**

시로미소 50g • 달걀노른자 1개분 • 미림 1큰술 • 청주 3큰술

냄비에 모든 재료를 넣고, 약불에서 마요네즈처럼 될 때까지 짓이긴다.

*시로타마미소: 흰된장에 미림, 청주, 설탕 등을 넣고 불 위에서 짓이겨 만든 양념 된장.

은어소금구이

재료(2인분)

은어(비늘을 제거하고 배설물을 빼낸 것) 4마리 • **여뀌초**[여뀌잎 1묶음 • 쌀밥 2작은술 • 쌀식초 2큰술] • 소금 적당량 • 여뀌잎, 단촛물에 절인 생강대 각 적당량

만드는 법

1 여뀌초를 만든다. 여뀌잎은 뜯어 큼직하게 다지고, 절구에 곱게 간다. 밥을 넣어 함께 갈다가 쌀식초로 농도를 맞춘다.

2 은어는 꼬챙이를 꿰고 소금을 뿌려 굽는다.

3 은어의 꼬챙이를 빼고 여뀌잎과 함께 그릇에 담아 생강대 절임을 곁들인다. **1**의 여뀌초를 작은 종지에 넣어 곁들인다.

정어리

참정어리, 눈퉁멸, 멸치가 대표적이나 선어로 가장 많이 먹는 것은 참정어리이다. 몸통 측면에 '일곱 개의 별'이라고 불리는 흑청색 반점이 나 있는 것이 특징이다. 20cm 이상의 것을 큰 사이즈로 치고 10cm 이하의 것은 작은 사이즈, 그 사이 크기의 정어리는 중간 사이즈라고 한다. 정어리(鰯)의 한자 표기에서 알 수 있듯이 육질이 연하고 부드럽다. 손질할 때는 신선한 것을 고르고, 재빨리 살을 바를 수 있는 한칼 뜨기를 사용한다. 또 손으로 간단하게 살을 갈라 펼치는 것도 가능하다.

대표 요리

기름이 오른 정어리는 회나 초절임, 소금구이 외에도 간장구이나 튀김 등 서양요리로 조리해도 맛있다. 작은 정어리라면 뼈째로 먹을 수 있기 때문에 대가리와 내장을 제거한 뒤 조림으로 먹기도 한다.

정어리(큰 사이즈)

정어리(작은 사이즈)

미즈아라이

비늘을 제거한다 (긁기)
→ 대가리를 자른다
→ 내장을 제거한다
→ 씻는다
→ 물기를 닦는다

사용 도구
데바보초

1 대가리를 왼쪽으로 오게 놓고 손으로 잡아, 꼬리에서 대가리 쪽을 향해 칼을 긁어 비늘을 제거한다. 등, 배, 반대쪽도 같은 요령으로 긁어 제거한다.

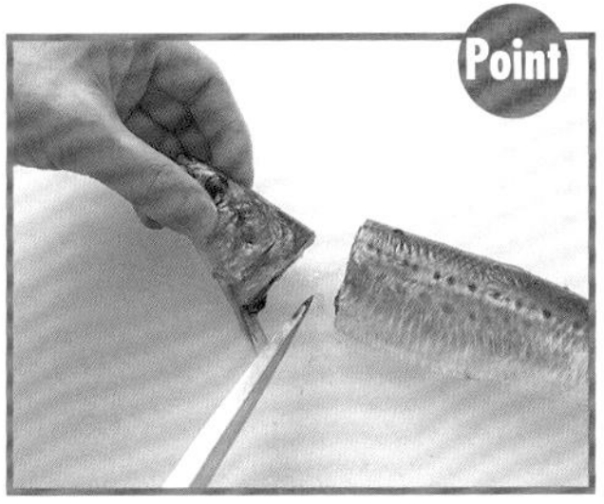

작은 사이즈의 정어리는 가슴지느러미 아래쪽에 칼을 직선으로 넣어, 그대로 뼈를 잘라 대가리를 잘라내도 된다.

2 가슴지느러미 아래쪽에 칼을 똑바로 넣는다. 몸통을 뒤집어서 같은 요령으로 칼을 넣고, 뼈를 잘라 대가리를 잘라낸다.

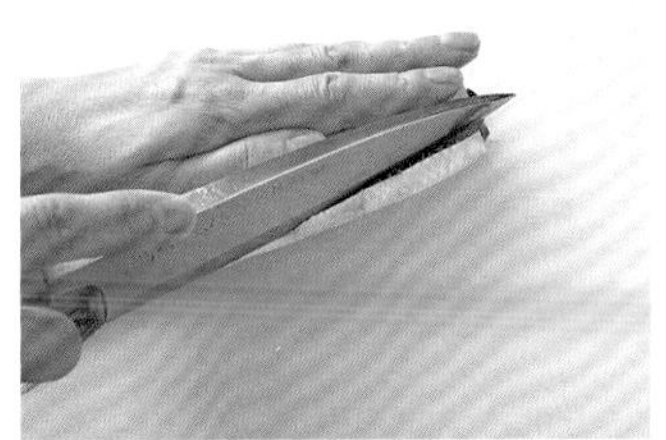

3 대가리 쪽을 오른쪽, 배를 내 앞으로 오게 놓고 배에 비스듬히 칼집을 넣는다.

정어리 배에는 딱딱한 비늘이 붙어 있으므로, 대가리 쪽에서 항문 쪽으로 비스듬하게 잘라낸다.

4 배 속에 칼을 넣어 칼코로 내장을 긁어 제거한다.

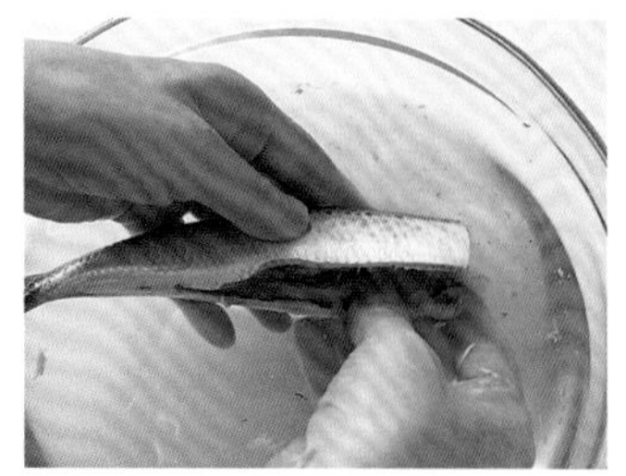

5 물을 듬뿍 담은 볼에 넣어 손가락으로 조심스레 배 속을 씻고 물기를 닦는다. 중간 사이즈, 작은 사이즈의 정어리도 미즈아라이 과정은 같다.

작은정어리생강조림→79쪽

포를 뜬다
(한칼 뜨기)

사용 도구
데바보초

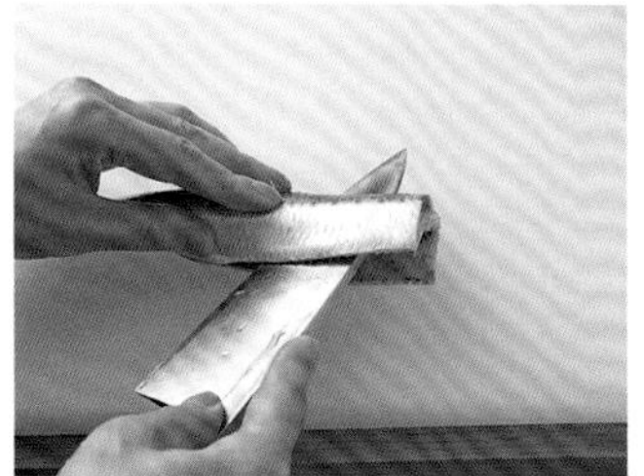

1 대가리 쪽에서 칼을 넣어 등뼈 위를 타고 꼬리 부분까지 잘라나가 살을 바른다.

2 몸통을 뒤집어서 등뼈를 밑으로 가게 놓고, **1**과 같은 요령으로 대가리 쪽에서 꼬리 쪽으로 등뼈 위를 따라 칼을 진행시켜 살을 발라낸다.

한칼 뜨기 한 모습.

갈비뼈를 제거한다

사용 도구
데바보초

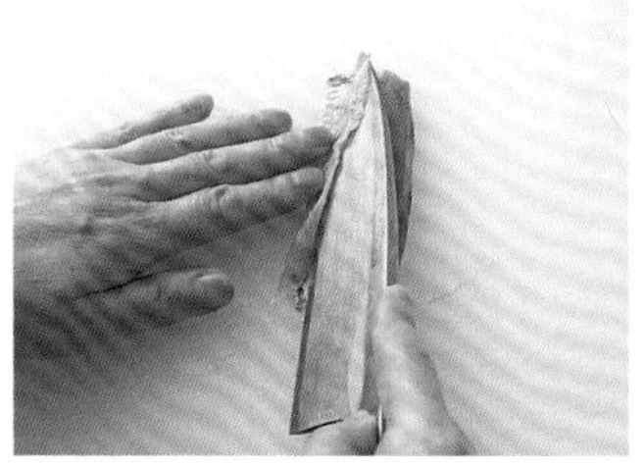

1 갈비뼈가 왼쪽으로 가게 놓고, 갈비뼈가 붙은 부분을 뒤집어 잡은 칼로 분리한 뒤, 원래대로 잡아 뼈를 얇게 떠낸다.

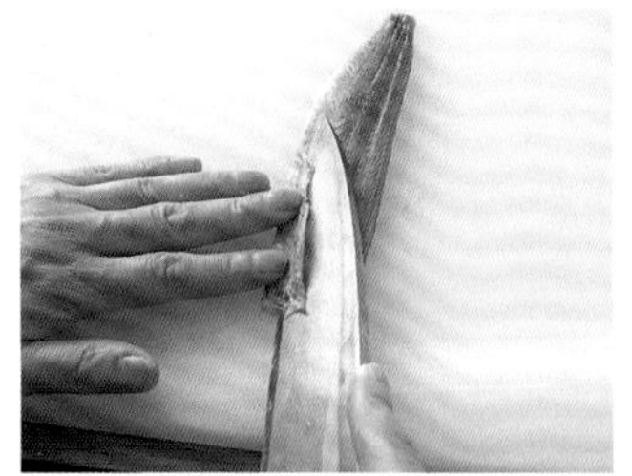

2 다른 쪽도 갈비뼈를 왼쪽으로 오게 놓고 같은 요령으로 떠낸다.

빵가루를 입힌 정어리구이→78쪽

살을 갈라 펼친다
(손으로 벌려 펼치기)

1 대가리 쪽을 왼쪽, 배를 내 앞으로 오게 양손으로 잡고 배 속 중간 정도에 왼손 엄지를 넣어 손가락 끝을 등뼈 위로 찔러넣는다.

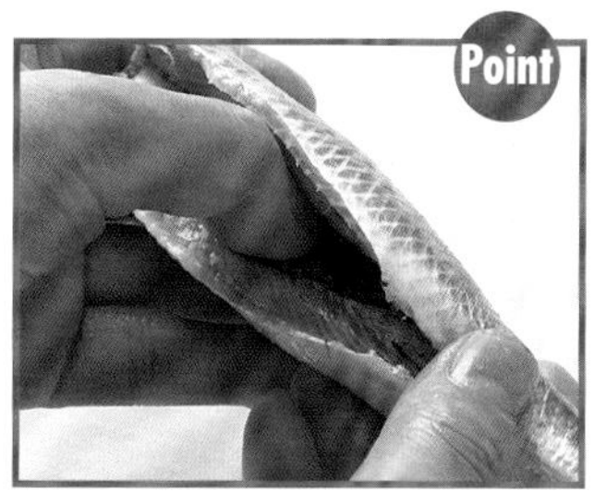

엄지 끝을 갈비뼈와 중앙의 굵은 뼈 사이에 대고, 뼈와 살이 분리되도록 깊게 찔러넣는다.

2 오른쪽 엄지 끝도 같은 요령으로 넣고, 중앙의 굵은 뼈 위를 따라 꼬리 쪽을 향해 미끄러트린다.

3 왼쪽 엄지 끝도, 중앙의 굵은 뼈 위를 따라 대가리 쪽을 향해 미끄러트린다.

4 좌우 엄지를 끝까지 이동시킨 후 젖혀서 살을 펼친다.

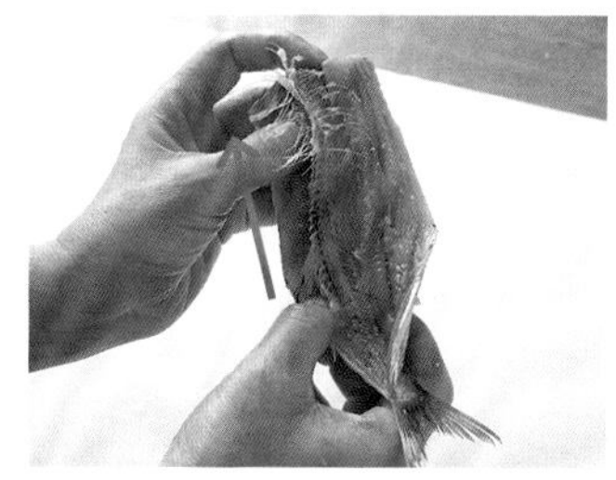

5 왼손 엄지 끝을 중간 정도에서 갈비뼈 밑으로 넣어, 뼈를 타고 대가리 쪽으로 미끄러트려 살에서 분리한다.

6 오른손 엄지 끝을 중앙의 굵은 뼈 밑으로 찔러넣고, 뼈를 따라 꼬리 쪽으로 미끄러트려 살에서 분리한다.

7 대가리 쪽에서 등뼈를 잡고 살이 뜯어지지 않게 주의하면서 살살 잡아당겨 살에서 분리한다.

8 꼬리가 붙은 쪽에서 중앙의 굵은 뼈를 부러뜨려 등뼈를 떼낸다.

손으로 갈라 펼친 모습.

정어리가바야키덮밥→79쪽

빵가루를 입힌 정어리구이

재료(2인분)

정어리 살(껍질 있는 것) 2마리 분량 • 감자 1개 • 마늘 1/2알 • 소금, 후추, 올리브유 각 적당량 • 파슬리(다진 것), 빵가루 각 적당량

만드는 법

1 감자는 5mm 두께로 동그랗게 썰고, 오븐 전용 종이 포일을 깐 철판에 가로 2열로 늘어놓는다. 소금, 후추, 올리브유를 뿌리고, 230℃로 예열한 오븐에서 약 3분 굽는다.

2 정어리는 양면에 소금을 뿌리고 5분 놓아둔 후, 물기를 닦고 간 마늘을 문지르고 후추를 뿌린다.

3 1의 감자를 일단 꺼내, 정어리를 1마리씩 얹어 파슬리와 빵가루를 뿌리고 올리브유를 끼얹는다. 오븐에 다시 넣고 2분 굽는다.

4 감자에 올린 채로 그릇에 담아 후추와 올리브유를 뿌린다.

작은정어리생강조림

재료(2인분)

정어리(미즈아라이 한 것) 작은 것 5마리 • 식초 25ml • 청주 1/2컵 • 미림 1/4컵 • 생강(슬라이스) 6장 • 간장 1/2큰술

만드는 법

1 냄비에 정어리를 가지런히 넣고 물 1컵과 식초를 넣고 가열한다. 끓어오르면 거품을 제거하고 약 3분 정도 보글보글 조린다.

2 불을 끄고 조린 국물을 버린 뒤 청주, 미림, 생강을 넣고 나무 뚜껑을 덮어 가열한다. 끓어오르면 거품을 제거하고 보글보글 끓어오를 정도로 불 조절하여 약 10분 조린다.

3 간장을 넣고 다시 40분 조린다. 냄비 밑바닥에 조림국물이 자작하게 남을 정도가 되면 완성.

정어리가바야키덮밥

재료(2인분)

정어리(손으로 갈라 펼친 것) 2마리 • 대파 1줄기 • 생강(슬라이스) 4장 • 따뜻한 밥 2공기 분량 • 밀가루 적당량 • 식용유 1작은술 • 청주 1큰술 • 미림, 간장 각 1과 1/2큰술 • 쪽파(단면 썰기 한 것), 산초가루 각 적당량

만드는 법

1 정어리에 밀가루를 묻힌다. 대파는 3cm 길이로 잘라 4등분한다.

2 프라이팬에 분량의 식용유 절반을 넣고 달궈 대파를 살짝 볶는다. 밥을 그릇에 담고 대파를 올린다.

3 프라이팬에 남은 분량의 식용유를 달궈, 정어리를 껍질 쪽이 아래로 가게 늘어놓는다. 옆에 생강을 넣고 함께 볶는다.

4 정어리가 먹음직스럽게 구워지면 뒤집어서 속까지 익히고 청주, 미림, 간장을 넣는다. 끓어오르면 뒤집어가면서 소스가 배게 한다.

5 **2**에 **4**를 얹고 프라이팬의 소스를 끼얹어, 쪽파와 산초가루를 뿌린다.

가다랑어

붉은 살 생선의 대표 격. 구로시오해류를 타고 북상하는 봄부터 초가을에 걸쳐 잡히는 '노보리가다랑어'는 담백한 감칠맛이 있고, 오야시오해류*를 타고 남하하는 가을철의 '모도리가다랑어'도 기름이 올라 맛있다. 단, 이 가다랑어의 살은 상당히 부드럽고 부서지기 쉬우므로, 미즈아라이 할 때는 가능한 한 움직이지 않도록 정교하게 다뤄야 한다. 포를 뜰 때도 마찬가지로 작은 크기의 가다랑어는 세 장 뜨기 해도 좋지만, 살이 두툼한 대형 가다랑어는 다섯 장으로 부위를 나눈다. 회를 뜰 때는 비교적 두툼하게 썬다.

*오야시오해류 : 일본 동쪽 해안을 남으로 흐르는 해류.

대표 요리

데리야키나 조림에도 사용되나 역시 날것으로 먹는 게 가장 좋다. 다타키나 회는 물론, 저며 썰어서 카르파초나 무침 등으로 응용하면 한층 색다른 맛을 즐길 수 있다.

미즈아라이

비늘을 제거한다 (깎기)
→ 대가리를 자른다 (가마를 붙인 채 비스듬히 자르기)
→ 내장을 제거한다
→ 씻는다
→ 물기를 닦는다

사용 도구
데바보초

1 대가리를 왼쪽으로 가게 손으로 잡고, 꼬리 쪽에서 비늘 밑으로 칼을 넣어 위아래로 움직여가며 비늘을 벗겨낸다.

가다랑어의 비늘은 대가리 쪽에만 붙어 있다. 측면은 중앙, 등 쪽, 배 쪽에 3회 정도 칼을 넣어 벗긴다.

2 몸통을 세워 등을 위로 향하게 놓고, **1**과 같은 요령으로 등쪽 비늘을 등지느러미와 함께 벗겨낸다.

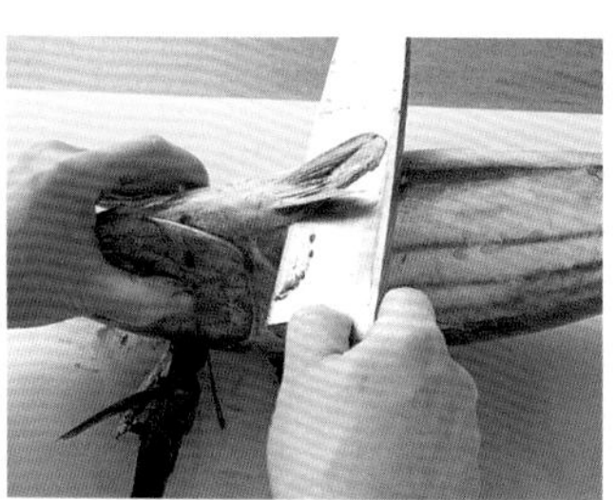

3 배를 위로 향하게 놓고, 배 쪽 비늘을 배지느러미째 벗겨낸다.

4 배 쪽 비늘을 벗기면서 그대로 칼을 진행시켜, 대가리 쪽으로 비스듬히 칼집을 넣는다.

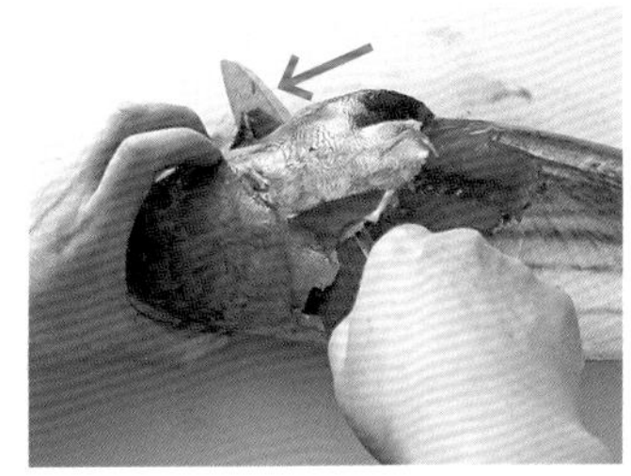
5 배가 내 앞으로 오게 놓고, 측면의 비늘을 벗겨낸 칼집 사이로 칼을 넣어 대가리 쪽으로 비스듬히 칼집을 넣는다.

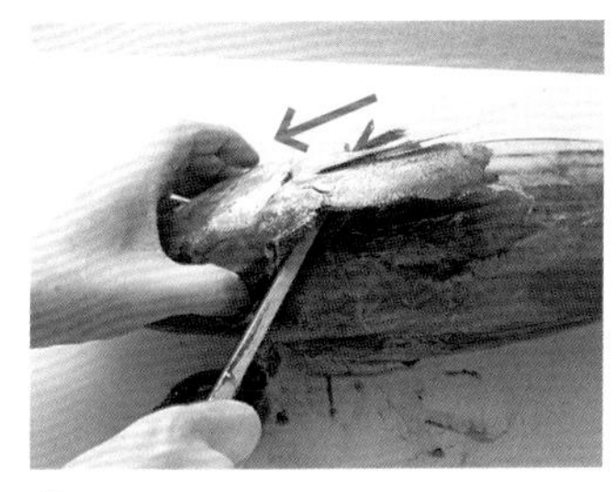
6 몸통을 뒤집어서 등을 내 앞으로 오게 놓고, **5**와 같은 요령으로 비늘을 벗겨낸 칼집 사이로 칼을 넣어 대가리 쪽으로 비스듬히 칼집을 넣는다.

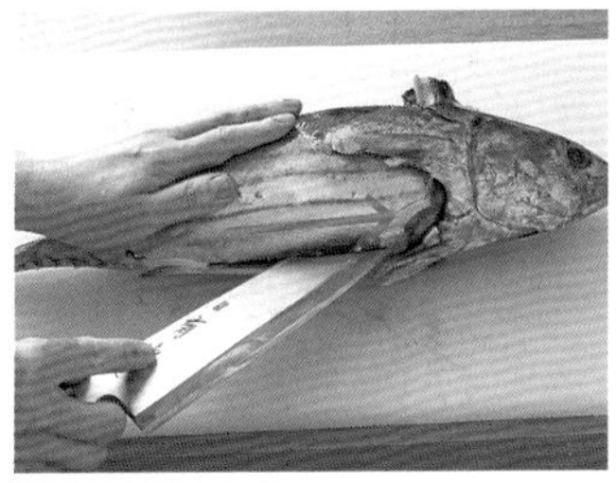
7 방향을 바꿔 대가리를 오른쪽으로 향하게 놓고, 칼끝을 사진과 같은 방향으로 항문에 넣는다. 그대로 칼을 진행시켜 배 중심을 가른다.

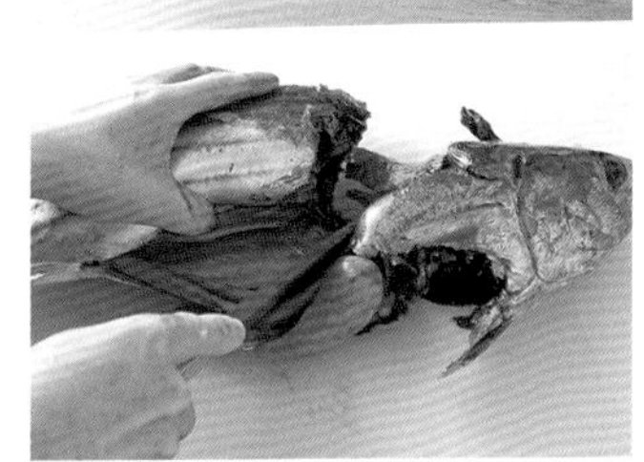
8 대가리가 붙은 뼈를 자르고, 대가리와 내장을 붙인 채로 떼어낸다. 배 안쪽에 칼을 넣어 칼코로 내장을 긁어낸다.

9 피막에 칼끝으로 칼집을 넣는다. 칼집은 사진과 같이 위아래로 2줄 넣는다.

10 대가리 쪽에 덩어리진 피가 많이 붙어 있으므로, 칼코와 칼턱을 사용해 가능한 한 긁어낸다.

11 물을 담은 볼에 넣고, 칫솔 등을 사용해 피막을 문질러 씻는다. 남아 있는 내장이나 이물질도 깨끗이 씻어낸다.

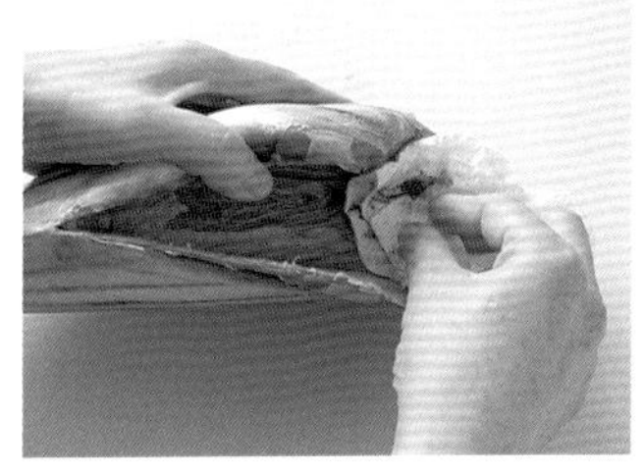
12 물에 살짝 흔들어 씻어 물기를 제거한 후, 키친타월로 물기를 닦는다. 배 속의 물기도 완전히 제거한다.

포를 뜬다
(다섯 장 뜨기)

사용 도구
데바보초

1 대가리 쪽을 오른쪽, 배를 내 앞으로 오게 놓고 항문 부분에서 칼을 눕혀 넣어 꼬리 부분까지 칼집을 넣는다.

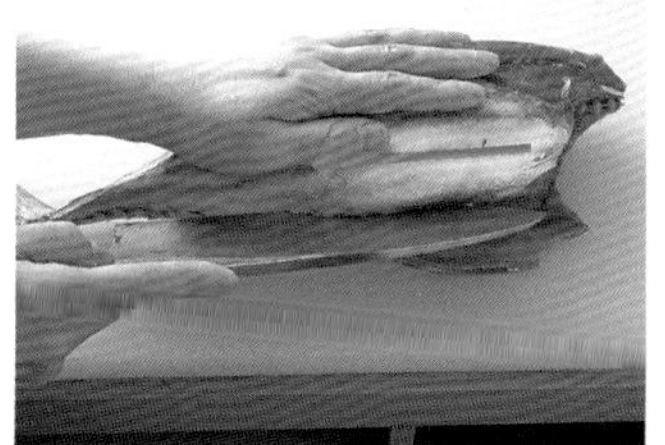

2 등뼈에 칼날을 대고 칼을 넣어, 중앙의 굵은 뼈 근처까지 잘라나간 후, 갈비뼈가 붙은 부분을 칼끝으로 자른다.

3 살을 뒤집어 혈합육이 있는 뼈의 등 쪽 옆을 따라, 등뼈에 닿을 만큼 깊게 칼집을 세로로 똑바로 넣는다.

4 꼬리가 붙은 부분을 자르고 살을 들어올려, 중앙의 굵은 뼈 위를 따라 살(배 쪽의 힘줄)을 잘라낸다.

5 다시 중앙의 굵은 뼈 위에서 등뼈를 따라 칼을 넣고 등의 가장자리까지 잘라나간다.

6 대가리 쪽에서 칼을 넣어 등지느러미를 따라 꼬리 부분까지 잘라 살(등 쪽의 힘줄)을 잘라낸다.

7 몸통을 뒤집어서 등뼈를 밑으로, 배를 내 앞으로 오게 놓는다. 꼬리 쪽에서 등뼈를 따라 칼을 넣고, 중앙의 굵은 뼈까지 잘라나간다.

8 **3**과 같은 요령으로 세로로 똑바로 칼집을 내고, **4**와 같은 요령으로 살(배 쪽의 힘줄)을 잘라낸다.

9 다시 중앙의 굵은 뼈 위에서 등뼈를 따라 칼을 넣고, 등 가장자리까지 잘라나간다.

10 꼬리 부분에서 칼을 넣고 등지느러미를 따라 살(등 쪽의 힘줄)을 잘라낸다.

다섯 장으로 잘라 나눈 모습. 발라낸 살을 '후시'라고 부른다.

발라낸 살을 손질한다

사용 도구
데바보초

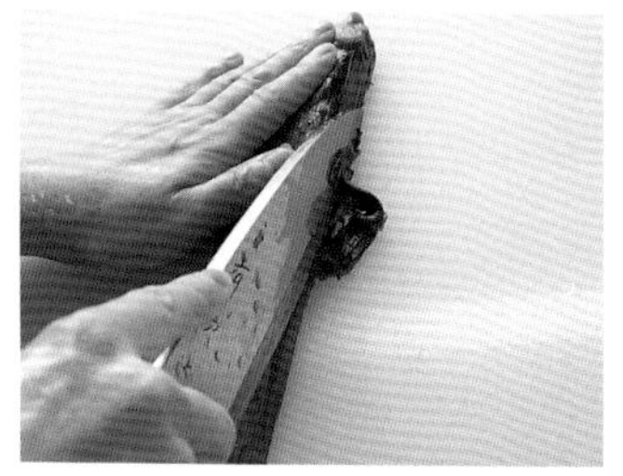

1 등 쪽 살은 껍질을 밑으로, 혈합육이 있는 쪽을 오른쪽으로 향하게 세로로 놓고 남아 있는 혈합육을 잘라낸다.

2 위쪽에 남아 있는 혈합육은 칼을 뉘여서 잘라낸다.

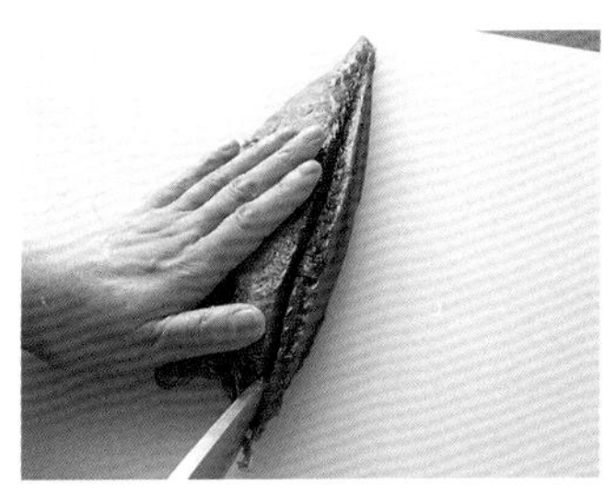

3 배 쪽 살은 껍질을 밑으로, 혈합육 쪽을 오른쪽으로 향하게 세로로 놓고 잔가시와 혈합육을 붙인 채로 잘라낸다.

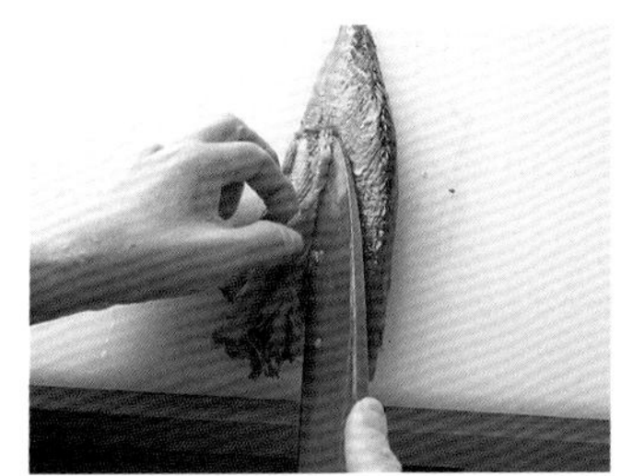

4 다시 갈비뼈가 왼쪽으로 오게 놓고, 갈비뼈가 붙은 부분에 칼을 넣어 떠내듯 얇게 벗겨낸다.

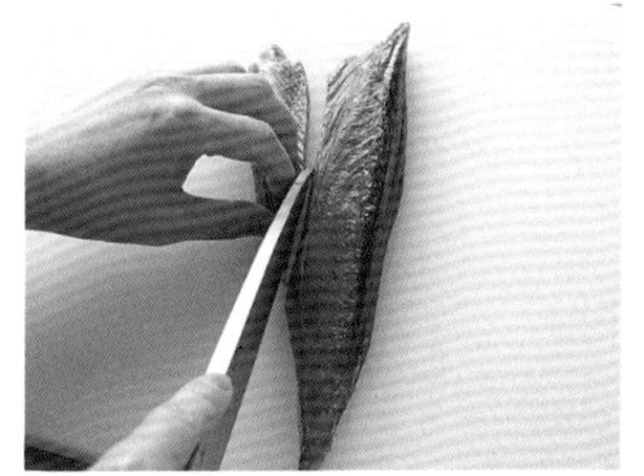

5 배 부분은 은색 껍질째 사용하게끔 잘라 나눈다.

가다랑어배껍질구이→86쪽

발라낸 살을 손질한 모습.

껍질을 벗긴다
(안쪽으로 벗기기)

사용 도구
야나기바보초

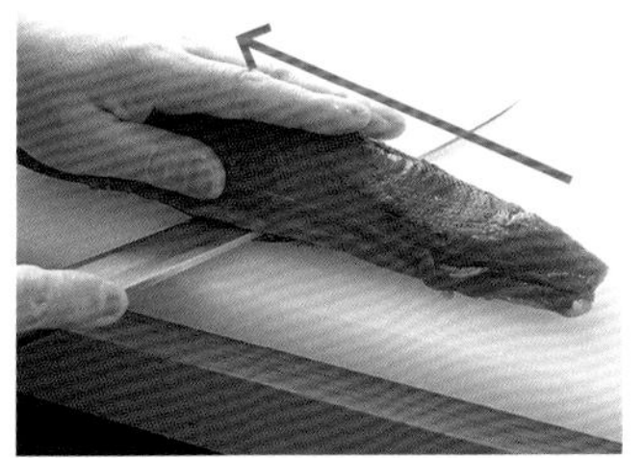

껍질을 도마에 찰싹 붙여, 살과 껍질 사이에 칼을 넣는다. 칼을 위아래로 움직여가면서 껍질을 잘라낸다.

껍질을 제거한 모습.

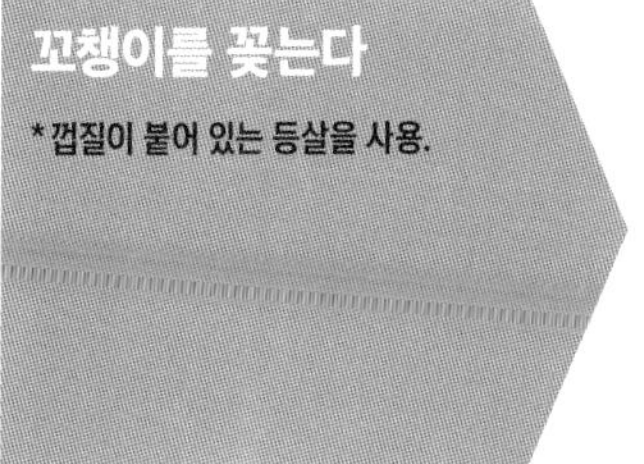

꼬챙이를 꽂는다
***껍질이 붙어 있는 등살을 사용.**

사용 도구
금속꼬챙이(45cm)

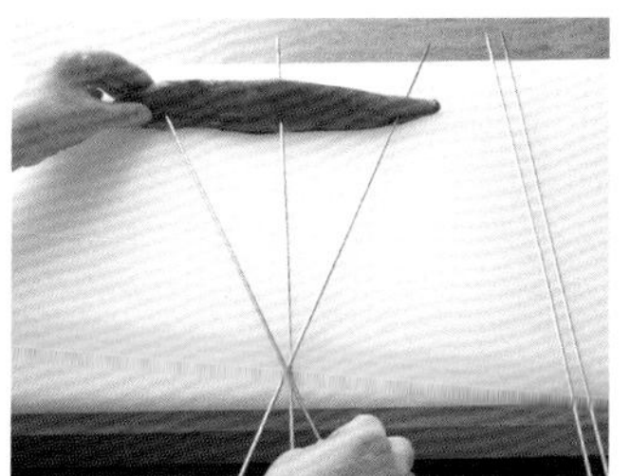

껍질 쪽을 밑으로 가도록 해서 가로로 길게 놓는다. 중앙, 양 끝, 그 사이의 순서로 꼬챙이 5개를 내 앞에 한 군데로 모이도록 방사 형태로 꽂는다.

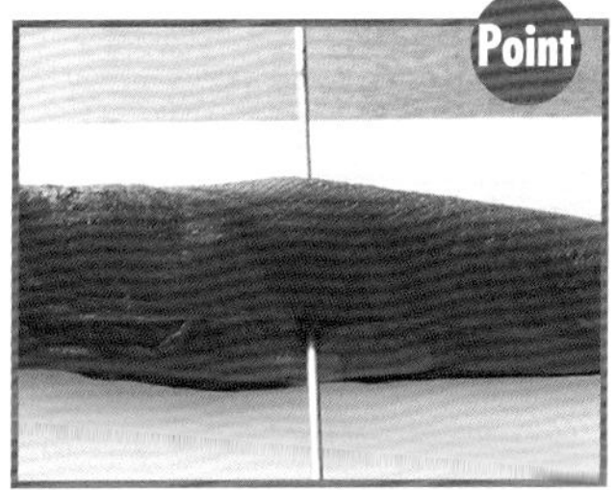

꼬챙이는 전부 살의 중간보다 껍질 쪽에 가깝게 꽂는다. 이렇게 하면 들었을 때 안정감이 생긴다.

꼬챙이를 꽂은 모습.

가다랑어다타키→87쪽

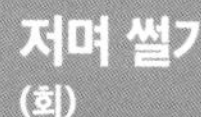

저며 썰기
(회)

* 껍질을 벗긴 살(등 쪽 혹은 배 쪽)을 사용. 요리에 따라 껍질이 붙은 뱃살을 사용하기도 한다.

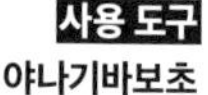

사용 도구
야나기바보초

1 꼬리 쪽을 왼쪽으로, 살이 얇은 쪽을 내 쪽으로 놓고 왼쪽 끝에서부터 약간 도톰하게 썬다. 칼은 눕혀 넣고 단숨에 슥 당긴다.

2 마지막에 칼을 살짝 세워 썰고, 한 번 자를 때마다 살을 뒤집어서 한쪽에 배열한다.

저며 썬 모습.

가다랑어카르파초→85쪽·데코네즈시*→86쪽·가다랑어고추장무침→87쪽

*데코네즈시: 미에현 시마 지방의 향토 음식, 지라시즈시와 유사.

잡아당겨 썰기

* 직화로 표면을 구운 껍질 붙은 등살을 사용. 익히지 않은 살을 자를 때도 자르는 방법은 동일.

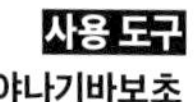

사용 도구
야나기바보초

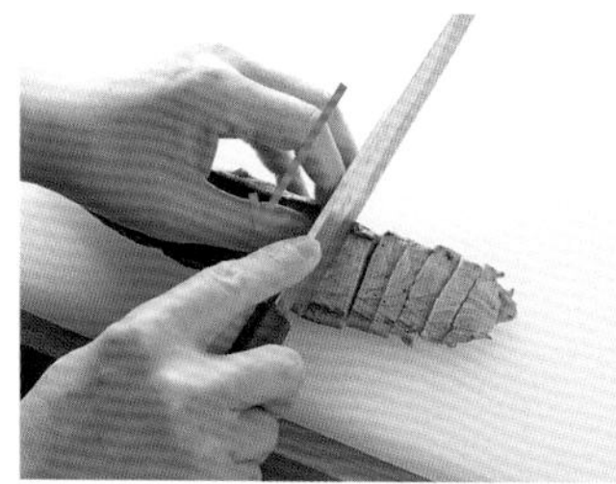

껍질 쪽을 위로, 살이 얇은 쪽을 내 쪽으로 가게 놓고, 오른쪽 끝에서부터 칼날 전체를 사용해 단숨에 당겨 썬다. 표준 두께는 8mm.

당겨 썬 모습.

가다랑어다타키→87쪽

가다랑어카르파초

재료(2인분)

가다랑어 살(껍질이 붙은 뱃살) 1줄 • 마늘(간 것) 1/2알 • 소금 적당량 • 올리브유 2작은술 • 햇양파 1/2개 • 민트잎 1/4팩 분량 • 머스터드, 마요네즈 각 1작은술

만드는 법

1 가다랑어는 껍질 쪽을 위로 가게 해서 조리용 바트 등을 뒤집어 그 위에 놓는다. 껍질 쪽에 끓는 물을 살짝 끼얹고 냉수에 식힌 후, 물기를 닦는다.

2 가다랑어를 저며 썰고 마늘, 소금, 올리브유에 버무려 30분 정도 마리네이드 한다.

3 양파는 가로로 얇게 썰어 물에 담근 후, 물기를 빼서 뜯어놓은 민트와 섞는다.

4 머스터드와 마요네즈를 섞는다.

5 **2**의 가다랑어를 그릇에 담고 **3**을 얹은 후 **4**의 소스를 뿌린다.

데코네즈시

재료(2~3인분)

가다랑어 살(껍질을 벗긴 것) 1줄 • 초밥* 쌀 360ml 분량 • **양념**[청주, 미림, 간장 각 2큰술] • 햇생강 40g • 차조기잎 10장 • 잘게 부순 김 1과 1/3장 • 식초 적당량

만드는 법

1 양념의 청주와 미림을 섞어 랩을 씌우지 않고 전자레인지에 약 2분 돌려 알코올을 날린다. 간장을 섞어 식힌다.

2 가다랑어는 저며 썰고, **1**의 양념에 담가 30분~1시간 둔다.

3 생강은 작은 주사위 썰기 하고, 차조기잎은 자른 생강보다 큰 크기로 나박 썰기 하여 초밥에 섞는다. 가다랑어도 양념의 물기를 닦고 넣어 섞는다. 김을 섞어 그릇에 담는다.

***초밥**

재료(2~3인분)

쌀 360ml • 다시마 3g • **배합초**[쌀식초 1/4컵, 그래뉴당 1과 1/3큰술, 소금 1과 1/8작은술]

만드는 법

1 쌀은 씻어 다시마를 넣고, 보통 밥하듯 짓는다.

2 배합초의 재료를 모두 섞고 살짝 끓이다 그래뉴당과 소금을 넣어 녹인 후 식힌다.

3 밥이 다 지어졌으면 다시마를 꺼내 초밥을 버무릴 통에 옮겨 담고, 배합초를 넣어 주걱으로 자르듯 섞는다. 식초물에 적셔 짠 행주를 덮어 체온 정도의 온도로 식힌다.

가다랑어배껍질구이

재료(2인분)

가다랑어의 은빛 껍질이 붙은 부위(뱃살) 1마리분(2덩이) • 소금 적당량 • 차조기잎 2장 • 래디시(이파리가 붙어 있는 것) 1개

만드는 법

1 래디시는 세로로 2등분하고, 다시 절반으로 칼집을 넣어 소금물에 담가놓는다.

2 가다랑어 뱃살에 소금을 살짝 뿌리고, 예열한 그릴에서 2분 정도 굽는다.

3 그릇에 차조기잎을 깔고 **2**를 담은 뒤, 물기를 뺀 래디시를 곁들인다.

가다랑어고추장무침

재료(2인분)

가다랑어 살(껍질을 벗긴 것) 150g • **양념**[고추장 1/2큰술, 청주 1큰술, 설탕 1꼬집, 간장 1큰술, 마늘(간 것), 생강(간 것) 각 1/2알, 참기름 1작은술] • 오이 1/2개 • 실파 2줄 • 무순 1/3묶음 • 소금 적당량

만드는 법

1 양념에 들어갈 청주는 랩을 씌우지 않고 전자레인지에 30초 돌려 알코올을 날린 후, 다른 재료와 섞는다.

2 가디랑어는 저며 썰고 **1**의 양념에 버무려 30분 정도 둔다.

3 오이는 가늘게 채 치고 소금을 버무려 숨이 죽으면 씻어서 물기를 짠다. 실파는 4cm 길이로 자르고, 무순은 길이의 반으로 잘라 오이와 섞는다.

4 **2**의 가다랑어와 **3**을 무쳐 그릇에 담는다.

가다랑어다타키

재료(2인분)

가다랑어 살(껍질이 붙은 등살) 1줄 • **레몬폰즈**[청주 2큰술, 레몬즙과 간장 각 1과 1/2큰술] • **약미**[양하 1/2개, 차조기잎 5장, 햇생강 20g, 쪽파 2줄] • **A**[땅두릅(채 썬 것) 1/2줄, 대파 흰 부분(채 친 것) 1/3줄기 분량, 차조기잎 4장, 차조기꽃 적당량] • **B**[마늘(얇게 썬 것) 1/2알 분량, 연겨자 적당량 • 땅두릅과 당근(돌려깎기 하여 나선형으로 꼬아 장식용으로 만든 것) 각 적당량] • 소금 적당량

만드는 법

1 가다랑어는 꼬챙이를 꽂아 소금을 뿌리고, 직화에 껍질 쪽부터 굽는다. 약간 타서 기름이 튀는 소리가 들리면 살 쪽을 살짝 굽고 얼음물에 담가 식힌 뒤 물기를 닦는다.

2 레몬폰즈에 들어갈 청주는 랩을 씌우지 않고 전자레인지에 돌려 알코올을 날린 뒤, 남은 재료와 섞는다.

3 **1**의 가다랑어를 잡아당겨 썰기 하고, **2**를 조금 끼얹어 두드리듯 해서 고루 묻힌다. 랩을 씌워 냉장고에서 식힌다.

4 약미로 쓸 재료는 모두 다진 후 섞어, 가다랑어의 껍질 쪽에 듬뿍 얹는다.

5 그릇에 **A**와 **4**의 가다랑어를 담고 **B**를 올린 후, 남은 레몬폰즈를 곁들인다.

꼬치고기

꼬치고기라고 하면 뭐니 뭐니 해도 말린 것이 최고다. 가장 맛이 좋은 건어물 중 하나로 여겨지며, 그에 걸맞은 각별한 맛이 있다.

살을 갈라 펼쳐서 말리는데, 꼬치고기는 길고 가는 몸통에 대가리 부분이 단단하므로 대가리를 붙인 채 등 가르기로 펼치면 간단하다. 살이 두툼해서 상품성도 좋아진다. 또 일반적으로 참꼬치고기라 불리는 것은 붉은꼬치고기로, 꼬치고기 중에서도 가장 맛이 좋다. 살이 살짝 물컹거리나 야마토꼬치고기라는 종류도 같은 용도로 취급된다.

대표 요리

꼬치고기는 담백한 맛의 흰 살 생선으로 그냥 구워도 맛있다. 단, 소금구이보다는 간장구이나 유안야키가 일반적이다. 수분이 많으므로 조림에는 적합하지 않다.

붉은꼬치고기(참꼬치고기)

살을 갈라 펼친다
(대가리를 자르지 않고 등 가르기)

비늘을 제거한다 (긁기)
→ 살을 갈라 펼친다
→ 내장, 아가미를 제거한다
→ 씻는다 → 물기를 닦는다

사용 도구
데바보초

1 대가리를 왼쪽으로 가게 손으로 잡고, 꼬리에서 머리 쪽을 향해 칼로 긁어 비늘을 제거한다. 등과 배, 반대쪽도 같은 요령으로 긁어 제거한다. 물에 한 번 씻고 물기를 닦는다.

2 아가미와 가슴지느러미가 붙은 부분 사이에 칼집을 넣는다. 칼집은 등뼈가 닿을 때까지 똑바로 넣는다.

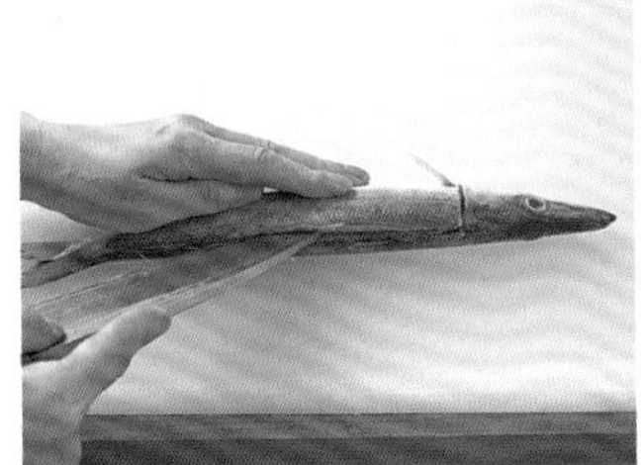

3 대가리를 오른쪽, 등을 내 앞으로 오게 놓고, 대가리 쪽에서 꼬리 쪽을 향해 등지느러미 위로 칼집을 넣는다.

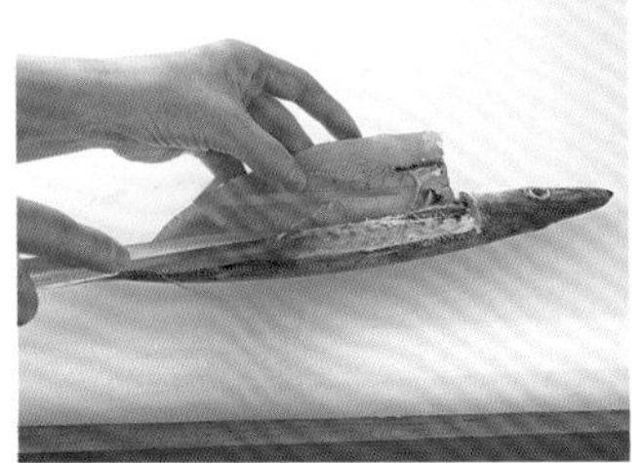

4 세 장 뜨기와 같은 요령으로 등뼈를 따라 배 근처까지 칼을 넣고 살을 갈라 펼친다.

5 얇은 막째로 내장을 집는다. 꼬리 쪽에서 들어올려 떼어낸다. 몸통에서는 아직 완전히 떼어내지 말고 둔다.

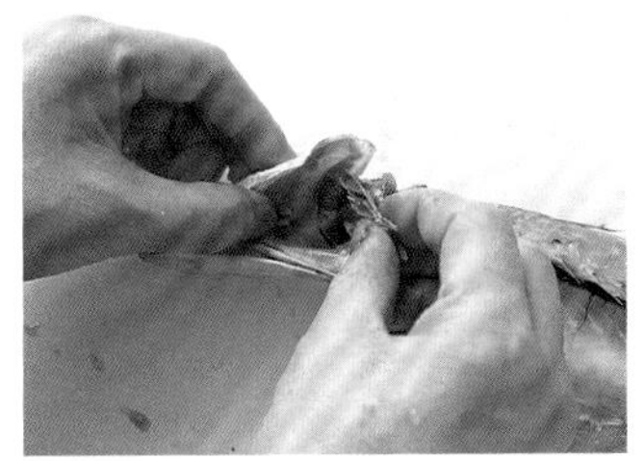

6 아가미덮개를 열어 아가미가 붙은 부분을 손가락으로 떼어낸다. 내장과 함께 아가미를 제거한 후 씻어서 물기를 닦아놓는다.

대가리를 붙인 채로 등 가르기 한 모습.

말린 꽁치고기→91쪽

사용 도구
데바보초

1 미즈아라이 하여 대가리 쪽에서 칼을 넣고 등뼈 위로 칼날을 움직여 꼬리 쪽까지 잘라나가 살을 분리한다.

2 몸통을 뒤집어서 등뼈를 밑으로 가게 놓고, **1**과 같은 요령으로 대가리 쪽에서 꼬리 쪽으로 등뼈 위를 따라 칼날을 움직여 살을 떼어낸다.

한칼 뜨기 한 모습.

사용 도구
데바보초

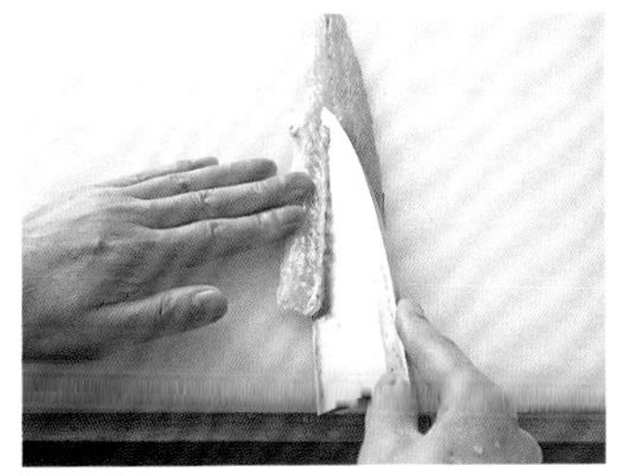

1 갈비뼈를 왼쪽으로 향하게 놓고, 갈비뼈가 붙은 부분을 뒤집어 잡은 칼로 분리한 뒤, 원래대로 잡아 뼈를 얇게 떠낸다.

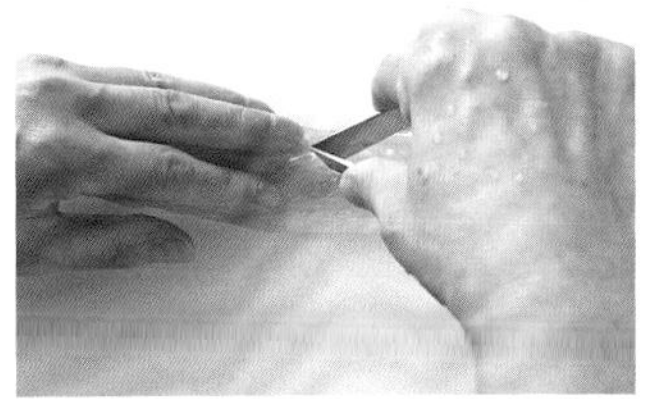

2 잔가시는 가시핀셋으로 잡고 뼈의 양 주변을 손가락 끝으로 눌러 대가리 쪽으로 당겨 뽑는다.

꼬챙이를 꽂는다
(료즈마*)

* 껍질이 붙은 살을 사용

사용 도구
금속꼬챙이(15cm 또는 45cm)

*료즈마 : 양쪽을 동그랗게 마는 것.

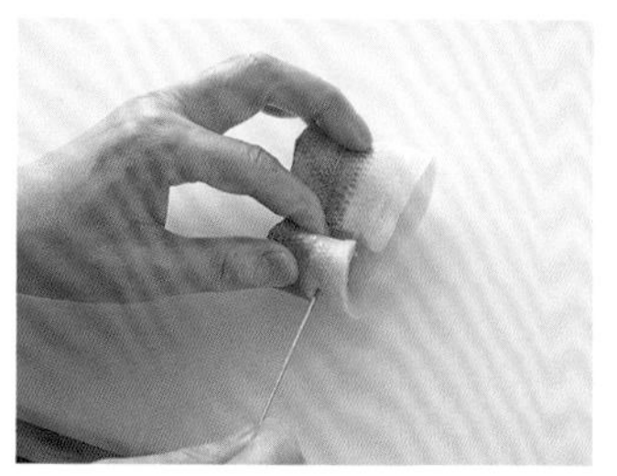

1 껍질 쪽을 아래로, 꼬리 쪽을 내 앞으로 오게 세로로 놓고 꼬리 쪽과 대가리 쪽 모두 안쪽으로 동그랗게 말아서 내 앞에서부터 꼬챙이를 찔러넣는다.

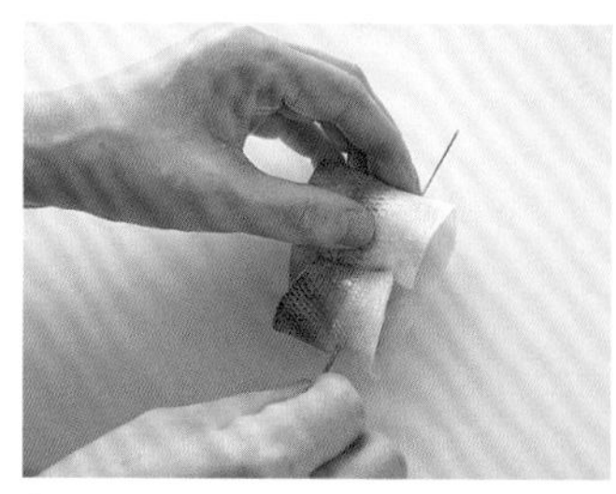

2 말아놓은 형태가 망가지지 않게 반대편까지 꼬챙이를 찔러 빼낸다. 같은 요령으로 또 1개의 꼬챙이를 찔러 형태를 고정시킨다.

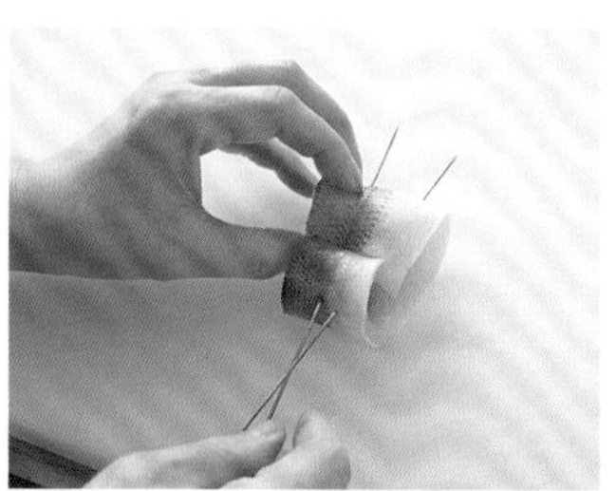

3 2개의 꼬챙이는 앞쪽의 한 점에 모이게끔 각각 살짝 바깥쪽으로 향하도록 V자 형태로 꽂는다.

꼬챙이를 꽂은 모습.

성게알을 올린 꼬치고기구이→아래쪽

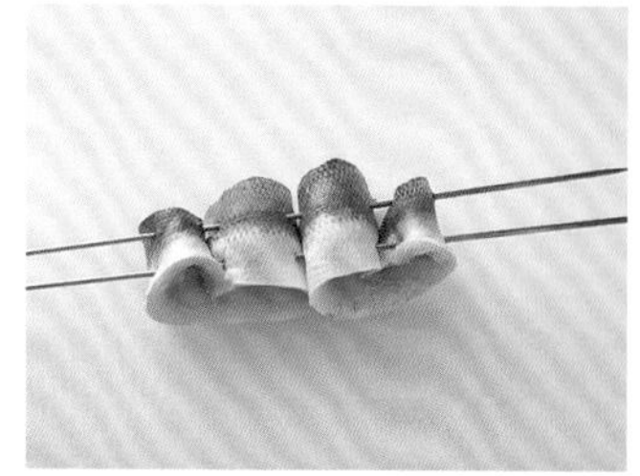

긴 꼬챙이인 경우에는 2장의 살을 함께 꽂는다. 살이 두툼한 대가리 쪽이 중앙에서 서로 맞닿게끔 세로로 놓고 꼬챙이를 2줄로 평행하게 꽂는다.

성게알을 올린 꼬치고기구이

재료(2인분)

꼬치고기 살(껍질이 붙은 것) 1마리 분량 • 성게알 6조각 • 데리야키양념* 적당량 • 단촛물에 절인 순무 1/4개분(70쪽 참조) • 소금 적당량

만드는 법

1 꼬치고기는 살짝 소금을 뿌려 10분 두고, 물기를 닦아 꼬챙이를 꽂는다.

2 예열한 그릴에 꼬치고기를 굽고, 살짝 노릇해지면 성게알을 얹는다. 데리야키양념을 2~3회 끼얹고 건조시키듯 굽는다.

3 꼬챙이를 빼 그릇에 담고, 단촛물에 절인 순무를 곁들인다.

*데리야키양념(만들기 편한 분량)

청주, 미림, 간장 각 1/4컵 • 그래뉴당 5g • 다마리간장 1큰술

냄비에 재료를 모두 넣고 가열하다 끓어오르면 약불에서 양이 10분의 1이 될 때까지 조린다.

말린 꼬치고기

재료(2인분)

꼬치고기(대가리를 붙인 채 등 가르기 한 것) 2마리 • 소금 적당량 • 간 무 적당량 • 영귤 1개 • 간장 약간

만드는 법

1 꼬치고기는 양면에 소금을 뿌려 30분 정도 둔다.

2 꼬치고기의 물기를 닦고 채반 등에 펼쳐, 바람이 잘 통하는 장소에서 하루 동안 말린다. 살을 만졌을 때 끈끈하게 달라붙을 정도가 되면 좋다.

3 예열한 그릴에 꼬치고기를 5~6분 굽는다.

4 그릇에 담고 간 무, 반으로 자른 영귤을 곁들이고 간장을 뿌린다.

가자미

흰 살 생선으로 대중적인 인기가 높은 가자미는 일본 근해에만 약 40종이 있으며, 전부 식용으로 사용한다. 그중에서도 참가자미, 문치가자미, 돌가자미, 도다리 등이 알려져 있는데 여기에서는 작은 크기의 가자미를 통째로 사용할 경우의 손질 방법을 소개한다. '좌광우도'라고 하듯 오른쪽에 눈이 있는 것이 도다리(가자미)로, 평평하고 두 눈이 한쪽으로 몰린 모습은 광어와 마찬가지이다. 크기가 큰 가자미는 광어와 같은 방법으로 손질한다(150쪽 참조).

대표 요리

회, 조림, 튀김, 뫼니에르 등 장르에 관계없이 폭넓게 사용된다. 크기가 큰 것은 회 뜨거나 토막 내 사용하고, 작은 크기의 가자미는 그 모습을 살려 통째로 사용하는 것을 추천한다.

재료 선택 포인트

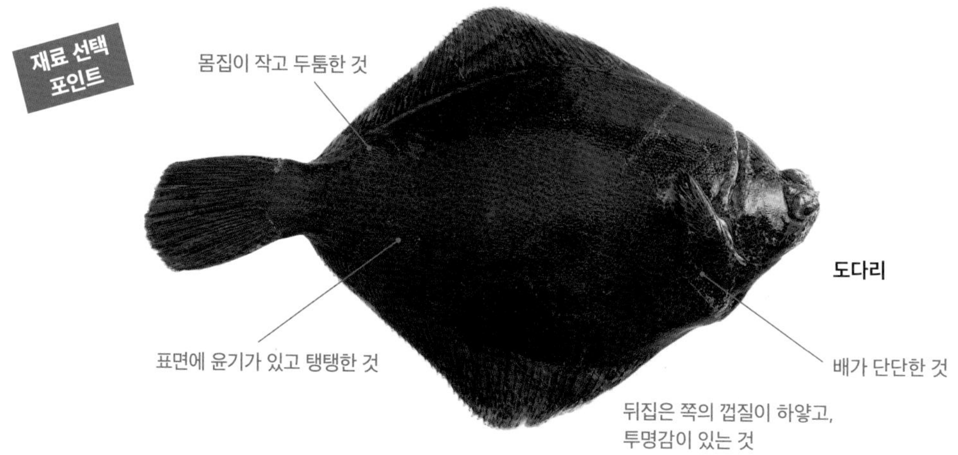

도다리

미즈아라이
(통생선 조리용)
점액질과 비늘을 제거한다
→ 아가미를 제거한다
→ 내장을 제거한다
→ 씻는다
→ 물기를 닦는다

사용 도구
데바보초

1 대가리를 왼쪽으로 가게 놓고 손으로 잡아, 꼬리에서 대가리 쪽을 향해 칼로 긁어 점액질과 비늘을 제거한다. 반대쪽도 같은 요령으로 제거한다.

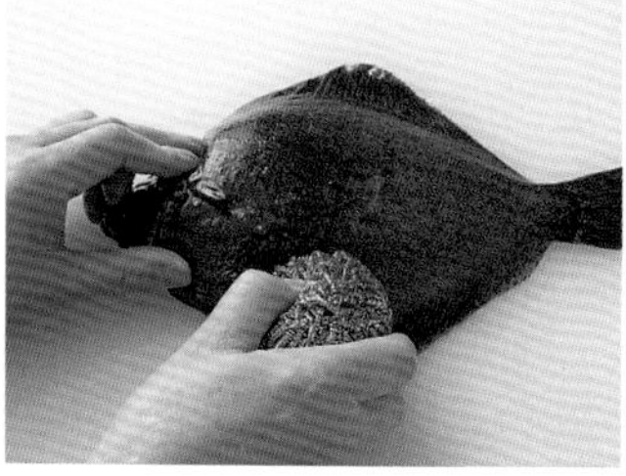

2 철수세미로 고루 문지른다. 이렇게 하면 칼로 제거되지 않았던 점액질과 잔비늘도 깔끔하게 떨어진다.

3 몸통을 뒤집어서 가슴지느러미의 밑 부분에서 배지느러미가 붙은 쪽을 향해 칼집을 넣는다.

4 아가미덮개를 들어 올려 칼코를 넣고, 아가미가 붙은 부분을 자른다.

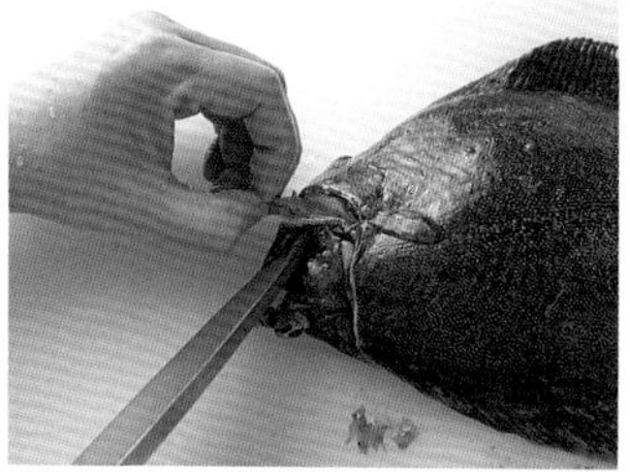

5 다시 몸통을 뒤집어서 같은 요령으로 아가미가 붙은 다른 한쪽도 잘라 아가미를 잡아 당겨 뺀다.

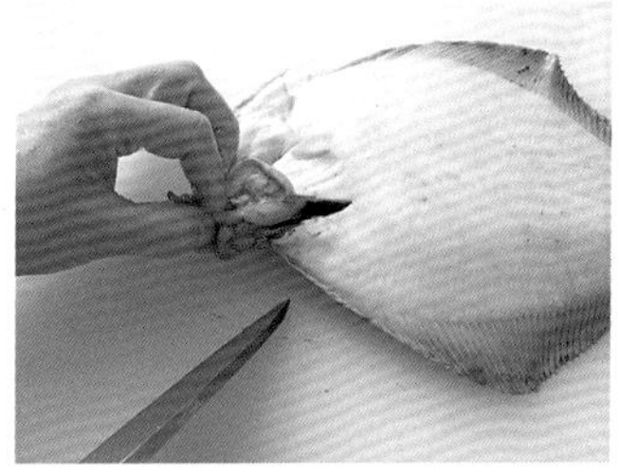

6 또 한 번 몸통을 뒤집어서 3의 칼집으로 내장을 뽑아내 제거한다.

7 물을 받은 볼에 넣고, 배 속에 손가락을 넣어 남은 내장 등을 씻어낸다. 배 속의 물기도 깔끔하게 닦아낸다.

장식 칼집을 넣는다

사용 도구
데바보초

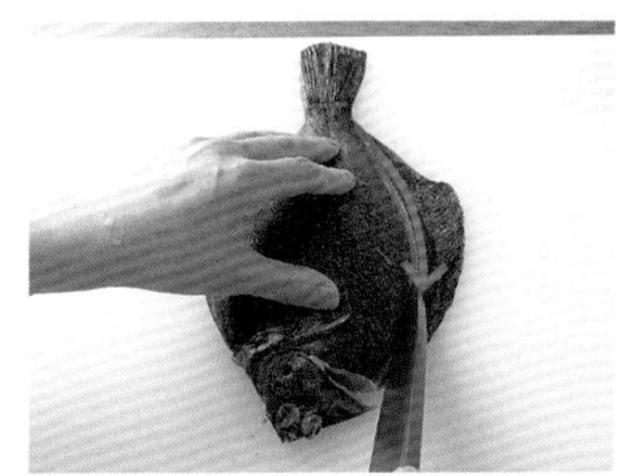

1 대가리를 내 앞으로 오게 세로로 놓고, 꼬리 쪽에서 등지느러미를 따라 칼코로 칼집을 넣는다.

2 꼬리 쪽에서 대가리 쪽을 향해 직선으로 칼을 당겨 몸통 중앙에 칼집을 넣는다.

3 배지느러미를 따라 또 1줄, 칼코로 칼집을 넣는다.

도다리조림→94쪽

도다리조림

재료(2인분)

도다리(통생선 조리용으로 손질하여 장식 칼집을 넣은 것) 2마리 • 청주 1컵 • 미림 1/4컵 • 생강(얄팍 썰기 한 것) 4장 • 간장 1/4컵 • 연근(1cm 두께로 통 썰기 한 것) 4장 • 그린빈 5줄 • 생강채(바늘처럼 얇게 썬 것), 소금 각 적당량

만드는 법

1 도다리는 뜨거운 물에 살짝 데쳐 찬물에 담가, 남은 비늘과 이물질을 깨끗이 닦는다.

2 그린빈은 질긴 부분을 떼어내고 소금을 넣은 물에 데쳐 3cm 길이로 자른다.

3 얕은 냄비나 프라이팬에 청주, 미림, 생강, 간장을 넣고 끓이다 도다리를 넣고 나무 뚜껑을 덮는다. 나무 뚜껑 주위로 계속해서 거품이 보글보글 끓어오를 정도의 세기로 3분 조린다.

4 빈틈에 연근을 넣어 다시 5분 조리고 그린빈을 넣어 따뜻하게 데운다.

5 도다리를 그릇에 담고 연근, 그린빈을 곁들여 조림국물을 듬뿍 뿌린 뒤 생강 채를 얹는다.

쥐치

비늘이 없는 쥐치는 일본명 가와하기(皮剝)*의 의미처럼, 껍질을 힘주어 벗겨낸 후 포를 뜬다. 가게에서 판매할 때는 껍질을 벗겨 진열해놓는 경우가 많다. 비슷한 종인 말쥐치도 같은 방법으로 껍질을 벗겨 진열해놓으나, 쥐치는 체형이 마름모꼴이고 꼬리지느러미가 다갈색인 데 반해 말쥐치는 몸이 살짝 길고 꼬리지느러미는 푸른빛이 돈다. 포를 뜰 때는 진미로 여겨지는 간에 상처가 나지 않도록 대가리와 몸통을 손으로 잡아 뜯어 내장을 제거한다. 담낭을 터뜨리면 살에 쓴맛이 배므로 주의한다.

*가와하기: 가죽을 벗기는 일.

대표 요리

흰 살 생선으로 냄새가 없고, 특유의 씹는 맛이 있다. 신선한 살을 얇게 저며 썬 회는 복어회에 필적한다고도 알려져 있다. 간도 맛있어서 간을 다져 넣은 간장이나 간으로 무침을 만드는 등 냄비 요리에도 요긴하게 사용된다.

사용 도구
데바보초

1 눈 위에 있는 돌기는 작업 시 방해가 되므로 뿌리까지 잘라낸다.

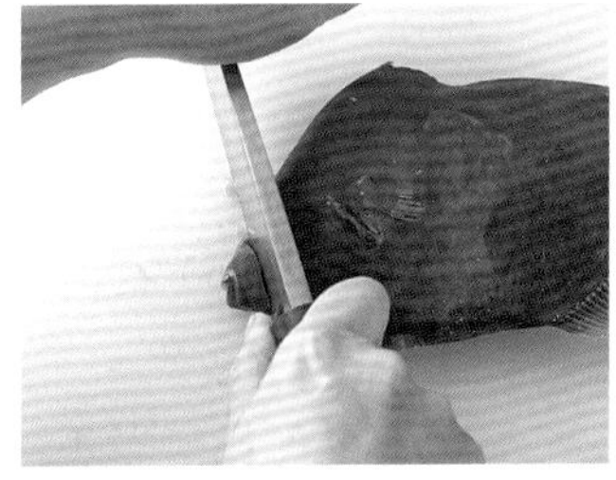

2 대가리를 왼쪽으로 향하게 놓고 칼턱으로 주둥이 끝을 잘라낸다.

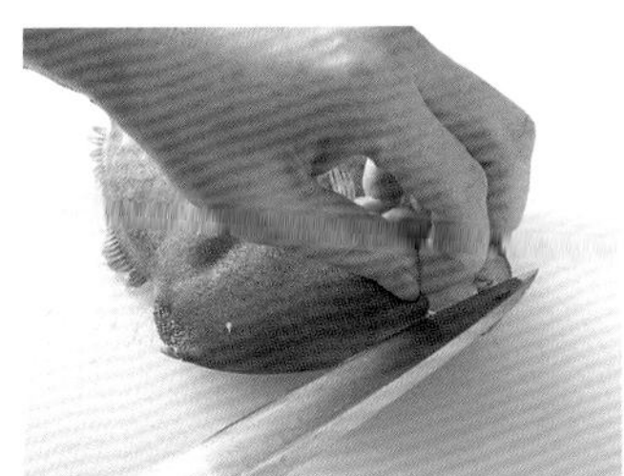

3 주둥이 끝의 단면에 칼로 칼집을 넣는다. 주둥이 껍질은 미끌미끌해서 움직이므로 칼날이 미끄러지지 않게 주의한다.

4 칼집부터 손으로 껍질을 벗겨낸다. 엄지를 껍질과 살 사이에 찔러넣듯 하여 벗기면 좋다.

5 절반 정도 벗겼으면 껍질 끝을 젖히고 왼손으로 대가리를 눌러 꼬리 끝까지 단숨에 껍질을 벗긴다.

미즈아라이

대가리를 자른다
→ 내장을 제거한다
→ 간을 제거한다
→ 씻는다
→ 물기를 닦는다

사용 도구
데바보초

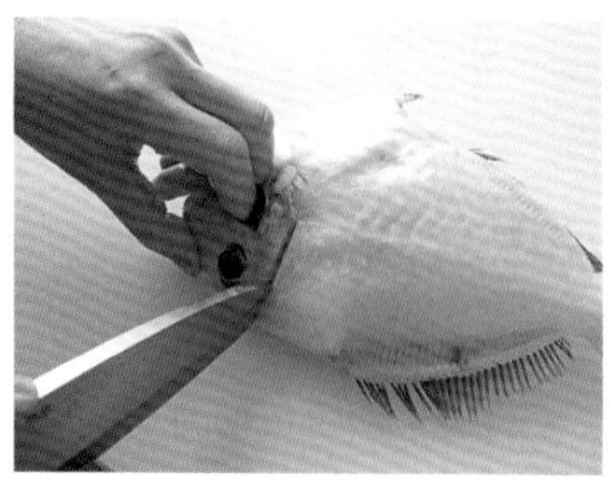

1 대가리를 왼쪽, 등을 내 앞으로 오게 놓고 돌기가 붙어 있던 자리 뒤쪽에서 가슴지느러미 근처까지 칼을 넣고 눌러 자른다.

2 왼손으로 대가리를, 오른손으로 몸통을 잡고 좌우로 열 듯 당겨 뜯어 대가리와 함께 내장을 뽑아낸다.

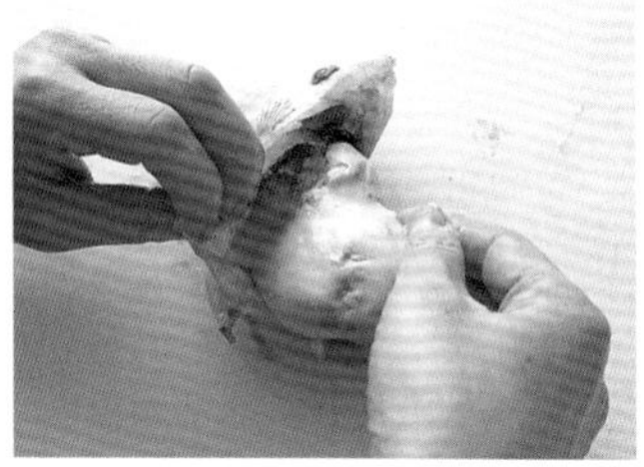

3 대가리에서 손으로 내장을 꺼내고, 상처가 나지 않도록 간을 떼어낸다. 이때 담낭이 터지지 않게 분리한다.

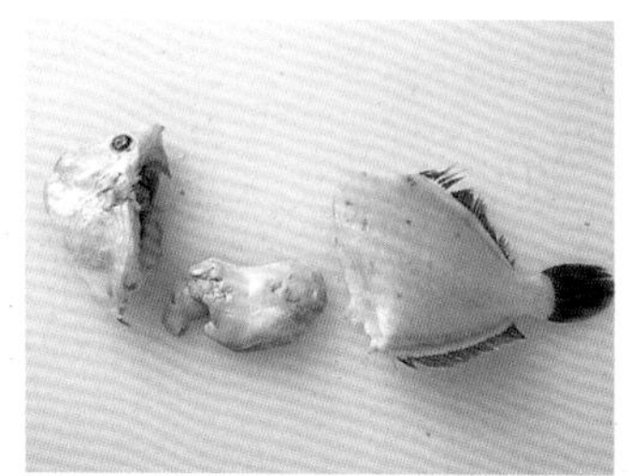

4 대가리, 간, 몸통을 꼼꼼하게 씻고 물기를 닦아낸다.

포를 뜬다
(세 장 뜨기/양면 뜨기)

사용 도구
데바보초

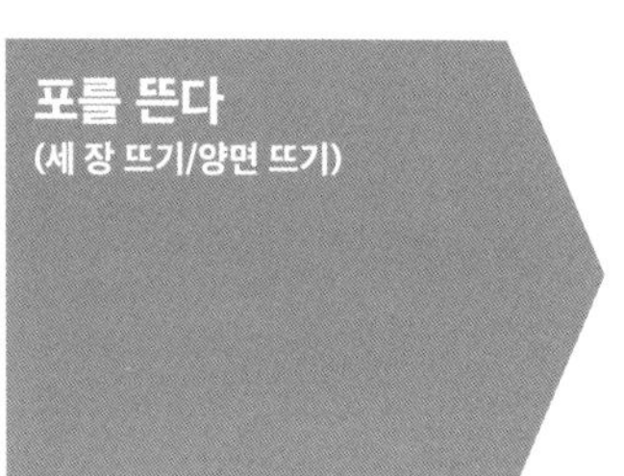

1 대가리 쪽을 오른쪽, 배를 내 앞으로 오게 놓고 대가리 쪽에서 꼬리 쪽으로 칼집을 넣는다. 이 작업을 반복해 중앙의 굵은 뼈가 닿을 때까지 잘라나간다.

2 대가리 쪽을 왼쪽, 배를 내 앞으로 오게 놓고 꼬리 쪽 등지느러미에 가깝게 칼을 넣어 대가리 쪽으로 등뼈를 타고 잘라나간다.

3 중앙의 굵은 뼈에 닿으면 꼬리에 사진과 같은 모습으로 칼날을 찔러넣고, 꼬리 쪽으로 살짝 칼집을 넣는다.

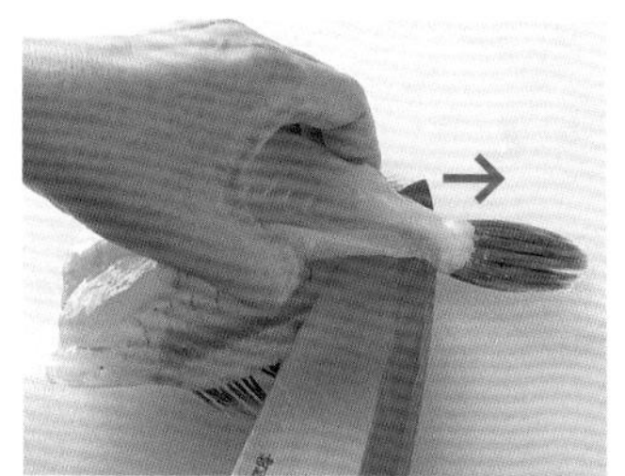

4 칼을 뒤집어 왼손으로 꼬리를 누르고 등뼈 위를 단숨에 따라 내려가 살을 잘라낸다. 마지막에 꼬리가 붙은 부분을 자른다. 반대쪽도 같은 요령으로 살을 바른다.

세 장 뜨기 한 모습.

순살로 만든다

갈비뼈, 잔가시를 제거한다 → 용도에 맞는 크기로 잘라 나눈다

***세 장 뜨기 한 아래쪽 살을 사용**

사용 도구
가시핀셋
데바보초

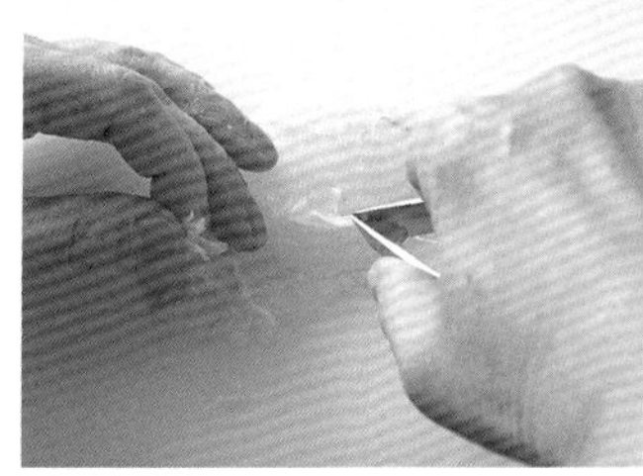

1 갈비뼈가 왼쪽으로 향하게 놓고, 갈비뼈가 붙은 부분을 뒤집어 잡은 칼로 분리한 뒤, 원래대로 잡아 뼈를 얇게 떠낸다. 가시핀셋으로 잔가시를 뽑아낸다.

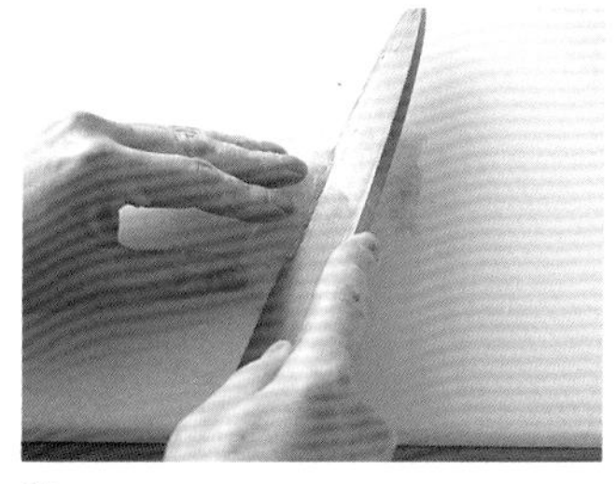

2 꼬리 쪽을 왼쪽으로 가게 놓고, 요리에 알맞은 크기로 칼을 비스듬히 눕혀 넣어 슥 단숨에 당겨 썬다. 마지막에 칼을 세워 잘라 나눈다.

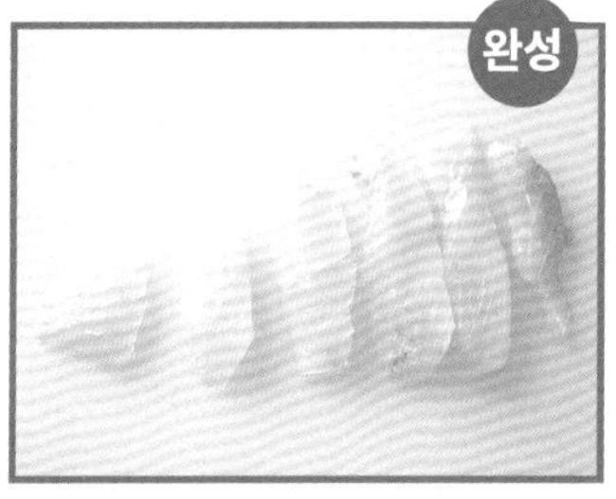

순살로 만들어 잘라 나눈 모습.

쥐치가라아게→98쪽

얇게 썰기

필레를 만든다 → 살에 붙은 껍질을 제거한다 (안쪽으로 껍질 벗기기) → 얇게 썰기 한다

***세 장 뜨기 한 아래쪽 살을 사용**

사용 도구
데바보초
야나기바보초

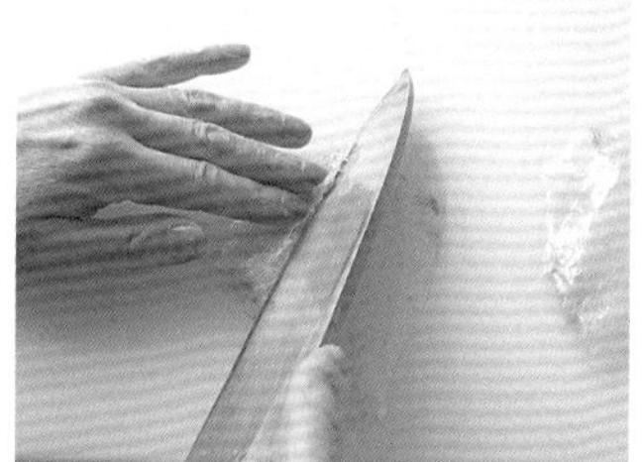

1 갈비뼈가 왼쪽으로 오게 놓고, 갈비뼈가 붙은 부분을 뒤집어 잡은 칼로 분리한 뒤, 원래대로 잡아 뼈를 얇게 떠낸다.

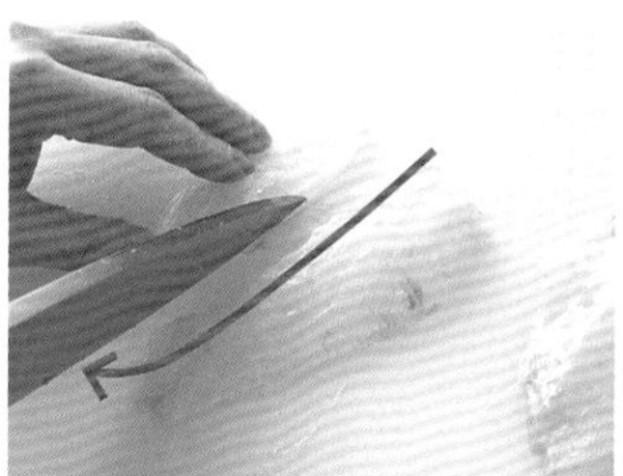

2 혈합육에 박혀 있는 잔가시를 뱃살에 남게끔 세로로 잘라 나눈다. 꼬릿살의 폭을 일정하게 하기 위해 살짝 비스듬히 자른다.

3 뱃살에서 잔가시를 잘라내 필레를 만든다.

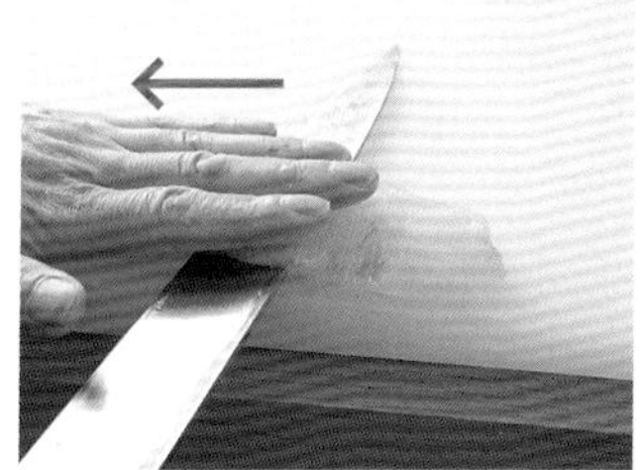

4 껍질 쪽을 밑으로, 꼬리 쪽을 오른쪽으로 향하게 놓는다. 껍질과 꼬리 살 사이에 칼을 눕혀 넣고, 왼손을 살에 얹어 칼을 위아래로 움직이며 살에 붙은 얇은 껍질을 잘라간다.

5 살에 붙은 얇은 껍질을 제거한 모습.

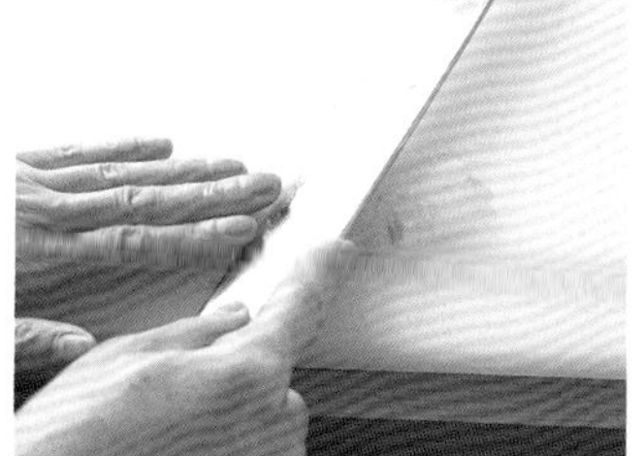

6 꼬리 쪽을 왼쪽으로, 살이 얇은 쪽을 내 쪽으로 놓는다. 야나기바보초를 비스듬히 눕혀 칼턱을 살에 대고, 내 쪽으로 스윽 한 번에 당긴다.

7 칼턱부터 칼끝까지 전체를 사용해 살을 얇게 뜬다. 마지막에 칼을 살짝 세워 잘라내고, 1장씩 그릇에 담는다.

얇게 썬 쥐치회, 간을 넣은 간장 곁들임→98쪽

쥐치가라아게

재료(2인분)

쥐치 살(위쪽 살) 1/2마리분 • 꽈리고추 1/4팩 • **절임소스**[청주, 미림, 간장 각 2큰술, 생강즙 적당량] • 전분, 튀김유, 소금 각 적당량

만드는 법

1 쥐치는 옅게 소금을 뿌려 15분 두고, 물기를 닦는다. 절임소스 재료를 섞어, 쥐치를 넣고 30분 둔다.

2 꽈리고추는 줄기 끝을 자르고 칼집을 넣는다.

3 **1**의 물기를 닦고 전분을 묻힌다.

4 튀김유를 165℃로 달구고, 꽈리고추를 그대로 기름에 넣어 튀긴 뒤 소금을 뿌린다. 기름 온도를 175℃로 높여 **3**을 튀긴다. 기름을 떨어내고, 그릇에 꽈리고추와 함께 담는다.

얇게 썬 쥐치회, 간을 넣은 간장 곁들임

재료(2인분)

쥐치 살(위쪽 살) 1/2마리분 • 쥐치 간 1마리분 • 청주 1큰술 • 간장 1/2큰술 • 쥐치 속껍질 1/2마리분 • 고추가루를 섞은 간 무 적당량 • 차조기잎 2장 • 땅두릅, 당근(돌려 깎기 하여 가늘게 자른 후 말아서 나선형으로 만든 장식), 줄기를 닻모양으로 만든 방풍잎 2줄 • 소금 적당량

만드는 법

1 쥐치 간은 소금물에 담가 30분 이상 두고, 물기를 제거한 후 약 10분 찐다. 청주와 랩을 씌우지 않고 전자레인지에 30초 돌려 알코올을 날린다. 간을 체에 걸러 청주와 섞고, 간장을 넣어 간 간장소스를 만든다.

2 쥐치는 속껍질을 분리한다. 속껍질을 끓는 물에 소금을 넣고 살짝 데쳐 찬물에 식힌 후 물기를 제거하여 가늘게 썬다.

3 남은 살을 얇게 잘라 그릇에 담고 차조기잎, 간 무, **2**, 방풍잎, 장식 두릅, 장식 당근을 곁들인다. **1**의 간장소스를 곁들인다.

보리멸

일본에서는 5종류 정도가 알려져 있으나, 유통되고 있는 보리멸의 대부분은 흰보리멸로, 은은한 핑크빛이 도는 모습은 '바다의 여왕'이라고 불릴 정도로 아름답다. 그중에서도 맛있다고 여겨지는 15cm 전후의 보리멸은 다양하게 활용 가능하여 한칼 뜨기, 등 가르기 외에도 살을 잘라 펼쳐 '솔잎 모양 보리멸'을 만들거나 이것을 한 번 묶어서 '매듭 보리멸'을 만들기도 한다. 보리멸은 꼬리 형태도 예쁘기 때문에 등 가르기나 살을 잘라 펼칠 때, 꼬리에 상처가 생기지 않게 조심스레 다뤄 꼬리 모양을 살리는 것도 포인트.

대표 요리

튀김이나 국물 요리의 메인 재료 같은 대표적인 요리 외에도 회나 초절임, 소금구이, 튀김, 찜에 사용해도 흰 살 생선만의 고급스러운 맛을 즐길 수 있다.

미즈아라이

비늘을 제거한다 (긁기)
→ 대가리를 자른다
→ 내장을 제거한다
→ 물에 씻는다
→ 물기를 닦는다

사용 도구
데바보초

1 대가리를 왼쪽에 놓고 손으로 잡아 칼로 꼬리에서 대가리 쪽으로 긁어 비늘을 제거한다. 등과 배, 반대쪽도 같은 요령으로 긁어 제거한다.

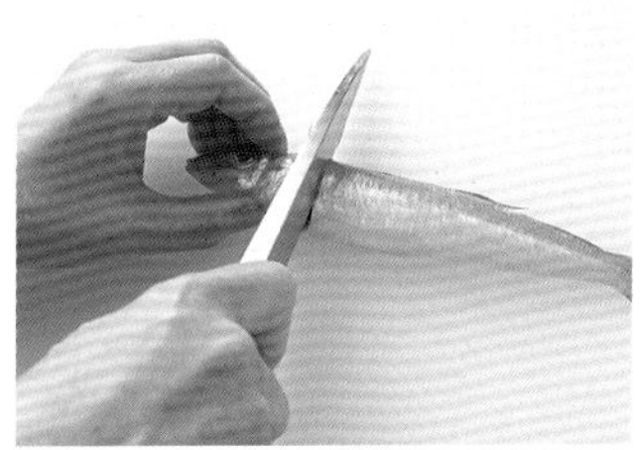

2 가슴지느러미 뒤쪽에 칼을 직선으로 넣는다. 뒤집어서 반대쪽도 같은 요령으로 칼을 넣어 대가리를 잘라낸다.

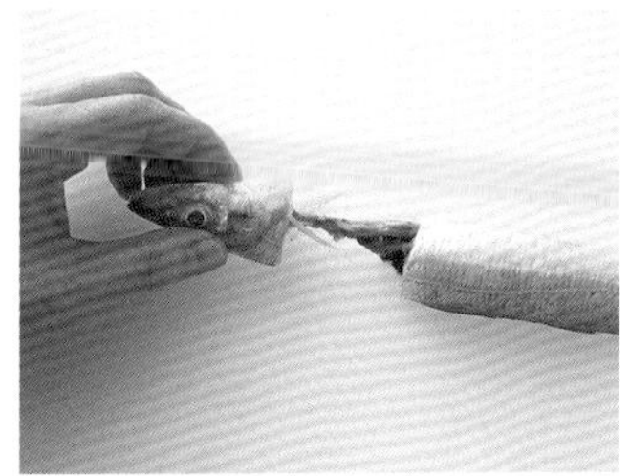

3 대가리를 살짝 잡아당겨 내장을 뽑아낸다.

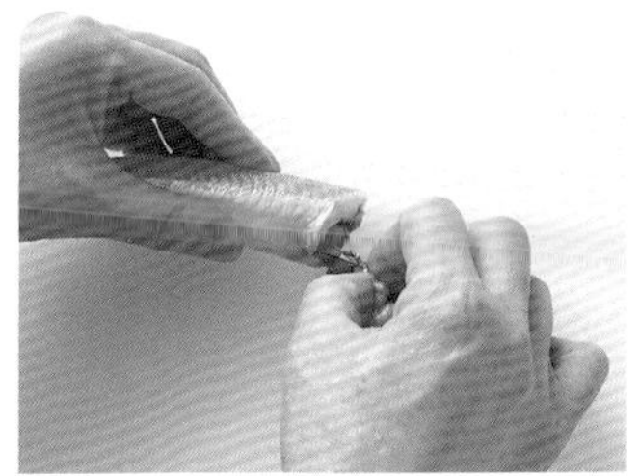

4 배에 남은 내장을 손가락으로 당긴다. 살을 갈라 펼치거나 살을 발라낼 때는 배를 갈라 내장을 긁어내도 된다.

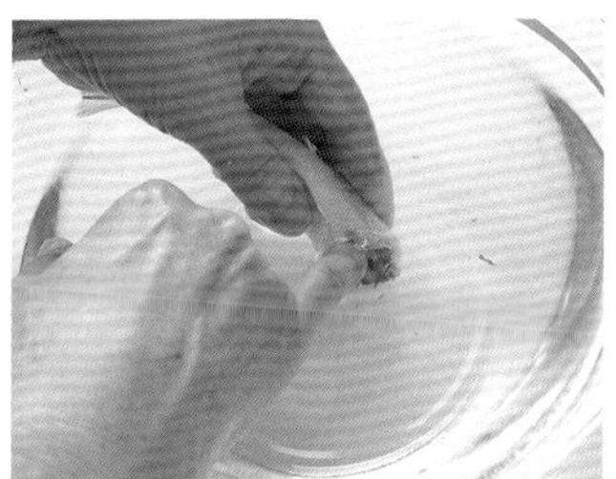

5 물을 담은 볼에 넣고, 손가락으로 배 속을 살살 씻는다. 그다음 배 속까지 깔끔하게 물기를 닦아낸다.

살을 갈라 펼친다
(등 가르기)

사용 도구
데바보초

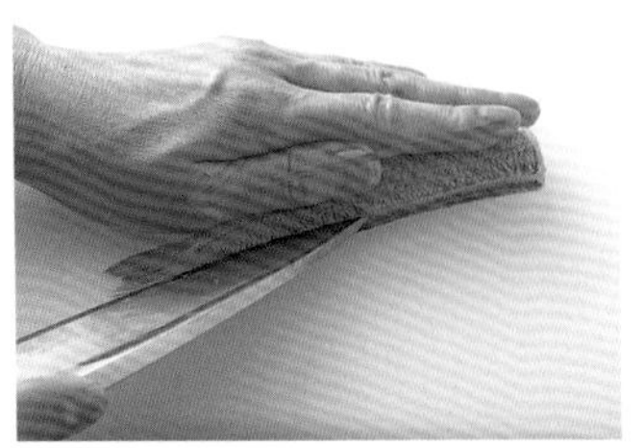

1 대가리 쪽을 오른쪽, 등을 내 앞으로 오게 놓고 대가리 쪽에서부터 칼을 넣어 등지느러미 위에 칼집을 넣는다.

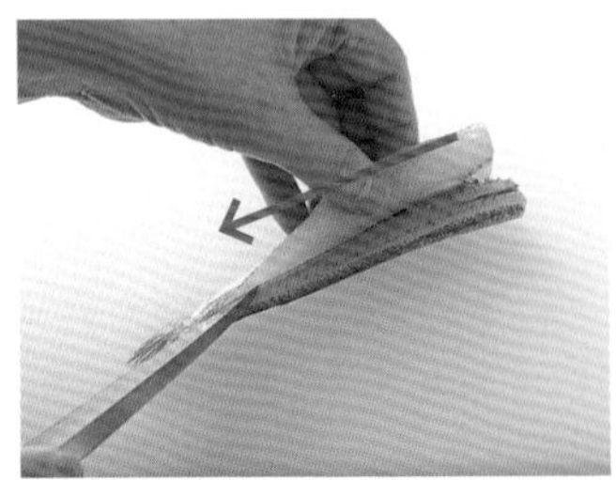

2 세 장 뜨기와 같은 요령으로, 등뼈를 타고 2~3회 칼을 넣어 배 근처까지 칼집을 낸다.

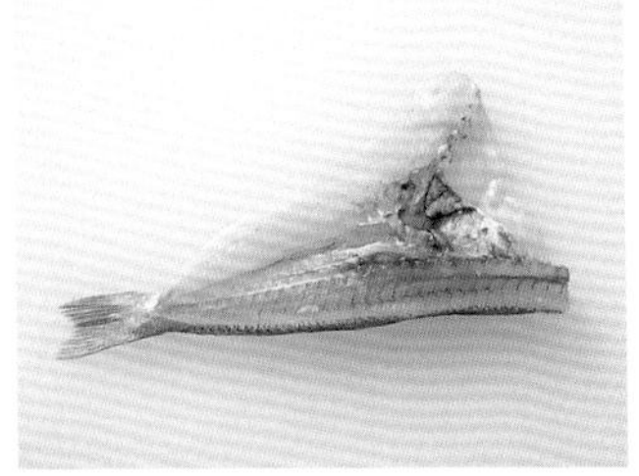

3 배가 잘리지 않도록 최대한 가깝게, 확실히 칼집을 넣어 1장이 되게 펼친다.

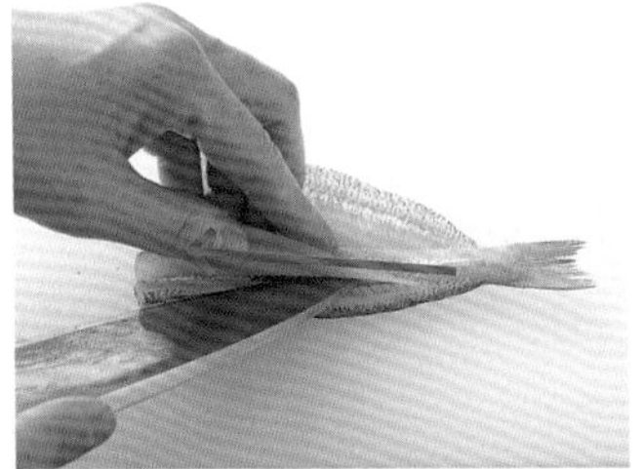

4 방향을 바꿔 몸통을 뒤집고, 등뼈를 밑으로 가게 한다. 꼬리에서부터 칼을 넣어, 등지느러미 위에 칼집을 낸다.

5 등뼈를 타고 반복해서 칼을 넣어 등뼈와 살을 분리한다.

6 살을 젖히듯 뒤집어 왼쪽으로 놓고 등뼈의 꼬리 쪽에 칼을 대서 칼등을 통통 때려 뼈를 잘라낸다.

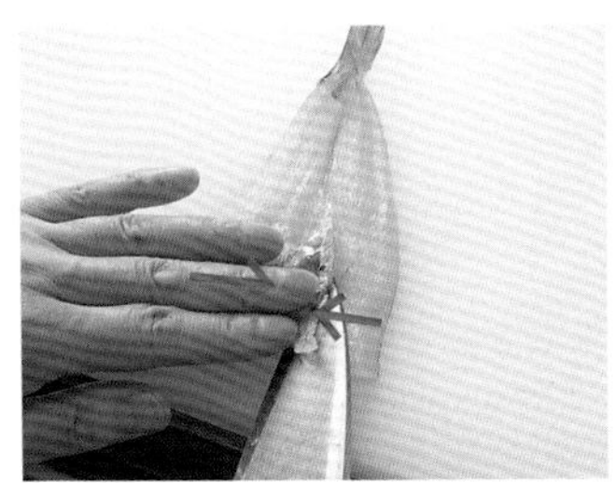

7 꼬리를 몸에서 먼 쪽으로 가게 놓고 갈비뼈가 붙은 부분 아래 칼을 넣어 양쪽에서 떠내듯 얇게 잘라낸다.

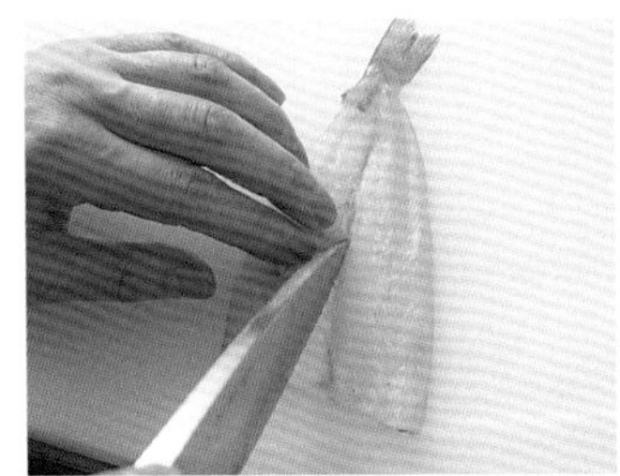

8 손가락 끝으로 살을 더듬어 볼기지느러미의 위치를 확인하고 볼기지느러미가 붙은 부분 양옆을 칼끝으로 찔러 칼집을 넣는다.

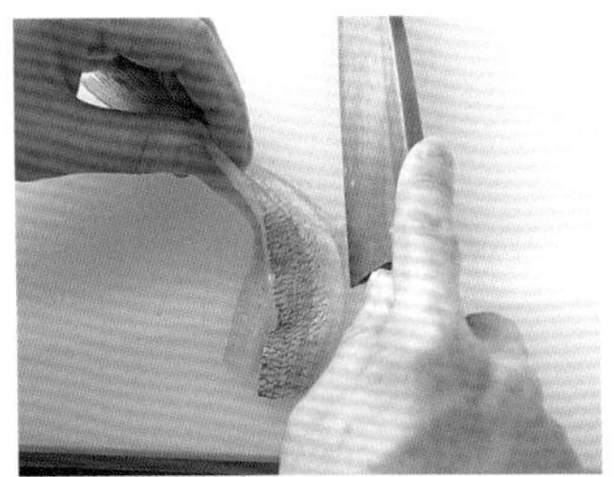

9 살을 반으로 접어 볼기지느러미가 붙은 부분을 칼턱으로 누르고, 몸통을 당겨 지느러미를 뽑아낸다.

등 가르기 한 모습.

보리멸튀김→102쪽

살을 갈라 펼친다
(잘라 펼치기)

사용 도구
데바보초
가시핀셋

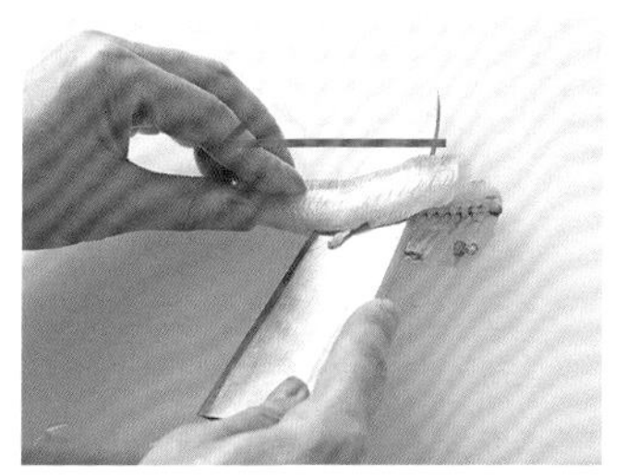

1 한칼 뜨기와 같은 요령으로, 대가리 쪽에서 칼을 넣어 등뼈 위에 칼날을 대고 꼬리 쪽까지 잘라나간다.

자르는 것은 꼬리가 붙은 부분까지. 꼬리는 잘라내지 않고, 붙어 있는 그대로 둔다.

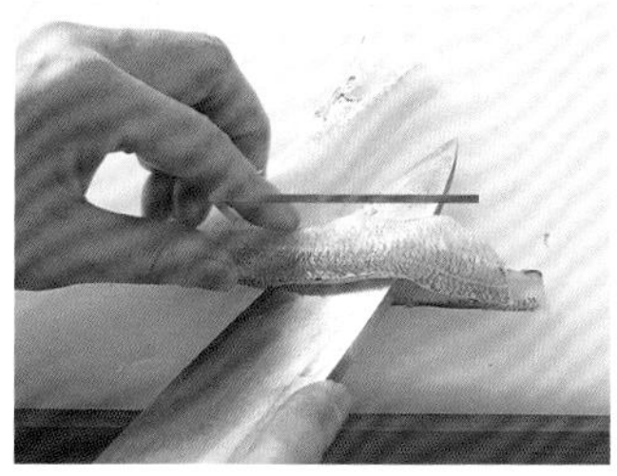

2 몸통을 뒤집어서 등뼈를 밑으로 가게 놓고, **1**과 같은 요령으로 대가리 쪽에서 칼을 넣어 등뼈 위를 타고 꼬리 쪽까지 자른다.

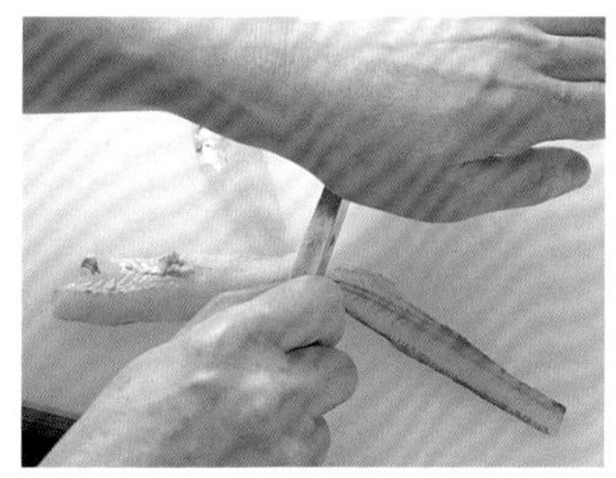

3 살을 왼쪽, 등뼈를 오른쪽으로 향하게 놓는다. 등뼈의 꼬리가 붙은 부분에 칼을 대고 칼등을 통통 두드려 뼈를 잘라낸다.

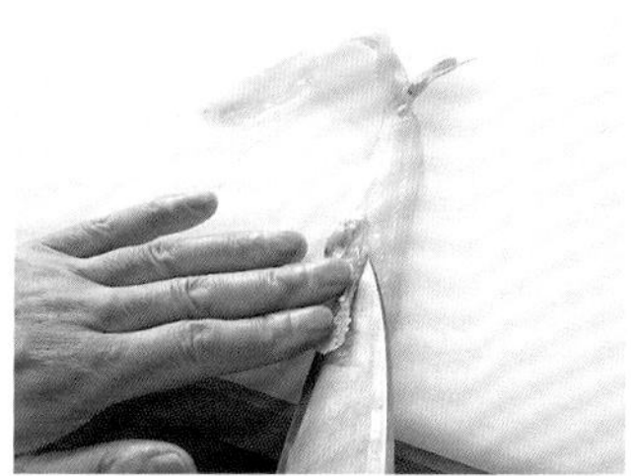

4 갈비뼈가 붙어 있는 부분에 칼을 넣고 떠내듯 들어올려 잘라낸다.

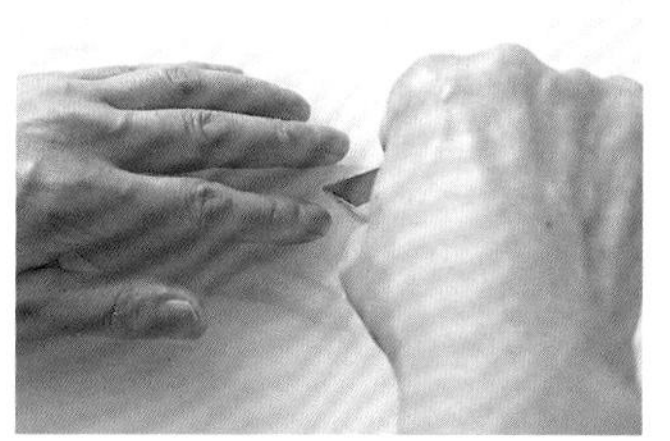

5 살을 손가락 끝으로 더듬어 잔가시를 찾고, 손가락에 닿으면 가시핀셋으로 잡아 가시 양옆을 손가락으로 눌러 뽑아낸다.

잘라 펼치기 한 모습.

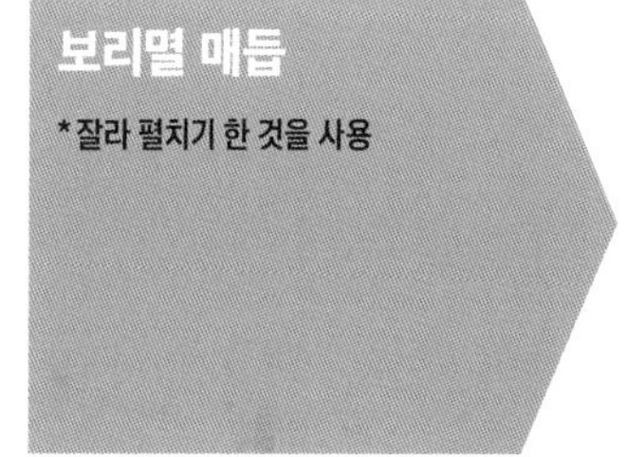

보리멸 매듭
*잘라 펼치기 한 것을 사용

사용 도구
데바보초

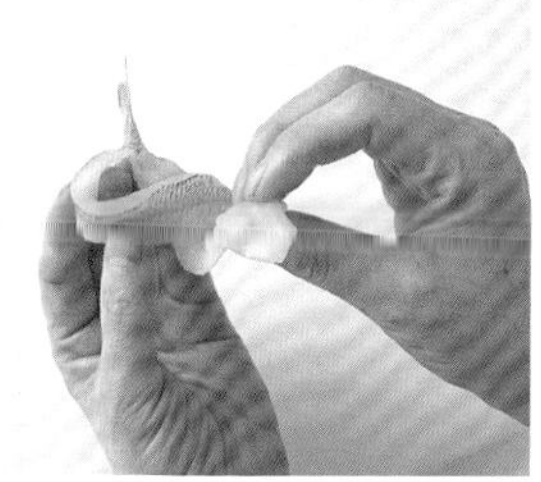

1 살을 내 앞으로 오게 하여 좌우로 벌리고, 왼쪽 살을 내 앞쪽으로 빙글 돌려 원을 만든다.

2 오른쪽 살을 왼쪽 원의 위에서 통과시켜 한 번 매듭짓고 형태를 정리한다.

보리멸 매듭을 만든 모습.

보리멸과 달걀두부 맑은장국→102쪽

보리멸과 달걀두부 맑은장국

재료(2인분)

보리멸(잘라 펼친 것) 2마리 • 달걀두부(시판 제품) 2개 • 순채 20g • 다시 1과 1/2컵 • 소금 1꼬집 • 국간장 약간 • 소금 적당량 • 청유자 적당량

만드는 법

1 보리멸은 소금물에 담가 5~6분 두고 물기를 닦아 매듭을 만들어놓는다.

2 순채는 끓는 물에 살짝 데치고 찬물에 식혀 물기를 제거한다.

3 냄비에 다시를 붓고 데워, 소금과 국간장으로 간한다. 달걀두부를 넣어 데운 후, 국물을 털고 그릇에 담는다.

4 매듭을 만든 보리멸을 **3**의 국물에 넣어 천천히 익힌 뒤, 물기를 떨어내고 달걀두부 위에 얹는다.

5 그릇에 순채를 넣은 뒤 국물을 데워 붓고 청유자를 곁들인다.

보리멸튀김

재료(2인분)

보리멸(등 가르기 한 것) 4마리 • 만가닥버섯 1/4봉지 • 차조기잎 2장 • **튀김간장**[다시 1/2컵, 미림, 간장 각 1과 2/3큰술 • 가쓰오부시 5g] • **튀김옷**[달걀노른자 1개분, 얼음물 1컵, 박력분 110g] • 밀가루, 튀김유 각 적당량 • 간 무 적당량

만드는 법

1 만가닥버섯은 뿌리쪽을 제거하고 작은 크기로 나눈다.

2 냄비에 튀김간장의 다시, 미림, 간장을 넣고 끓이다 티백에 담은 가쓰오부시를 넣는다. 약불에서 10분 조리고 가쓰오부시를 짠 후 건져낸다.

3 튀김옷을 만든다. 볼을 냉장고에 넣어 차게 식히고, 달걀노른자를 얼음물에 풀어 넣는다. 박력분은 체에 걸러 넣고 크게 저어 섞는다.

4 차조기잎은 한쪽 면에만 밀가루를 묻히고, 튀김옷을 입혀 160℃로 가열한 기름에서 튀긴다. 만가닥버섯에 밀가루를 바르고 튀김옷을 묻혀, 165℃의 기름에 넣고 튀긴다. 이어서 보리멸에 밀가루를 바르고 튀김옷을 묻혀 175℃ 기름에서 튀긴다.

5 그릇에 모두 담고 따뜻한 튀김간장에 간 무를 곁들인다.

금눈돔

금빛으로 빛나는 커다란 눈이 특징인 금눈돔은 심해어로 지바현의 조시산, 이즈*의 이나토리산 등이 유명. 전신을 덮은 윤기 있는 주홍빛과 그 모습, 형태의 아름다움으로 지방에 따라서는 참돔 대신 축하 의식의 생선으로 사용된다. 크고 단단한 비늘은 남지 않도록 꼼꼼하게 제거한다. 지느러미 끝이 날카로우므로 주의해서 조리할 것.

*이즈: 현재 시즈오카현 동남부 지방의 옛 이름.

대표 요리

흰 살 생선 중에서도 지방이 많이 올라 있고 가열하면 부드러워지는 살은 조림, 냄비 요리에 최적이다. 술찜, 술지게미 절임, 된장 절임, 건어물 등으로 만들어도 맛있다. 대가리나 뼈도 조림 요리에 추천한다.

미즈아라이

비늘을 제거한다 (긁기)
→ 아가미를 제거한다
→ 내장을 제거한다
→ 물에 씻는다
→ 물기를 닦는다

사용 도구
데바보초

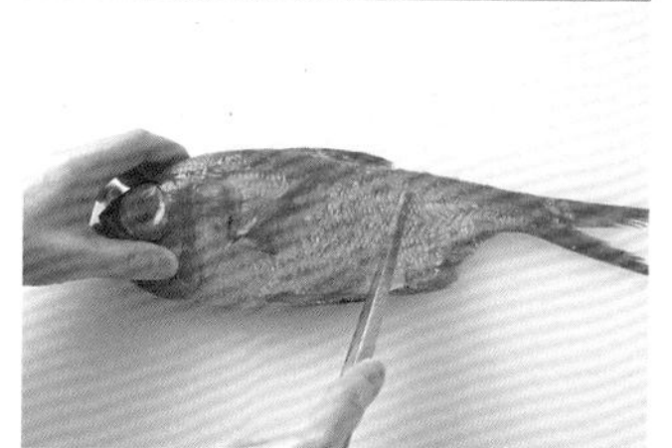

1 대가리를 왼쪽으로 놓고 손으로 잡아 칼로 꼬리에서 대가리 쪽으로 긁어 비늘을 제거한다. 등과 배, 반대쪽도 같은 요령으로 긁어 제거한다.

2 아가미덮개를 열어 칼코를 넣고 아래턱과 위턱의 아가미 연결 부위를 잘라낸다.

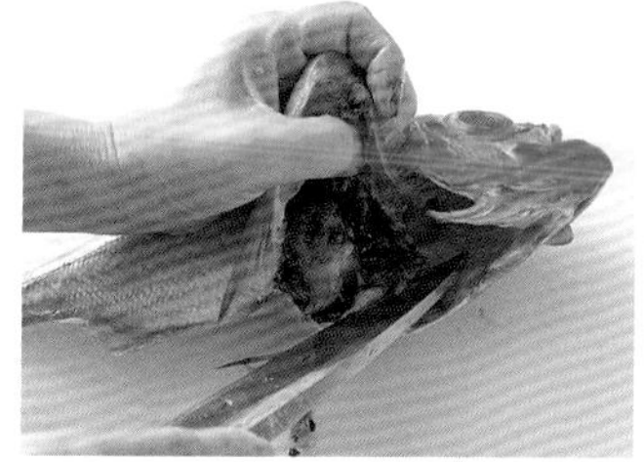

3 턱 밑부터 항문까지 칼을 넣어 아가미째 내장을 제거한다. 피막에 칼집을 넣고 칫솔을 사용해 검은 배막을 씻어낸 뒤, 물기를 닦는다.

포를 뜬다

대가리를 자른다
(대가리만 잘라내기)
→ 두 장 뜨기 → 용도에 맞는 크기로 살을 자른다
→ 장식 칼집을 넣는다

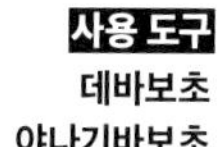

사용 도구
데바보초
야나기바보초

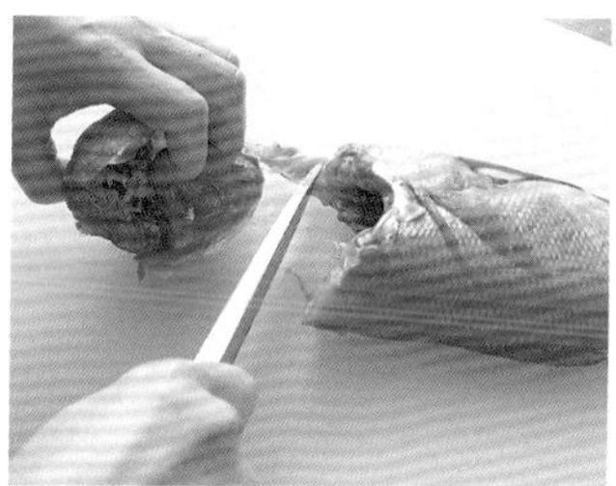

1 대가리에 살이 남지 않도록 아가미덮개를 따라 깊게 칼을 넣어 대가리를 잘라낸다.

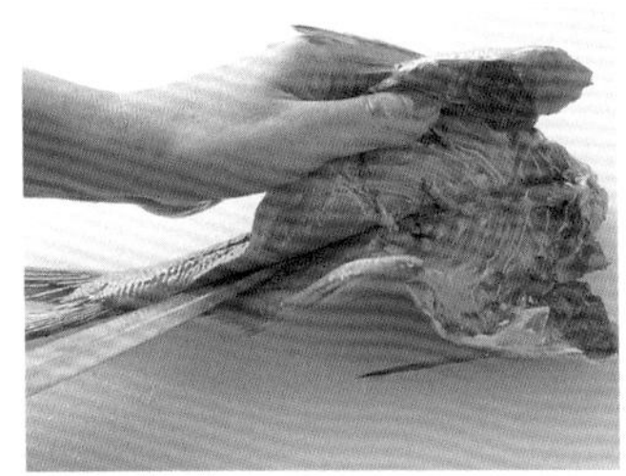

2 대가리 쪽을 오른쪽, 배를 내 앞으로 오게 놓고 등뼈를 따라 꼬리 쪽을 향해 칼집을 넣는다. 이것을 반복해 중앙의 굵은 뼈까지 칼집을 넣는다.

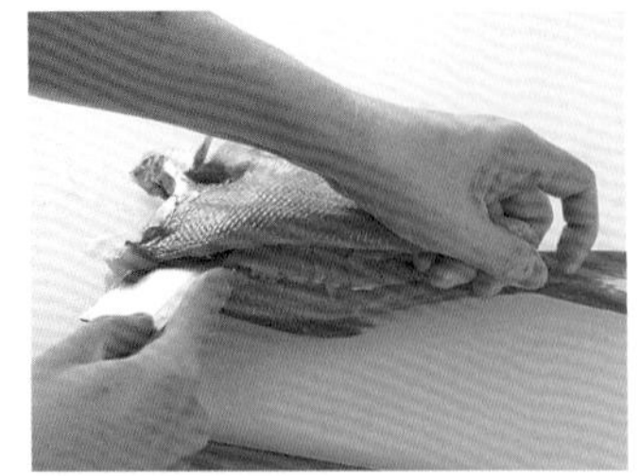

3 등을 내 앞으로 오게 놓고, 등지느러미 위로 칼을 넣는다. 굵은 뼈가 닿으면 칼을 뒤집어 꼬리 쪽에 칼집을 넣고, 다시 칼을 뒤집어 대가리 쪽까지 한 번에 잘라 살을 떼어낸다.

4 뼈가 붙은 살 쪽 꼬리를 잘라내고, 몸통 가운데를 눌러 자른다. 등지느러미, 볼기지느러미, 배지느러미, 가슴지느러미의 끝을 잘라낸다. 단단하면 칼등에 왼손을 대고 눌러 자른다.

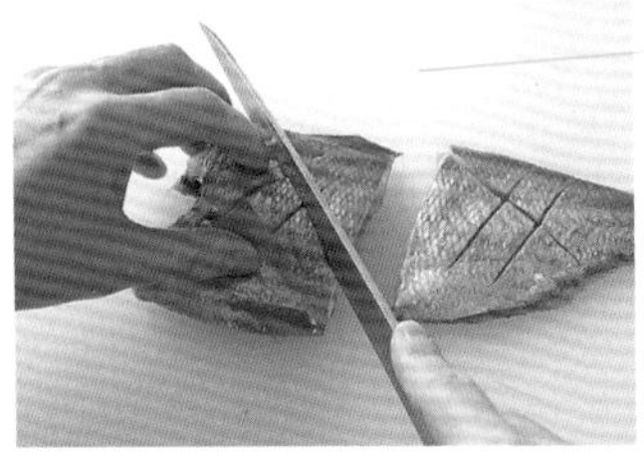

5 자른 살의 껍질 쪽에 야나기바보초로 비스듬한 칼집 2줄을 살 두께의 절반보다 깊게 넣는다. 칼집 1줄을 이 2줄에 교차시켜 넣는다.

금눈돔조림→아래쪽

금눈돔조림

재료(2인분)

발라낸 금눈돔 살(뼈가 붙은 쪽) 1/2마리분 • **조림 국물**[청주 1컵, 물 1/4컵, 미림 2큰술, 간장 1과 1/3큰술, 생강(슬라이스) 3장] • 생표고 2개 • 쑥갓 1/2묶음 • 생강(얇게 채 친 것), 쪽파(얇게 썬 것) 각 적당량 • 소금 적당량

만드는 법

1 금눈돔의 살을 반으로 잘라 소금을 뿌리고, 15분 둔다. 껍질 쪽에 칼집을 넣고 볼에 담아 80℃ 전후로 끓인 물을 듬뿍 부어 불순물이 표면에 일어나게 한다. 찬물에 담가 남은 비늘과 피를 씻어낸 후 물기를 닦는다.

2 생표고는 꼭지를 제거하고, 안쪽에 십자로 칼집을 넣는다. 쑥갓은 먹기 편한 크기로 이파리를 뜯어 데친 뒤 찬물에 담갔다가 물기를 짠다.

3 조림국물의 재료를 얕은 냄비에 끓여, 1을 넣고 나무 뚜껑을 덮어 주위에서 보글보글 거품이 올라올 정도로 불 세기를 조절해 3분간 조린다. 표고버섯을 넣어 다시 3분 조리고 나무 뚜껑을 열어 다시 살짝 조린다.

4 그릇에 담고, 조림국물에 쑥갓을 따뜻하게 데워 담은 뒤 조림국물을 듬뿍 붓는다. 얇게 채 썬 생강과 쪽파를 섞어 얹는다.

전어

크기가 작고 성장과 함께 이름이 변하는 생선. '고하다'는 10cm 전후의 전어로, 이것보다 작은 4~5cm의 것은 '신코', 큰 것은 '고노시로'라고 불린다. 맛으로 보면 신코는 담백하고, 고하다가 되면 지방이 오르며, 고노시로는 덤덤한 것처럼 성장에 따라 변하지만 포를 뜨는 방법은 전부 동일하다. 배의 단단한 부분을 비스듬히 잘라내고 미즈아라이한다. 또, 전어는 전갱이처럼 껍질을 벗기지 않으므로 껍질에 칼집을 넣거나 잘게 썰어 먹기 좋게 한다.

대표 요리

에도마에스시에서 없어서는 안 되는 전어. 살이 연하고 특유의 향이 있어 일반적으로 식초에 절이고, 무칠 경우에도 초절임으로 이용한다.

미즈아라이

비늘을 제거한다 (긁기)
→ 대가리를 자른다
→ 내장을 제거한다
→ 씻는다
→ 물기를 닦는다

사용 도구
데바보초

1 대가리를 왼쪽으로 놓고 손으로 잡아 칼로 꼬리에서 대가리 쪽으로 긁어 비늘을 제거한다. 등과 배, 반대쪽도 같은 요령으로 긁어서 제거한다.

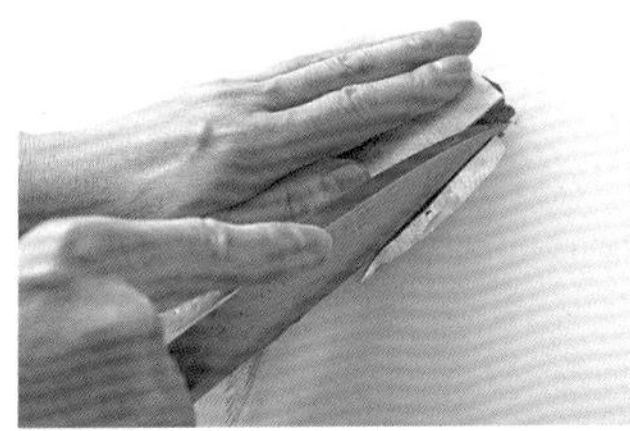

2 가슴지느러미 뒤쪽에 칼을 직선으로 넣어 대가리를 잘라낸다. 꼬리 쪽을 내 쪽으로, 배를 오른쪽으로 놓고 배를 비스듬히 잘라낸다.

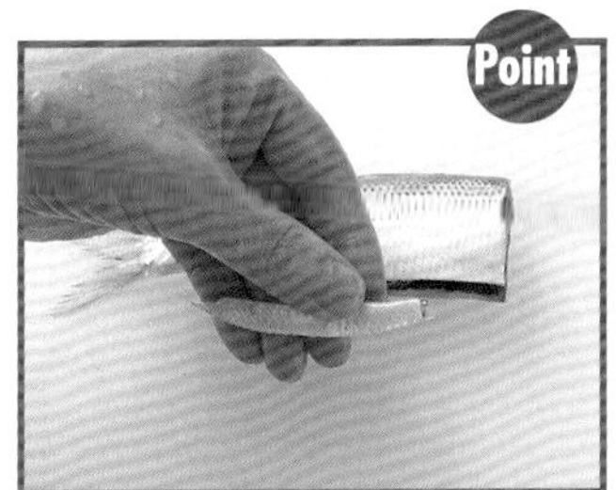

전어의 배는 단단하므로, 대가리 쪽에서 항문 쪽으로 비스듬히 잘라낸다.

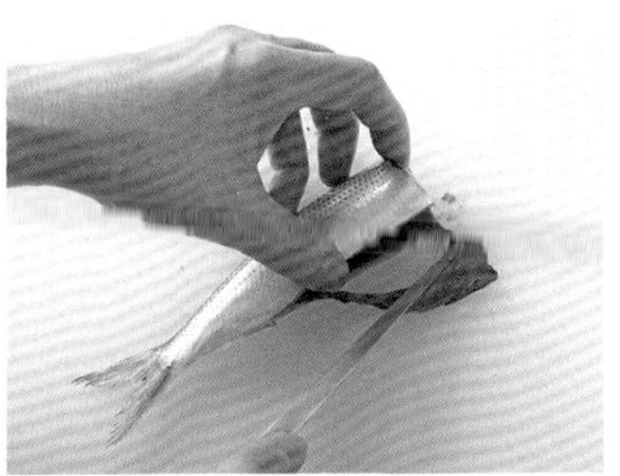

3 배 안쪽에 칼을 넣어, 칼날로 내장을 긁어 제거한다.

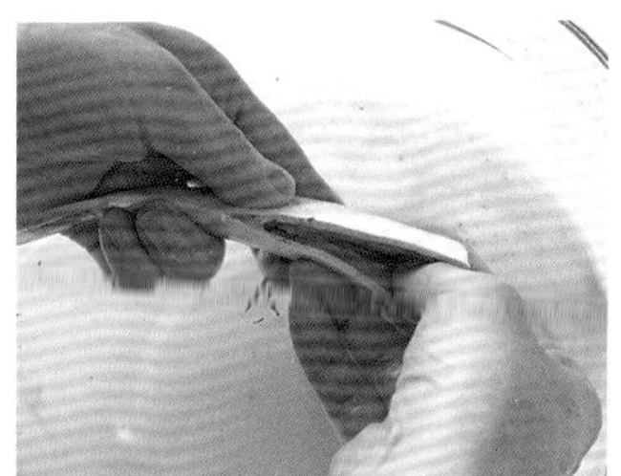

4 물을 받은 볼에 넣어 배 속을 씻는다. 손가락으로 피막을 문질러 남아 있는 내장 등도 씻어내고 물기를 닦는다.

살을 갈라 펼친다
(배 가르기)

사용 도구
데바보초

1 대가리 쪽을 오른쪽, 배를 내 앞으로 오게 놓고 배 쪽부터 칼을 넣어 등뼈를 따라 등 근처까지 칼집을 내서 1장이 되게 펼친다.

2 등뼈를 밑으로 가게 도마에 찰싹 붙이고 등뼈 위에 칼을 넣어 살을 떼어낸다.

3 살을 세로로 놓고, 왼쪽 갈비뼈를 얇게 떠낸다. 방향을 바꿔 다른 한쪽의 갈비뼈도 같은 요령으로 떠낸다.

4 살을 반으로 접어 등지느러미를 뿌리째 잘라낸다. 지느러미를 잡아당기면 구멍이 생기는 경우가 있으므로, 그대로 자른다.

배 가르기 한 모습.

전어니기리즈시*→아래쪽

*니기리즈시: 한 입 크기로 썬 생선을 밥 위에 올려 손으로 가볍게 쥐어 만든 초밥.

전어니기리즈시

재료(2개분)

전어(배 가르기 한 것) 작은 것 2마리•초밥(86쪽 참조) 1/2컵•**희석초**[쌀식초, 물 각 2큰술, 설탕 1꼬집, 소금 약간]•시라이타콘부 15cm•소금, 고추냉이, 초생강 각 적당량

만드는 법

1 전어에 소금을 뿌려 약 10분 두고, 물기를 닦아 희석초에 담근다. 표면이 살짝 하얗게 되면 물기를 빼고, 시라이타콘부에 포개 랩으로 싸서 냉장고에 반나절 둔다.

2 전어를 꺼내 껍질 쪽에 비스듬히 3~4줄 칼집을 넣는다.

3 초밥을 가볍게 쥐고 전어에 고추냉이를 얹어 초밥에 올린 뒤, 전체를 가볍게 감싸 쥐어 완성한다.

4 그릇에 담고 초생강을 곁들인다.

연어

연어의 종류는 전 세계에 70종 정도가 있다고 알려져 있으나, 일본에서 가장 친숙한 것은 백연어이다. 산란을 위해 모천으로 돌아온 연어를, 거슬러 오르기 직전에 바다에서 어획한 것을 최고로 친다. 하천으로 들어오면 표피에 적자색의 혼인색*이 생기기 시작하며, 산란기의 수컷은 위턱 끝이 늘어나 활처럼 굽어져 일명 '코삐뚤이'가 된다.
알을 밴 시기에 배를 가를 때는, 연어 알이나 이리에 상처가 나지 않게끔 주의한다. 살과 뼈 모두 부드러워 부서지기 쉬우므로 포를 뜨는 작업은 비교적 어렵다.

*혼인색 : 동물의 번식기에 변색하는 피부의 색.

대표 요리

연어는 버릴 것이 없는 생선이다. 뼈는 소금으로 간을 한 국이나 된장을 풀어 끓인 국에, 살은 소금구이, 소테, 프라이 등에 폭넓게 이용 가능하다. 기생충에 감염되었을 우려가 있으므로 날것으로 먹는 것은 피한다.

재료 선택 포인트

미즈아라이

비늘을 제거한다 (긁기)
→ 대가리를 자른다 (대가리만 잘라내기)
→ 알과 내장을 꺼낸다
→ 피막을 제거한다
→ 씻는다
→ 물기를 닦는다

사용 도구
데바보초

1 대가리를 왼쪽으로 놓고 손으로 잡아 칼로 꼬리에서 대가리 쪽으로 긁어 비늘을 제거한다. 배와 등, 반대쪽도 같은 요령으로 긁어 제거한다.

2 대가리가 붙은 부분에 칼을 비스듬히 넣는다.

3 몸통을 뒤집어서 같은 요령으로 대가리가 붙은 부분에 칼집을 넣어, 대가리를 잘라낸다.

4 대가리 쪽을 오른쪽, 배를 내 앞으로 오게 놓고 칼날을 사진과 같은 방향으로 항문에 넣어 배의 중심을 가른다. 알에 상처가 나지 않도록 얕게 배만 가른다.

5 배를 열고 칼날을 사용해 내장의 얇은 막을 잘라 손으로 알집과 내장을 꺼낸다. 내장에 붙은 심장과 간을 떼어낸다.

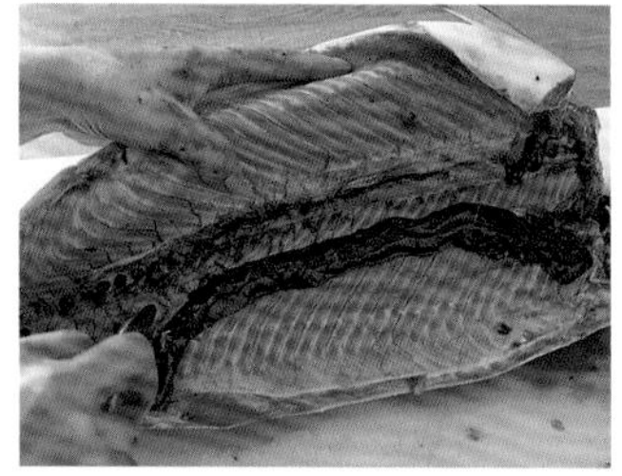

6 중앙의 피막에 칼집을 넣고, 스푼으로 핏덩이를 긁어낸다. 흐르는 물에서 칫솔을 사용해 깨끗하게 씻고 물기를 닦는다.

알, 간과 심장, 핏덩이도 씻어서 물기를 닦아놓는다.

연어알절임→111쪽 · 메훈*→111쪽 · 연어내장도자니*→111쪽

* 메훈 : 연어의 덩어리 피, 콩팥 등을 소금에 절인 젓갈.
* 도자니 : 재료를 간장이나 설탕, 미림 등으로 조린 요리.

포를 뜬다 (한칼 뜨기)

사용 도구
데바보초

1 대가리 쪽을 오른쪽, 배를 내 앞으로 오게 놓고 등뼈 위를 따라 칼을 꼬리쪽으로 잘라나간다.

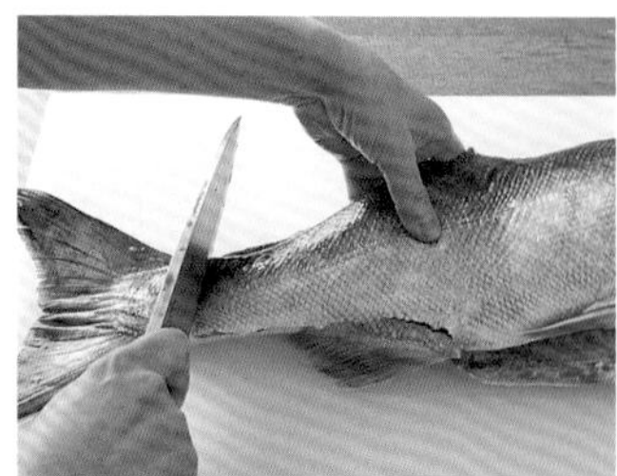

2 꼬리 쪽까지 진행해 등뼈에서 살이 잘려 분리되면 꼬리 쪽에서 등뼈까지 수직으로 칼집을 넣어 한쪽 살을 떼어낸다.

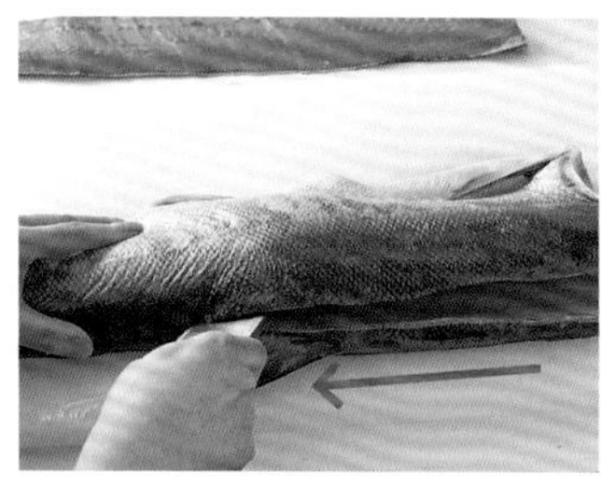

3 몸통을 뒤집어서 등을 내 앞으로 오게 놓고, **2**와 같은 요령으로 대가리 쪽에서 꼬리 쪽으로 칼을 등뼈 위를 따라 잘라나가 살을 떼어낸다.

한칼 뜨기 한 모습.

순살로 만든다

사용 도구
데바보초
가시핀셋

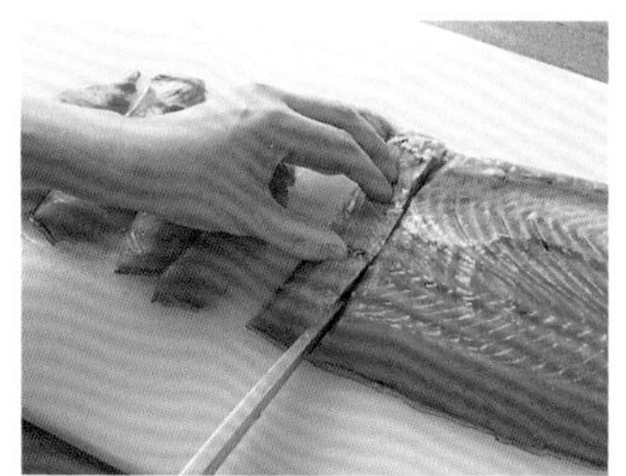

1 갈비뼈를 붙인 채 살을 알맞은 크기로 썬다. 껍질 쪽을 밑으로, 대가리 쪽을 오른쪽으로 놓는다. 꼬리 쪽은 칼을 수직으로 세워서 당겨 썰고 그 외의 부분은 칼을 살짝 눕혀 저며 썬다.

2 가마 부분은 뼈가 남아 있으므로 두껍게 자르고, 가슴지느러미는 칼턱으로 잘라낸다.

꼬리 쪽처럼 살 폭이 좁은 부분은 두툼하게, 살이 넓은 부분은 얇게 써는 등 두께를 조절한다.

작은 냄비로 만드는 이시카리나베◆→113쪽

◆이시카리나베: 홋카이도를 대표하는 냄비 요리.

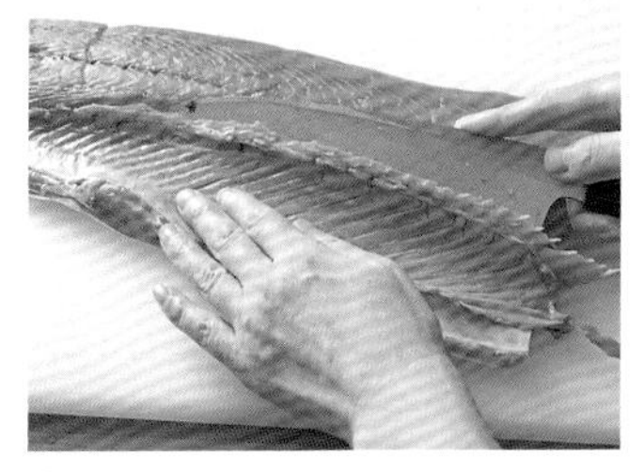

3 갈비뼈, 잔가시를 제거하고 살을 등분한다. 껍질을 밑으로, 갈비뼈를 내 쪽으로 오게 살짝 비스듬히 놓고, 칼끝으로 갈비뼈가 붙은 부분을 뒤집어 잡은 칼로 분리한 뒤, 원래대로 잡아 뼈를 얇게 떠낸다.

4 배 쪽 끝에 가시 없이 얇은 막이 붙어 있는 부분(하라스)을 잘라낸다. 지방이 오른 연어 뱃살은 얇은 막째로 소금구이 하면 좋다.

5 껍질을 밑으로, 살이 두툼한 쪽을 건너편으로 가게 놓고 가시핀셋으로 가시를 뽑은 뒤 칼을 살짝 눕혀 3cm 두께로 저며 썬다.

보관법으로는 양면에 빈틈없이 소금(연어 중량의 1%)을 뿌려 하룻밤 지난 후 1조각씩 랩으로 싸서 냉동하면 좋다.

연어포셰→112쪽

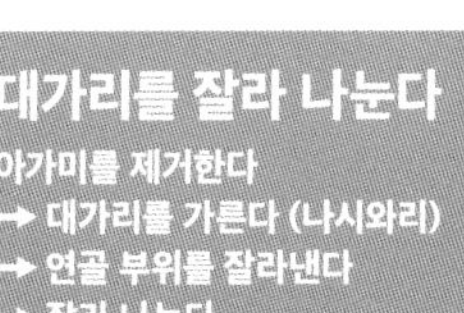

대가리를 잘라 나눈다

아가미를 제거한다
→ 대가리를 가른다 (나시와리)
→ 연골 부위를 잘라낸다
→ 잘라 나눈다

사용 도구
데바보초

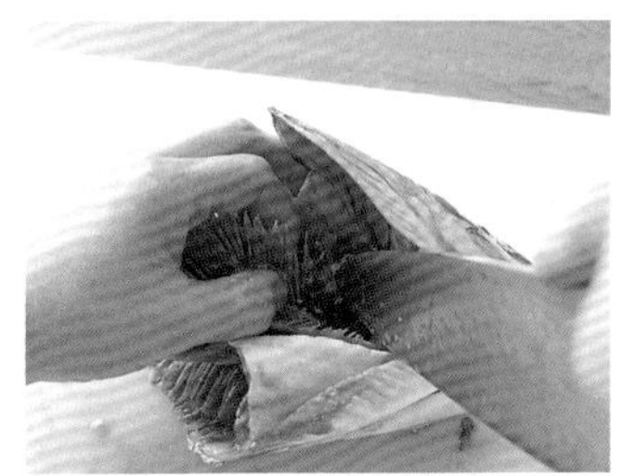

1 아가미덮개를 열어, 칼코로 아래턱과 위턱의 아가미 연결 부위를 자른다. 아가미를 손으로 잡아당겨 제거한다.

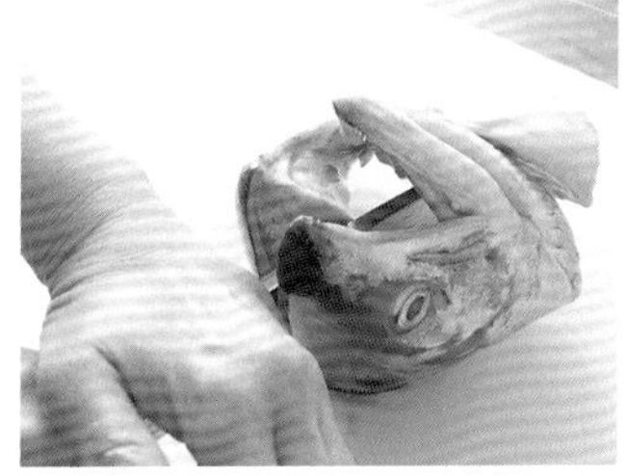

2 눈을 내 앞으로 오게 대가리를 세우고, 위턱의 앞니 사이에 칼을 찔러넣어 수직으로 잘라 내린다.

3 대가리를 좌우로 펼치고, 아래턱을 칼턱으로 두드려 잘라 2개로 나눈다.

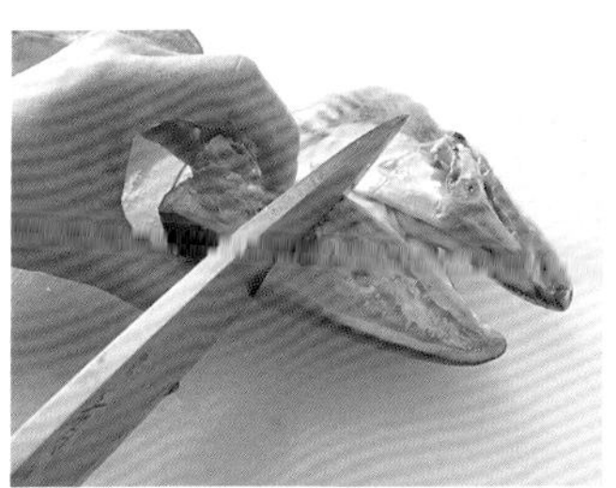

4 눈에서 코끝에 걸쳐 있는 반투명한 연골 부위를 잘라낸다.

오독오독한 특유의 식감이 있다. 얼음처럼 투명하다고 하여 '히즈(빙두氷頭)'라고 부른다.

연어연골초절임→112쪽

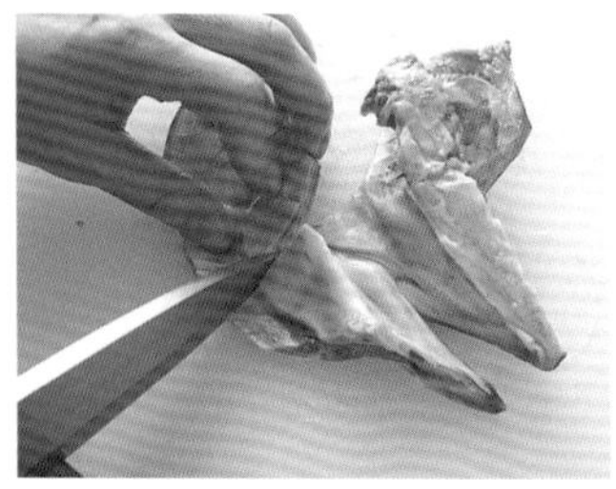

5 눈 뒤쪽에 칼집을 넣고, 대가리 부분을 네모나게 잘라낸다. 입과 볼을 잘라 나누고 아가미덮개를 자른다.

잘라 나눈 대가리. *살이 없는 부분은 다시용.

작은 냄비로 만드는 이시카리나베→113쪽

등뼈를 잘라 나눈다

사용 도구
데바보초

등지느러미와 꼬리지느러미 등을 자르고, 칼턱으로 두들겨 3cm 폭 정도로 잘라 나눈다.

알집을 푼다

사용 도구
구멍이 큰 금속 체(석쇠 등)

1 볼에 소금물(염분 농도 3% 정도)을 붓고 체를 올린다. 알집의 얇은 껍질을 열고 알 부분을 밑으로 하여 얹는다.

2 얹은 알집을 전후좌우로 자잘하게 움직여 알이 체에 걸려 풀어지게 한다. 얇은 막에 알이 남아 있지 않을 때까지 푼다.

3 소금물을 바꿔가면서 얇은 껍질의 잔류물이나 흰 막, 이물질 등이 없어질 때까지 꼼꼼히 손질한다.

연어알절임

재료(만들기 편한 분량)

연어알(1덩어리분) • 소금 적당량

만드는 법

1 알집은 풀어가면서 소금물로 씻고, 꼼꼼하게 얇은 막을 제거한다. 몇 번이고 소금물을 갈면서 씻어내고, 흰 막 등이 없어지면 체에 건져 1시간 정도 물기를 뺀다.

2 염분을 확인하고, 보완하는 정도로 소금을 추가해 섞어서 냉장고에 하룻밤 둔다.

연어내장도자니

재료(만들기 편한 분량)

연어의 간과 심장 1마리 분량(145g) • 청주 1/4컵 • 미림 65ml • 생강(슬라이스) 4장 • 간장 1큰술 • 차조기잎 2장

만드는 법

1 연어의 간과 심장은 한 입 크기로 자르고, 잘 씻어서 물에 헹군 뒤 물기를 뺀다.

2 청주와 미림, 생강을 작은 냄비에 붓고 끓여 **1**을 넣은 뒤 나무 뚜껑을 덮고, 다시 끓어오르면 거품을 건져 약 5분간 보글보글 조린다. 간장을 넣고, 조림국물이 거의 없어질 때까지 조린다. 차조기잎을 깔고 그릇에 담는다.

메훈

재료(만들기 편한 분량)

연어의 피(등뼈의 두꺼운 뼈 사이를 채운 핏덩이) 1마리 분량 • 소금 적당량 • 참나물 줄기(데친 것) 적당량

만드는 법

1 긁어낸 피 중량의 3%의 소금을 뿌리고, 냉장고에서 1주일 이상 놓아둔다.

2 먹기 편한 크기로 자르고, 그릇에 담아 참나물을 얹는다.

연어연골초절임

재료(만들기 쉬운 분량)

연어 대가리 연골 1마리분 • 쌀식초 1/4컵 • 설탕 1/2작은술 • 굵게 간 무 1/2컵 • 유자즙 1/2작은술 • 유자껍질 간 것 약간 • 참나물 줄기(데친 것) 3~4줄 • 소금 적당량

만드는 법

1 대가리 연골은 얇게 썰어서 중량의 2%의 소금을 뿌려 버무린 후, 반나절 둔다.

2 물기를 빼고, 쌀식초와 설탕을 넣어 하루 이상 둔다.

3 간 무, 유자즙, 간 유자 껍질을 섞고, 참나물 줄기를 잘게 다져 섞은 후 그릇에 담는다.

연어포셰

재료(2인분)

연어 살(껍질 붙은 것) 2덩이 • **연어 삶는 물**[양파(슬라이스) 1/2개, 당근(슬라이스) 45g, 셀러리(슬라이스) 20g, 화이트와인 1컵, 물 1/2컵, 월계수잎 1/2장, 딜(줄기) 1줄기, 소금 1/4작은술, 후추 적당량] • **소스**[마요네즈 1큰술, 사워크림 1큰술, 딜(다진 것) 1줄기분, 소금 1꼬집, 흰후추 적당량] • 소금 적당량

만드는 법

1 연어는 잔가시를 제거하고, 소금을 뿌려 30분 놓아둔다. 볼에 넣어 80℃ 정도의 물을 듬뿍 붓고 나서 찬물에 헹궈 남은 비늘과 이물질 등을 씻어낸 뒤, 물기를 닦는다.

2 연어 삶는 물 재료를 냄비에 모두 넣고 끓이다 거품을 제거한 뒤, 약불로 낮춰 약 10분 가열한다. 연어를 넣고 채소를 위에 올려 약 5분간 찌듯이 삶는다.

3 소스의 재료를 모두 섞는다.

4 그릇에 **2**의 채소를 담고 연어를 올려 소스를 끼얹는다.

작은 냄비로 만드는 이시카리나베

재료(2인분)

연어 뼈(등뼈, 대가리 등) 160g • 연어 살(껍질, 갈비뼈, 잔가시가 붙어 있는 것) 120g • 양파 1/2개 • 양배추 1장 • 대파 1/2줄 • 당근 30g • 감자 1/2개 • 다시마육수 1과 1/2컵 • 일본된장 1큰술 • 버터 5g • 쪽피(어슷 썬 것) 적당량 • 소금 적당량

만드는 법

1 연어의 뼈와 살은 한 입 크기로 잘라서 소금을 뿌리고, 15분 둔다. 볼에 넣어 80℃의 물을 듬뿍 붓고 나서 찬물에 헹궈 비늘과 불순물 등을 씻어낸 뒤, 물기를 닦는다.

2 양파와 양배추는 한 입 크기로 자르고, 대파는 1cm 두께로 어슷 썬다. 당근은 3mm 두께의 반달 모양 썰기 하고, 감자는 한 입 크기보다 조금 크게 자른다.

3 냄비에 다시마육수, 연어 뼈를 넣고 가열하다 끓어오르면 거품을 제거하고 5분간 보글보글 끓인다. 채소를 넣고 약 5분 끓인 뒤, 된장을 풀어 넣는다. 연어살을 넣고 익을 때까지 가열한다. 버터를 넣고 쪽파를 흩뿌린다.

고등어

일본 근해에서 어획되는 것은 참고등어와 망치고등어. 산란 후, 겨울을 나기 위해 대량으로 먹이를 먹은 고등어는 예부터 "가을 고등어는 며느리에게 먹이지 말라"라고 이야기할 만큼 맛있다고 여겨진다. 최근에는 오이타현 사가노세키의 '세키고등어', 에히메현의 '미사키고등어', 미우라반도의 '마쓰와의 황금고등어' 등 브랜드화 되어 있는 것도 있다. 신선도가 빨리 나빠지므로 신속하게 손질한다. 또 살이 부드러워 칼을 너무 많이 대면 쉽게 부서지므로 포를 뜰 때는 최소한의 잔솔질만 한다. 익숙하지 않은 사람은 한칼뜨기로 손질하면 좋다.

대표 요리

된장 조림, 초절임, 다쓰타아게* 등이 일반적이다. 향신료, 허브와의 궁합도 좋다. 기생충이 있는 경우가 있으므로, 날것으로 먹을 경우에는 한번 냉동시키면 안심할 수 있다.

*다쓰타아게: 간장으로 밑간을 한 닭고기에 전분으로 만든 튀김옷을 입힌 튀김.

미즈아라이

비늘을 제거한다 (긁기)
→ 대가리를 자른다 (비스듬히 잘라내기)
→ 내장을 제거한다
→ 물에 씻는다
→ 물기를 닦는다

사용 도구
데바보초

1 대가리를 왼쪽으로 놓고 손으로 잡아 칼로 꼬리에서 대가리 쪽으로 긁어 비늘을 제거한다. 등과 배, 반대쪽도 같은 요령으로 긁어서 제거한다.

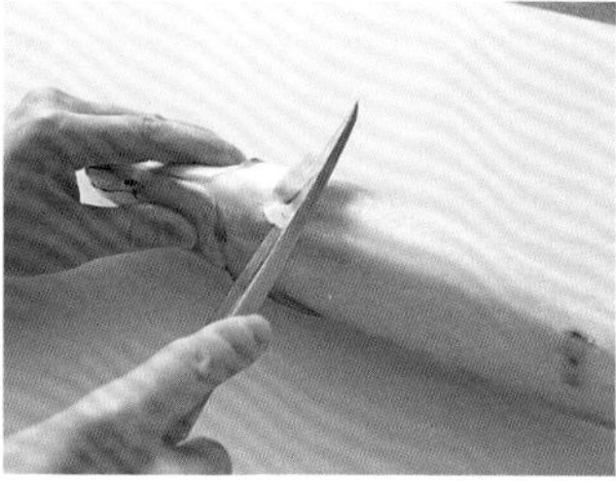

2 배를 위로 향하게 놓고, 가슴지느러미가 붙은 부분에 비스듬히 칼집을 넣는다.

3 몸통의 방향을 바꾸어, 아가미덮개의 뒤편에 칼집을 넣는다.

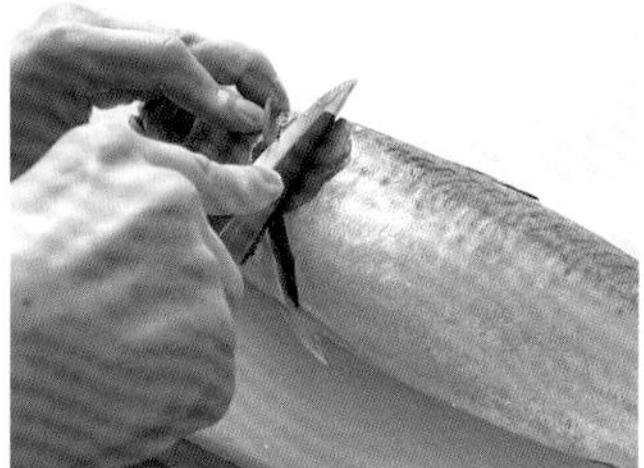

4 대가리가 붙어 있는 부분에 칼집을 넣는다.

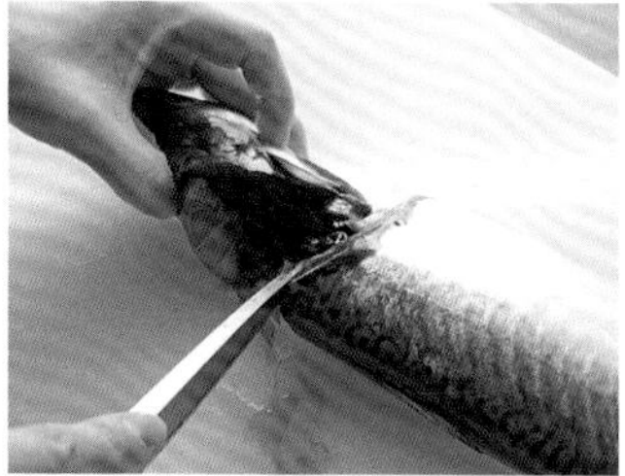

5 몸통을 뒤집어서 등을 내 앞으로 향하게 놓고, 같은 방법으로 칼집을 넣어 대가리를 잘라낸다.

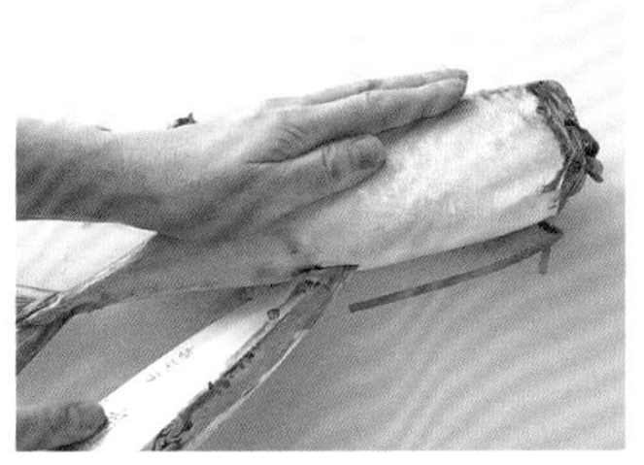

6 대가리 쪽을 오른쪽으로, 배를 내 앞으로 오게 놓고 사진과 같은 방향으로 칼끝을 항문에 넣어 그대로 칼을 진행시켜 배의 중심을 가른다.

7 배 안쪽에 칼을 넣고, 칼코로 내장을 긁어내 제거한다.

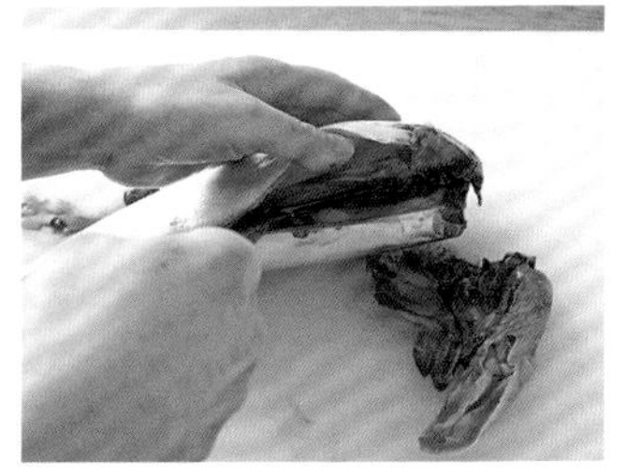

8 몸통을 세워 배를 위로 향하게 놓고, 칼끝으로 피막에 칼집을 1줄 넣는다.

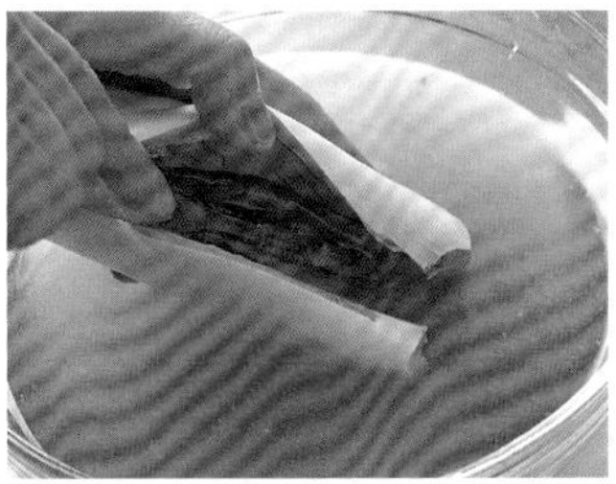

9 볼에 받은 물, 또는 흐르는 물로 배 속을 씻는다. 칫솔을 사용해 피막과 내장을 문지르고, 마지막에 살짝 물로 헹군 뒤 물기를 닦는다.

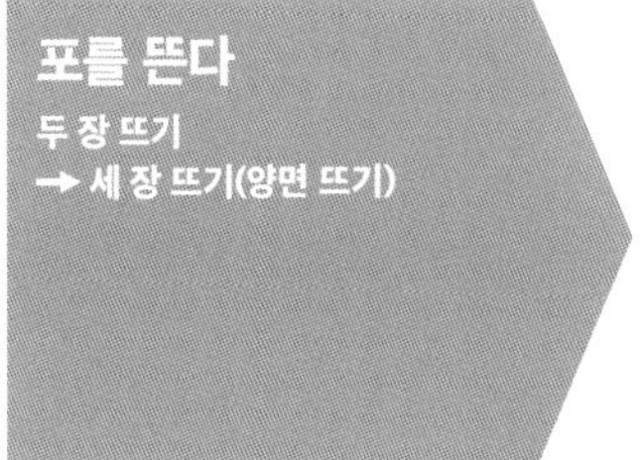

포를 뜬다

두 장 뜨기
→ 세 장 뜨기(양면 뜨기)

사용 도구
데바보초

1 대가리 쪽을 오른쪽, 배를 내 앞으로 오게 놓고 꼬리 쪽을 향해 등뼈를 따라 칼집을 넣는다. 이것을 반복하며 중앙의 굵은 뼈까지 잘라나간다.

2 꼬리를 오른쪽, 등을 내 앞으로 오게 놓고 등지느러미 위를 꼬리 쪽에서 대가리 쪽으로, 등뼈를 따라 중앙의 굵은 뼈가 닿을 때까지 칼집을 낸다.

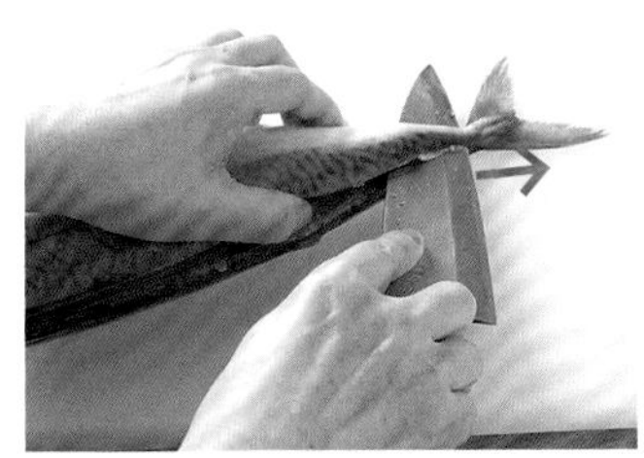

3 꼬리가 붙은 부분의 등뼈 위에 사진과 같은 방향으로 칼을 찔러넣고, 꼬리 쪽으로 살짝 칼집을 낸다.

4 칼을 뒤집어 왼손으로 꼬리를 잡고 등뼈 위를 따라 미끄러지듯 칼을 내려 대가리 쪽까지 한칼에 잘라 살을 떼어 낸다. 마지막에 꼬리 쪽에 붙어 있는 살을 자른다.

두 장 뜨기 한 모습.

5 등뼈를 밑으로, 등을 내 앞으로 오게 놓고 대가리 쪽부터 등지느러미 위에 칼을 넣어 등뼈를 따라 중앙의 굵은 뼈가 닿을 때까지 잘라나간다.

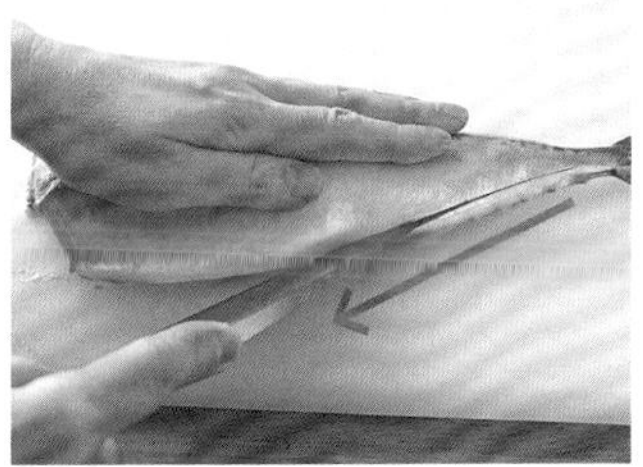

6 대가리 쪽을 왼쪽으로 가게 놓고, 꼬리 쪽부터 칼을 넣어 중앙의 굵은 뼈가 닿을 때까지 칼집을 낸다.

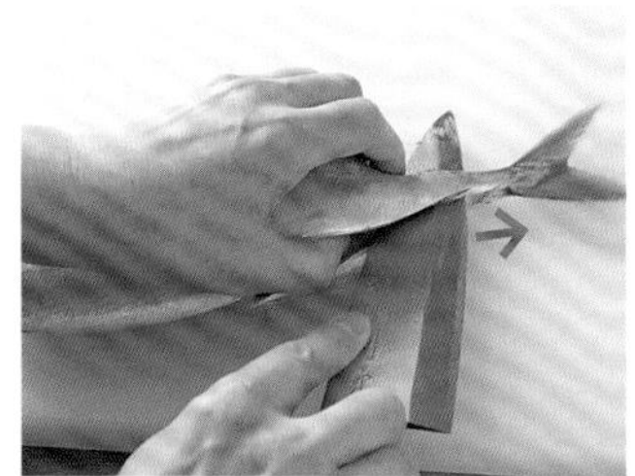

7 사진과 같은 방향으로 꼬리를 향해 살짝 칼집을 넣는다.

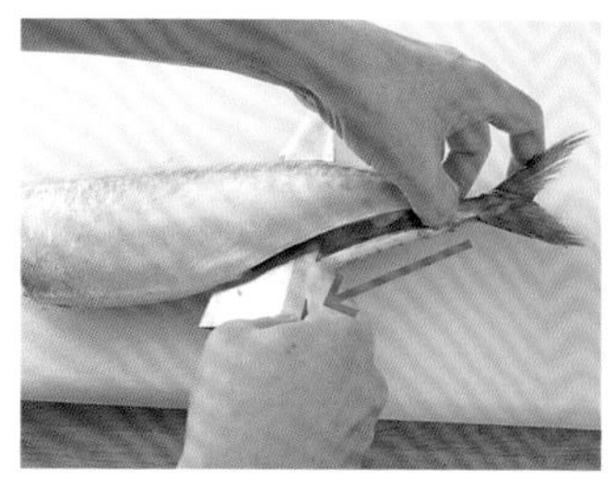

8 칼을 뒤집어 왼손으로 꼬리 쪽을 잡고 등뼈 위를 타고 미끄러지듯 칼을 내려 대가리 쪽까지 한칼에 잘라 살을 떼어낸다. 마지막에 꼬리 쪽에 붙어 있는 살을 자른다.

세 장 뜨기 한 모습.

갈비뼈를 제거한다

사용 도구
데바보초

1 갈비뼈가 왼쪽으로 오게 놓고, 사진과 같은 모습으로 칼을 뒤집어 잡아 갈비뼈가 붙은 부분에 칼집을 넣는다.

2 갈비뼈가 붙은 부분에 칼을 눕혀 넣고, 떠내듯 얇게 저민다.

고등어초절임→118쪽

토막 낸다

→ 살을 잘라 나눈다
→ 장식 칼집을 넣는다

*두 장 뜨기 해서 뼈가 붙은 쪽 살을 사용

사용 도구
데바보초

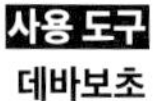

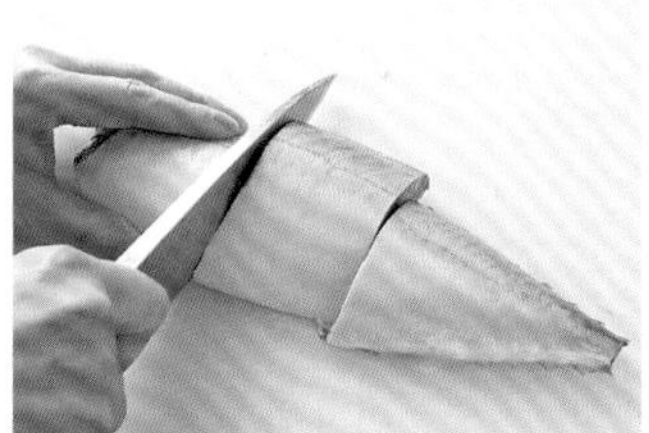

1 껍질 쪽을 위로, 배 쪽을 내 앞으로 오게 놓고 사용할 크기에 맞게 똑바로 자른다.

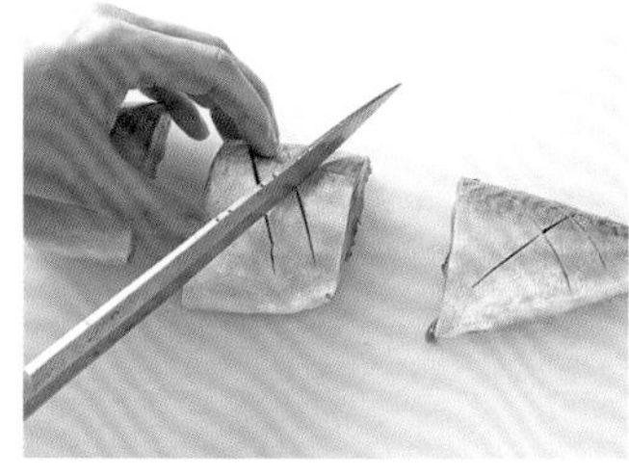

2 껍질에 비스듬한 칼집을 여러 개 넣는다.

고등어된장조림→119쪽·고등어그릴, 버섯소스→119쪽

살을 절인다

*세 장 뜨기 한 양쪽 살을 사용

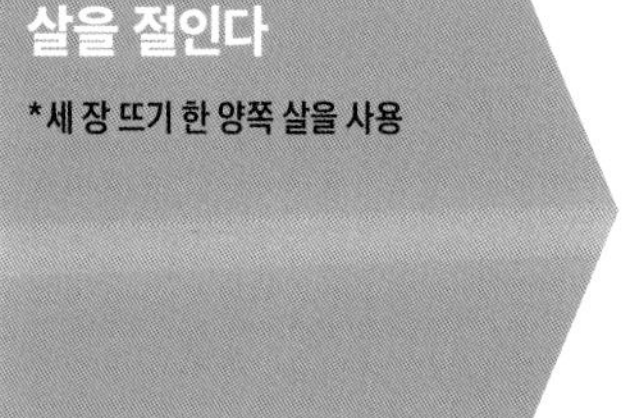

사용 도구
가시핀셋

1 소금을 빈틈없이 뿌리고, 키친타월과 랩에 이중으로 감싸 냉장고에 하룻밤 둔다.

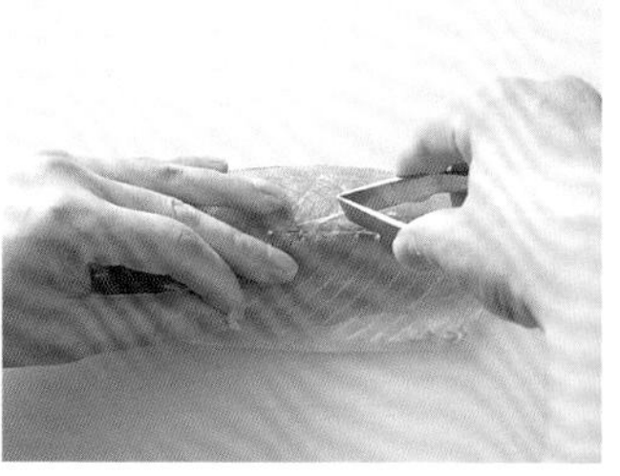

2 껍질을 밑으로, 대가리 쪽을 오른쪽으로 향하게 놓고 가시핀셋으로 잔가시를 잡은 뒤, 가시의 양쪽 주변을 손끝으로 눌러 잡아 뽑는다.

3 희석한 식초(118쪽 참조)에 재운다.

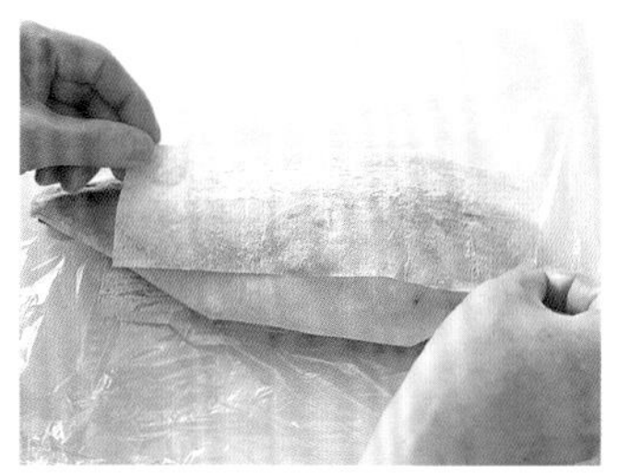

4 표면이 살짝 하얗게 되면 물기를 빼고 시라이타콘부로 감싼 뒤, 랩에 싸서 냉장고에 하룻밤 둔다.

소금, 식초, 다시마로 절인 모습.

고등어초절임→118쪽

껍질을 벗긴다

*살을 초에 절인 고등어를 사용

사용 도구
데바보초

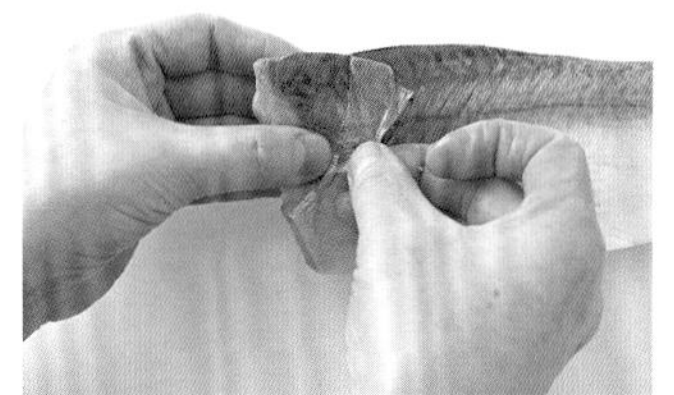

1 껍질을 위로 오게 놓고, 손으로 잡을 수 있도록 대가리 쪽 껍질을 살짝 벗긴다. 벗길 때 껍질이 끊어지면 작업이 어려워지므로 신중하게.

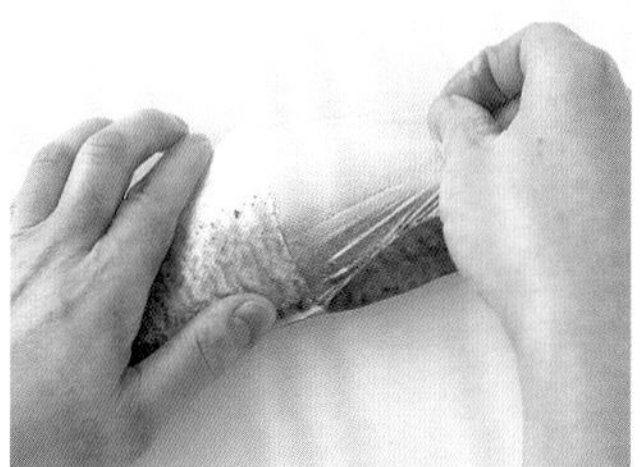

2 왼손으로 몸통을 누르고, 오른손으로 얇은 껍질을 한 번에 당겨 떼어낸다.

칼집 넣어 썰기

*살을 절여 껍질을 벗긴 위쪽 살을 사용

사용 도구
야나기바보초

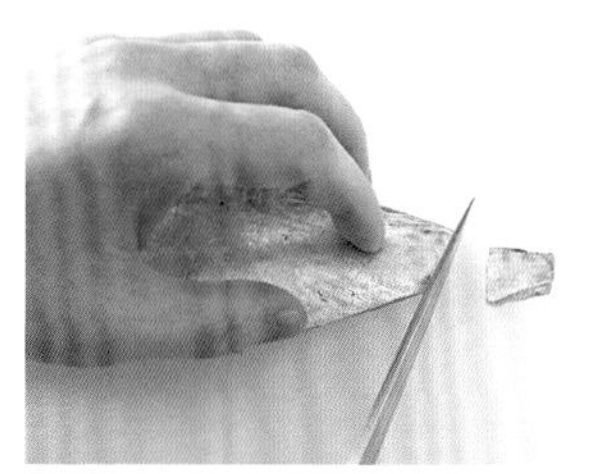

1 껍질 쪽을 위로, 살이 얇은 쪽을 내 쪽으로 놓고 꼬리 쪽을 잘라낸다.

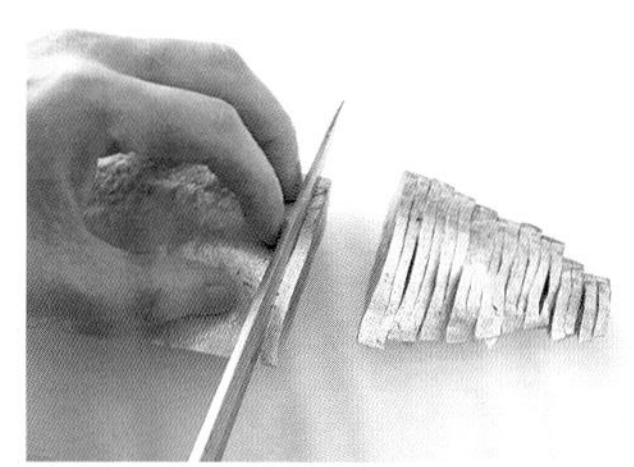

2 오른쪽 끝에서부터 4mm 간격 지점에 칼을 대고 똑바로 당겨 살의 중간 정도까지 들어가는 칼집을 1줄 넣는다.

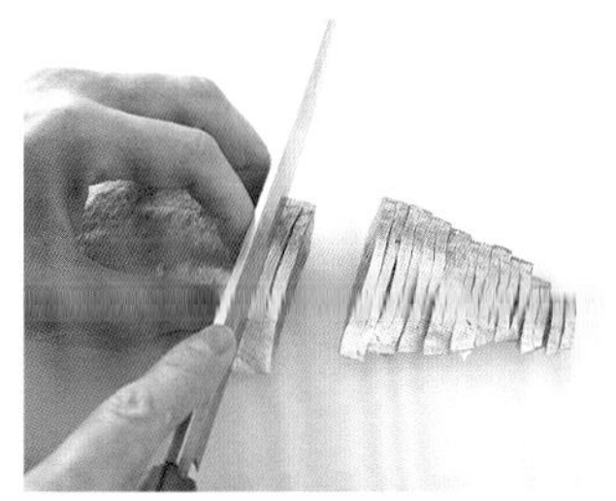

3 다음으로 4mm 이동한 지점에 칼을 대고 쓱 당겨 잘라낸다.

4 평 썰기의 요령으로, 자른 뒤 차례차례 칼로 오른쪽으로 보낸다.

칼집 넣어 썰기 한 것.

고등어초절임→118쪽

고등어초절임

재료(2~3인분)

고등어 위쪽 살 1/2마리 분량 • **회석초** [쌀식초, 물 각 1/2컵, 그래뉴당 5g, 소금 1g] • 간 생강 적당량 • 차조기잎 2장 • 양하(채 썬 것) 1개 분량 • 영귤(슬라이스) 4장 • **생강간장**[청주 1큰술, 간장 1큰술, 생강즙 약간] • 소금, 시라이타콘부 각 적당량

만드는 법

1 고등어는 중량의 2%의 소금을 뿌리고 두꺼운 키친타월로 감싼 뒤, 다시 랩으로 싸서 냉장고에 넣어 하룻밤 둔다.

2 고등어를 꺼내 섞어둔 회석초에 넣어 절인다. 표면이 약간 하얗게 변하면 물기를 빼고 시라이타콘부로 감싼 뒤, 랩으로 싸서 냉장고에 넣어 하룻밤 둔다.

3 고등어 껍질을 벗기고, 칼집을 넣어 썬다. 칼집에 간 생강을 끼운다. 그릇에 양하, 차조기잎을 곁들여 고등어를 담는다. 영귤을 얹는다.

4 생강간장은 분량의 청주를 내열 용기에 넣고 랩을 씌우지 않은 채 30초 돌린 뒤 간장, 생강즙을 섞어 찍어 먹는 간장을 만든다.

고등어그릴, 버섯소스

재료(2인분)

고등어 살(뼈가 붙은 쪽) 1/2마리 분량 • 버섯(만가닥버섯, 잎새버섯 등) 100g • 마늘(다진 것) 큰 것 1알 분량 • 양파(다진 것) 1/4개 • 로즈마리 3줄 • 올리브유 적당량 • 화이트와인 1/2컵 • 소금, 후추 각 적당량

만드는 법

1 고등어는 소금을 뿌리고 15분 둔다. 버섯은 1개씩 잘게 나눈다.

2 프라이팬에 올리브유 2작은술과 마늘을 넣고 약불로 가열, 향이 나기 시작하면 양파를 넣고 볶는다. 숨이 죽으면 버섯을 넣어 볶고, 화이트와인을 붓고 조려 소금, 후추로 간한다. 로즈마리 1줄기를 잘게 뜯어 넣고 살짝 익힌다.

3 고등어의 물기를 닦고 잔가시를 뽑아 반으로 자른다. 껍질 쪽에 장식 칼집을 넣고, 올리브유 1큰술로 버무린 뒤 로즈마리 2줄기를 얹어 예열한 그릴에서 6~7분 굽는다.

4 그릇에 담고 **2**를 끼얹는다.

고등어된장조림

재료(2인분)

고등어 살(뼈가 붙은 쪽) 1/2마리 분량 • **A**[다시마 6g, 청주 1컵, 물 1/2컵, 생강(슬라이스) 4장] • 대파 1줄기 • 미림 1/4컵 • 신슈미소* 12g • 센다이미소* 7g • 소금, 생강채(바늘처럼 얇게 채 친 것) 각 적당량

만드는 법

1 고등어는 2등분하고, 소금을 뿌려 15분 둔다. 껍질에 장식 칼집을 넣고 볼에 담아 80℃ 정도의 뜨거운 물을 듬뿍 붓고, 찬물에 헹궈 식힌 후 물기를 닦는다.

2 **A**를 얕은 냄비에 넣고 10분 둔 후 끓인다. **1**을 가지런히 넣고 나무 뚜껑을 덮어, 주위에 보글보글 끓어오를 정도의 불 세기로 약 5분 조린다. 미림을 넣고 다시 3분 조린다.

3 대파는 3cm 길이로 잘라 **2**에 넣고, 신슈미소, 센다이미소를 각 절반 분량 풀어 넣어 3분 조린다. 남은 된장을 넣고 나무 뚜껑을 열어 조린다. 살짝 걸쭉해지면 완성.

4 그릇에 담고 국물을 부어 생강채를 얹는다.

*신슈미소: 일본 전국 생산량의 약 40%를 차지하는 된장으로, 쌀을 원료로 단기 숙성하여 깔끔한 맛이 나며 염분이 낮다(10~12%).
*센다이미소: 쌀을 원료로 한 붉은 된장으로, 장기 숙성하여 감칠맛이 나며 염분이 높다(11~13%).

학꽁치

봄이 찾아옴과 함께 맛도 좋아지는 학꽁치는 은청색으로 빛나는 아름다운 생선. 홀쭉한 생김새에서 사요리(細魚)라고 하나, 길게 늘어진 아래턱이 바늘같이 보인다 하여, 하리요(針魚)라는 한자가 붙는 경우도 있다. 또 아름다운 모습과는 상반되게 배 안쪽의 막이 새까맣다는 이유로 '하라구로(腹黑)'라고도 불린다. 미즈아라이 할 때는 포를 뜰 때 방해가 되는 배지느러미를 뽑고, 키친타월로 배 속을 정성껏 문질러 검은 막을 완전히 제거한다.

대표 요리

제일 먼저 흰 살의 고급스러운 맛과 은청색으로 빛나는 껍질을 살린 회가 꼽힌다. 조림과 구이로 먹기보다 국물 요리의 건더기나 초회, 찜, 튀김을 만드는 편이 본연의 맛을 살리기 쉽다.

미즈아라이

비늘을 제거한다 (긁기)
→ 대가리를 자른다
→ 배지느러미를 뽑는다
→ 내장을 제거한다
→ 물에 씻는다
→ 물기를 닦는다

사용 도구
데바보초

1 대가리를 왼쪽으로 놓고 손으로 잡아 칼로 꼬리에서 대가리 쪽으로 긁어 비늘을 제거한다. 등과 배, 반대쪽도 같은 요령으로 긁어 제거한다.

2 가슴지느러미 뒤쪽에 칼을 똑바로 넣어 대가리를 자른다. 방향을 바꿔 배지느러미를 뽑아낸다.

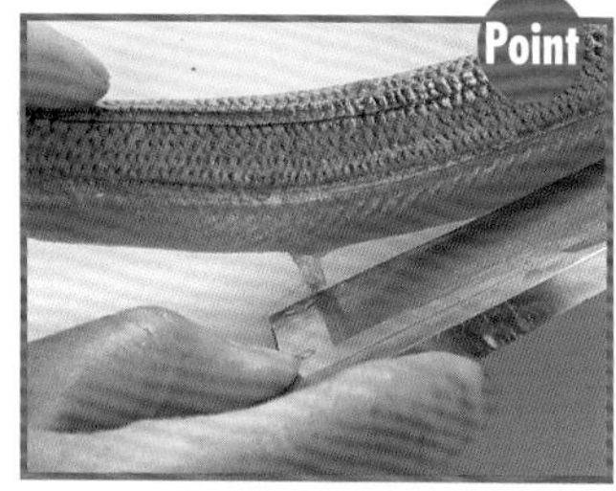

배지느러미는 칼턱으로 지느러미 뿌리를 누르고 몸통을 들어올리면 몸통에 상처 없이 쉽게 뽑힌다.

3 칼날을 사진과 같은 방향으로 하여 항문에 넣고, 그대로 칼을 진행시켜 배의 중심을 가른다.

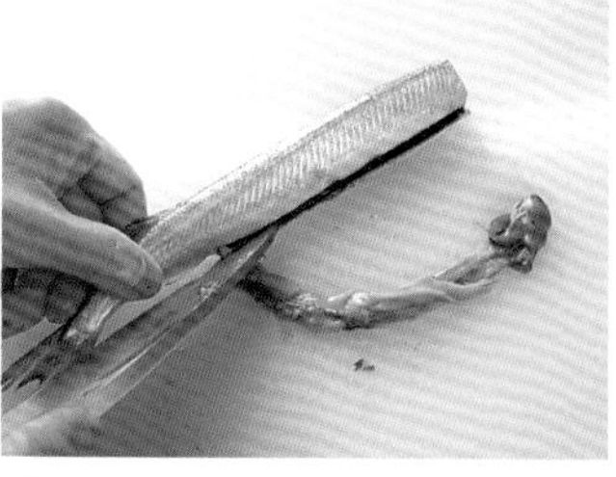

4 배 안쪽에 칼을 넣고, 칼날로 내장을 긁어내 제거한다.

5 몸통을 세워 배를 위로 향하게 놓고, 피막에 칼집을 1줄 낸다.

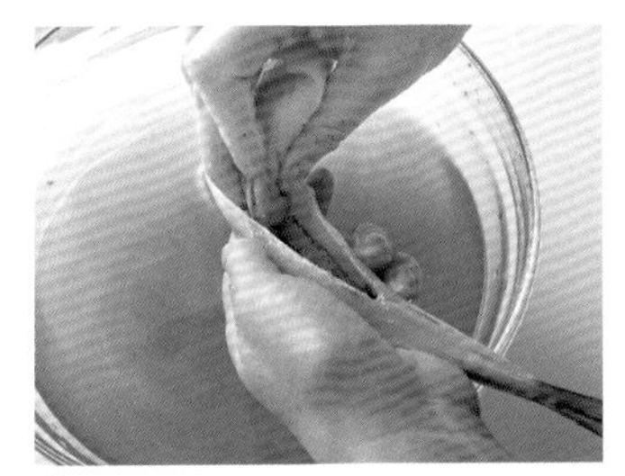

6 볼에 담은 물에 배 속을 적신 키친타월로 살살 문질러 씻는다.

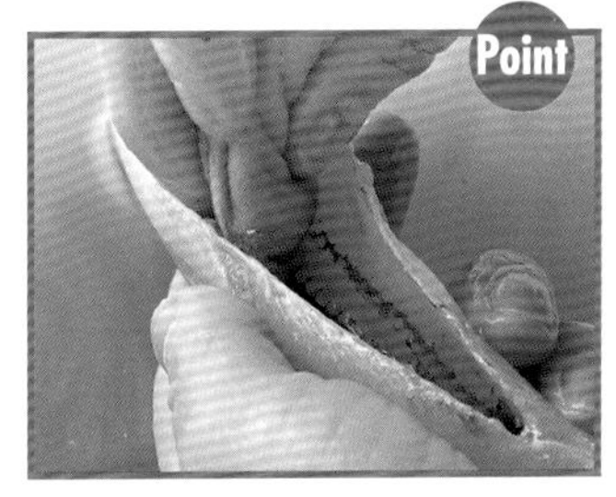

배의 안쪽에는 검은 막이 붙어 있다. 피뿐만 아니라, 검은 막도 깨끗하게 문질러 제거한다.

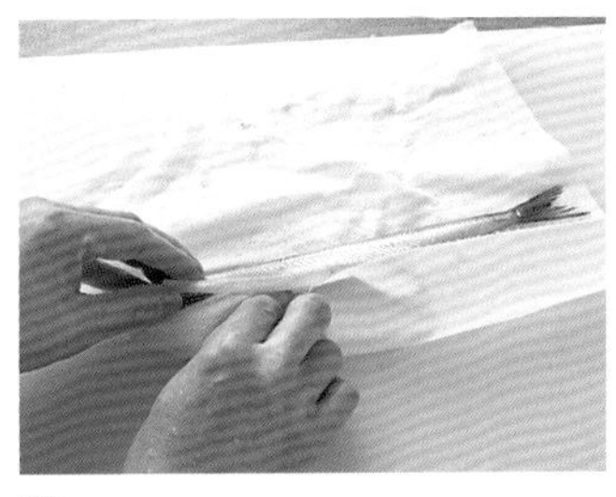

7 물에 흔들어 씻고 물기를 떨어낸 뒤 키친타월로 물기를 닦는다. 배 속의 물기도 완전히 제거한다.

사용 도구
야나기바보초

1 대가리 쪽에서 칼을 넣어, 등뼈 위에 칼을 대고 꼬리 쪽까지 칼을 진행시켜 살을 바른다.

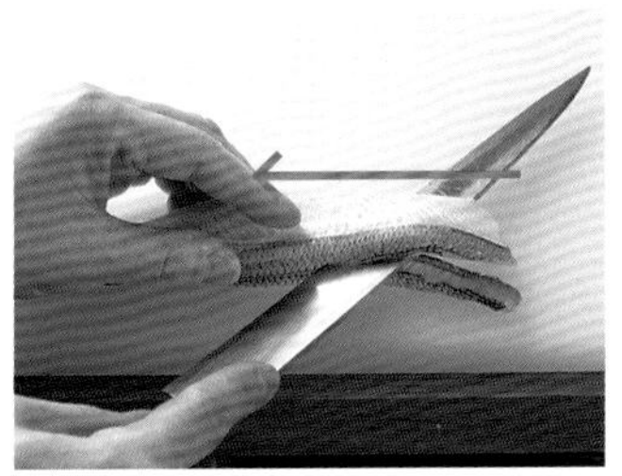

2 몸통을 뒤집어서 등뼈를 밑으로 가게 놓고, **1**과 같은 요령으로 대가리 쪽에서 꼬리 방향으로 등뼈 위를 타고 칼로 잘라 살을 바른다.

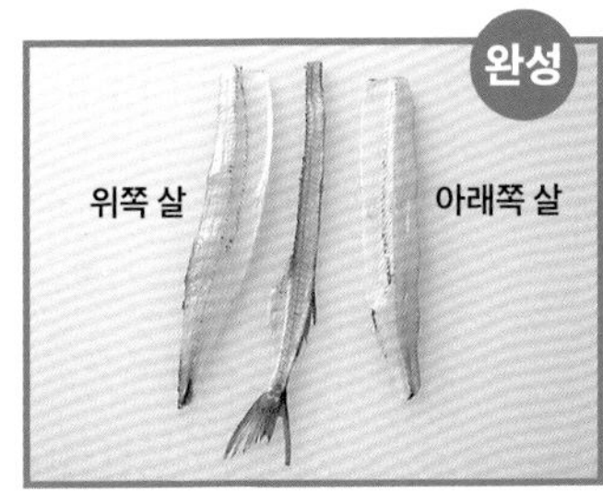

한칼 뜨기 한 모습.

사용 도구
야나기바보초
가시핀셋

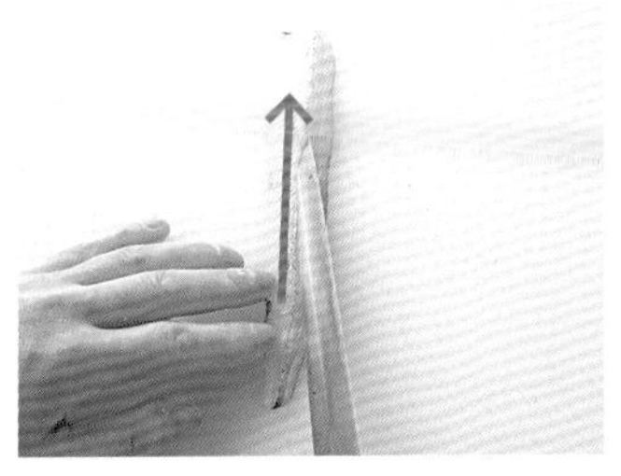

1 갈비뼈가 왼쪽으로 가게 세로로 놓고, 칼날을 뒤집어 잡아 사진과 같은 방향으로 갈비뼈 가장자리를 따라 긋듯이 칼집을 넣어 붙은 부분을 떼어낸다.

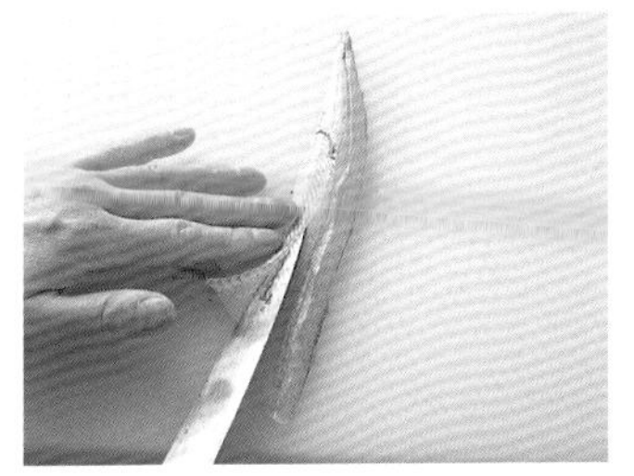

2 갈비뼈가 붙어 있는 부분에 칼을 눕혀 넣고, 떠내듯 얇게 저며낸다.

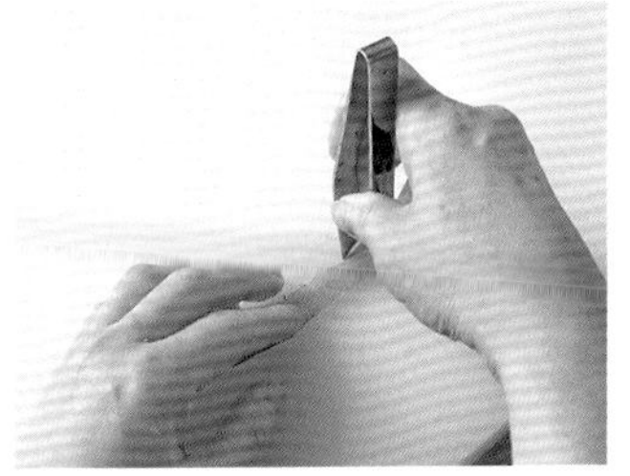

3 잔가시는 가시핀셋으로 잡고 가시의 양쪽 주변을 손끝으로 눌러 잡아 뽑는다.

껍질을 벗긴다

사용 도구
야나기바보초

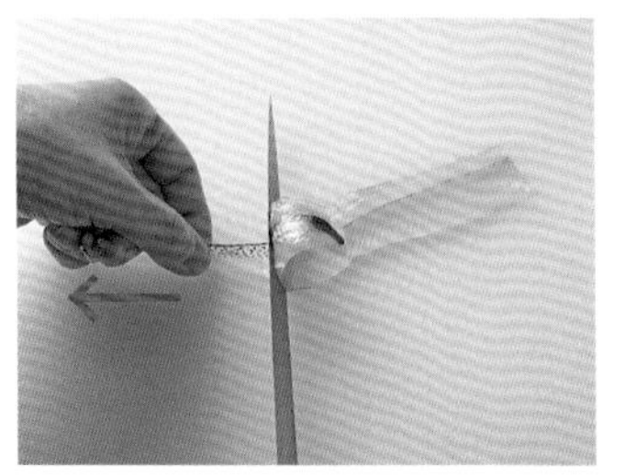

1 껍질을 밑으로, 꼬리 쪽을 왼쪽으로 가게 놓는다. 왼손으로 껍질 끝을 잡고 칼등을 도마에 바짝 붙여 껍질을 앞뒤로 움직여가며 잡아당겨 제거한다.

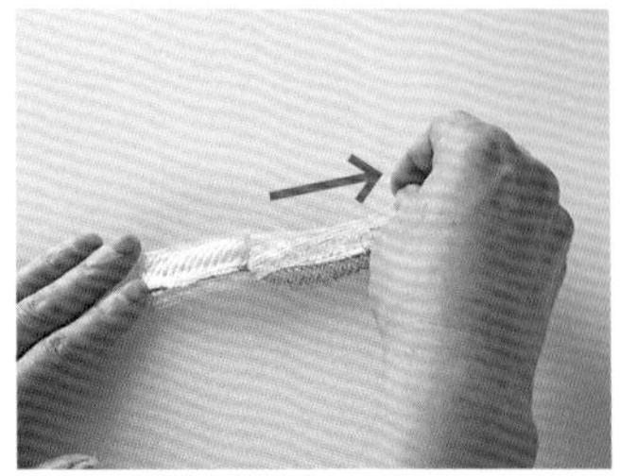

2 학꽁치의 껍질은 손으로도 벗겨진다. 껍질을 위로, 대가리 쪽을 왼쪽으로 오게 놓고 대가리 쪽에서 꼬리 쪽 방향으로 껍질을 잡아당겨 벗겨낸다.

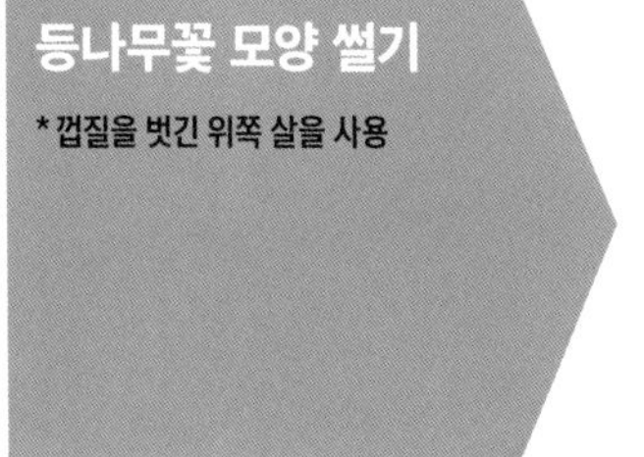

등나무꽃 모양 썰기

*껍질을 벗긴 위쪽 살을 사용

사용 도구
야나기바보초

1 방향을 서로 다르게 하여, 위쪽 살 3장을 가로 방향으로 조금씩 비껴 겹쳐 전체 길이의 가운데를 슥 당겨 자른다.

2 오른쪽 절반을 왼쪽 절반 앞으로 가져와 놓고, 오른쪽 끝을 1cm 너비로 자른다. 슥 칼을 당겨 한 번에 자르면 살이 어긋나지 않는다.

3 자른 살을 칼로 오른쪽에 보내고, 칼을 오른쪽으로 쓰러트려 단면이 위로 가게 한다.

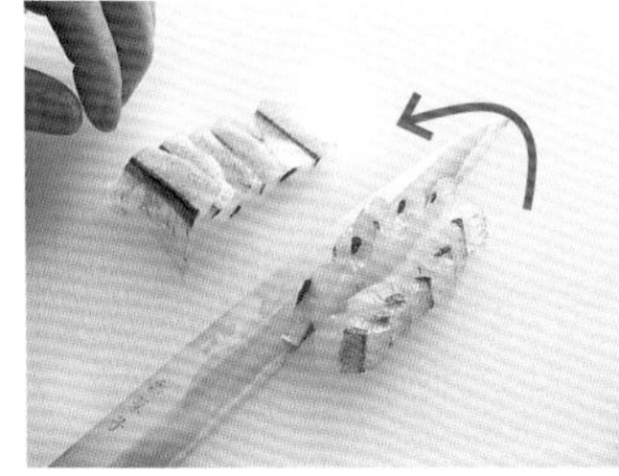

4 다시 오른쪽 끝을 1cm 너비로 잘라 오른쪽에 보내고, 이번에는 칼을 왼쪽으로 넘겨 마찬가지로 단면을 위로 향하게 하여 **3**에 갖다 붙인다.

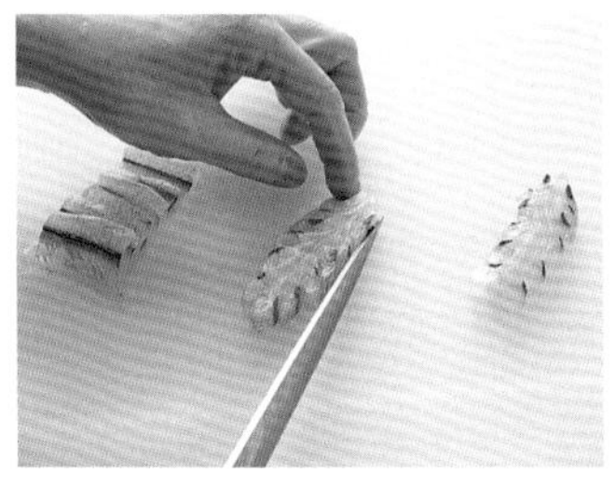

5 180도 방향을 바꾸면, 등나무꽃 모양이 된다.

등나무꽃 모양으로 만든 모습.

학꽁치 3종 모듬회→123쪽

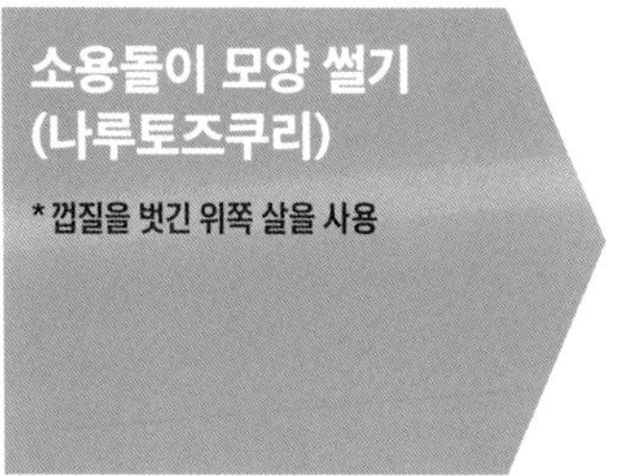

소용돌이 모양 썰기 (나루토즈쿠리)

*껍질을 벗긴 위쪽 살을 사용

사용 도구
야나기바보초

1 껍질을 위로 향하게 놓고, 2mm 너비로 칼집을 대가리 쪽에서 꼬리 쪽 끝까지 넣는다.

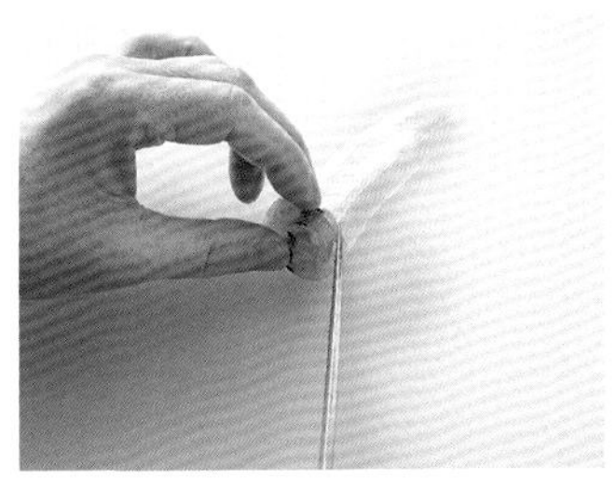

2 껍질을 아래로 가게 하여 대가리 쪽에서부터 동그랗게 만다.

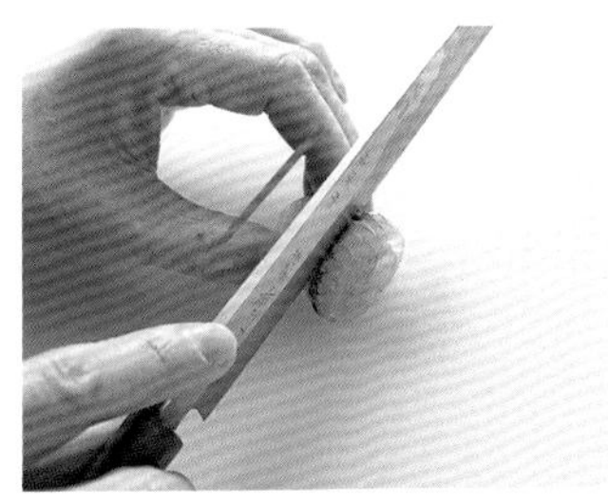

3 세워서 핏길의 정중앙을 잘라, 양쪽에 혈합육이 남아 있게끔 잘라 나눈다.

소용돌이 모양으로 만든 모습.

학꽁치 3종 모듬회→아래쪽

학꽁치 3종 모듬회

껍질을 벗긴 학꽁치살은 먹기 편한 크기로 자르는 것만으로도 먹음직스러운 회가 된다. 등나무꽃 모양 회, 소용돌이 모양 회와 함께 담고 참나물, 차조기잎, 래디시 슬라이스를 색감 좋게 곁들인다. 간 고추냉이도 곁들여 간장 혹은 도사조유*에 찍어 먹는다.

***회에 곁들이는 도사조유*(만들기 편한 분량)**

청주, 간장 각 1/4컵 • 가쓰오부시 3g • 다마리조유* 1/2큰술

냄비에 청주와 간장을 넣어 한 번 끓이고, 가쓰오부시와 다마리조유를 넣은 뒤 불을 끈다. 식으면 걸러서 가쓰오부시를 꾹 짠다.

*도사조유: 간장, 미림, 청주 등을 섞고 가쓰오부시를 넣어 끓인 조미료.
*다마리조유: 색을 내기 위한 진하고 달큰한 간장.

꽁치

식탁에 계절의 방문을 알리는 꽁치. 일본에서 꽁치의 이름에 '가을 추(秋)'가 들어가는 것처럼 8월 말부터 10월에 걸쳐 지방이 가장 많이 올라 맛있다. 이 시기에는 토막 내거나 한칼 뜨기 등으로 그 농후한 감칠맛을 다양하게 즐기는 것이 좋다. 살이 연하고 신선도도 빨리 떨어지는 꽁치는 칼을 너무 많이 대지 않고 손질해야 한다. 꽁치는 살짝 쓴 내장도 맛있다. 대표적 요리인 소금구이는 배를 짜서 배설물을 빼낸 뒤, 내장을 제거하지 않고 통째로 굽는다.

대표 요리

소금구이 외에 간장구이나 간장양념튀김도 대표 요리이다. 로스트나 소테 등 양식풍으로 요리해도 맛있고, 신선한 꽁치는 회로도 먹는다.

가로 썰기

비늘을 제거한다 (긁기)
→ 대가리를 자른다
→ 가로 썰기 한다
→ 내장을 제거한다
→ 물에 씻는다
→ 물기를 닦는다

사용 도구
데바보초

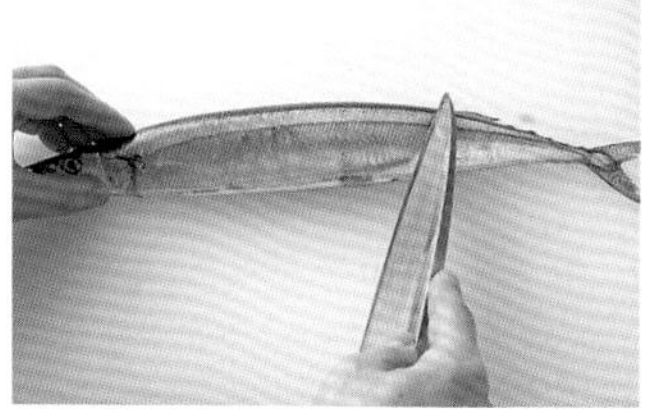

1 대가리를 왼쪽으로 놓고 손으로 잡아 칼로 꼬리에서 대가리 쪽으로 긁어 비늘을 제거한다. 등과 배, 반대쪽도 같은 요령으로 긁어서 제거한다.

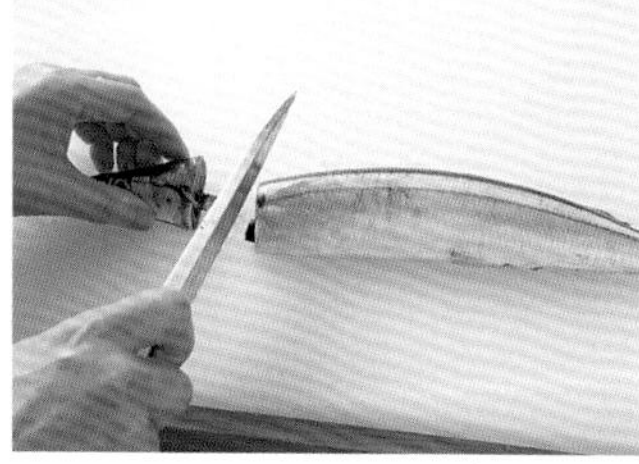

2 가슴지느러미 뒤쪽으로 칼을 똑바로 넣어 대가리를 잘라낸다. 꽁치는 뼈가 연하기 때문에 한쪽에서 잘라도 OK.

3 꼬리가 붙어 있는 부분을 잘라낸다. 꼬리를 사용하지 않을 때는 미리 잘라내는 편이 너비를 일정하게 하는 데 좋다.

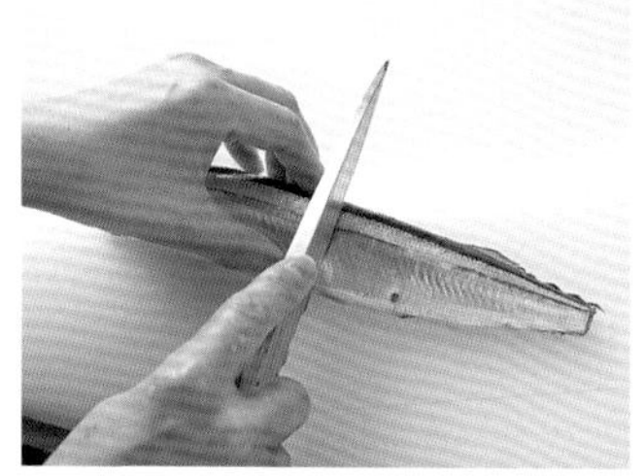

4 몸통의 정중앙을 자른다.

5 자른 단면의 배 속으로 젓가락을 넣고, 내장과 피를 빼낸다.

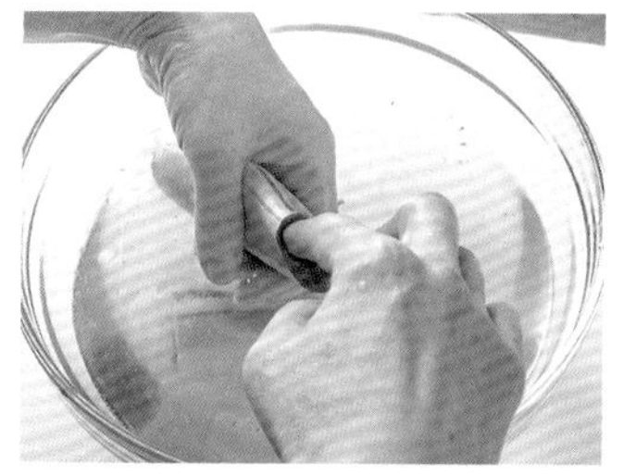

6 물을 받은 볼에 넣고, 손가락으로 배 속에 남은 피와 내장을 긁어낸다. 배 속에 있는 물기도 닦아낸다.

가로 썰기 한 모습.

꽁치로스트, 내장소스→126쪽

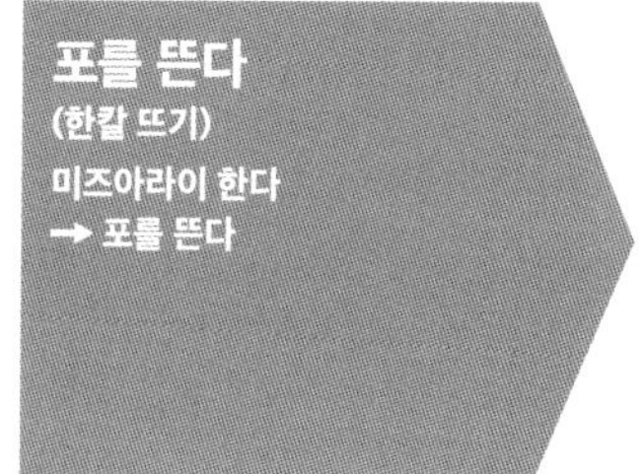

사용 도구
데바보초

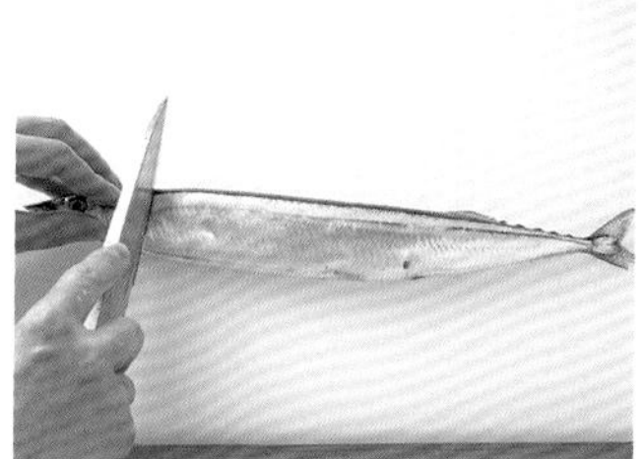

1 비늘을 칼로 긁어내고 가슴지느러미 뒤쪽에 칼을 똑바로 넣어 대가리를 자른다.

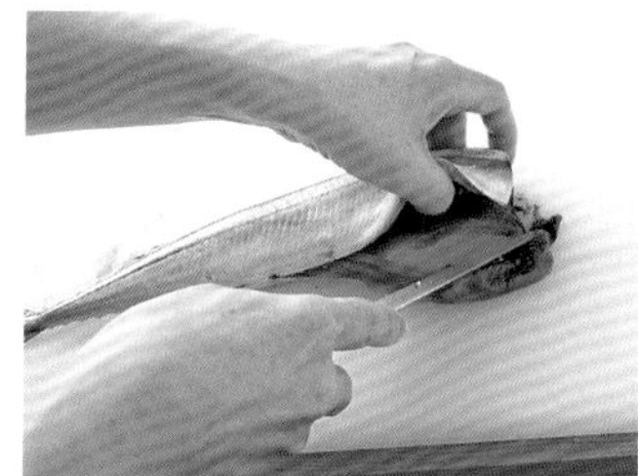

2 칼날을 위로 향하게 하여 배를 가르고, 칼날로 내장을 긁어낸다. 물속에 넣어 피막을 긁어가며 배 속을 씻고, 물기를 닦는다.

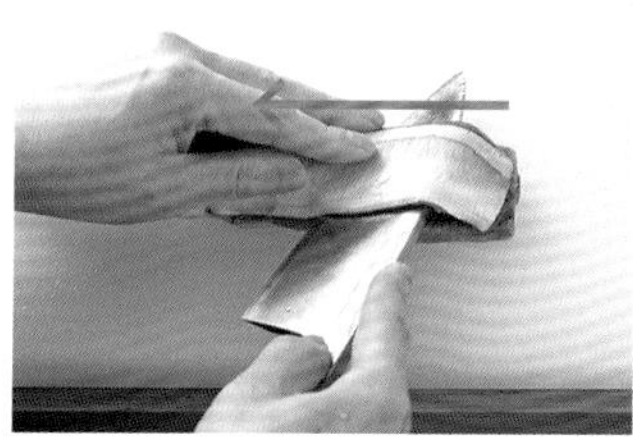

3 대가리 쪽부터 칼을 넣어, 등뼈 위를 타고 꼬리 쪽까지 칼로 잘라나가 살을 떼어낸다.

4 몸통을 뒤집어서 등뼈를 밑으로 가게 놓고, **3**과 같은 요령으로 대가리 쪽에서 꼬리 쪽으로, 등뼈 위에 칼을 대고 잘라 살을 떼어낸다.

한칼 뜨기 한 모습.

사용 도구
데바보초

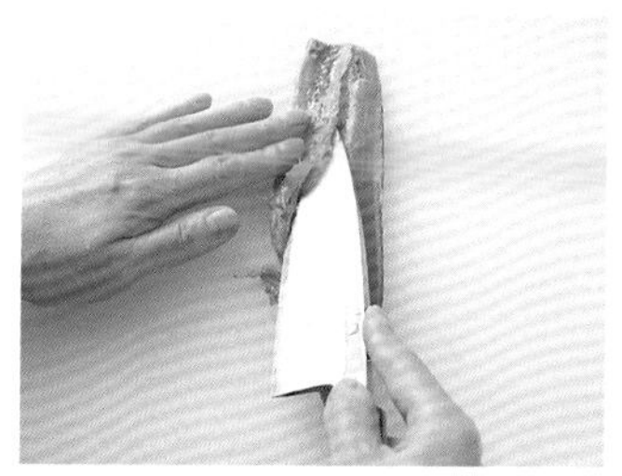

1 갈비뼈가 왼쪽으로 가게 놓고, 갈비뼈가 붙은 부분을 뒤집어 잡은 칼로 분리한 뒤, 원래대로 잡아 뼈를 얇게 떠낸다.

2 갈비뼈 끝까지 떠낸 후 마지막에 칼을 세워 잘라낸다.

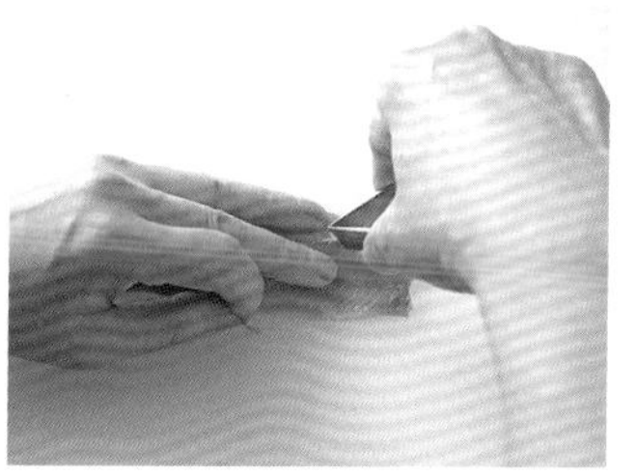

3 잔가시는 가시핀셋으로 잡고, 가시의 양쪽 주변을 손끝으로 눌러 잡아 뽑는다.

꽁치다쓰타아게→126쪽

꽁치로스트, 내장소스

재료(2인분)

꽁치(가로 썰기 한 것) 2마리 분량 • 타임 4줄기 • 마늘(슬라이스) 2알 • **소스**[꽁치 내장 2마리 분량, 마늘(다진 것) 1알, 올리브유 1작은술, 화이트와인 2큰술, 소금 1/4작은술, 후추 적당량] • 감자 1개 • 새송이버섯 2개 • 타임(토핑용) 적당량 • 소금, 후추, 올리브유 각 적당량

만드는 법

1 꽁치는 소금을 뿌려 5분 정도 두고 물기를 닦아 올리브유, 마늘 슬라이스, 타임으로 마리네이드한다.

2 감자는 껍질을 벗겨 한 입 크기로 자르고, 새송이버섯은 세로로 반등분한다. 각각 올리브유로 버무린다.

3 230℃로 예열한 오븐에 감자를 10분 굽고 **1**의 꽁치와 마늘, 새송이버섯을 넣어 다시 5분 굽는다.

4 프라이팬에 소스의 올리브유, 다진 마늘을 넣고 약불로 가열, 향이 나면 꽁치의 내장을 넣고 볶는다. 충분히 볶다 화이트와인을 넣어 조린 후 소금, 후추로 간한다.

5 그릇에 **3**의 꽁치, 감자, 새송이버섯을 담고 마늘을 흩뿌린 후 **4**의 소스를 끼얹어 토핑용 타임을 얹는다.

꽁치다쓰타아게

재료(2인분)

꽁치 살(껍질 붙은 것) 1마리 분량 • **절임소스**[청주, 미림, 간장 각 1큰술, 생강즙 약간] • 파프리카(적색, 노란색) 각 1/2개 • 소금, 전분, 튀김유 각 적당량

만드는 법

1 꽁치는 한 입 크기로 자르고, 절임소스에 15분 담가둔다.

2 파프리카는 노란색을 은행잎 모양, 적색을 단풍잎 모양으로 만들어 160℃로 달군 기름에 그대로 넣고 튀긴 후 소금을 뿌린다.

3 계속해서 꽁치의 물기를 닦고 전분을 듬뿍 묻혀, 170℃ 기름에 튀긴다.

4 그릇에 꽁치를 담고, 파프리카를 곁들인다.

농어

여름을 대표하는 흰 살 생선의 하나이다. 성장과 함께 '세이고' '훗코' '스즈키'라는 이름으로 바뀌는 생선으로, 성어가 되면 1m 전후까지 커진다. 농어는 비늘과 뼈가 단단하므로 먼저 비늘을 비늘치기로 긁어 제거하고, 중앙의 굵은 뼈는 관절 부분을 자르는 등 칼날이 상하지 않게 주의한다. 육질도 단단하므로 포를 뜨는 과정은 비교적 간단하다. 배 쪽, 등 쪽으로 칼을 넣고 힘껏 잡아뜯으면 살을 깔끔하게 떼어낼 수 있다. 이것은 농어에만 쓸 수 있는 특징적인 방법이다.

대표 요리

담백하면서도 확실한 감칠맛을 지니고 있다. 회나 구이, 찜, 조림, 국물 요리의 건더기 등에 폭넓게 사용할 수 있다. 특히 여름철의 훗코*나 스즈키*의 아라이*는 일품이다.

*훗코: 스즈키보다 작은 크기의 농어.
*스즈키: 성어가 된 농어.
*아라이: 씻음회.

미즈아라이

비늘을 제거한다 (긁기)
→ 대가리를 자른다 (비스듬히 잘라내기)
→ 내장을 제거한다
→ 물에 씻는다
→ 물기를 닦는다

사용 도구
데바보초

1 대가리를 왼쪽으로 놓고 손으로 잡아 비늘치기로 꼬리에서 대가리 쪽을 향해 긁어, 몸통 전체의 단단한 비늘을 제거한다.

2 데바보초로 바꿔 잡고, 꼬리에서 대가리 쪽으로 긁어 지느러미 주변 등에 남은 비늘을 제거한다. 등과 배, 반대쪽도 같은 요령으로 한다.

3 가슴지느러미 뒤편에서 대가리 쪽으로 비스듬히 칼집을 넣는다. 뒤집어서 같은 요령으로 칼을 넣고 뼈를 잘라 대가리를 떼어낸다.

4 꼬리를 왼쪽, 배를 내 앞으로 오게 잡고, 칼끝을 사진과 같은 방향으로 하여 항문에 넣는다. 그대로 칼을 진행시켜 배의 중심을 가른다.

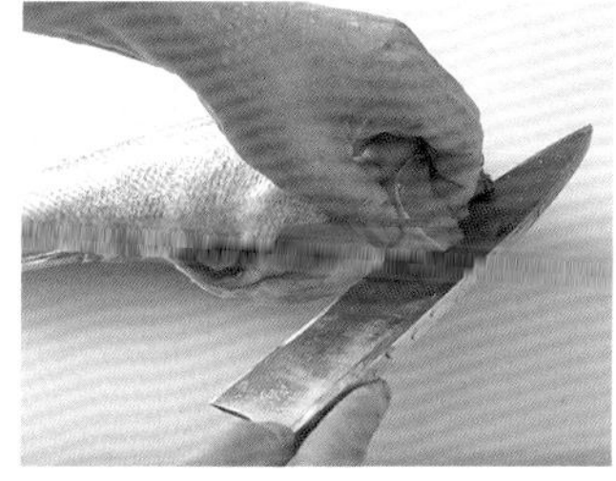

5 턱 밑은 단단하므로, 대가리 쪽에서 칼을 넣어 잘라 나눈다.

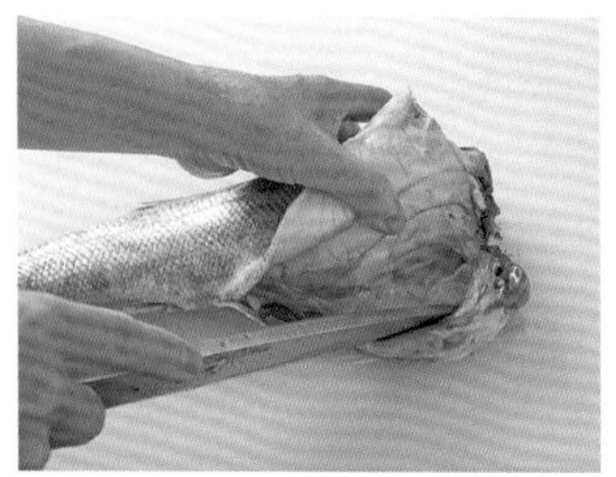

6 몸통을 들어 올려 배 안쪽에 칼을 넣고, 칼코로 내장을 긁어내 제거한다.

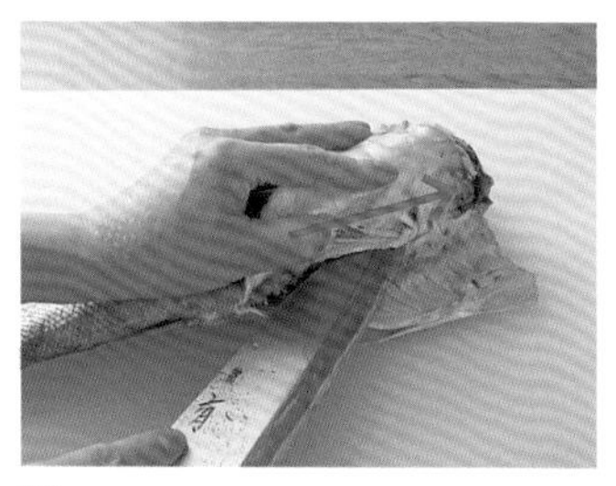

7 다음으로 피막에 칼집을 넣는데, 농어는 배막이 질기므로 칼을 사진과 같은 방향으로 움직여 배막을 갈라놓는다.

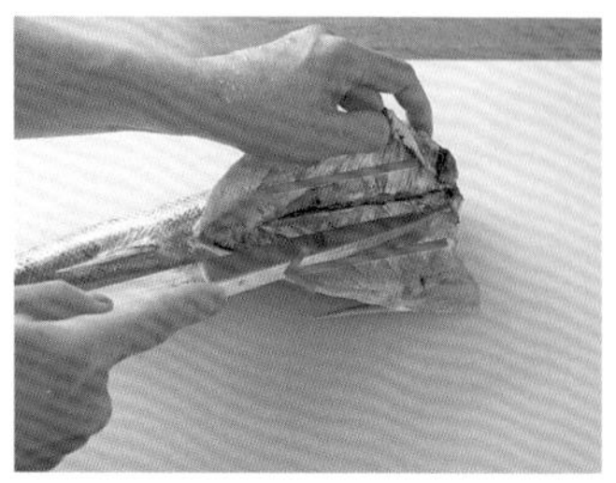

8 피막의 위아래에 2줄, 칼끝으로 칼집을 넣는다.

9 볼에 담은 물속에서 핏길을 칫솔로 긁어내고, 남은 내장 등도 씻는다. 배 속에 남은 물기도 닦는다.

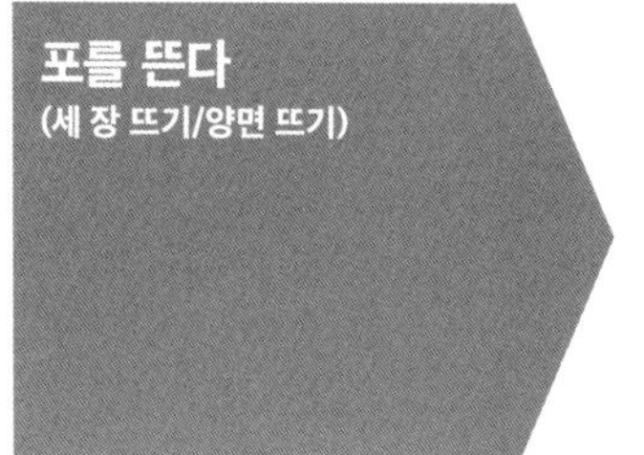

포를 뜬다
(세 장 뜨기/양면 뜨기)

사용 도구
데바보초

1 대가리 쪽을 오른쪽, 배를 내 앞으로 오게 놓고 항문 쪽에 칼을 넣어 꼬리 쪽까지 칼집을 넣는다.

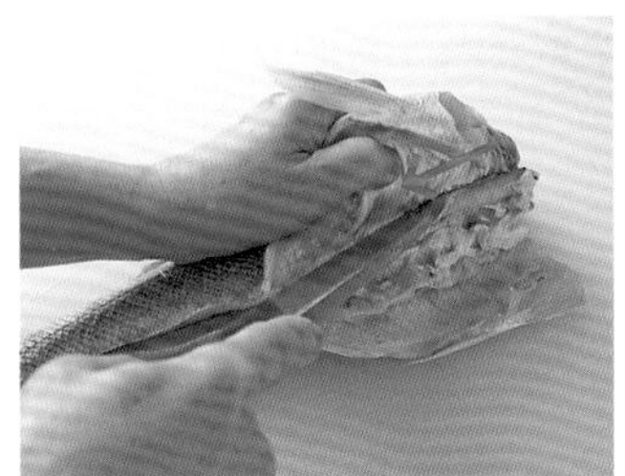

2 등뼈를 타고 다시 칼을 넣어, 중앙의 굵은 뼈 근처까지 잘라나가다 갈비뼈가 연결된 부분을 자른다.

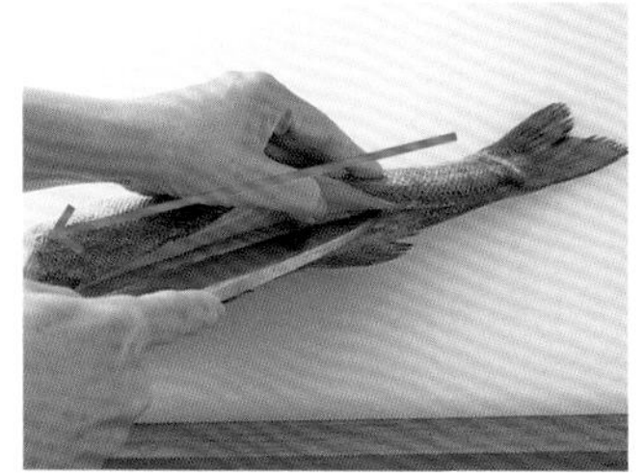

3 등을 내 앞으로 오게 놓고, 등 쪽에서 등뼈를 따라 2~3회 칼을 넣어 중앙의 굵은 뼈 근처까지 잘라나간다.

4 꼬리가 붙은 부분의 굵은 뼈 위에 사진과 같은 방향으로 칼을 찔러넣고, 그대로 힘을 줘 연결 부위를 잘라낸다.

5 꼬리 부분을 왼손으로 잡고 칼로 꼬리를 눌러, 대가리 쪽으로 당겨 살을 떼어낸다.

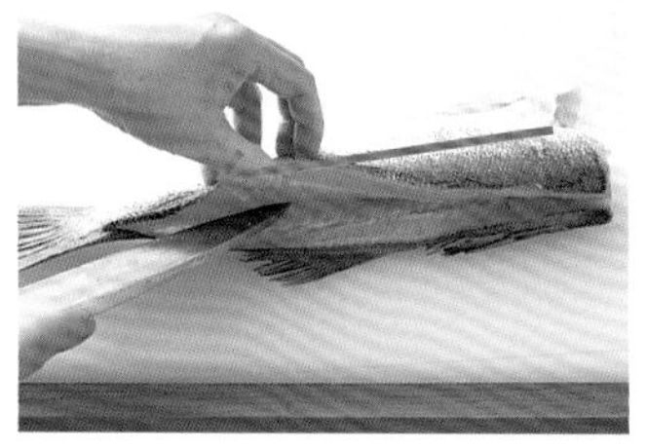

6 등뼈를 아래로 가게 놓고, 등 쪽에서 등뼈를 따라 2~3회 칼을 넣어 중앙의 굵은 뼈까지 잘라나간다.

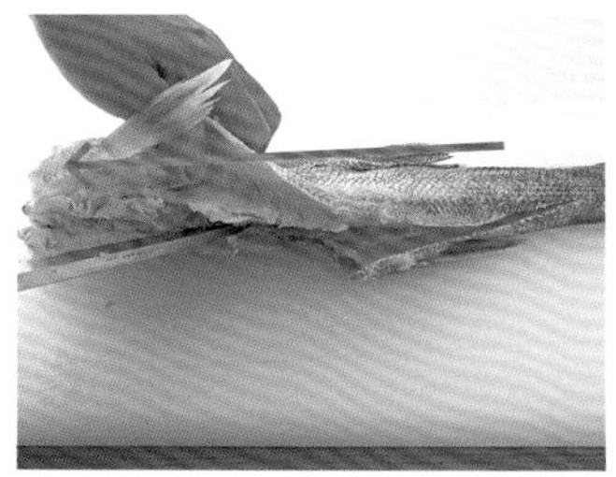

7 배를 내 앞으로 오게 놓고, 배 쪽에서 등뼈를 따라 2~3회 칼을 넣어 중앙의 굵은 뼈 근처까지 잘라나간다.

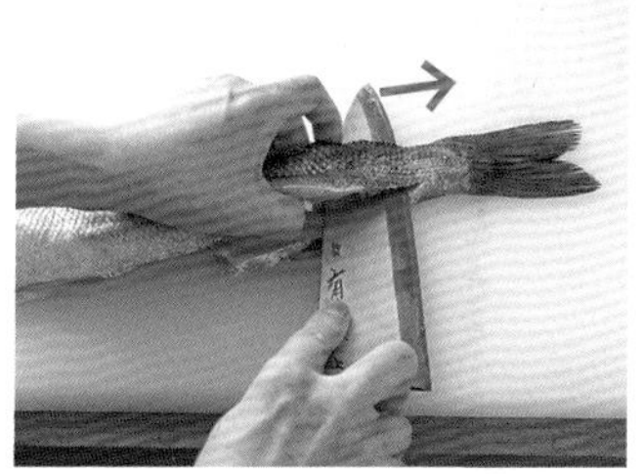

8 4와 같은 요령으로, 꼬리 부위의 굵은 뼈 위에 사진과 같은 방향으로 칼을 찔러넣어 꼬리를 잘라 떼어낸다.

9 5와 같은 요령으로, 꼬리 부위를 왼손으로 잡고 대가리 쪽으로 당겨 살을 떼어낸다.

세 장 뜨기 한 모습.

갈비뼈, 잔가시를 제거한다

사용 도구
데바보초
가시핀셋

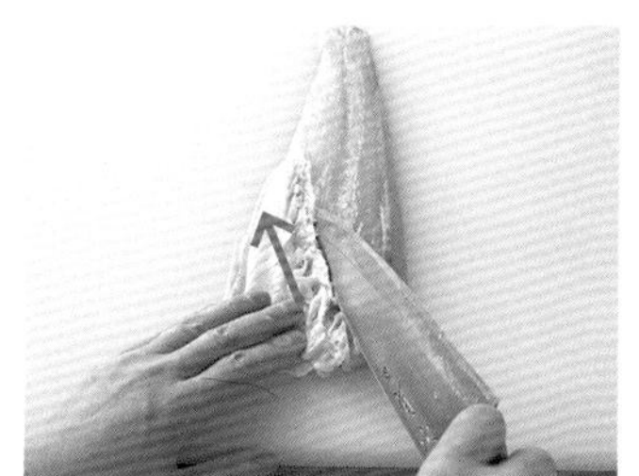

1 갈비뼈가 왼쪽으로 오게 세로로 놓고, 칼날을 위로 향하게 갈비뼈가 붙은 부분의 가장자리를 긋듯이 넣은 뒤, 연결 부위를 떼어낸다.

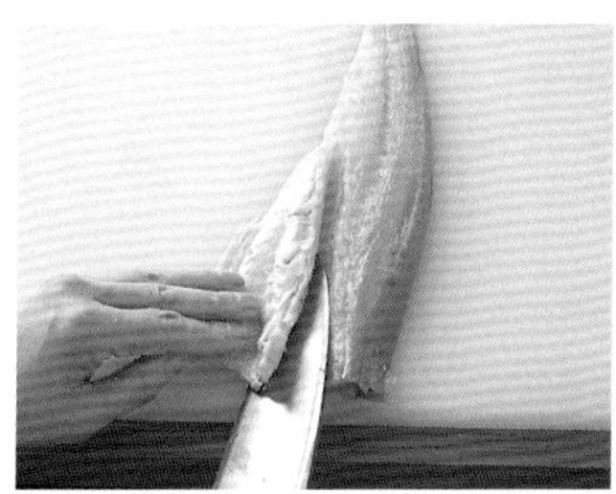

2 갈비뼈의 경계를 따라 칼을 눕혀 넣고, 떠내듯 얇게 저며낸다.

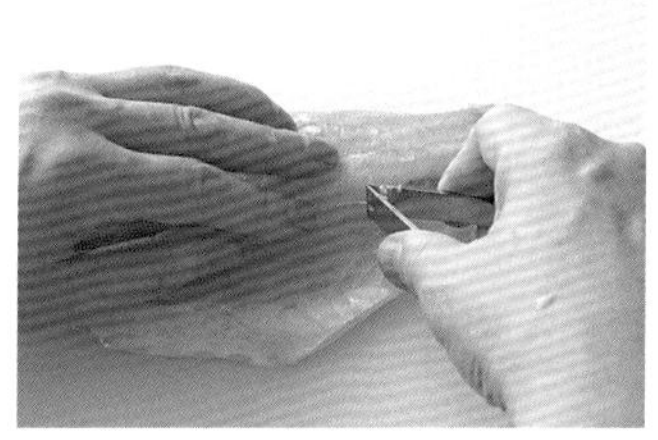

3 잔가시는 가시핀셋으로 잡고, 가시의 양쪽 주변을 손끝으로 눌러 뽑아낸다.

토막 낸다

사용 도구
데바보초

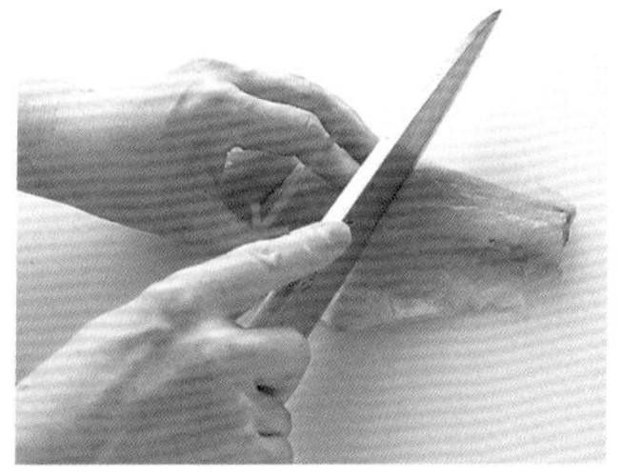

요리에 알맞은 크기를 정하고, 칼날을 크게 사용해 똑바로 당겨 자른다.

농어여뀌소금구이→131쪽

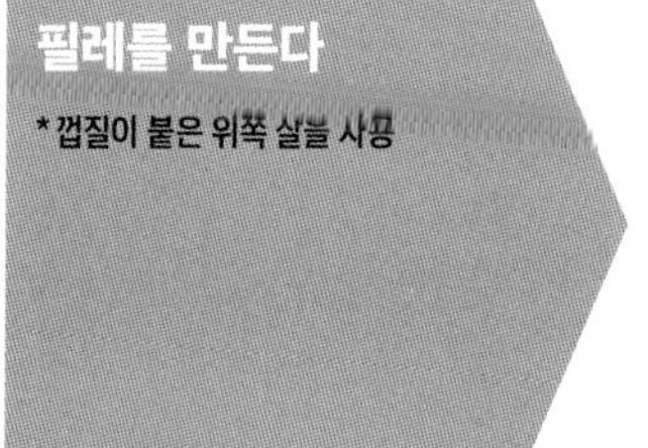

필레를 만든다

*껍질이 붙은 위쪽 살을 사용

사용 도구
데바보초

1 등살을 오른쪽으로 놓고, 핏길과 잔가시가 뱃살에 남게끔 세로로 자른다. 마지막에 비스듬히 잘라 살 간격을 일정하게 한다.

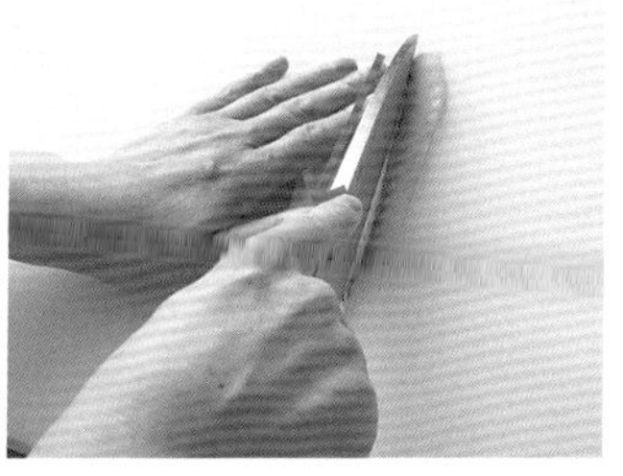

2 뱃살에 남은 핏길과 잔가시를 잘라낸다.

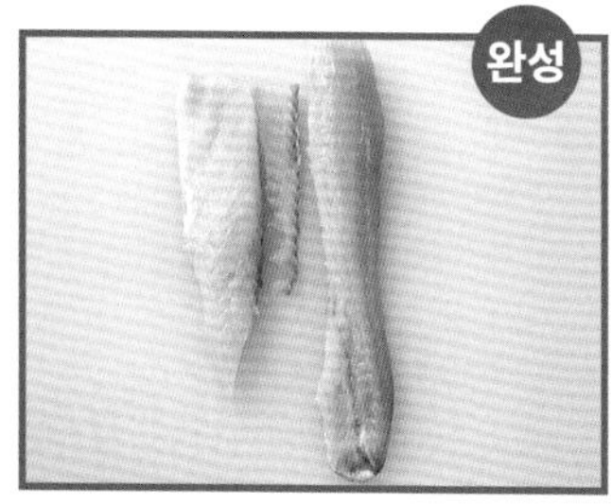

필레를 만든 모습.

껍질을 벗긴다

(바깥쪽으로 벗기기)

사용 도구
야나기바보초

껍질을 아래로, 꼬리 쪽을 왼쪽으로 가게 놓는다. 왼손으로 껍질 끝을 잡고, 껍질과 살 사이에 칼을 넣어 도마에 바싹 붙인 뒤, 껍질을 앞뒤로 움직여가며 당겨 떼어낸다.

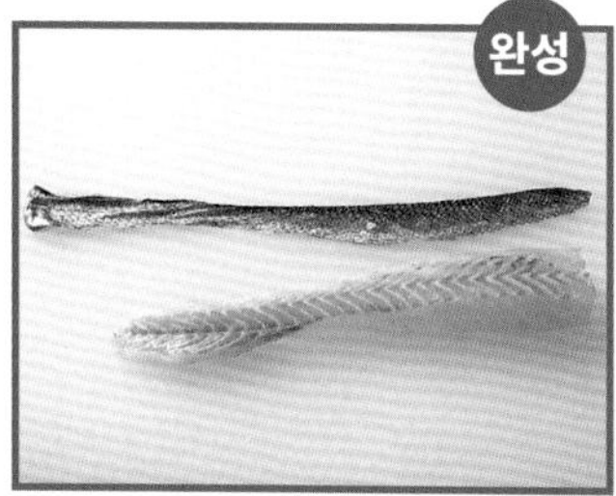

껍질을 제거한 모습.

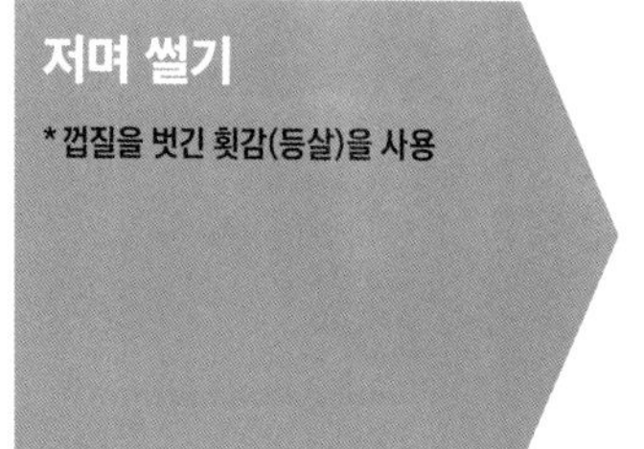

저며 썰기

* 껍질을 벗긴 횟감(등살)을 사용

사용 도구
야나기바보초

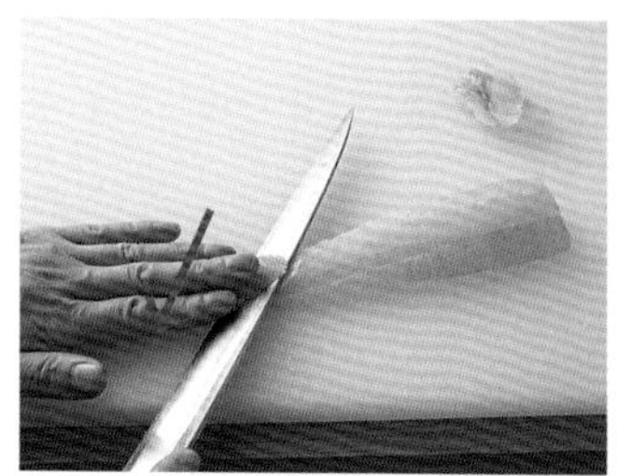

1 꼬리 쪽을 왼쪽으로 살이 얇은 쪽을 내 쪽에 두고, 왼쪽 끝에서부터 썬다. 칼을 눕혀 넣고, 칼날로 반원을 그리듯 슥 당긴다.

2 꼬리 쪽이 홀쭉한 횟감은 칼을 눕혀 단면이 크게 나오도록 썰고, 폭이 점점 넓어지면 칼을 세워 얇게 썬다.

저며 썰기 한 모습.

농어아라이→131쪽

농어아라이

재료(2인분)

농어 횟감(껍질 벗긴 것) 150g • 양하(채 썬 것) 1개 • 차조기잎 4장 • 래디시(채 썬 것) 1개 • 적차조기잎순 적당량 • 간 고추냉이 적당량 • **매실소스**[우메보시* 1개, 청주 1/2큰술, 미림 1작은술]

만드는 법

1 매실소스의 청주와 미림을 섞어 랩을 씌우지 않고 전자레인지에 20초 돌려 알코올을 날린다. 체에 거른 우메보시를 넣고 섞는다.

2 농어는 저며 썰기 하여 얼음물에 씻고, 물기를 확실히 닦는다.

3 그릇에 얼음을 깔고 차조기잎, 채 썬 양하, **2**의 농어를 담아 래디시, 적차조기잎순, 고추냉이를 얹는다. 매실소스를 작은 종지에 넣어 곁들인다.

*우메보시 : 체에 내린 것.

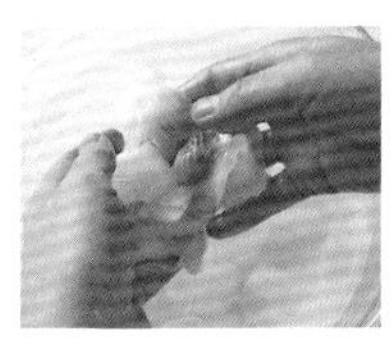

얼음물에 넣고 재빠르게 휘저으면 불필요한 지방이 씻겨 살이 단단해진다.

농어여뀌소금구이

재료(2인분)

농어 살(껍질이 붙은 위쪽 살을 잘라 나눈 것) 2조각 • 소금, 청주 각 적당량 • 여뀌잎 적당량 • 다시마조림 적당량

만드는 법

1 농어에 소금을 뿌리고 10분 정도 놓아둔다. 여뀌잎은 큼직하게 다진다.

2 농어의 물기를 닦고 껍질 쪽에 십자로 장식 칼집을 넣는다.

3 예열한 그릴에 껍질 쪽부터 굽고, 거의 익었을 때 청주를 발라 여뀌잎을 뿌린다.

4 그릇에 담고 다시마조림을 곁들인다.

도미

도미라는 이름이 붙는 생선은 많으나 그냥 도미라고 할 때는 대개 참돔을 가리킨다. 맛, 자태, 색 삼박자를 갖춘 참돔은 그야말로 생선의 왕이다. 특히 산란 전 봄의 도미는 살과 맛 모두 충실하고 색도 선명해지는 데서 '벚꽃도미'라고 불리며 귀한 대접을 받는다. 큰 생선임에도 비교적 살이 으깨지지 않는 단단한 육질도 매력적이다. 단, 뼈가 상당히 단단하므로 등뼈를 자를 때는 부상을 입지 않도록 충분히 주의한다. 특히 대가리를 자를 때 칼이 더 이상 들어가지 않으면 무리하지 말고 칼등을 두드려 자르는 것이 좋다.

대표 요리

회, 조림, 구이, 찜, 튀김, 국물 요리 등 폭넓게 사용할 수 있고 대가리나 등뼈, 가마, 간도 맛있게 즐길 수 있으므로 버릴 것이 거의 없다.

미즈아라이

비늘을 제거한다 (긁기)
→ 아가미를 제거한다
→ 내장을 제거한다
→ 물에 씻는다
→ 물기를 닦는다

사용 도구
비늘치기
데바보초

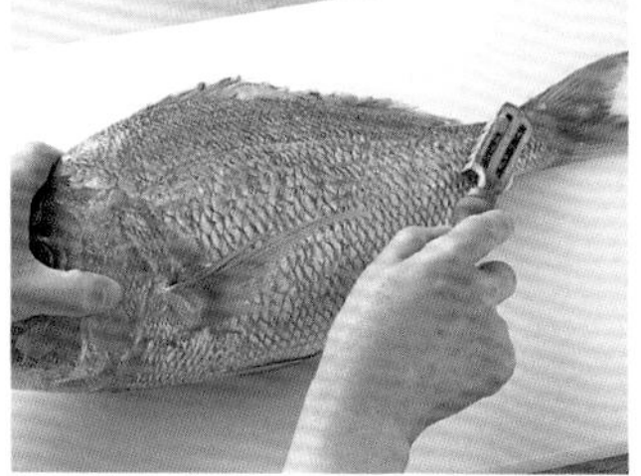

1 대가리를 왼쪽으로 놓고 손으로 잡아 비늘치기로 꼬리에서 대가리 쪽을 향해 긁어, 몸통 전체에 붙은 단단한 비늘을 제거한다.

2 데바보초로 바꿔 잡고, 꼬리에서 대가리 쪽으로 긁어 지느러미 주변 등에 남은 비늘을 제거한다. 등과 배, 반대쪽도 같은 요령으로 한다.

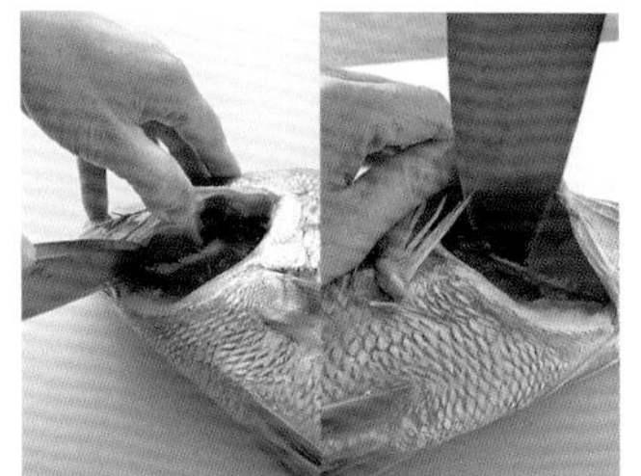

3 아가미덮개를 열고 칼코를 넣어 아가미 위아래의 연결 부위를 자른다(왼쪽 사진). 몸통을 뒤집어서 반대쪽 위아래의 연결 부위도 자른다(오른쪽 사진).

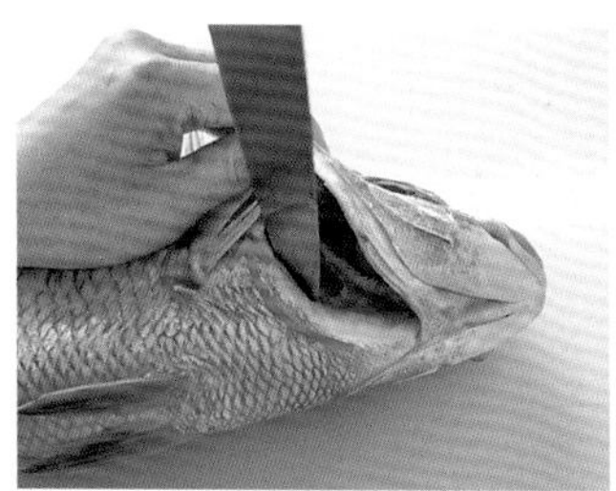

4 양쪽 아가미 연결 부위를 자른 뒤, 다시 아가미의 곡면을 따라 아가미 아래쪽에 있는 얇은 막을 갈라 완전히 잘라 떼어낸다.

5 턱 밑의 연한 부분을 잘라 칼을 넣고 항문까지 배를 가른다.

6 몸통을 들어 올려 배 속으로 칼을 넣고, 칼코로 내장을 긁어 제거한다.

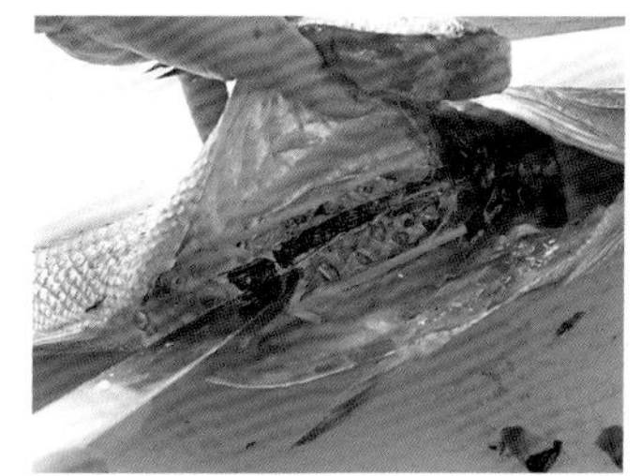

7 피막의 위아래 2줄, 칼끝으로 칼집을 넣는다.

8 볼에 담은 물속에 넣어, 칫솔로 피를 긁어내 씻는다. 남은 내장과 이물질도 깨끗하게 씻는다.

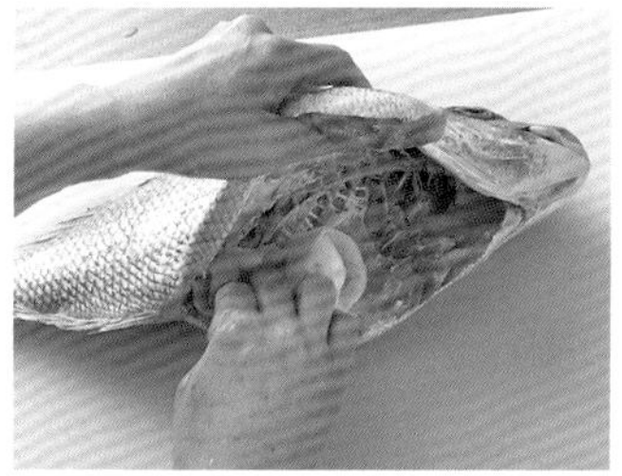

9 물에 흔들어 헹구고, 물기를 닦는다. 표면은 물론, 배를 열어 안쪽의 물기도 완전히 제거한다.

사용 도구
데바보초

1 대가리를 왼쪽, 배를 내 앞으로 오게 놓고 가슴지느러미 뒤쪽에 칼을 넣어 대가리가 붙은 부분에서 가마 밑쪽 방향으로 비스듬히 자른다.

2 뒤집어서 배지느러미를 잡고, 가마를 들어 올리며 가마 밑부터 가슴지느러미 뒤편을 대가리가 붙어 있는 부분까지 비스듬히 자른다.

3 대가리가 붙어 있는 부분을 잘라 대가리를 떼어낸다.

사용 도구
데바보초

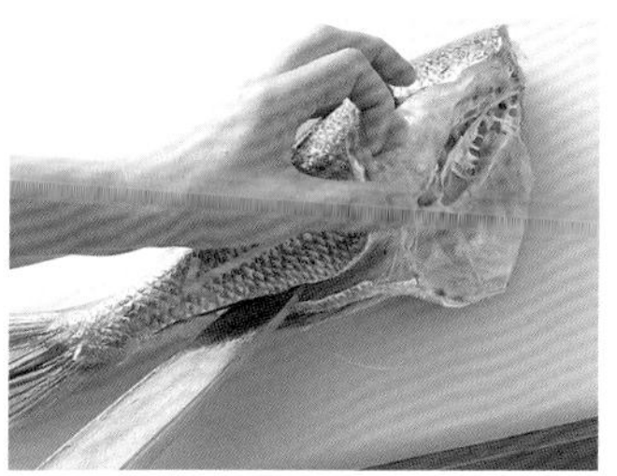

1 대가리 쪽을 오른쪽, 배를 내 앞으로 오게 놓고 항문에 칼을 넣어 꼬리 부분까지 칼집을 넣는다.

2 대가리 쪽에서 칼을 넣고, 등뼈를 따라 칼을 크게 당긴다. 이것을 반복해 등 근처까지 잘라나간다.

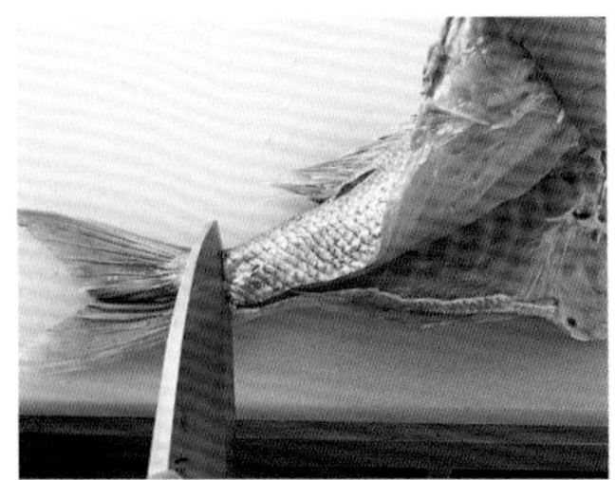

3 꼬리까지 잘라 펼쳤다가 일단 살을 덮고 꼬리 부분을 자른다.

4 대가리 쪽에서 칼을 넣어 등지느러미를 따라 꼬리 부분까지 잘라 살을 떼어낸다.

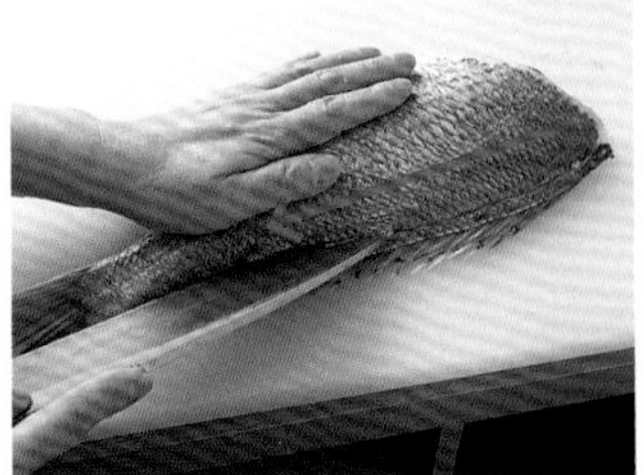

5 몸통을 뒤집어서 등뼈를 밑으로 가게, 등이 내 앞으로 오게 놓고, 등지느러미 위의 대가리 쪽부터 칼집을 넣는다.

6 등뼈에 칼을 대고 칼집을 내다가 중앙의 굵은 뼈에 닿으면 갈비뼈가 연결된 부분을 자른다.

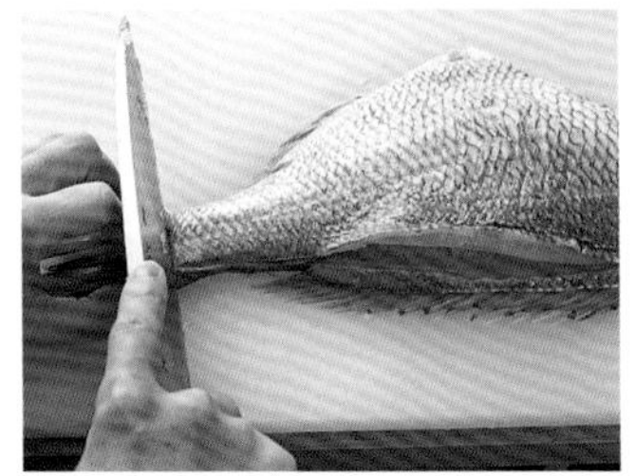

7 살을 덮고 꼬리 부분을 자른다.

8 다시 살을 들어 올려가며 같은 요령으로 배 근처까지 칼집을 낸다.

9 살을 등뼈에서 잘라 떼어낸다.

세 장 뜨기 한 모습.

갈비뼈, 잔가시를 제거한다

사용 도구
데바보초
가시핀셋

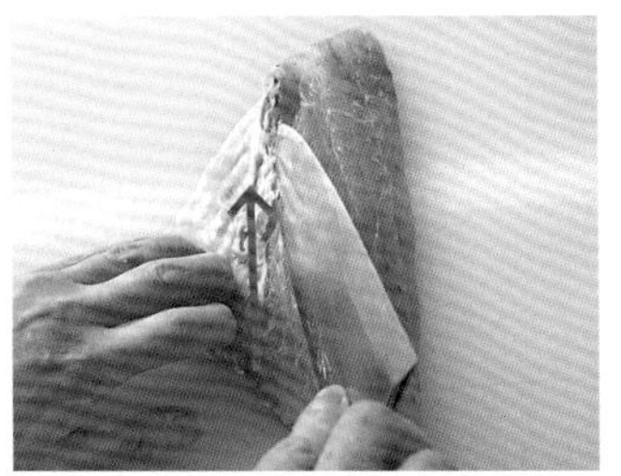

1 갈비뼈가 왼쪽으로 가게 놓고, 갈비뼈가 붙은 부분을 뒤집어 잡은 칼로 분리한다.

2 칼을 원래대로 잡아 뼈를 얇게 떠내고, 마지막에 칼을 세워 잘라낸다.

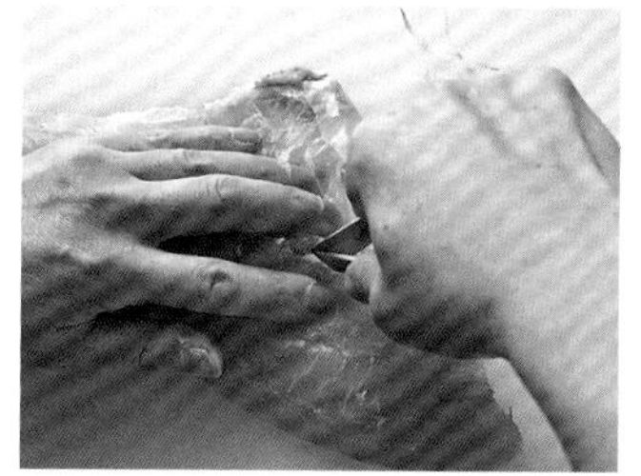

3 잔가시는 가시핀셋으로 잡고, 가시의 양쪽 주변을 손가락 끝으로 누르면서 잡아 뽑는다.

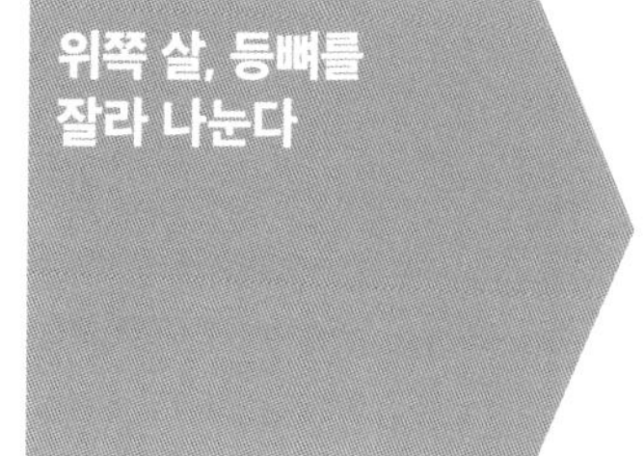

사용 도구
데바보초

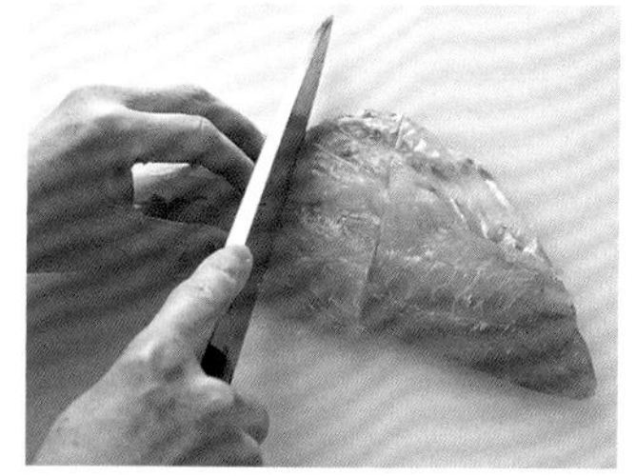

1 위쪽 살은 칼을 똑바로 넣고 칼날 전체를 사용하여 당겨 자른다.

도미푸알레, 비네거소스→138쪽

2 등뼈는 손목 스냅을 살려 칼턱으로 두드려 자른다.

도미맑은국→140쪽·도미뼈조림→141쪽

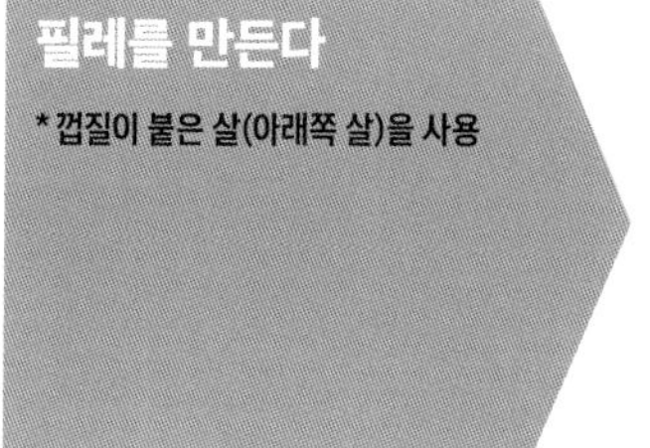

사용 도구
데바보초

1 뱃살을 오른쪽으로 가게 놓고, 혈합육과 잔가시가 뱃살에 남도록 세로로 자른다. 마지막에 비스듬하게 잘라 살의 너비를 비슷하게 한다.

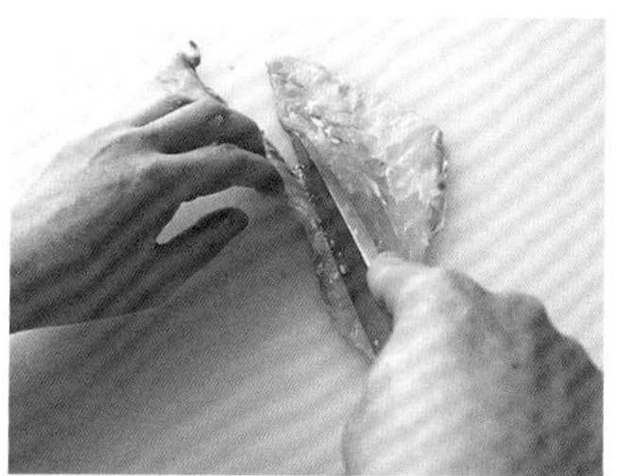

2 뱃살에 남은 혈합육과 잔가시를 잘라낸다.

필레를 만든 모습.

달걀노른자 반죽을 입힌 도미튀김→139쪽

사용 도구
데바보초

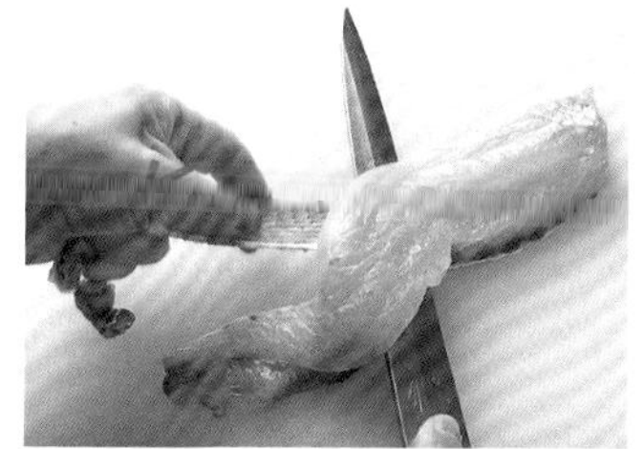

껍질을 밑으로, 꼬리 쪽을 왼쪽으로 향하게 놓는다. 왼손으로 껍질 끝을 잡고, 껍질과 살 사이에 칼을 넣는다. 칼날을 도마에 바싹 붙여 껍질을 앞뒤로 움직이면서 당겨 제거한다.

껍질을 제거한 모습.

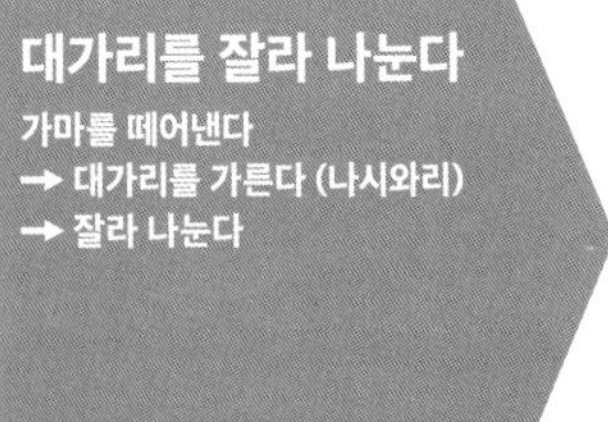

사용 도구
데바보초

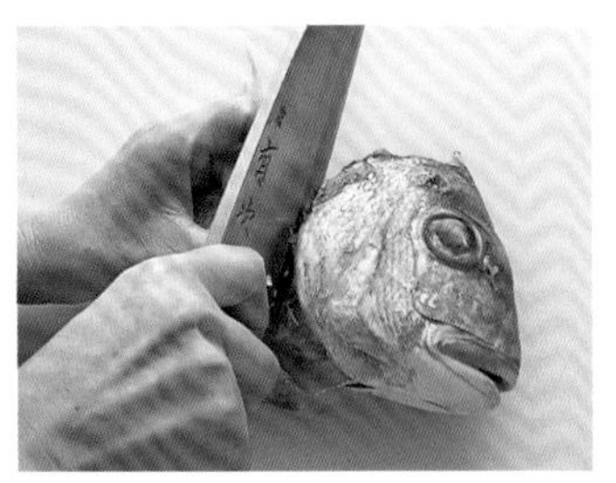

1 아가미덮개를 열어 칼턱을 넣고, 힘을 주어 단단한 뼈를 눌러 자른다.

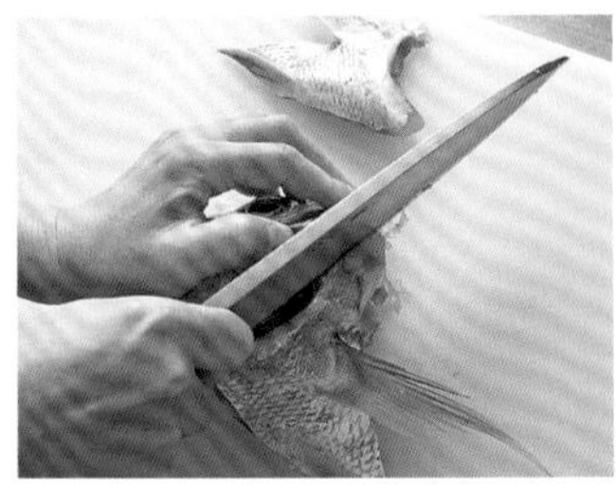

2 방향을 바꿔 아가미에 칼을 뉘여 넣고, 대가리 쪽으로 비스듬히 자른다.

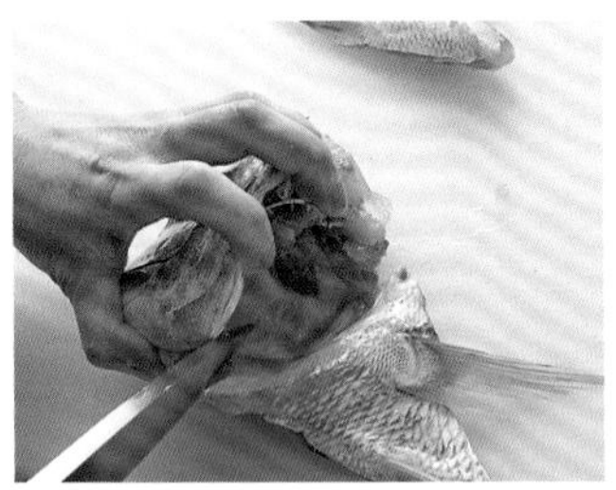

3 아래턱을 잘라 떼어내고, 가능한 한 많은 살을 가마에 남게 한다.

도미가마산초잎구이→140쪽

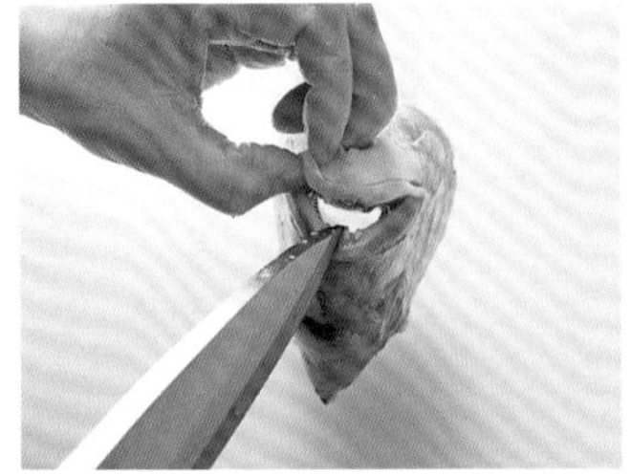

4 눈을 내 앞으로 오게 하여 대가리를 세워 놓고, 두 개의 앞니 사이에 칼을 찔러넣는다.

5 유난히 단단한 중심의 뼈를 피해 살짝 비스듬하게 잘라 내린다. 단단한 부분은 왼손 주먹으로 칼등을 두드려 눌러 자른다.

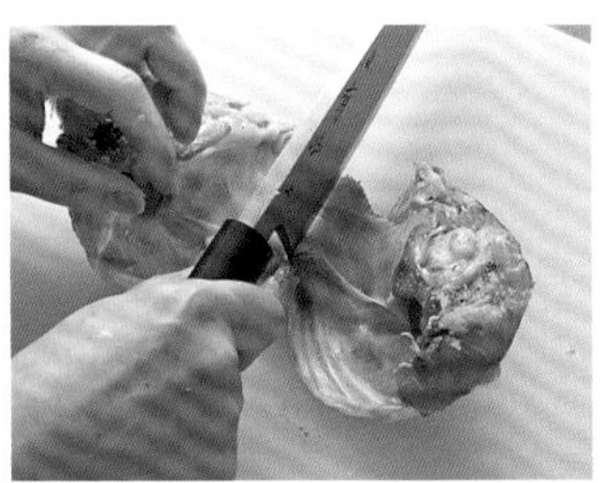

6 대가리가 벌어지면 아래턱을 칼턱으로 두드려 잘라 2등분한다.

대가리를 갈라 나눈 모습(나시와리).

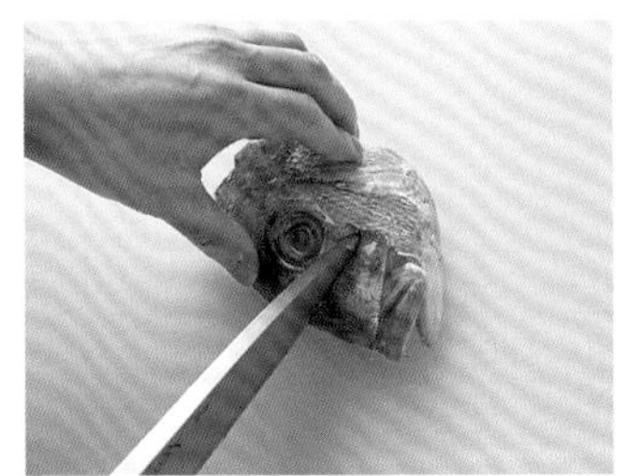

7 눈과 입 사이에 칼집을 넣는다. 뼈가 단단하므로 칼끝을 찔러 간격을 만들고, 칼턱으로 힘을 주어 눌러 자른다.

8 뒤집어서 **7**에서 넣은 칼집의 앞쪽에서 칼을 넣어 아가미덮개 쪽으로 똑바로 잘라, 눈 부위를 네모나게 잘라 떼어낸다.

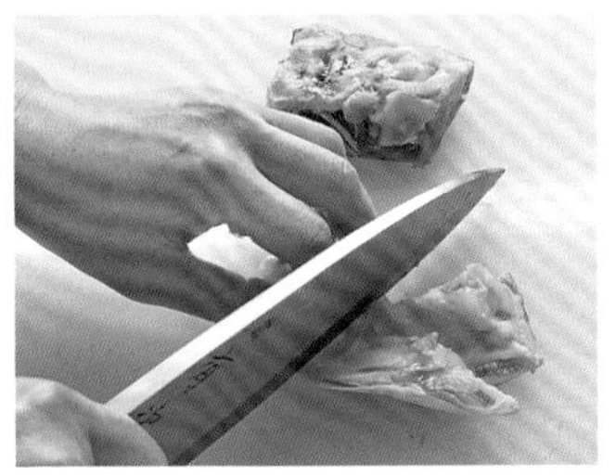

9 입과 볼을 잘라 나누고 아가미덮개를 잘라낸다.

잘라 나눈 대가리. *살이 없는 부분은 다시용.

도미맑은국→140쪽・도미뼈조림→141쪽

평 썰기

*껍질을 벗긴 살(등살)을 사용

사용 도구
야나기바보초

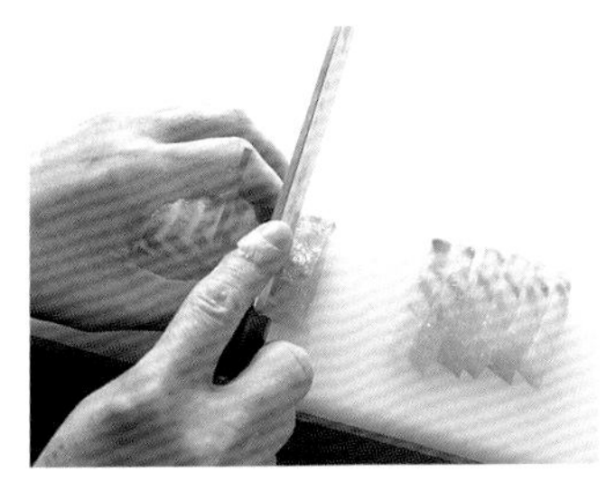

1 껍질 쪽을 위로, 살이 두툼한 쪽을 건너편으로 가게 놓고 오른쪽 끝에서 칼날 전체를 사용해 한 번에 당겨 썬다. 표준 두께는 5mm.

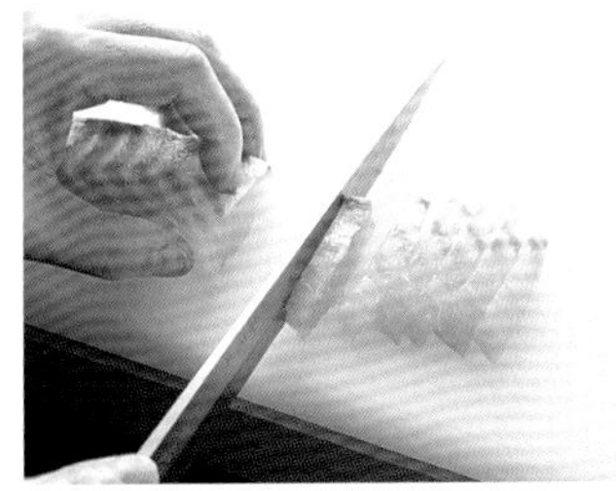

2 한 점 자를 때마다 칼로 오른쪽으로 밀어 보낸다. 칼을 오른쪽으로 살짝 눕혀 보내면 깔끔하게 살이 떨어진다.

완성

평 썰기 한 모습.

도미 3종 모듬회→139쪽

저며 썰기

*껍질을 벗긴 살(등살)을 사용

사용 도구
야나기바보초

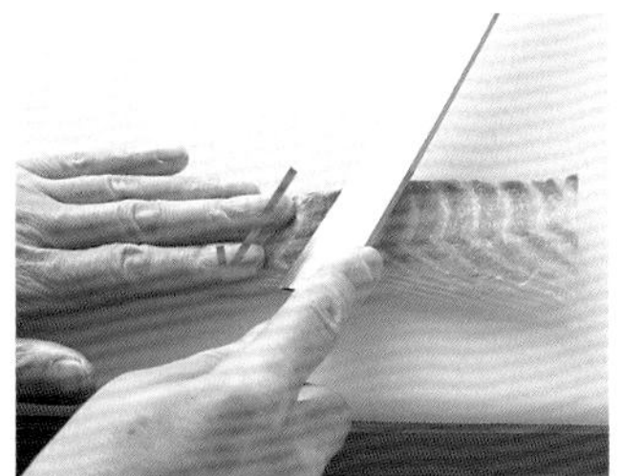

1 꼬리 쪽을 왼쪽으로, 살이 얇은 쪽을 내 쪽으로 놓고 왼쪽 끝에서부터 썬다. 칼을 눕혀 넣고, 슥 한 번에 당긴다.

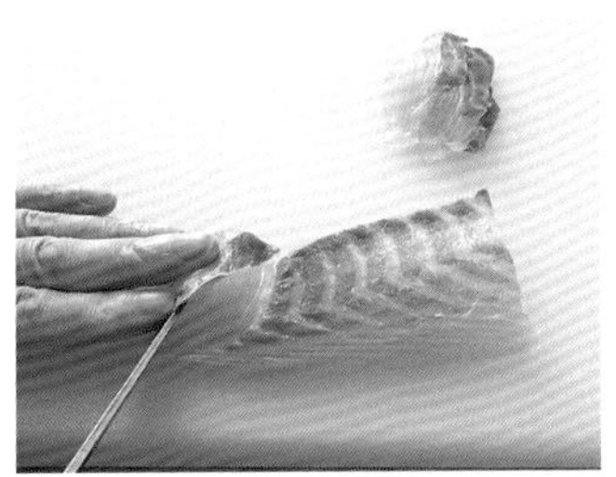

2 마지막에 칼을 살짝 세워 썰고, 한 점 자를 때마다 한쪽에 모아놓는다.

완성

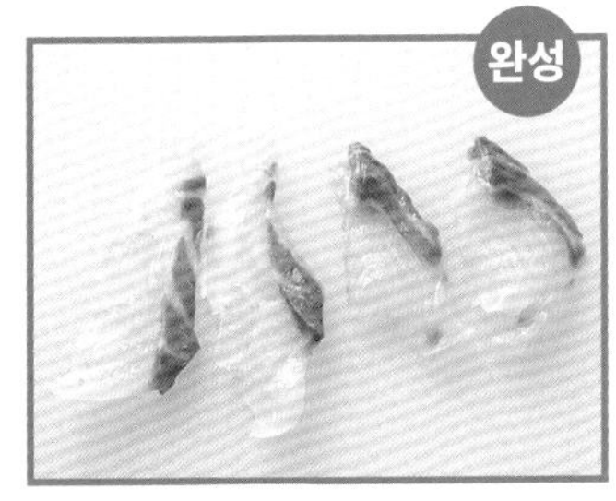

저며 썰기 한 모습.

도미 3종 모듬회→139쪽

소나무껍질 썰기

*껍질이 붙은 살(뱃살)을 사용

사용 도구
야나기바보초

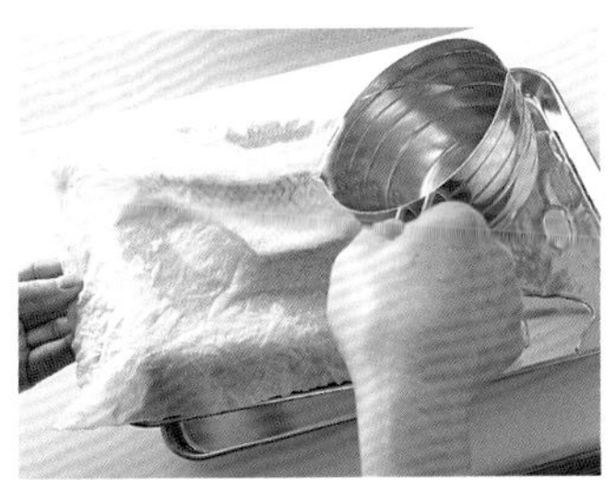

1 엎어놓은 바트 위에 껍질을 위로 가게 놓고, 젖은 면포를 덮는다. 뜨거운 물을 끼얹어 껍질을 익힌다.

2 남은 열로 더 익는 것을 방지하기 위해 바로 얼음물에 넣고 식힌다. 식으면 물기를 닦는다.

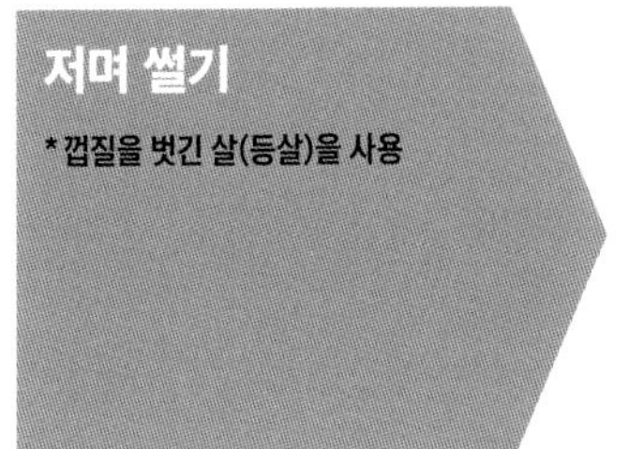

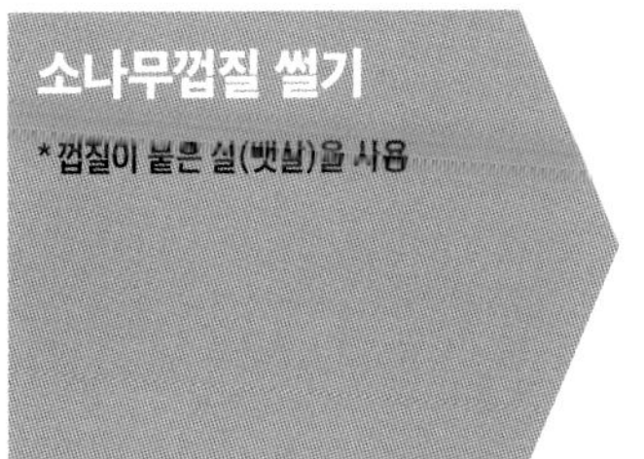

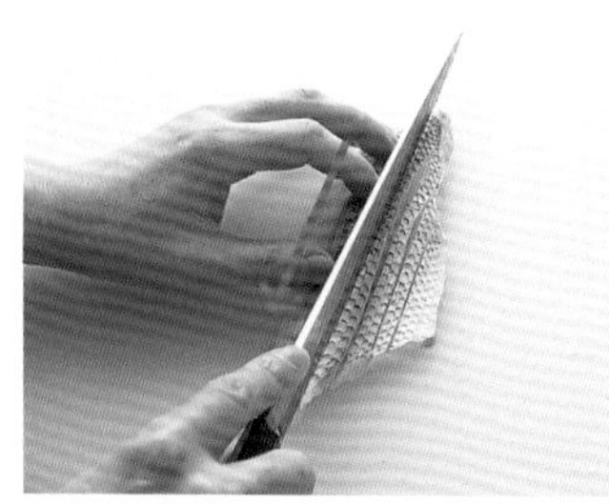

3 살을 세로로 놓고 껍질에 5mm 폭의 칼집을 넣는다. 칼의 중간 부분을 사용해 슥 한 번에 껍질만 자른다.

4 껍질을 위로, 살이 얇은 쪽을 내 쪽으로 하여 평 썰기의 요령으로 오른쪽 끝에서부터 5mm 두께로 잘라나간다.

소나무껍질 썰기 한 모습.

도미 3종 모듬회→오른쪽

도미푸알레*, 비네거소스

재료(2인분)

도미 살(껍질이 붙은 살을 잘라 나눈 것) 2덩이 • 마늘(슬라이스) 1알 • 타임 2~3줄기 • 토마토(작은 것) 2개 • 아스파라거스 2줄 • 화이트와인비네거 2큰술 • 소금, 후추, 올리브유 각 적당량 • 타임(토핑용) 적당량

만드는 법

1 도미에 소금을 약간 뿌리고 10분 둔다. 물기를 닦고 껍질에 5mm 간격의 칼집을 넣는다.

2 토마토는 꼭지를 제거하고 가로로 3등분하여 자른다. 아스파라거스는 끓는 물에 소금을 넣어 데치고, 세로로 2등분한 후 절반 길이로 자른다.

3 프라이팬에 분량의 마늘의 절반, 타임, 올리브유를 넣고 볶다가 도미 껍질을 밑으로 하여 늘어놓는다. 약불에 굽고 60% 정도 익으면 뒤집어서 속까지 익힌다.

4 다른 프라이팬에 올리브유와 남은 마늘을 넣고 볶다가 토마토의 양면을 굽는다.

5 그릇에 토마토를 담고 도미를 얹어 데운 아스파라거스를 곁들인다.

6 **3**의 프라이팬의 기름을 버리고 와인비네거를 조려 소금, 후추로 간을 한 뒤 올리브유로 농도를 맞춰 **5**에 끼얹는다. 토핑용 타임을 얹고, 후추를 뿌린다.

*푸알레: 프라이팬에 버터나 기름을 두른 뒤 재료를 굽는 조리법.

도미 3종 모듬회

평 썰기 한 회, 저며 썰기 한 회, 소나무껍질 썰기 한 회를 합쳐 담고 직사각형으로 자른 땅두릅, 차조기 잎, 적차조기순, 민물김, 데친 도미 껍질을 곁들인다. 고추냉이를 곁들이고 도사조유(123쪽 참조)에 찍어 먹는다.

달걀노른자 반죽을 입힌 도미튀김

재료(2인분)

도미 살(껍질 붙은 것) 80g • 생표고 2개 • 두릅 6개 • **노른자옷**[노른자 2개 분량, 냉수 1/4컵, 박력분 50g] • 밀가루, 튀김유, 소금 각 적당량

만드는 법

1 도미는 비스듬하게 한 입 크기로 자른다. 생표고는 꼭지를 떼고 4등분한다. 두릅은 갈변된 부분을 제거하고, 뿌리 부분이 두꺼우면 칼집을 넣는다.

2 노른자옷의 노른자와 냉수를 섞고, 박력분을 체에 내린 후 더해 고루 섞는다.

3 생표고와 두릅에 밀가루를 살짝 뿌리고 **2**의 노른자옷을 묻혀 160℃ 기름에 튀긴 후, 소금을 뿌린다.

4 도미도 밀가루를 뿌리고 노른자옷을 입혀 170℃ 기름에서 튀긴 후 소금을 뿌린다.

도미가마산초잎구이

재료(2인분)

도미 가마 1마리분(2조각) • 단촛물에 절인 순무(70쪽 참조) 적당량 • 소금, 청주, 산초잎 각 적당량 • 홍고추(단면 썰기 한 것) 적당량

만드는 법

1 도미 가마에 소금을 뿌려 30분 정도 두었다가 물기를 닦고 두꺼운 살에 비스듬히 칼집을 1줄 넣는다.

2 산초잎을 큼직하게 다진다.

3 그릴을 달궈 도미 가마를 늘어놓고 5~7분 굽는다. 완성 직전에 청주를 바르고 산초잎을 뿌린다.

4 그릇에 담아 순무절임을 곁들이고 홍고추를 얹는다.

도미맑은국

재료(2인분)

도미뼈(1.3kg의 도미 대가리 1/2마리분, 등뼈 1/3마리분, 손질한 도미 뱃살 덩이 등) • 생표고 2개 • 땅두릅 5cm • **A**[다시마 4g, 청주 1/2컵, 물 2컵] • 청주 1큰술 • 소금, 생강즙 각 적당량 • 산초잎 적당량

만드는 법

1 도미뼈는 먹기 좋은 크기로 자르고, 살짝 소금을 뿌려 30분 둔다.

2 도미뼈를 볼에 넣고 80℃ 정도의 물을 듬뿍 부어 불순물이 뜨게 한다. 찬물에 담가 남은 비늘과 피를 씻어낸다.

3 냄비에 **A**, 도미뼈를 넣고 가열한다. 끓기 시작하면 거품을 제거하고, 보글보글 끓어오를 정도의 세기로 약 10분 끓이고, 도미 대가리를 건져낸다. 다시 10분 더 끓이고 거른다.

4 생표고버섯은 꼭지를 떼고, 땅두릅은 얇게 자른다.

5 **3**의 국물을 냄비에 넣고 가열, 소금과 청주로 간을 한 후, 도미 대가리를 다시 넣는다. 따뜻해지면 생표고와 땅두릅을 넣고 익힌다.

6 그릇에 담아 생강즙을 떨어뜨리고, 산초잎을 곁들인다.

도미뼈조림

재료(2인분)

도미뼈 1.3kg(도미 대가리 1/2마리분, 등뼈 2/3마리분) • 햇우엉 1줄 • 생강(슬라이스) 3~4장 • 청주 1컵 • 미림 5큰술 • 간장 2큰술 • 다마리조유 1/2큰술 • 산초잎 적당량

만드는 법

1 도미뼈는 먹기 편한 크기로 자르고, 80℃ 정도의 물을 듬뿍 부어 불순물을 뜨게 한다. 찬물에 담가 남은 비늘과 피를 씻어낸다.

2 우엉은 4cm 길이, 5mm 굵기로 세로 4~8등분으로 나눠 살짝 씻는다.

3 냄비에 도미뼈와 우엉을 늘어놓고, 청주와 물 1컵을 넣은 뒤 나무 뚜껑을 덮어 강한 중불로 가열한다. 끓기 시작하면 거품을 제거하고, 다시 뚜껑을 얹어 5분 끓인다.

4 미림을 넣어 5분 조리다 간장과 다마리조유를 넣어 다시 약 10분간 끓인 후, 나무 뚜껑을 열고 더 조린다.

5 그릇에 담고 산초잎을 얹는다.

갈치

은색으로 빛나는 평평하면서 가늘고 긴 모습에 기인하여, 일본에서는 '다치(太刀, 큰 칼)'라 불린다. 휴식할 때 대가리를 위로 하고 서서 떠다니는 모습에서 '다치우오(立ち魚, 서 있는 생선)'라 불리게 되었다고도 한다. 전신이 은빛 박으로 덮여 있고, 비늘이 없는 것이 특징이다. 배지느러미와 꼬리지느러미도 퇴화했으나, 등지느러미에는 뾰족하고 긴 가시가 붙어 있으므로 다치지 않도록 주의하면서 뼈째 뽑아낸다. 등지느러미를 뽑아내면 세 장 뜨기도 간단하다. 요리에 따라서는 토막 내도 좋다.

대표 요리

잔가시는 많으나 이상한 냄새가 없고, 기름이 듬뿍 올라 포만감을 주는 흰 살 생선이다. 심플한 소금구이나 술찜 외에 소테나 뫼니에르, 프라이 등의 양식풍 요리를 만들어도 맛있다.

재료 선택 포인트

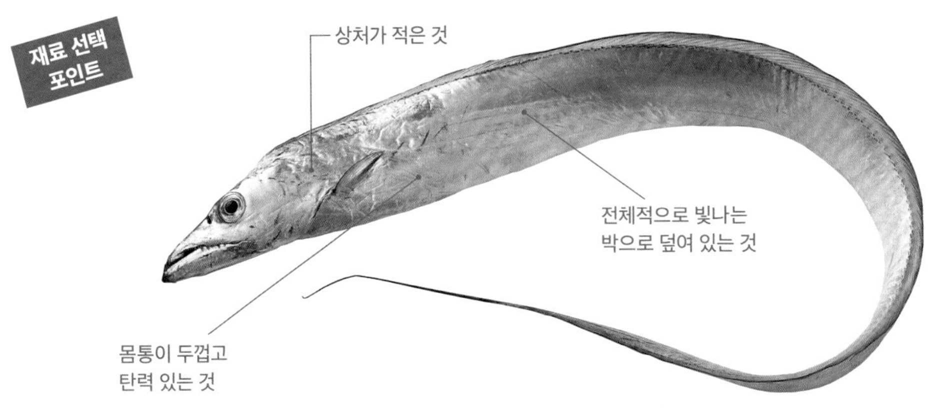

미즈아라이

대가리를 자른다
→ 내장을 제거한다
→ 물에 씻는다
→ 물기를 닦는다

사용 도구
데바보초

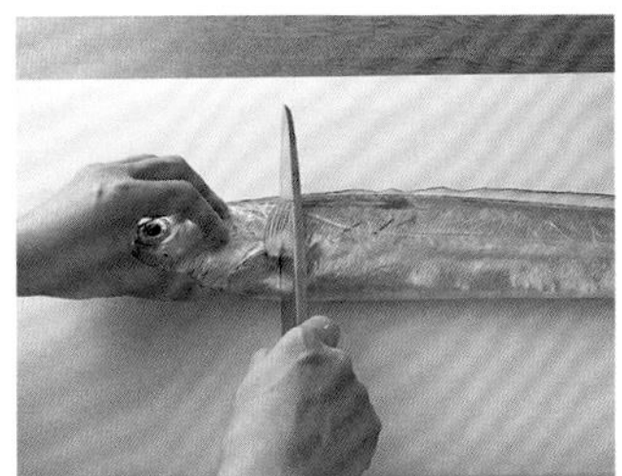

1 아가미 주위에 똑바로 칼을 넣어 대가리를 잘라낸다.

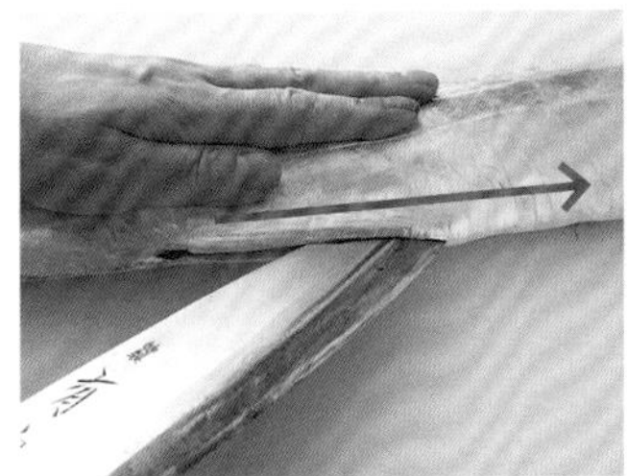

2 꼬리를 왼쪽, 배를 내 앞으로 오게 놓고 칼날을 항문에 넣는다. 사진과 같은 방향으로 칼을 진행시켜 배의 중심을 가른다.

3 몸통을 들어 올려 배 속에 칼을 넣고, 칼코로 내장을 긁어낸다. 다시 피막에 칼집을 1줄 넣는다.

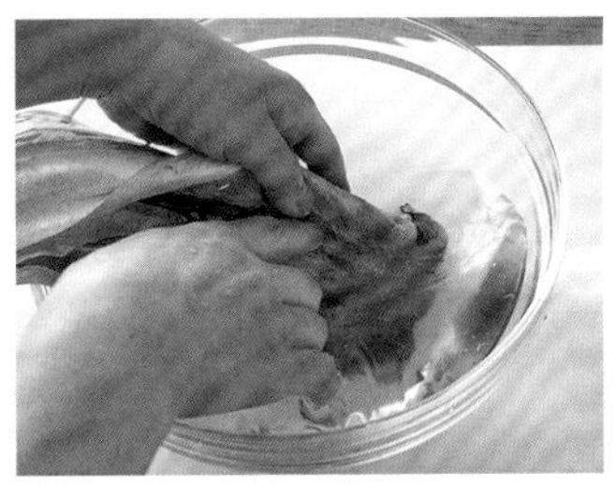

4 볼에 담은 물에 넣어 배 속을 씻는다. 손가락으로 문질러 피와 남은 내장, 검은 배막 등을 씻어낸다.

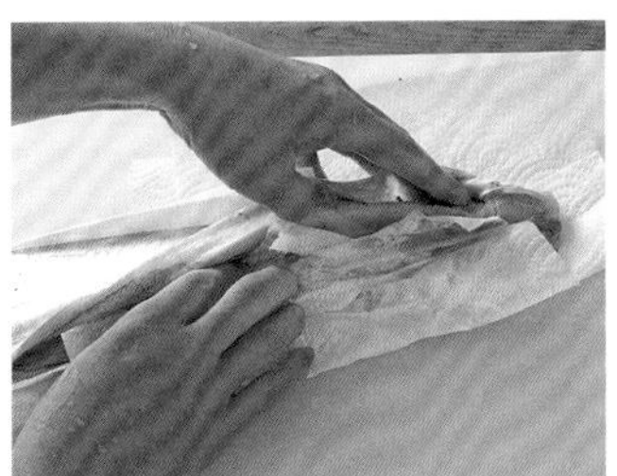

5 물에 흔들어 씻어 물기를 빼고 키친 타월로 물기를 닦아낸다. 배 속의 물기도 완전히 제거한다.

지느러미를 제거한다

사용 도구
데바보초

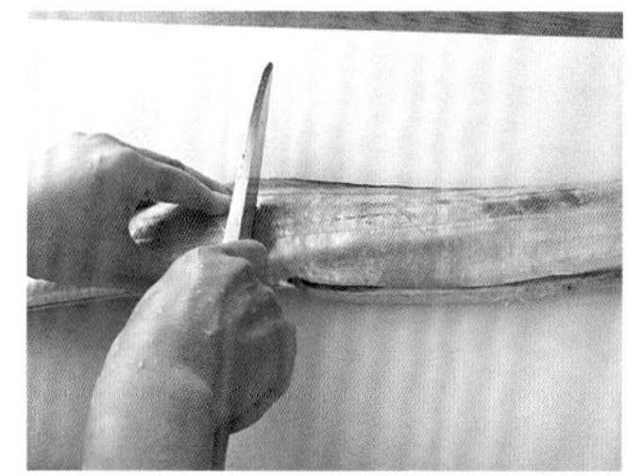

1 갈치는 길이가 1m 전후인 것도 있으므로, 항문 근처에서 절반으로 잘라 다루기 쉬운 크기로 만든다.

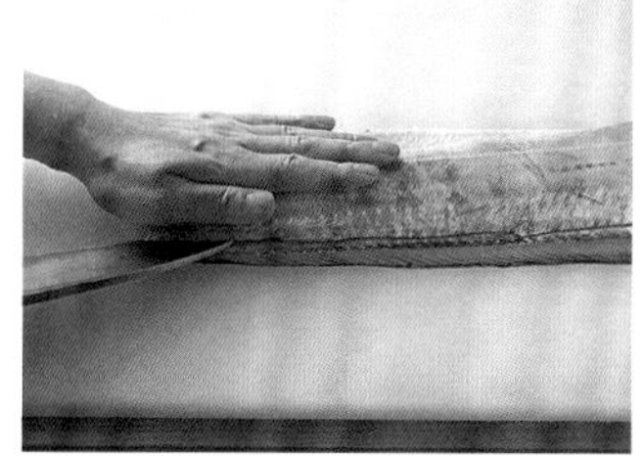

2 등을 내 앞으로 오게 놓고, 등지느러미를 기준으로 V자 형태가 되게끔 비스듬히 칼집을 넣는다.

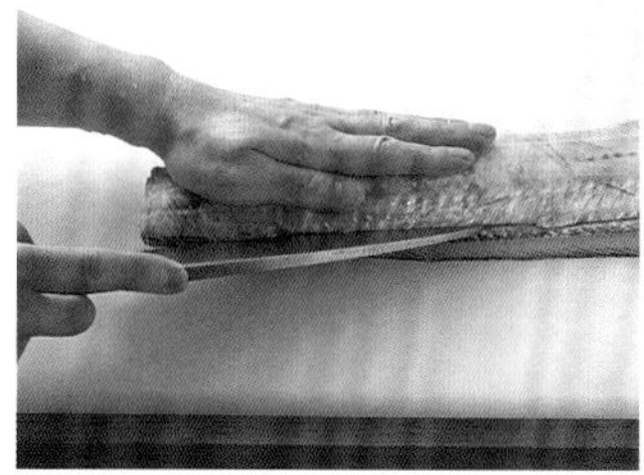

3 몸통을 뒤집어 다시 등지느러미 위에 비스듬히 칼집을 넣는다.

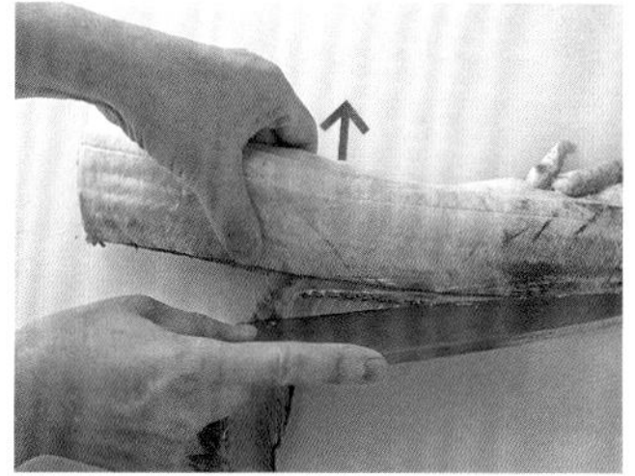

4 칼턱으로 등지느러미를 누르고, 왼손으로 꼬리 쪽에서 몸통을 잡아당겨 등지느러미를 뽑아간다.

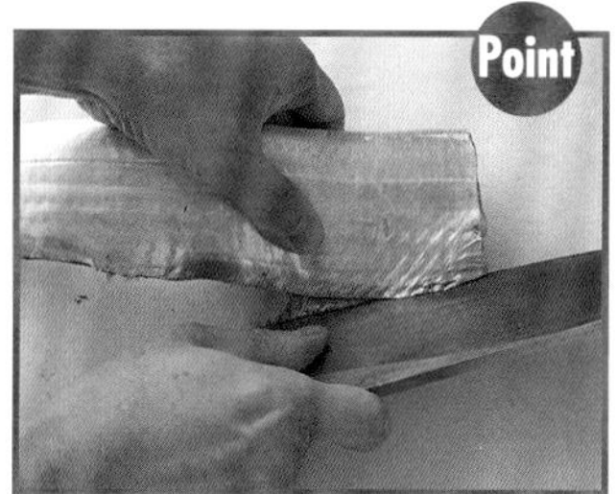

갈치의 등지느러미 가시는 매우 길기 때문에 뿌리 부분을 칼턱으로 확실히 누르고, 몸통 쪽을 잡아당긴다.

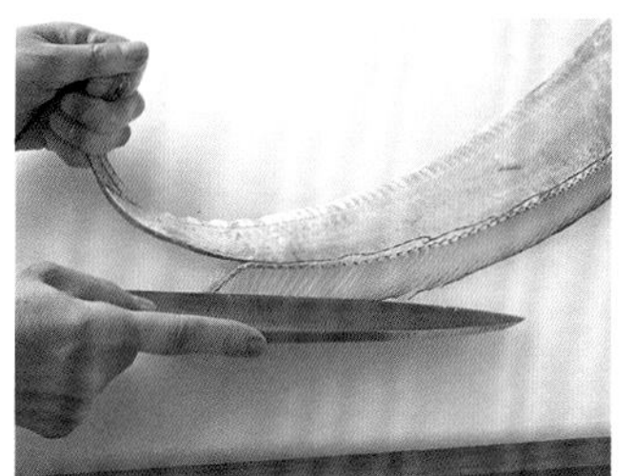

5 꼬리 쪽의 등지느러미도 V자로 칼집을 넣은 다음 칼턱으로 뿌리 부분을 누르고 몸통을 잡아당겨 뽑는다.

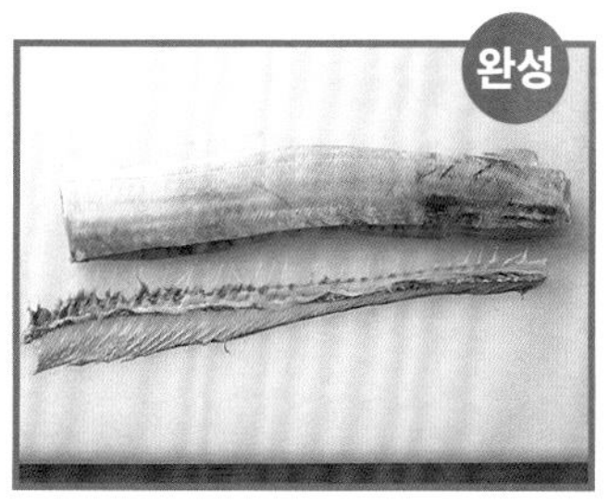

지느러미를 제거한 모습.

가로 썰기

*** 지느러미를 제거한 꼬리 쪽 살을 사용**

사용 도구
데바보초

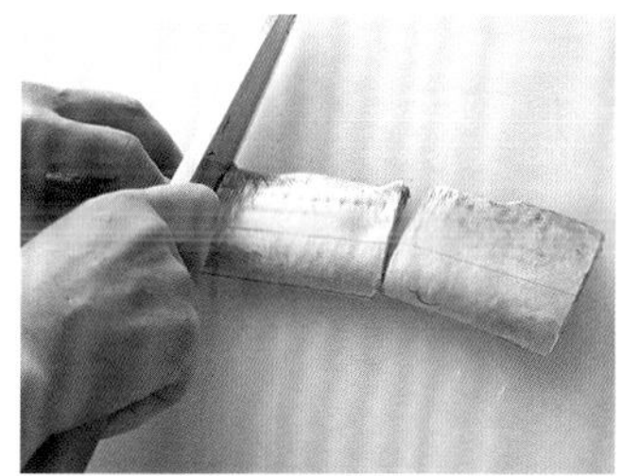

배를 내 앞으로 오게 놓고, 대가리 쪽에서부터 똑바로 눌러 뼈째 자른다. 꼬리 쪽으로 갈수록 가늘어지므로, 가느다란 부분을 더 크게 자른다.

토막 썰기 한 모습.

갈치술찜→145쪽

포를 뜬다

(세 장 뜨기/양면 뜨기)

＊지느러미를 제거한 대가리 쪽 살을 사용

사용 도구
데바보초

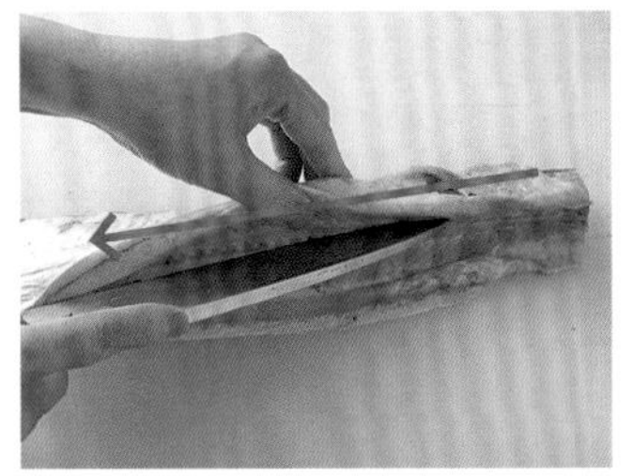

1 배를 내 앞으로 오게 놓고, 몸통을 들어 올려 중앙의 굵은 뼈 위에 칼집을 넣는다.

2 등이 내 쪽으로 오게끔 방향을 바꿔 지느러미를 뽑아내고, 남은 칼집에 칼을 넣어 등뼈를 타고 잘라나간다.

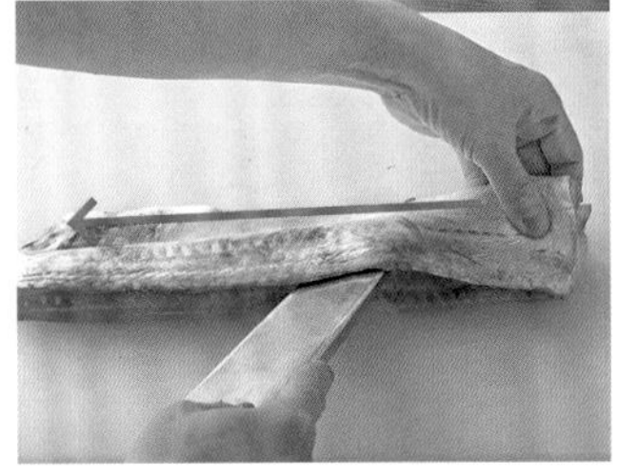

3 대가리 쪽에서 등뼈 위에 칼을 넣어, 뼈 위를 타고 미끄러지듯 칼로 잘라 살을 떼어낸다.

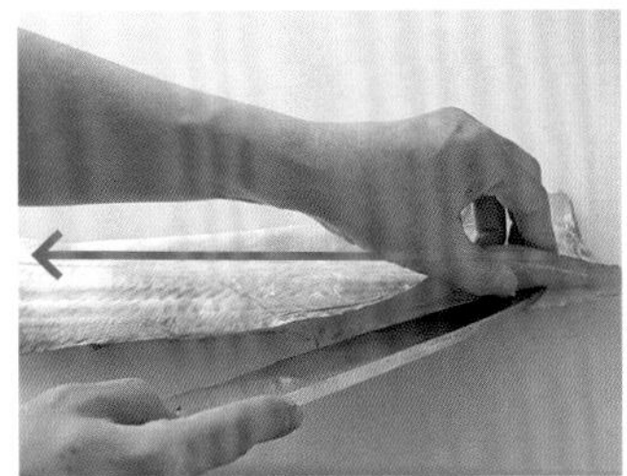

4 등뼈를 밑으로 가게 한 뒤 등이 내 앞으로 오게 놓고, **1**과 같은 요령으로 중앙의 굵은 뼈 위에 칼집을 넣는다.

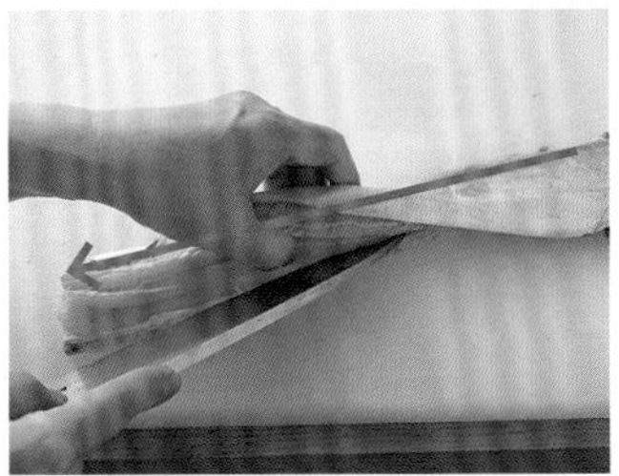

5 배를 내 앞으로 오게 놓고, 등뼈 위에 칼을 넣는다. 2~3회 칼을 넣어 잘라나가 살을 떼어낸다.

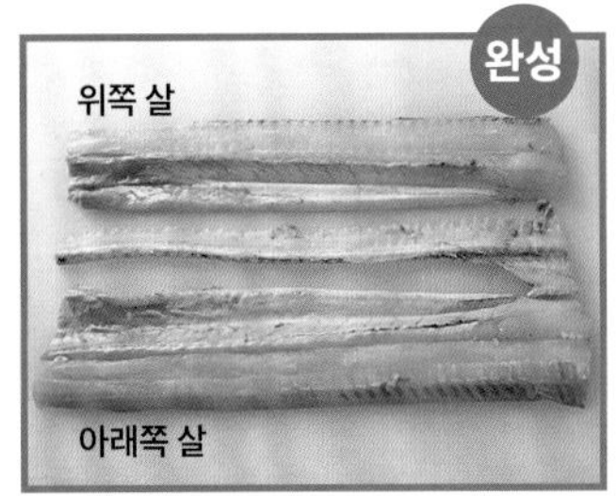

세 장 뜨기 한 모습.

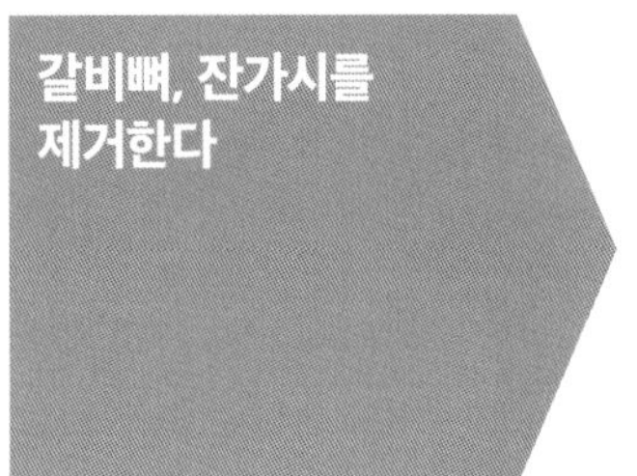

갈비뼈, 잔가시를 제거한다

사용 도구
데바보초
가시핀셋

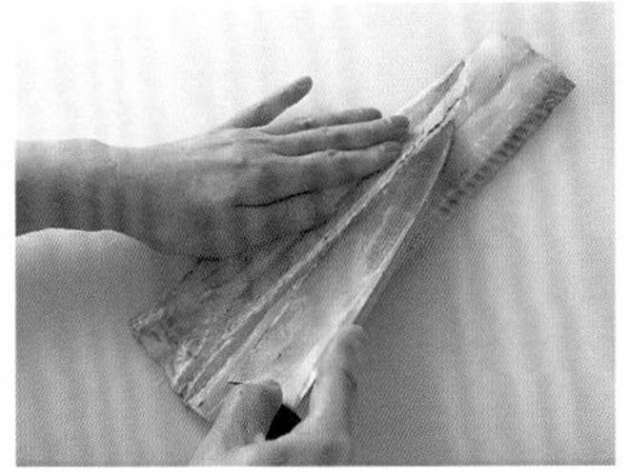

1 갈비뼈는 뿌리 부분이 그다지 바짝 붙어 있지 않으므로, 칼을 뒤집어서 경계를 낼 필요는 없다. 갈비뼈 뿌리 부분 밑으로 칼을 넣어 바로 떠내기 시작한다.

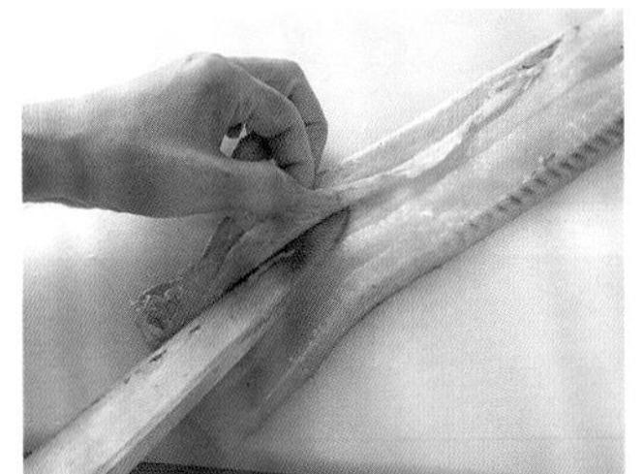

2 갈비뼈 뿌리 부분을 들어 올려가며, 떠내듯 얇게 저민다. 잔가시는 가시핀셋으로 뽑는다.

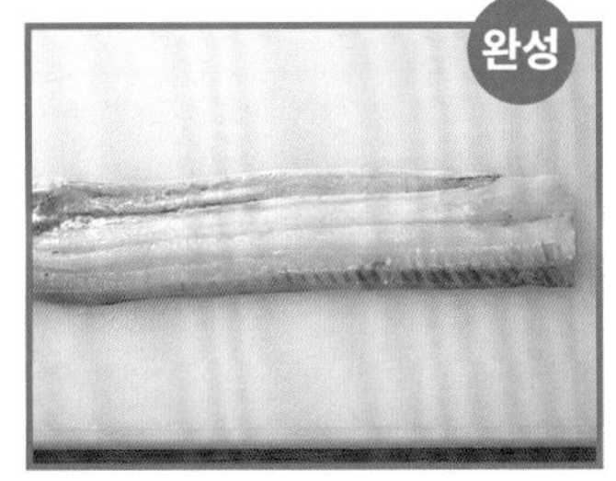

갈비뼈와 잔가시를 제거한 모습.

갈치소테, 즉석 라타투유 곁들임→오른쪽

갈치술찜

재료(2인분)

갈치(6cm 길이로 토막 낸 것) 2덩이 • 다시마 6g • 청주 2큰술 • 간장 1큰술 • 생강채(바늘처럼 얇게 채 친 것), 쪽파(조릿대 썰기한 것) 각 적당량 • 소금 적당량

만드는 법

1 갈치에 소금을 살짝 뿌리고, 10분 정도 둔다.

2 다시마를 반으로 잘라서 1장씩 그릇에 깔고, 각각에 물기를 닦은 갈치를 얹어 청주를 뿌린다.

3 김이 오른 찜기에 넣고 강불에서 8~10분 찐다.

4 찜이 완성되면 생강채와 쪽파를 섞어 얹고 간장을 뿌린다.

갈치소테, 즉석 라타투유 곁들임

재료(2인분)

갈치 살(껍질 붙은 것) 150g • 가지 1/2개 • 주키니 1/2개 • 토마토 작은 것 1개 • 이탈리안파슬리 적당량 • 소금, 후추, 밀가루, 올리브유 각 적당량

만드는 법

1 갈치에 소금을 뿌리고 5분 정도 둔다. 물기를 닦고 후추를 뿌린 뒤 밀가루를 버무린다.

2 가지와 주키니는 1cm 크기로 자르고, 소금을 살짝 뿌려 버무린다. 토마토는 꼭지를 제거하고 1cm 크기로 자른다.

3 프라이팬에 올리브유를 넣고 달구다 갈치 껍질을 밑으로 가게 늘어놓는다. 노릇한 색이 나면 뒤집어서 약한 중불로 속까지 익힌다.

4 다른 프라이팬에 올리브유를 달구다 가지와 주키니의 물기를 빼서 넣고 볶는다. 숨이 죽으면 토마토를 넣고 볶아서 수분을 날리고 소금, 후추로 간한다.

5 **4**의 프라이팬 바닥에 국물이 약간 남을 정도가 되면 그릇에 담고, **3**의 갈치를 얹어 이탈리안파슬리로 장식한 뒤 후추를 뿌린다.

날치

날치라는 이름처럼 큰 가슴지느러미로 날갯짓하여 해수면을 나는 물고기이다. 일본 주변에만 30종 이상 있으며, 돗토리 특산품인 지쿠와*와 이즈 하치조섬의 구사야* 등 날치를 사용한 명물도 많다. 선어로 특히 맛있다고 여겨지는 것은 봄에 어획되는 대형 하마토비우오(큰날치, 봄날치라고도 불린다)이다. 꽁치보다 살이 단단하므로 세 장 뜨기가 가능하나, 몸통이 가늘고 길어 한칼 뜨기 해도 좋다. 상징적인 큰 가슴지느러미를 몸통에 남기는 것이 포인트이다.

*지쿠와 : 가운데 구멍이 난 긴 어묵. *구사야 : 일본 전통 염장 건조 식품.

대표 요리

담백한 흰 살 생선이지만 독특한 냄새가 있으므로 데리야키, 튀김조림, 프라이 등 약간 진한 맛의 요리가 알맞다. 특히 신선한 날치라면 회나 소금구이도 좋고, 말려 사용하기에도 좋다.

큰날치(하마토비우오)

미즈아라이

비늘을 제거한다 (긁기)
→ 대가리를 자른다 (대가리만 잘라내기)
→ 내장을 제거한다
→ 물에 씻는다
→ 물기를 닦는다

사용 도구
데바보초

1 대가리를 왼쪽으로 가게 놓고, 칼로 꼬리에서 대가리 쪽으로 긁어 비늘을 제거한다. 등과 배, 반대쪽도 같은 요령으로 긁어 제거한다.

2 아가미 옆에 칼을 넣어 자르고, 뒤집어서 반대쪽도 같은 요령으로 칼을 넣어 대가리를 잘라낸다.

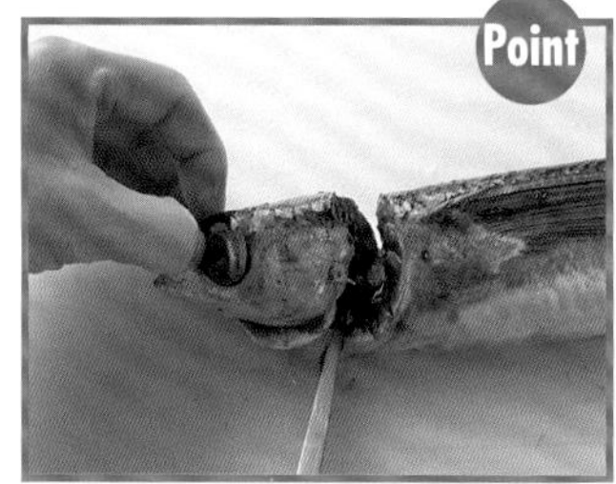

등 쪽은 아가미의 곡선 연장선상에서 자르고, 배 쪽은 턱 밑에서 자른 뒤 아가미를 따라 둥글게 대가리를 잘라낸다.

3 칼끝을 항문에 넣고, 사진과 같은 방향으로 칼을 진행시켜 배의 중심을 가른다.

4 배의 안쪽에 칼을 넣고, 칼코로 내장을 긁어 제거한다.

5 몸통을 들어 배를 위로 향하게 하고, 피막에 칼집을 1줄 넣는다.

6 볼에 담은 물에 넣고 배 속을 씻는다. 손가락으로 피를 긁어 남은 내장 등도 씻어낸다. 물기를 닦는다.

포를 뜬다
(세 장 뜨기/양면 뜨기)

사용 도구
데바보초

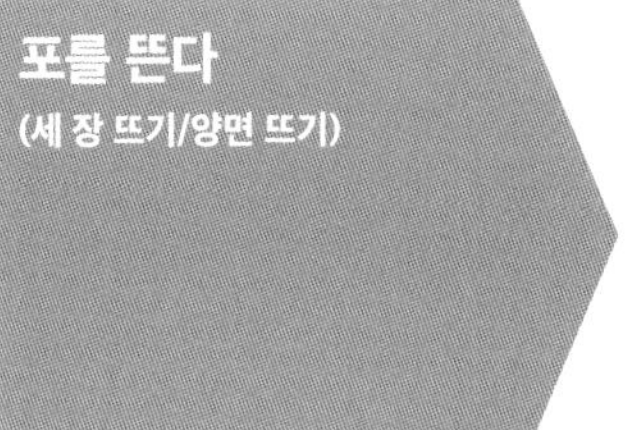

1 대가리 쪽을 오른쪽, 배를 내 앞으로 오게 놓고 항문 부위에 칼을 눕혀 넣어 꼬리 부분까지 칼집을 넣는다.

2 등뼈를 따라 칼로 중앙의 굵은 뼈 근처까지 잘라나갔다면, 갈비뼈가 붙은 부분을 칼코로 자른다.

3 등을 내 앞으로 오게 하여 등지느러미 위에 칼집을 넣는다. 등뼈를 따라 칼을 넣어, 중앙의 굵은 뼈까지 잘라나간다.

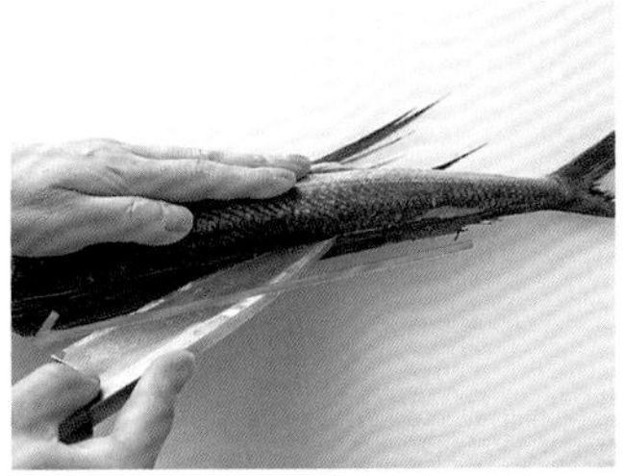

4 꼬리가 붙어 있는 부분의 등뼈 위에 칼날을 역방향으로 찔러넣어, 꼬리 근처까지 칼집을 넣는다. 칼을 뒤집어 왼손으로 꼬리를 잡고 대가리 쪽으로 칼을 움직여 살을 잘라낸다.

5 꼬리 부분을 잘라 살을 떼어낸다.

6 등뼈에 붙어 있는 반쪽 살과 등뼈가 붙어 있지 않은 반쪽 살의 2장으로 나눈 모습. 이것을 '두 장 뜨기'라고도 한다.

7 등뼈를 밑으로, 등을 내 앞으로 오게 하여 대가리 쪽에서 등뼈를 따라 2회 정도 칼을 넣고 중앙의 굵은 뼈 근처까지 칼집을 넣는다.

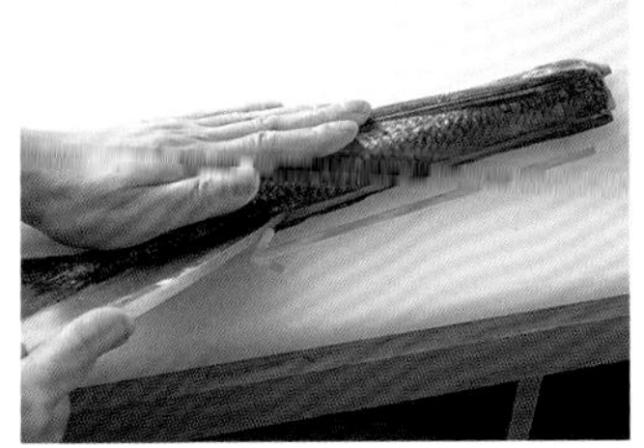

8 배를 내 앞으로 오게 놓고, 꼬리 쪽에서 칼을 넣는다.

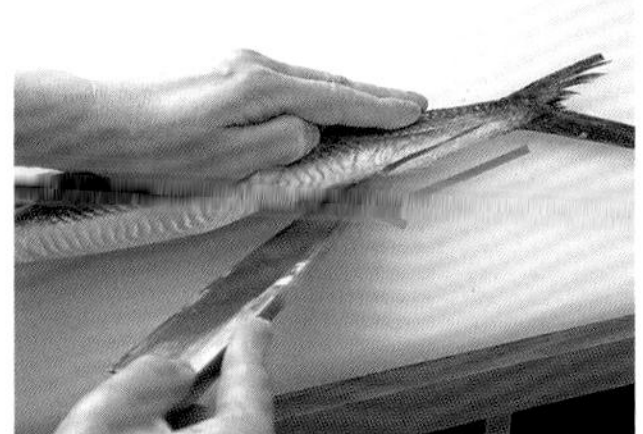

9 등뼈를 따라 칼로 중앙의 굵은 뼈 근처까지 잘라나간 뒤, 갈비뼈가 붙은 부분을 칼코로 자른다.

10 꼬리가 붙어 있는 부분의 등뼈 위에 칼을 찔러넣고, 왼손으로 꼬리를 잡아 대가리 쪽으로 칼을 타고 움직여 살을 잘라낸다.

11 꼬리 연결 부위를 자르고 살을 떼어낸다.

세 장 뜨기 한 모습.

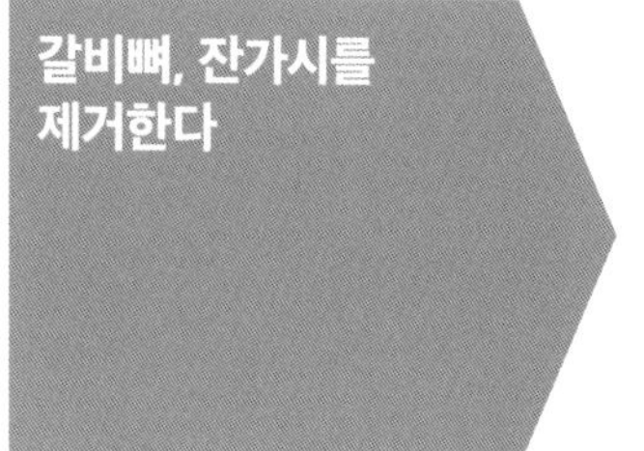

사용 도구
데바보초
가시핀셋

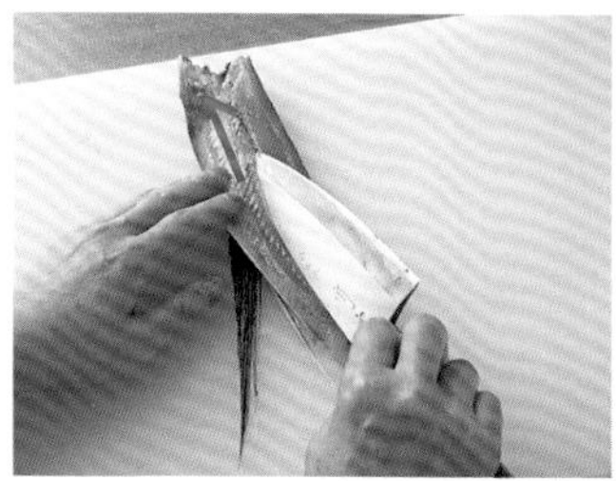

1 갈비뼈가 왼쪽으로 오게끔 세로로 놓고, 칼을 뒤집어 잡아 갈비뼈 가장자리를 따라 긋듯이 넣어 갈비뼈 뿌리 부분을 떼어낸다.

2 갈비뼈의 뿌리 부분부터 칼을 눕혀 넣고, 떠내듯 얇게 저며낸다. 잔가시는 가시핀셋으로 뽑는다.

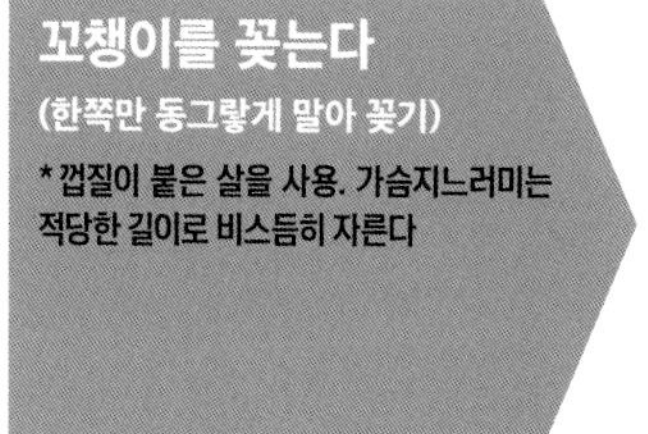

사용 도구
금속꼬챙이(15cm)

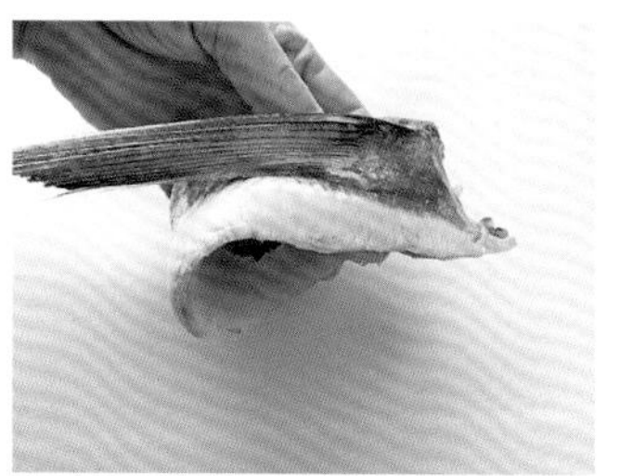

1 두툼한 대가리 쪽을 몸에서 먼 쪽으로, 껍질이 위로 향하게 손으로 잡고 내 앞에 놓인 살을 안쪽으로 접어 만다.

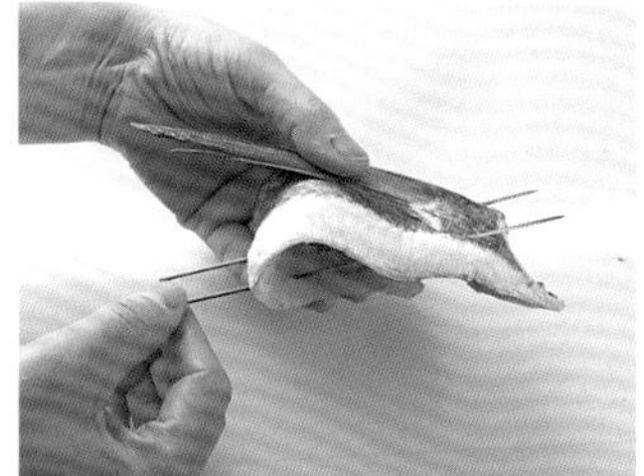

2 동그랗게 말린 살의 내 앞쪽 약간 밑에서부터 꼬챙이를 비스듬히 찔러넣고 반대편 대가리 쪽으로 찔러 뺀다. 평행하게 하여 또 하나의 꼬치를 꽂아 안정시킨다.

꼬챙이를 꽂은 모습.

날치데리야키→149쪽

날치데리야키

재료(2인분)

날치 살(지느러미, 껍질이 붙은 것) 2장(160g)·데리야키양념(90쪽 참조) 적당량·참마 50g·매실 과육 적당량

만드는 법

1 날치살에 꼬챙이를 꽂고 예열해놓은 그릴에 넣는다. 3~4분 구운 후, 데리야키양념을 발라 건조시킨다. 이것을 2~3회 반복해 빛깔 좋게 굽는다.

2 참마는 1cm 크기로 자르고, 매실 과육에 버무린다.

3 날치의 꼬챙이를 빼 그릇에 담고, 참마를 곁들인다.

광어

쫄깃한 살에 은은한 향과 고급스런 감칠맛을 지닌 광어는 도미와 어깨를 나란히 하는 고급 흰 살 생선이다. 평평하고 한쪽으로 눈이 쏠린 모습은 가자미와 흡사하나, 눈의 위치는 왼쪽이다. '큰입가자미'라는 별칭처럼 입이 크고 이빨도 날카롭다. 최근에는 양식도 성행해 어획량의 80% 이상을 점유하고 있다. 자연산은 뒤집은 면이 새하얗고, 양식 광어에는 갈색 반점이 있다. 너비가 넓고 평평하면서 몸통이 얇은 광어의 살을 낭비 없이 발라내기 위해서는 앞뒷면 모두 등살, 뱃살로 나누어 다섯 장 뜨기 한다.

대표 요리

회를 뜨는 것이 가장 좋다. 얇게 저며 썬 회나 아라이, 다시마숙성회도 맛이 좋다. 지느러미 부분의 엔가와에는 콜라겐이 많고 지방분도 적당하며, 독특한 맛이 있어 귀하게 여겨진다.

미즈아라이

비늘을 제거한다 (깎기)
→ 대가리를 자른다 (대가리만 자르기)
→ 내장을 제거한다
→ 간을 떼어낸다
→ 물에 씻는다
→ 물기를 닦는다

사용 도구
야나기바보초
데바보초

1 대가리를 오른쪽으로 향하게 놓고 야나기바보초를 뒤집어 잡는다. 칼을 붙여 꼬리 쪽의 비늘과 껍질 사이에 칼을 넣고, 대가리 방향으로 위아래로 움직여 비늘을 얇은 껍질째 저며낸다.

2 등과 배지느러미 주위와 대가리 주변 등의 비늘은 데바보초의 칼코, 칼턱을 사용해 긁어낸다.

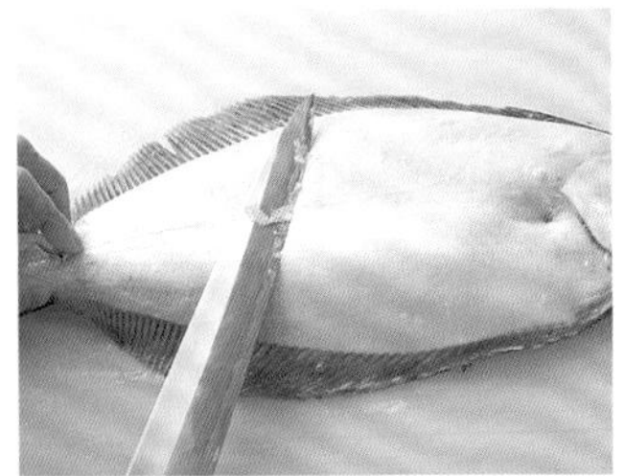

3 반대쪽도 **1**과 같은 요령으로 비늘을 칼로 깎아낸다.

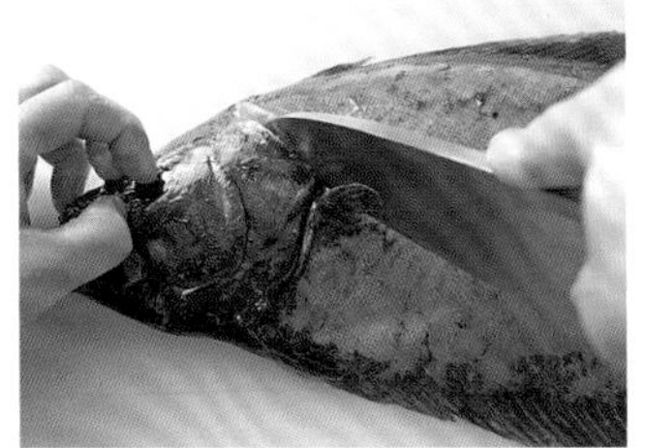

4 앞으로 뒤집어서 대가리를 왼쪽으로 놓고, 아가미를 따라 가슴지느러미까지 데바보초의 칼코로 비스듬히 칼집을 넣는다.

5 아가미덮개를 열고 아가미를 따라 비스듬히 칼집을 넣는다.

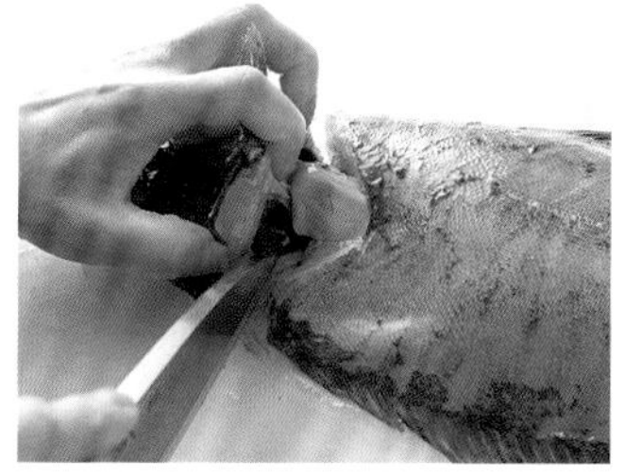

6 등뼈를 끊어 대가리를 떼어낸다. 간이 뭉개지지 않게 한 번에 칼을 넣지 말고 조금씩 칼집을 넣어간다.

7 대가리와 함께 내장을 당겨 뺀다.

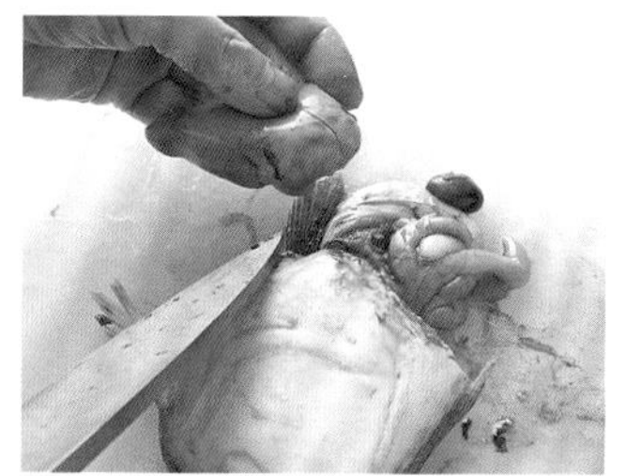

8 떼어낸 내장을 칼로 눌러가며 손으로 간을 떼어낸다. 담낭이 터지지 않게 주의한다.

9 볼에 물을 담아 배 속에 손가락을 넣고, 남은 내장 등을 씻어낸 후 물기를 닦는다.

사용 도구
데바보초

1 껍질 면을 위로, 대가리 쪽을 내 앞으로 오게 놓고, 측선(중앙의 줄)을 따라 중앙의 굵은 뼈에 닿게끔 세로로 칼집을 넣는다.

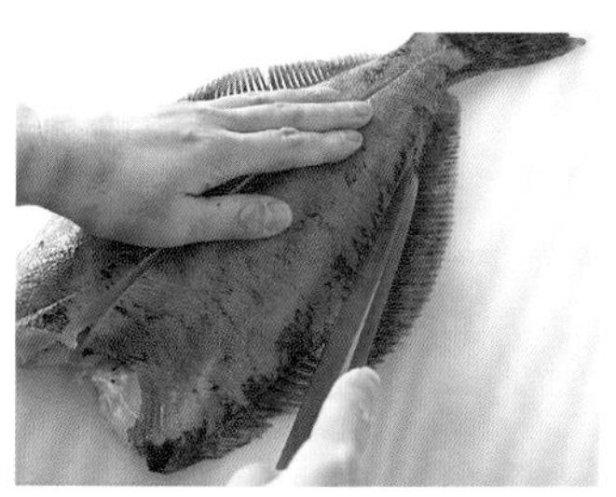

2 볼기지느러미 주위에서 5mm 정도 안쪽에 칼을 대고, 지느러미 뿌리를 따라 칼집을 넣는다.

3 등지느러미 쪽도 같은 요령으로 지느러미 뿌리를 따라 칼집을 넣는다.

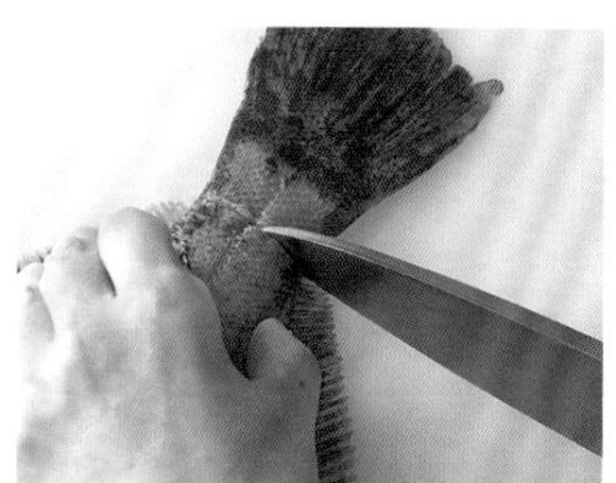

4 꼬리 부분에 칼집을 넣는다.

5 중앙의 칼집을 따라 등살에 칼을 눕혀 넣고, 등뼈 위를 타고 미끄러지듯 위아래로 당겨가며 잘라나간다.

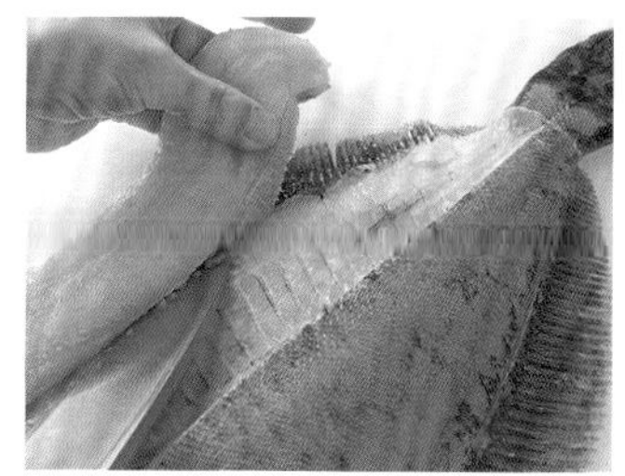

6 살을 들어 올려가며 칼을 넣는다. 그대로 대가리 쪽까지 잘라나가다 지느러미살을 붙인 채로 지느러미 근처에서 살을 잘라 떼어낸다.

7 위아래 방향을 바꿔 같은 요령으로 뱃살을 잘라 떼어낸다.

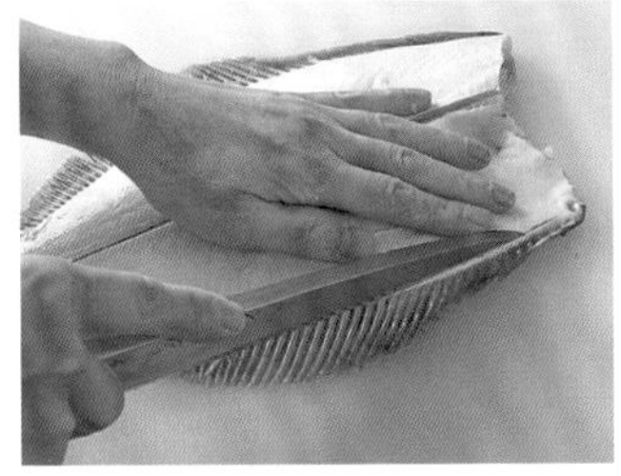

8 몸통을 뒤집어서 꼬리를 내 앞으로 오게 놓고, 중앙에 세로로 칼집을 넣은 뒤 양쪽 지느러미가 붙은 부분을 따라 칼집을 넣는다.

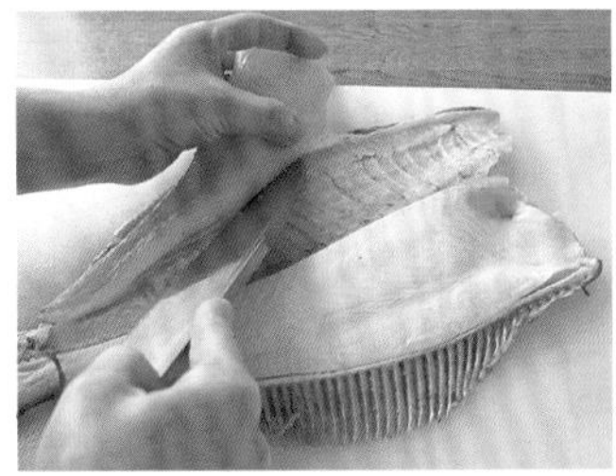

9 꼬리 부분을 자르고, 중앙의 칼집에 칼을 넣어 등뼈를 타고 잘라나가 지느러미살을 붙인 채로 살을 떼어낸다.

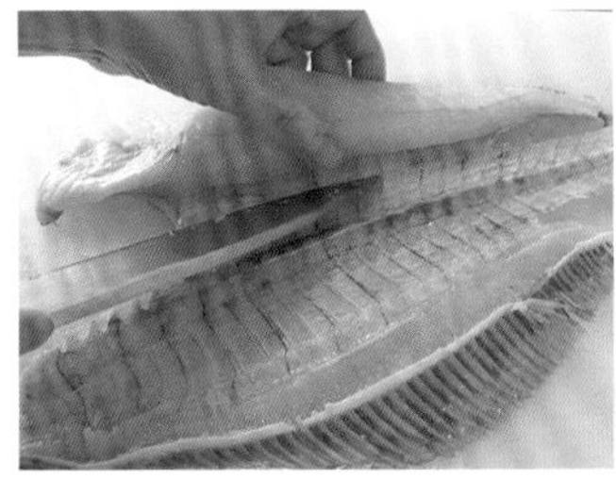

10 위아래 방향을 바꾸고, 뱃살을 같은 요령으로 잘라 떼어낸다.

다섯 장 뜨기 한 모습.

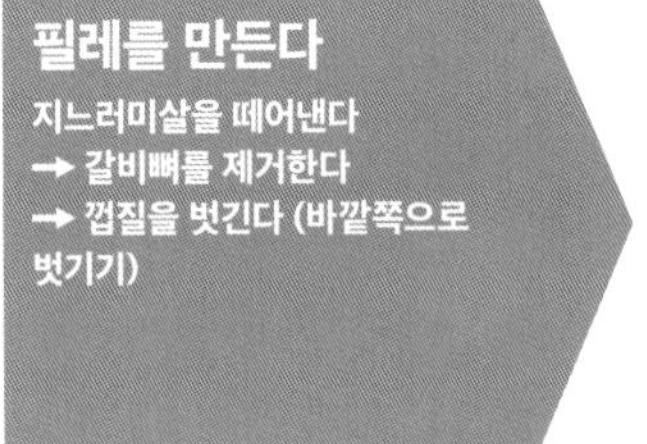

사용 도구
데바보초

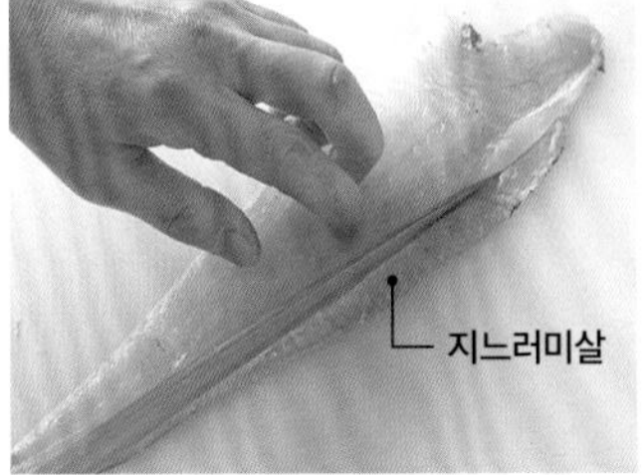

1 껍질을 밑으로, 꼬리 쪽을 내 앞으로 오게 놓고 대가리 쪽에서 꼬리 쪽으로 살과 지느러미살의 경계에 칼을 넣어 잘라낸다.

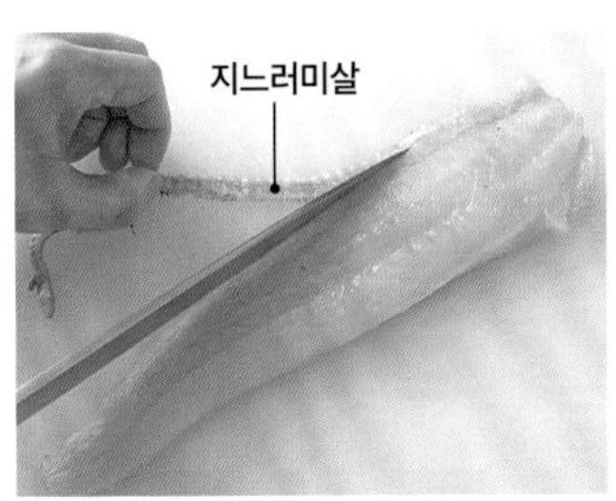

2 나머지 살도 같은 요령으로 지느러미살을 떼어낸다.

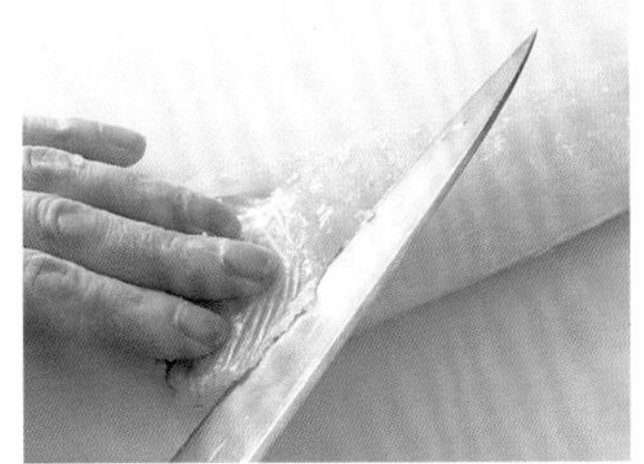

3 갈비뼈를 왼쪽으로 놓고, 갈비뼈 뿌리 부분을 뒤집어 잡은 칼로 분리한 뒤, 원래대로 잡아 뼈를 얇게 떠낸다.

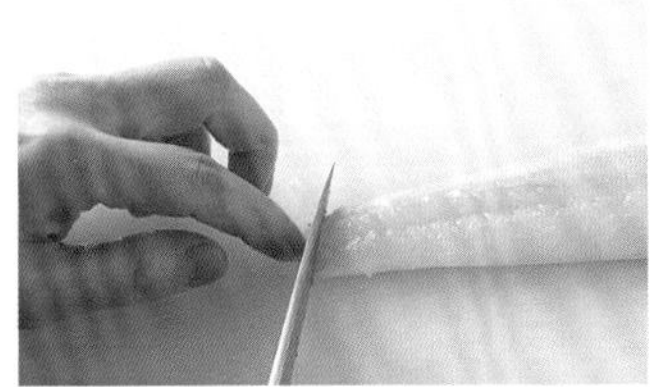

4 껍질을 밑으로, 꼬리 쪽을 왼쪽으로 오게 놓는다. 왼쪽 끝의 살과 껍질 사이에 칼집을 넣는다.

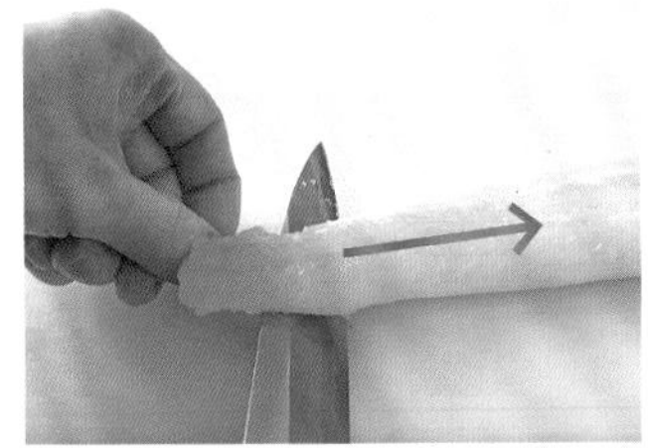

5 칼을 눕혀 살과 껍질 사이에 넣고, 왼손으로 껍질을 당기면서 칼을 도마에 바싹 붙여 오른쪽 방향으로 밀어 껍질을 제거한다.

껍질을 제거한 모습.

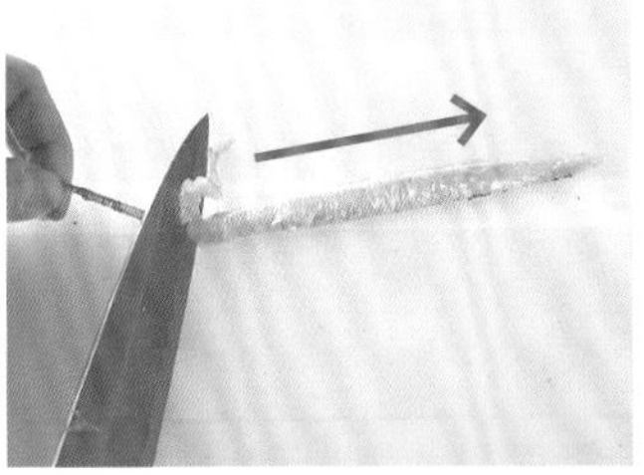

6 지느러미살의 껍질을 밑으로 놓고, 왼쪽 끝의 껍질과 살 사이에 칼을 눕혀 넣어 껍질을 당기면서 칼을 오른쪽 방향으로 움직여 껍질을 제거한다.

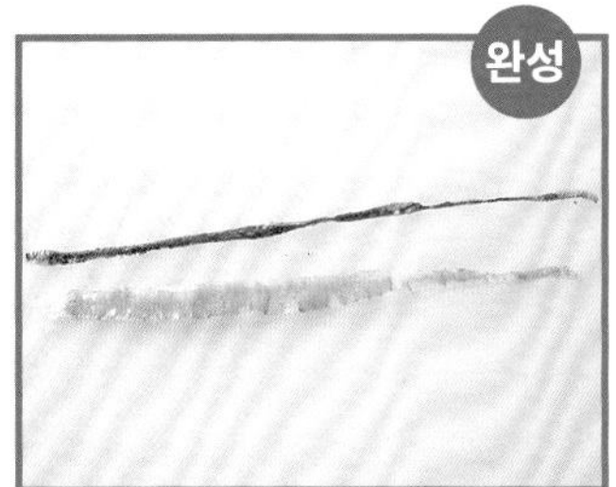

껍질을 제거한 모습.

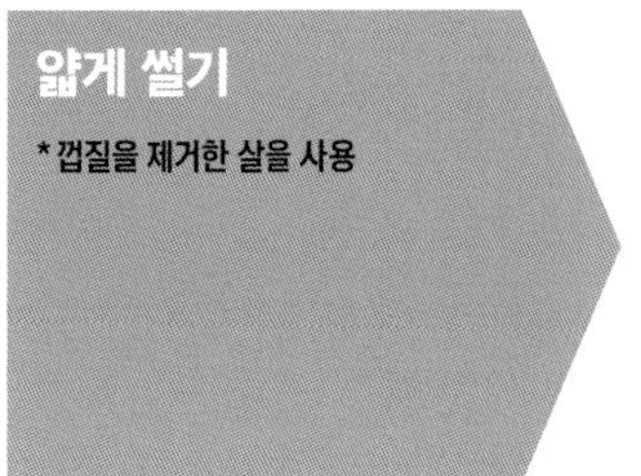

사용 도구
야나기바보초

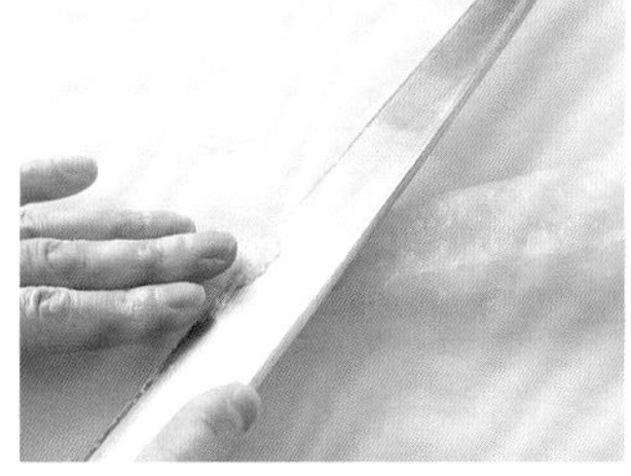

1 꼬리 쪽을 왼쪽으로, 살이 얇은 쪽을 내 쪽으로 놓고, 칼을 비스듬히 눕혀 칼턱을 살에 대 내 앞쪽으로 슥 하고 한 번에 당긴다.

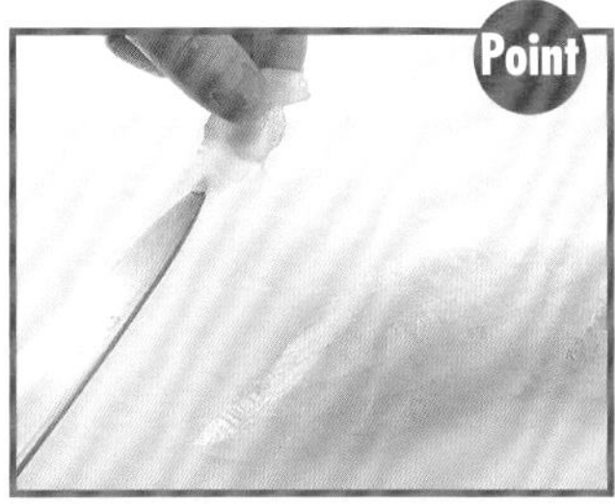

칼턱에서 칼끝까지 전체를 사용해 살을 얇게 저미고, 마지막에 칼을 살짝 세워 잘라낸다. 회를 옮길 때는 칼을 이용해 같이 옮긴다.

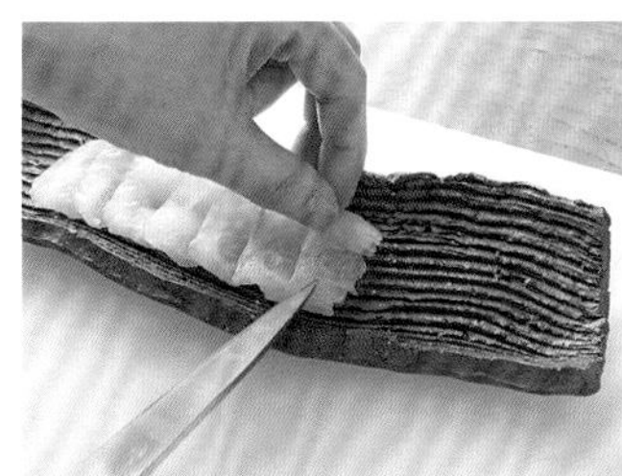

2 썰어낸 살을 그대로 1장씩 그릇에 배열한다. 그릇의 길이에 맞춰 담는다.

얇게 썬 광어회 → 아래쪽

얇게 썬 광어회

재료(2인분)

광어횟감과 벗겨낸 껍질 1/4마리분 • 적차조기순, 식용 국화꽃 각 적당량 • **영귤간장**[청주 1큰술, 간장 1큰술, 영귤즙 1큰술] • 간 무, 실파(단면 썰기 한 것), 고춧가루 각 적당량

만드는 법

1 광어는 얇게 저며 썰어 그릇에 담고, 지느러미살과 데친 껍질을 옆에 곁들여 국화꽃과 차조기순으로 장식한다.

2 영귤간장에 들어가는 청주를 내열 용기에 넣어 랩을 씌우지 않고 30초 돌려 알코올을 날린 뒤 간장, 영귤즙과 섞는다. 간 무, 실파, 고춧가루와 섞어 작은 종지에 담아 함께 낸다.

방어

성장과 함께 부르는 이름도 달라지는 '생선'의 대표 격. 간토 지역에서는 '와카시-이나고-와라사-부리', 간사이 지역에서는 '쓰바스-하마치-메지나-부리'로 변한다. 기름이 오른 간부리(겨울 방어)는 간사이에서 호쿠리쿠 지역에 걸쳐 정월에 행하는 의식에서 먹는 생선으로서 중요한 의미를 지니고 있다. '히미부리' '노토부리' '사도부리' 등 호쿠리쿠가 명산지로 알려져 있다. 지방분이 많이 함유된 살은 부드러워 부서지기 쉽고 비늘은 작기 때문에 칼로 깎아 제거한다.

대표 요리

기름이 오른 방어는 데리야키, 소금구이, 무와 함께 조린 아라니*, 미소즈케*, 가스지루* 등이 대표적이다. 기름이 적당히 빠지는 방어샤부도 추천한다. 살과 뼈 모두 버릴 것 없이 모두 사용이 가능하다.

*아라니: 생선 뼈를 채소와 함께 끓인 것.
*미소즈케: 된장에 절인 것.
*가스지루: 방어나 연어 등의 뼈, 무, 우엉 등을 넣은 국물에 술지게미를 풀고 된장과 간장 등으로 간을 한 국물 요리.

재료 선택 포인트

미즈아라이

비늘을 제거한다 (깎기)
→ 대가리를 자른다 (가슴지느러미 같이 자르기)
→ 내장을 제거한다
→ 물에 씻는다
→ 물기를 닦는다

사용 도구
야나기바보초
데바보초

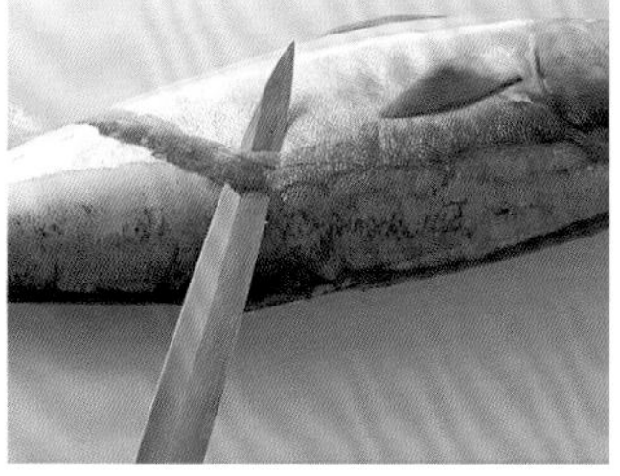

1 대가리를 오른쪽으로 오게 놓고, 야나기바보초를 뒤집어 잡고 붙여 꼬리 쪽부터 비늘을 깎아낸다. 등 쪽도 꼼꼼하게 제거한다.

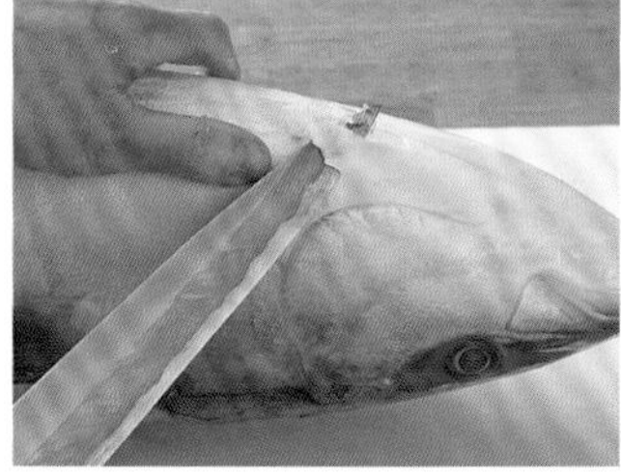

2 배를 위로 향하게 하여 같은 요령으로 비늘을 저며낸다. 데바보초로 바꿔 지느러미 주위와 대가리 주변 등의 비늘을 긁어 제거한다. 반대쪽도 **1**과 같은 요령으로 한다.

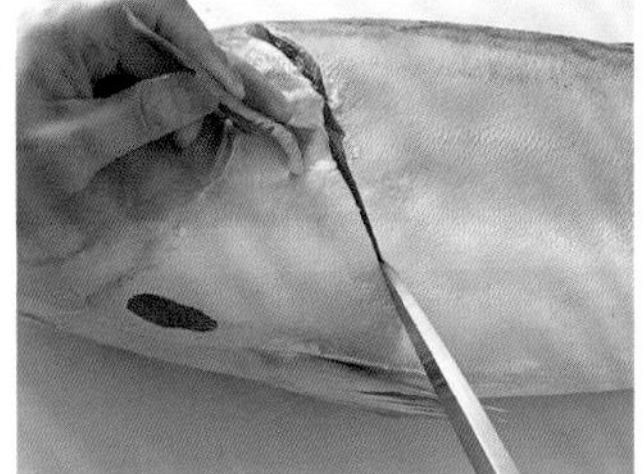

3 대가리를 왼쪽, 배를 내 앞으로 오게 놓고 대가리가 붙은 부분부터 가슴지느러미 뒤쪽, 배지느러미 뒤쪽으로 비스듬히 칼집을 넣는다.

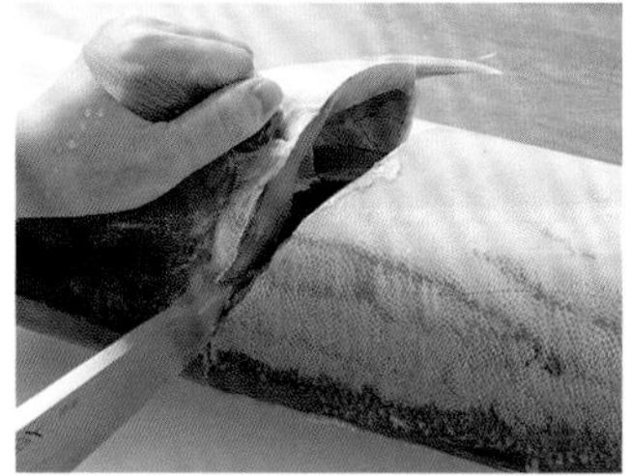

4 몸통을 뒤집어서 배를 내 앞으로 오게 하고, **3**에서 넣은 칼집처럼 배지느러미 뒤쪽에서 가슴지느러미 뒤쪽, 대가리가 붙은 부분까지 비스듬히 자른다.

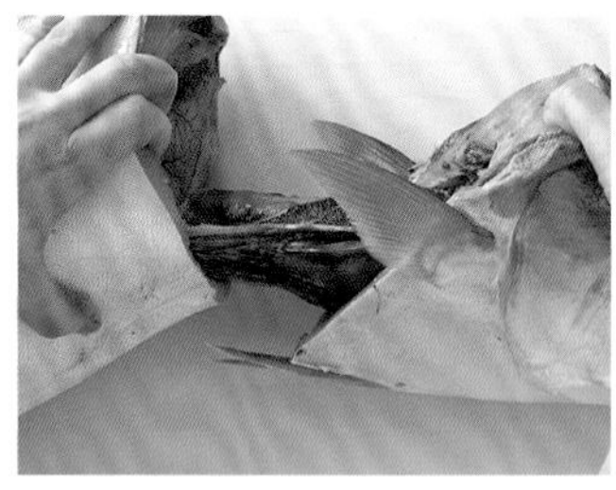

5 잘라낸 대가리와 함께 내장을 당겨 뺀다.

6 사진과 같은 모습으로 항문에 칼끝을 찔러 대가리 쪽까지 칼집을 넣고, 배를 갈라 남아 있는 내장을 꺼낸다.

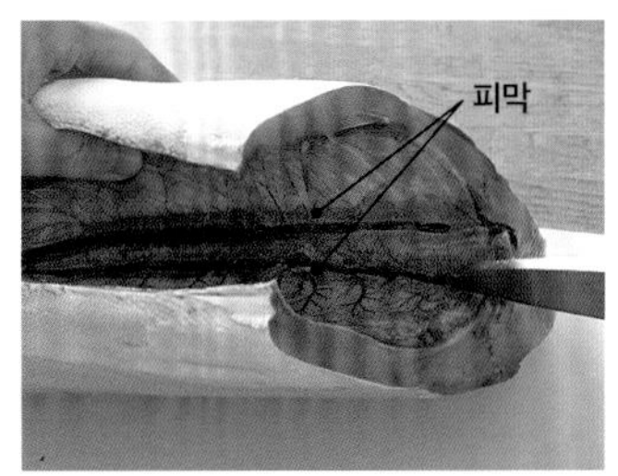

7 피막에 칼끝으로 칼집을 넣는다.

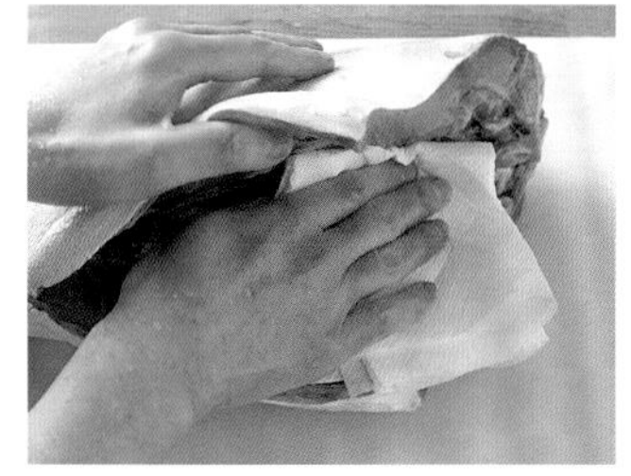

8 흐르는 물을 손등에 닿게 하며, 칫솔을 사용해 피를 문질러 닦는다. 남은 내장과 이물질도 깨끗하게 씻어낸다. 배 속에 있는 물기도 닦는다.

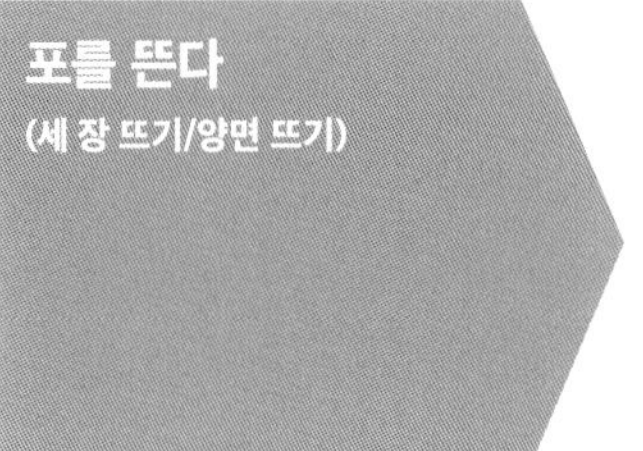

포를 뜬다
(세 장 뜨기/양면 뜨기)

사용 도구
데바보초

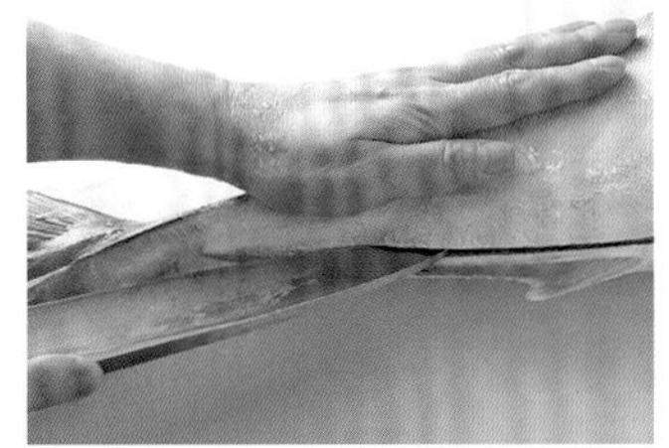

1 대가리 쪽을 오른쪽, 배를 내 앞으로 오게 놓고 항문 부위에 칼을 눕혀 넣어 꼬리까지 칼집을 넣는다.

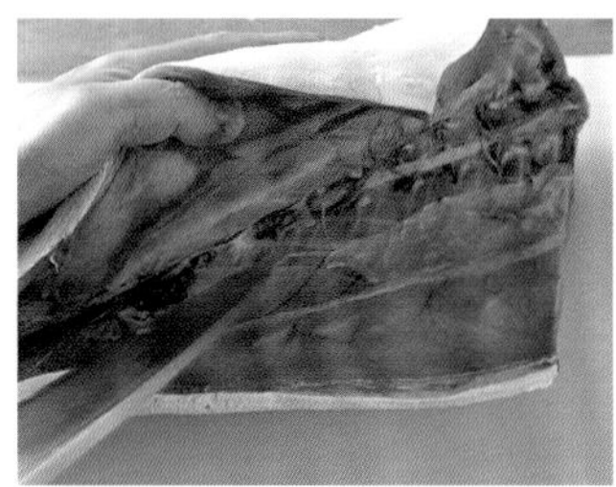

2 등뼈를 따라 칼을 움직여 중앙의 굵은 뼈까지 잘라나간다. 갈비뼈가 붙어 있는 부분을 자른다.

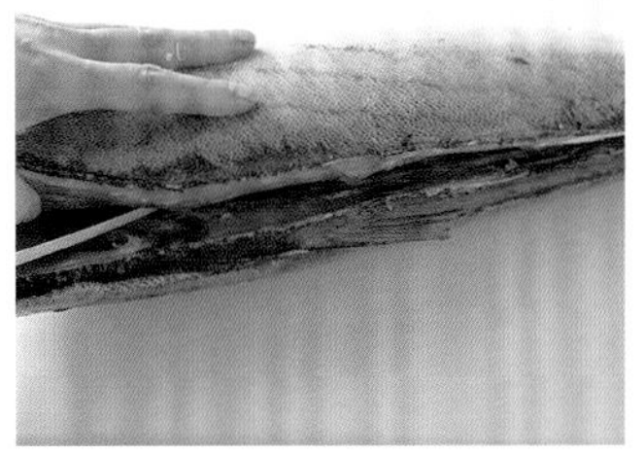

3 꼬리를 오른쪽, 등을 내 앞으로 하여 등지느러미 위에 칼집을 넣는다. 몇 번 반복하여 중앙의 굵은 뼈까지 잘라나간다.

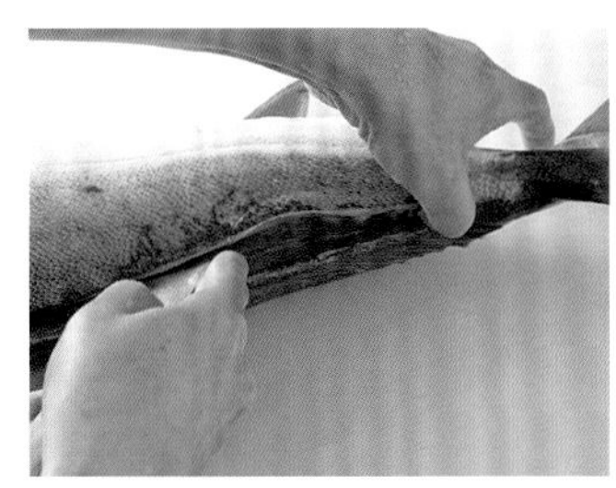

4 꼬리 부분에 반대로 칼을 찔러넣고, 다시 뒤집어 꼬리 쪽을 누르면서 등뼈를 따라 칼을 진행시킨다.

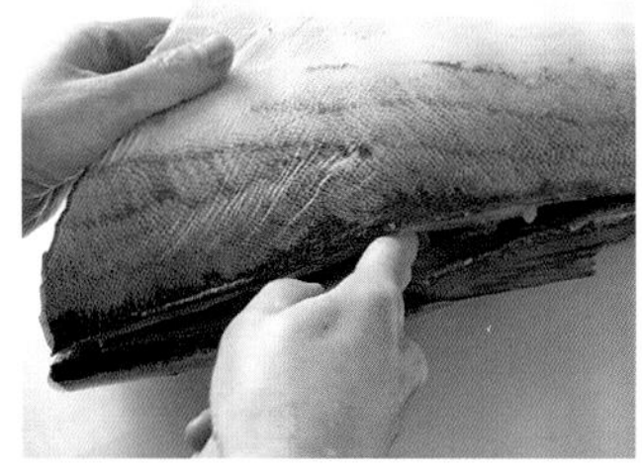

5 중간 정도까지 자른 뒤, 왼손으로 뱃살을 들어 올려가며 대가리 쪽까지 칼을 넣어 자르고, 갈비뼈가 붙은 부분을 자른다.

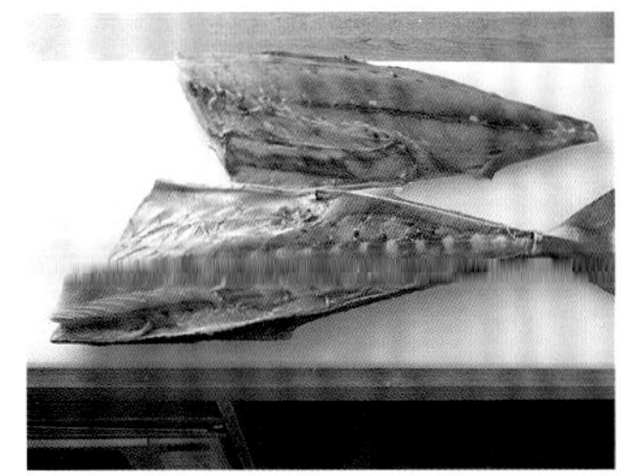

6 등뼈가 붙어 있는 반쪽 살과 그렇지 않은 반쪽 살 2장으로 잘라 나눈 모습. 이것을 두 장 뜨기라고 한다.

7 등뼈를 밑으로, 꼬리를 왼쪽으로 놓고 **3**의 요령으로 등지느러미 위의 대가리 쪽에서 칼을 넣는다.

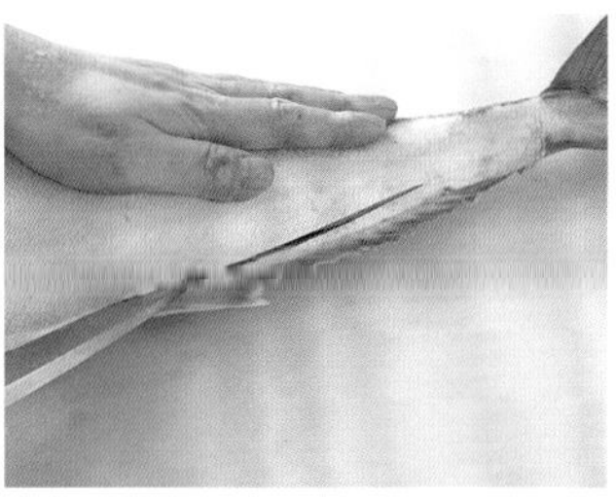

8 방향을 바꿔 배를 내 앞으로 오게 놓고, 꼬리 부분부터 칼을 넣어 중앙의 굵은 뼈까지 칼집을 넣는다.

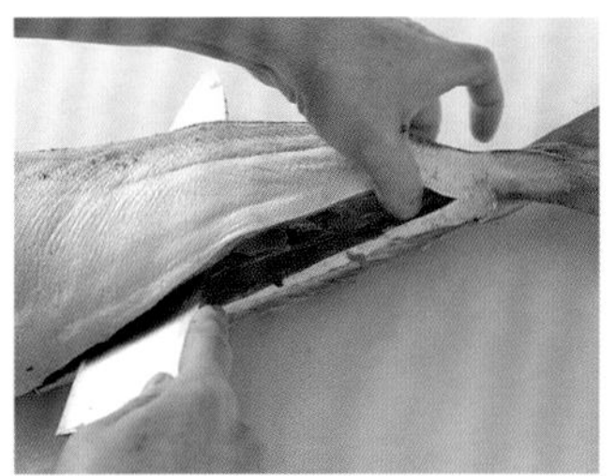

9 꼬리 쪽에 반대로 잡은 칼을 찔러넣고, 다시 뒤집어 **4**와 같은 요령으로 잘라간다. **5**와 같은 방법으로 하여 살을 떼어낸다.

세 장 뜨기 한 모습.

혈합육을 제거하고 살을 나눈다

*세 장 뜨기 한 위쪽 살을 사용

사용 도구
데바보초

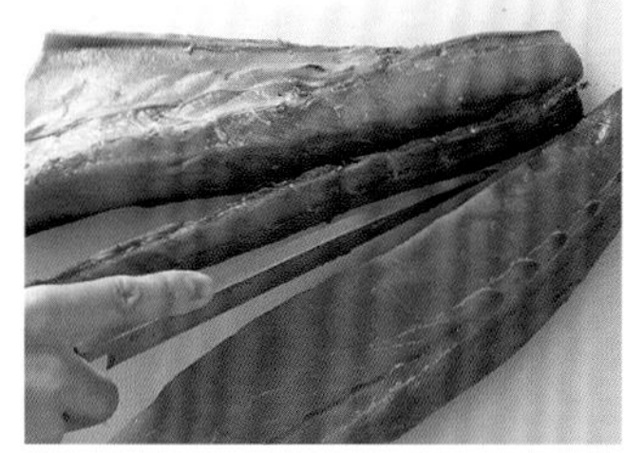

1 대가리 쪽을 내 앞으로 오게 놓고, 혈합육과 잔가시가 뱃살(왼쪽)에 남게 등살(오른쪽)을 잘라낸다. 이후, 핏길과 잔가시를 잘라낸다.

2 갈비뼈가 왼쪽으로 가게 뱃살을 놓고, 칼날을 뒤집어 잡고 갈비뼈 뿌리 부분을 떼어낸 후 떠내듯 얇게 저며낸다.

혈합육을 제거하고 등살과 뱃살로 나눈 모습.

토막 낸다

*아래쪽 살을 사용

사용 도구
데바보초

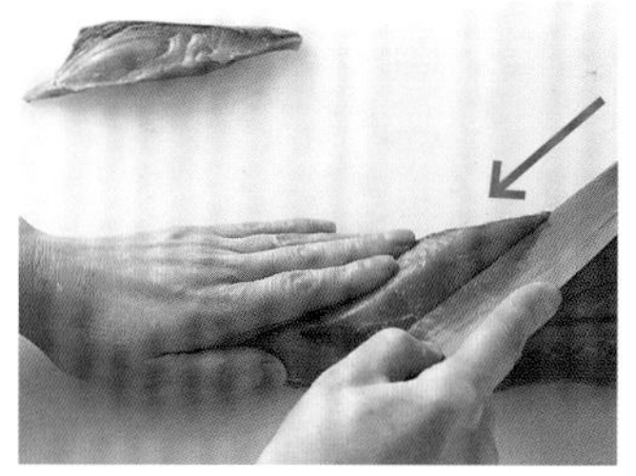

1 등살(살이 두껍고 폭이 좁다)은 껍질을 밑으로, 얇은 쪽 살을 내 쪽으로 놓고 칼을 눕혀 왼쪽부터 2cm 두께에 칼턱을 댄다.

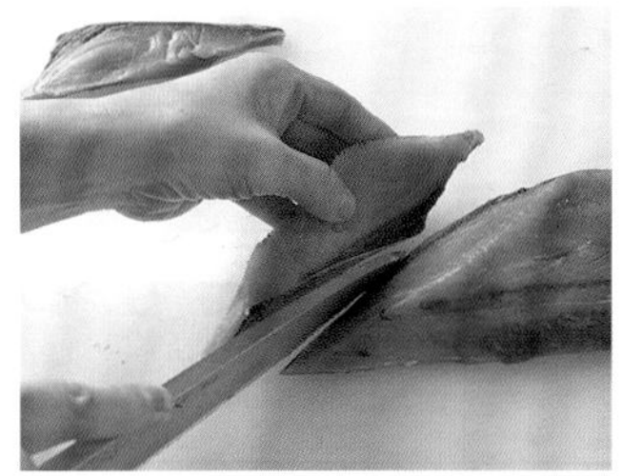

2 칼을 당기면서 칼날 전체를 사용해 저미듯 썬다. 마지막에 칼을 살짝 세워 잘라낸다.

등살을 토막 낸 모습. *전체적으로 같은 두께와 길이가 되게끔 칼의 각도와 방향을 조절한다.

방어데리야키→159쪽

3 뱃살(살의 두께와 폭이 가지런하지 않다)은 껍질을 밑으로 하여 높은 쪽 살을 앞으로 놓고, 칼코를 살의 두께 2cm 지점에 비스듬히 댄다.

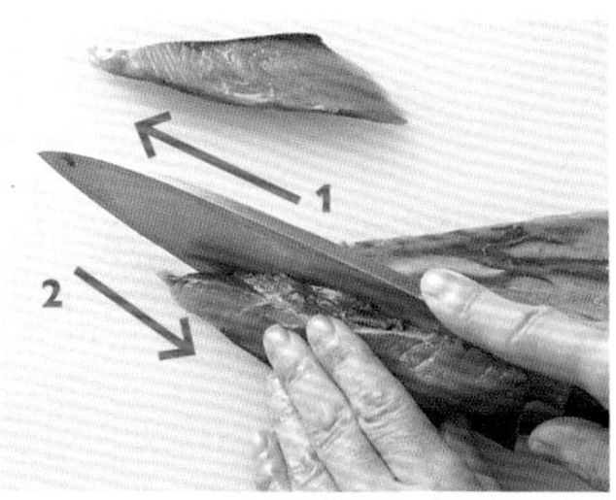

4 칼을 앞으로 눌러내듯 하여 자르고(**1**), 칼턱까지 진행되었으면 내 쪽으로 당기면서 잘라낸다(**2**).

뱃살을 토막 낸 모습. *전체적으로 같은 두께, 같은 길이가 되게끔 칼의 각도와 방향을 조절한다.

방어데리야키→159쪽

뼈를 잘라 나눈다

대가리를 가른다 (나시와리)
→ 가마를 떼어낸다
→ 잘라 나눈다
→ 등뼈를 잘라 나눈다

사용 도구
데바보초

1 눈을 내 앞으로 오게 대가리를 세워 놓고, 두 개의 앞니 사이에 칼코를 찔러 넣는다.

2 칼을 수직으로 잘라 내린다. 단단한 부분은 왼손 주먹으로 칼등을 두드려 눌러 자른다. 대가리에 남은 아가미는 연결 부위를 잘라 제거한다.

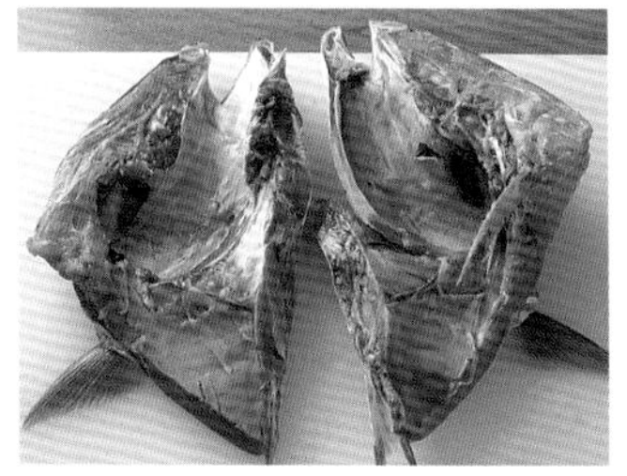

3 대가리를 펼쳐 아래턱과 가마가 연결된 부분을 칼턱으로 두드려 잘라내고 좌우 2등분한다.

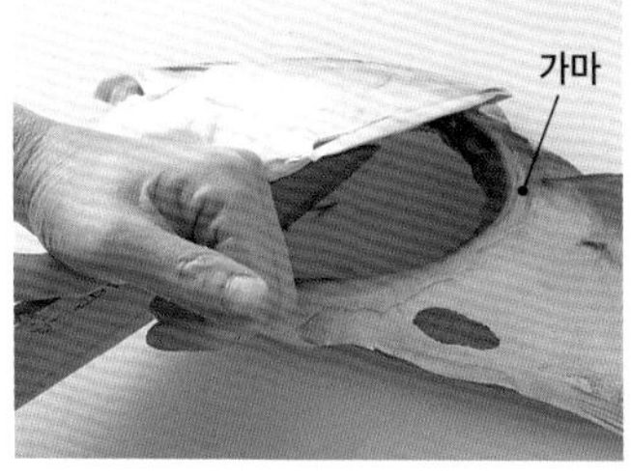

4 껍질 쪽을 위로 오게 놓고 아가미덮개를 열어 가마와 대가리 연결 부분에 칼을 넣는다. 왼손으로 칼등을 두드려 가마를 잘라낸다.

5 눈과 입 사이에 칼집을 낸다. 뼈가 단단하므로 칼끝을 찔러넣고 칼코에 꾸욱 힘을 넣어 눌러 자른다.

6 몸통을 뒤집어서 **5**의 칼집 끝에서 아가미덮개 쪽으로 칼을 넣어 눈을 네모나게 잘라낸다. 그 후, 가마 부분도 먹기 편한 크기로 맞춰 잘라 나눈다.

잘라 나눈 대가리. *살이 없는 부분은 다시용.

방어무조림→159쪽

7 등뼈는 꼬리를 왼쪽으로 가게 놓고, 관절 부분에 칼턱을 대고 꾹 눌러 자른다. 등지느러미, 볼기지느러미, 꼬리지느러미도 같은 방법으로 잘라낸다.

잘라 나눈 등뼈.

방어무조림→159쪽

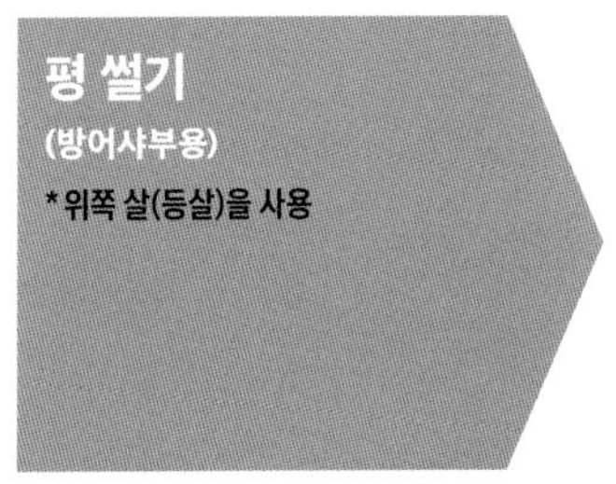

사용 도구
데바보초

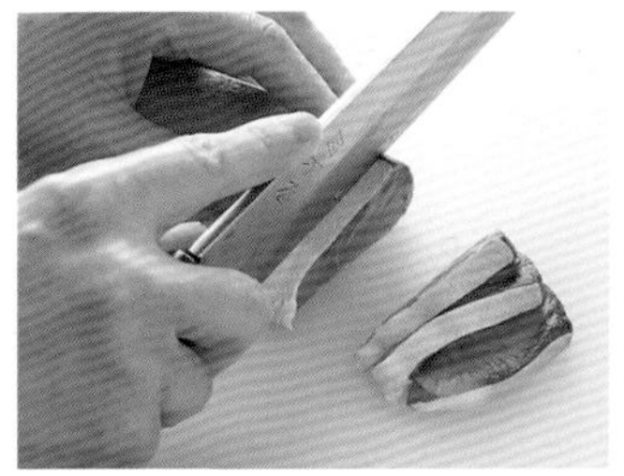

1 껍질 쪽을 위로, 살이 얇은 쪽을 내 쪽으로 놓고 오른쪽 끝에서부터 칼날 전체를 사용해 한 번에 당겨 썬다. 표준 두께는 5mm.

2 1점 자를 때마다 칼로 오른쪽으로 보낸다.

평 썰기 한 모습.

방어샤부→아래쪽

방어샤부

재료(2인분)

방어(얇게 평 썰기 한 것) 약 150g•배추, 쑥갓 각 적당량•다시마육수 적당량•**영귤간장** [청주 1큰술, 간장 1큰술, 영귤즙 1큰술]•실파(단면 썰기 한 것), 간 무에 고춧가루 넣은 것 각 적당량

만드는 법

1 방어, 한 입 크기로 자른 배추, 쑥갓을 그릇에 함께 담는다.

2 영귤간장을 만들 분량의 청주를 내열 용기에 넣어 랩을 씌우지 않고 30초 돌려 알코올을 날리고 간장, 영귤즙을 섞는다. 간 무, 실파와 함께 그릇에 담아낸다.

3 다시마육수를 작은 냄비에 넣어 가열하고, **1**을 살짝 데쳐 **2**에 찍어 먹는다.

방어데리야키

재료(2인분)

방어 살(토막 낸 것) 2덩이 • **절임소스**[청주, 간장 각 1큰술, 미림 1과 1/3큰술, 생강즙 약간] • 간 무 적당량 • 볶지 않고 착즙한 참기름 적당량

만드는 법

1 방어는 소스에 15분 정도 담근 후 건져 물기를 닦는다. 소스는 버리지 말고 둔다.

2 프라이팬에 참기름을 달구다 방어를 넣고 약한 중불에서 양면을 굽는다.

3 절임소스를 넣고 강불에 조린다. 농도가 진해질 정도로 조려 방어를 그릇에 담아 소스를 끼얹고 간 무를 곁들인다.

방어무조림

재료(2인분)

방어 뼈(잘라 나눈 것) 1/2마리 분량 • 무 10cm • **밑간용 국물**[청주, 물 각 1컵, 다시마 5g, 생강(슬라이스) 4장] • 미림 5큰술 • 간장 1큰술 • 다마리간장 1/2큰술 • 소금, 생강채(바늘같이 얇게 채 친 것) 각 적당량

만드는 법

1 방어 뼈에 소금을 뿌려 10분 두고, 80℃ 정도의 물을 듬뿍 부어 불순물을 뜨게 한다. 찬물에 넣어 남아 있는 비늘과 피를 씻어내고, 물기를 뺀다.

2 무는 2.5cm 두께로 반달 썰기 한다.

3 냄비에 밑간용 국물 재료와 **1**의 뼈를 넣고 가열한다. 끓어오르면 거품을 제거하고, 나무 뚜껑을 얹어 약불에서 약 15분 조린다.

4 무가 조림 국물에 잠기게끔 넣고, 부드러워질 때까지 약 20분 조린다. 미림을 넣고 5분, 간장을 넣고 다시 5분 조린다. 다마리간장을 넣고 강한 중불에서 전체에 조림국물을 끼얹어가며 밑바닥에 국물이 조금 남을 정도까지 조린다.

5 그릇에 담고 생강채를 얹는다.

참치

회와 초밥 재료로 사용되는 참치는 흑다랑어(참다랑어), 미나미마구로(인도다랑어), 메바치마구로(눈다랑어), 기하다마구로(황다랑어), 빈나가마구로(날개다랑어)의 5종이다. 흑다랑어는 그 희소가치로 인해 '검은 다이아몬드'라고 일컬어지는데, 특히 먹이를 쫓아 북상해 쓰가루해협에서 포획되는 오마산, 도이산 참치는 최고급품으로 고가에 거래된다.

'사쿠'라고 불리는 판 모양의 횟감 참치는 참치 1마리를 해체한 덩어리에서 잘라낸 것이다. 기름이 많고 살이 부드러운 참치는 살이 부서지는 것을 방지하기 위해 자른 살을 오른쪽으로 보내지 않고 그 자리에서 당겨 썬다.

대표 요리

우선 회나 초밥 재료로 쓴다. 날로 먹는 것 외에는 네기마나베*, 초된장무침 등을 추천한다.

*네기마나베: 대파를 넣은 참치 냄비 요리.

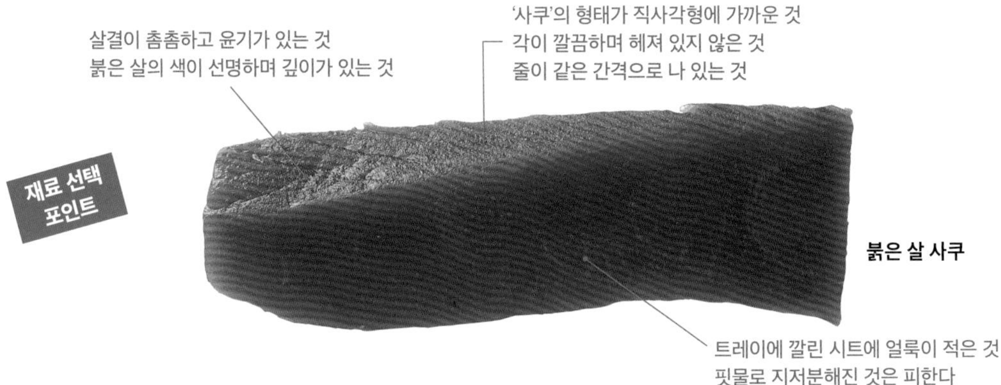

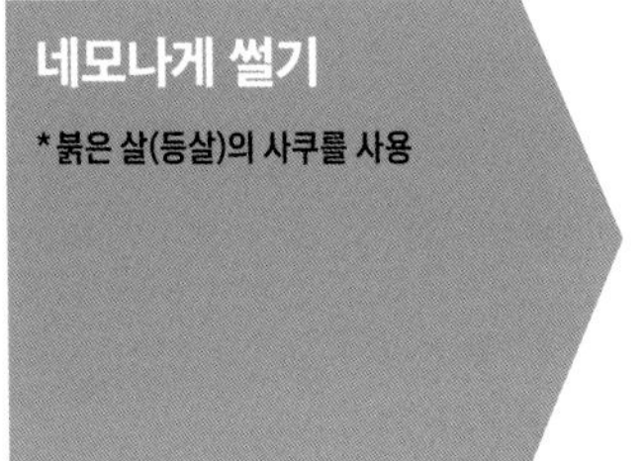

사용 도구
야나기바보초

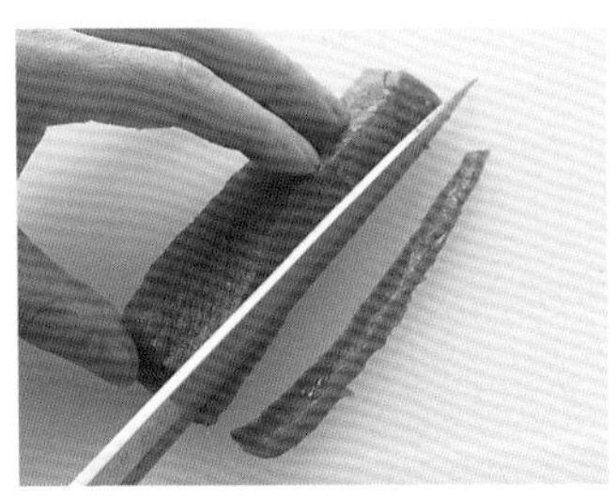

1 필레로 만든 참치 살의 끝을 잘라내 형태를 잡고, 1.5cm 두께로 썬다.

2 자른 면을 밑으로 가게 놓고, 끝에서부터 1.5cm 폭으로 잘라 단면을 1.5cm의 막대 모양으로 만든다.

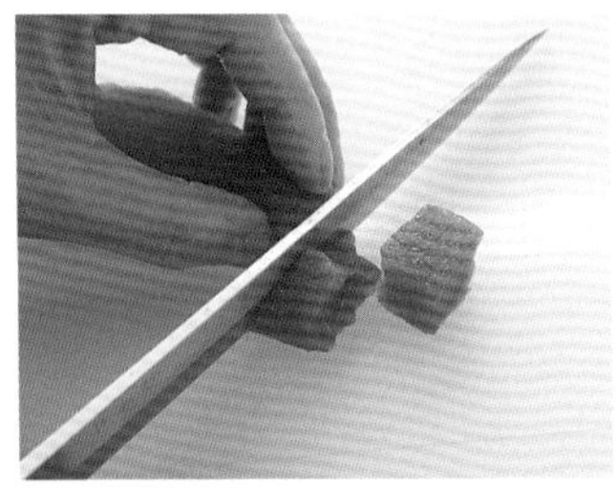

3 막대 모양으로 만든 살을 가로 방향으로 놓고, 칼턱을 오른쪽 끝에서부터 1.5cm 두께 지점의 살 모서리에 대고 한 번에 똑바로 당겨 썬다.

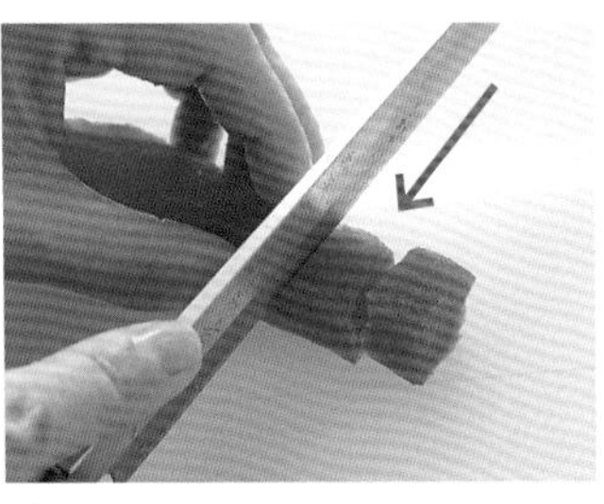

4 자른 살은 옮기지 않고 그대로 둔 뒤 남은 살을 같은 방법으로 썬다.

네모나게 썰기 한 모습.

잡아당겨 썰기
(카르파초용)

사용 도구
야나기바보초

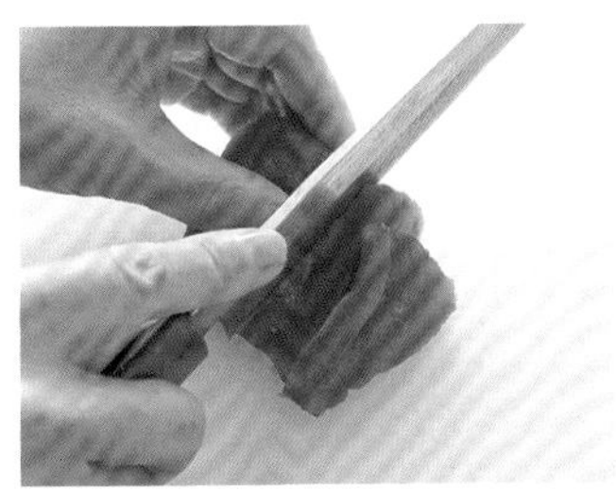

1 살이 얇은 쪽을 내 쪽으로 놓고, 칼끝을 들어올려 칼턱을 오른쪽 끝에서부터 5mm 폭 지점의 살 모서리에 댄다. 왼손은 가볍게 얹는다.

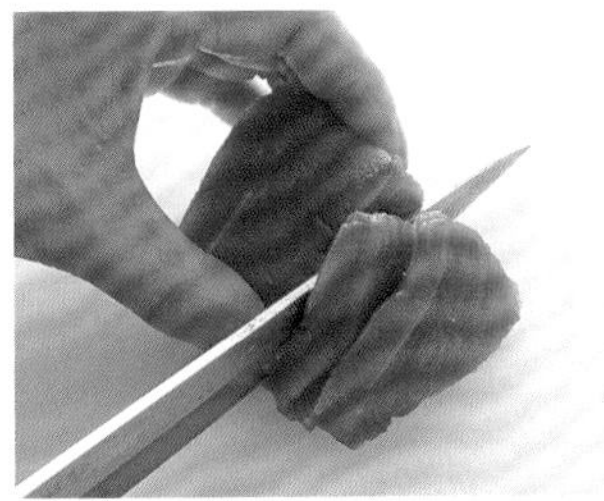

2 칼날 전체를 사용해 한 번에 당겨 썬다.

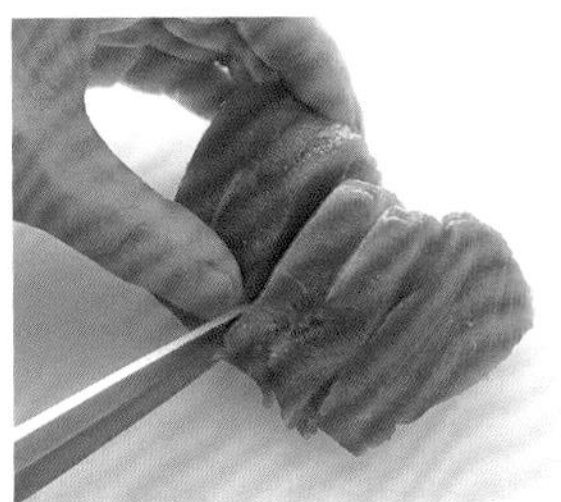

3 자른 살은 옮기지 않고 그대로 둔 뒤 남은 살을 같은 방법으로 썬다.

잡아당겨 썰기 한 모습.

참치카르파초→아래쪽

참치카르파초

재료(2인분)

참치 횟감 사쿠 200g·무순 1/3팩·어린잎 모둠 1/3팩·**소스**[마요네즈 1큰술, 머스터드 2작은술, 간 마늘, 간 생강 각 1/2개분, 간장 1작은술]

만드는 법

1 참치는 카르파초용으로 잡아당겨 썰기 하여 그릇에 올린다.

2 소스의 재료를 섞어 1에 뿌리고, 먹기 편한 크기로 자른 무순과 어린잎 모둠을 섞어 얹는다.

병어

"서쪽 바다에는 연어가 없고, 동쪽 바다에는 병어가 없다"라는 일본 속담처럼 간토 지역에서는 친숙하지 않은 생선이나, 간사이 지역 이서에서는 고급 흰 살 생선으로 즐겨 먹는다. 마나가쓰오라는 일본어 이름의 유래는 가다랑어가 없는 세토나이카이 등지에서 같은 시기에 어획되는 생선 중 가다랑어와 육질이 비슷하다는 뜻에서 '마네가쓰오(가다랑어와 닮았다는 뜻)'가 와전된 것, 찬으로 하면 맛있는 생선이란 의미의 '마나가우오'에서 와전된 것이라는 등 여러 설이 있다. 살은 단단하여 다루기 쉬운 반면, 뼈가 상당히 연하다. 이 때문에 자를 때 등뼈가 잘린다거나 살에 뼈가 남을 수 있기에 주의가 필요하다.

대표 요리

된장과의 궁합이 매우 좋아 된장절임구이 생선의 대표 격. 간장구이, 찜을 해도 맛이 좋다. 냉동해도 맛이 잘 유지된다.

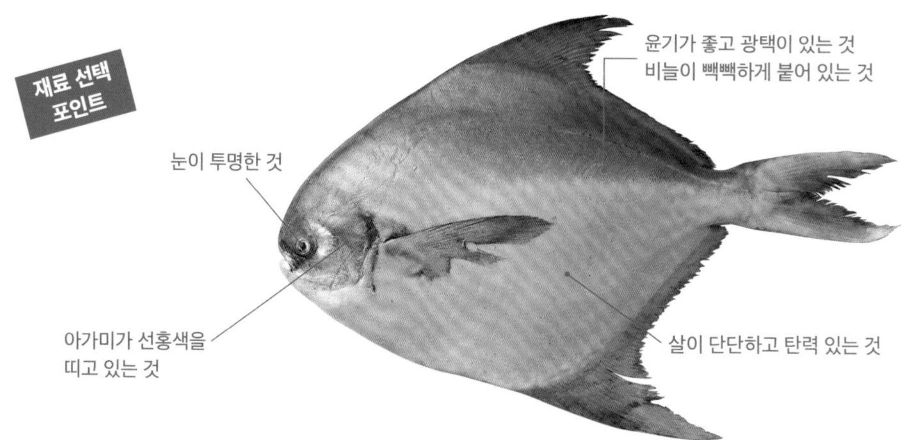

미즈아라이

비늘을 제거한다
→ 대가리를 자른다 (대가리만 자르기)
→ 내장을 제거한다
→ 물에 씻는다
→ 물기를 닦는다

사용 도구
데바보초

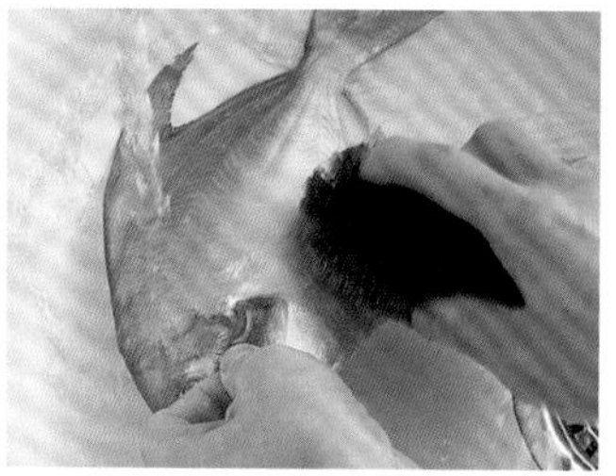

1 대가리를 왼쪽으로 하여 손으로 잡고, 흐르는 물 밑에서 꼬리부터 대가리 쪽으로 식재료용 솔로 문질러 비늘과 점액질을 제거한다. 반대쪽도 같은 요령으로 씻어낸다.

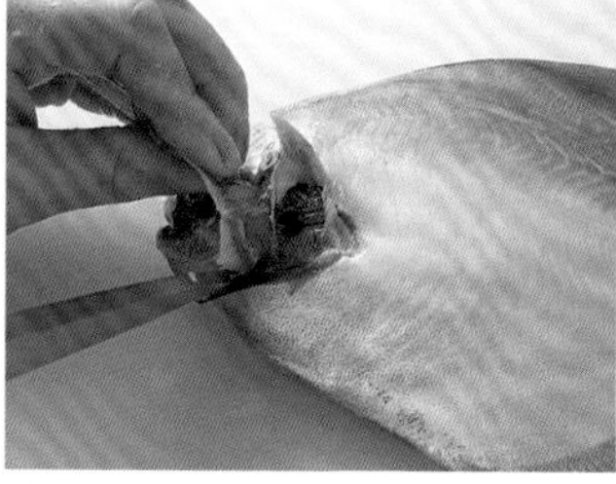

2 대가리를 왼쪽, 배를 내 앞으로 오게 놓고 가슴지느러미를 들어올려 대가리가 붙은 부분에 칼을 넣어 아가미를 따라 V자로 칼집을 넣는다.

3 대가리 방향을 그대로 하여 몸통을 뒤집고, 가슴지느러미를 들어올려 아가미를 따라 V자로 칼집을 넣어 대가리를 잘라낸다.

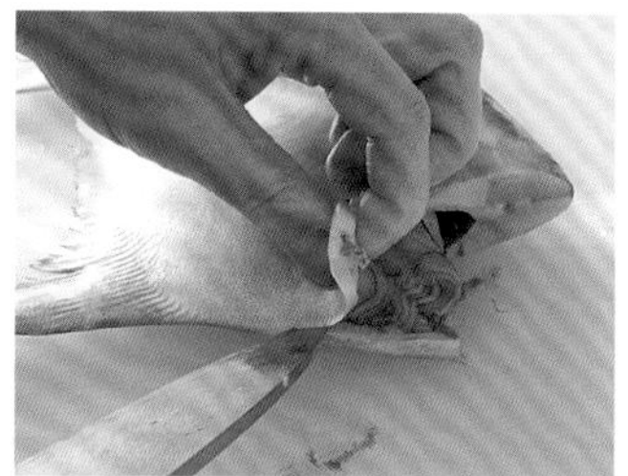

4 꼬리를 왼쪽, 배를 내 앞으로 오게 놓고 대가리 쪽에서부터 칼을 넣어 배에 살짝 칼집을 넣는다.

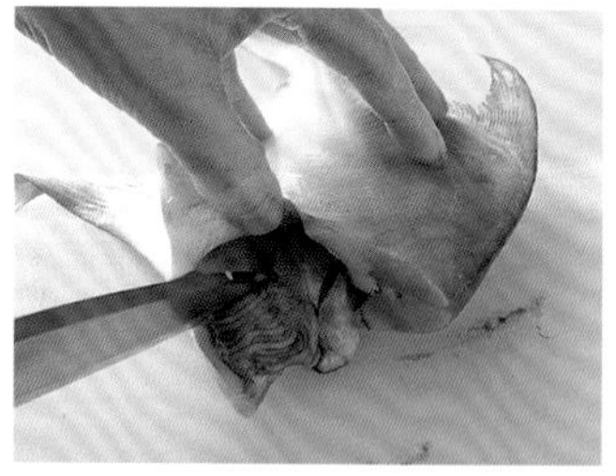

5 칼끝을 사용해 내장을 제거한다. 볼에 물을 받아 배 속에 손가락을 넣어 남은 내장 등을 씻어내고, 물기를 남김없이 닦아낸다.

토막 썰기

사용 도구
데바보초

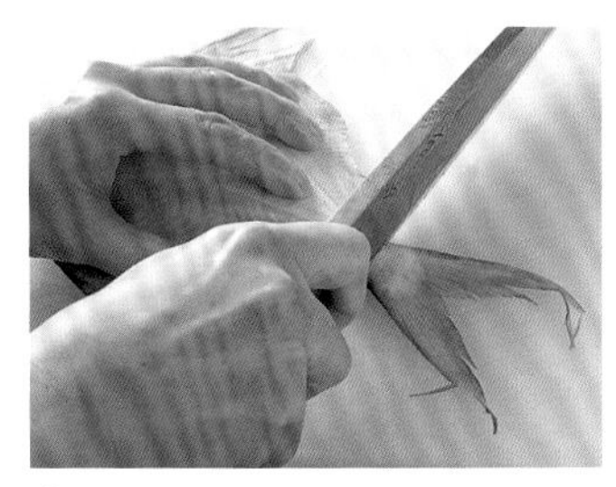

1 꼬리 부분에 칼턱을 대고 꾸욱 눌러 자른다. 등지느러미, 볼기지느러미도 같은 방법으로 잘라낸다.

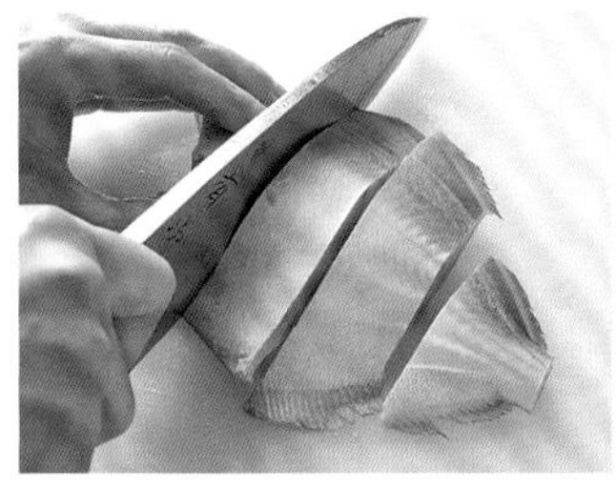

2 몸통을 3~4cm 두께로 토막 썰기 한다.

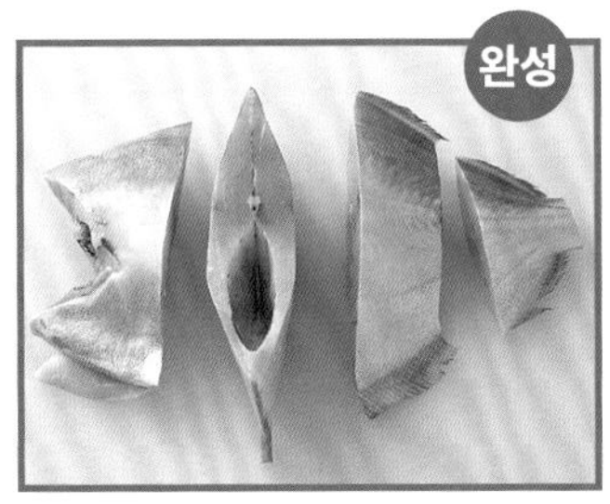

토막 썰기 한 모습.

중화풍 병어찜→165쪽

포를 뜬다
(세 장 뜨기/단면 뜨기)

사용 도구
데바보초

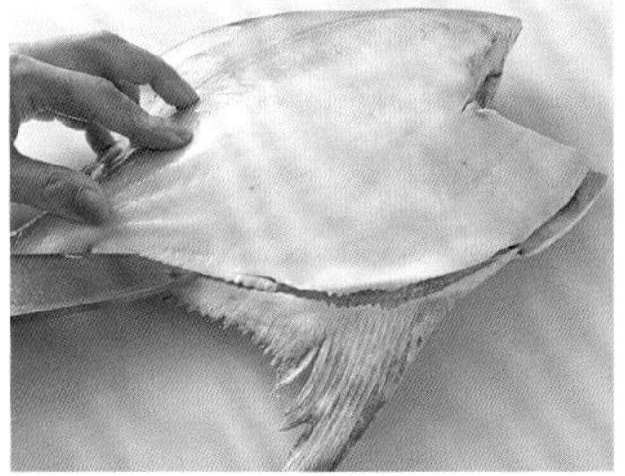

1 꼬리를 왼쪽, 배를 내 쪽으로 오게 놓고 대가리 쪽에서 칼을 넣어 꼬리 쪽까지 칼집을 넣는다.

2 왼손으로 살을 들어 올려가며 등뼈를 따라 잘라나간다.

3 등 주위까지 잘라나가 살을 떼어낸다. 뼈가 연하므로 칼에 힘을 세게 주지 말고 등뼈 위를 신중하게 타고 내린다.

4 등뼈가 붙어 있는 반쪽 살과 등뼈가 없는 반쪽 살의 2장으로 잘라 나눈 모습. 이것을 두 장 뜨기라고 한다.

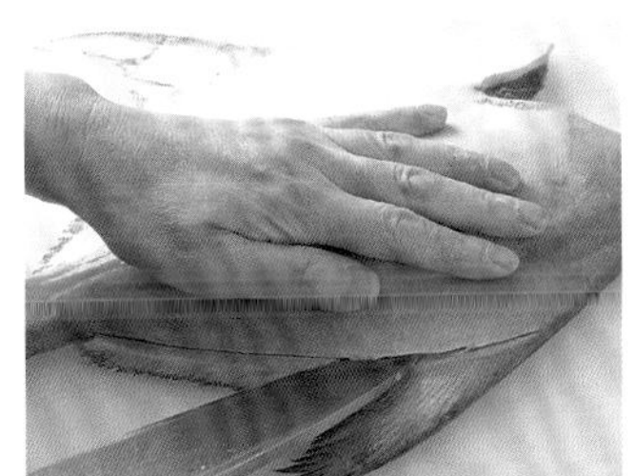

5 등뼈를 밑으로 하여 꼬리를 왼쪽으로 가게 놓고, 대가리 쪽에서부터 등지느러미 위에 칼집을 넣는다.

6 살을 들어 올려가며 등뼈를 따라 잘라나간다. 중앙의 굵은 뼈를 따라 배 쪽 근처까지 칼을 넣어 살을 떼어낸다.

세 장 뜨기 한 모습.

사용 도구
데바보초

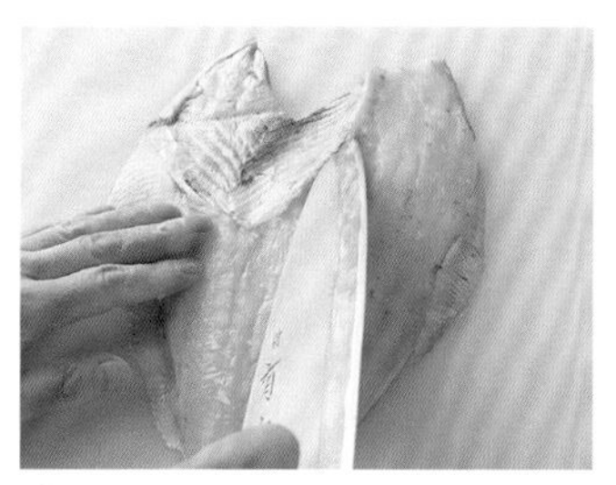

1 갈비뼈가 왼쪽에 오게 놓고, 칼을 뒤집어 잡아 갈비뼈 뿌리를 떼어낸다.

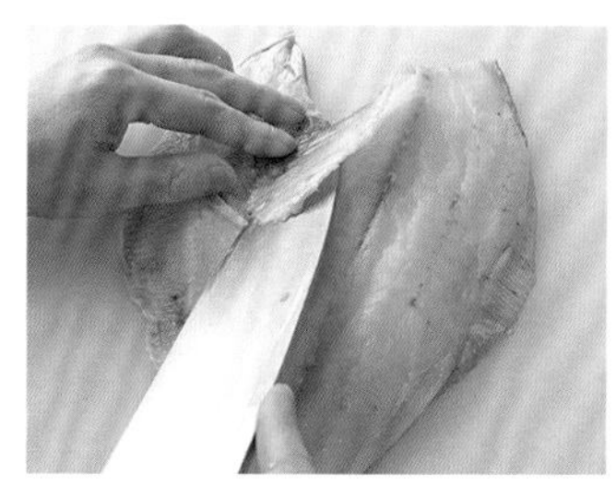

2 칼을 눕혀 갈비뼈를 떠내듯 저민다.

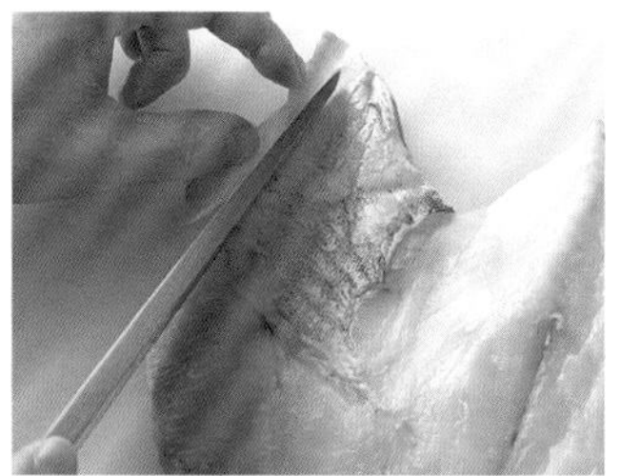

3 마지막에 칼을 세워 갈비뼈를 잘라낸다.

토막 낸다

꼬리 쪽을 저며 썬다
→ 필레를 만든다
→ 잘라 나눈다

*위쪽 살을 사용

사용 도구
데바보초

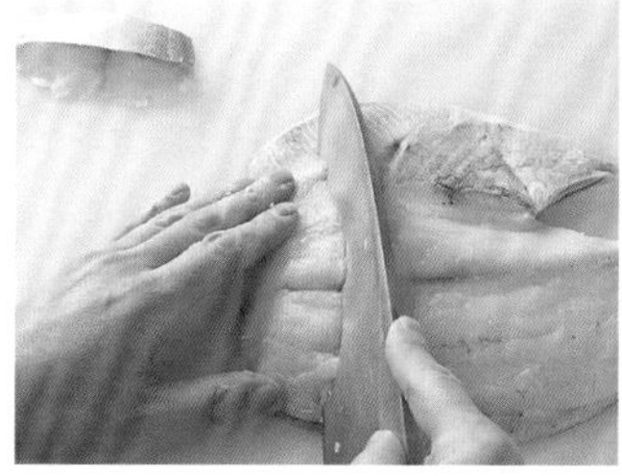

1 대가리 쪽을 오른쪽으로 놓고, 끝 부분을 잘라내 형태를 정리한다. 살 폭이 좁은 꼬리 쪽을 저며 썬다. 표준 두께는 2cm.

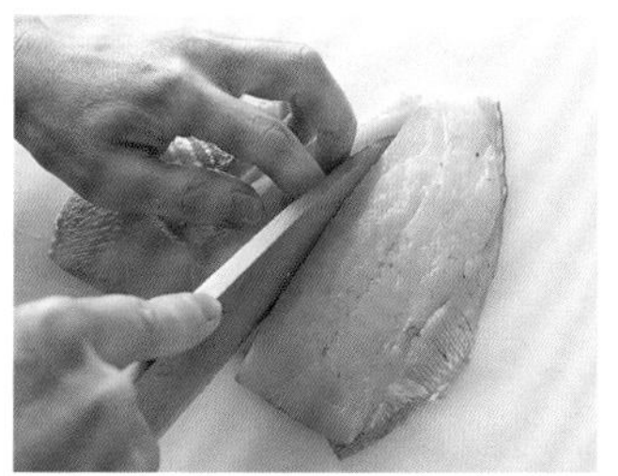

2 대가리 쪽을 내 앞으로 오게 놓고, 혈합육과 잔가시를 뱃살(왼쪽)에 남게 하여 등살(오른쪽)을 잘라낸다.

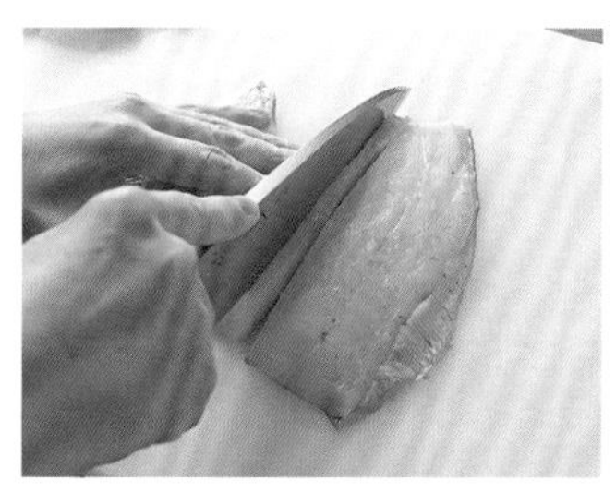

3 뱃살에 남은 핏길과 잔가시를 잘라낸다.

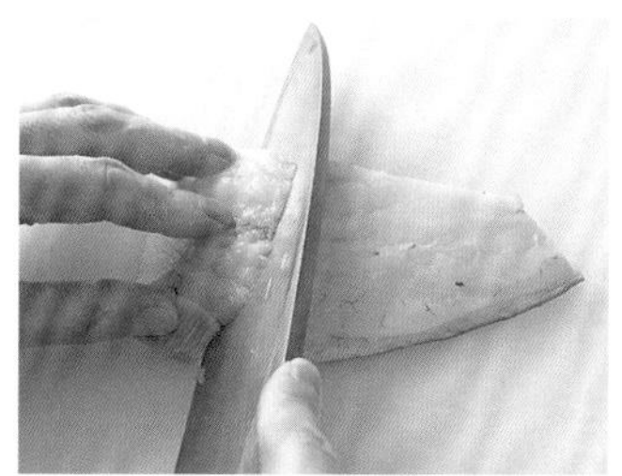

4 등살을 2cm 두께로 저며 썬다.

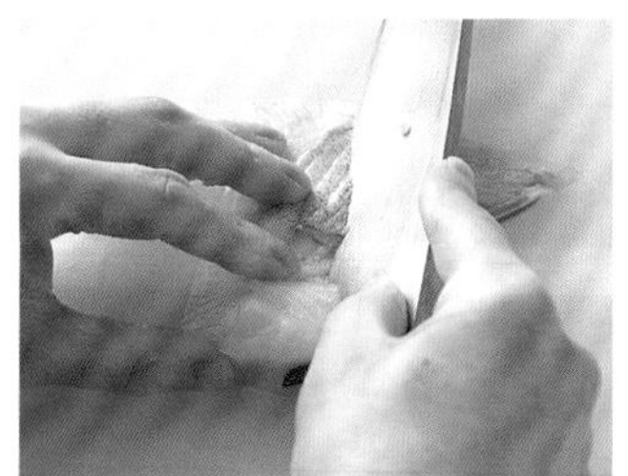

5 뱃살을 2cm 두께로 저며 썬다.

토막 낸 모습.

병어된장절임→165쪽

병어의 껍질은 질기므로, 구이 등에 사용할 경우 잔 칼집을 넣는다. 이때 접은 키친타월 위에 생신을 얹으면 칼집 내기가 수월하다.

중화풍 병어찜

재료(2~3인분)

병어(토막 썰기 한 것) 작은 것 1마리 • 대파 잎 부분 1줄기 분량 • 생강 껍질 1알 분량 • 청주 1큰술 • 참기름 2작은술 • 간장 2작은술 • 대파채(흰 부분을 아주 얇게 채 친 것), 고수잎 각 적당량 • 소금 적당량

만드는 법

1 병어에 소금을 뿌려 10분 두고 물기를 닦는다.

2 그릇에 **1**을 가지런히 놓고 청주를 뿌린 뒤, 대파 잎과 생강 껍질을 얹어 김이 오른 찜기에 넣고 강불로 7~8분 찐다.

3 익었으면 꺼내 대파와 생강을 떼어내고, 대파채를 얹는다. 참기름을 연기가 날 정도로 뜨겁게 달궈 대파채 위에 끼얹는다. 간장을 뿌리고, 고수잎을 얹는다.

병어된장절임

재료(만들기 쉬운 분량)

병어 살(1kg 전후의 것) 1마리 분량 • **미소도코***[백된장 750g, 감주 75ml(또는 미림 35ml), 미림 115ml] • 순무(작은 크기) 1/2개 • **단촛물**[쌀식초 2큰술, 물 2큰술, 그래뉴당 6g, 소금 1꼬집, 홍고추(씨를 뺀 것) 작은 크기 1/2개] • 소금, 미림 각 적당량

만드는 법

1 병어는 알맞은 크기로 잘라 나눠 소금을 뿌려 15분 두고, 물기를 닦는다.

2 미소도코의 재료를 모두 섞어 **1**을 넣고 나흘 정도 냉장고에서 절인다.

3 순무는 국화꽃 모양으로 잘라(229쪽 참조) 소금물에 담가두었다가, 숨이 죽으면 단촛물에 넣고 30분 이상 둔다.

4 **2**의 절인 병어의 미소도코를 씻어내고 물기를 닦아 껍질에 잔 칼집을 넣는다.

5 예열한 그릴에 **4**를 껍질 쪽부터 구워 완성 직전에 미림을 한 번 바른다.

6 그릇에 담고, 물기를 뺀 **3**의 순무에 잘게 썬 홍고추를 얹어 함께 담는다.

*미소도코: 된장에 미림, 청주, 설탕 등을 섞어 보다 부드럽게 만든 것으로, 고기나 채소 등을 절일 때 주로 사용한다.

우럭

일본 각지의 암초 지대에 서식하는 우럭은 이른 봄 낚시줄에 걸려 올라오는 것을 시작으로 '봄을 알리는 생선'의 하나로 꼽힌다. 검은색, 붉은색, 흰색 등이 있으며 그중에서도 맛이 좋다고 알려진 것은 검은 우럭이나, 값이 비싸다. 시장에서 많이 볼 수 있는 것은 붉은 우럭으로, 이것도 맛이 좋다. 모두 20cm 안팎의 것이 기름이 적당히 올라 있고, 통째로 요리에 사용하기에도 알맞아 젓가락으로 내장을 빼낸 후 전체 형태를 살리는 것도 좋다.

대표 요리

특이한 냄새가 없고 맛이 담백하며, 잔가시도 적어 먹기 편한 생선. 한 마리를 통째로 조리는 것이 일반적인 요리법이나, 세 장 뜨기 하여 국물 요리의 건더기나 데리야키, 튀김을 만들어도 맛있다.

우스메바루
(붉은 우럭으로 부르는 곳도 있다)

메바루(검은 우럭)

아가미를 통해 내장 빼기

비늘을 제거한다 (긁기)
→아가미, 내장을 빼낸다
→물에 씻는다
→물기를 닦는다

사용 도구
데바보초

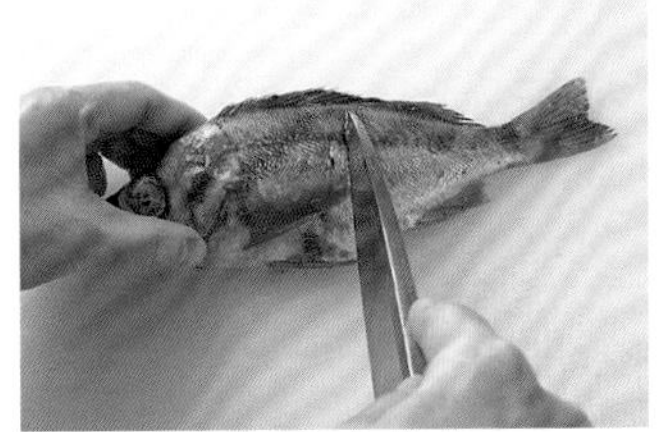

1 대가리를 왼쪽으로 하여 손으로 잡고, 꼬리에서 대가리 쪽을 향해 칼로 긁어 비늘을 제거한다. 등과 배, 반대쪽도 같은 요령으로 긁어낸다.

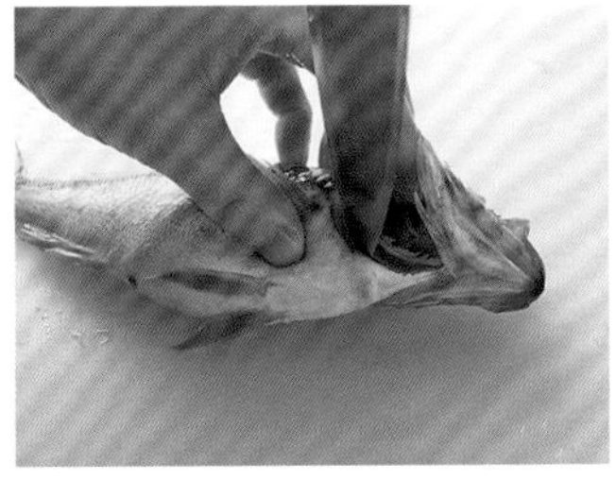

2 아가미덮개를 열어 칼코를 넣고, 아가미 위아래의 연결 부위를 자른다. 계속해서 아가미 주위의 얇은 막도 곡면을 따라 자른다.

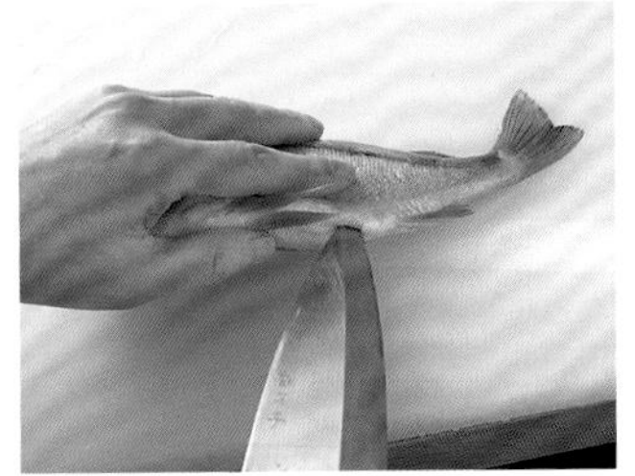

3 칼을 사진과 같은 방향으로 잡고 칼끝을 항문에 넣어, 장이 연결된 부위를 자른다.

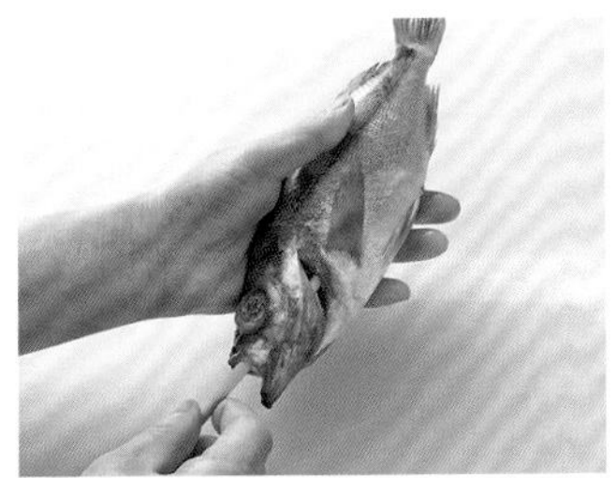

4 대가리가 내 앞으로 오게끔 손으로 잡고, 입으로 젓가락을 찔러넣어 아가미를 건 뒤 항문까지 통과시킨다.

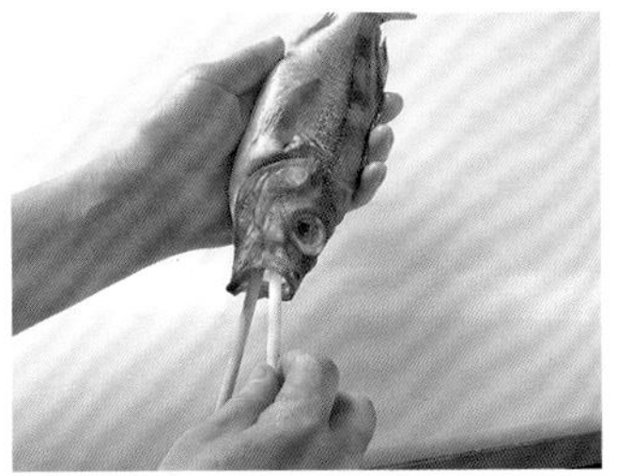

5 생선을 뒤집어서 젓가락을 한 개 더 입으로 찔러넣는다. 반대쪽 아가미를 길쳐 항문까지 통과시킨다.

6 꼬리 부분을 손으로 누르고, 오른손으로 젓가락 두 개를 함께 잡아 회전시키면서 아가미째로 내장을 당겨 뽑는다.

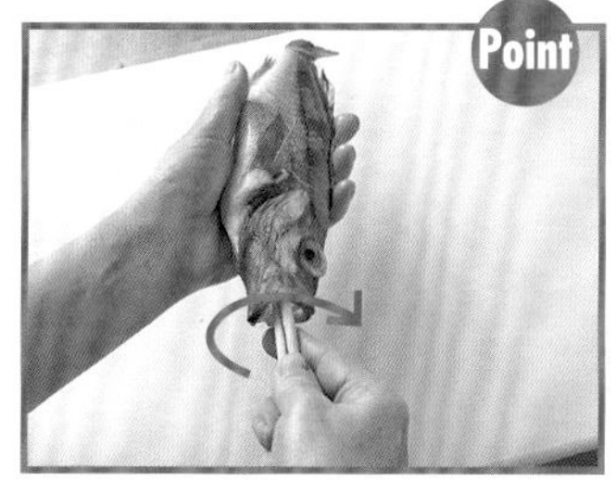

젓가락을 비틀면서 당겨 뽑는 것이 포인트이다. 내장과 아가미를 꽉 쥔 채 비틀어 뽑으면 살에도 상처가 나지 않는다.

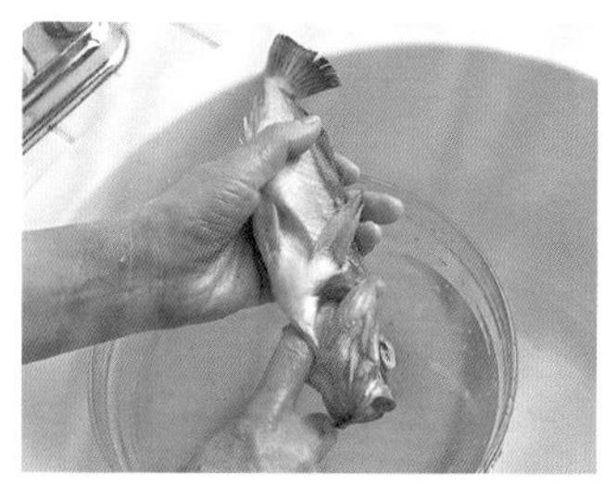

7 볼에 물을 담아 아가미덮개의 밑으로 손가락을 넣고 피를 문질러 씻는다. 남은 내장도 깨끗하게 씻어낸다.

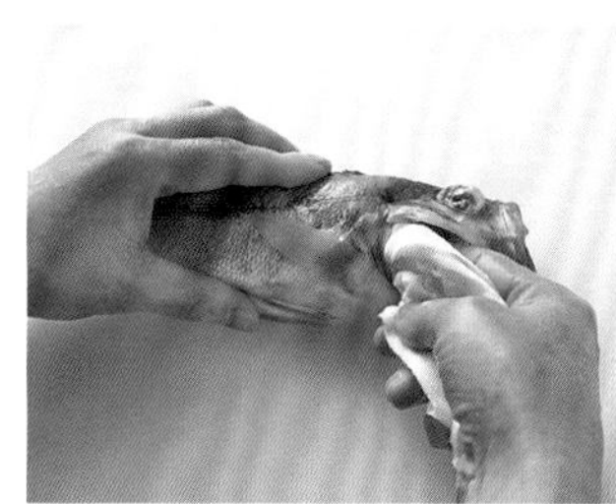

8 물에 흔들어 씻고 물기를 닦는다. 배 속의 물기도 아가미덮개 밑으로 키친타월을 넣어 깔끔하게 닦아낸다.

우럭조림→아래쪽

우럭조림

재료(3인분)

우럭(200g 안팎으로 아가미와 내장을 젓가락으로 제거한 것) 3마리・땅두릅 1줄・청주 2컵・미림 130ml・간장 80ml・생강(슬라이스) 4장・산초잎 적당량

만드는 법

1 우럭 표면에 비스듬한 칼집을 2줄 넣고, 대각선으로 비스듬한 칼집을 1줄 더 넣는다(장식 칼집).

2 두릅은 5cm 길이로 잘라 질긴 껍질을 벗겨내고 4~6등분 한다.

3 볼에 우럭을 넣고, 80℃ 전후의 물을 듬뿍 부어 불순물이 뜨게 한다. 남은 비늘 등을 씻어낸다.

4 얕은 냄비나 프라이팬(우럭을 늘어놓기 좋은 크기의 것을 선택한다)에 물 1/2컵, 청주, 미림, 간장, 생강을 넣고 끓이다 우럭을 가지런히 담은 뒤 나무 뚜껑을 덮는다.

5 다시 끓어오르면 거품을 제거하고, 나무 뚜껑 주위로 계속해서 보글보글 끓어 오를 정도의 세기로 약 5분 조린다.

6 2를 넣고, 다시 3~4분 조려 두릅이 익으면 완성. 그릇에 담고 조림국물을 듬뿍 끼얹은 뒤 산초잎을 얹는다.

손질 전 기초 지식 2

오징어나 새우, 게, 조개는 종류에 따라 밑손질 방법도 달라집니다. 그래도 기본을 확실히 기억해두면 응용은 자유자재이므로 포인트만 잘 파악하면 신선하고 맛있는 해산물을 가정에서도 즐길 수 있습니다.

오징어·새우·게·조개의 부위별 명칭

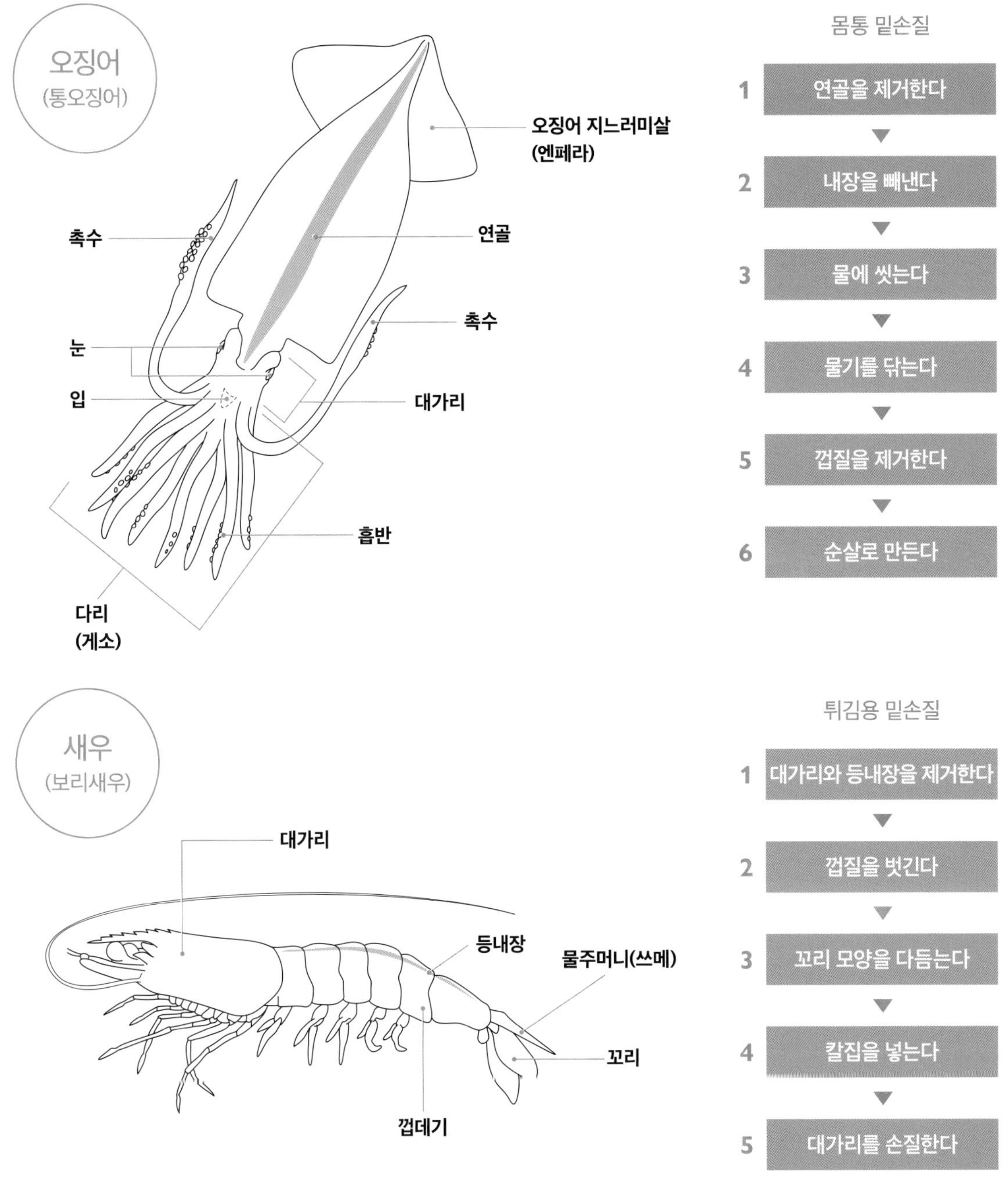

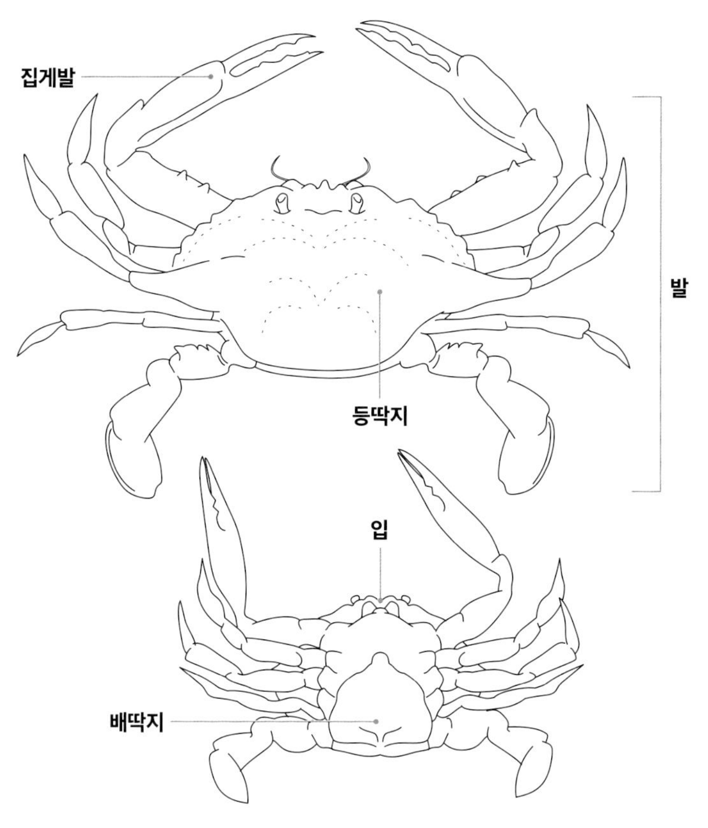

게
(꽃게)

1. 배딱지를 떼어낸다
2. 등딱지를 떼어낸다
3. 아가미를 제거한다
4. 내장을 덜어낸다
5. 알맞은 크기로 자른다

고둥
(소라)

1. 껍데기에서 몸체를 빼낸다
2. 살, 간을 나눈다
3. 물에 씻는다
4. 물기를 닦는다

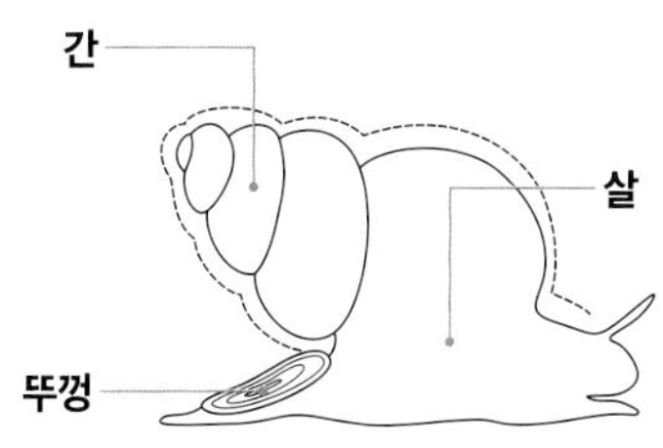

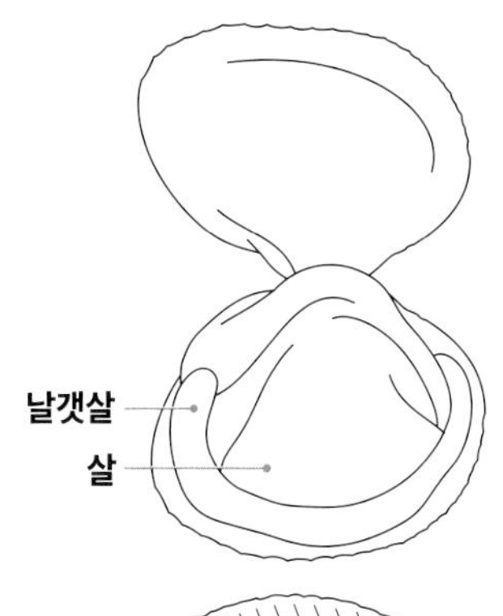

쌍각류
(피조개)

1. 껍데기를 연다
2. 살을 발라낸다
3. 물에 씻는다
4. 물기를 닦는다
5. 살, 날갯살을 나눈다

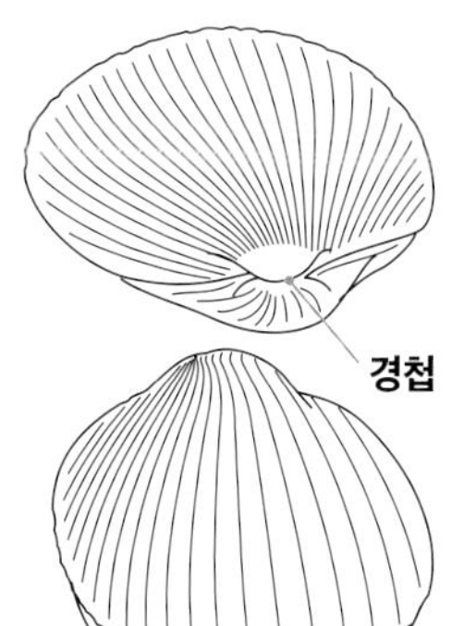

피조개

이름처럼 살도 체액도 선명한 붉은색을 띠며 풍미가 풍부한 쌍각류 조개이다. 후미진 만에 서식하므로 홋카이도 남부에서 규슈까지 일본 각지에 산지가 있고, 시장에는 1년 내내 유통되나 제철은 겨울에서 봄까지이며 산란기 직전이 맛도 살도 가장 충실하다. 피조개는 껍데기가 얇고 무르기 때문에 살을 빼낼 때 껍데기가 깨지는 경우가 있다. 그럴 때는 칼등으로 두드려 깨고 그 자리에 테이블나이프를 집어넣어 관자를 떼어내면 좋다.

대표 요리

붉은색과 탄력 있는 식감을 살려 회나 초밥 재료, 초절임 등에 사용한다. 실파나 유채와 섞어 초된장무침이나 겨자무침을 만드는 것도 봄의 일품요리로 제격이다.

피조개

껍데기에서 살을 발라낸다

껍데기를 연다
→ 살을 떼어낸다
→ 물에 씻는다
→ 물기를 닦는다

사용 도구
테이블나이프
(또는 조개칼)

1 껍데기의 이음매 틈으로 테이블나이프를 찔러넣고, 위 껍데기의 모양을 따라 움직여 관자를 자른다.

2 살의 양쪽 끝에 있는 관자를 2개 다 자르면 입이 벌어진다. 살 밑으로 테이블나이프를 넣고 양쪽에 있는 아래쪽 관자도 자른다.

1 단단하게 입을 다물고 있는 경우에는 경첩 쪽부터 딴다. 먼저 중앙에 조개칼(또는 테이블나이프)을 집어넣는다.

2 그대로 조개칼(또는 테이블나이프)을 힘껏 비튼다.

3 비틀린 껍데기 틈으로 조개칼(또는 테이블나이프)을 집어넣고, 관자를 떼어낸다.

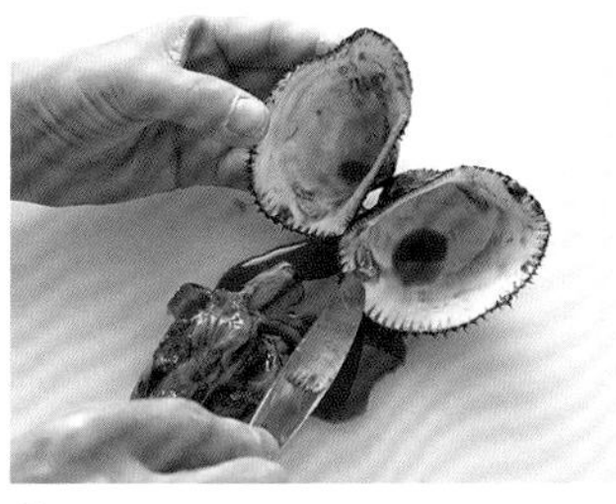

3 껍데기에 붙은 관자를 양쪽 다 떼어내고, 테이블나이프로 퍼내듯 살을 꺼낸다.

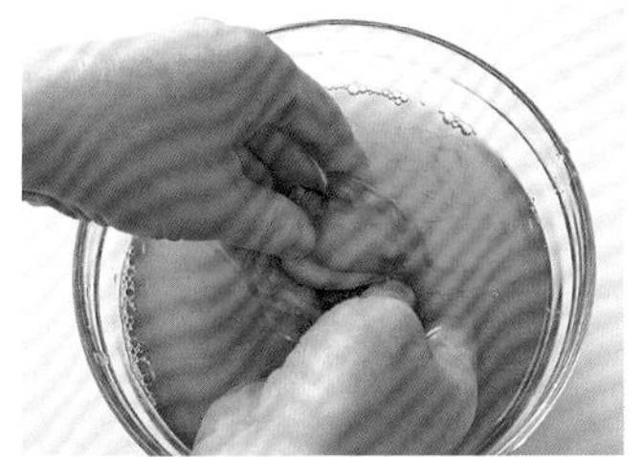

4 볼에 해수 농도의 염수(염분 약 2%)를 받아, 피와 이물질을 씻어낸다. 물기를 닦는다.

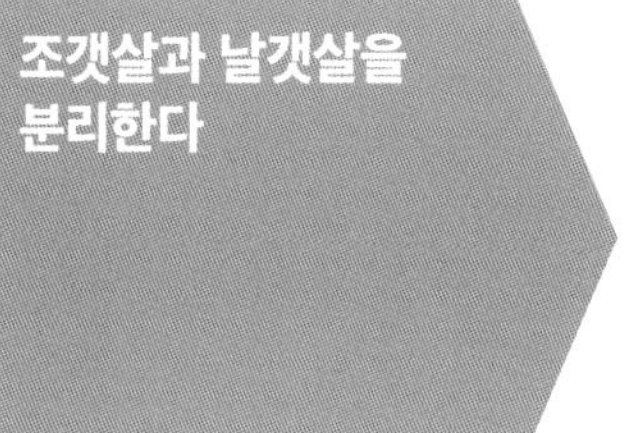

조갯살과 날갯살을 분리한다

사용 도구
데바보초

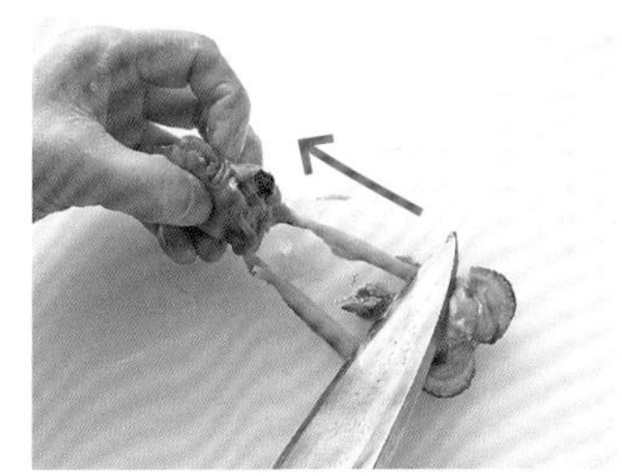

1 날갯살을 밑으로 놓고 세워, 조갯살과 끈 사이를 칼로 누르면서 살을 당겨 조갯살을 떼어낸다. 마지막에 잘라낸다.

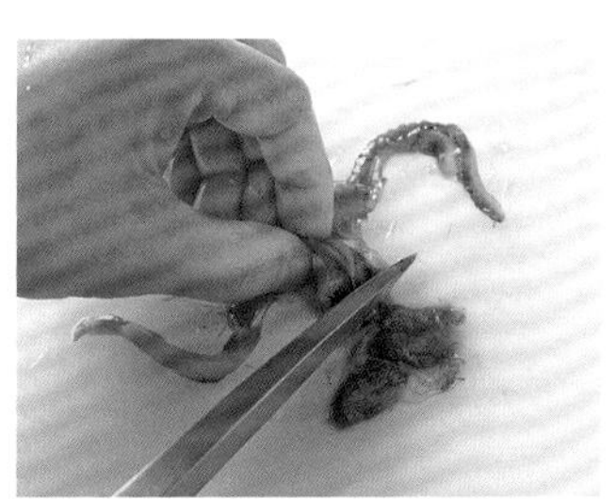

2 조갯살에 붙어 있는 얇은 막을 잘라내고, 점액질을 칼로 긁어 제거한다.

3 내장을 제거하기 위해 내장이 붙어 있는 쪽을 오른쪽에 놓고 두께의 절반쯤에 칼을 넣어 벌린다.

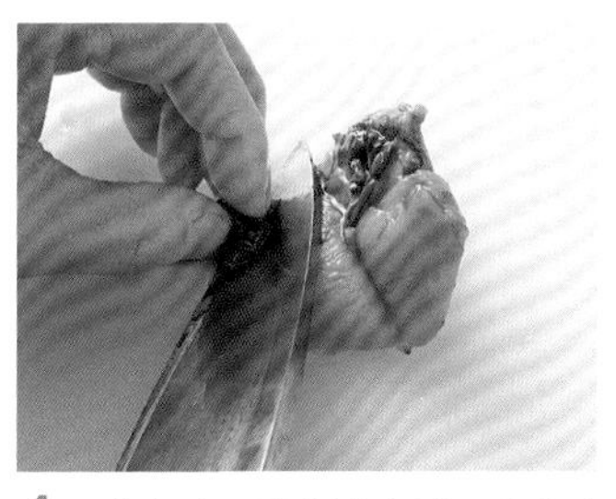

4 조갯살 양 주위에 붙어 있는 내장 밑으로 칼을 눕혀 넣어, 칼코로 저며낸다.

조갯살, 날갯살, 내장으로 나눈 모습.

격자무늬 넣어 썰기
(가노코즈쿠리)

사용 도구
야나기바보초

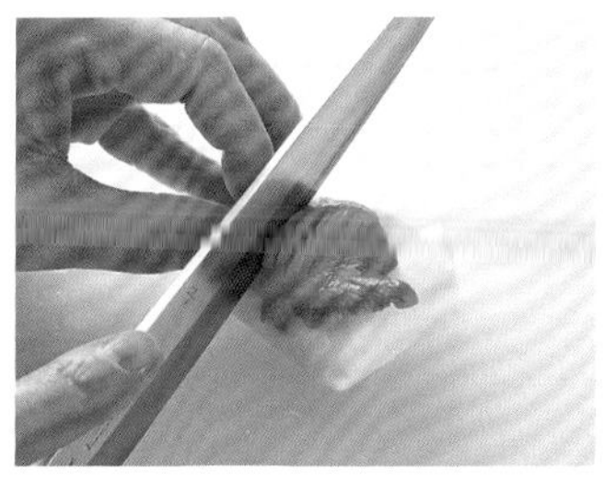

1 살을 반으로 썰고 겉면을 위로 오게 해서 접은 키친타월 위에 얹어, 2mm 폭으로 칼집을 넣는다.

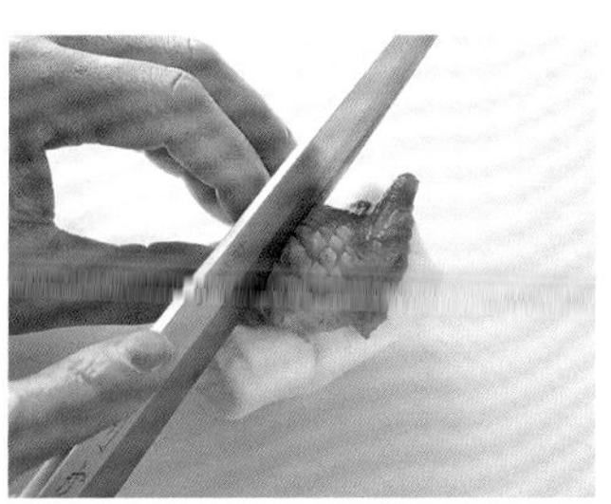

2 키친타월에 얹은 채로 90도 돌려, **1**과 같은 요령으로 격자무늬가 되게 칼집을 넣는다.

격자무늬로 칼집을 넣은 피조개의 모습. 도마에 세차게 내리치면 살이 둥글게 오므라든다.

피조개회 → 아래쪽

피조개회

피조갯살에 격자무늬로 칼집을 넣고, 날갯살은 먹기 편한 길이로 자른다. 간(내장)은 끓는 물에 소금을 넣어 데친 후 먹기 좋게 썬다. 무채, 차조기잎, 고추냉이를 곁들여 함께 담고 간장 또는 도사조유(123쪽 참조)에 찍어 먹는다.

전복

고급 식재료의 하나로 알려져 있는 전복. 대표 격으로는 검은 전복과 붉은 전복이 있으며, 둘 다 산란기는 가을에서 겨울에 걸쳐 있다. 그 직전인 여름이 제철로 특히 일본 요리에서는 여름의 제철 요리로서 중요하게 다루어진다.

전복은 고둥 종류라고는 하나, 뚜껑이 없는 타원형이라 살을 발라내기 쉽다. 그 대신 살에 이물질이 묻기 쉬우므로, 식재료용 솔로 깨끗이 문질러 씻을 것. 가열할 때는 물로만 씻어도 괜찮지만 날것으로 먹을 때는 소금을 뿌려 이물질을 문질러 씻어낸다.

대표 요리

살이 단단한 검은 전복은 회나 미즈가이(水貝)* 등 날것으로 먹기에 알맞고, 살이 연한 붉은 전복은 찜이나 조림, 스테이크 등에 적합하다. 껍데기째 굽는 '지옥구이'는 어느 쪽을 사용해도 맛이 좋다.

*미즈가이: 생전복을 얇게 썰어 옅은 소금물에 담가 조미한 요리.

재료 선택 포인트

껍데기에서 살을 발라낸다

씻는다 (소금으로 문질러 씻기) → 물기를 닦는다 → 떼어낸다

사용 도구
테이블나이프

1 살에 소금을 뿌리고, 식재료용 솔로 깨끗이 문질러서 볼에 받은 물에 넣어 이물질과 점액질을 씻어낸다. 테두리 부분도 깨끗이 문질러 씻는다.

2 이물질과 점액질이 씻겨 전체적으로 하얗게 되면, 물로 씻고 물기를 닦는다. 사진은 세척이 끝나고 물기를 닦아낸 모습.

3 살을 위로 향하게 놓고, 껍데기가 얇고 평평한 쪽의 가장자리 밑으로 테이블나이프를 찔러넣는다.

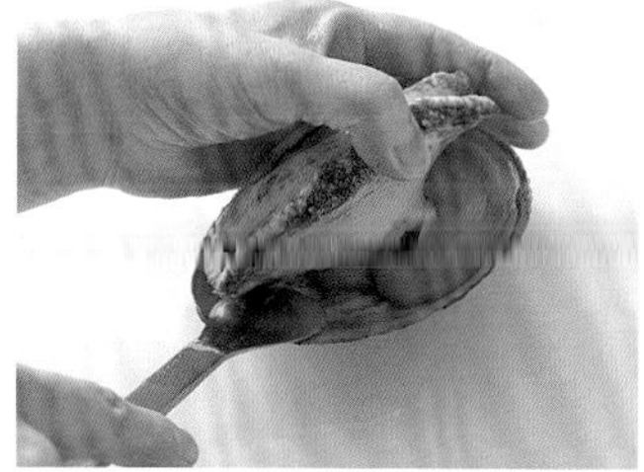

4 살을 들어 올리면서 껍데기 모양을 따라 나이프를 움직여 긁어 떼어내듯이 관자를 분리한다.

사용 도구
데바보초

1 관자 주위에 있는 내장에 상처가 생기지 않게 손으로 떼어내고, 주둥이 양옆에 칼코로 V자 칼집을 넣어 내장을 자른다.

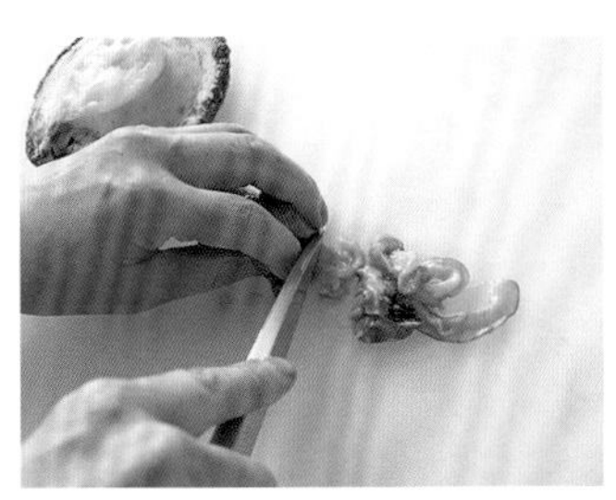

2 내장에 붙어 있는 주둥이를 당겨 간의 얇은 막을 벗기고 잘라낸다.

살과 내장으로 나눈 모습.

사용 도구
야나기바보초

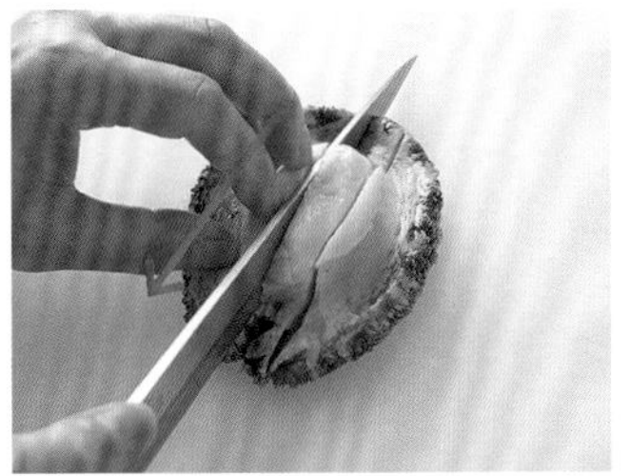

1 관자를 위로 하여 세로로 놓고, 오른쪽 끝에서부터 당겨 썰기 요령으로 1cm 두께의 봉 모양으로 썬다.

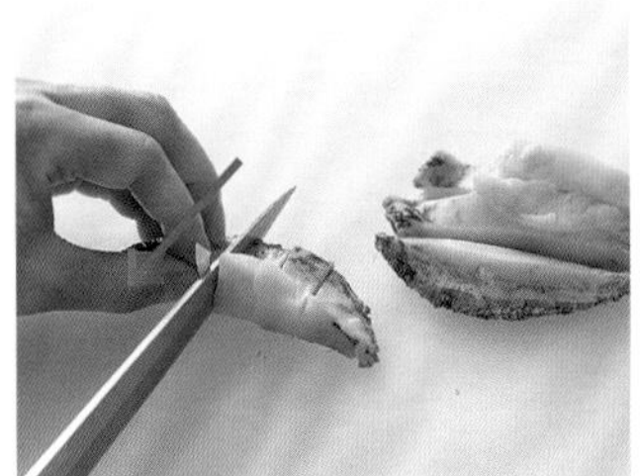

2 봉 모양으로 자른 살을 1조각씩 가로 방향으로 놓고 같은 방법으로 오른쪽 끝에서부터 1cm 폭으로 썬다.

미즈가이에 사용할 전복을 네모나게 썬 모습.

미즈가이→175쪽

사용 도구
야나기바보초

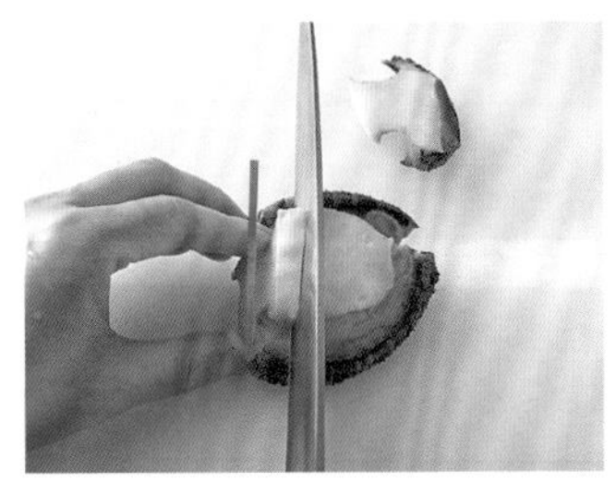

관자를 위로 하여 가로로 길게 놓고, 왼쪽 끝에서부터 5mm 폭으로 썬다. 칼을 눕혀 넣고, 앞으로 슥 당겨 비스듬히 썬다.

저며 썬 전복의 모습. 내장도 저며 썰기의 요령으로 비스듬히 반으로 썬다.

전복찜→175쪽

미즈가이

재료(4인분)

전복(검은 전복) 1개 • 미니 오이 4개 • 래디시 4개 • 오크라 4개 • 청주 1작은술 • A[쌀식초, 간장 각 1작은술] • 다시마육수, 소금 각 적당량

만드는 법

1 전복은 소금으로 문질러 씻은 후 껍데기에서 떼어내고, 살과 내장을 나눈다. 내장에 청주를 뿌려 찐다. 살은 1cm 크기로 자른다.

2 미니 오이에 소금을 뿌리고 도마에서 눌러 굴린 후 끓는 물에 살짝 데쳐 찬물에 넣는다. 오크라는 소금을 묻혀 문지르고 끓는 물에 데친 뒤, 찬물에 넣는다. 둘 다 한 입 크기로 동그랗게 썬다. 래디시는 4등분한다.

3 쪄낸 내장을 체에 내리고, 쪘을 때 나온 국물 1과 1/2작은술과 A의 분량을 합쳐 소스를 만든다.

4 다시마육수에 소금을 넣어 차게 식히고, 전복 살과 2의 채소를 넣고 그릇에 담는다. 소스를 종지에 넣어 곁들인다.

전복찜

재료(4~6인분)

전복(붉은 전복) 1개 • 백오이 1/2개 • 청주, 소금, 무(통 썰기 한 것) 각 적당량

만드는 법

1 전복은 물로 문질러 씻어 무를 얹고 청주를 뿌려 김이 오른 찜기에서 강불로 약 2시간 찐다. 부드러워지면 꺼내 식힌다.

2 백오이는 얇게 썰어 소금물에 넣고, 숨이 죽으면 물기를 짜서 그릇에 담아놓는다.

3 전복이 식으면 껍데기에서 꺼내 내장을 나누고, 살을 저며 썰어 2에 함께 담는다. 내장도 얇은 껍데기를 벗겨 잘라 나눠 함께 담는다.

전복을 찔 때, 평평한 바트에 둥글게 모양을 잡은 알루미늄포일을 놓고 그 위에 얹으면 흔들리지 않는다. 무를 얹는 것은 살을 연하게 하기 위한 것으로, 간 무를 사용해도 좋다.

통오징어

오징어의 종류는 상당히 많은데, 크게 나누면 통오징어와 갑오징어로 나뉜다. 통오징어는 다시 살오징어나 한치 등으로 나뉘나, 손질 방법은 어느 것이나 동일하다. 먹물주머니가 터지지 않게 떼어내는 것, 껍질이 찢어지지 않게 벗겨내는 것 등이 포인트. 제철은 각기 다르므로, 계절에 맞게 선택하면 된다.

대표 요리

어느 것이나 일식, 양식, 중식 요리에 폭넓게 사용할 수 있다. 끈끈하며 단맛이 있는 화살오징어는 진한 맛의 조림이나 볶음에도 잘 맞고, 연한 한치는 샐러드를 만들어 담백하게 먹어도 맛이 좋다.

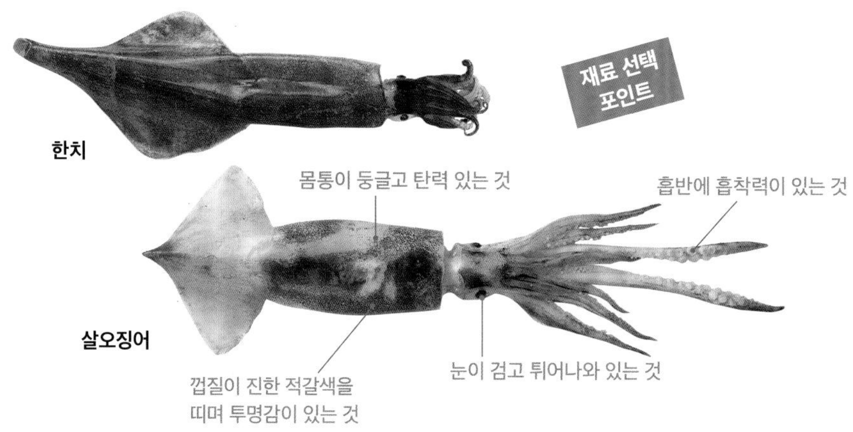

밑손질

내장을 당겨 뽑는다
→ 몸통을 씻어 물기를 닦는다
→ 내장을 떼어낸다
→ 입과 눈을 제거한다
→ 대가리, 다리를 나눈다

사용 도구
데바보초

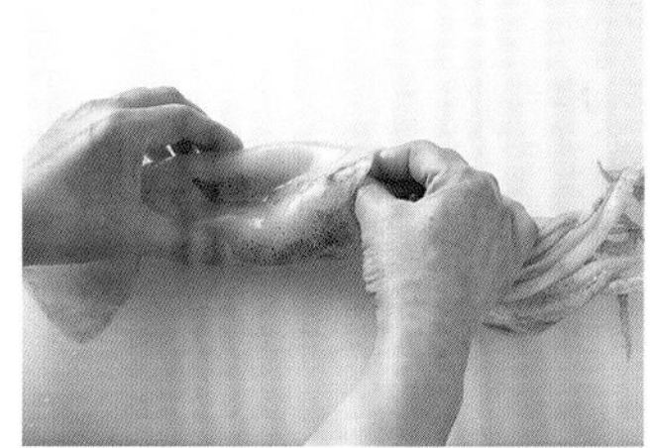

1 몸통 속에 엄지와 검지를 넣고, 몸통과 내장을 연결하고 있는 막을 손가락 끝으로 끊는다.

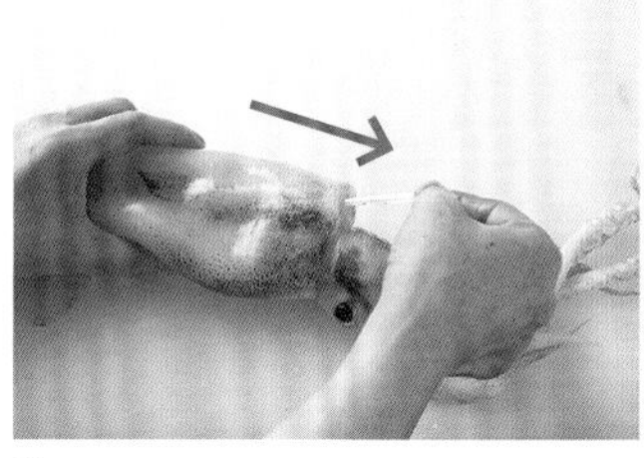

2 몸 안쪽에 있는 연골(얇고 투명한 판 모양의 것)을 당겨 뽑는다.

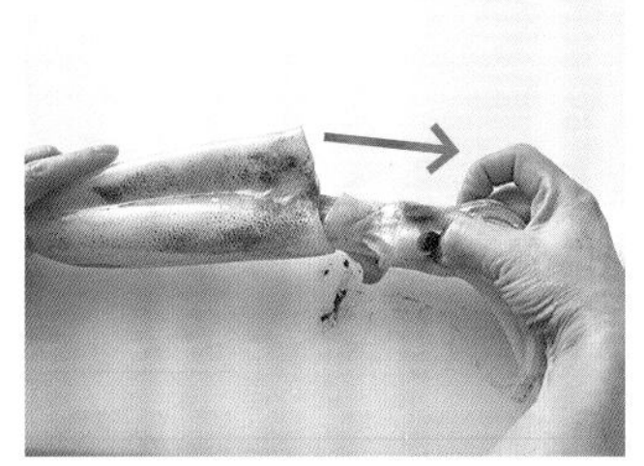

3 눈 밑 주변을 확실히 잡고 천천히 당겨 내장을 뽑아낸다. 몸통 속까지 씻고 물기를 닦는다.

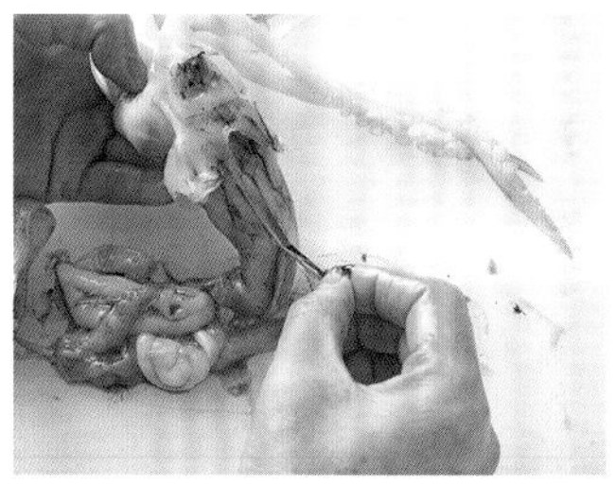

4 내장에 붙어 있는 먹물주머니를 잡고, 주머니가 터지지 않도록 당겨 떼어낸다.

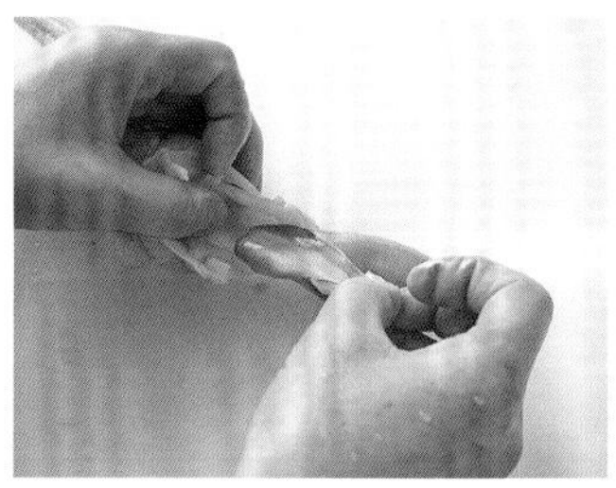

5 내장 주위에 붙어 있는 얇은 막을 벗기고 내장을 꺼낸다.

꺼낸 내장. 소스나 무침옷 등에 사용하면 감칠맛과 깊은 맛이 증가한다.

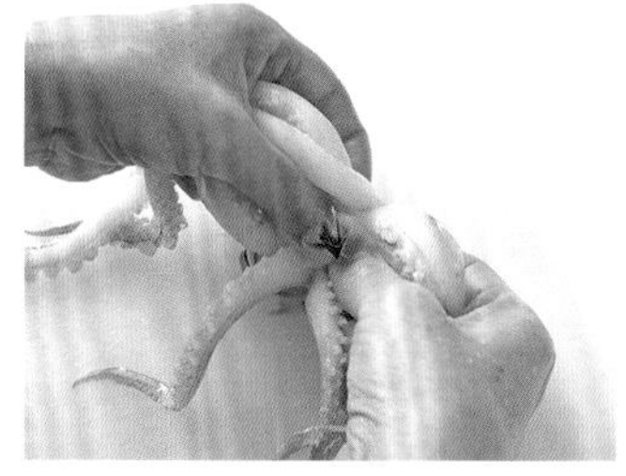

6 다리를 펼쳐, 다리 연결 부분의 중앙에 있는 입 양옆으로 손끝을 넣고 눌러 입을 튀어나오게 한 후, 잡아서 떼어낸다.

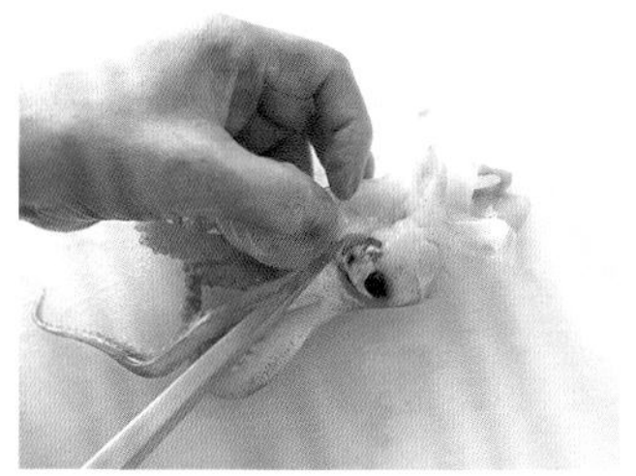

7 눈 주위에 칼집을 넣고 눈을 도려낸다. 다리를 자르고 대가리에 붙어 있는 얇은 막을 제거한다.

입과 눈을 제거하고 다리, 대가리, 얇은 막으로 잘라 나눈 모습. 대가리도 구우면 쫄깃하고 맛있다.

껍질을 벗긴다

사용 도구
데바보초

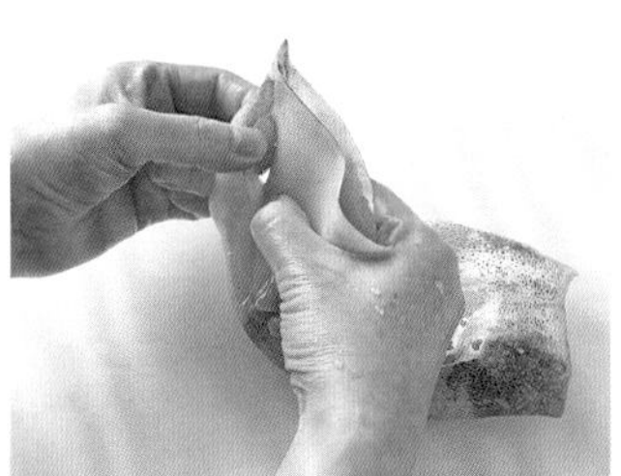

1 지느러미살과 몸통의 연결 지점에 엄지 끝을 넣어 지느러미살을 떼어낸다.

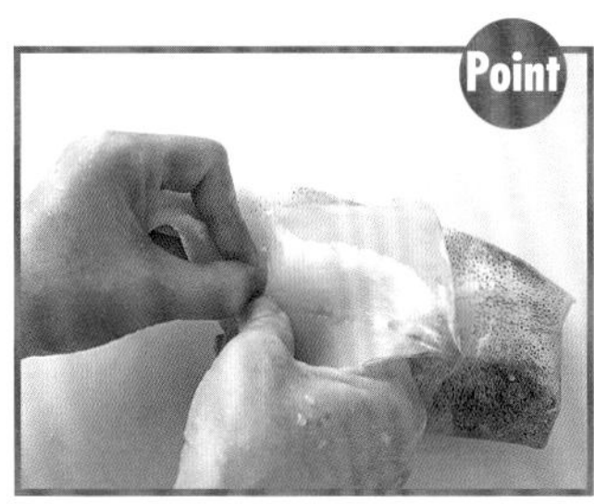

몸통 껍질은 지느러미살과 연결된 부분을 집을 수 있게 칼로 긁어 다듬으면 벗기기 수월하다. 껍질이 도중에 찢어져 남지 않도록 꼼꼼하게 떼어낸다.

2 지느러미살에 붙어 있던 껍질과 몸통살 사이에 손가락을 넣고 껍질을 들어 조금씩 젖혀서 벗겨간다.

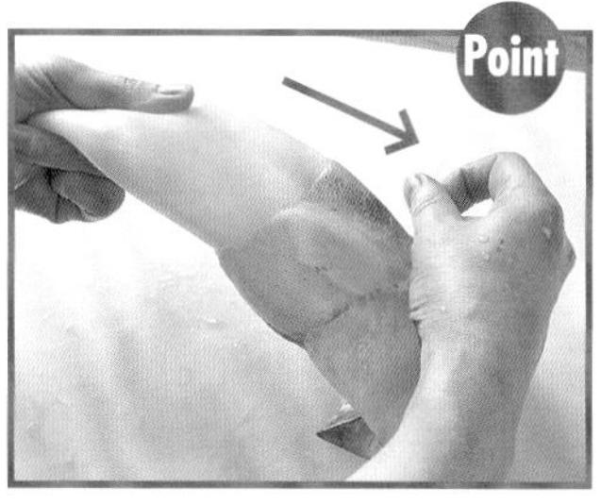

3 반 정도 벗긴 후 다리 쪽으로 한 번에 잡아당겨 벗긴다.

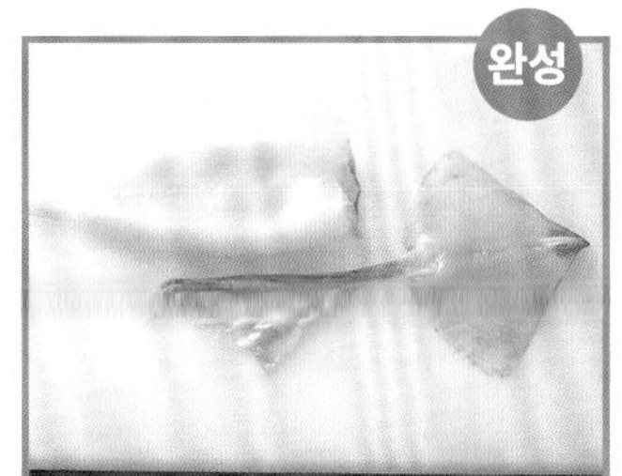

몸통 껍질을 벗겨낸 모습. 지느러미살은 마지막까지 껍질이 붙은 채로 둔다.

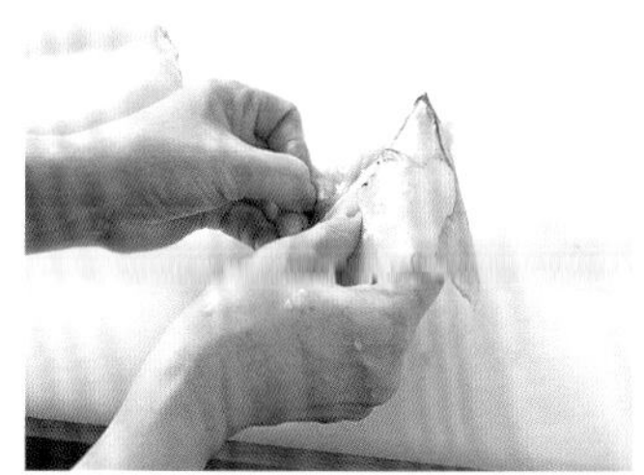

4 지느러미살 껍질을 벗길 때는 몸통 껍질을 잡아당기면 일부분이 벗겨지므로, 그곳에서부터 젖히듯이 벗겨낸다.

5 마지막으로 끝부분에 남은 껍질은 키친타월로 문질러 제거한다.

다리를 잘라 나눈다

흡반을 제거한다
→ 물에 씻는다
→ 물기를 닦는다
→ 잘라 나눈다

*살오징어의 다리를 사용

사용 도구
데바보초

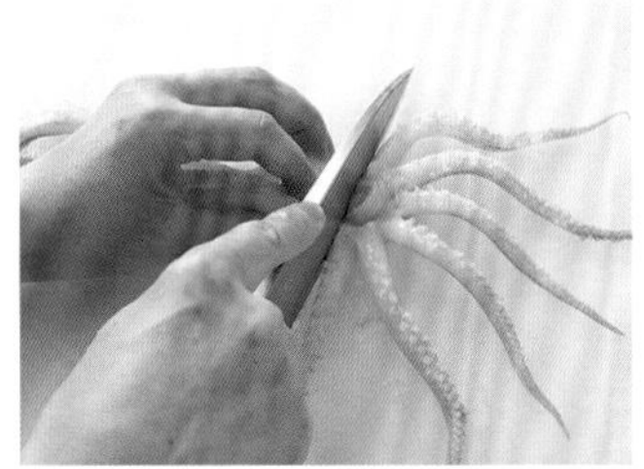

1 안쪽을 위로 향하게 다리를 펼치고, 긴 다리를 포함한 4개와 나머지 6개로 나눠 자른다.

2 흡반을 위로 오게 놓고, 칼로 다리가 붙은 부분에서 다리 끝 방향으로 긁어 흡반 속에 있는 링(단단한 부분)을 떼어 낸다. 씻고 나서 물기를 닦는다.

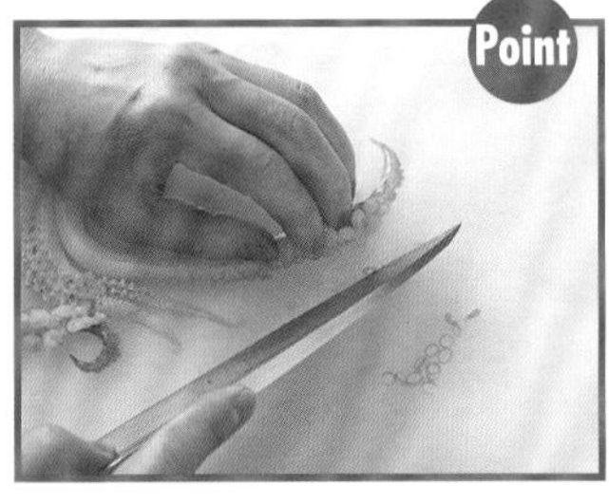

긴 다리 중간 즈음의 두꺼운 부분에 있는 링은 잘 떨어지지 않는다. 흡반을 옆으로 눕혀 칼로 긁어내면 좋다.

3 다리 끝을 모아 끝부분을 조금 잘라 내 길이를 일정하게 한다.

4 다리를 2개씩 잘라 나눈다. 남은 절반의 다리도 같은 요령으로 나눈다.

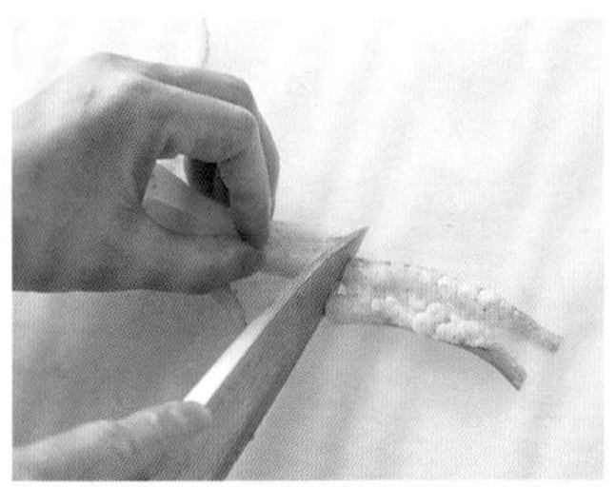

5 긴 다리는 2개를 나란히 놓고 다리 끝을 자른 후, 절반 길이로 자른다.

다리를 먹기 편하게 잘라 나눈 모습.

오징어다리프리트→181쪽

순살을 정리한다

*껍질을 제거한 화살오징어 몸통을 사용

사용 도구
데바보초

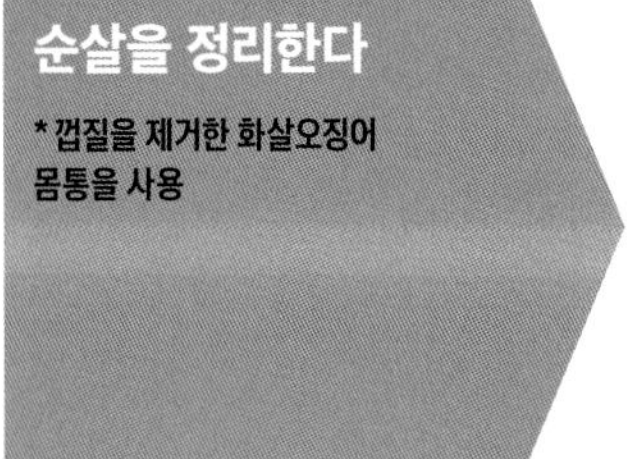

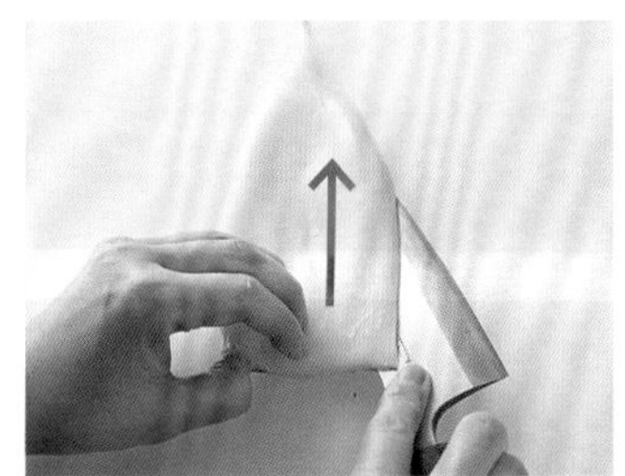

1 뾰족한 쪽을 위로, 연골이 있던 부분(지느러미살의 중앙)을 오른쪽으로 하여 세로로 놓는다. 데바보초를 사진과 같은 방향으로 내 앞에서부터 넣고, 오른쪽 끝을 갈라 1장이 되게 펼친다.

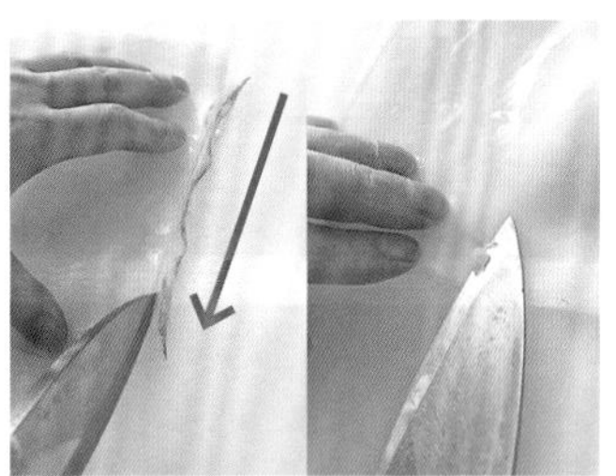

2 안쪽의 얇은 막을 벗겨 끝을 자르고(왼쪽), 안쪽에 있는 단단한 돌기도 저며낸다(오른쪽). 이것을 일본어로 '우와미(上身)*'라 한다.

*우와미: 옆으로 눕힌 생선의 위쪽 부분을 가리키나, 순살로 만든 상태도 같은 표기를 사용한다.

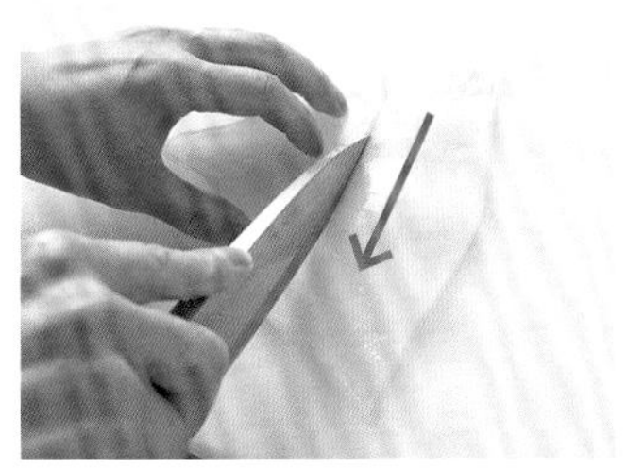

3 뾰족한 쪽을 왼쪽으로 가게 놓고, 오른쪽 끝에서부터 칼코를 사용하여 4~5cm 폭으로 자른다.

솔방울무늬 칼집을 넣는다

*4~5cm 폭으로 자른 살오징어의 순살을 사용

사용 도구
우도

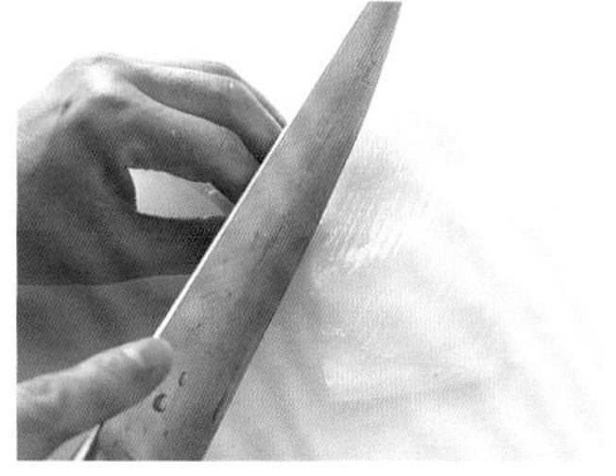

1 가로로 길게 놓고, 칼을 약간 왼쪽으로 눕혀 밀어서 써는 요령으로 비스듬한 칼집을 넣어간다.

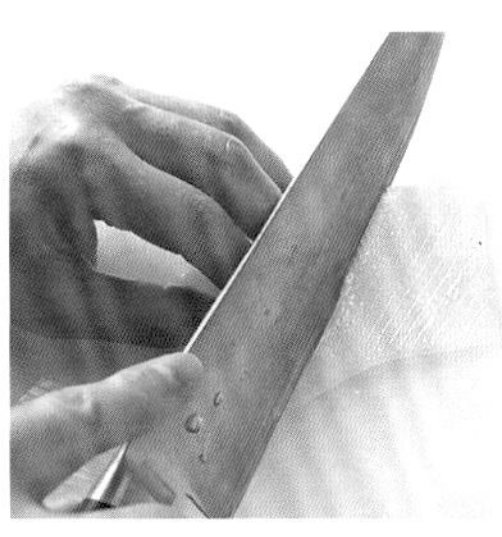

2 오징어를 90도 돌려, 격자무늬가 되게끔 같은 요령으로 칼집을 넣는다. 칼을 눕힌 정도, 칼집을 넣은 각도, 간격은 취향에 맞게.

솔방울무늬로 칼집을 넣어 직사각형으로 썬 모습.

중화풍 오징어내장볶음→181쪽

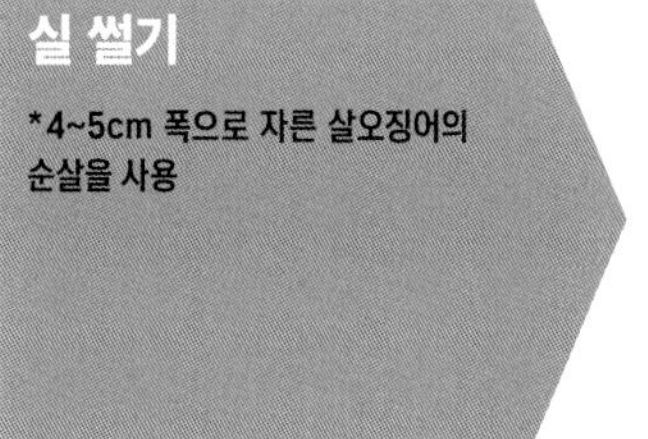

실 썰기

*4~5cm 폭으로 자른 살오징어의 순살을 사용

사용 도구
야나기바보초

가로로 길게 놓고, 칼날 대부분을 사용해 똑바로 한 번에 당겨서 썬다. 오른쪽 끝에서부터 4mm 폭으로 리듬감 있게 썰어간다.

실 썰기 한 모습.

오징어소면→180쪽

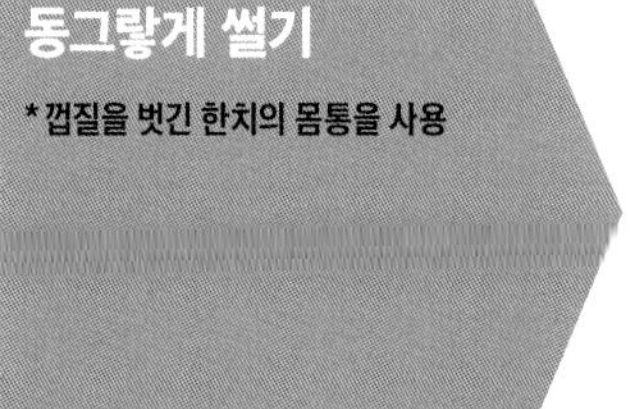

동그랗게 썰기

*껍질을 벗긴 한치의 몸통을 사용

사용 도구
데바보초

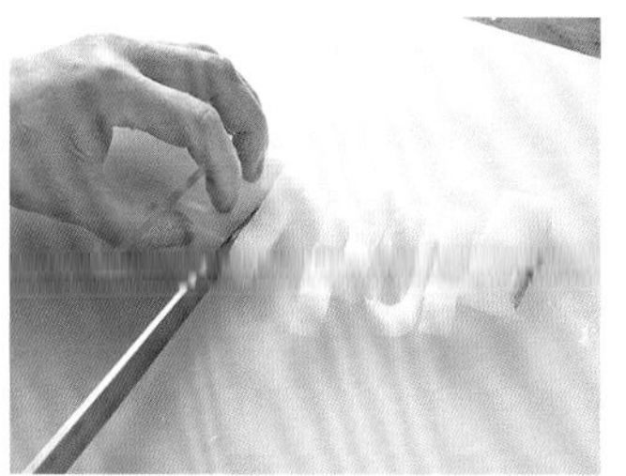

뾰족한 쪽을 왼쪽으로 하여 가로로 길게 놓고, 오른쪽 끝에서부터 같은 폭으로 썬다. 칼날 대부분을 사용하여 똑바로 당겨 썬다.

동그랗게 썬 모습.

한치샐러드→180쪽

오징어소면

재료(2인분)

살오징어 살 1마리 분량 • 양하(채 썬 것) 2개 • 차조기잎 4장 • 식용 국화꽃 2개 • 홍료 적당량 • **생강간장**[청주, 간장 각 1큰술, 생강즙 적당량]

만드는 법

1 생강간장용 청주는 랩을 씌우지 않고 전자레인지에 30초 돌려 알코올을 날린 후 간장, 생강즙을 넣어 섞는다.

2 살오징어는 실 썰기 한다.

3 그릇에 양하, 차조기잎, 오징어 순으로 안쪽부터 담고 국화꽃과 홍료를 곁들인다. 생강간장을 종지에 담아 낸다.

한치샐러드

재료(2인분)

동그랗게 썬 한치 살 100g • 어린잎 1팩 • 적피망(채 썬 것) 소량 • **드레싱**[와인비네거 1작은술, 머스터드 1/2작은술, 소금, 후추 각 적당량 • 올리브유 2작은술] • 화이트와인 2큰술 • 소금 적당량

만드는 법

1 드레싱 재료를 섞어놓는다.

2 화이트와인에 소금을 넣고 끓이다 한치를 넣고 반만 익을 정도로 볶는다. 바로 건져내 국물기를 빼고, 드레싱을 소량 끼얹어 무친다.

3 어린잎과 적피망을 섞어 드레싱으로 버무리고, **2**의 한치와 합쳐 그릇에 담는다.

중화풍 오징어내장볶음

재료(2인분)

살오징어 살과 내장 1마리분 • 생표고 3개 • 파프리카(적색, 노란색) 각 1/2개 • 마늘(다진 것), 생강(다진 것) 각 1알 • 작은 홍고추(단면 썰기 한 것) 1개 • 청주, 간장 각 1작은술 • 소금, 볶지 않고 착즙한 참기름, 식용유 각 적당량

만드는 법

1 살오징어 내장에 소금을 뿌려 1시간 이상 두고, 수분이 생기면 닦는다.

2 살오징어 살에 솔방울무늬로 칼집을 넣고 4~5cm×3cm의 직사각형으로 썬다. 생표고의 꼭지를 떼어내 4등분하고, 파프리카는 한 입 크기로 마구 썰기 한다.

3 중화 냄비에 참기름을 두르고 오징어 살을 살짝 볶고 일단 덜어낸다. 냄비에 소량의 식용유를 더해 표고버섯과 파프리카를 볶고 이것도 덜어낸다.

4 계속해서 냄비에 내장을 넣고 으깨가며 볶고, 낱낱이 흩어지면 마늘, 생강, 고추를 넣어 약불에 볶는다. 향이 나기 시작하면 강한 중불에 **3**과 청주, 간장을 넣고 빠르게 볶아낸다.

오징어다리프리트

재료(2인분)

살오징어 다리와 지느러미살(껍질 있는 것) 1마리분량 • 파슬리 2줄기 • 파르메산 치즈(간 것) 5g • 세몰리나 밀가루 15g • 레몬(빗 모양으로 썬 것) 2조각 • 올리브유, 소금, 후추 각 적당량

만드는 법

1 오징어 다리는 2개씩으로 하여 잘라 나누고, 지느러미살은 비스듬히 1cm 폭으로 썬다.

2 파르메산 치즈와 세몰리나 밀가루를 섞어 **1**에 버무린다.

3 올리브유를 170℃로 가열하여 **2**를 튀기고 튀기자마자 소금, 후추를 뿌린다.

4 계속해서 파슬리를 그대로 넣어 튀기고, **3**과 함께 그릇에 담아 레몬을 곁들인다.

갑오징어

갑오징어(뼈오징어), 입술무늬갑오징어, 몬고오징어 등 땅딸막한 타원형의 갑오징어 종 몸통 속에는 석회질의 하얗고 큰 딱지가 있다. 손질 시 이 딱지를 꺼내는 수고를 더 해야 한다. 지느러미는 귀 모양이 아니고, 몸통 가장자리를 두르듯 짧은 지느러미가 붙어 있으며 8개의 짧은 다리와 촉수라고 불리는 2개의 긴 다리를 갖고 있다. 내장과 다리를 뽑을 때는 먹물주머니가 터지지 않게 주의한다. 찢어지면 대량의 먹물이 흘러나온다. 껍질은 조금이라도 남아 있으면 씹기가 불편하므로 겉껍질과 속껍질 둘 다 꼼꼼하게 제거한다.

대표 요리

끈끈하고 혀에 들러붙는 듯한 식감과 특유의 단맛을 맛보기에는 회가 가장 좋다.

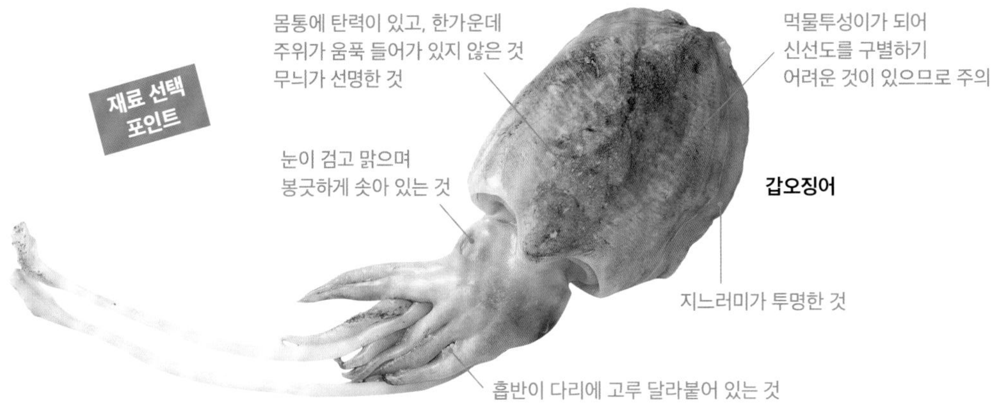

밑손질

딱지를 제거한다
→ 내장을 당겨 뺀다
→ 몸통을 씻는다
→ 물기를 닦는다

사용 도구
데바보초

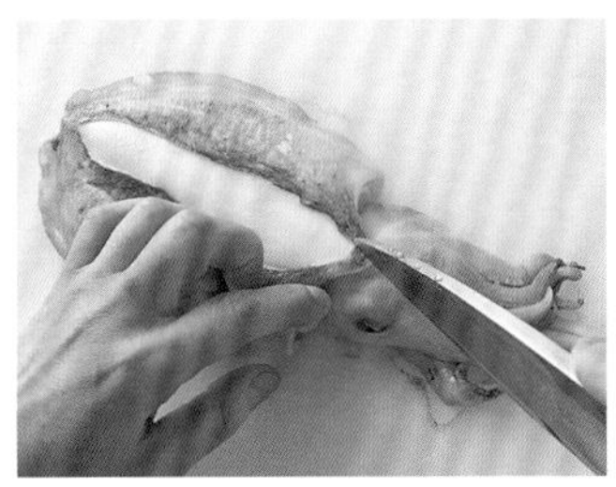

1 딱지가 있는 쪽을 위로 향하게 놓고, 칼끝으로 중앙에 세로로 칼집을 넣어 껍질을 갈라 펼친다.

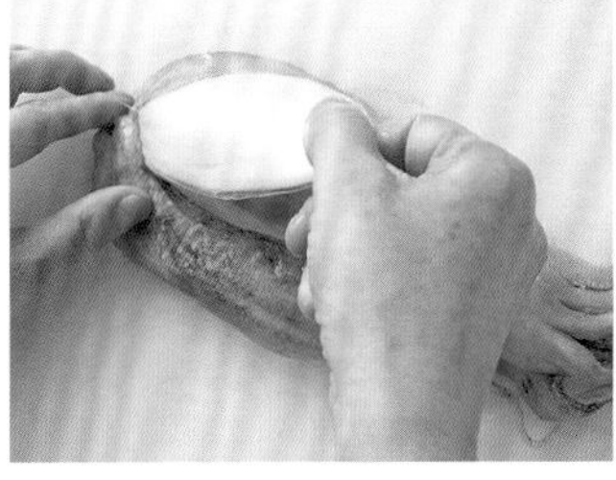

2 칼집을 넣은 자리를 좌우로 펼쳐, 딱지를 꺼낸다. 딱지 아래쪽에 있는 얇은 막에 엄지를 넣어 딱지를 들어올린다.

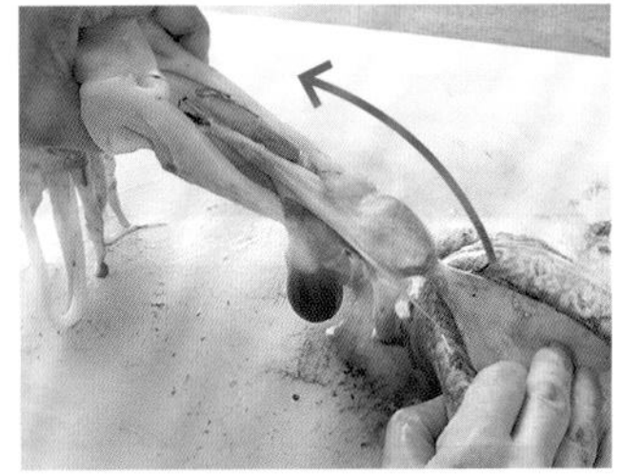

3 오른손으로 몸통을 누르고, 왼손으로 다리 부분을 잡아 먹물주머니가 터지지 않게 내장째 몸통의 위쪽 끝 방향을 향해 당겨 떼어낸다. 몸통을 씻고 물기를 닦는다.

껍질을 벗긴다

사용 도구
데바보초

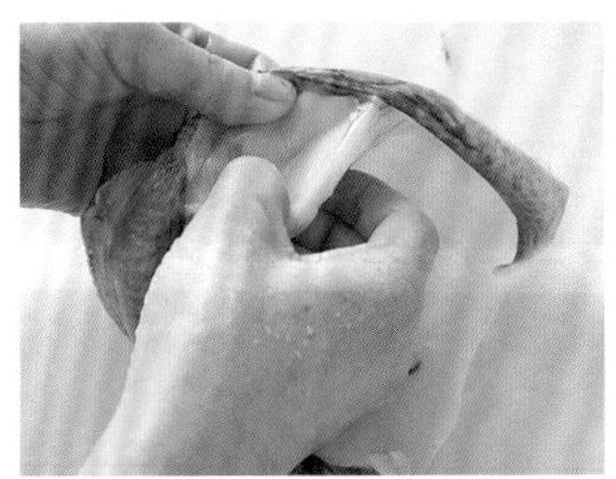

1 껍질을 밑으로 가게 놓고, 몸통 위쪽 끝부분의 단면 살과 껍질 사이에 엄지를 찔러넣어 껍질을 조금씩 벗겨나간다.

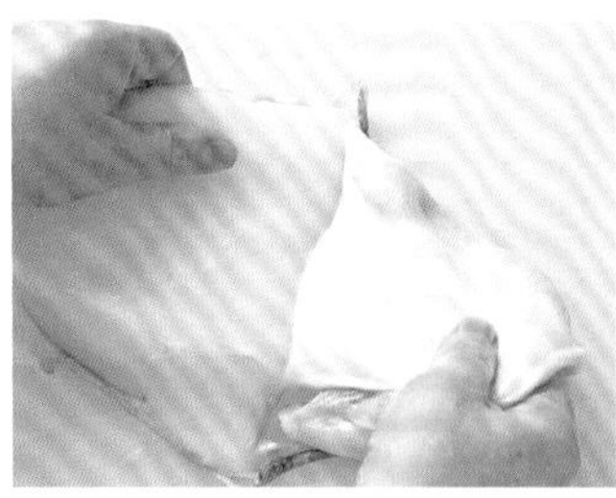

2 어느 정도 벗겨낸 후, 껍질과 살의 위쪽 끝부분을 잡고 당겨 겉껍질을 벗긴다.

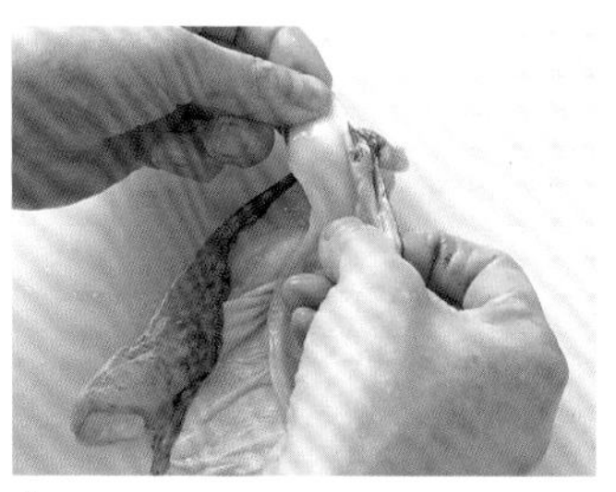

3 벗겨낸 겉껍질 안쪽에 남아 있는 지느러미살을 떼어내고, 지느러미살의 겉과 속의 얇은 막을 벗긴다.

4 몸통 안쪽의 얇은 막을 떼어낸다.

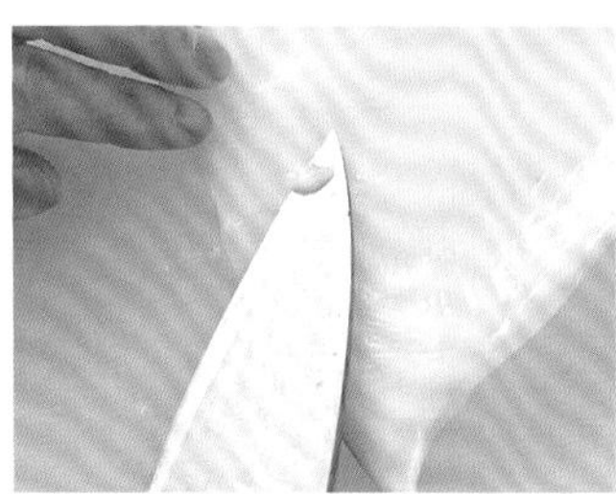

5 안쪽의 아래쪽 가까이에 있는 두 군데의 연골을 잘라낸다.

6 안쪽의 아래쪽 끝에서부터 5mm 정도 지점에 직선으로 칼집을 넣는다. 살을 잘라내지 말고 깊게 칼집을 넣는다.

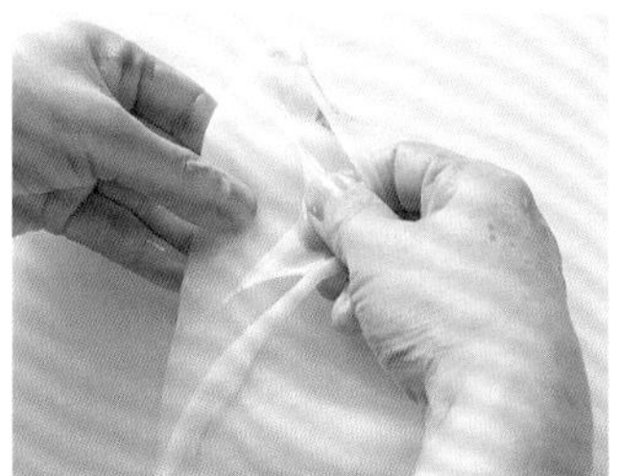

7 몸통을 뒤집어 **6**의 칼집의 끝을 뒤집어 잡고, 그 상태에서 천천히 당겨가며 겉의 얇은 막을 벗긴다.

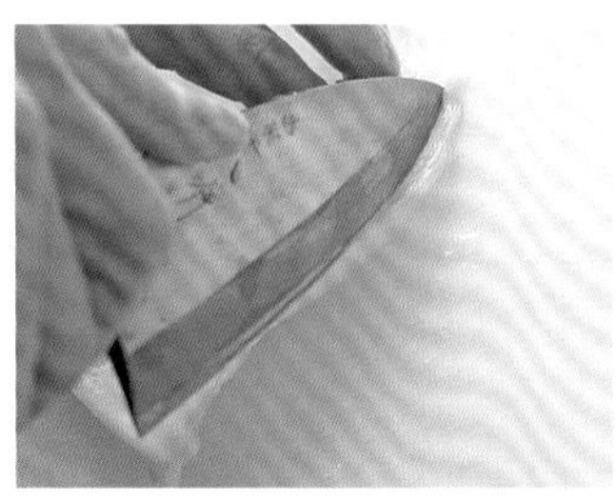

8 몸통 가장자리를 1~2mm 폭으로 둥글게 잘라내어 형태를 정돈한다.

껍질을 벗긴 모습.

갑오징어 3종 모듬회→186쪽

다리를 잘라 나눈다

내장을 잘라낸다
→ 입과 눈을 제거한다
→ 잘라 나누고 껍질을 벗긴다
→ 흡반을 제거한다
→ 물에 씻는다
→ 물기를 닦는다

사용 도구
데바보초

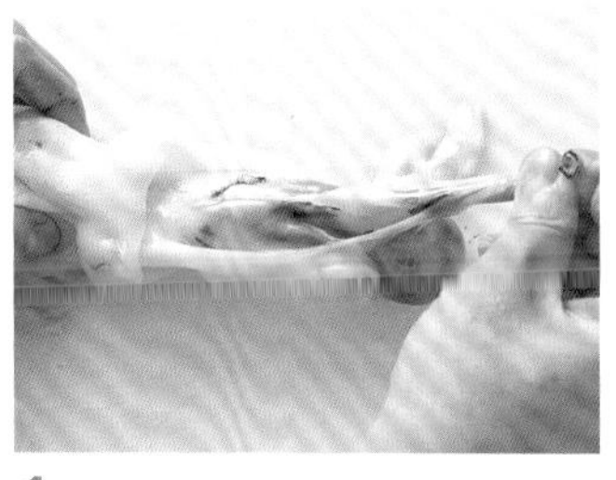

1 내장에 붙어 있는 먹물주머니의 끝부분을 잡고, 터지지 않게 조심히 당겨 떼어낸다.

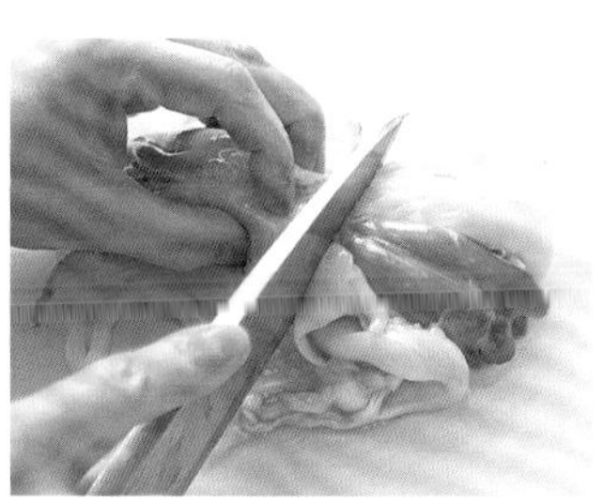

2 다리를 왼쪽으로 놓고, 내장이 붙어 있는 부위에 칼을 넣어 다리를 잘라낸다.

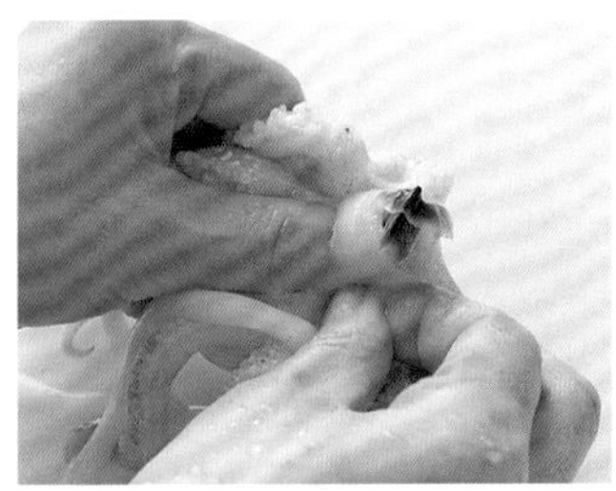

3 입 주위를 손으로 눌러, 튀어나온 이빨을 잡아 뺀다.

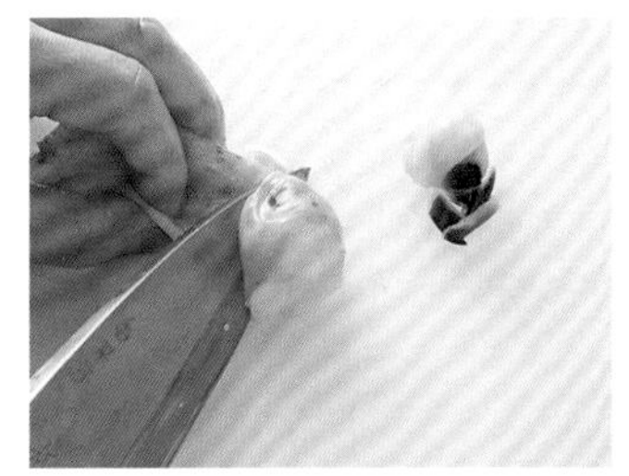

4 눈과 눈 사이에 칼을 넣어 다리를 세로로 잘라 나누고, 눈을 눌러 튀어나오면 잘라낸다.

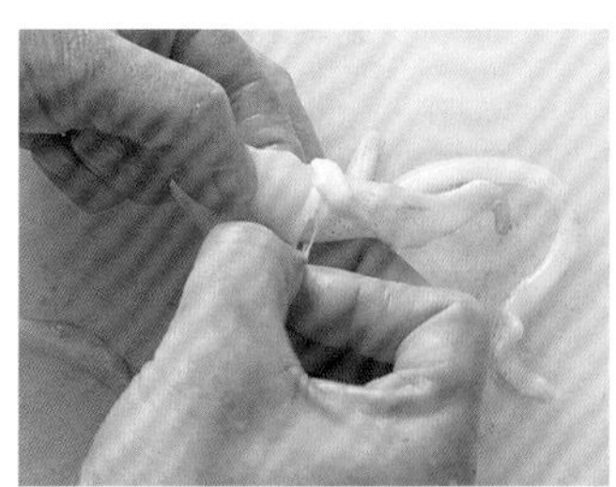

5 다리를 2~3개씩 묶음으로 잘라 나누고, 다리 끝을 잘라낸 후 각각의 껍질을 벗긴다.

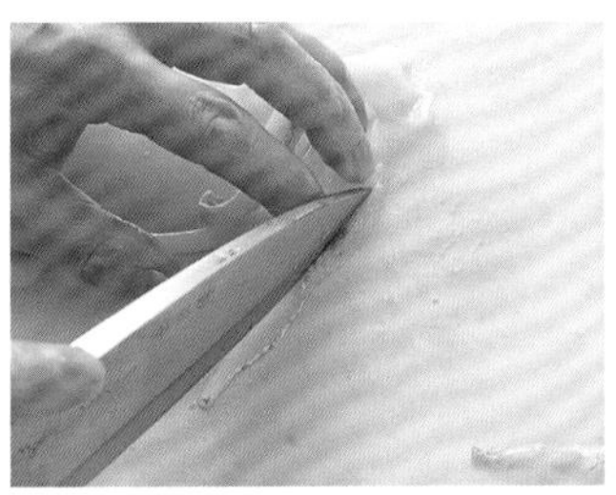

6 흡반을 잘라낸다. 씻어서 물기를 닦는다.

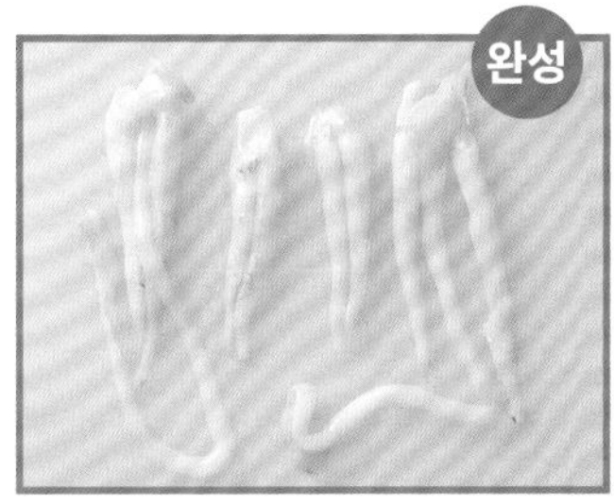

잘라 나누어 껍질을 벗긴 다리.

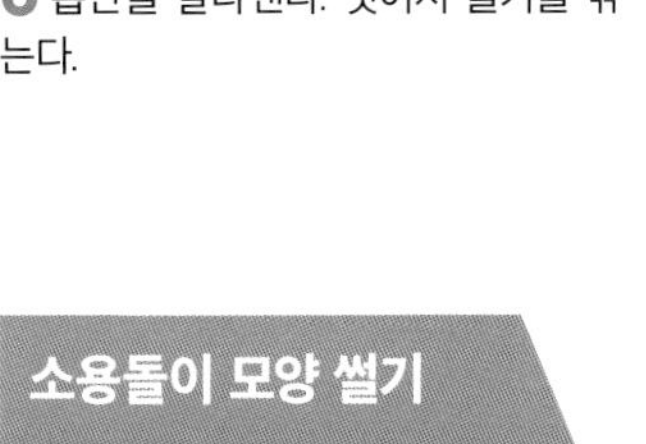

소용돌이 모양 썰기

*껍질을 벗긴 몸통을 4cm 정도 폭으로 잘라 나눈 살을 사용

사용 도구
야나기바보초

1 겉을 위로 하여 가로로 놓고, 끝에서부터 세로 1mm 간격으로, 깊이는 살 두께의 1/3 정도까지 칼집을 넣는다.

2 살을 뒤집어 세로로 놓고, 꼭지를 떼서 살의 너비에 맞게 자른 2장의 차조기잎을 얹어 내 앞에서부터 동그랗게 만다.

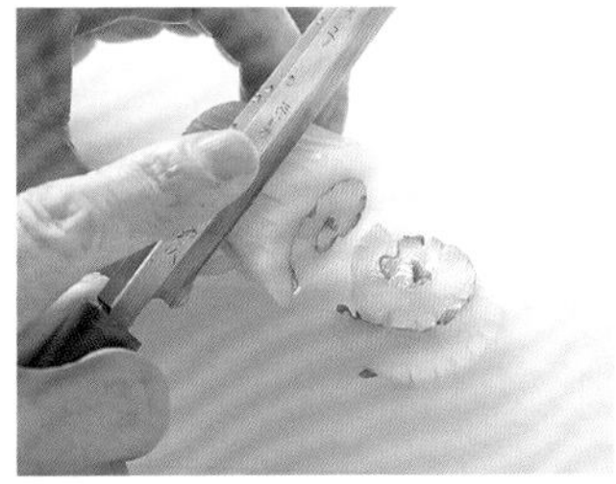

3 말린 끝부분을 밑으로 오게 놓고, 칼턱을 오른쪽 끝에서 1cm 너비 지점에 대고 슥 당겨 썬다. 자른 살은 그대로 두고 남은 살을 같은 요령으로 썬다.

소용돌이 모양 썰기 한 회.

갑오징어 3종 모듬회→186쪽

야키메* 자국 내 썰기

*껍질을 벗긴 몸통을 4cm 정도의 폭으로 잘라 나눈 살을 사용

*야키메 : 달군 금속꼬챙이 등을 재료에 대어 생긴 자국.

사용 도구
금속꼬챙이
야나기바보초

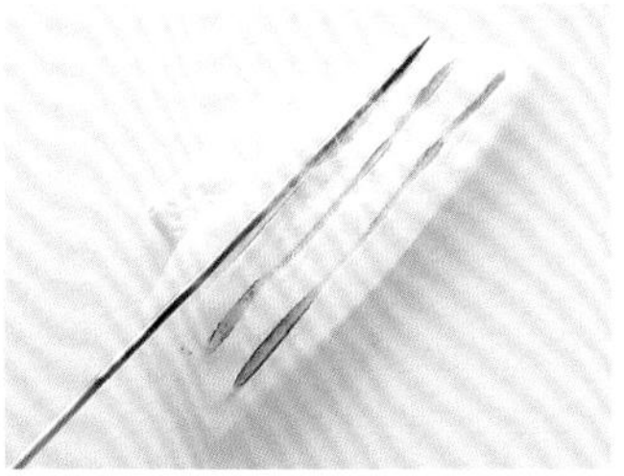

1 겉쪽을 위로 하여 세로로 놓는다. 금속꼬챙이를 가스 불에 뜨겁게 달구고, 오징어 살에 대어 눌은 자국을 낸다.

오징어 밑에 접은 키친타월 등을 받치면 표면이 평평해져 눌은 자국이 깔끔하게 난다.

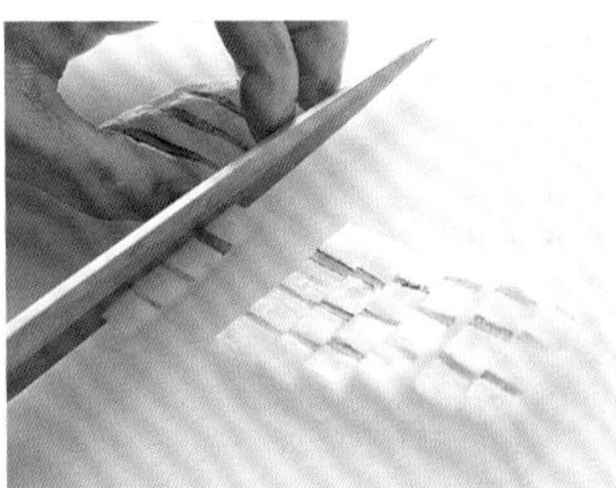

2 오른쪽 끝에서부터 1cm 간격으로, 칼을 똑바로 당겨 한 번에 썰어나간다. 1점 자를 때마다 칼로 오른쪽으로 보낸다.

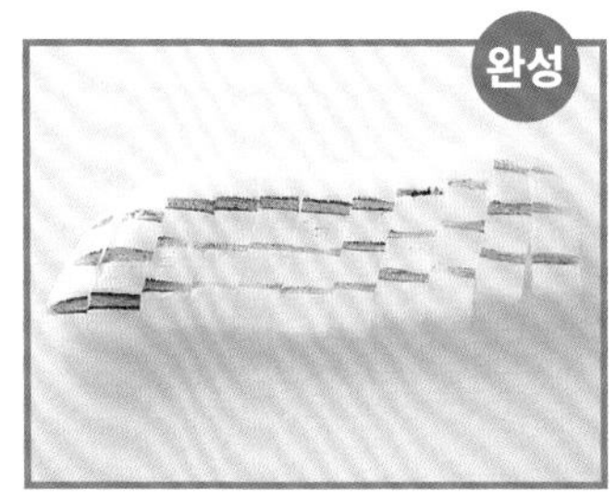

야키메 자국 내 썬 회.

갑오징어 3종 모듬회→186쪽

겹쳐 썰기

(하카타즈쿠리)

*껍질을 벗긴 몸통을 4cm 정도의 폭으로 잘라 나눈 살을 사용

사용 도구
야나기바보초

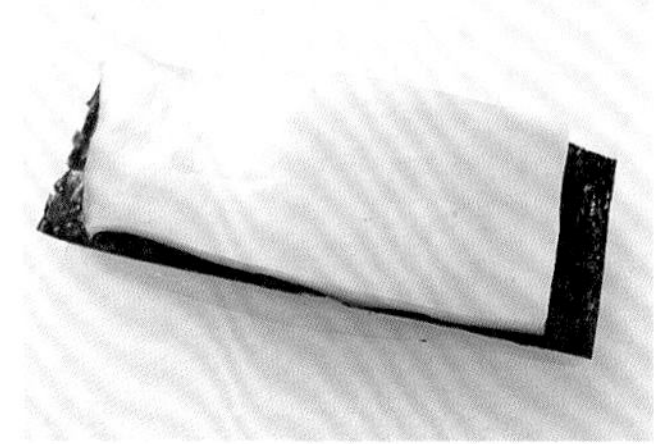

1 살을 반으로 썰고, 구운 김을 살 크기에 맞게 잘라 덮은 뒤 나머지 살을 위에 포갠다. 살의 표면이 바깥쪽이 되게 겹친다.

2 삐져나온 김을 잘라내고, 오른쪽 끝에서부터 8mm 너비 지점에 칼턱을 대 슥 당겨 자른다.

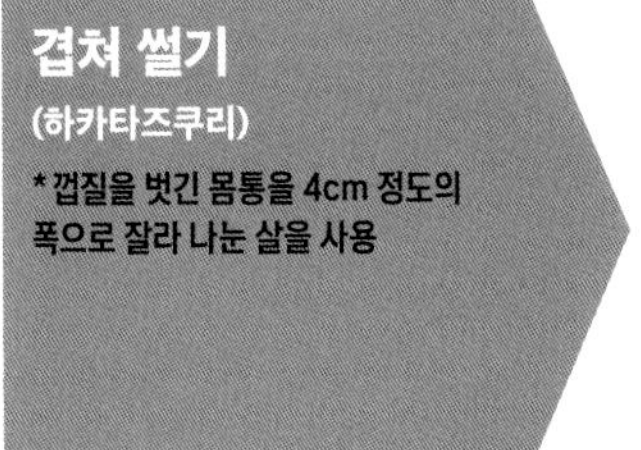

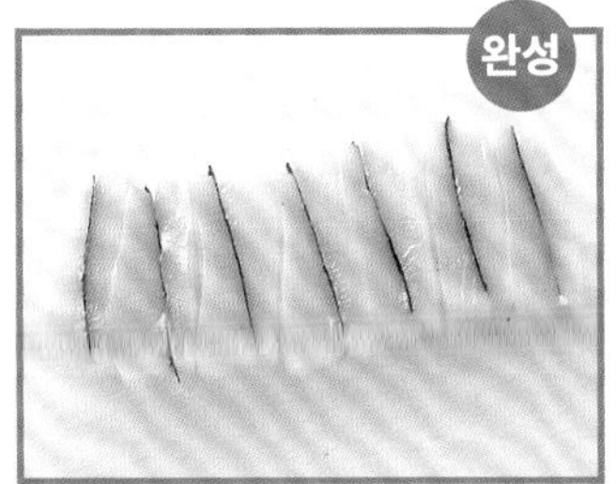

겹쳐 썰기 한 회.

갑오징어 3종 모듬회→186쪽

갑오징어 3종 모듬회

갑오징어를 소용돌이 모양 썰기, 야키메 자국 내 썰기, 겹쳐 썰기 하여 함께 담고 차조기잎, 소금물에 데친 어린 원추리, 나선형으로 꼬아 만든 당근, 고추냉이를 곁들여 희석간장(청주 1큰술을 내열 용기에 넣고 랩을 씌우지 않은 채 전자레인지에 30초 돌려, 간장 1큰술과 섞는다)을 찍어 먹는다.

이세에비*

은은한 단맛과 멋진 모습의 이세에비는, 새우류 중에서도 최고급품. 가열하면 선명한 진홍빛이 되어, 축하 자리에서 특히 빛난다. 껍데기가 단단한 것을 골라야 하나 손질 시 주의가 필요하다. 살은 껍데기가 얇은 배 쪽에서부터 떼어내는 것이 포인트로, 껍데기째 자르는 경우에는 한 번에 자르려 하지 말고 왼손으로 확실히 잡고 칼을 누르면서 자른다.

*이세에비 : 사전에서는 닭새우라 하나, 한국의 닭새우와는 모습이 다르다.

대표 요리

회나 곁들임으로 하여 고급스러운 단맛과 탱글탱글한 식감을 즐기는 것 외에 반숙으로 튀겨도 맛있다. 껍데기째 조리는 구소쿠니*도 대표적인 요리로, 된장국을 만들 때 대가리를 넣어 끓이면 맛있는 육수가 나온다.

*구소쿠니 : 새우를 껍데기째 토막 쳐서 삶은 요리.

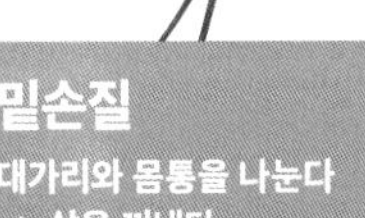

이세에비

밑손질

대가리와 몸통을 나눈다 → 살을 꺼낸다

사용 도구
데바보초

1 등을 위로 하여 왼손으로 대가리를 누르고 칼끝을 찔러넣어, 대가리와 몸통을 연결하고 있는 얇은 막을 몸체의 곡선을 따라 자른다.

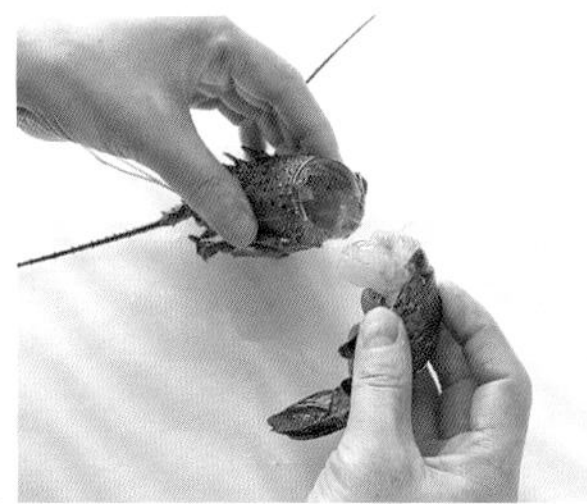

2 새우를 뒤집어서 배 쪽의 연결 부위도 칼끝으로 잘라, 오른손으로 몸통을 잡고 살짝 비틀면서 당겨 뽑는다. 등내장을 제거한다.

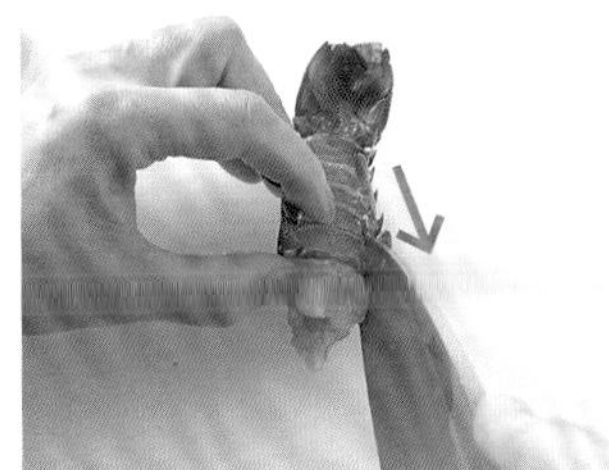

3 배를 위로 하여 세로로 놓고, 배 쪽 껍데기의 오른쪽 끝(지느러미 모양의 다리 부위 안쪽)을 칼끝으로 찔러가며 자른다.

4 새우의 방향을 바꿔 다른 한쪽 배의 껍질 끝부분도 같은 요령으로 자른다. 꼬리가 붙어 있는 부분도 자른다.

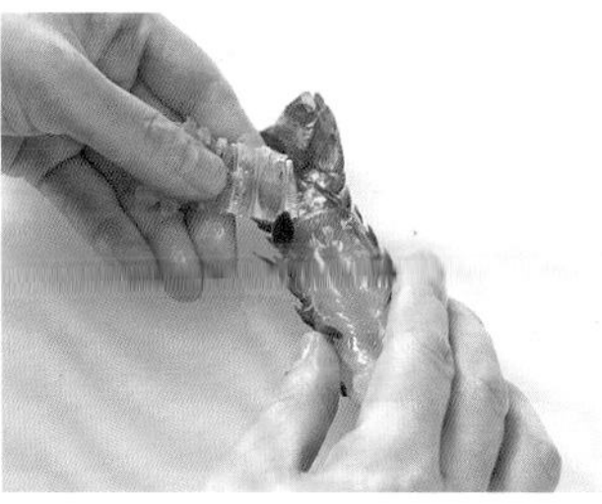

5 대가리 쪽에서부터 배 부위 껍데기를 잡고, 꼬리 쪽으로 떼어낸다.

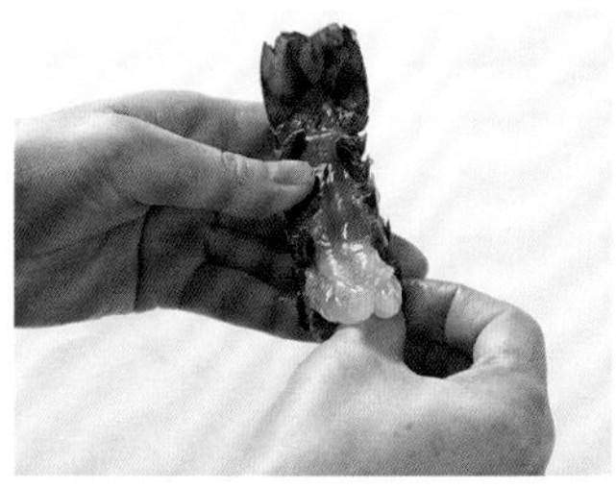

6 대가리 쪽을 내 앞으로 하여 왼손으로 잡고, 살 밑으로 오른손 엄지를 넣어 손가락 끝으로 껍질을 훑듯이 살을 떼어낸다.

대가리와 몸통을 나누고, 껍데기에서 살을 발라낸 모습. 발라낸 살을 '우와미'라 한다.

사용 도구
데바보초

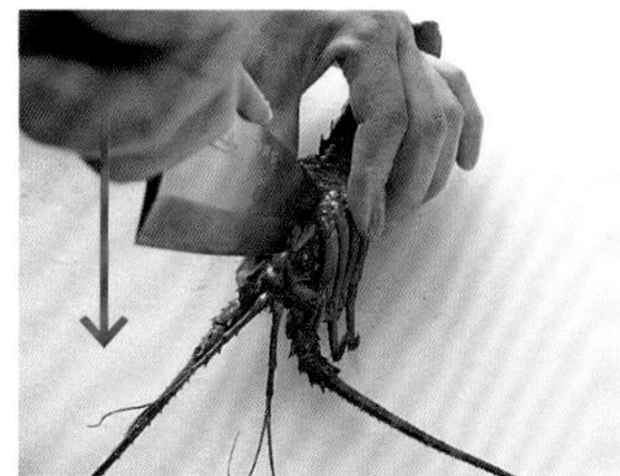

1 배를 위로, 대가리를 내 앞으로 오게 해서 왼손으로 대가리를 누른 후, 양쪽 다리 중앙에 칼끝을 찔러넣어 절반으로 자른다.

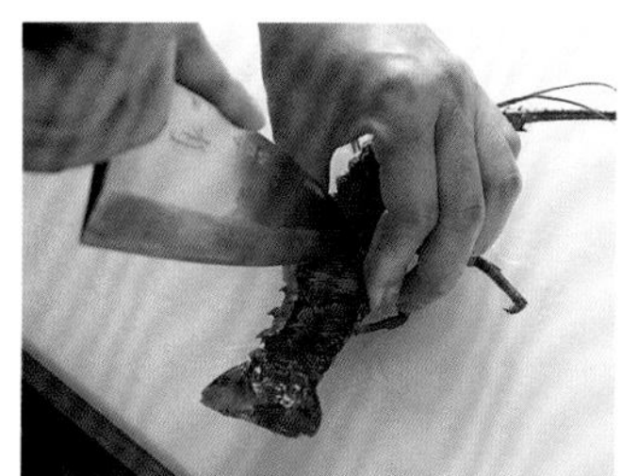

2 꼬리가 내 쪽으로 오게 방향을 바꿔, 대가리와 몸통의 경계 좌우 중앙에 칼끝을 찔러넣어 등 쪽까지 자른다.

3 그대로 내 앞으로 칼을 넘어트리듯 꼬리까지 눌러 자른다.

4 마지막은 단단한 등 쪽 껍데기를 자르기 위해, 왼손으로 칼등을 확실하게 눌러 자른다. 그 후 등내장을 제거한다.

껍데기째 2등분한 모습.

이세에비구소쿠니→189쪽

사용 도구
야나기바보초

꼬리 쪽을 왼쪽으로 하여 가로로 길게 놓고, 왼쪽 끝에서부터 칼을 눕혀 넣어 한 번에 슥 당겨 자른다. 표준 두께는 2~3mm.

저며 썰기 한 모습.

이세에비아라이*→189쪽

*아라이: 저며 썬 회를 찬물이나 얼음물로 씻어 살을 수축시켜 먹는 회.

이세에비아라이

재료(2인분)

이세에비(작은 크기) 순살 2마리분 • 차조기잎 4장 • 오이(채 썬 것) 적당량 • 래디시(슬라이스) 1개 • 간 고추냉이 적당량 • **매실초간장**[매실초, 간장, 청주 각 1작은술]

만드는 법

1 매실초간장의 청주는 랩을 씌우지 않고 전자레인지에 10초 돌려 알코올을 날린 뒤 매실초, 간장과 섞는다.

2 이세에비는 저며 썰어 얼음물에 넣고 재빠르게 씻어 건져, 물기를 확실하게 뺀다.

3 그릇에 차조기잎을 깔고 오이와 이세에비 살을 올려 래디시, 고추냉이를 곁들인다. 매실초간장을 종지에 담아 낸다.

얼음물에 넣어 재빨리 휘저어 씻으면 불필요한 점액질 등이 씻겨나가고 살이 탱탱해진다.

이세에비구소쿠니

재료(2인분)

이세에비(껍데기째 2등분한 작은 크기) 1마리분 • 연근 1cm • **조림국물**[청주 1/2컵, 생강(슬라이스) 4장, 미림 1과 2/3 큰술, 국간장 1큰술] • 산초잎 적당량

만드는 법

1 연근은 5mm 두께로 반달 썰기 한다.

2 냄비에 조림국물의 재료를 섞어 넣고 가열한다. 끓어오르면 이세에비와 연근을 넣고 나무 뚜껑을 덮어, 강불에서 3~4분 조린다.

3 그릇에 담고 조림국물을 따라 부은 후, 산초잎을 올린다.

보리새우

유영형 새우를 대표하는 보리새우는 줄무늬가 아름답고 맛도 좋은 고급 새우다. 일본 내 시장에서는 40g 이상을 '보리새우', 20~40g을 '마키', 15~20g 이하를 '사이마키'라고 부른다. 일본산의 약 절반은 양식 새우이나 어느 쪽이든 죽으면 색과 맛 모두 떨어지므로 살아 있는 것을 추천한다. 살아 있는 것은 등내장을 제거하는 등의 밑손질도 하기 쉽다.

대표 요리

회, 초밥 재료, 튀김, 프라이, 껍데기째 구이 등 대표적인 요리도 많고 일식, 양식, 중식에 상관없이 다양하게 사용되는 만능 선수이다. 잘게 다져서 어묵이나 익혀 말린 소보로◆를 만들어도 좋다.

◆소보로: 잘게 으깬 생선살이나 고기를 일컫는 말.

밑손질

(튀김용)
대가리, 등내장을 제거한다
→ 껍데기를 벗긴다
→ 꼬리 모양을 다듬는다
→ 칼집을 넣는다
→ 대가리를 손질한다

사용 도구
데바보초

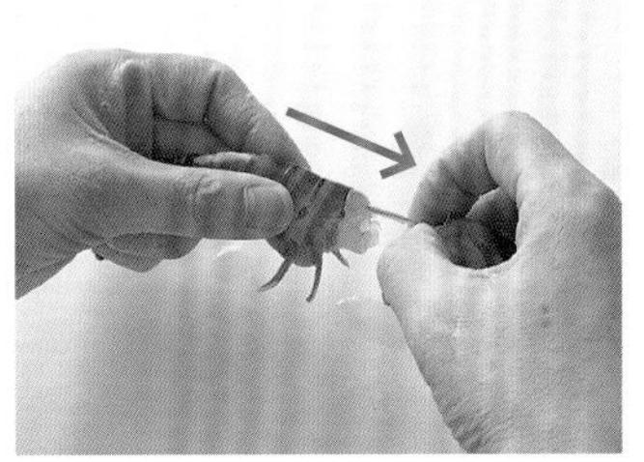

1 배 쪽의 대가리와 몸통 경계에 엄지 끝을 넣어 대가리를 꺾고, 그대로 대가리를 살짝 당겨 등내장을 뺀다.

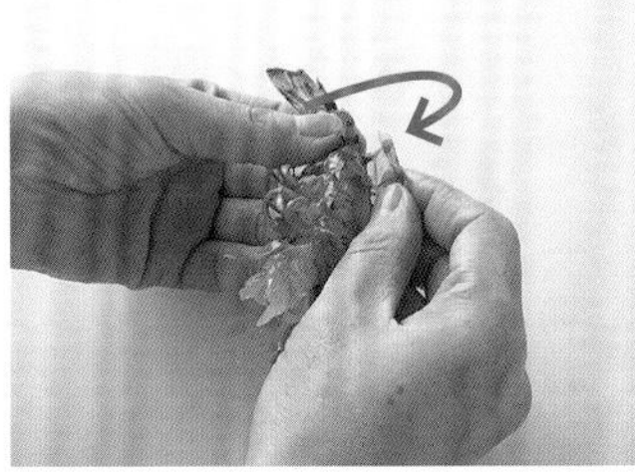

2 다리를 왼쪽, 대가리 쪽을 내 앞으로 오게 잡고 다리가 붙어 있는 곳부터 다리를 붙인 채 껍데기를 빙그르 돌려 벗겨낸다. 꼬리는 남겨놓는다.

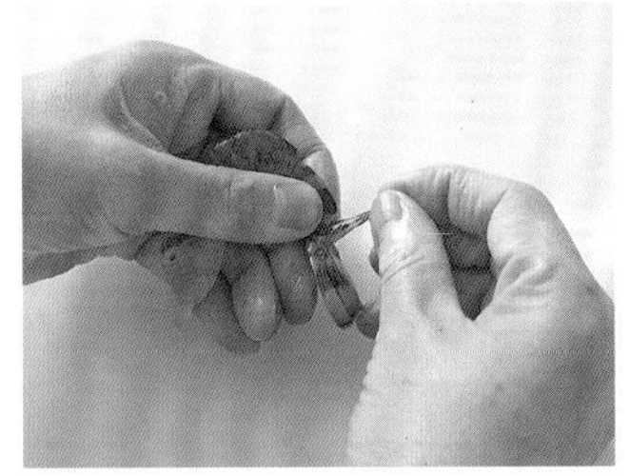

3 꼬리 쪽에 붙어 있는 물주머니를 집어 당겨 뽑는다.

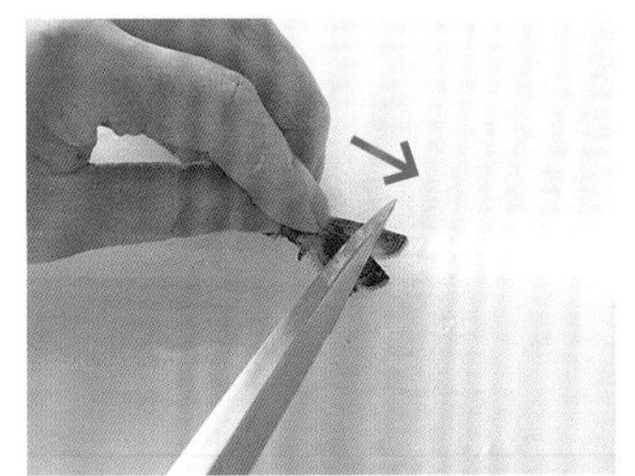

4 꼬리는 자루 형태로 속에 수분이 고여 있다. 꼬리 끝 쪽을 향해 칼코로 긁어 수분을 빼낸다.

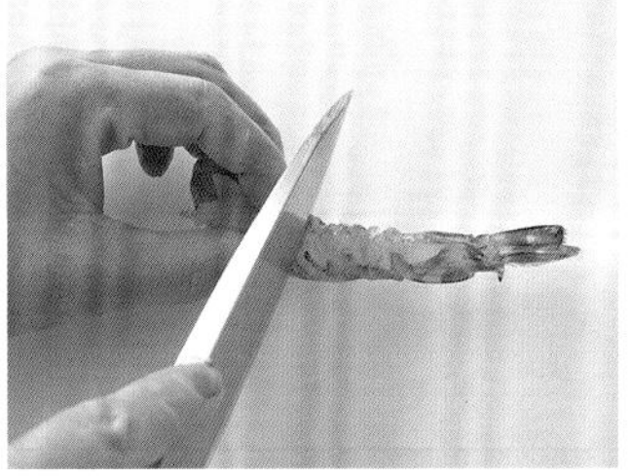

5 배를 위로 하여 가로로 길게 놓고, 1cm 간격으로 살 두께의 1/3 정도 깊이까지 칼집을 넣는다.

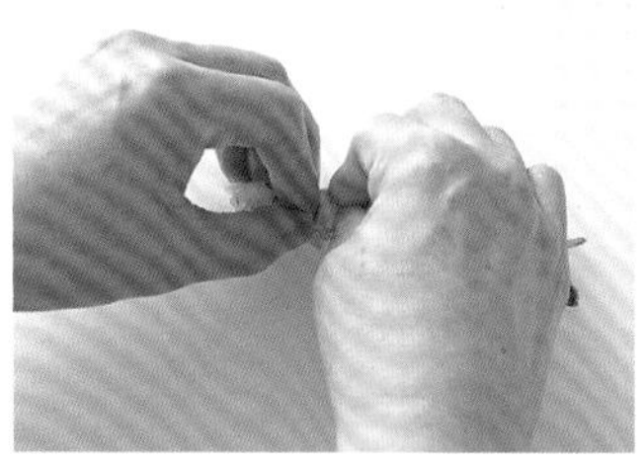

6 새우를 뒤집어서 배를 밑으로 가게 놓고, 대가리 쪽에서부터 관절을 1개씩 도마에 강한 힘으로 눌러 속의 힘줄을 끊는다.

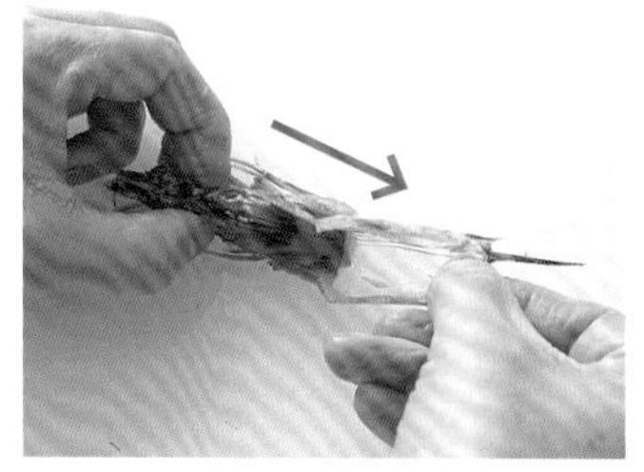

7 대가리 껍데기는 단단하므로, 뿔이 왼쪽으로 가게 놓고 왼손으로 눌러 오른손으로 뿔을 잡고 당겨서 벗긴다.

8 대가리 앞쪽 끝의 단단한 부분을 아래쪽으로 똑바로 잘라낸다.

살과 대가리를 튀김용으로 밑손질한 모습.

보리새우당면튀김→193쪽

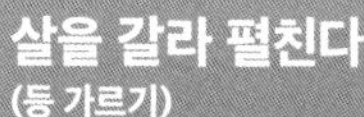

살을 갈라 펼친다
(등 가르기)

*** 대가리, 등내장, 껍데기, 다리를 제거한 살을 사용(튀김에 사용하지 않을 때는 꼬리 손질을 하지 않아도 좋다)**

사용 도구
데바보초

1 꼬리를 왼쪽, 등을 내 앞으로 오게 놓고 칼을 수평으로 하여 등 정가운데에 칼집을 넣는다.

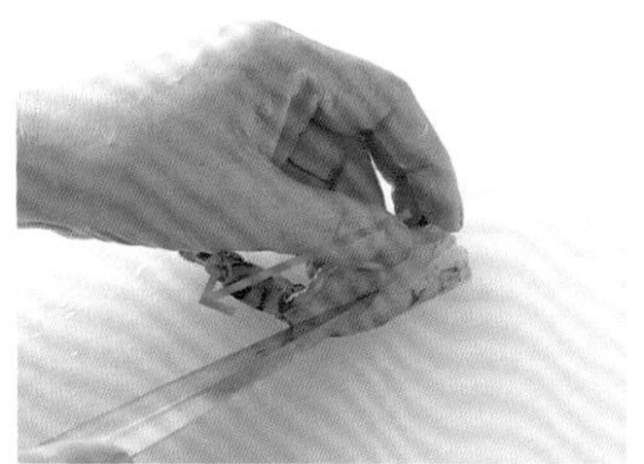

2 칼을 대가리 쪽에서 꼬리 쪽을 향해 슥 하고 당겨, 배가 뚫리지 않게 근처까지 한 번에 자른다.

등 가르기 한 모습.

새우꽃

*** 등 쪽으로 갈라 펼친 새우살을 사용**

사용 도구
데바보초

1 살을 위, 꼬리를 내 앞으로 오게 놓고 살의 정가운데에 칼끝을 찔러 1cm 정도의 칼집을 넣는다.

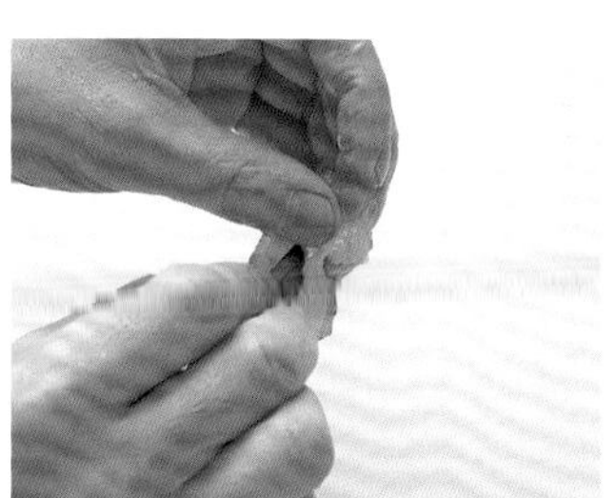

2 1의 칼집에 내 앞에서부터 꼬리를 집어넣고, 반대쪽으로 꺼내 형태를 잡는다.

새우꽃을 만든 모습.

새우꽃맑은장국→193쪽

사용 도구
데바보초

1 대가리를 오른쪽, 등을 위로 오게 놓고 눈 밑으로 칼을 똑바로 넣어 대가리 끝 쪽의 단단한 부분을 잘라낸다.

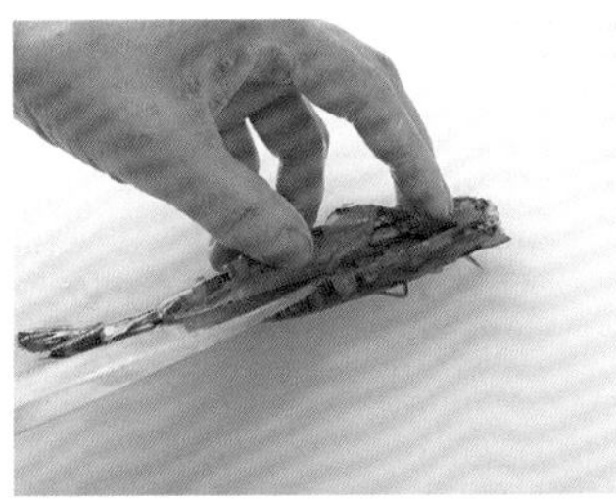

2 새우를 눕히고 등을 내 앞으로 하여, 등 가운데에 대가리 쪽에서 꼬리 쪽까지 칼집을 수평으로 깊게 넣는다.

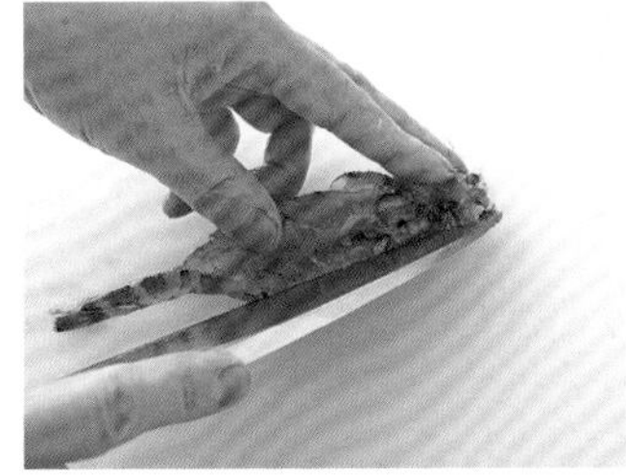

3 칼집을 벌려 칼끝으로 등내장을 긁어 살에서 빼낸다.

4 살에서 떨어진 등내장을 끊어지지 않게 손으로 잡아 뺀다.

등 가르기 한 모습.

껍데기째 구운 보리새우→아래쪽

껍데기째 구운 보리새우

재료(2인분)

보리새우(껍데기째 등을 가른 새우) 2마리 • 미림, 간장 각 2작은술 • 산초잎 적당량

만드는 법

1 보리새우는 예열한 그릴에 넣어 노릇하게 굽는다. 완성 직전에 미림과 간장 섞은 것을 조리용 붓으로 2~3회 발라서 윤기를 낸다.

2 산초잎은 큼직하게 다진다.

3 구워진 새우에 산초잎을 뿌리고, 그릇에 담는다.

새우꽃맑은장국

재료(2인분)

보리새우(새우꽃) 2마리 • 깨두부(칡전분 100%의 시판 제품) 2개 • 참나물(매듭지어 모양 낸 것) 2줄 • 다시 1과 1/2컵 • 청주 2작은술 • 소금 1꼬집 • 국간장 약간 • 칡전분 적당량 • 청유자 껍질 적당량

만드는 법

1 보리새우는 칡전분을 묻혀, 김이 오른 찜기에 넣고 1~2분 찐다.

2 냄비에 다시를 넣어 가열하고 청주, 소금, 국간장을 넣어 간한다.

3 깨두부를 찜기에 데워 그릇에 담고, **1**의 새우를 얹는다. **2**의 국물을 붓고 매듭지은 참나물과 청유자 껍질을 곁들인다.

보리새우당면튀김

재료(2~3인분)

보리새우 살과 대가리(튀김용으로 밑손질한 것) 2마리 분량 • 파프리카(노란색, 오렌지색) 각 적당량 • 당면 적당량 • 전분, 달걀흰자, 튀김유, 소금 각 적당량

만드는 법

1 파프리카는 가늘고 긴 삼각형으로 자르고, 당면은 2cm 길이로 자른다.

2 보리새우 살에 전분을 바르고 달걀흰자를 묻혀 당면을 붙인다. 대가리는 내장이 있는 쪽에 전분을 묻힌다.

3 튀김유를 165℃로 가열하여 파프리카를 그대로 넣어 튀긴다. 새우 대가리를 넣고, 다리가 바삭해질 때까지 진득하게 튀긴다.

4 기름을 175℃로 올려, 새우 살을 넣고 바삭하게 튀긴다.

5 튀긴 재료들의 기름기를 빼고 뜨거울 때 소금을 뿌려, 그릇에 함께 담는다.

굴

영양분이 풍부해서 '바다의 우유'로 불리는 굴은 인기가 많고, 히로시마만, 마쓰시마만, 게센누마만, 이세만 등 일본 전국 각지에 브랜드화된 굴이 있다. 산란 후인 10월~2월의 굴은 글리코겐을 다량 축적하여 감칠맛이 증가한다. 최근에는 껍데기째 유통되는 것도 많다. 굴 껍데기를 신속하게 열기 위해서는 이음매를 찾는 것이 포인트로, 편평한 껍데기를 위로 하고 이음매에 조개칼을 넣어 관자를 자른다. 목장갑을 끼거나 행주 등으로 확실히 감싸 작업하고 맨손 상태의 작업은 피한다. 다치지 않도록 세심한 주의가 필요하다.

대표 요리

어떤 요리든 어울리나 신선도가 좋은 굴은 역시 날것으로 먹는 것이 맛있다. 프라이, 굴밥, 냄비 요리 등도 좋다.

재료 선택 포인트

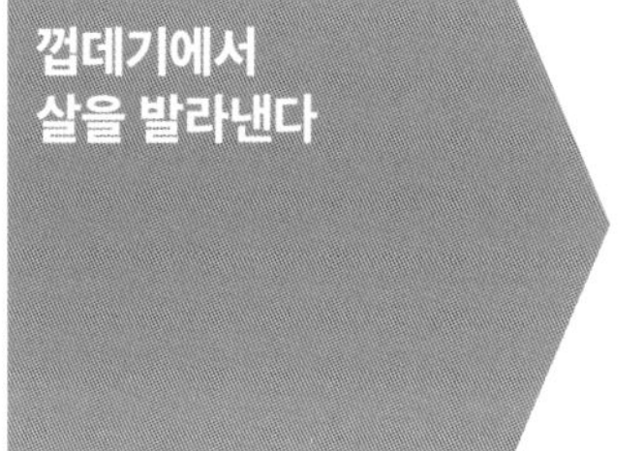

사용 도구
굴칼(또는 조개칼)

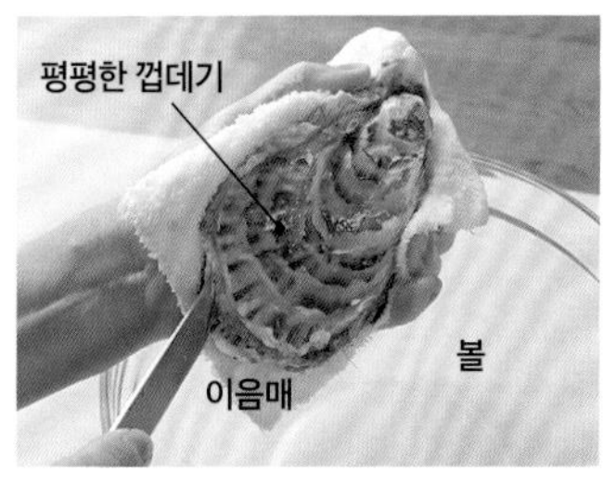

1 껍데기가 평평한 쪽을 위로 향하게 놓고, 이음매를 내 쪽으로 가게 잡는다. 껍데기의 이음매에 굴칼을 찔러넣는다.

2 굴칼을 윗 껍데기 안쪽을 긁어내듯 움직여 관자를 떼어낸다. 관자는 중앙의 왼쪽에 있다.

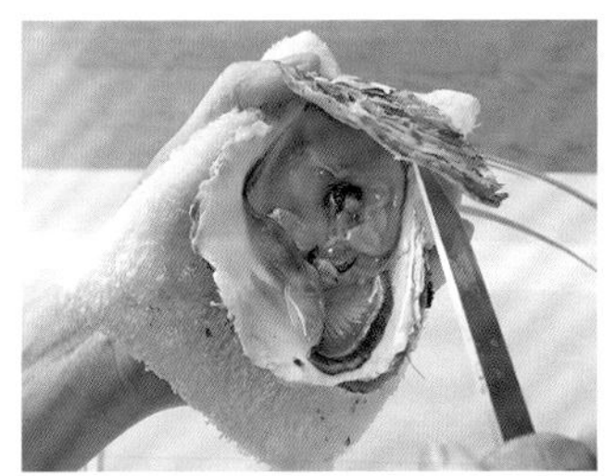

3 윗 껍데기를 들어올려 떼어낸다.

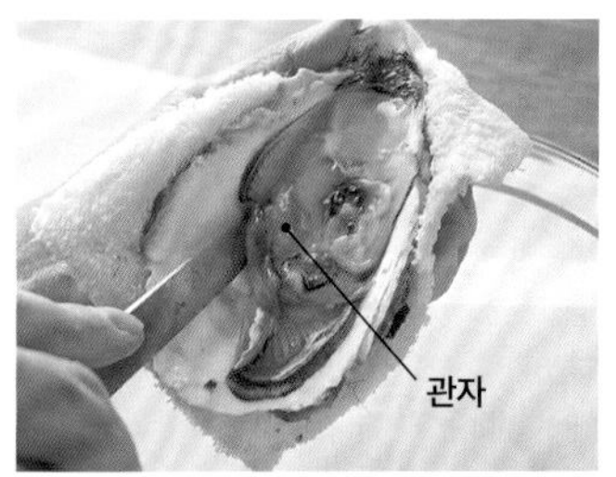

4 아랫껍데기와 살 사이에 굴칼을 찔러 넣어 관자를 떼어내고, 살을 꺼낸다.

껍데기에서 살을 발라낸 모습.

생굴→195쪽

생굴

재료(2인분)

굴(껍데기째) • 흑갈색 호밀빵 버터샌드* 6장 • 샬롯(다진 것) 1/2개 • 레드와인비네거 3큰술 • 레몬(빗 모양으로 썬 것) 4조각 • 소금 적당량

만드는 법

1 굴은 껍데기를 열고 꺼내, 살을 엷은 소금물에 흔들어 씻고 즙은 거른다.

2 샬롯과 레드와인비네거를 섞어 그릇에 넣고, 레몬을 장식한다.

3 굴 껍질에 1의 살과 즙 소량을 넣고, 그릇에 2, 호밀빵 버터샌드와 함께 담아낸다.

*흑갈색 호밀빵 버터샌드

사방 5cm, 두께 4mm 정도의 호밀빵에 부드러워진 버터를 바른 뒤 겹쳐, 단단하게 랩으로 감싸 냉장고에서 굳힌다. 얇게 썬다.

게

게는 전 세계에 6,000종 이상이 있다고 한다. 일본 근해만 해도 1,000종 남짓 서식하고 있으나, 식용되는 것은 극히 적다. 대게, 털게, 꽃게, 무당게가 일반적으로 잘 알려져 있다. 여기에서는 신선도가 잘 떨어지지 않고 산 채로 시장에 유통되는 꽃게와 양다리를 펼치면 1m가 넘는 무당게의 손질법을 소개한다. 무당게는 모습이 닮아 게로 취급하지만 본래는 소라게의 일종으로, 게는 집게발을 포함해 다리가 10개인 데 반해 무당게는 8개밖에 없다.

대표 요리

삶고 찌고 굽는 등 가열 조리한 살을 꺼내 발라내서 초절임, 크로켓 등에 사용한다.

게딱지를 떼어낸다

* 꽃게(생물)를 사용

사용 도구
굴칼(또는 조개칼)

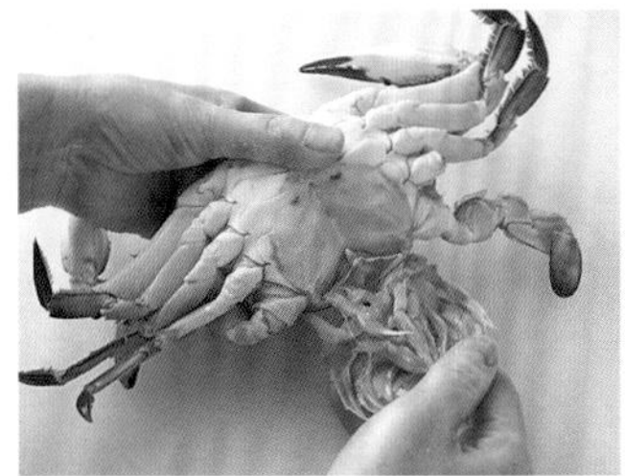

1 배 쪽을 위로 향하게 놓고 아래쪽에 있는 삼각형의 배딱지를 손으로 힘주어 벌려 떼어낸다.

2 등딱지를 위로 하고, 오른손으로 등딱지의 뾰족한 부분을 세우듯 왼손으로 몸통을 잡고 당겨 떼어낸다.

3 등딱지를 떼어낸다.

4 몸통 좌우에 붙어 있는 잿빛 근육 형태의 아가미를 집어 떼어낸다. 먹을 수 없는 부위이므로 남기지 말고 제거한다.

5 몸통과 떼어낸 등딱지에 붙어 있는 내장, 주황색 알(난소)을 스푼 등으로 긁어낸다.

손질한다

*찐 꽃게를 사용

사용 도구
데바보초

1 게딱지를 떼어낸 게의 몸통에 청주를 뿌리고, 김이 오른 찜기에 넣어 강불에서 15분 정도 찐다. 뒤집어서 식힌다.

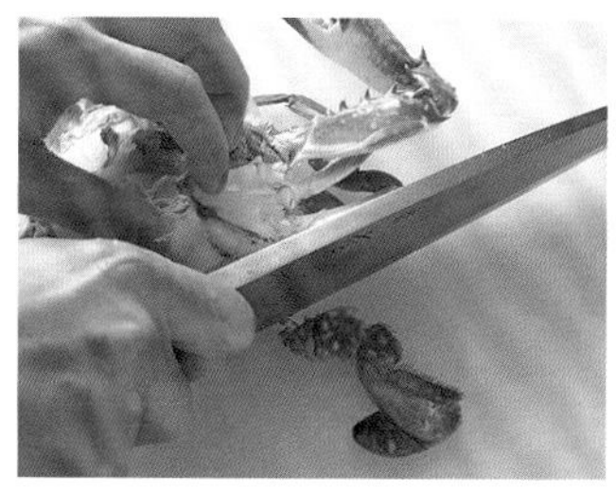

2 바깥쪽 다리는 뿌리 부분에 칼턱을 대고 눌러 자른다.

3 가느다란 다리는 칼코로 연결 부위를 1개씩 잘라 떼어낸다.

4 집게 부분은 연결 부위에 칼턱을 대고, 왼손으로 칼등을 두드려 눌러 자른다.

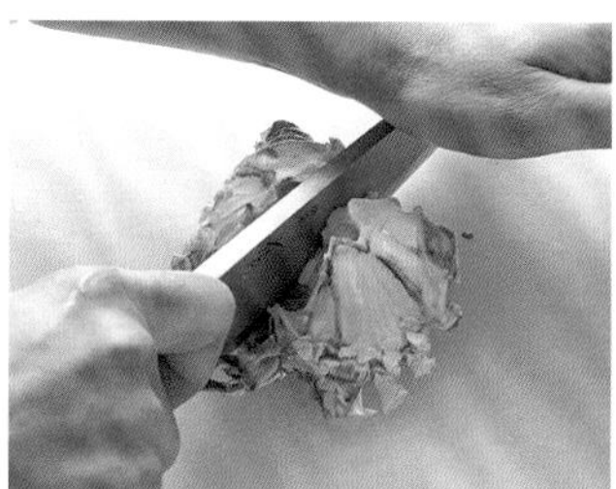

5 몸통의 정가운데에 칼을 대고, 세로 절반으로 나눈다.

6 나눈 몸통의 단면에 칼날을 넣어, 두께를 절반으로 자른다.

7 반으로 잘라 나눈다. 이로써 몸통 살이 쉽게 발라진다.

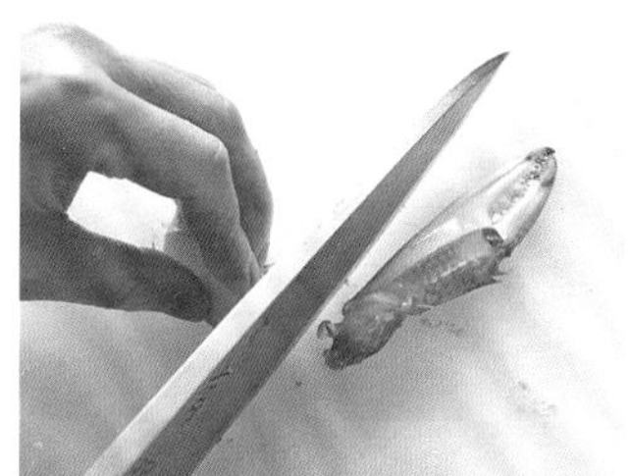

8 떼어낸 다리는 뿌리 부분의 관절을 자른다.

9 남은 부분을 관절별로 자르고, 각각을 세로 절반으로 가른다.

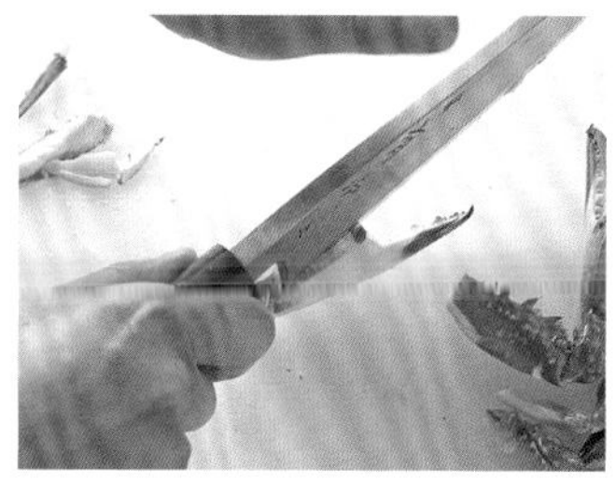

10 집게는 손으로 힘껏 벌려 가느다란 쪽을 떼어낸다. 남은 부분을 칼턱으로 세로로 자른다.

손질한 모습(몸통과 왼쪽 다리와 집게발. 오른쪽은 잘라 나누기 전).

꽃게국화말이→199쪽

손질한다

*무당게(반쪽)를 사용

사용 도구
데바보초
주방 가위

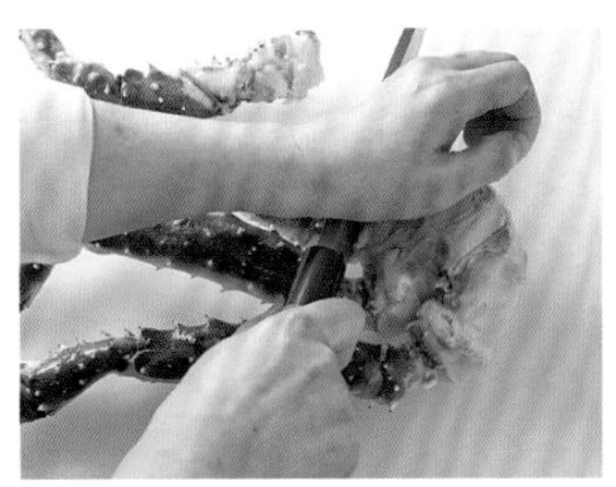

1 다리가 연결된 부분에 칼을 대고, 왼손 주먹으로 칼등을 두드려 눌러 자른다.

2 몸통과 다리를 잘라 나눈 모습.

3 다리는 껍데기의 흰 부분에서 중앙의 관절에 칼턱을 대고, 주먹으로 칼등을 두드려 잘라 나눈다. 흰 부분의 껍데기가 연하다.

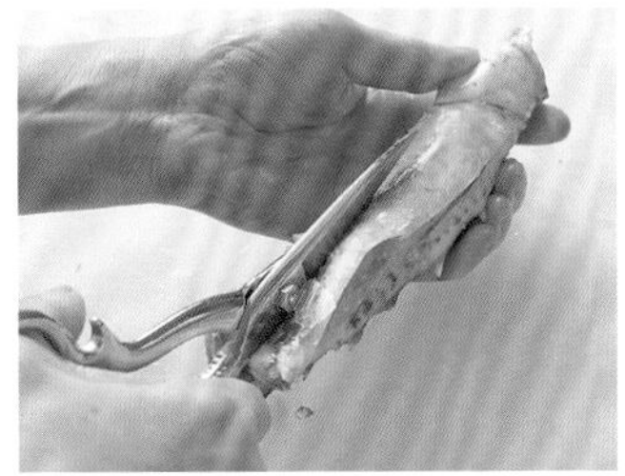

4 잘라 나눈 다리 안쪽(껍데기 색이 흰 부분)을 위로 향하게 하여, 양 옆을 주방 가위로 자른다.

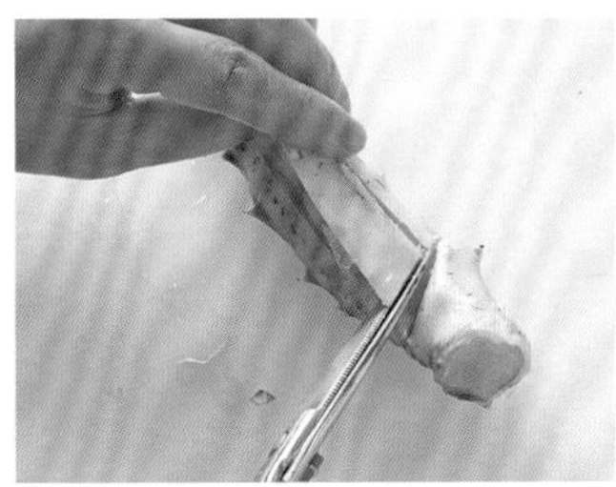

5 관절 연결 부분의 껍데기를 가위로 자른다.

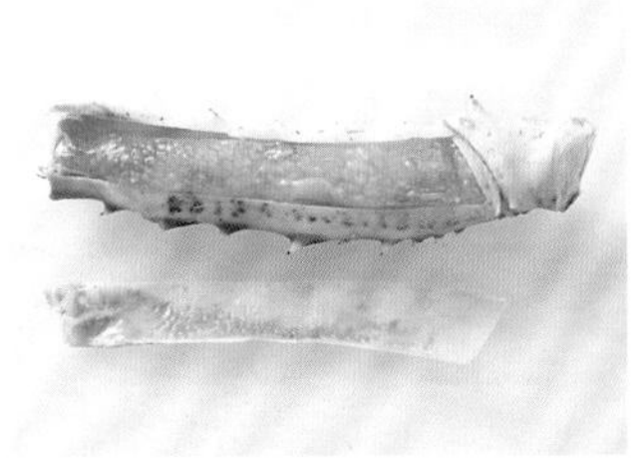

6 잘라낸 껍데기를 떼어낸다. 남은 다리도 같은 요령으로 껍데기를 제거해 살을 발라내기 쉽게 한다.

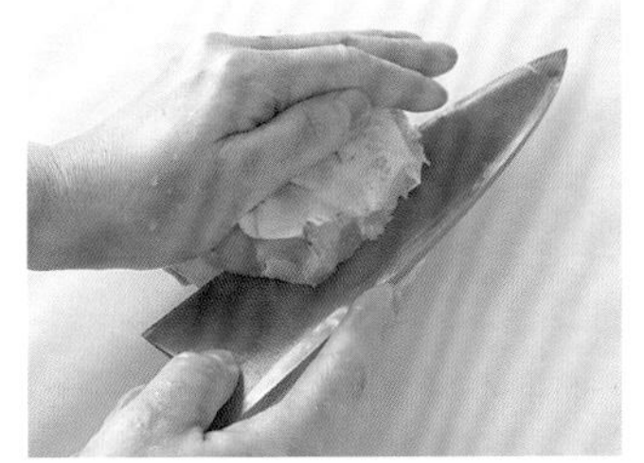

7 몸통 단면의 중앙에 칼을 넣고, 가로로 2등분한다. 단단한 경우에는 몸통을 세워 칼등에 왼손을 얹고 힘을 줘 세로로 자른다.

8 반으로 가른 몸통. 살을 쉽게 발라낼 수 있다.

손질한 모습.

무당게구이→199쪽

꽃게국화말이

재료(2인분)

꽃게살(쪄서 발라낸 것) 1마리 분량 • 김밥용 김 2/3장 • 식용 국화꽃 1/2팩 • 참나물 1/3묶음 • **생강초**[청주 1/2큰술, 쌀식초 1/2작은술, 국간장 1/2작은술, 생강즙 약간] • 식초, 소금 각 적당량

만드는 법

1 국화꽃을 떼어내 끓는 물에 식초를 넣어 데치고, 찬물에 담가 식힌 후 물기를 짠다.

2 참나물은 밑동을 실 등으로 묶어 물에 소금을 넣어 데치고, 찬물에 담가 식힌 후 물기를 뺀다.

3 김에 발라낸 게살을 펼치고, 1과 2를 중심으로 심을 삼아 만다.

4 생강초의 청주를 내열 용기에 넣어 랩을 씌우지 않고 전자레인지에서 10초 돌려 알코올을 날린 뒤 남은 재료를 섞는다.

5 3을 잘라 나누어 그릇에 담고, 생강초를 뿌린다.

무당게구이

재료(4인분)

무당게 1/2마리 • 가보스◆ 1개

만드는 법

1 무당게는 다리를 관절별로 잘라 나누고, 안쪽 껍데기를 잘라 숯불에 굽는다.

2 살이 잘 익으면 그릇에 담고, 빗 모양으로 썬 가보스를 곁들인다.

◆가보스: 유자의 일종.

소라

바다 내음과 쫄깃한 살의 식감, 내장의 쌉쌀한 맛이 매력적인 고둥. 거친 파도 속에서 자란 것일수록 뿔이 멋지게 나 있으며, 잔잔한 만 안쪽에서 자란 것들 중에는 뿔이 없는 것도 있으나 같은 종이다. 암수 차이에 의한 것도 아니다. 소라의 풍미는 신선도에 의해 크게 좌우되므로 신선한 것을 구해 가능한 한 신속하게 조리할 것. 단, 애써 구한 신선한 소라의 간이 도중에 찢어지지 않도록 살을 꺼낼 때 신중하게 당겨 뺀다. 익숙하지 않을 때는 끓는 물에 살짝 데치면 살을 쉽게 꺼낼 수 있다.

대표 요리

껍데기째 굽는 '쓰보야키(쓰보는 항아리라는 뜻으로 소라 껍데기를 항아리에 비유해 붙은 이름)'가 가장 간편하고 맛있는 요리법이다. 회로 먹는 것도 식감을 즐기기에 최적이며, 그 외에 초절임이나 초된장무침을 해도 멋진 술안주가 된다.

소라(뿔이 있는 것)

껍데기에서 살을 발라낸다

살, 내장을 나눈다
→ 물에 씻는다
→ 물기를 닦는다

사용 도구
테이블나이프
데바보초

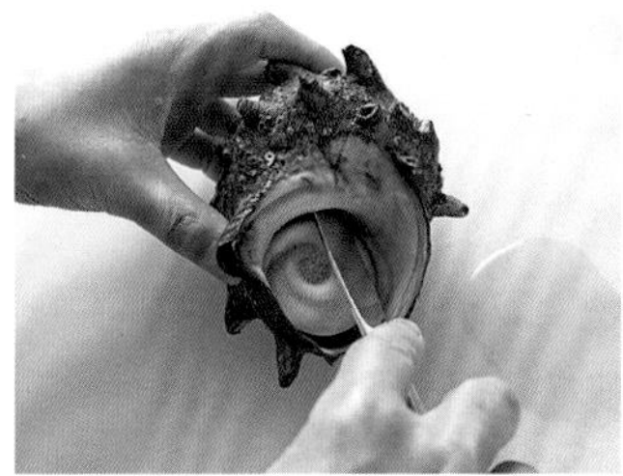

1 뚜껑 틈으로 테이블나이프를 찔러넣고, 달팽이의 껍데기처럼 감겨 있는 관의 중심에 붙어 있는 관자를 잘라 살을 떼어낸다.

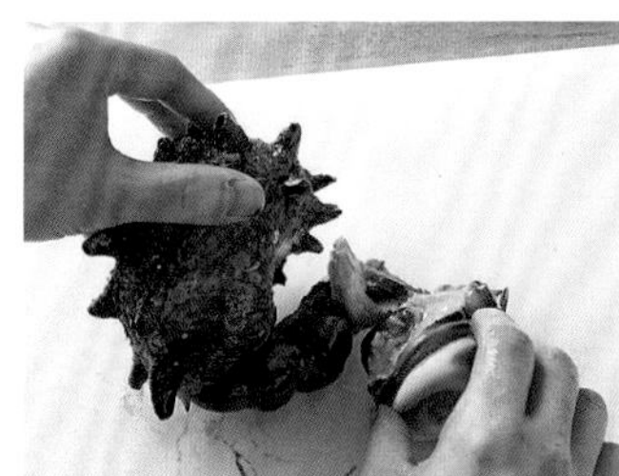

2 뚜껑을 잡고 도중에 찢어지지 않게 소라의 나선형을 따라 천천히 회전시켜 살을 빼낸다.

껍데기에서 살을 발라낸 모습.

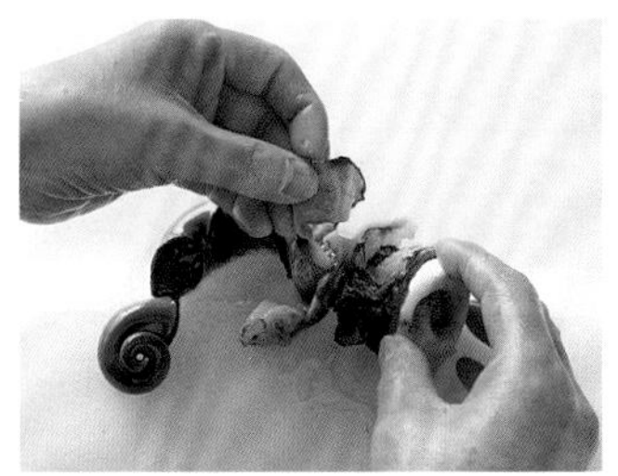

3 중간 정도에 있는 외투막(팔락거리는 질긴 부분)을 손으로 뜯어낸다.

4 데바보초로 바꿔 살을 살짝 당기면서 살 옆으로 딱지를 잘라낸다.

5 뚜껑 쪽에 있는 입(붉은 부분)을 손으로 당겨 빼고 살, 간, 내장, 모래주머니를 경계선대로 잘라 나눈다. 살은 소금을 묻혀 문질러 씻은 후 물기를 닦는다. 간은 소금물에 씻고 물기를 닦는다.

살, 간, 뚜껑, 외투막, 내장, 입, 모래주머니로 잘라 나눈 모습.

사용 도구
야나기바보초

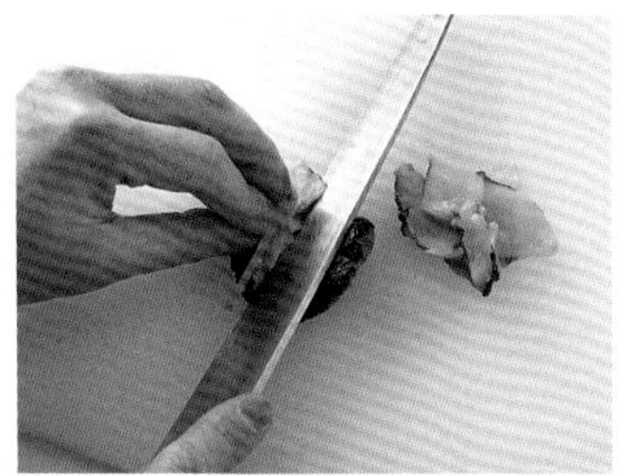

1 뚜껑 쪽의 단면을 왼쪽으로 놓고 왼쪽 끝에서 2~3mm 지점에, 내 쪽에서 먼 쪽으로 칼을 눕혀 살짝 칼집을 넣는다.

2 살짝 눌러 칼의 각도를 유지한 상태에서 곧장 내 앞으로 슥 당겨 비스듬히 썬다. 마지막에 칼을 세워서 잘라낸다.

저며 썰기 한 모습.

소라와 실파 초된장무침→202쪽

소라와 실파 초된장무침

재료(2인분)

소라 살과 간 2개분 • 실파 2줄 • 차조기 잎 2장 • 초된장* 적당량 • 연겨자, 소금 각 적당량

만드는 법

1 소라 살은 저며 썬다. 간은 소금을 넣은 물에 데쳐 먹기 좋은 크기로 자른다.

2 실파는 데쳐서 체에 건져, 소금을 살짝 뿌린다. 식으면 3cm 길이로 자른다.

3 초된장에 연겨자를 넣고 섞는다.

4 소라 껍데기에 뚜껑(소라딱지)을 끼워 넣고 차조기잎을 깔고 실파, 소라살과 간을 함께 담아 2의 겨자초된장을 뿌린다.

*초된장(만들기 편한 분량)

시로미소 50g • 달걀노른자 1개분 • 청주 2큰술 • 미림, 쌀식초 각 1큰술

시로미소, 달걀노른자, 청주, 미림을 작은 냄비에 넣고 약불로 하여 마요네즈 같은 상태가 될 때까지 갠다. 이것을 걸러서 쌀식초와 섞는다.

참문어

담백한 감칠맛과 탄력 있는 쫄깃한 식감이 매력적인 문어. 일본 근해에만 30~40종이 있으나, 식용되는 대부분은 참문어이며 특히 효고현 아카시의 먼바다에서 잡히는 '아카시문어'는 단단한 육질과 좋은 맛으로 최고급품으로 손꼽힌다. 일반적으로 참문어는 생물 상태로는 구하기 어렵고, 대부분이 자숙 문어(찐 문어)로 팔리고 있다. 자르는 방법을 달리하여 식감을 살리거나 혹은 살을 부드럽게 익혀 즐기는 것이 좋다.

대표 요리

회, 초요리*부터 다코야키, 가라아게까지 폭넓게 사용할 수 있다. 달걀옷을 묻혀 피카타*를 만들어도 좋다.

*초요리 : 식초나 배합초에 절인 요리.
*피카타 : 재료를 얇게 썰어 후추와 소금으로 맛을 낸 다음 밀가루에 묻혀 기름에 구워낸 요리.

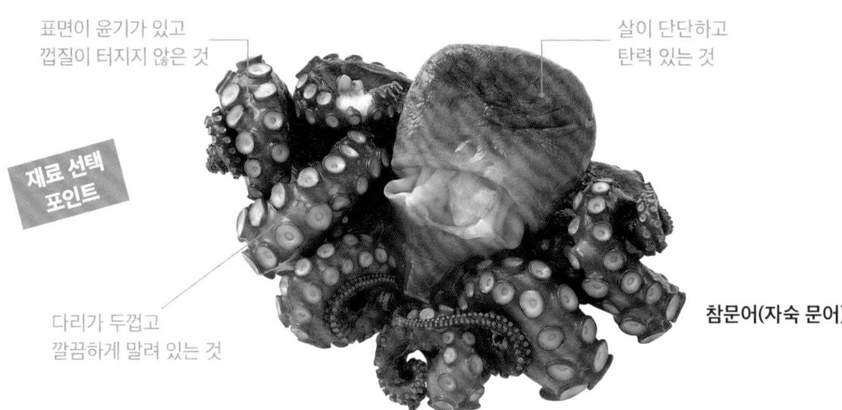

참문어(자숙 문어)

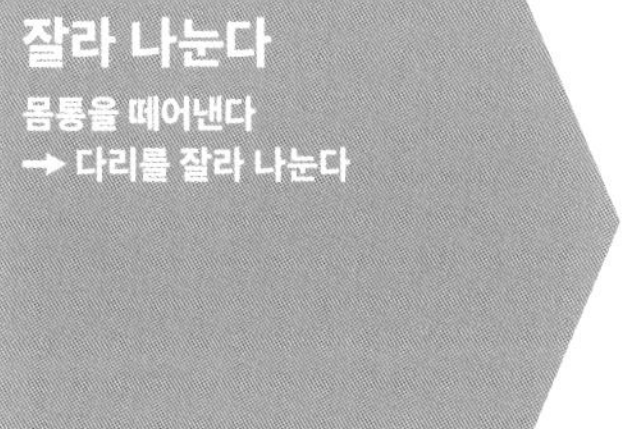

사용 도구
데바보초

1 문어를 세워서 왼손으로 몸통을 잡고, 입 아래 몸통이 연결된 부분에 칼을 수평으로 넣어 몸통을 잘라낸다.

2 단면의 정가운데를 세로로 반 자른다. 절반으로 나누면 이후 작업이 수월해진다.

3 단면의 중앙에는 질긴 입 근육이 있다. 입 근육 주위에 칼끝으로 칼집을 내가며 파낸다.

4 다리가 안쪽으로 말리게끔 단면을 도마에 닿게 놓고, 다리와 다리 사이를 방사형으로 1개씩 잘라낸다.

몸통을 떼어내고 다리를 1개씩 잘라 나눈 모습.

사용 도구
야나기바보초

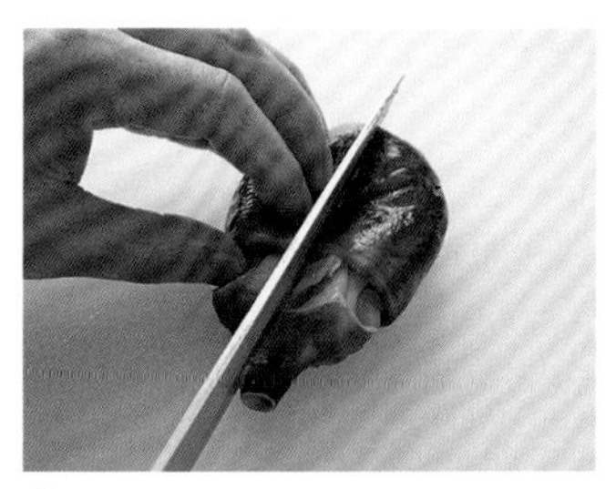

1 입을 내 앞으로 오게 세로로 놓고, 정중앙을 세로로 절반 자른다.

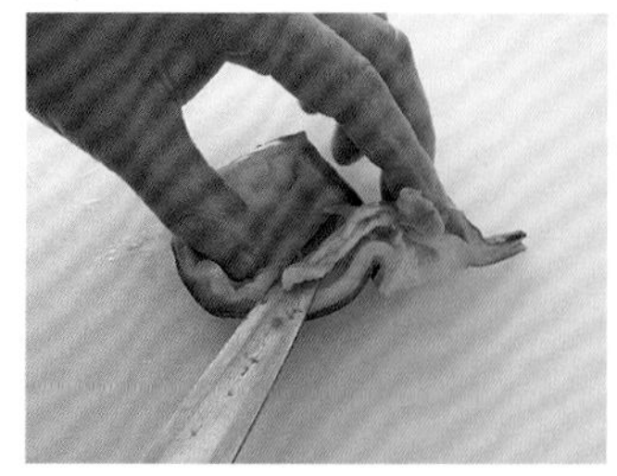

2 단면을 펼쳐 안쪽이 위로 오게 놓고, 안쪽에 붙어 있는 오돌토돌한 부분을 칼코로 저며낸다.

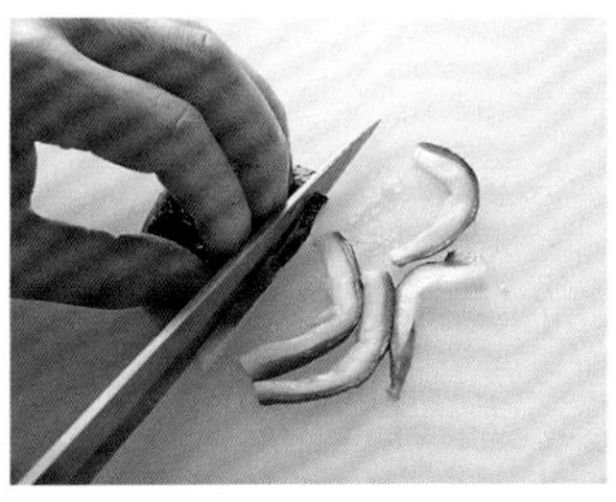

3 살을 뒤집어서 껍질 쪽을 위로 놓고 왼손으로 살을 눌러 평평하게 한 후, 오른쪽 끝에서부터 3mm 폭으로 당겨 썬다.

몸통을 가늘게 썰기 한 모습.

문어와 오크라 겨자무침→206쪽

사용 도구
야나기바보초

1 흡반을 내 앞으로, 두꺼운 쪽을 오른쪽으로 가게 놓고 오른쪽 끝에서부터 비스듬하게 당겨 썬다.

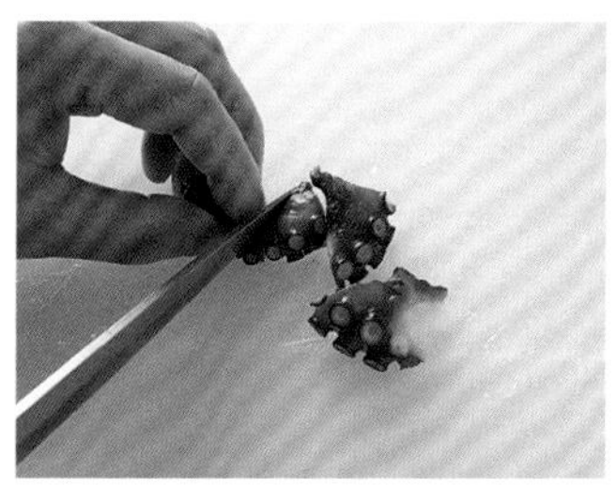

2 칼은 움직이지 말고, 다리를 오른쪽으로 밀어 대강의 크기가 비슷하게 되게끔 같은 각도로 비스듬하게 썬다. 이 과정을 반복한다.

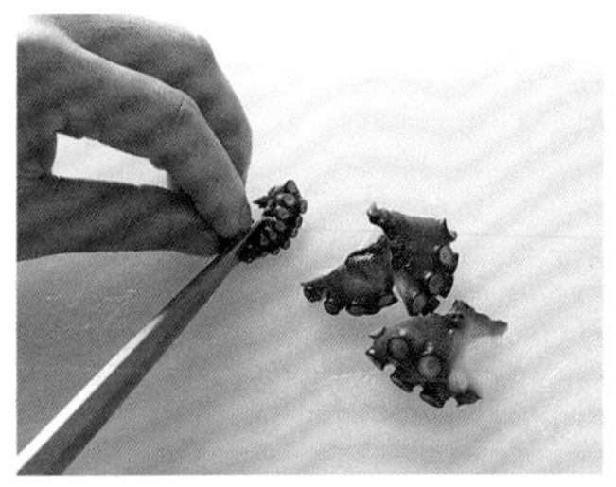

3 심하게 꼬부라진 가느다란 끝부분은, 똑바로 당겨 썬다.

마구 썰기 한 모습.

문어회→206쪽

저며 썰기

*다리를 사용

사용 도구
야나기바보초

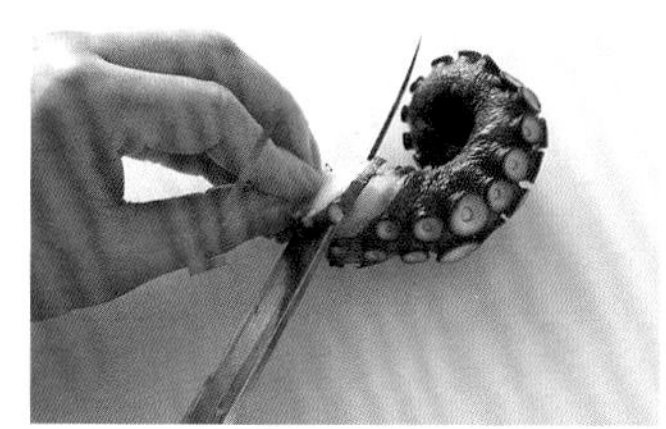

1 흡반을 내 쪽으로, 두꺼운 쪽을 왼쪽으로 놓고 왼쪽 끝에서부터 썬다. 칼을 눕혀 넣고 한 번에 슥 당겨 썬다.

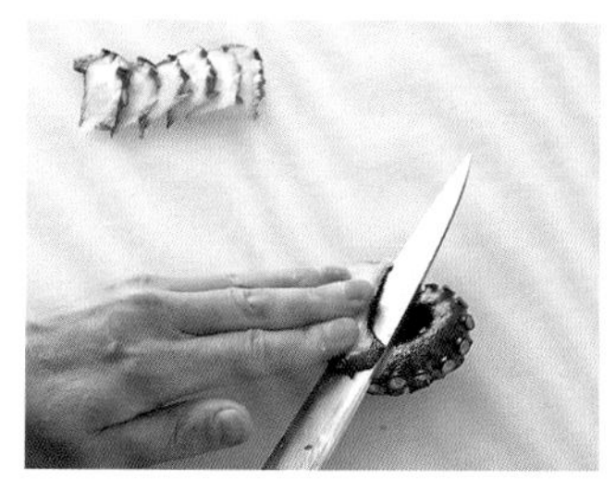

2 자른 살의 모든 크기가 거의 비슷하게끔 가늘어질수록 칼을 조금씩 눕혀 경사 각도를 크게 한다.

3 썰 때 젤라틴질 부분이 남아 있으면 살 옆으로 잘라낸다.

4 다리 끝부분은 가늘기 때문에 똑바로 당겨 잘라 크게 썬다.

저며 썰기 한 모습.

문어회→206쪽

잔물결 썰기

*다리를 사용

사용 도구
야나기바보초

1 흡반을 내 쪽으로, 두꺼운 쪽을 왼쪽으로 놓고 왼쪽 끝에서부터 썬다. 칼을 눕혀 몸에서 먼 쪽에서 넣고 내 쪽으로 당긴다.

2 살짝 당겼다가 칼을 세워서 몸에서 먼 쪽으로 살짝 찌르듯 썬다.

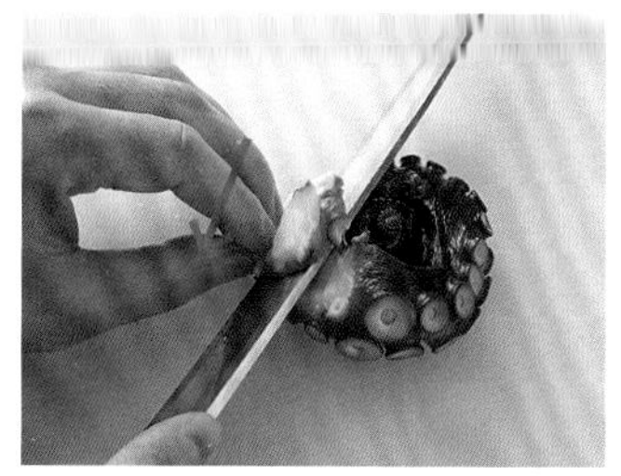

3 다시 칼을 눕혀 살짝 당겨 썬다.

*실제로는 한칼에 '눕혀 당기고' '세워서 찌르기'를 자잘하게 반복한다.

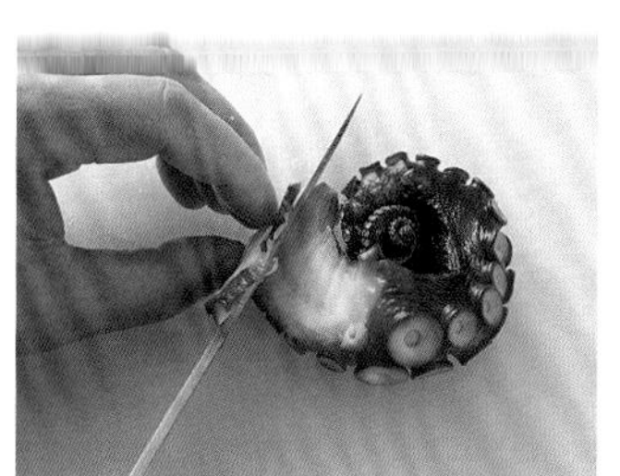

4 마지막에 칼을 세워서 잘라낸다. 칼을 천천히 진행하면 큰 물결무늬가 되고, 빨리 움직이면 잔물결이 된다.

잔물결 썰기 한 모습.

문어회→206쪽

문어와 오크라 겨자무침

재료(2인분)

문어 몸통 1마리 분량 • 오크라 1봉지 • 청주 1큰술 • 간장 1과 1/2작은술 • 연겨자 적당량 • 소금 적당량

만드는 법

1 문어 몸통은 가늘게 썬다.

2 오크라는 소금을 묻혀 문지르고, 끓는 물에 데친 후 찬물에 넣는다. 물기를 빼고 꼭지와 씨를 제거해 칼로 잘게 다진다.

3 청주에 랩을 씌우지 않고 전자레인지에 30초 돌려 알코올을 날린 후 간장, 연겨자를 섞는다.

4 오크라에 3을 넣어 섞고, 문어를 버무린다.

문어회

저며 썰기, 잔물결 썰기, 마구 썰기 한 문어를 오이 채, 차조기잎 채와 함께 담고 차조기꽃, 고추냉이를 곁들인다. 회석간장(레몬즙, 간장, 알코올 날린 청주를 1:1:1의 비율로 섞은 것) 또는 도사조유(123쪽 참조)에 찍어 먹는다.

주꾸미

몸 길이 10~30cm의 소형 문어로 겨울에서 봄의 산란기가 되면 암컷의 몸속에 알이 꽉 차는데, 그 알이 밥알과 꼭 닮았다 하여 '이이(飯)다코'라는 이름이 붙었다. 밑손질 시 알들이 흘러 떨어지지 않게 몸통의 껍질을 뒤집어 젖혀 내장을 떼어내고, 몸통 입구를 이쑤시개로 꿰어 조리한다.

알을 품는 것은 암컷뿐이므로, 일본 요리에서는 오로지 암컷만 선호하지만 수컷도 맛이 좋다. 이탈리아 요리에서는 귀여운 모습을 살려 샐러드나 파스타 등에 사용한다. 밑손질 방법은 암수 모두 같다.

대표 요리

알을 즐길 수 있는 요리라 하면 사쿠라니*만한 게 없지만, 데쳐서 초된장에 무치기도 한다.

*사쿠라니: 문어 등을 동그랗게 잘라 조린 요리.

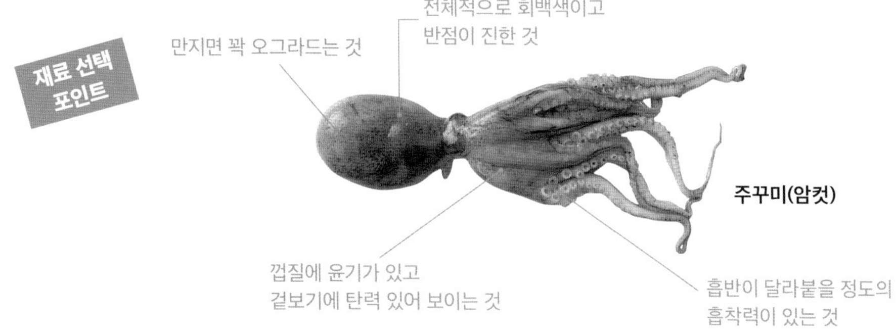

밑손질

내장, 입, 눈을 제거한다
→ 점액질을 제거한다
→ 물에 씻는다
→ 물기를 닦는다

1 몸통 속에 엄지와 검지를 넣고, 몸통과 내장을 연결하고 있는 근육을 손가락 끝으로 자른다.

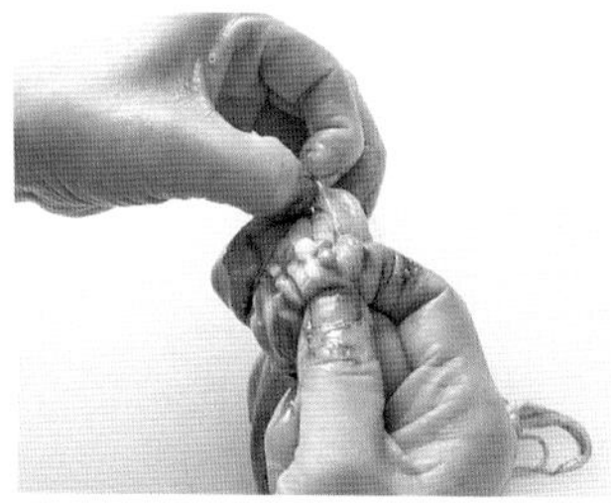

2 몸통의 껍질을 뒤집어 젖힌다.

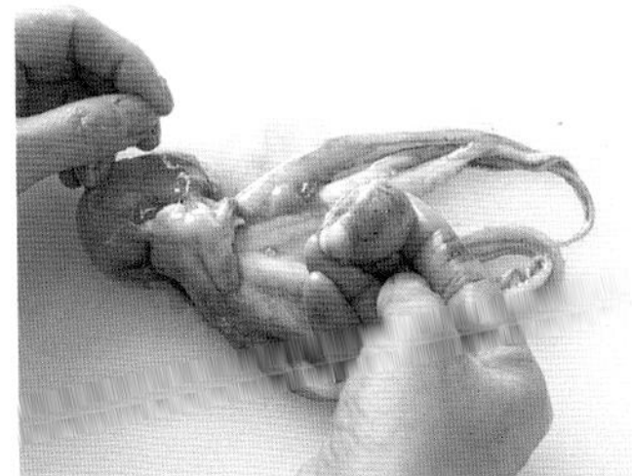

3 몸통 속에 있는 내장을 당겨내 제거한다. 이 때, 알이 튀어나오지 않게 주의한다.

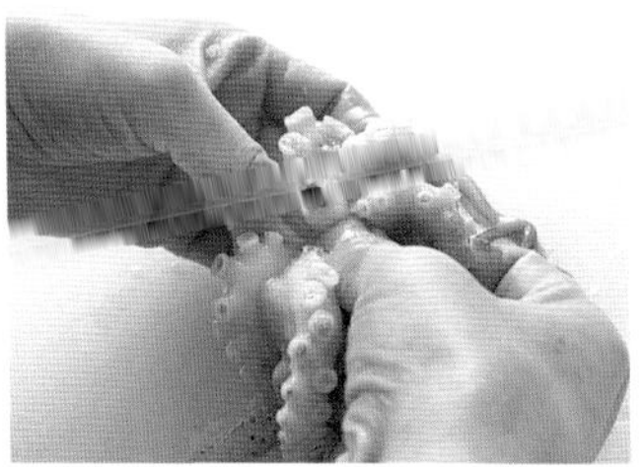

4 다리를 벌려 다리가 붙어 있는 부분 한가운데에 있는 입의 양 옆을 손가락 끝으로 눌러 이빨을 튀어나오게 해서 떼어낸다.

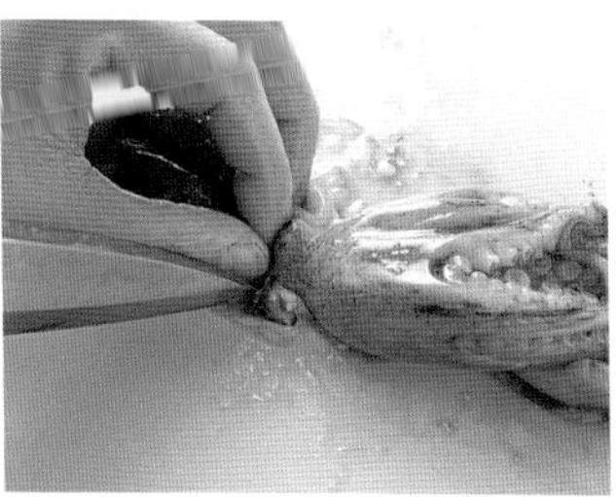

5 눈 주위에 칼끝으로 칼집을 넣고, 눈을 도려낸다.

6 한 마리당 소금 1꼬집을 넣어 버무리고, 전체를 잘 문질러서 점액질을 제거한다. 점액질이 제거되면 물에 헹구고 물기를 닦는다.

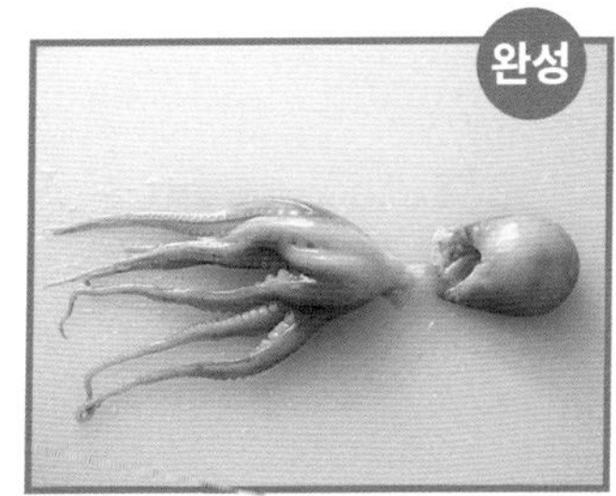

밑손질한 모습. 점액질을 깔끔하게 씻어낸 뒤 몸통과 다리로 잘라 나눈다.

7 조릴 때는 알이 흘러나오지 않도록 몸통 입구를 이쑤시개로 찔러 봉합한다.

주꾸미사쿠라니 → 아래쪽

주꾸미사쿠라니

재료(2~3인분)

주꾸미(밑손질한 것) 6마리 • 다시 1과 1/2컵 • 청주, 미림 각 3큰술 • 간장 2큰술 • 다마리간장 1/2큰술 • 생강(슬라이스) 2~3장 • 산초잎 적당량

만드는 법

1 주꾸미는 볼에 넣고, 약 80℃의 뜨거운 물을 부어 불순물을 뜨게 한다.

2 냄비에 다시, 청주, 미림, 간장, 다마리간장을 넣고 생강을 더해 가열한다. 끓어오르면 주꾸미를 넣고 나무 뚜껑을 덮어, 아주 약하게 끓어오를 정도의 불 세기로 15~20분 조린다. 그대로 식히고, 먹을 때 데운다.

3 몸통과 다리를 먹기 좋은 크기로 잘라 그릇에 담고, 조림국물을 따른 뒤 산초잎을 올린다.

백합

같은 개체가 아니면 껍데기가 딱 맞물리지 않는 백합은 삼짇날(히나마쓰리*)이나 부부 화합의 심볼로도 친숙하다. 산 채로 살을 꺼내는 작업은 대단히 어려우나, 가열하면 자연스레 입이 벌어지므로 살을 꺼낼 때는 술로 삶는다. 백합은 클수록 발이 질겨지므로 발에는 칼집을 넣어 잘 씹히게 한다. 또, 백합구이의 경우에는 곧바로 입이 열려 맛있는 즙이 넘쳐흐르지 않게 경첩을 자른 후 불에 올린다.

*히나마쓰리 : 3월 3일의 여자 아이의 행복과 무병장수를 기원하는 일본 전통 축제.

대표 요리

고급스럽고 농후한 감칠맛이 있으며, 어느 정도 크므로 백합구이나 맑은국, 술찜 등을 하면 조개 자체의 맛을 충분히 맛볼 수 있다. 조린 백합살도 에도마에스시의 대표 재료이다.

사용 도구
데바보초

1 바트에 백합을 넣고, 껍데기가 살짝 드러날 정도의 소금물(염분 농도 2~3%)에 넣어 1시간 이상 해감한다.

2 경첩을 오른쪽으로 향하게 놓고, 약간 볼록하게 돌출된 부분을 잘라낸다.

경첩을 잘라낸 모습.

사용 도구
테이블나이프
데바보초

1 냄비에 백합과 청주를 넣고 뚜껑을 덮어 가열해 술에 삶는다. 입이 벌어지면 껍데기째 건져낸다.

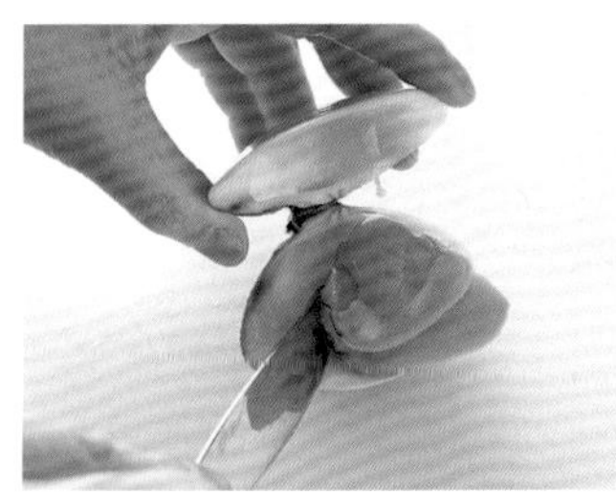

2 살 밑으로 테이블나이프를 찔러넣고, 아래쪽 껍데기의 곡면을 따라 움직여 좌우에 있는 관자 2개를 다 떼어낸다.

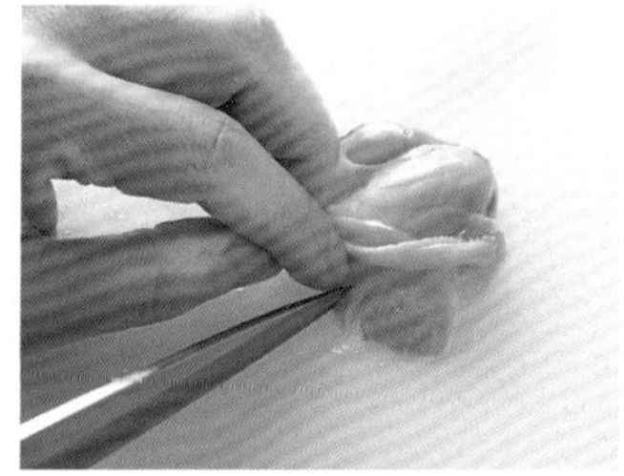

3 살을 꺼내 발을 내 앞으로 놓고, 데바보초의 칼코로 2mm 간격의 칼집을 넣는다.

백합과 유채 맑은앙→아래쪽

백합과 유채 맑은앙*

재료(2인분)

백합 2개 • 유채 1/2묶음 • 다시 1/4컵 • **물에 녹인 칡전분**[칡전분 1/2작은술, 물 1작은술] • 연겨자 약간 • 청주, 소금 각 적당량

만드는 법

1 백합은 술에 삶아, 살을 발라내고 발에 칼집을 넣는다. 삶은 국물을 거르고 다시와 합하여 1/2컵으로 양을 맞춘다.

2 유채는 질긴 부분을 제거하고 물에 소금을 넣어 데쳐 찬물에 담가 식힌 후 물기를 짠다.

3 **1**의 국물을 냄비에 넣고 데워, 소금 약간으로 간한다.

4 유채를 넣고 데운 뒤 건져서 물기를 빼고 3cm 길이로 잘라 그릇에 담는다. 조갯살도 같은 방법으로 살짝 데우고 유채 위에 얹는다.

5 국물에 칡전분물을 더해 걸쭉하게 만들고, 연겨자를 국물 조금에 잘 풀어넣어 **4**에 끼얹는다.

*앙 : 조미한 국물에 전분을 풀어 걸쭉하게 한 요리.

가리비

껍데기가 2개인 이매패(二枚貝)에는 통상적으로 2개의 관자가 있으나, 가리비에는 1개밖에 없다. 이것은 2개였던 관자의 한쪽이 성장과 함께 퇴화하여, 남은 관자가 중앙으로 이동해 비대화되기 때문이다. 이 관자를 사용해 껍데기 속에 머금은 해수를 분사하여 해저를 날 듯이 이동한다. 한 번의 분사로 1~2m 떠다닌다고 알려져 있다. 자연산의 주산지는 홋카이도와 아오모리이나, 현재는 양식도 성행하고 있다. 살을 발라내기 위해서는 껍데기가 평평한 쪽을 위로 향하게 놓고, 껍데기 틈으로 조개칼을 찔러넣어 껍데기에 붙은 관자를 떼어낸다. 살에 상처가 생기지 않게 주의한다.

대표 요리

감칠맛이 응축된 가리비 관자는 어느 요리에나 잘 어울린다. 씹는 식감이 좋은 날갯살을 맛볼 수 있다는 것도 껍데기가 있는 가리비를 구입해야 하는 이유이다.

재료 선택 포인트

껍데기가 꽉 닫혀 있는 것 또는 손으로 만졌을 때 바로 닫히는 것도 신선한 것

밑손질

껍데기에서 떼어낸다
→살을 나눈다
→물에 씻는다
→물기를 닦는다

사용 도구
데바보초

1 껍데기가 평평한 쪽을 위로, 이음매를 내 쪽으로 두고 잡는다. 껍데기의 이음매에 조개칼을 넣고 위 껍데기 안쪽 측면을 따라 움직여 관자를 떼어낸다.

2 껍데기를 열고 조개칼을 아래 껍데기와 살 사이에 찔러넣어 미끄러지듯 움직여 관자를 떼어내고 살을 발라낸다.

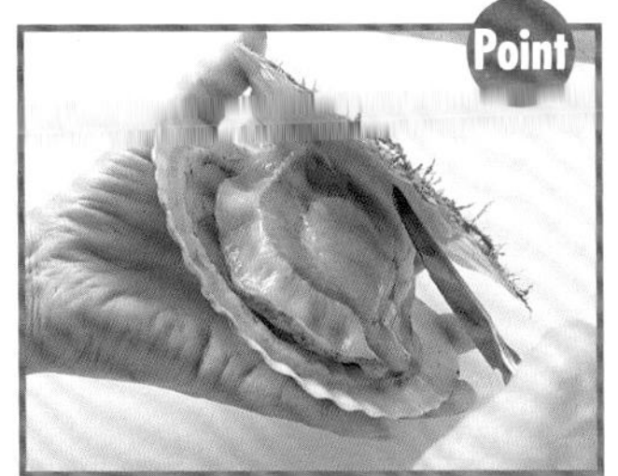

조개칼 대신 테이블나이프를 사용해도 같은 요령으로 떼어낼 수 있다.

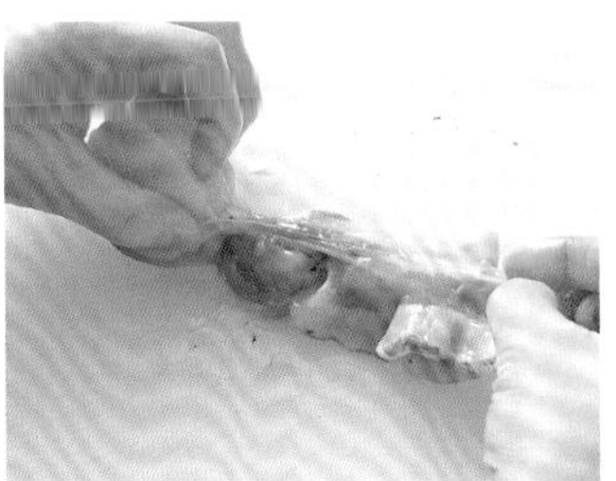

3 관자 주위에 붙어 있는 날갯살을 손가락으로 가볍게 당겨 떼어낸다.

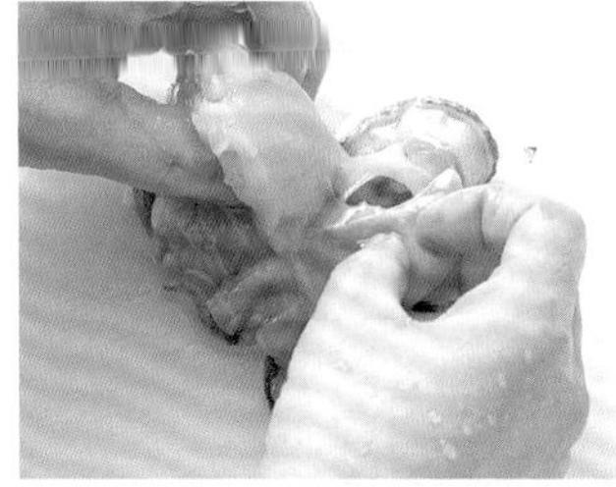

4 날갯살에 붙어 있는 생식소를 떼어낸다.

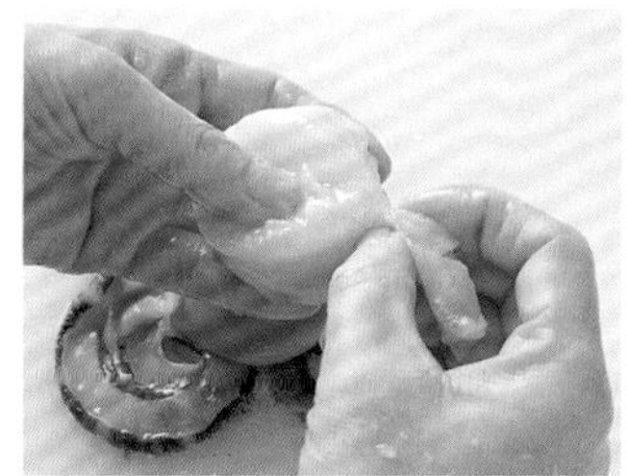

5 관자에 붙어 있는 하얗고 질긴 부분을 떼어낸다.

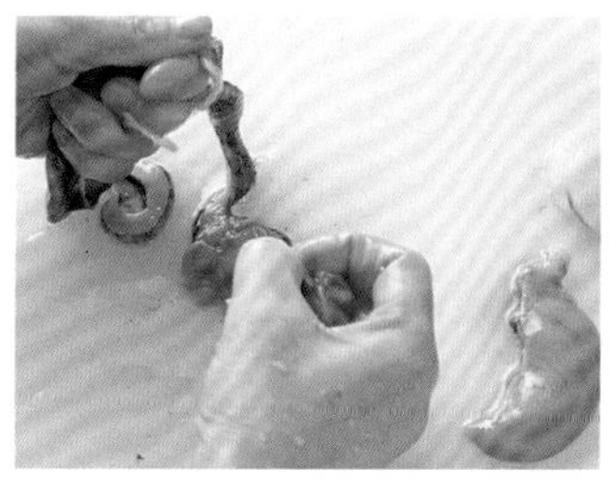

6 날갯살에 붙어 있는 중장선과 아가미 등을 얇은 막째 떼어낸다.

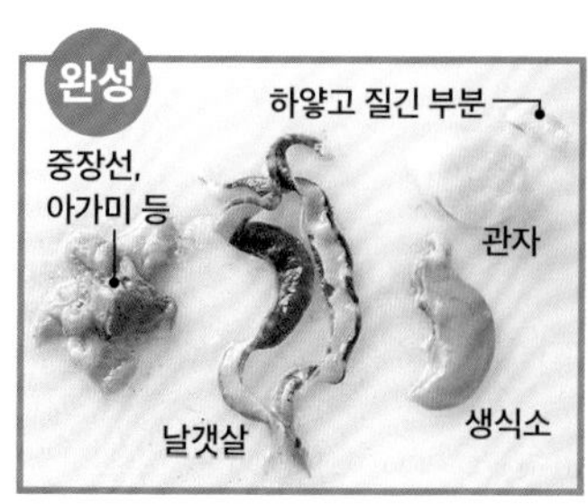

떼어낸 살을 부위별로 나눈 모습.

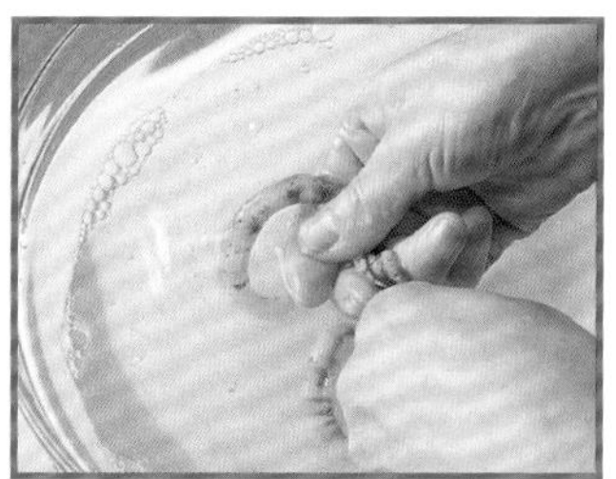

볼에 담아놓은 소금물에 날갯살을 넣고 훑듯이 잘 씻어 점막과 이물질을 제거한다. 관자, 생식소도 씻어 물기를 닦는다.

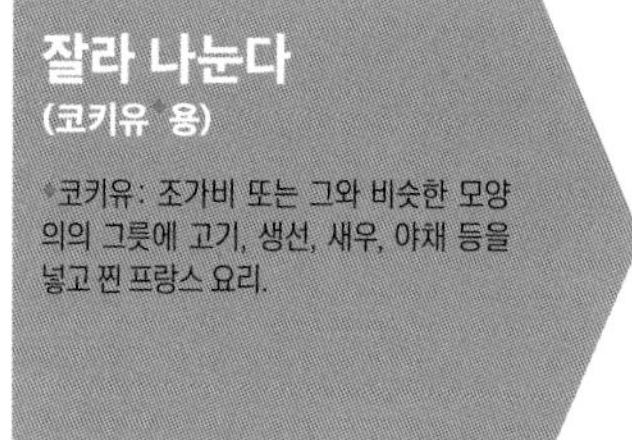

잘라 나눈다
(코키유* 용)

*코키유: 조가비 또는 그와 비슷한 모양의의 그릇에 고기, 생선, 새우, 야채 등을 넣고 찐 프랑스 요리.

사용 도구
야나기바보초

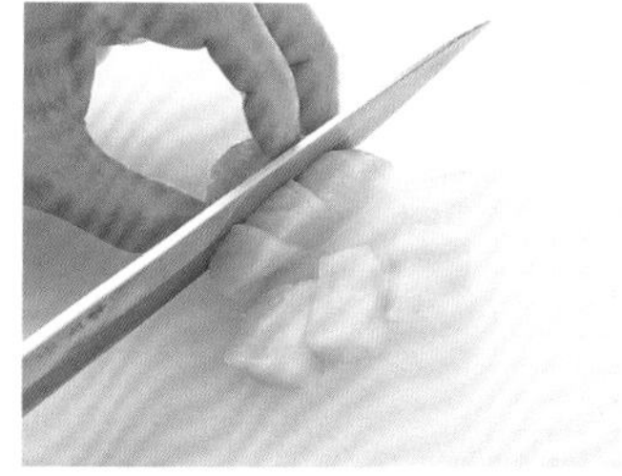

1 관자는 가로, 세로 3등분하여 자른다. 생식소는 한 입 크기(1.5cm 정도)로 자른다.

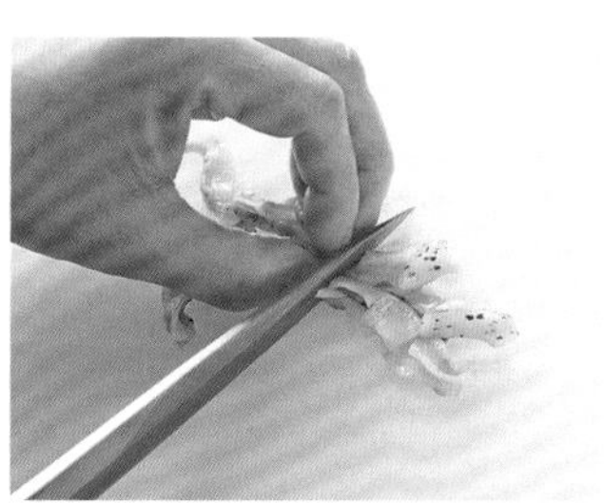

2 날갯살은 1cm 정도 길이로 잘라 나눈다.

관자, 생식소, 날갯살을 잘라 나눈 모습.

가리비코키유→214쪽

얇게 썬다
(샐러드용)

사용 도구
야나기바보초

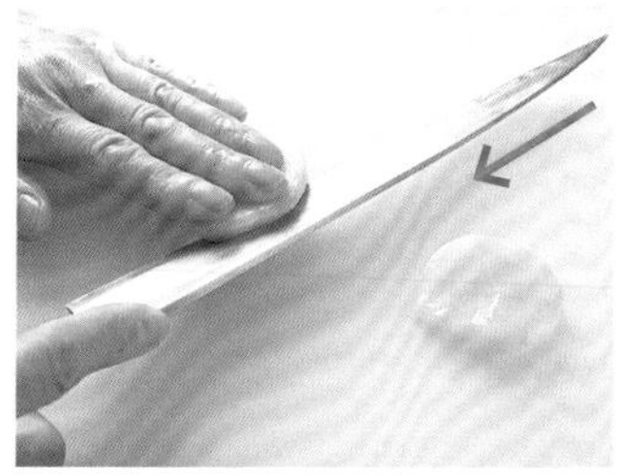

1 관자는 두께의 1/4 지점에 칼날을 수평으로 대고, 칼날로 반원을 그리듯 슥 당긴다.

2 왼손은 관자 위를 가볍게 누르듯 얹고, 칼 전체를 사용해 저미듯 4장으로 썬다.

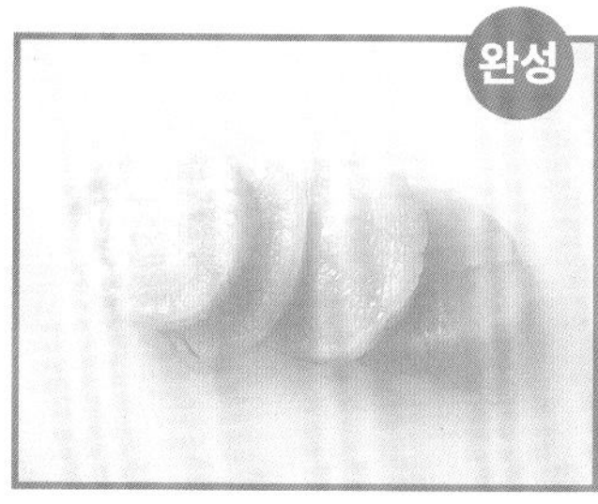

얇게 썬 모습.

가리비샐러드 → 아래쪽

가리비샐러드

재료(2인분)

가리비 관자 2개 • 순무 1개 • 차조기순 적당량 • **소스**[고추장 8g, 청주(알코올을 날린 것) 1작은술, 간장 1/2작은술]

만드는 법

1 가리비 관자는 가로로 4장 얇게 썬다. 순무는 껍질을 두껍게 벗겨내고 가로로 얇게 썬다.

2 접시에 1의 관자와 순무를 순서대로 겹쳐 담고, 차조기순을 곁들인다.

3 소스 재료를 섞어 뿌린다.

가리비코키유

재료(2인분)

가리비(코키유용으로 잘라 나눈 것) 2개 분량 • 양송이 4개 • **화이트소스**[양파 1/2개 , 마늘 작은 것 1알, 버터 5g, 박력분 10g, 우유 165ml, 월계수잎 작은 것 1/2장, 파슬리 1줄기, 소금 1/4 작은술, 흰후추 적당량] • 그뤼예르치즈(간 것) 적당량

만드는 법

1 화이트소스를 만든다. 버터에 다진 양파와 다진 마늘을 볶고, 박력분을 체에 걸러 넣어 고루 볶는다. 우유를 조금씩 넣으면서 덩어리지지 않게 잘 풀어주고, 월계수잎과 파슬리 줄기를 넣어 보글보글 끓기 시작하면 10분 더 조린다. 소금, 흰후추로 간을 한다.

2 양송이는 꼭지를 떼고 반으로 자른다. 버터를 녹이고 가리비, 양송이 순서대로 볶는다.

3 볼록한 쪽 가리비 껍데기에 **2**를 넣고 **1**을 끼얹어, 치즈를 뿌려 오븐 토스터에서 노릇하게 구워진 색이 날 때까지 10분 정도 굽는다.

왕우럭조개

일본어 정식명은 '미루쿠이'로 쫄깃쫄깃한 식감과 고급스런 단맛을 지닌 쌍각류의 왕자이다. 고급스러운 초밥 재료로 알려져 있으나 세토우치해와 미카와만, 도쿄만 등 극히 제한된 산지에서만 소량 채취되어 희소가치가 있다. 최근에는 '흰왕우럭조개'라고 불리는, 왕우럭조개와는 완전 다른 종인 '나미가이'가 시장에 널리 유통되고 있다.
식용 부분은 껍데기에서 길게 늘어진 검고 큰 수관이며, 표면의 검은 껍데기는 끓는 물에 살짝 익히면 잘 벗겨진다.

대표 요리

조개 특유의 풍미와 적당한 식감의, 왕자라고 칭해지는 맛을 충분히 느끼기 위해서는 회가 최고다. 다른 부위는 조림이나 버터구이, 된장국 건더기로 사용하면 좋다.

왕우럭조개

껍데기에서 살을 발라낸다

사용 도구
조개칼(또는 테이블나이프)

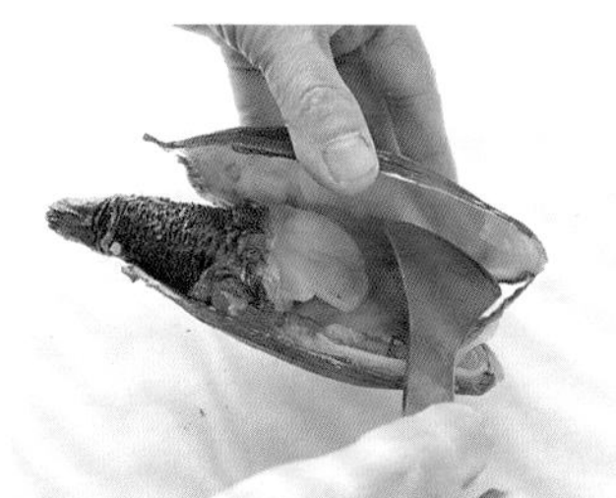

1 껍데기의 이음매에 조개칼을 찔러넣고, 위 껍데기 안쪽을 따라 움직여 관자를 떼어낸다.

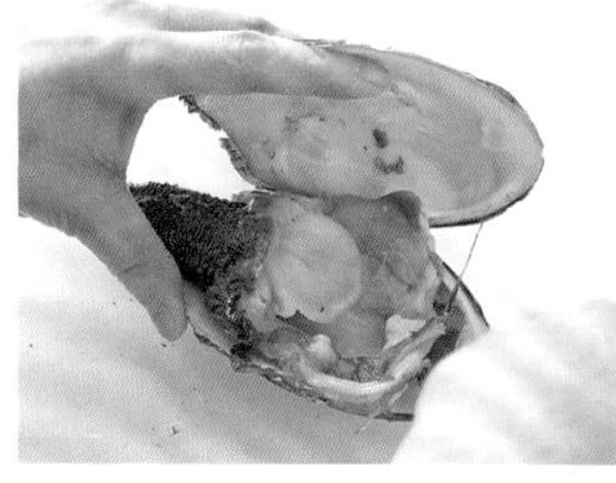

2 껍데기를 열어 조개칼을 아래 껍데기와 살 사이에 찔러넣고, 미끄러지듯 움직여 관자를 떼고 살을 꺼낸다.

살을 발라낸 모습.

조갯살, 수관, 날갯살 등으로 나눈다

→ 물기를 씻는다
→ 물기를 닦는다

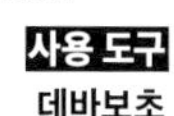

사용 도구
데바보초

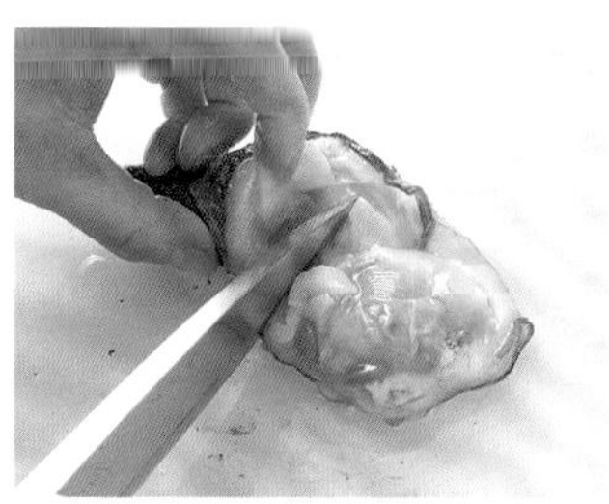

1 수관이 붙어 있는 부분에 칼을 넣고, 수관과 살을 잘라 나눈다. 상처가 나지 않도록 주의 깊게 잘라낸다.

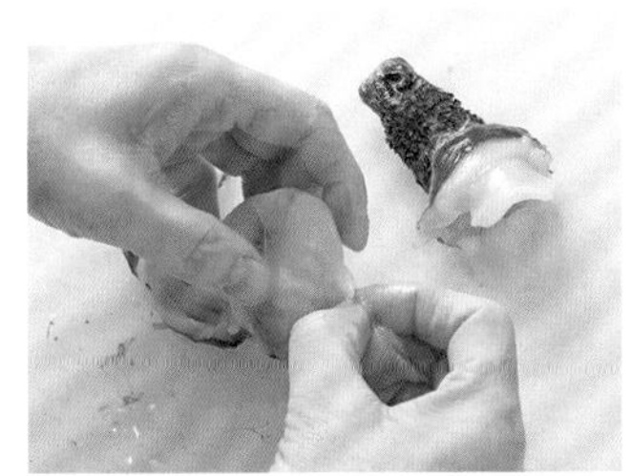

2 조갯살에서 관자, 날갯살, 내장 등을 떼어낸다.

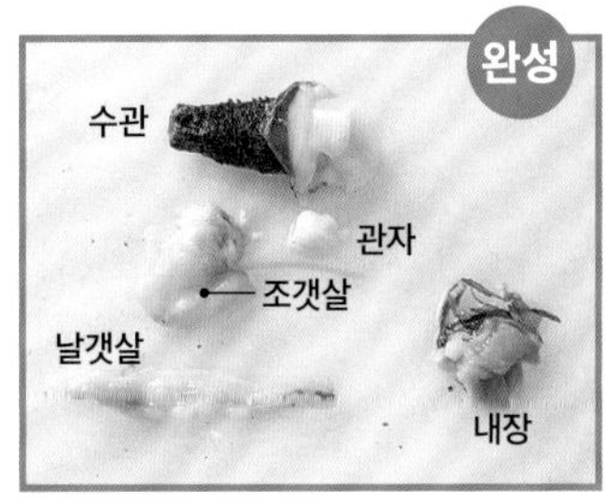

발라낸 살을 부위별로 나눈 모습.

3 수관을 소금을 넣은 뜨거운 물(염분 1.5~2%로 끓이지 않은 물)에 15초 정도 데친다. 살이 살짝 수축되는 것이 기준.

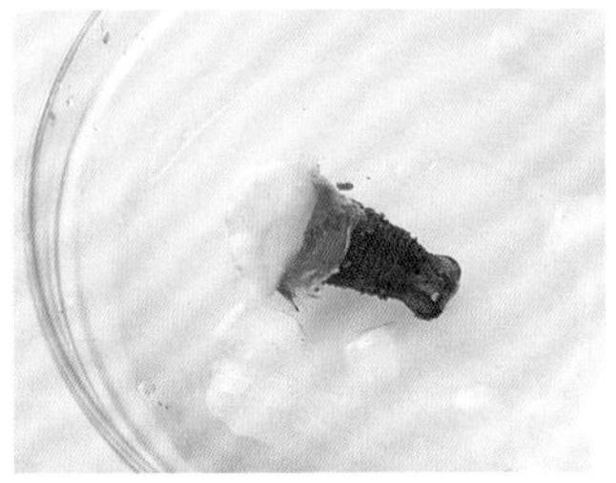

4 얼음물에 넣고 완전히 식힌다.

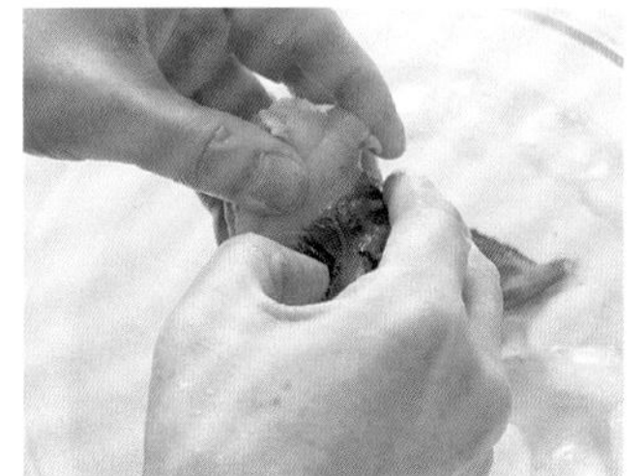

5 표면의 검은 껍질을 벗겨낸다.

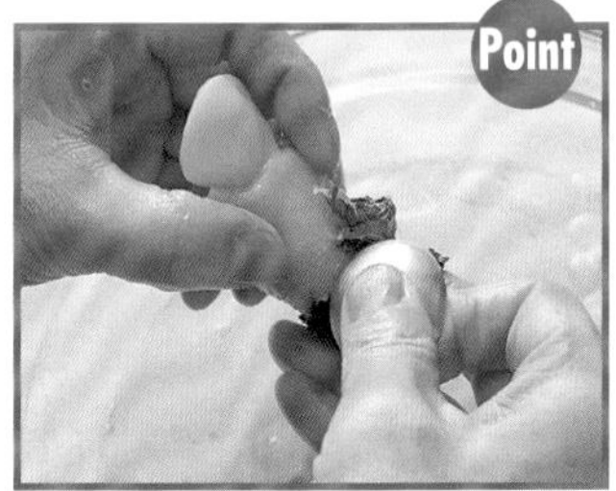

잘 벗겨지지 않을 때는 스푼 등을 사용해 긁어내면 좋다.

6 앞쪽 끝의 딱딱한 부분을 제거한다.

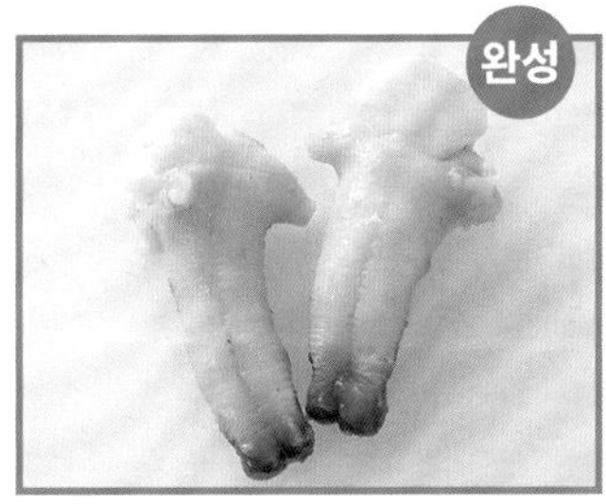

밑손질한 수관(2개 분량).

7 조갯살에 칼을 가로로 눕혀 넣고, 살 두께의 절반으로 잘라 나눈다.

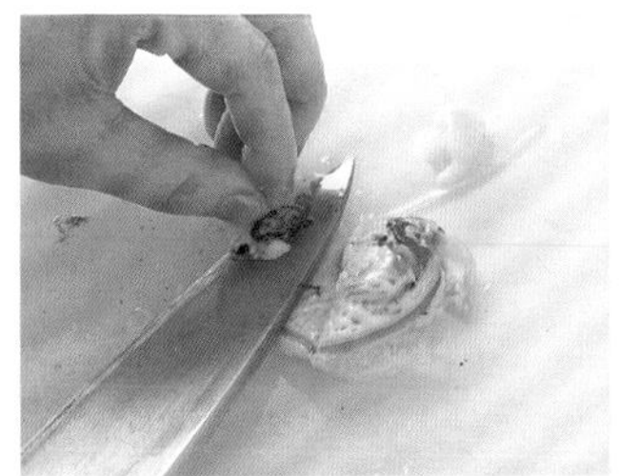

8 내장을 칼코로 저민다. 이물질과 점막을 긁어내듯 제거한다.

9 날갯살에 붙어 있는 얇은 막과 이물질을 떼어낸다.

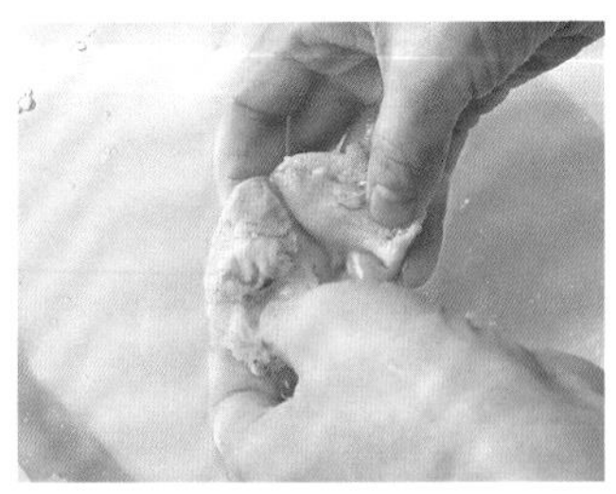

10 볼에 담아놓은 소금물에 넣고, 조갯살, 날갯살, 관자를 꼼꼼하게 씻은 뒤 물기를 닦는다.

저며 썰기

사용 도구
야나기바보초

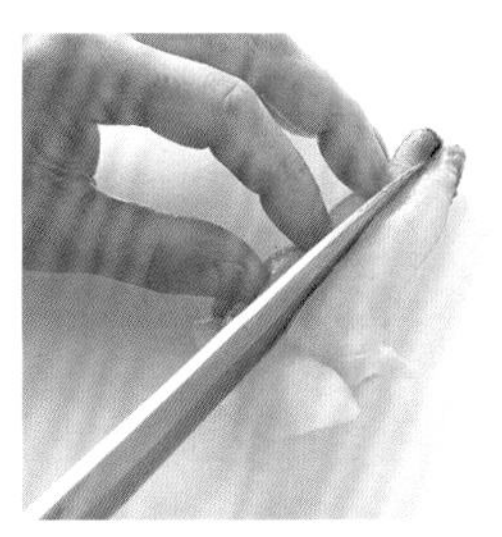

1 밑손질한 수관의 중앙에 칼집을 넣고, 좌우로 펼친다.

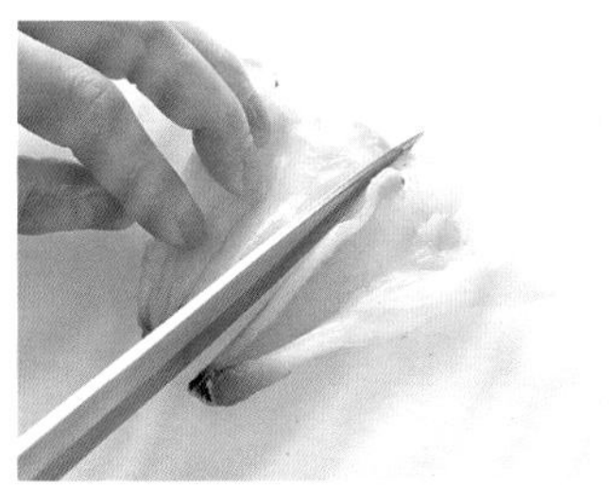

2 펼친 좌우 살 중앙에 다시 칼집을 넣어 벌린다.

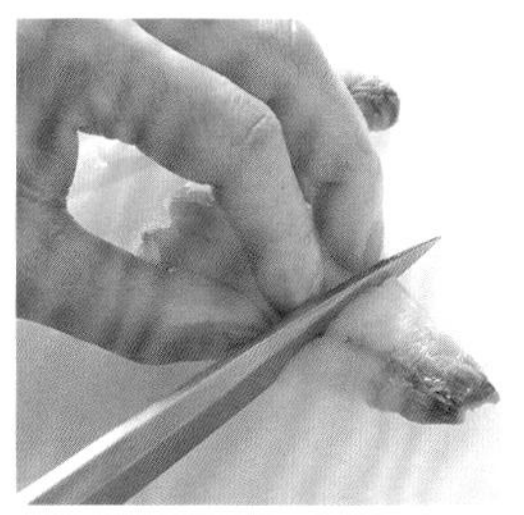

3 잘라 펼친 살을 덮어 원래의 형태로 만들고, 앞쪽 끝을 2cm 정도 자른다.

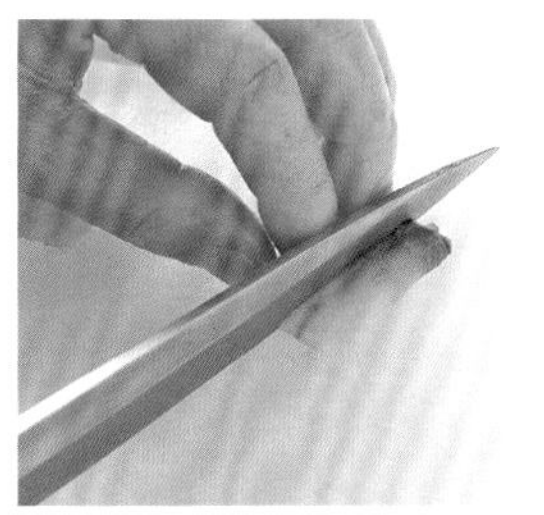

4 자른 수관 끝을 세로 절반으로 자른다.

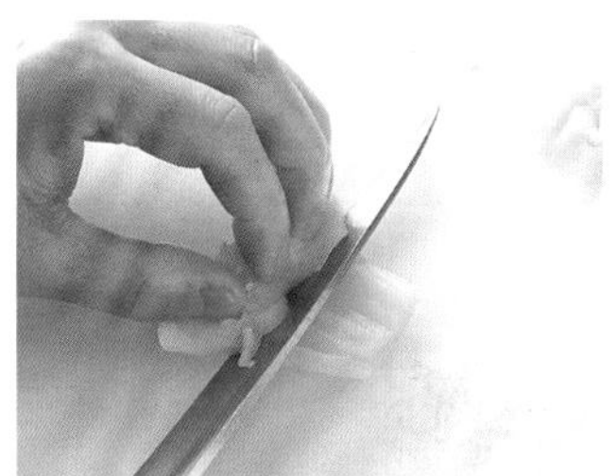

5 남은 살은 펼쳐진 면을 위로 하여 놓고, 칼을 비스듬하게 눕혀 끝에서부터 얇게 저며 썬다.

저며 썰기 한 모습.

왕우럭조개회 → 218쪽

잘라 나눈다

사용 도구
데바보초

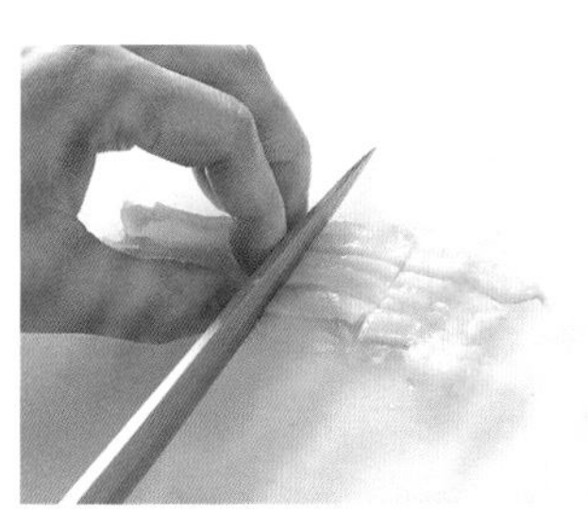

1 날갯살은 끝에서부터 당겨 썰기 한다.

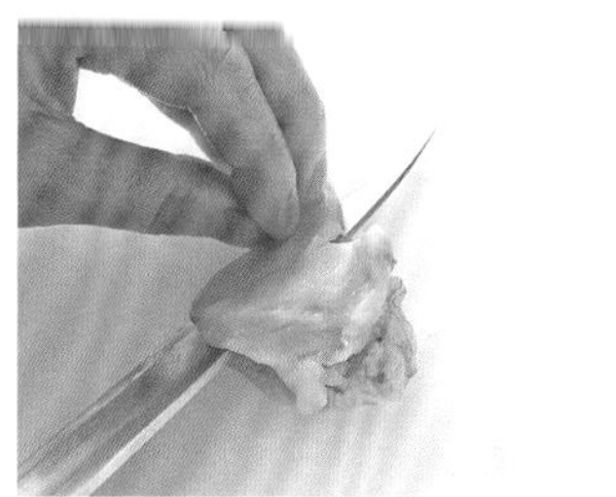

2 살은 절반 두께로 칼집을 넣어 펼친다. 관자는 반으로 자른다.

날갯살, 조갯살, 관자를 잘라 나눈 모습.

왕우럭조개산초잎조림 → 218쪽

왕우럭조개회

재료(2인분)

왕우럭조개 수관(밑손질한 것) 2개분 • 오이(막대 모양으로 썬 것) 3cm • 차조기잎 2장 • 차조기순 적당량 • 래디시(슬라이스) 4장 • **회석간장**[청주 1큰술, 간장 1큰술] • 민물김(불린 것), 고추냉이 각 적당량

만드는 법

1 왕우럭조개 수관은 저며 썰기 한다.

2 회석간장의 청주를 내열 용기에 넣어 랩을 씌우지 않고 전자레인지에 30초 돌린 후, 간장과 섞는다.

3 그릇에 오이, 차조기잎, 1의 왕우럭조개를 함께 담고 김, 차조기순, 래디시를 곁들인다. 고추냉이와 2의 회석간장을 곁들인다.

왕우럭조개산초잎조림

재료(2인분)

왕우럭조갯살, 날갯살, 관자(밑손질한 것) 2개분 • 청주 1과 1/2큰술 • 미림, 간장 각 1작은술 • 산초잎(다진 것) 적당량

만드는 법

1 왕우럭조갯살, 날갯살, 관자는 1cm 정도 크기로 자른다.

2 청주, 미림, 간장을 작은 냄비에 끓이다 1을 넣고 강불로 볶듯이 조린다. 국물이 거의 없어지면 불을 끄고 산초잎을 넣는다.

회 곁들임

회와 함께 내는 곁들임은 보기에도 좋고 풍미를 돋우는 것은 물론, 식욕 증진과 해독 작용 등의 역할도 한다. 여기에선 가장 많이 사용되는 '겐'과 변화무쌍한 '쓰마'를 소개한다. 곁들임을 뜻하는 '아시라이'의 기본을 기억해 두면 회를 즐기는 기쁨이 더욱 커진다.

이세에비아라이→189쪽
곁들임 / 래디시, 오이, 차조기잎, 간 고추냉이

피조개회→172쪽
곁들임 / 무, 차조기잎, 간 고추냉이

돌려 깎기

채소를 균일한 두께로 비쳐 보일 만큼 얇게 벗기는 돌려 깎기는 곁들임을 만들 때 많이 사용되는 기법. 칼 사용의 기본이라고 하는 돌려 깎기를 익혀두자.

사용 도구 야나기바보초

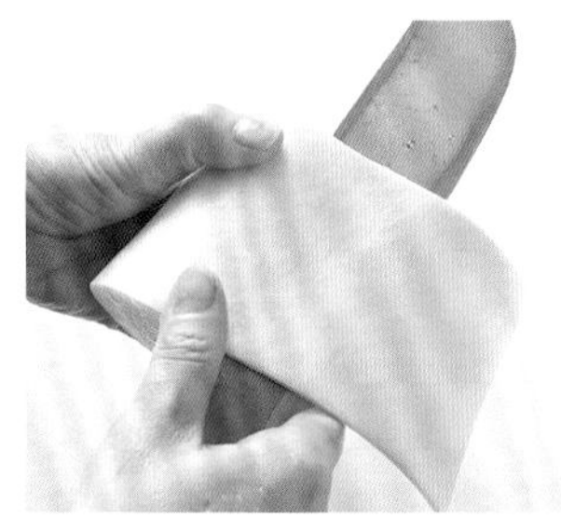

1 8cm 길이로 자른 무를 세로로 하여 왼손으로 잡고, 칼을 평행하게 대서 껍질을 벗기기 시작한다. 곧은 무를 선택해, 굵기가 균일하고 섬유질이 부드러운 중앙 부분을 사용한다.

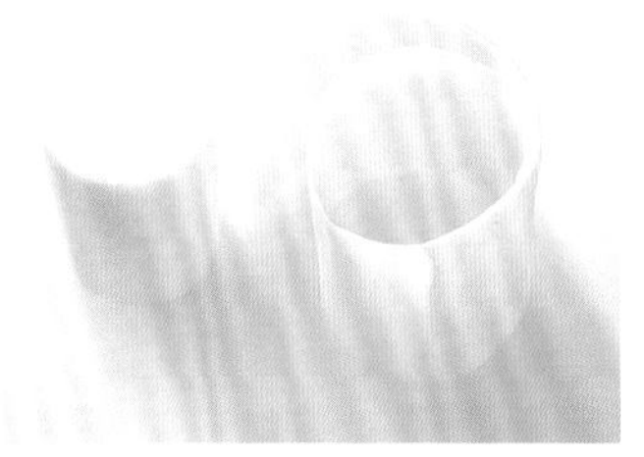

2 깔끔한 원통형이 되게끔 표면의 울퉁불퉁한 부분, 굵기가 다른 부분을 다듬어가면서 껍질을 벗긴다. 처음 한 바퀴는 두껍게 벗기고, 점점 형태를 정리하면서 얇게 한 바퀴 벗긴다.

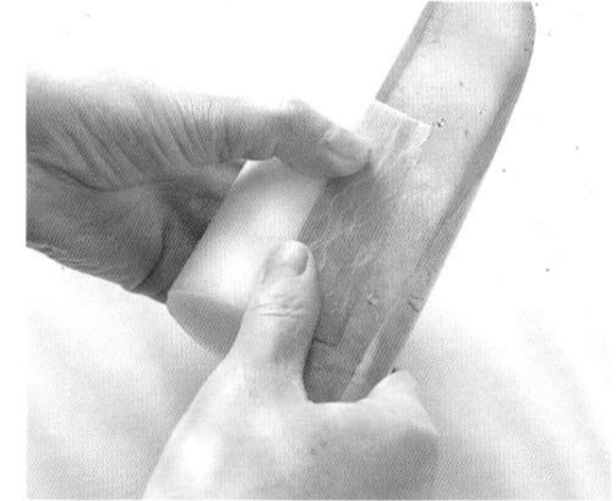

3 무를 잡은 왼손 엄지 바로 오른쪽에 칼을 대고, 왼손으로 무를 돌린다. 오른손 엄지는 칼 위에 가볍게 놓고, 손잡이를 쥔 손가락으로 칼을 앞뒤로 움직여 벗겨나간다.

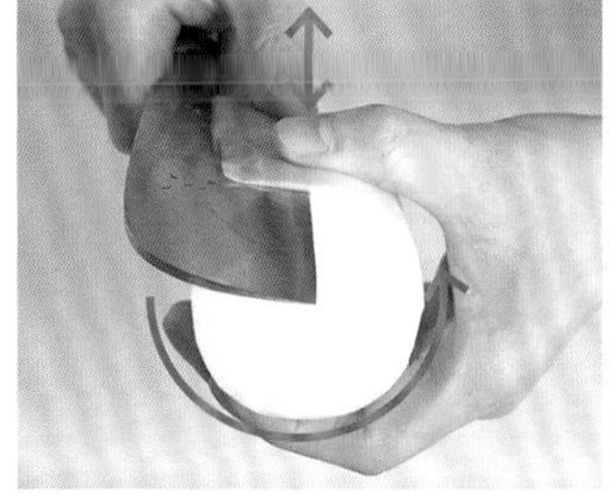

4 양손의 엄지를 칼날에 대고, 두께를 확인하면서 진행한다. 오른손의 칼은 계속 같은 위치에서 앞뒤로 잘게 움직인다. 칼은 무에 바짝 댄 채로 벗겨나간다.

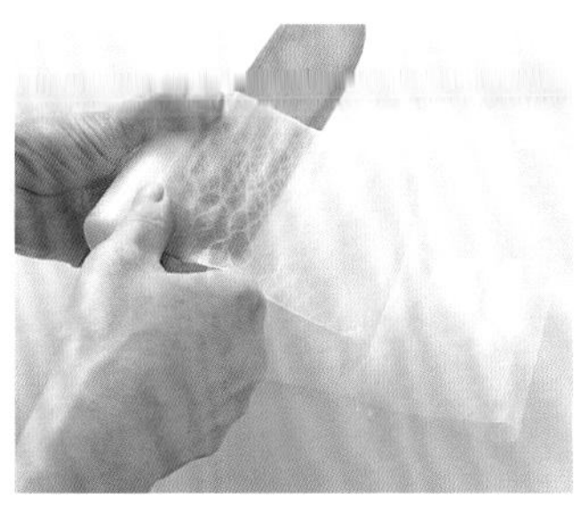

5 왼손은 무를 보내고, 오른손은 칼을 앞뒤로 움직인다. 이 기본 동작을 반복하면서 칼은 절대 왼쪽으로 움직이지 않는다. 잘리지 않게 균일한 두께로 벗기는 데 집중한다.

깔끔하게 벗겨낸 표면은 부드럽고 윤기가 있다. 겐으로 할 경우에는 1mm 이하의 두께로 벗긴다.

겐

채소를 아주 가늘게 썰어 검처럼 날카롭게 세워 곁들인 데서 이름이 유래되었다. 그 대표라 하면 무지만, 여러 가지 채소를 이용하면 계절감과 색감의 연출을 즐길 수 있다.

사용 도구 우스바보초

(가로) 겐

섬유 결을 가로로 하여 끊어 썬다. 주로 회 밑에 까는 용도로 사용된다.

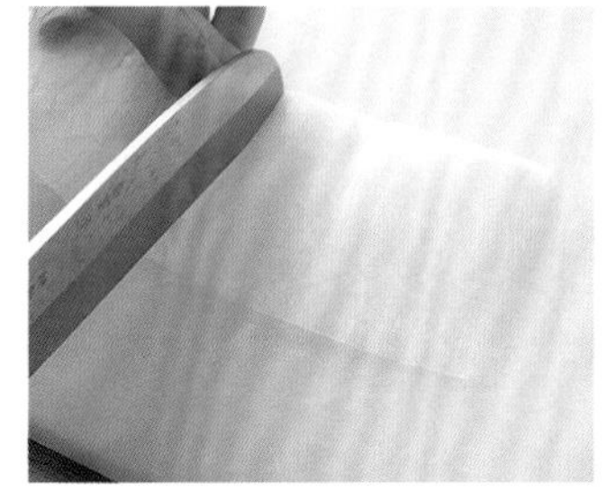

1 돌려 깎기 한 무를 12~13cm 길이(이 길이가 가로 겐의 길이가 된다)로, 필요한 양이 나올 장수만큼 자른다.

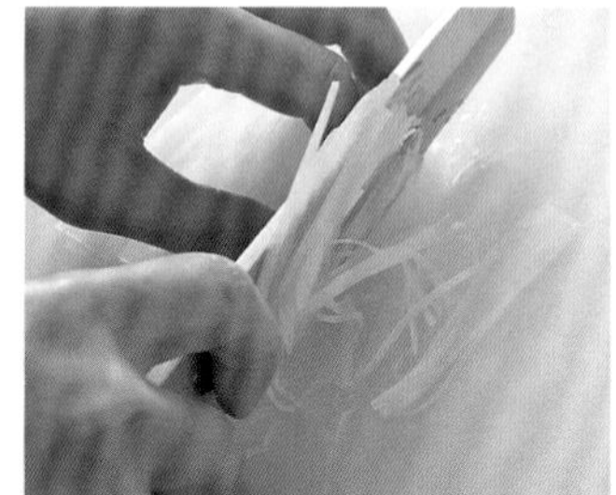

2 섬유 결을 가로로 놓고 겹쳐, 끝에서부터 가능한 한 가늘게 채 썬다. 다 썰면 물에 담가 아삭하게 한다.

(세로) 겐

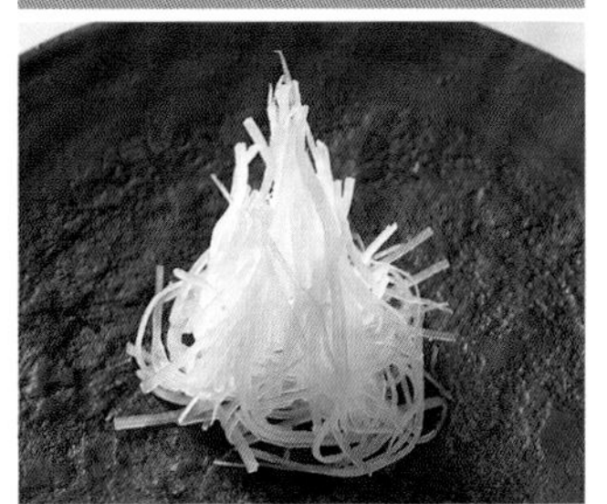

섬유 결을 세로로 하여 썬다. 모양을 검처럼 가늘고 길게 하여 회의 안쪽에 놓는다.

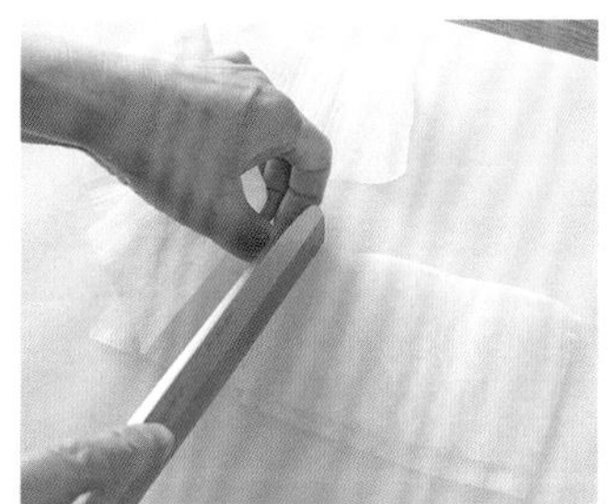

1 돌려 깎기 한 무를 적당한 길이(세로 겐의 길이는 돌려 깎기 한 너비. 여기에서는 8cm)로, 필요한 양이 나올 장수만큼 자른다.

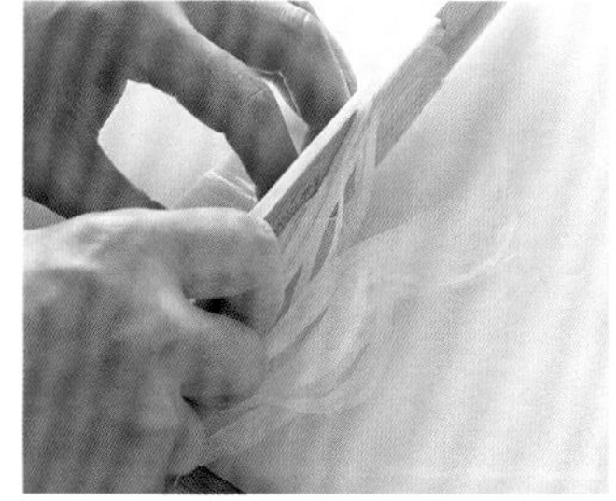

2 그대로 겹쳐, 섬유 결 방향으로 끝에서부터 되도록 가늘게 채 썬다. 다 썰면 물에 담가 아삭하게 한다.

당근 겐

무 겐과 섞어 홍백색의 화려한 연출로.

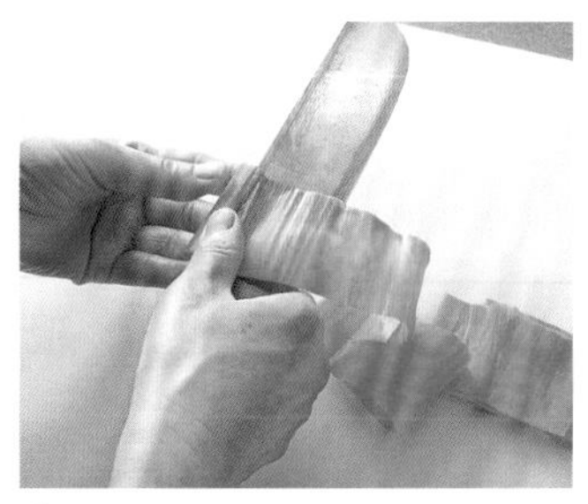

1 당근은 5cm 길이로 잘라 돌려 깎기 한다.

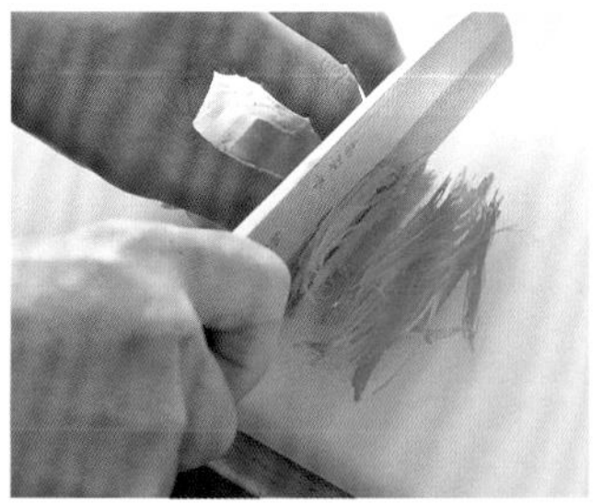

2 적당한 길이로 잘라 그대로 겹쳐 세로로 끝에서부터 가능한 한 가늘게 채 썬다. 다 썰면 물에 담가 아삭하게 한다.

단호박 겐

선명한 색이 화사함을 더해준다. 껍질을 붙인 채 가늘게 썬다.

1 단호박을 얇게 썬다.

2 겹친 후 끝에서부터 가능한 한 가늘게 채 썬다. 다 썰면 물에 담가 아삭하게 한다.

오이 겐

아삭아삭한 식감과 산뜻한 향이 싱싱함을 연출한다.

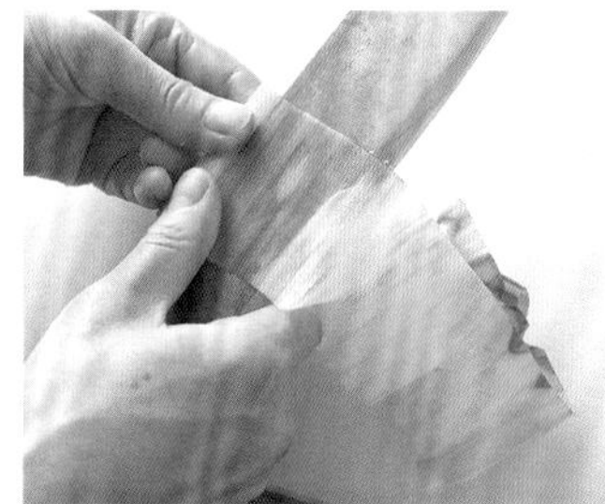

1 오이를 5cm 길이로 잘라, 표면의 돌기가 제거될 정도로 진한 녹색 껍질을 벗긴 후에 돌려 깎기 한다.

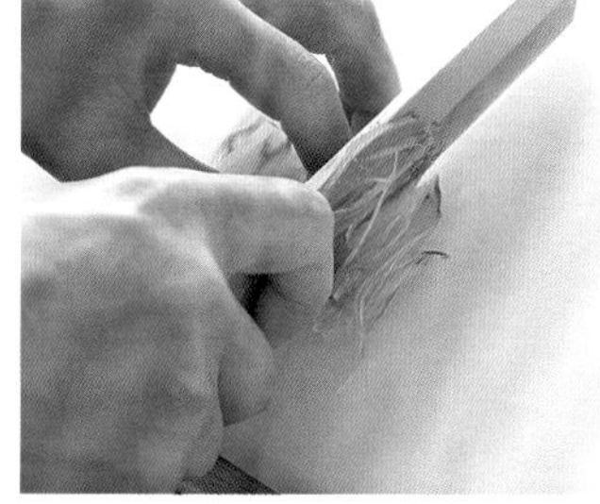

2 적당한 길이로 잘라 가능한 한 겹쳐, 끝에서부터 세로로 되도록 가늘게 채 썬다. 다 썰면 물에 담가 아삭하게 한다.

래디시 겐

선명한 붉은색과 투명감 있는 흰색의 대조가 아름다운 곁들임.

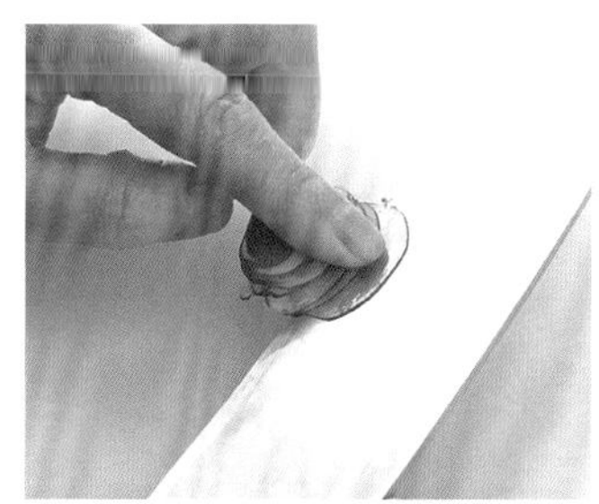

1 수염뿌리 부분을 얇게 저며 단면을 밑으로 두고 왼쪽 검지로 누른다. 윗부분에 칼을 수평으로 대고 앞으로 당기듯 하여 얇게 썰어나간다.

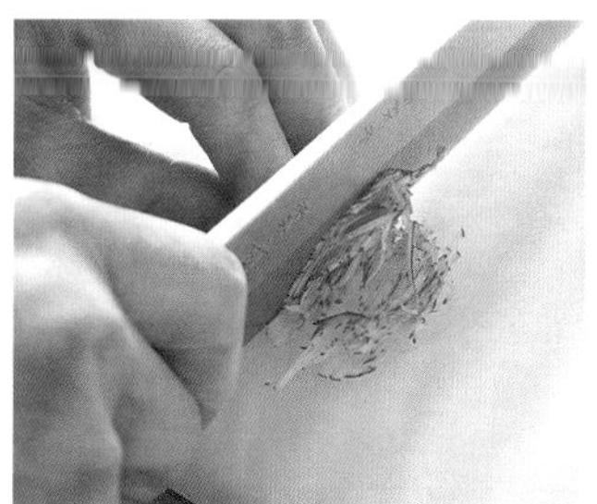

2 조금씩 어긋나게 겹쳐 평평하게 늘어놓고, 끝에서부터 가능한 한 가늘게 채 썬다. 다 썰면 물에 담가 아삭하게 한다.

쓰마

주로 회의 곁들임으로 사용. 채소나 해초 등 다양한 재료가 쓰인다. 또 같은 재료라도 자르는 방법 등을 달리해 변화를 주는 것도 가능하다.

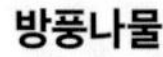

방풍나물
갯방풍이라고도 하며,
해산물과 궁합이 좋은 산뜻한 향.

식용 국화꽃
쓰마용으로 사용되는 식용 국화꽃. 색, 풍미, 식감이 좋고 꽃잎을 뜯어 찍어 먹는 간장에 띄우기도 한다.

적차조기순
발아하여 얼마 안 된 적차조기의 떡잎. 뒷부분이 붉고, 앞쪽이 녹색을 띠고 있다.

어린 원추리
산채의 일종인 '원추리'의 어린 싹. 밑동의 단단한 부분을 다듬어 살짝 데쳐 사용한다.

차조기꽃
차조기의 꽃. 차조기 특유의 향이 있다.

홍료
여뀌의 떡잎. 얼얼하도록 매운맛과 은은한 향이 특징.

차조기순
차조기의 떡잎. 1년 내내 유통된다.

닻 모양 방풍

방풍의 줄기를 찢어 닻 모양으로 만든 것.

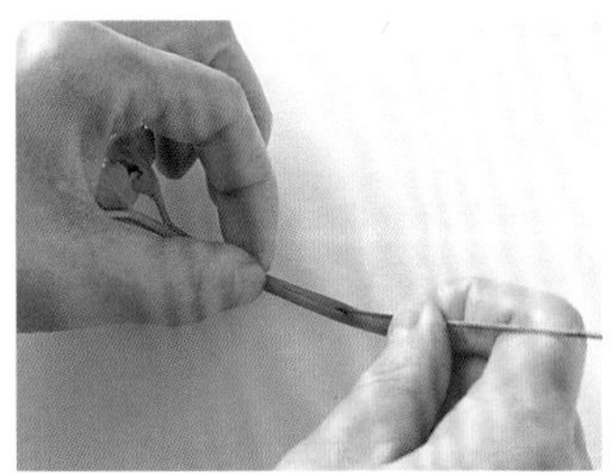

줄기를 적당한 길이로 자르고 바늘로 끝을 세로 방향으로 6~8줄이 되도록 찢어, 찬물에 잠시 담근다. 찢어진 줄기 끝이 동글동글 말려 닻 모양이 된다.

꼰 두릅, 꼰 당근

나선형으로 꼰 것. 길이나 두께, 자르는 각도에 따라 다양한 꼬임이 만들어진다.

1 재료를 5~8cm 길이로 잘라 돌려 깎기 한 후 30도 정도 각도로 비스듬히 3mm 폭의 북채 모양으로 자른다.

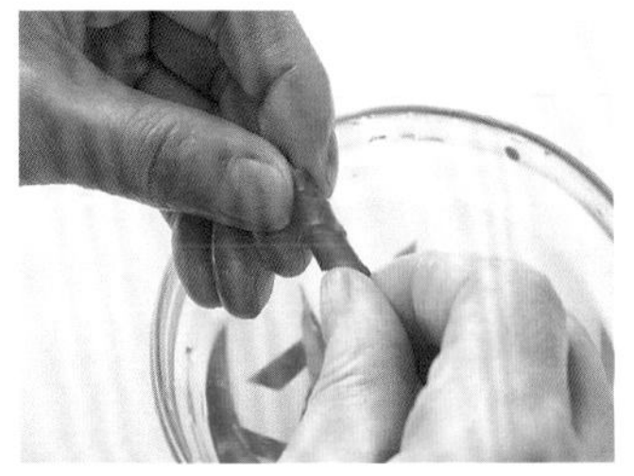

2 듬뿍 받아놓은 물에 넣어, 살짝 오므라들면 젓가락으로 돌돌 말아 형태를 잡는다.

제3장

채소 써는 방법과 요리

채소에는 각각의 조리에 맞게 써는 방법이 존재합니다.
써는 방법 하나로 채소는 놀랄 정도로 맛있어지고,
요리의 레퍼토리도 다양해집니다.
이 장에서는 채소를 써는 기본 방법부터
도시락이나 초대 음식에 도움이 되는 장식 썰기까지
간단하면서 맛있는 요리와 함께 소개합니다.

채소 써는 방법의 기본

요리 레시피에 자주 등장하는 대표적인 썰기 방법을 소개합니다. 순서는 물론, 채소를 세로로 놓는지 가로로 놓는지에 따라 생기는 차이도 알려드립니다. 알고 있다고 생각했던 것도 다시 한번 정리해두세요.

단면 썰기

얇고 긴 채소를 끝에서부터 같은 두께로 써는 방법. 작거나 가느다란 채소를 모아 끝에서부터 얇게 써는 것을 '고구치(단면에서부터 썬다)'라고도 한다.

얇게 어슷 썰기

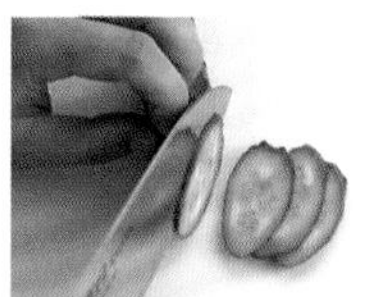

얇고 긴 채소를 비스듬히 놓고 끝에서부터 얇게 써는 방법. 자른 단면이 넓기 때문에 조미료와 맛이 잘 배어든다.

통 썰기

단면이 동그란 채소를 써는 기본적인 방법. 원통형의 채소는 두께를 맞춰 끝에서부터 썰고, 내 앞에서 몸에서 먼 쪽으로 누르듯이 썬다.

반달 썰기

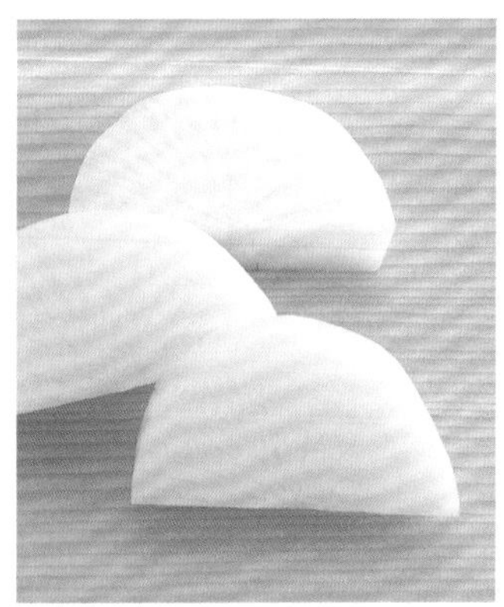

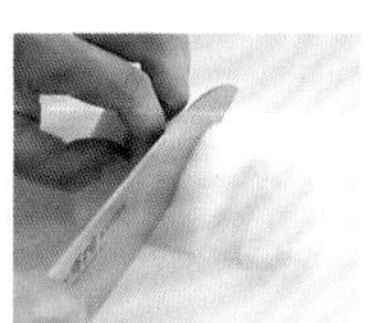

단면이 동그란 채소를 먼저 세로로 길게 2등분하고, 일정한 두께로 가로로 써는 방법. 단면이 반달 모양이 되어 이런 이름이 붙었다.

은행잎 썰기

단면이 동그란 채소를 세로로 길게 4등분한 후, 일정한 두께로 써는 방법. 단면이 은행잎 모양이 되어 이런 이름이 붙었다.

얄팍 썰기(세로)

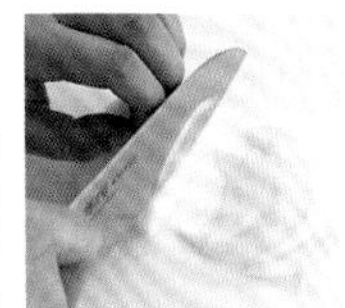

재료를 섬유 결 방향으로 얇게 써는 방법. 섬유질의 방향이 세로가 되게 재료를 놓고, 끝에서부터 얇게 썬다.

얄팍 썰기(가로)

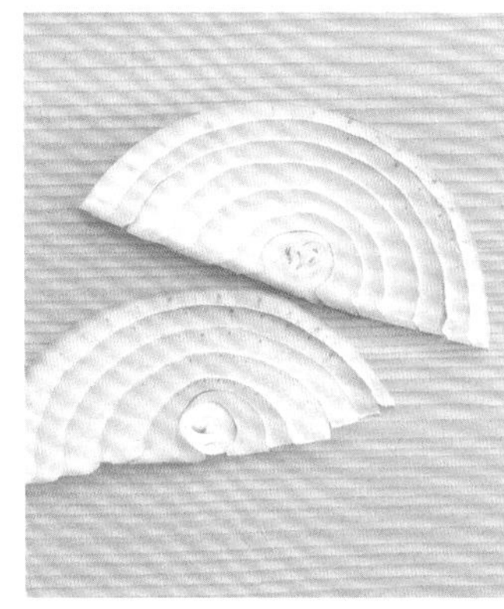

재료의 섬유 결을 끊어내듯 얇게 써는 방법. 통 썰기도 이 방법에 포함된다. 섬유 결 방향이 가로가 되게 재료를 놓고, 끝에서부터 얇게 썬다.

어슷 썰기

얇고 긴 재료를 끝에서부터 일정한 두께로 비스듬히 써는 방법. 재료의 형태에 따라 '통 어슷 썰기' 라고도 한다.

토막 썰기

얇고 길며 단면이 동그란 원통형 모양의 채소를 섬유 결을 살려 일정한 길이로 써는 방법.

숭덩숭덩 썰기

재료를 겹쳐 일정한 크기로 큼지막하게 써는 방법. 되도록 일정한 크기로 썬다.

저며 썰기

어느 정도 두툼한 재료를 일정한 폭으로 비스듬히 칼을 넣어 써는 방법. 되도록 일정한 크기로 썬다.

막대 썰기

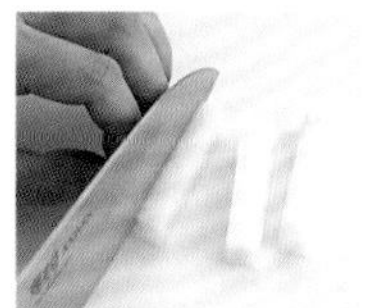

4~5cm 길이의 사각기둥 모양으로 자른 후(바깥쪽 곡면은 잘라 낸다), 1cm 두께로 세로로 자르고 다시 1cm의 막대 모양으로 자른다.

주사위 썰기

막대 모양으로 자른 것을 모아 가로로 놓고, 끝에서부터 주사위 형태가 되도록 자른다. 한 변이 7mm~1cm가 되도록 한다.

나박 썰기

막대 썰기와 같이 사각기둥 모양으로 자른 후, 가로로 놓고 끝에서부터 얇게 썬다. 얇은 정사각형 모양으로, 색종이와 비슷해 '색종이 썰기'라고도 한다.

골패◆ 썰기

4~5cm 길이의 사각기둥 모양으로 자르고(바깥쪽 곡면은 잘라낸다), 섬유결 방향으로 골패 모양이 되도록 얇게 썬다.

◆골패 : 민속놀이에 사용하는 얇고 네모난 조각.

가늘게 채 썰기

선처럼 가늘게 써는 방법. 재료를 아주 얇게 썬 후 겹쳐 쌓아 끝에서부터 가늘게 썬다.

다지기

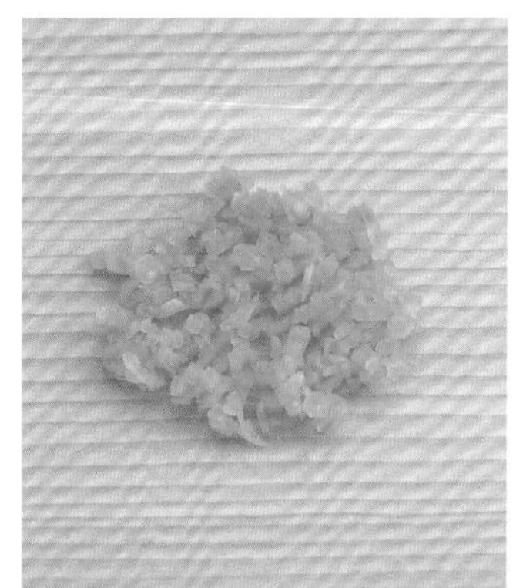

가늘게 썬 재료를 모아, 끝에서부터 잘게 썬다. 가늘게 채 썰기의 얇기에 따라 크기가 변한다. 양파를 다지는 방법은 249쪽 참조.

채 썰기

얄팍 썰기나 얇게 어슷 썰기 한 재료를 조금씩 어긋나게 겹쳐 쌓아, 섬유 결 방향으로 가늘게 써는 방법.

작은 주사위 썰기

5mm 크기의 입방체로 써는 방법. 먼저 단면을 5mm 정도의 크기로 채 썰기 한 후, 한곳으로 모아 가로로 놓고 끝에서부터 5mm 폭으로 썬다.

빗 모양 썰기

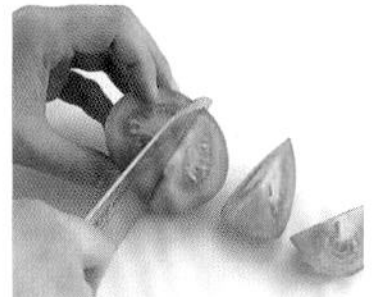

구형의 채소를 세로로(꼭지 부분을 위로) 놓고 방사형으로 자르는 방법. 먼저 세로로 2등분한 후 방사형으로 자르면 모양을 내기 쉽다.

마구 썰기

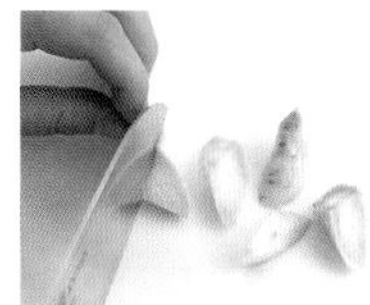

표면적이 커져서 재료가 잘 익고 간도 잘 배어들게 하는 방법. 원통형 재료는 칼을 비스듬히 대고 돌려가면서 썬다.

깎아 썰기

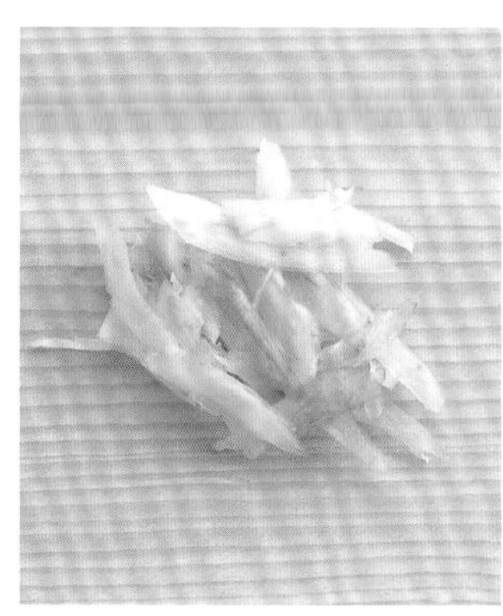

재료를 돌려가면서 연필을 깎는 요령으로 앞쪽 끝을 얇게 깎는다. 재료가 두꺼운 경우, 세로로 심의 중간 정도까지 칼집을 넣어둔다.

가로로 자른다

생김새 그대로의 상태를 위에서 아래로 자르는 방법. 섬유 결이 끊어지게 된다.

세로로 자른다

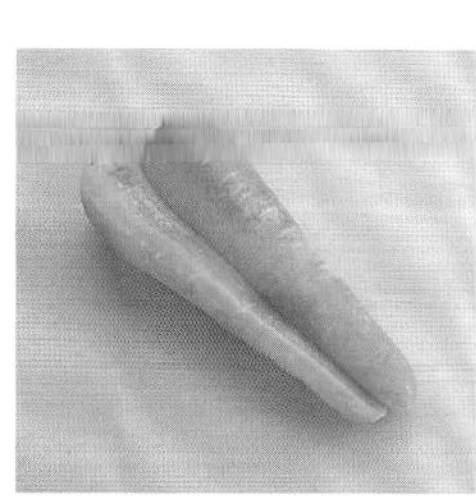

채소의 경우, 생김새가 세로로 놓여 있는 상태. 이 상태에서 위에서 아래로 자르는 방법.

순무

특유의 향과 단맛, 식감을 살려 일본 요리에는 물론, 서양 요리나 중화 요리에도 두루 활용할 수 있는 재료이다.

제철 늦가을에서부터 봄까지로 특히 가을에 출하되는 것이 맛이 좋다고 알려져 있다.

보관법 바로 조리하지 않을 경우에는 잎을 완전히 잘라낸 후 각각 신문지로 감싸 비닐봉지에 넣어 냉장고의 채소칸에 보관한다. 또는 살짝 데친 후에 냉장·냉동 보관해도 좋다.

재료 선택 포인트

하얗고 광택이 도는 것, 주름이나 상처가 없는 것, 짙은 녹색에 신선해 보이는 것을 고르면 된다.

껍질을 둥글게 벗긴다

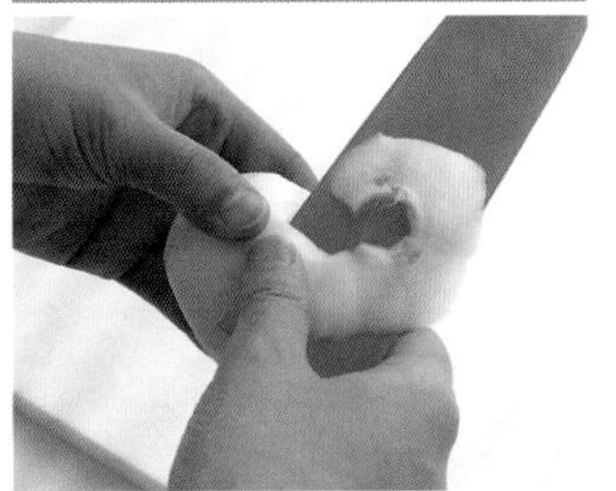

줄기와 수염뿌리 부분을 잘라내고, 사과 껍질을 벗기는 요령으로 둥글게 껍질을 벗긴다.

육면 깎기

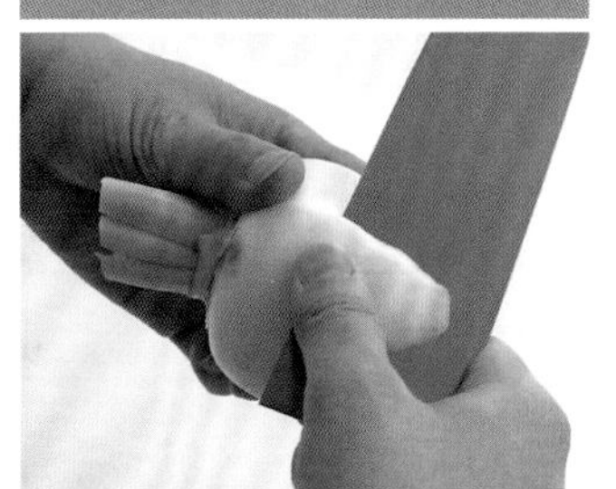

1 수염뿌리 부분을 잘라내고, 밑에서 위로 껍질을 벗긴다. 줄기 주변의 갈색 부분은 벗겨낸다.

2 껍질을 벗긴 부분의 반대쪽 껍질을 **1**과 같은 요령으로 벗긴다. 1/6씩 교차로 벗겨나가면 깔끔하게 완성된다.

4등분하기

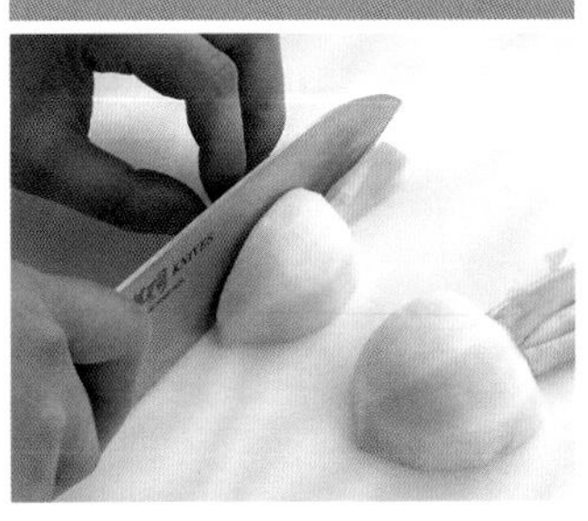

껍질을 벗긴 순무를 세로로 2등분한 후, 다시 세로로 2등분 한다. 조림 등에 사용한다.

얄팍 썰기

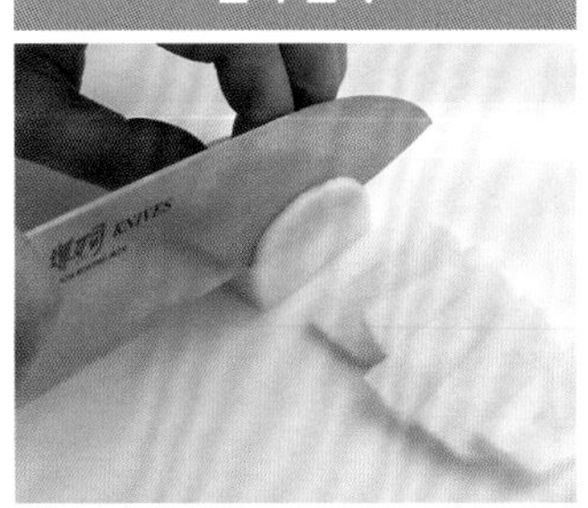

껍질을 둥글게 벗긴 순무를 세로로 2등분해서 눕힌 후, 끝에서부터 세로로 얇게 썬다. 샐러드나 아사즈케* 등에 사용한다.

*아사즈케 : 살짝 물기를 뺀 상태에서 가볍게 절인 것.

국화꽃 모양 순무

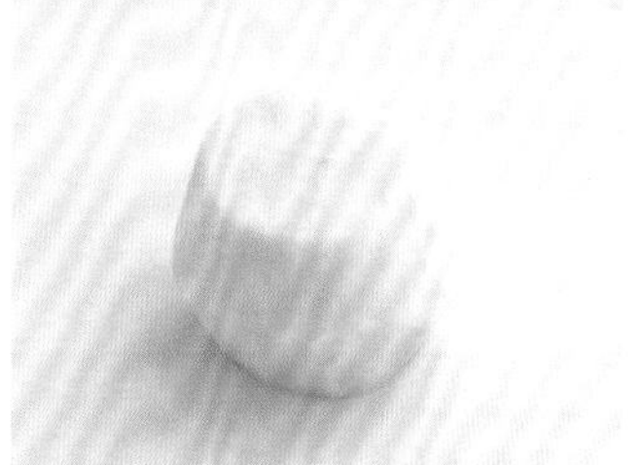

1 줄기를 잘라내고 위아래를 평평하게 자른 후 육면 깎기 해, 세웠을 때 흔들리지 않도록 모양을 잡는다.

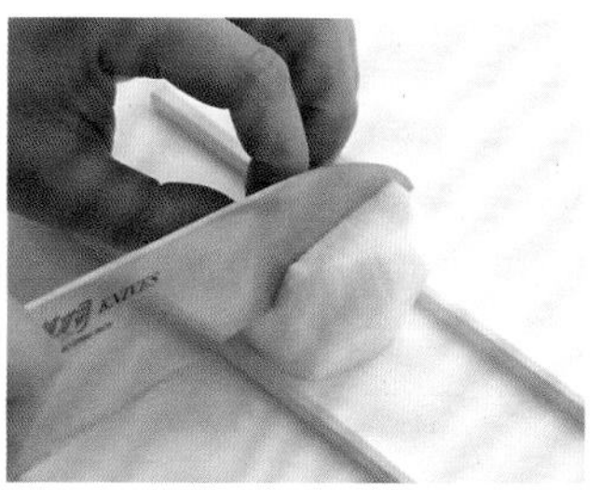

2 2~3mm 간격으로 칼집을 가로, 세로로 넣는다. 밑부분까지 잘리지 않도록 젓가락으로 받쳐도 좋다.

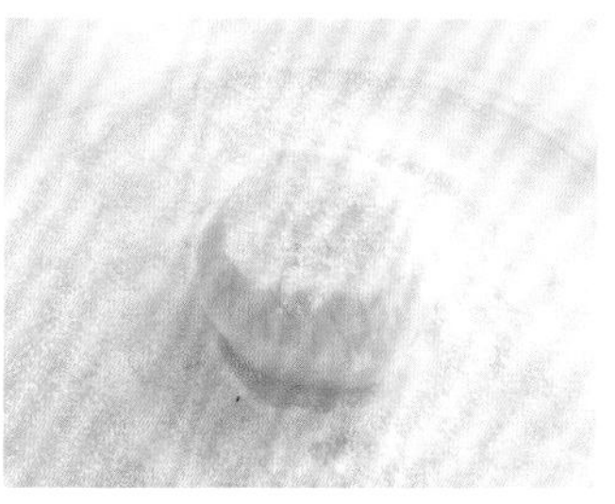

3 칼집을 다 넣으면 전체에 소금을 듬뿍 문지르고 잠시 두어 숨을 죽인다.

4 속까지 숨이 죽으면 꼼꼼하게 물에 씻어 소금기를 제거한다. 물기를 짜내고 단촛물에 담근다.

소보로앙을 끼얹은 순무

재료(4인분)

순무 4개 • 다진 닭고기 150g • **A**[다시 1과 1/2컵, 청주 2큰술, 간장 1큰술, 설탕 1/2큰술] • 청주 1큰술 • 전분 2작은술

만드는 법

1 순무는 이파리를 잘라내고 가로 1cm 두께로 썬다. 취향에 따라 껍질을 벗겨도 좋다.

2 냄비에 **A**를 끓이다가 순무를 넣고 12~13분 삶아 부드러워지면 꺼내 그릇에 담는다.

3 다진 닭고기에 청주를 섞어 2의 조림국물에 넣고, 뭉친 부분을 고루 저어 풀어 익힌 후 거품을 제거한다. 물과 전분을 동량으로 섞은 전분물을 넣어 농도를 맞춘다.

4 2에 3의 소보로앙을 끼얹는다.

(겐미자키 사토미)

단호박

폭신폭신한 식감과 고급스러운 단맛을 지녔고, 높은 영양가는 채소 중에서도 톱클래스이다.

제철 여름.

보관법 한 통은 서늘하고 그늘진 곳에서 1~2개월 보관 가능하다. 자른 단호박은 씨 부분을 제거한 후, 랩으로 단단하게 싸서 냉장고의 채소칸에 보관한다. 또는 삶아서 식힌 후 소분하여 냉동해도 좋다.

재료 선택 포인트

묵직한 무게감을 지닌 것, 껍질 표면에 광택이 있고 꼭지가 말라 있는 것을 선택하면 좋다. 꼭지 주위가 움푹 들어가 있는 것이 잘 익은 것이다. 잘라진 것을 고를 때는 과육이 두껍고 색이 진하며 씨가 꽉 차 있는 것, 자른 단면이 말라 있지 않은 것이 좋다.

반으로 자른다

꼭지 쪽을 피해 칼코를 넣고, 칼에 체중을 실어 내 앞으로 눌러 내리듯 자른다. 일단 칼을 빼고, 단호박의 방향을 바꿔 반대쪽도 같은 요령으로 자른다.

4등분하기

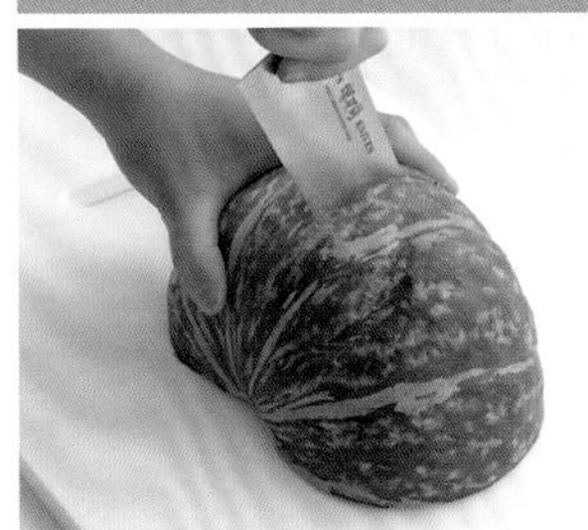

1 반으로 잘린 단호박의 단면을 밑으로 향하게 놓고, 정가운데에 칼끝을 넣는다.

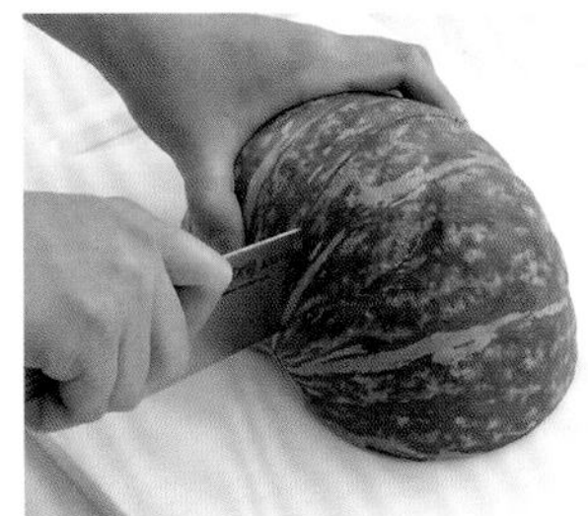

2 내 앞으로 눌러 내리듯 자른다. 단호박의 방향을 바꿔 똑같이 자르고, 나머지 반쪽도 같은 요령으로 자른다.

작게 나눈다

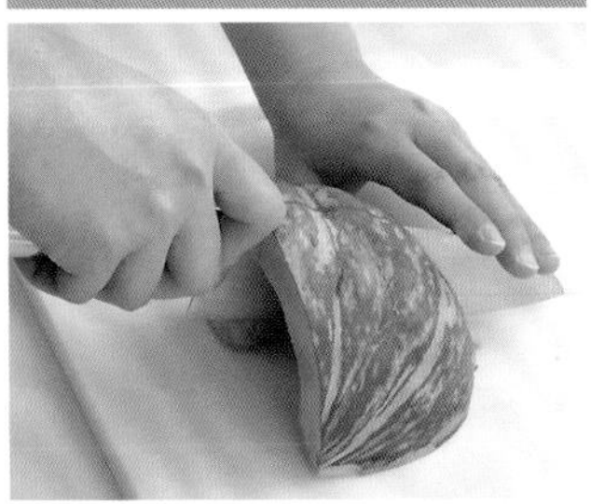

4등분한 단호박을 눕히고, 잘린 단면에 칼턱을 넣어 몸에서 먼 쪽으로 밀어 자른다. 칼등에 왼손을 얹어, 내 앞에서 먼 쪽으로 체중을 실어 자르면 편하다.

씨와 속을 제거한다

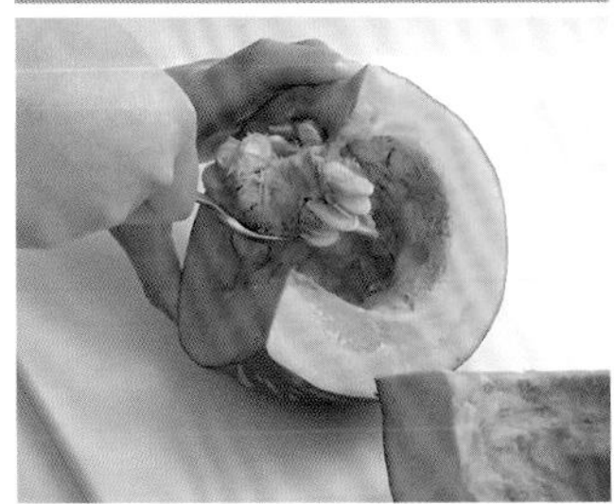

커다란 스푼으로 씨와 속을 긁어낸다. 구이 등에 사용할 경우에는 깨끗하게 긁어내고, 조림 등에 사용할 경우에는 완전히 제거하지 않아도 된다.

껍질을 벗긴다

잘린 단면을 밑으로 안정되게 놓고, 껍질을 군데군데 벗겨낸다. 무리하게 한 번에 벗기지 말고 조금씩 벗긴다.

빗 모양 썰기

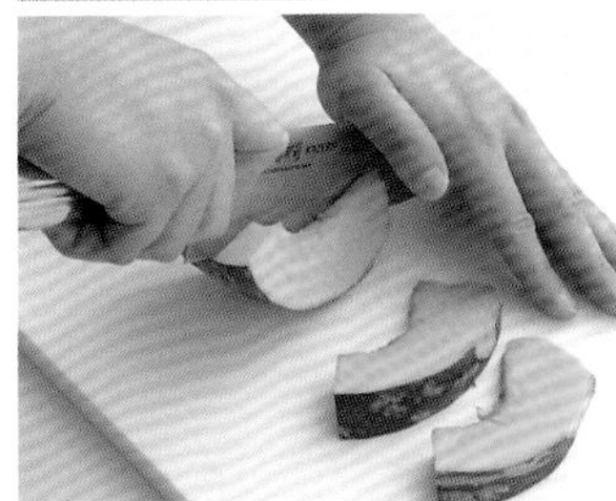

8등분한 단호박 껍질을 밑으로 향하게 놓고, 칼을 몸에서 먼 쪽에서 넣어 내 쪽으로 눌러 내린다. 칼등에 왼손을 얹으면 힘을 싣기 편하다.

한 입 크기로 자른다

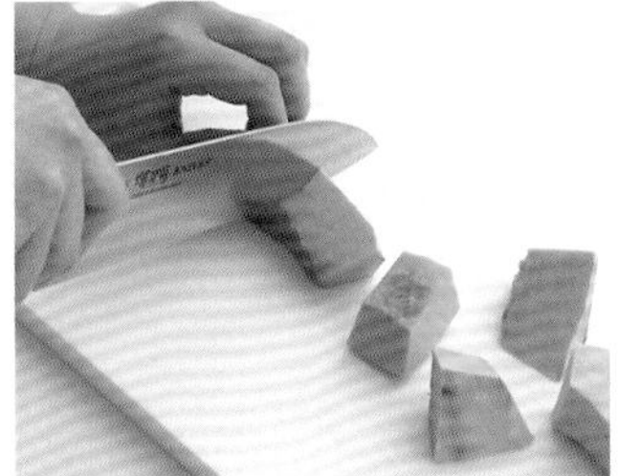

빗 모양 썰기 요령으로 적당한 두께로 자른 후, 각각을 먹기 좋은 한 입 크기로 자른다.

매콤새콤한 단호박국물조림

재료(4인분)

단호박 1/4개 · 삼겹살 슬라이스 100g · 양파 1개 · 작은 홍고추 1개 · 고형 수프◆ 1개 · 식초 2큰술 · 소금, 후추 각 약간

만드는 법

1 돼지고기는 한 입 크기로 자르고, 단호박은 씨와 속을 제거해 한 입 크기로 자른다. 양파는 얄팍 썰기 한다. 홍고추는 씨를 제거하고 끝에서부터 단면 썰기 한다.

2 냄비에 물 3컵과 고형 수프를 넣고 끓인 후, 돼지고기를 넣어 다시 끓어오르면 거품을 제거한 뒤 단호박, 양파, 홍고추를 넣고 조린다.

3 단호박이 부드러워지면 식초와 소금, 후추를 넣어 조미한다.

(겐미자키 사토미)

◆고형 수프: 물에 녹여서 쓰는 고체형 수프는 닭고기, 소고기 등의 맛이 있다. 주로 육수의 베이스로 사용한다.

양배추

은은한 단맛이 매력으로 볶음, 조림, 샐러드 등 용도도 다양하다. 비타민C가 풍부한데, 특히 겉잎과 심 주위에 많이 함유되어 있다.

제철 1년 내내 구할 수 있으나, 봄과 겨울이 제철이다. 봄양배추는 부드럽고 날것으로 먹기에 최적. 겨울양배추는 조림 요리에 적당하다.

보관법 잘린 단면부터 상하기 때문에 신문지 등으로 싸서 냉장고의 채소칸에 통째로 넣어두고, 이파리를 한 장씩 떼어내 사용하면 오래 보관할 수 있다. 데쳐서 채 썬 뒤 랩으로 싸면 냉동 보관도 가능하다.

재료 선택 포인트

겉잎이 진한 녹색에 탄력 있고, 이파리가 단단하게 싸여 있으며 묵직한 것(봄양배추는 이파리가 느슨하게 싸여 있고, 심이 작은 것), 심을 자른 단면이 싱싱하고 갈변되거나 갈라지지 않은 것을 선택한다. 잘라진 것은 잎과 잎 사이가 촘촘하게 차 있고, 단면이 변색되지 않은 것을 고른다(봄양배추는 부드럽게 부푼 듯 탄력 있는 것).

심을 제거한다

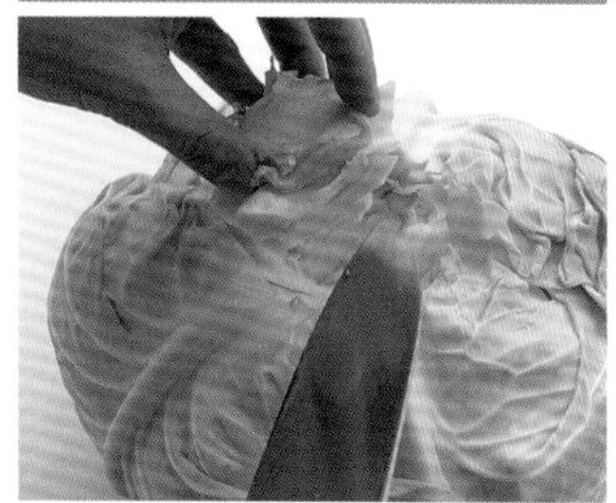

심 주변에 칼끝으로 칼집을 넣어 심을 제거한다. 양배추를 돌려가면서 조금씩 칼집을 넣는다.

이파리를 떼어낸다

심을 제거한 구멍에 엄지를 넣고, 힘껏 펼치듯 이파리를 떼어낸다. 이파리가 붙은 부분에 칼집을 넣으면 잘 벗겨진다.

심대를 저며 제거한다

양배추 롤 등 1장을 통째로 사용하고 싶을 때는 심대에 칼을 눕혀 대고, 단단한 부분만 저며 썬다. 데친 후에 해도 된다.

심대 얇팍 썰기

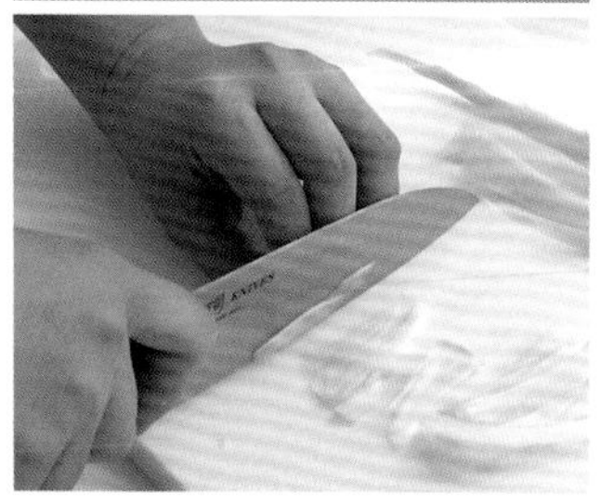

자르거나 저민 심대는 얄팍 썰기 하면 부드러운 이파리와 함께 조리해도 잘 익는다.

숭덩숭덩 썰기

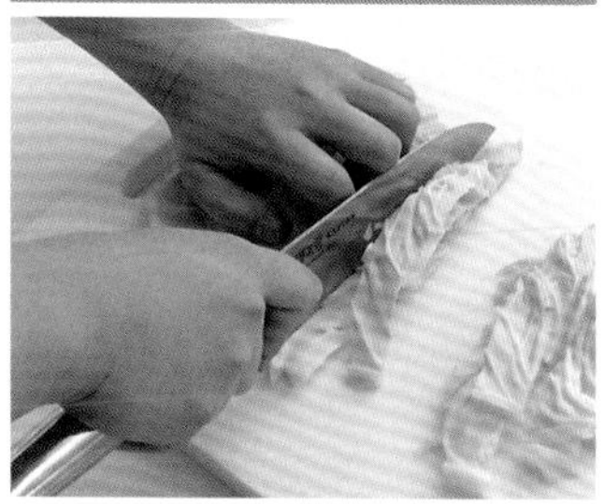

떼어낸 이파리를 3~4등분하고, 이것을 겹쳐서 방향을 바꿔 4~5cm 폭으로 썬다. 봄양배추의 경우 익히면 수축이 심하므로 큼지막하게 써는 것이 좋다.

가늘게 채 썰기

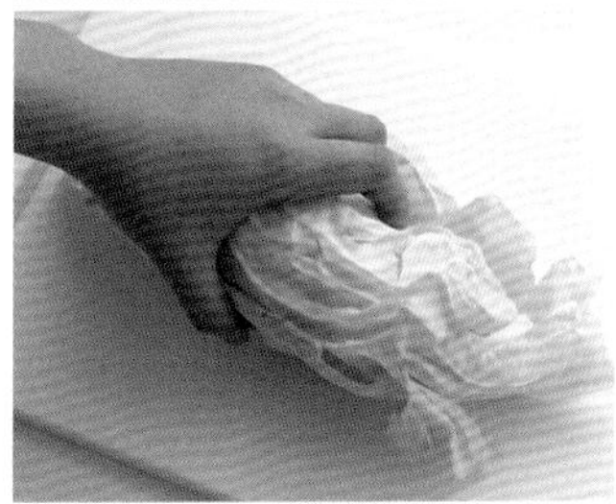

1 떼어낸 잎을 겹쳐서 둥글게 모아준다. 양이 많으면 양배추의 높이가 높아져 채 썰기 어려우므로, 2~3장씩 나눠 둥글게 모아주면 수월하다.

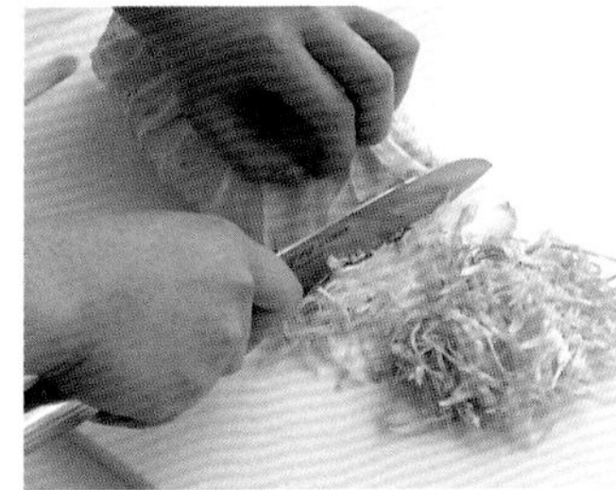

2 왼손으로 눌러 받친 후, 끝에서부터 얇게 썰어나간다. 섬유 결대로 자르면 아삭하고, 수직으로 자르면 부드러운 식감이 된다.

3 채 썬 양배추는 찬물에 담가놓는다. 물에 담가 빳빳해지면 체에 받쳐 물기를 잘 빼준다.

양배추와 참치 간장볶음

재료(4인분)

양배추 1/4통 • 참치캔(작은 것) 1개 • 홍고추(단면 썰기 한 것) 1개 • 청주 1/2큰술 • 간장 1과 1/2큰술

만드는 법

1 양배추는 한 입 크기로 숭덩숭덩 썰기 한다.

2 프라이팬에 참치캔 안의 기름과 홍고추를 넣고 약불로 가열, 향이 나기 시작하면 양배추를 넣고 강불에 볶는다.

3 청주를 부어 양배추의 숨이 죽으면 참치를 넣고 간장을 둘러 고루 볶는다.

(후지이 메구미)

오이

윤기 있고 싱싱한 녹색이 산뜻한 오이는 생으로 샐러드나 무침을 하는 것이 일반적이지만, 살짝 볶거나 껍질을 벗겨 조림 등을 해도 새로운 맛을 낼 수 있다.

제철 1년 내내 유통되나 제철은 6~9월.

보관법 물기에 약하므로 신문지 등으로 싸서 비닐봉지에 넣어 입구를 묶지 말고 냉장고의 채소칸에 보관한다. 또는 단면 썰기 한 오이를 소금에 절인 후 물기를 짜서 여러 개로 나눠 냉동 보관해도 좋다.

재료 선택 포인트

돌기의 가시가 날카로워 만졌을 때 아플 정도의 것이 좋다. 늘씬하고 매끄러우며 곧고 팽팽한 것을 선택한다.

통 썰기

가로로 놓고, 끝에서부터 5mm~1cm 두께로 썬다. 씹는 식감을 살릴 수 있으므로 샐러드 등에 알맞다.

단면 썰기

2mm 정도 두께로 얇게 통 썰기 한다. 그대로 샐러드나 소금에 절여 무침 등에 이용한다. 살짝 볶아도 맛있다.

얇게 어슷 썰기

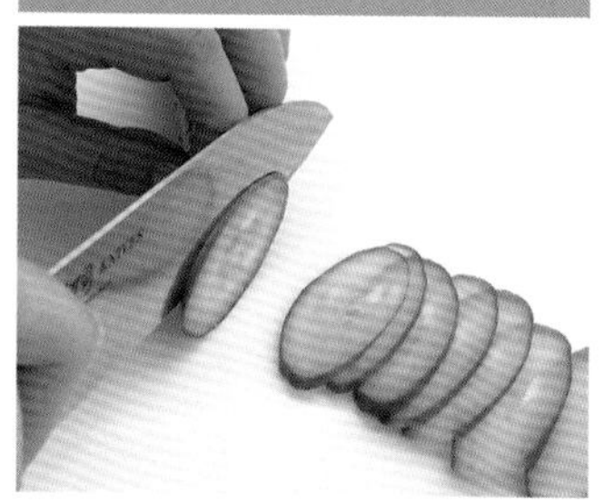

약간 비스듬하게 놓고 얇게 썬다. 길게 썰리므로 샌드위치 등에 자주 사용된다.

가늘게 채 썰기

얇게 어슷 썬 오이를 비껴 쌓고, 끝에서부터 가늘게 썬다. 일정하고 깔끔하게 썰기 위해서는 얇게 어슷 썰기 단계에서 제대로 써는 것이 포인트.

마구 썰기

비스듬하게 놓고 한 입 크기 정도로 비스듬히 썬다. 한 번 썰고 오이를 반회전시켜, 같은 요령으로 썰어나간다. 돌려가면서 썰어 '돌려 썰기'라고도 한다.

주름 썰기

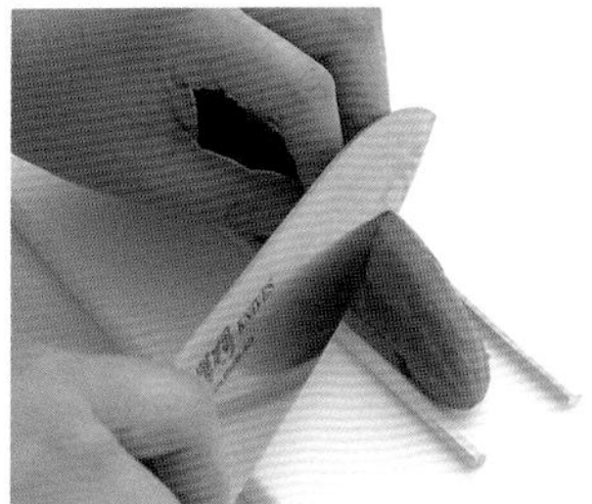

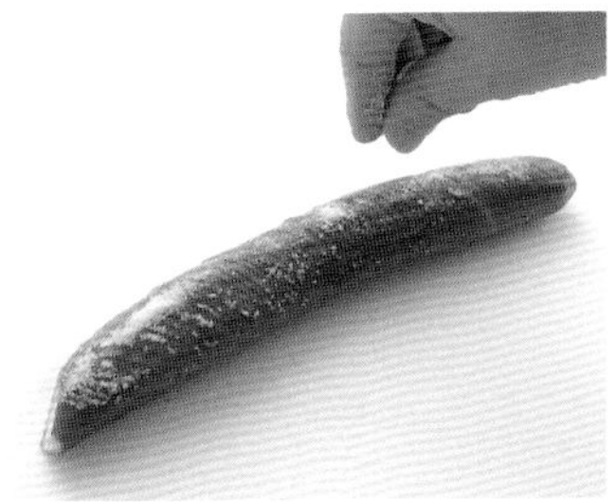

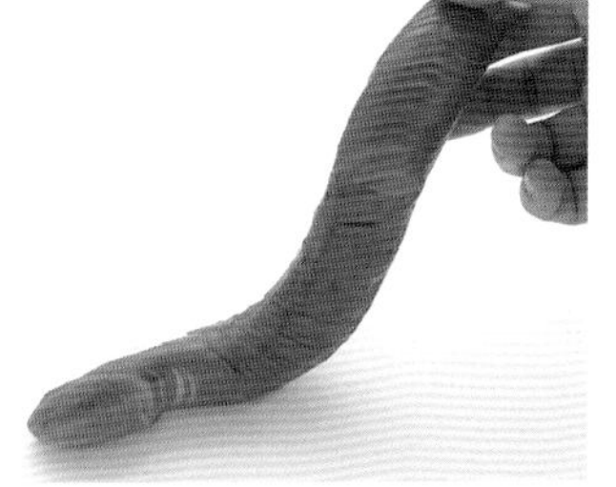

1 오이의 양옆에 젓가락을 놓고, 비스듬히 2~3mm 폭의 칼집을 넣어간다. 좌우를 돌리고 뒤집어 같은 요령으로 칼집을 넣는다.

2 칼집을 다 넣고 오이 전체에 소금을 듬뿍 뿌려 가볍게 문지른다. 숨이 죽을 때까지 놓아둔다.

3 전체적으로 숨이 죽어 칼집이 자바라처럼 늘어나면 된다. 소금을 물에 잘 씻어내고, 물기를 살짝 짠 후 한 입 크기로 썬다. 초요리나 중화풍 초절임에 사용한다.

얇게 썬 돼지고기 오이말이 구이

재료(4인분)

오이 1개 • 돼지고기 삼겹살 슬라이스 150g • 소금, 후추 각 약간

만드는 법

1 오이는 4등분해 돼지고기를 말아놓는다.

2 코팅 프라이팬을 달궈 1을 말린 부분이 밑으로 가게 늘어놓고, 굴려가면서 노릇하게 구워 소금, 후추로 간한다.

3 먹기 좋은 길이로 잘라 그릇에 담는다.

(겐미자키 사토미)

우엉

풍부한 섬유질을 알맞은 방법으로 썰면 아삭아삭한 특유의 식감을 얻을 수 있다.

제철 11월~1월. 햇우엉이라 불리는 조생종은 초여름이 제철이다.

보관법 흙이 묻어 있는 우엉은 신문지에 싸서 서늘한 장소에 놓는다. 씻은 우엉은 적당한 크기로 잘라 비닐봉지에 넣고, 냉장고의 채소칸에 넣어 보관한다. 신선도가 빨리 떨어지므로 서둘러 사용하는 것이 좋다.

재료 선택 포인트

곧게 쭉 뻗어 있고 수염이 적으며 갈라진 부분이 없는 것, 두께가 일정하고 끝부분이 시들지 않은 것을 선택한다. 자른 단면에 바람 든 구멍이 있는 것은 신선도가 좋지 않은 것이다. 흙이 묻은 우엉이 향과 식감 모두 좋다.

햇우엉
조생종 우엉을 어릴 때 수확한 것으로 연하고 향이 좋다. 한 개의 길이가 짧으므로 남기지 않고 쓸 수 있다는 점도 매력이다.

껍질을 긁어 벗긴다

흙을 씻어내고 칼등으로 긁어 껍질을 벗긴다. 우엉의 향은 껍질 근처에 있으므로, 껍질을 깎아 벗기는 것보다 이 방법이 더 좋다.

식재료용 솔로 문지른다

씻은 우엉이나 햇우엉은 칼로 긁지 말고, 물을 뿌려가며 솔로 긁어내는 것으로 충분하다.

얄팍 썰기

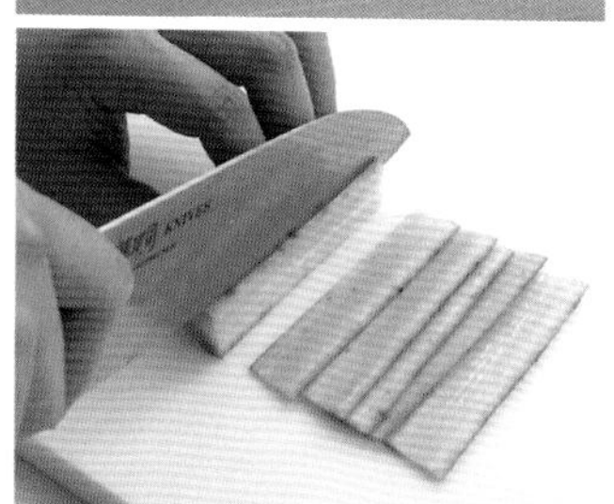

6~7cm 길이로 자르고, 안정적으로 놓기 위해 한쪽을 얇게 저민 후, 그 곳을 밑으로 향하게 세로로 놓고 끝에서부터 얇게 썬다. 섬유 결 방향으로 썰기 때문에 식감이 좋아진다.

얇게 어슷 썰기

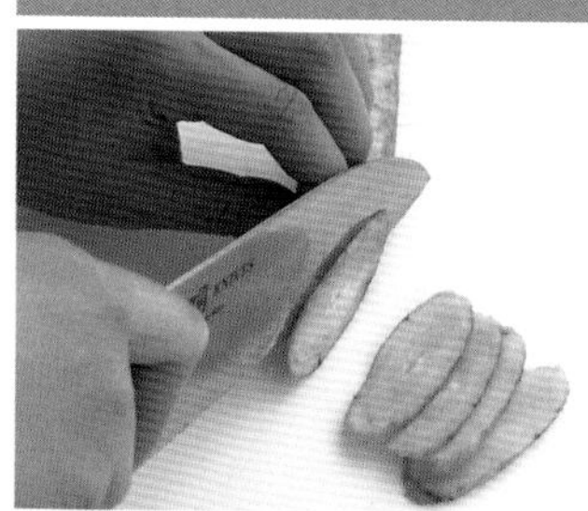

우엉을 비스듬히 놓고, 칼을 비스듬히 넣어 얇게 썬다. 얄팍 썰기보다 썰기 편하며, 섬유 결을 잘라내는 방법이므로 식감이 부드러워진다.

가늘게 채 썰기

얇게 자르기(혹은 비스듬히 얇게 자르기 한 것)한 우엉을 겹쳐 늘어놓고, 끝에서부터 얇게 자른다. 두께를 가지런하고 일정하게 하기 위해선 처음 얇게 자르기를 균일하게 해야 좋다.

깎아 썰기

1 다 썰고 난 후 우엉의 크기를 균일하게 하기 위해 표면에서부터 1/3 정도의 깊이에 군데군데 세로로 길게 칼집을 넣는다.

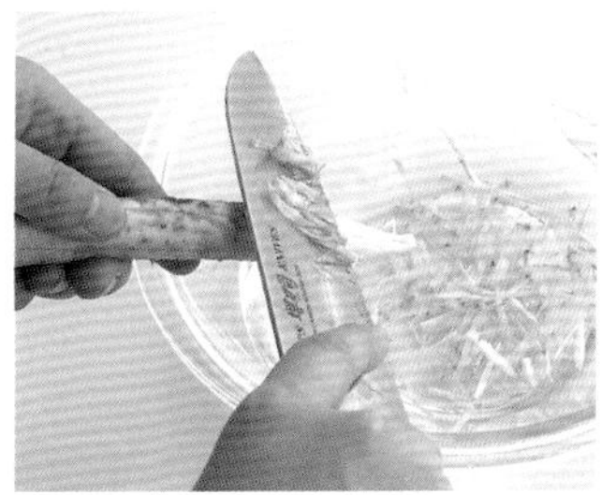

2 우엉을 손으로 잡고 연필을 깎듯이 비스듬히 긁어 깎는다. 갈변을 방지하기 위해 물을 받아 놓은 볼 위에서 자르면 좋다.

우엉다타키

재료(2인분)

우엉 1줄 • A[다시 1/2컵, 설탕 1작은술, 소금 약간, 간장 1작은술] • B[다진 깨 3큰술, 식초 1큰술, 간장 1작은술, 소금 약간]

만드는 법

1 우엉은 12cm 길이로 자르고, 식초(분량 외)를 끓는 물에 넣어 7~8분 삶은 후 건져 물기를 제거한다.

2 절구봉 등으로 가볍게 두드려 균열을 만들고 3~4cm 길이로 잘라, 먹기 편한 크기로 찢는다.

3 냄비에 A와 2를 넣고, 국물이 거의 없어질 정도로 조린 후 식힌다.

4 미리 섞은 B에 2를 넣고 고루 버무린다.

(겐비사키 시노부)

고구마

고구마에는 튀김 등의 조리를 해도 손실량이 적은 우수한 비타민C가 풍부하게 들어 있다. 껍질 가까이에 많이 함유되어 있으므로 껍질도 버리지 말고 이용하는 것이 좋다.

제철 9~11월. 수확 후 잠시 저장하여 단맛을 높인 것이 1~2월에 시중에 나온다.

보관법 냉장 보관하면 상해서 물러지는 경우가 있으므로 신문지에 싸서 상온에 보관한다. 삶거나 쪄서 냉동 보관해도 좋다.

재료 선택 포인트

껍질 색이 선명하며 매끈한 것을 고른다. 수염뿌리가 움푹 패인 것은 속까지 질긴 섬유질이 있을 수 있으므로 피한다. 품종에 따라 차이가 있지만 통통한 것이 양질의 고구마이다.

고구마의 종류

위 사진은 일본에서 주로 볼 수 있는 고구마의 하나인 고케이 14호. 약간 통통하고 짤막한 타입이며, 껍질에 갈색이 돈다. 섬유질이 적고 단맛이 특색이다. 그 외에 자주 볼 수 있는 베니아즈마는 양끝이 뾰족하게 튀어나와 있고 진한 붉은색에, 폭신폭신한 과육이 특징이 며, 반대로 쫀득한 식감의 고구마로는 긴토키라고 불리는 타입이 많다.

통 썰기, 어슷 썰기

왼손으로 확실히 잡고 통 썰기는 똑바로, 어슷 썰기는 말 그대로 비스듬히 칼을 넣는다. 용도에 맞는 두께로 썬다.

마구 썰기

왼손으로 확실히 잡고 비스듬히 칼을 넣어 썬다. 한 번 썰고 난 후 고구마를 반회전시켜 또 비스듬히 썬다. 고구마 맛탕 등에 이 방법을 사용한다.

껍질을 벗긴다

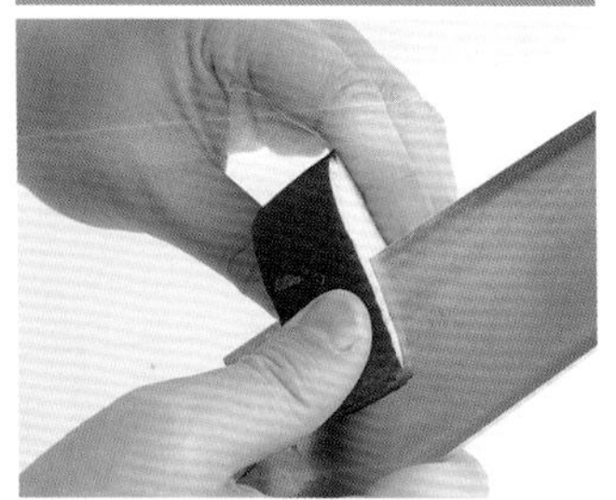

통 썰기 한 것을 확실하게 잡고 칼을 위아래로 움직여 동그랗게 껍질을 벗겨간다. 불순물과 섬유질이 많으므로 두껍게 껍질을 벗긴다.

껍질을 필러로 벗긴다

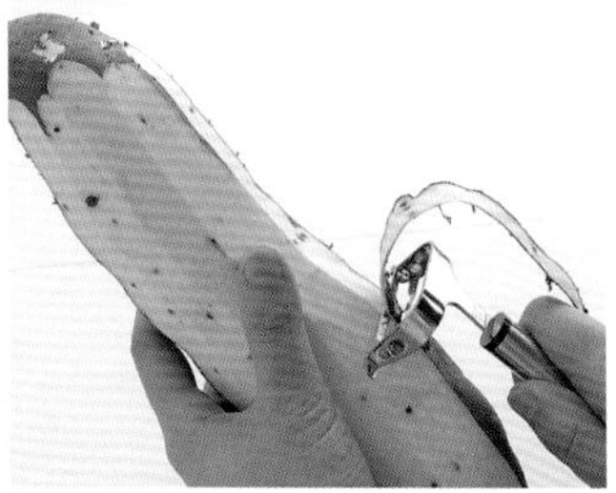

생고구마는 단단해서 칼로는 벗기기 어려우므로, 껍질을 벗겨 썰 경우에는 필러를 이용하면 좋다. 두껍게 껍질을 벗길 때는 몇 번씩 반복하면 된다.

고구마마요네즈무침

재료(4인분)

고구마 2개(약 250g) • 피클 40g • 마요네즈 3큰술 • 쪽파(단면 썰기 한 것) 적당량

만드는 법

1 고구마는 5mm 두께로 빗 모양 썰기 한다. 내열 접시에 담고 물을 소량 뿌려 랩을 씌운 후 전자레인지에 4~5분 돌린다.

2 피클을 곱게 다져 1에 넣고 마요네즈를 뿌려 버무린다. 그릇에 담고 쪽파를 뿌린다.

(이케가미 야스코)

달콤한 고구마조림

재료(2인분)

고구마 1개(200g) • 설탕 1큰술 • A[미림 1/2큰술, 소금 약간]

만드는 법

1 고구마는 2cm 두께로 통 썰기 하고, 물에 10분 정도 담가놓은 후 꺼내 물기를 제거한다.

2 프라이팬에 물 2컵을 붓고 설탕을 녹인 후, 고구마를 넣고 뚜껑을 덮어 강불로 가열한다.

3 끓어오르면 중불로 10분 정도 조린 후, A를 넣어 부드러워질 때까지 7~8분 조린다.

(겐미자키 사토미)

토란

특유의 점성과 끈끈한 식감이 매력적인 토란 요리는 니코로가시*가 대표적이다. 조림뿐만 아니라 샐러드나 크로켓 등 서양풍으로 연출해보는 것도 추천한다.

제철 종류가 다양하여 차이가 있지만, 주로 가을에서 겨울 사이가 제철이다.

보관법 흙이 묻은 채로 신문지에 싸서 서늘한 장소에 놓아두면 오래간다. 씻은 것은 습기에 약하므로 신문지에 싸서 비닐봉지에 넣은 후, 냉장고의 채소칸에 보관한다. 또는 심까지 익지 않게 삶아 냉동 보관해도 좋다.

*니코로가시 : 토란, 쇠귀나물 등을 눋지 않도록 굴려가면서 조린 반찬.

재료 선택 포인트

통통하고 껍질이 촉촉하며 무늬가 선명하게 나 있는 것을 고르면 좋다.

작은 토란

일본에서는 동글동글 작은 토란을 '이시카와코이모'라고도 부르며, 여름이 제철이다. 점성이 강하고 풍미도 좋다. 껍질째 통째로 찌거나 조림 등에 사용한다.

씻어서 말린다

솔로 문질러 씻어 흙을 제거하고, 물기를 닦아 말린다. 젖은 상태로 두면 점액질이 나와 미끄러워져서 껍질을 벗기기 어렵고, 손이 간지러울 수도 있다.

위아래를 자른다

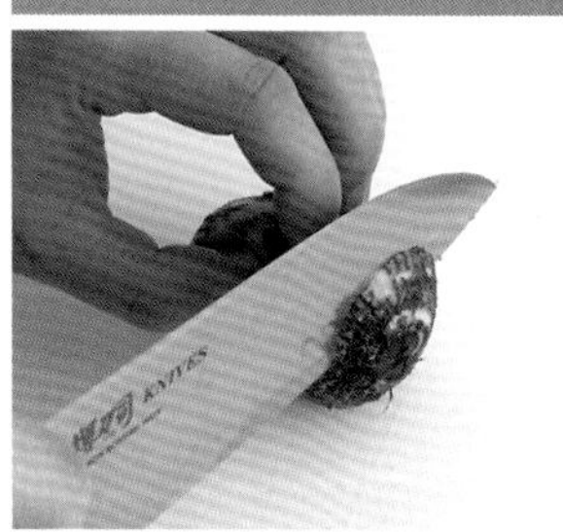

껍질을 벗길 때는 먼저 위아래를 얇게 잘라낸다. 이렇게 하면 껍질을 벗기기 편하고, 모양도 깔끔하게 완성된다.

껍질을 벗긴다

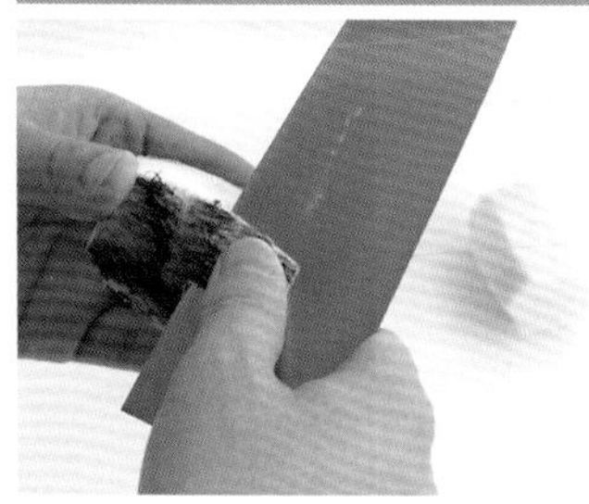

위아래를 확실하게 잡고, 껍질을 6등분 정도로 벗긴다. 한군데 껍질을 벗기고 나서 반대쪽을 벗기면 깔끔하게 벗길 수 있다. 이것을 '육면 깎기'라고도 한다.

된장 양념을 올린 토란곤약구이

재료(4인분)

토란 8개 • 곤약 1/2장 • 다시 3컵 • A[일본된장, 마요네즈 각 2큰술]

만드는 법

1 토란은 육면 깎기 하여 삶은 후, 점액질을 씻어낸다. 곤약은 살짝 데쳐 양면에 격자로 칼집을 넣고 한입 크기로 자른다.

2 냄비에 1과 다시를 넣고 25분 정도 조린다.

3 A는 섞어놓는다.

4 오븐 토스터의 트레이에 쿠킹 시트를 깔고, 2의 물기를 제거한 후 가지런히 놓아 3을 얹어 노릇하게 굽는다.

*** 취향에 따라 A에 시치미◆를 넣어도 좋다.**

◆시치미 : 일곱 가지 향신료를 넣은 일본의 조미료.

(모리 요코)

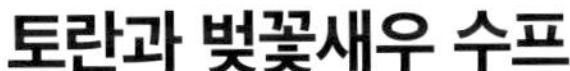

토란과 벚꽃새우 수프

재료(2인분)

토란 4개 • 벚꽃새우(사쿠라에비) 10g • 고형 치킨 수프 1/2개 • 소금, 후추 각 약간

만드는 법

1 토란은 육면 깎기 하여 5mm 두께로 썰고 점액질을 씻어낸다.

2 냄비에 벚꽃새우를 넣고 바삭해질 때까지 볶는다.

3 뜨거운 물 1.5컵과 고형 치킨 수프, 1을 넣고 토란이 부드러워질 때까지 조린 후 소금, 후추로 간한다.

(겐미자키 사토미)

감자

어떤 조리법으로 만들어도 맛있고 어울리지 않는 재료가 없을 정도로 담백한 맛이 매력이다. 조리해도 잘 파괴되지 않는 비타민C 등 영양 면에서도 우수하다.

제철 산지와 품종에 따라 다르며, 수확 후 바로 출하하지 않고 저장하여 맛을 좋게 하는 것이 있어 연중 감자를 볼 수 있다.

보관법 직사광선을 피하고 건조를 방지하는 것이 중요하다. 종이봉투에 넣어 서늘하고 그늘진 곳에 두거나 비닐봉지에 넣어 밀봉하지 말고 냉장고의 채소칸에 보관한다. 삶아서 으깨 매시트포테이토를 만들면 냉동 보관도 가능하다.

재료 선택 포인트

통통한 단샤쿠, 끈끈한 메이크인(둘 다 감자의 종류). 모두 표면이 탄탄하고 주름이나 상처, 싹, 푸른 부분이 없으며 부드러운 것을 고른다.

껍질을 벗긴다

비교적 울퉁불퉁한 부분이 없는 곳을 골라 둥글게 한 바퀴 돌려 껍질을 벗긴 후, 남은 부분을 벗긴다.

싹을 제거한다

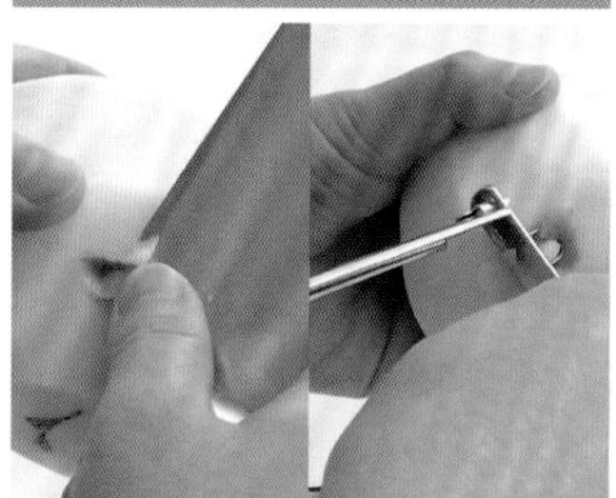

칼턱을 이용해 싹을 도려낸다(왼쪽 사진). 싹을 제거하는 칼이 붙어 있으면 그것을 이용해 파낸다(오른쪽 사진). 싹에는 유독 물질이 있으므로 반드시 제거한다.

한 입 크기로 자른다

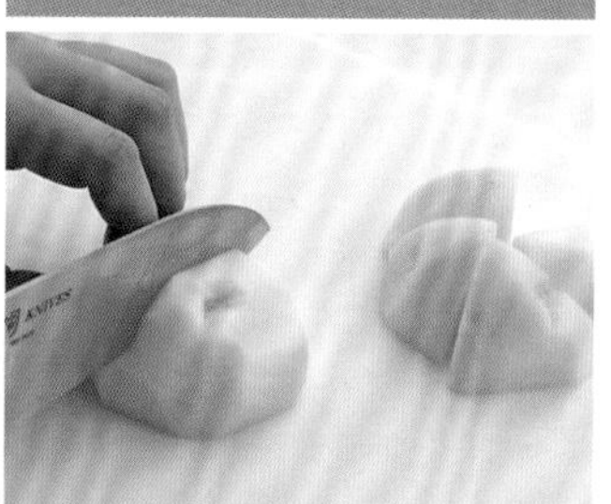

반으로 자르고 각각을 다시 4등분한다. 크기가 큰 감자는 반으로 자른 것을 6등분한다.

통 썰기

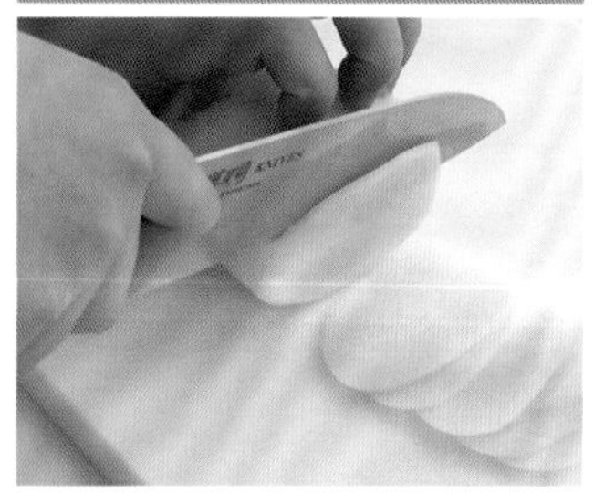

평평한 면을 선택해 얇게 썰고 그 부분을 밑으로 향하게 안정적으로 놓은 뒤, 용도에 맞는 두께로 썬다. 위의 사진처럼 얇게 썬 것은 감자칩이나 그라탱에 사용한다.

가늘게 채 썰기

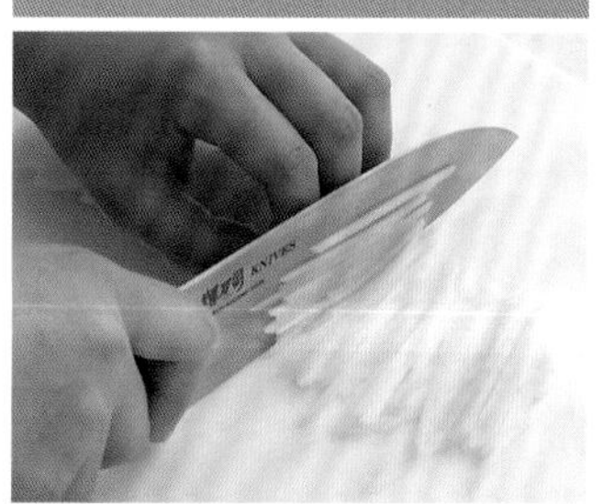

얄팍 썰기 한 감자를 조금씩 겹쳐 늘어놓고, 끝에서부터 가늘게 썬다. 바로 튀기거나 볶음, 초무침 등에 사용한다.

막대 썰기

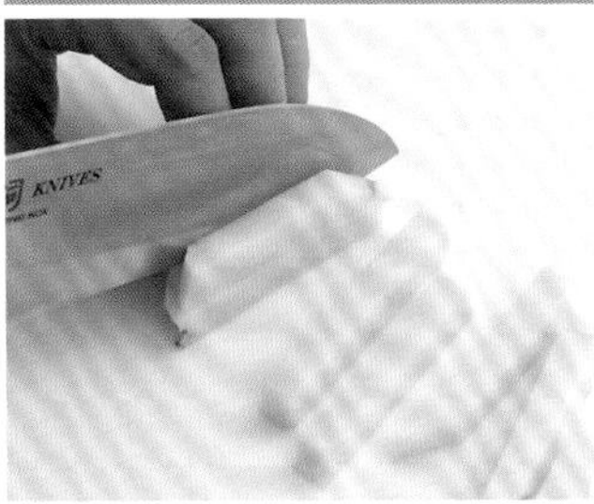

1cm 두께로 통 썰기 한 감자를 다시 1cm 폭으로 썬다.

깍둑 썰기

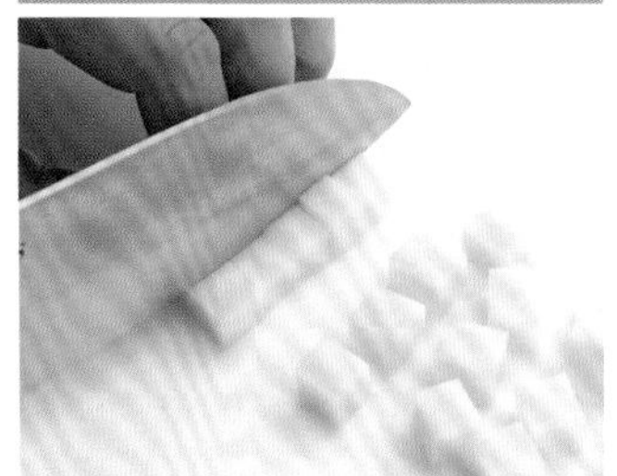

막대 썰기한 감자를 다시 1cm 폭으로 썬다. 작은 주사위 모양이므로 '주사위 썰기'라고도 한다.

빗 모양 썰기

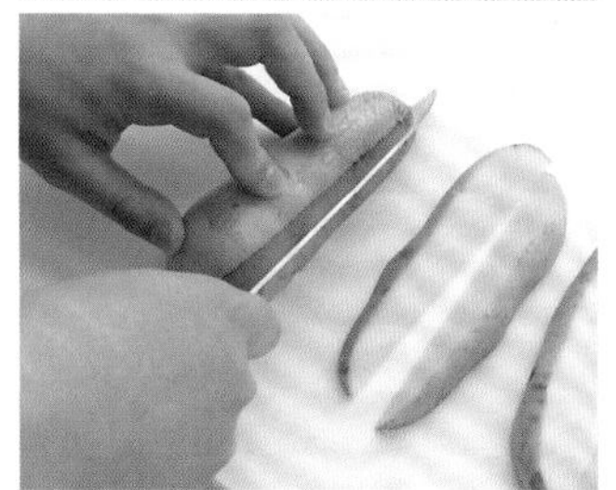

감자를 반으로 잘라, 각각을 방사형으로 4등분한다. 사진은 메이크인 감자를 껍질째 빗 모양으로 썬 것. 감자 프라이를 만들기에 좋다.

감자와 전갱이 후추볶음

재료(4인분)

감자 2개 • 전갱이(큰 것) 2마리 • A[간 마늘, 소금, 굵은 후추 각 약간] • 식용유 1큰술

만드는 법

1 전갱이는 대가리와 내장을 제거하고 세 장 뜨기 한 후 한 입 크기로 자른다.

2 감자는 1cm 두께로 반달 썰기 하여 물에 씻은 후 물기를 제거한다.

3 프라이팬에 식용유를 두르고 달궈 감자를 볶는다. 감자가 어느 정도 익으면 전갱이를 넣고 함께 볶는다.

4 전갱이가 익으면 A를 넣고 다시 한번 볶는다.

(겐미자키 사토미)

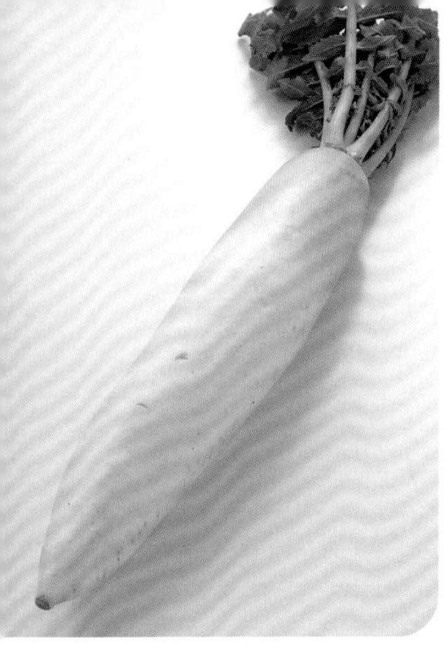

무

소화를 돕는 효소인 디아스타제를 듬뿍 함유하고 있으며, 푸른 무청에는 카로틴, 비타민C, 식물섬유가 풍부하다.

제철 1년 내내 볼 수 있으나, 11월~2월이 제철이다.

보관법 이파리가 붙어 있으면 오래가지 못하므로, 무청이 붙은 부분을 잘라낸다. 따로따로 신문지 등에 싸서 비닐봉지에 넣고 냉장고 채소칸에 보관하고, 잘라놓은 것이나 쓰다 남은 무는 랩으로 싸서 채소칸에 보관한다. 이파리는 데쳐서 냉동 보관해도 좋다.

재료 선택 포인트

들었을 때 묵직하고 수염뿌리가 적은 것, 매끈하고 흰색이며 싱싱한 것을 고른다.

통 썰기

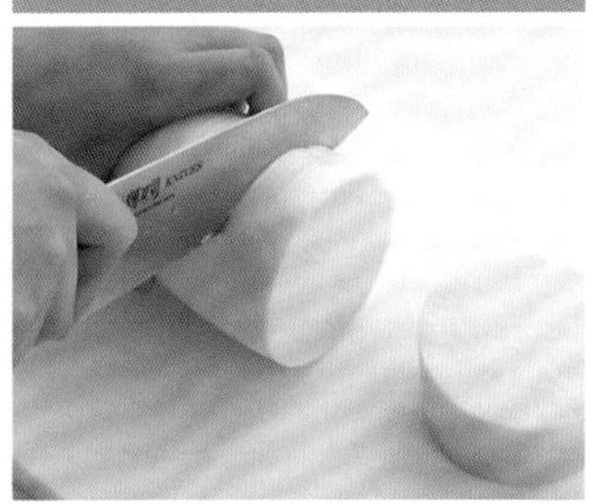

가로로 놓고 왼손으로 확실하게 잡아 용도에 따라 원하는 두께로 썬다. 두껍게 썬 동그란 무의 경우에는 칼로 껍질을 돌려 깎는다. 칼을 앞뒤로 움직이면서 벗기면 된다. 어묵에 들어가는 무나 간을 한 조린 무 등에 사용할 때는 껍질을 두껍게 벗기면 부드럽게 조려지고 맛도 잘 스며든다. 조림에 사용하는 무는 중간 부분이 알맞다.

껍질을 벗긴다

무를 사용할 만큼 자른 후 껍질을 벗긴다. 길다란 모양대로 사용할 경우에는 필러로 하면 낭비 없이 얇게 벗길 수 있다.

모서리 깎기

무를 조림에 사용할 때는 사진과 같이 잘린 단면의 각을 빙그르 돌려 잘라내면 조릴 때 부서짐을 방지할 수 있다.

얕게 칼집을 넣는다

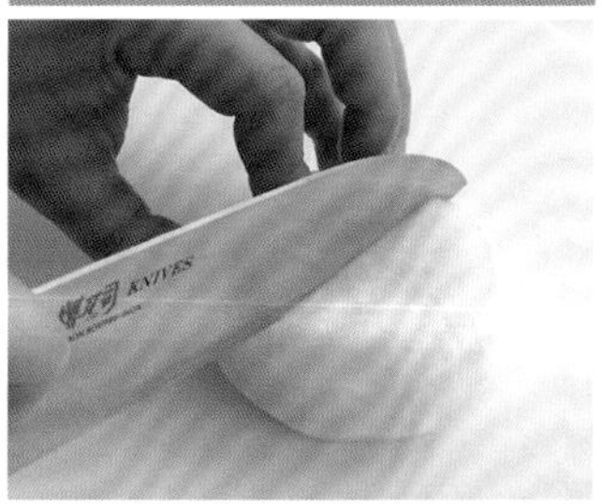

두툼하게 통 썰기 한 무를 삶거나 조릴 때는 뒷면에 십자 형태의 칼집을 얕게 넣어두면, 중심까지 잘 익고 맛도 잘 스며든다.

깍둑 썰기

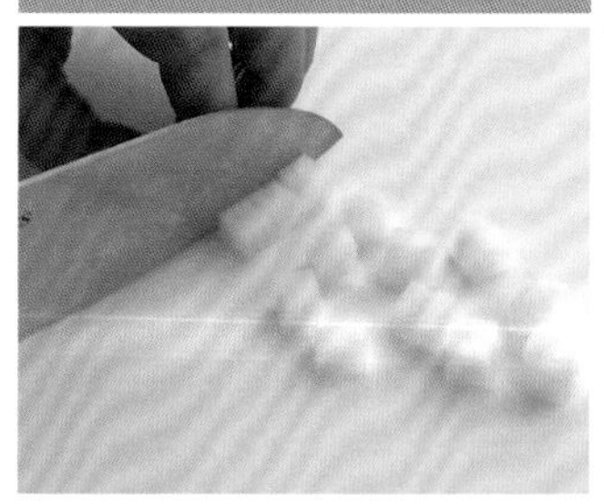

막대 썰기(226쪽) 한 무를 다시 1cm 두께로 썬다. 작은 주사위 모양이 되므로 '주사위 썰기'라고도 한다.

마구 썰기

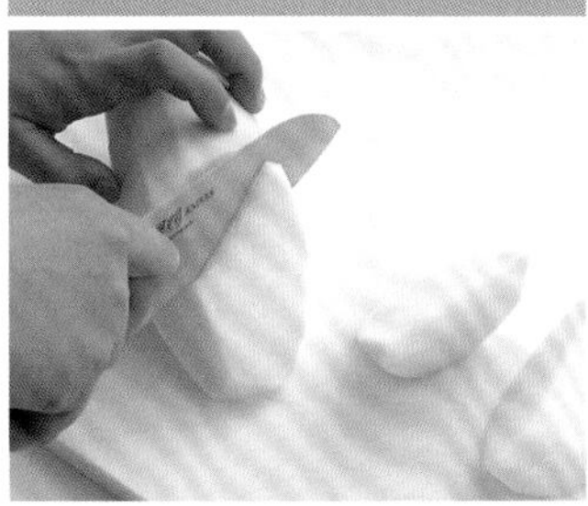

무를 비스듬히 놓고 비스듬하게 칼을 넣어 썬다. 한 번 자른 후 무를 반회전시켜, 같은 요령으로 다시 비스듬히 썰어나간다. 돌려가면서 썰기 때문에 '돌려 썰기'라고도 한다. 이렇게 썰면 무가 빨리 익고 맛도 잘 배어든다.

골패 썰기

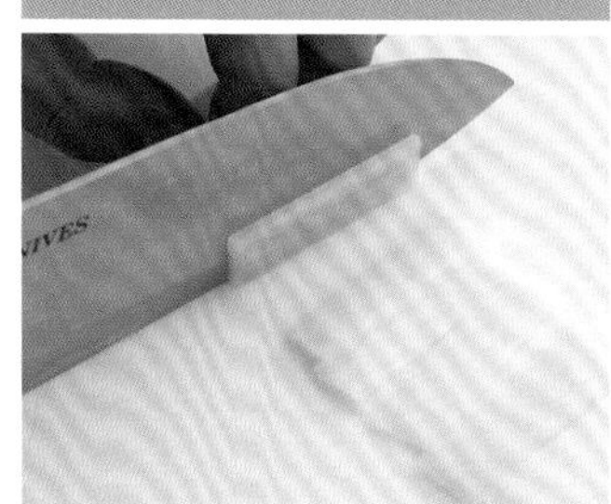

4~5cm 두께로 통 썰기 한 무를 세워 세로로 4~5등분(1cm 정도의 두께) 한 후, 끝에서부터 섬유 결대로 얇게 썬다.

가늘게 채 썰기

5~6cm 두께로 통 썰기 한 무의 곡면 한쪽을 얇게 썰어 그 부분을 밑으로 가게 안정적으로 놓고, 세로로 얇게 썬다. 이것을 여러 장 겹쳐 끝에서부터 가늘게 썬다.

무후로후키◆

재료(4인분)

무 12cm · 다진 닭고기 100g · 다시마 3cm 4장 · 다시 5컵 · 식용유 1큰술 · A[신슈미소, 미림 각 3큰술, 설탕 2큰술] · 유자 껍질 약간

만드는 법

1 무는 껍질을 벗기고 3cm 두께로 통 썰기 한 후 모서리 깎기 하고, 한쪽 면에만 십자 형태의 칼집을 넣는다. 쌀뜨물(혹은 끓인 물)과 함께 냄비에 넣고 가열, 끓으면 2분 정도 삶는다.

2 무를 한 번 씻은 후 냄비에 넣고, 다시마와 다시를 넣고 가열, 끓어오르면 약불로 낮춰 뚜껑을 덮은 후 1시간 정도 조린다.

3 프라이팬에 식용유를 둘러 가열하다 다진 닭고기를 넣고 고루 퍼지도록 볶은 후, A를 넣어 조미해 고기된장을 만든다.

4 2의 다시마를 그릇에 깐 뒤 무를 얹고, 고기된장을 끼얹고, 채 썬 유자 껍질을 올린다.

◆무후로후키: 무나 순무를 둥글게 썰어 흐물흐물하게 삶아서 된장을 끼얹어 먹는 요리.

죽순

생죽순은 시중에 판매되는 삶은 죽순에서는 맛볼 수 없는 섬세한 풍미가 매력적이다. 아삭한 식감은 일식, 중식에 빠질 수 없다.

제철 2~5월까지가 제철. 산지와 품종에 따라 유통되는 시기에 차이가 있다.

보관법 수확 후 시간이 흐르면 흐를수록 풍미가 나빠진다. 구입 후 즉시 삶아놓는 편이 좋다. 삶은 죽순은 물에 담가 냉장 보관한다. 냉동 보관은 좋지 않다.

재료 선택 포인트

뭐니 뭐니 해도 신선도가 가장 중요하므로 신선한 제품을 갖춘 가게에서 사도록 한다. 싱싱하고 들었을 때 묵직한 것을 선택하면 좋다.

부드러운 껍질 부분을 자른다

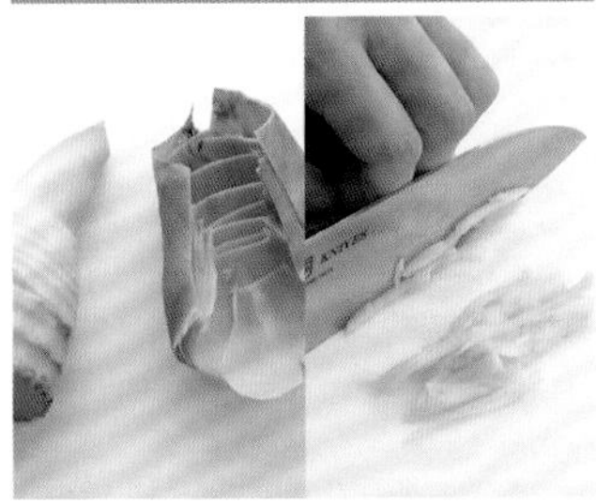

벗겨낸 껍질(왼쪽 사진에서 오른쪽)에서 뾰족한 쪽의 부드러운 안쪽 부분을 '히메카와'라고 한다. 껍질을 세로로 겹쳐, 가로 방향으로 놓고 연한 부분만 가늘게 썬다(오른쪽 사진). 무침이나 국물 요리에 사용한다.

뾰족한 윗부분을 자른다

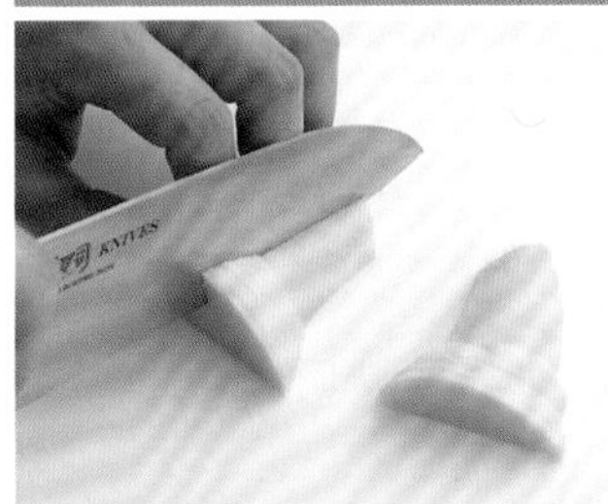

부드럽고 연한 윗부분은 세로로 2등분하고, 다시 세로로 절반 잘라 빗 모양 썰기 한다. 세로로 얄팍 썰기 해도 좋다.

밑동을 저민다

뿌리 부분의 표면에 있는 단단하고 울퉁불퉁한 부분을 얇게 벗겨낸다.

통 썰기

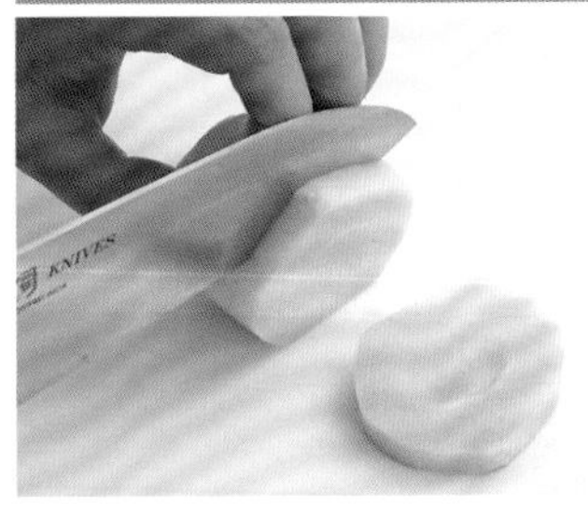

뿌리 부분은 질기기 때문에 섬유질을 끊어주기 위해 통 썰기 한다. 두께는 용도에 맞춰 알맞게 썬다. 반달 썰기, 은행잎 썰기 해도 좋다.

마구 썰기

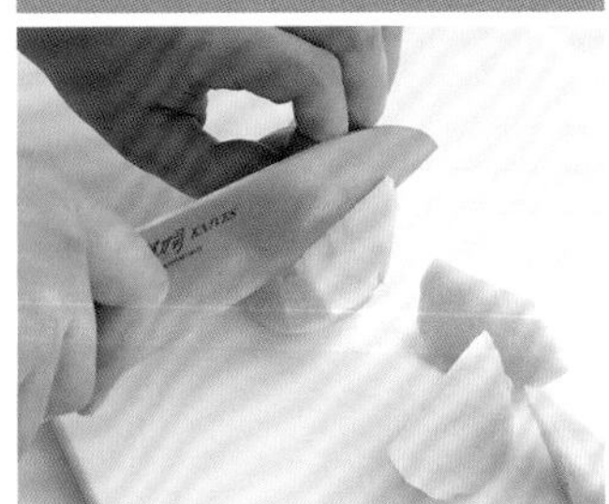

마구 썰기 할 때는 중앙 부분을 사용한다. 세로로 절반 잘라 가로로 놓고, 죽순의 방향을 바꿔가면서 칼을 비스듬하게 넣어 썬다. 조림, 탕수육 등에 사용한다.

반달 썰기, 은행잎 썰기

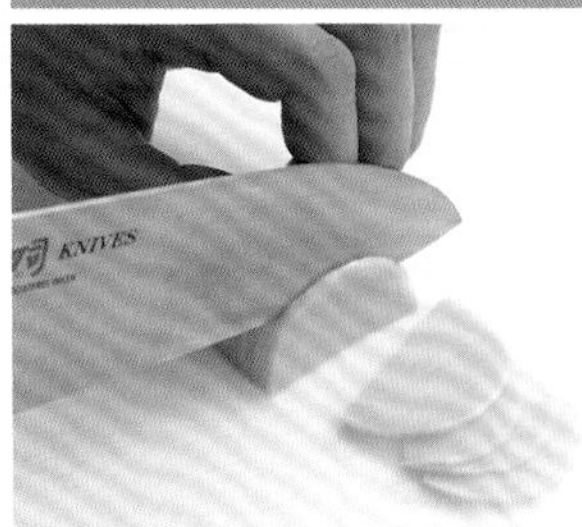

중앙 부분을 사용한다. 세로로 절반 썰고, 끝에서부터 얇게 썬다(반달 썰기). 세로로 절반 자른 죽순을 다시 세로로 절반 자르고, 끝에서부터 얇게 썬다(은행잎 썰기). 둘 다 조림, 무침, 국물 요리, 볶음 등에 사용하면 좋다.

얄팍 썰기

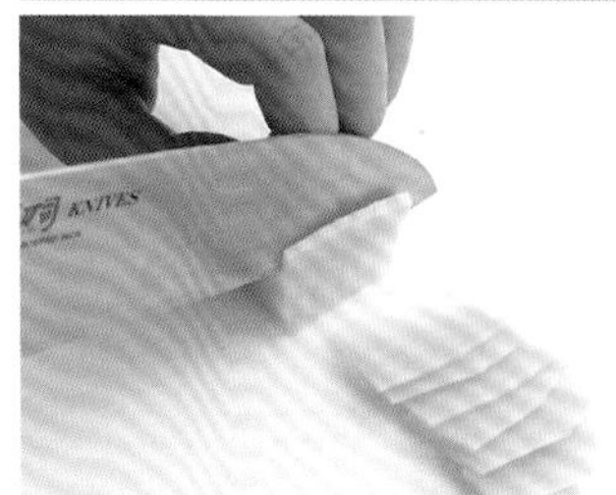

중앙 부분을 세로로 절반 자르고 가로로 놓은 후, 섬유 결 방향으로 얇게 썬다. 죽순밥, 초밥 등에 사용하면 좋다.

가늘게 채 썰기

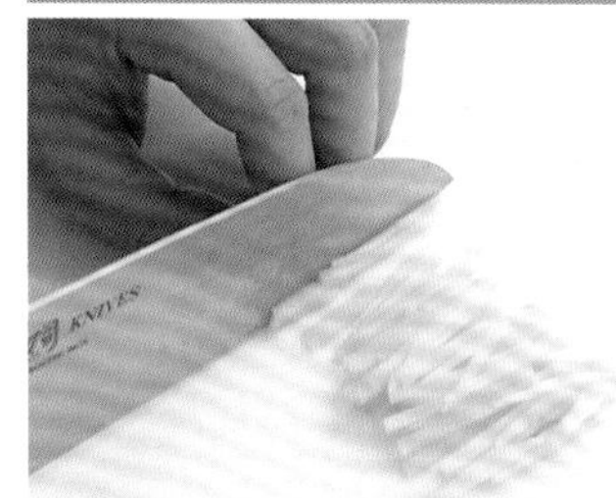

얄팍 썰기 한 죽순을 겹쳐 늘어놓고, 끝에서부터 가늘게 썬다. 중화요리의 볶음 등에 사용한다.

죽순, 돼지고기, 자차이 볶음

재료(2인분)

죽순(삶은 것) 200g • 두툼하게 자른 돼지 등심 2장 • 자차이 40g • **A**[청주 1작은술, 소금, 후추 각 약간] • 전분 1/2작은술 • 참기름 1/2큰술 • 청주 1큰술 • 소금, 후추 각 약간

만드는 법

1 돼지고기는 저며 썰어 A로 밑간을 한다.

2 죽순은 세로로 절반 자르고 뿌리 부분을 2~3mm 두께로 반달 썰기 한 뒤, 남은 부분은 모양을 살려 2~3mm 두께로 세로로 썬다. 자차이는 물에 씻어 얄팍 썰기 하고, 15분 정도 물에 담가 소금기를 뺀다.

3 1에 전분을 버무린 뒤 참기름을 둘러 가열한 프라이팬에 넣고 볶아 색이 나면 2를 넣어 더 볶는다. 기름기가 재료에 고루 돌면 청주와 소금을 넣어 국물이 거의 보이지 않을 정도로 볶고, 노릇한 색이 되면 후추를 뿌려 완성한다.

(겐미자키 사토미)

양파

오래 가열해 단맛과 감칠맛을 살리거나 생양파 그대로 식감과 향을 즐기는 등 매일 먹는 반찬에 없어서는 안 될 명품 조연 채소이다.

제철 산지에 따라 출하 시기가 다르므로 거의 1년 내내 유통된다. 홋카이도산은 가을에서 봄이 제철이고, 매운맛이 강하다. 아와지섬에서 나는 양파는 초여름에서 가을까지가 제철로, 단맛이 강하다.

보관법 신문지에 싸서 냉장고의 채소칸에 넣어 보관한다. 냉장 보관하면 싹이 잘 나지 않고, 자를 때의 매운 향도 누그러든다. 곱게 다져서 볶은 후 냉동해도 좋다.

재료 선택 포인트

겉껍질이 건조하고 속살이 단단하게 꽉 차 있는 것이 좋다.

밑동을 잘라낸다

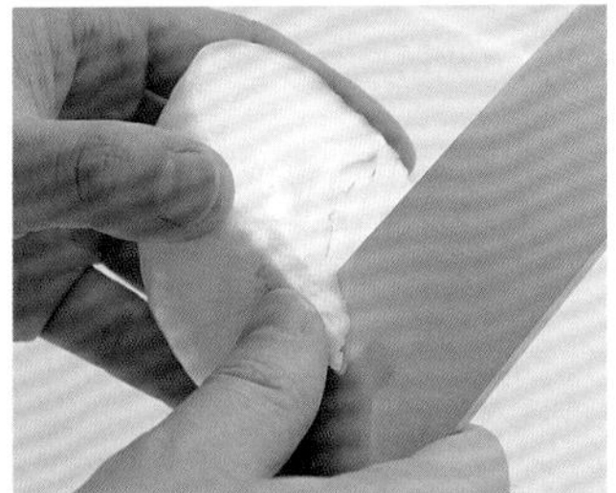

밑동을 내 앞으로 오게 잡고, 비스듬하게 칼집을 넣는다. 밑동 방향을 바꿔 잡고 처음 칼집을 넣은 방향으로 칼집을 넣어, 삼각형으로 잘라낸다.

빗 모양 썰기

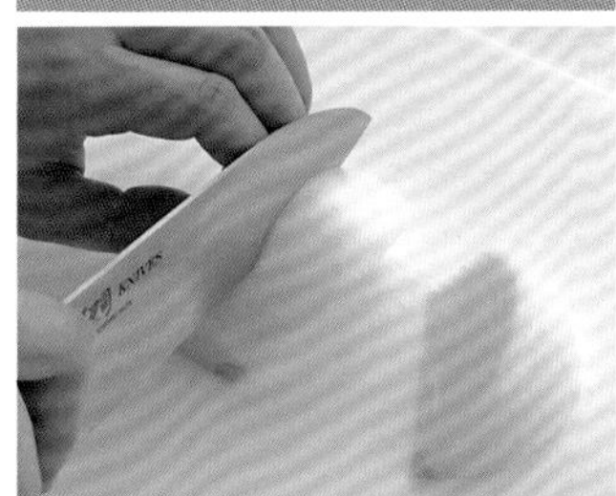

세로로 절반 자른 뒤, 밑동을 잘라내지 않고 절단면이 밑으로 가게 둔다. 방사형으로 칼을 넣어 4등분 정도로 자른다. 조림 요리 등 흩어지지 않게 요리하고 싶을 때 적당하다.

얄팍 썰기

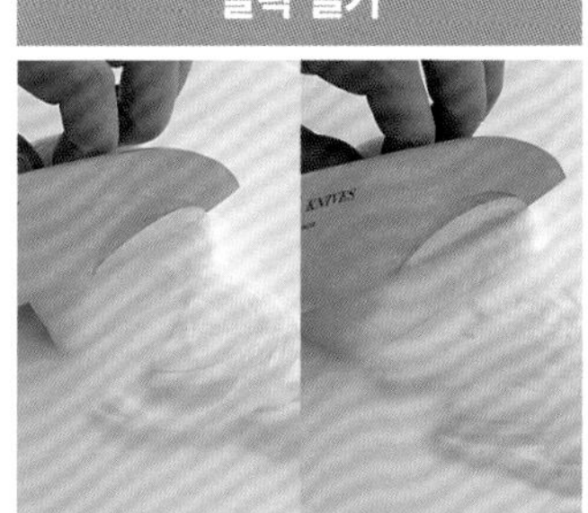

세로로 절반 자른 뒤 밑동을 잘라내고, 섬유 결 방향에 따라 세로로 얄팍 썰기 한다(왼쪽 사진). 또는 섬유 결 방향에 수직으로 가로로 얄팍 썰기 한다(오른쪽 사진). 가로세로는 용도에 맞게 변경한다.

두껍게 썰기

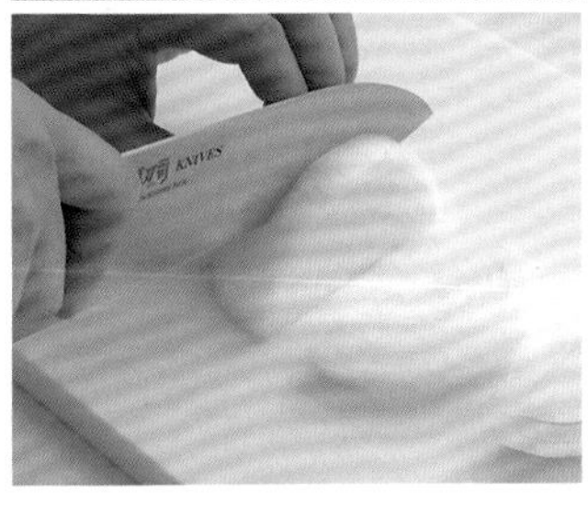

세로로 절반 자르고 밑동을 잘라낸 뒤 단면을 밑으로 향하게 놓고, 섬유결 방향과 수직으로 1~2cm 두께로 썬다. 식감이 좋고, 단맛을 끌어내기도 좋은 방법.

깍둑 썰기

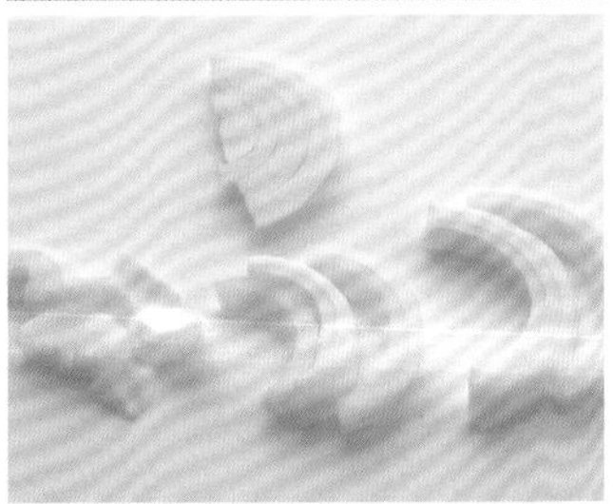

1 1~1.5cm 두께로 썰고, 사진과 같은 모습으로 떼어놓는다.

2 떼어낸 양파를 각각 1~1.5cm 폭으로 썬다. 수프나 오믈렛, 필라프 등의 재료로 사용하기 좋은 크기.

다지기

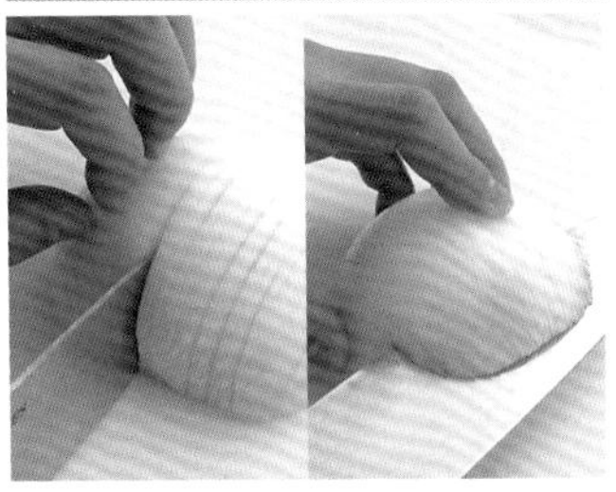

1 세로로 절반 자른 뒤 밑동까지 칼이 닿지 않도록 섬유 결 방향으로 촘촘하게 칼집을 넣는다(왼쪽 사진). 양파의 방향을 바꿔 손으로 확실히 잡고 수평으로 칼집을 3개 정도 넣는다(오른쪽 사진).

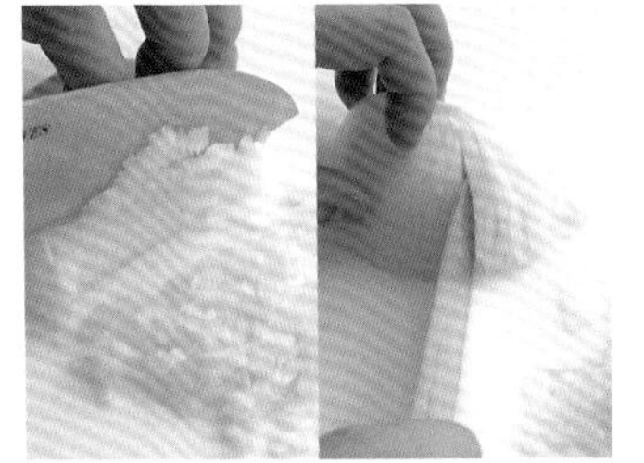

2 앞에서부터 촘촘히 자른다(왼쪽 사진). 남은 밑동은 방향을 바꿔 촘촘하게 칼집을 넣고(오른쪽 사진), 원래 방향으로 바꿔 다진다.

슬라이스양파

재료(2인분)

양파 1/2개 • 가다랑어포, 간장 각 적당량

만드는 법

1 양파는 세로로 최대한 얇게 썬다. 야채 슬라이서가 있으면 사용해도 좋다.

2 볼에 양파를 넣고 물을 듬뿍 부어 가볍게 주무른 후, 물을 2~3회 갈아주고 15분 정도 물에 담가놓는다. 체에 밭쳐 물기를 제거한다. 다시 마른 행주 등에 싸서 가볍게 짜 물기를 제거한다.

3 그릇에 담고, 먹기 직전에 가다랑어포와 간장을 뿌린다.

(겐미자키 사토미)

토마토

빨간색과 싱싱한 맛에 더해 카로틴, 리코핀 등 주목받는 영양 성분도 듬뿍 함유하고 있다. 최근에는 가열용을 포함해 다양한 종류의 토마토가 유통되고 있다.

제철 노지재배는 7월~3월, 퍼스트토마토(아이치현)는 겨울에서 봄, 프루츠토마토는 1월~4월이 제철이다.

보관법 꼭지를 위로 향하게 놓고 랩으로 싸서 냉장고의 채소칸에 보관한다. 너무 낮은 온도(5℃이하)에 두면 맛이 떨어질 수 있으므로 주의한다. 껍질을 벗기고 큼지막하게 잘라 냉동 보관해도 좋다.

재료 선택 포인트

꼭지가 시들지 않고 싱싱하며 색이 진한 것을 고른다. 전체적으로 둥글고 붉은색이 골고루 도는 것이 좋다.

꼭지를 제거한다

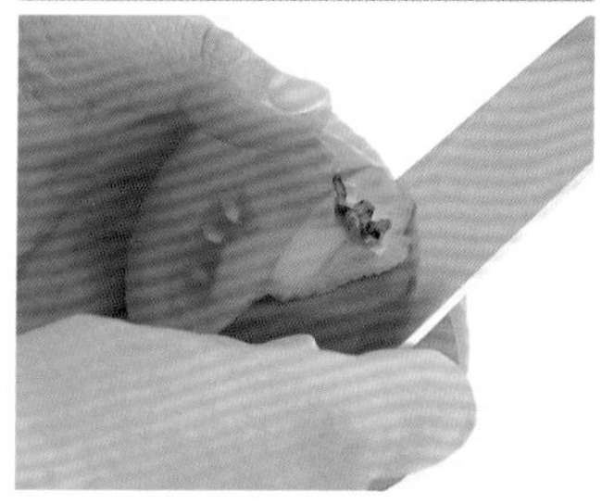

세로로 절반 자르고 꼭지에 비스듬히 칼집을 넣는다. 방향을 바꿔 처음 칼집을 넣었던 방향을 향해 비스듬히 칼집을 넣어 삼각형으로 잘라낸다.

꼭지를 도려낸다

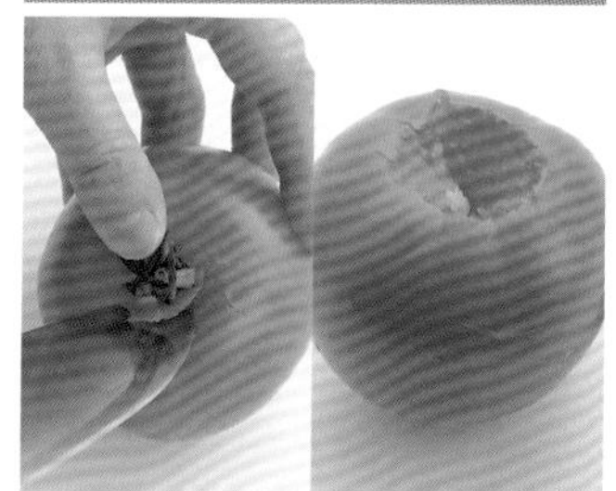

통 썰기 하거나 깍둑 썰기 할 경우 꼭지를 가로로 놓고, 움직이지 않게 토마토를 잡아 꼭지 주변에 칼끝을 빙그르 돌려 넣어(왼쪽 사진) 파낸다(오른쪽 사진).

빗 모양 썰기

세로로 절반 자르고 자른 단면을 밑으로 향하게 놓는다. 방사형으로 칼을 넣어 4등분 정도로 썬다.

한 입 크기로 자른다

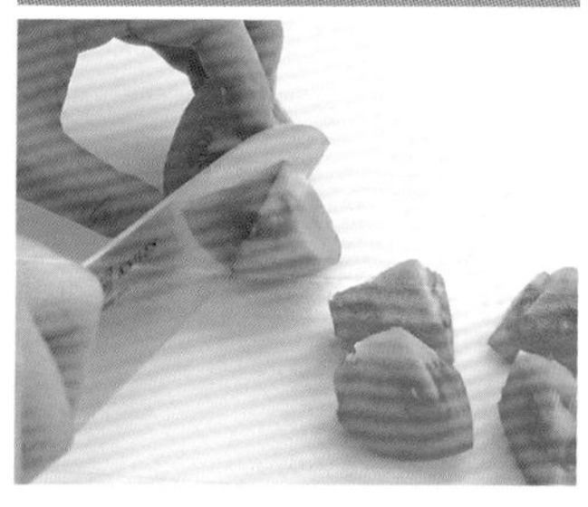

빗 모양으로 썬 토마토를 다시 절반 정도 크기로 썬다. 샐러드나 볶음 등에 사용한다.

통 썰기

꼭지 부분을 가로로 놓고 손으로 움직이지 않게 확실히 잡아 1~2cm 두께로 썬다. 썰기 시작할 때는 칼을 누르지 말고 껍질 표면을 살살 앞뒤로(톱질하듯) 움직이면 썰기 쉽다.

깍둑 썰기

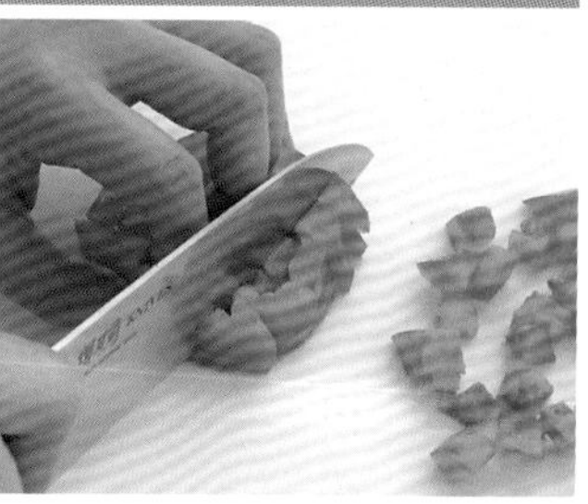

통 썰기 한 토마토를 가로세로 1~2cm 폭으로 자른다. 주사위 모양처럼 되므로 '주사위 썰기'라고도 한다. 큼지막하게 자르고 싶을 때는 처음에 두툼하게 썰면 된다.

간 무와 단촛물에 버무린 토마토

재료(4~6인분)

토마토 2개 • 무 200g • A[식초 3큰술, 설탕 1큰술, 미림 1작은술, 소금 1/2작은술]

만드는 법

1 무는 강판에 갈아 체에 밭쳐 7~8분 두어 물기를 뺀다.

2 A를 섞고 1을 넣어 고루 섞는다.

3 토마토는 한 입 크기로 썰고, 2로 버무린다.

(겐미자키 사토미)

흰강낭콩과 토마토칠리 수프

재료(4인분)

토마토 4개 • 흰강낭콩(삶아놓은 캔 제품) 2캔(1과 1/2컵) • 다진 돼지고기 300g • 식용유 1큰술 • A[고형 수프 1개, 파프리카 2작은술, 칠리파우더, 소금 각 1작은술, 후추 약간]

만드는 법

1 흰강낭콩은 캔 속의 즙을 따라 버린다. 토마토는 1cm로 깍둑 썬다.

2 프라이팬에 식용유를 두르고 가열, 강불로 다진 고기를 잘 풀어가면서 볶고 A를 넣어 고루 섞는다.

3 토마토와 흰강낭콩을 넣고 2~3분 조린 후 크게 뒤적이고 나서 불을 끈다.

(나쓰우메 미치쿠)

가지

예부터 재배되어 일본 각지에서 다양한 종류가 나는 채소로, 특유의 색으로 인기가 있다. 조리법과 일식, 양식, 중식 등 장르와 상관없이 조림, 튀김, 볶음, 절임 등 폭넓게 사용된다.

제철 1년 내내 유통되지만, 여름에서 가을이 제철이다.

보관법 생으로 장기 보관은 알맞지 않지만, 1개씩 랩으로 싸서 비닐봉지에 넣어 냉장고의 채소칸에 넣으면 어느 정도는 보관할 수 있다. 가지를 껍질째 직화로 구워 벗긴 후 1개씩 랩으로 싸서 냉동 보관하면 좋다.

재료 선택 포인트

지역별로 다양한 종류가 있고, 각각의 형태와 색도 다르다. 신선한 가지는 껍질에 탄력과 광택이 있으며, 꼭지 부분의 가시가 손가락을 찌를 정도로 튀어나와 있다.

껍질을 벗긴다

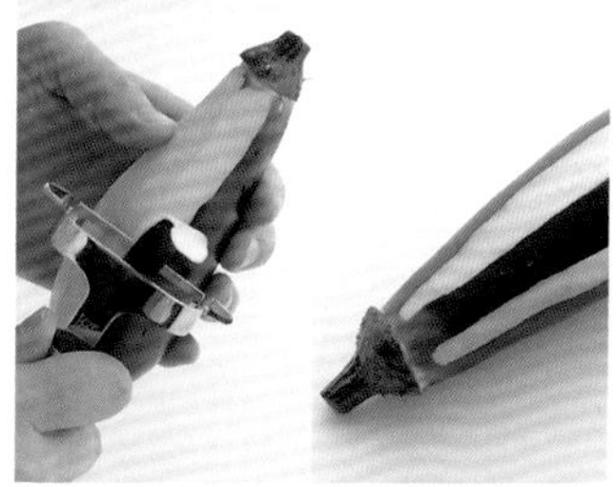

가지를 찌는 등의 경우엔 필러가 편리하다(왼쪽 사진). 얇고 빠르게 벗겨지므로 갈변을 방지할 수 있다. 조림이나 튀김을 할 때는 껍질을 군데군데 남기고 벗기기도 한다(오른쪽 사진).

꼭지와 꼭지받침을 잘라낸다

꼭지받침이 붙은 주변에 칼을 넣어 꼭지와 꼭지받침을 함께 잘라낸다(왼쪽 사진). 뾰족한 가시(오른쪽 사진)에 주의한다.

꼭지를 남기고 꼭지받침을 제거한다

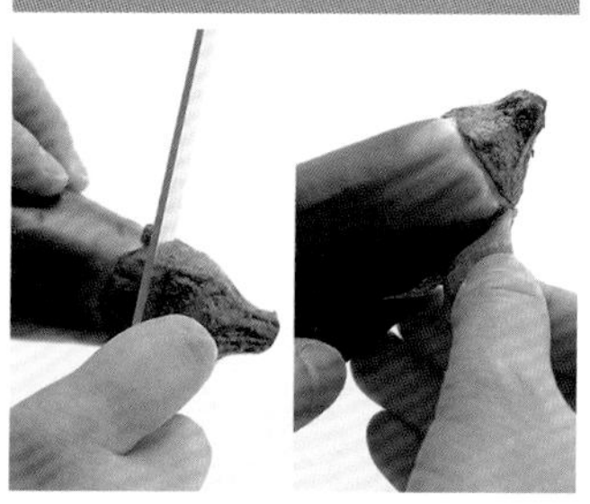

일식 튀김에서는 꼭지받침만 잘라 제거하고 꼭지는 붙인 채 조리하는 경우도 있다. 꼭지받침이 붙은 주변에 칼을 얕게 넣고 한 바퀴 돌려(왼쪽 사진), 손으로 벗겨낸다(오른쪽 사진).

어슷 썰기

가지를 살짝 비스듬히 놓고 손으로 확실히 잡은 후, 칼을 비스듬히 넣어 썬다.

통 썰기

가지를 가로로 놓고 손으로 확실히 잡아 끝에서부터 일정한 두께로 썬다. 볶음이나 절임에 사용할 경우에는 얇게, 구이나 튀김에 사용할 때는 두툼하게 써는 것이 좋다.

마구 썰기

가지를 가로로 놓고, 비스듬히 칼을 넣어 썬다. 왼손으로 조금씩 회전시키면서 같은 요령으로 반복해서 썬다. '돌려 썰기'라고도 한다.

껍질에 칼집을 넣는다

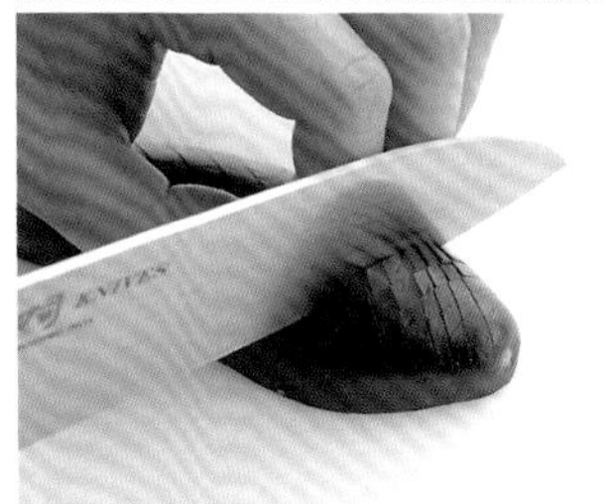

껍질에 칼집을 얕게(6~7mm) 넣으면 기름과 조미료를 잘 흡수하고, 씹기 편해진다. 칼집은 5mm 간격으로 비스듬히 넣는다. 방향을 바꿔 같은 요령으로 썰면 비스듬한 격자무늬가 된다.

쥘부채 썰기

일식 튀김에 적합한 장식 썰기로 잘 익고 씹기 편하다. 세로로 절반 자른 뒤 각각을 2개로 비스듬히 자른다. 세로로 1cm 간격으로 칼집을 넣고(왼쪽 사진), 가볍게 눌러 펼친다(오른쪽 사진).

가지카레볶음

재료(4인분)

가지 6개 • 다진 닭고기 200g • 양파 1개 • 식용유 6큰술 • **A**[카레 3큰술, 우스터소스 2큰술, 고형 수프 1개, 소금 2/3작은술, 후추 약간]

만드는 법

1 가지는 꼭지를 잘라내고 껍질을 벗겨 마구 썰기 한다. 물에 살짝 씻어낸 후 물기를 제거한다. 양파는 얄팍 썰기 한다.

2 프라이팬에 식용유 5큰술을 넣고 가열, 가지를 3~4분 볶은 뒤 덜어낸다.

3 남은 기름을 붓고 양파, 다진 닭고기를 넣어 고기를 잘 풀어주면서 볶는다. **A**로 조미한 후 다시 가지를 넣고, 따뜻해지면 불을 끈다. 그릇에 담고 파슬리, 처빌, 바질 등이 있으면 크게 다져 얹는다.

(나쓰우메 미치코)

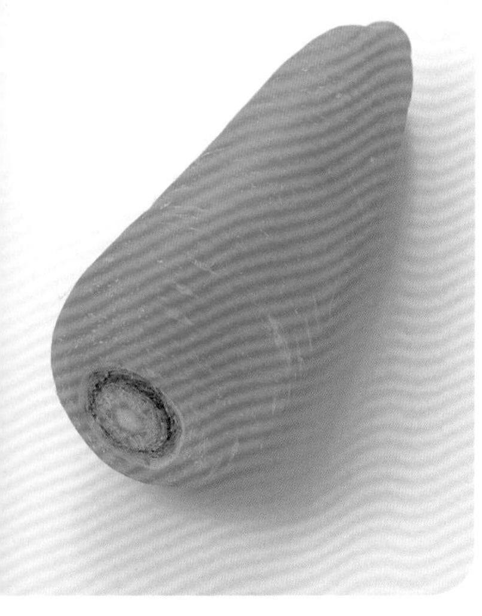

당근

카로틴 함유량이 특히 풍부한 당근은 색도 예쁘고 용도도 다양한 대표적 채소로 상비해놓으면 샐러드나 조림, 볶음 등에 다채롭게 사용 가능하다.

제철 1년 내내 유통되지만, 제철은 가을에서 겨울이다.

보관법 물기에 약하므로 신문지 등으로 싸서 비닐봉지에 넣고, 냉장고의 채소칸에 세워 보관한다. 또 단기간 보관할 요량이라면 생으로 채 썰고 여러 묶음으로 나눠 냉동해도 좋다.

재료 선택 포인트

표면이 매끄럽고 선명한 색을 띠는 것이 좋고, 잎을 잘라낸 단면이 비교적 작은 것이 양질의 당근이다. 표면이 녹색을 띠고 있는 당근은 수확 후에 직사광선을 맞은 것으로, 딱딱해졌을 수 있다.

칼로 껍질을 벗긴다

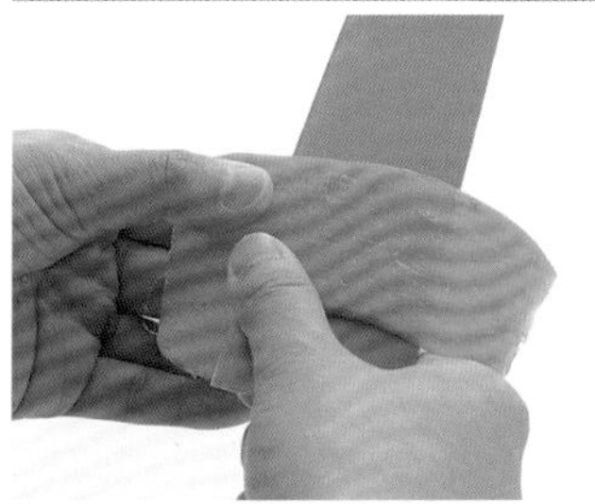

조금만 사용할 경우에는 필요한 길이로 자른 후 칼로 껍질을 돌려 깎는다. 칼을 단단히 잡고, 앞뒤로 움직이듯 하여 껍질을 벗기면 좋다.

필러로 벗긴다

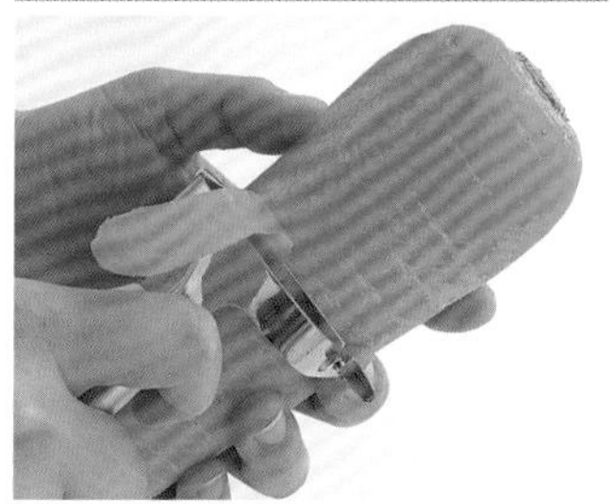

당근 1개의 껍질을 전부 벗길 때는, 얇게 낭비 없이 껍질을 벗길 수 있는 필러를 사용하면 좋다.

골패 썰기

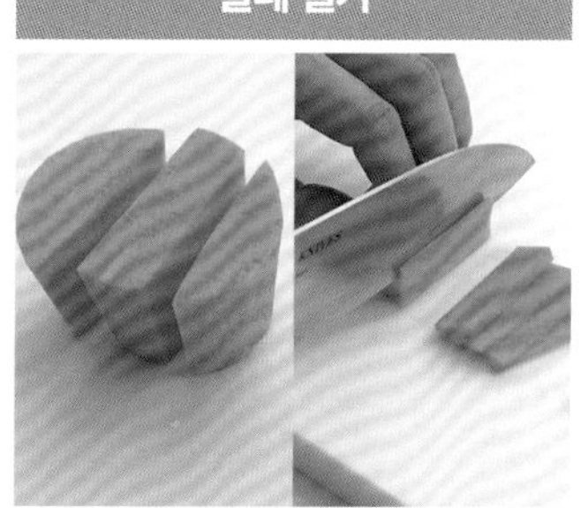

4~5cm 길이로 잘라 껍질을 벗기고, 세로로 3~4등분한 후(왼쪽 사진), 각각을 섬유 결 방향으로 얇게 썬다(오른쪽 사진).

얄팍 썰기

4~5cm 길이로 잘라 껍질을 벗기고, 세로로 2등분한다. 단면을 밑으로 하여 안정감 있게 놓고, 끝에서부터 세로로 얇게 썬다.

가늘게 채 썰기

얄팍 썰기 한 당근을 비껴서 겹쳐 펼친 후, 끝에서부터 가늘게 썬다. 일정한 두께로 썰기 위해서는 처음의 얄팍 썰기를 균일하게 하는 것이 포인트이다.

마구 썰기

당근을 통째로 놓고 확실하게 잡은 후, 비스듬히 칼을 넣는다. 한 번 자른 후 반회전시키고, 같은 요령으로 썰어나간다. 잘 익고 맛도 잘 스며들게 된다.

샤토 썰기

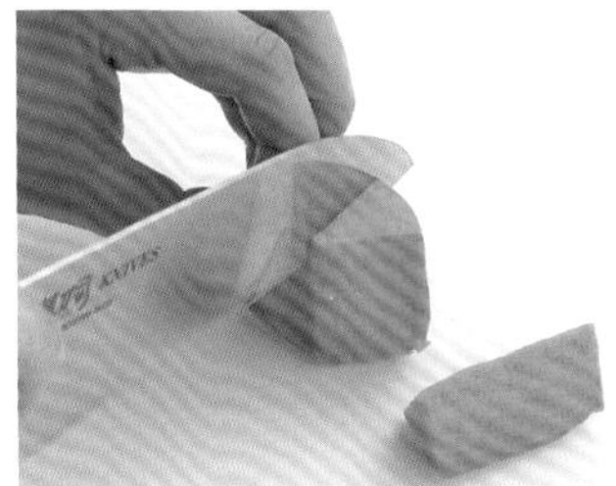

1 껍질을 벗기지 않고 5~6cm 길이로 자른 뒤, 세로 4~6등분의 방사형으로 썬다.

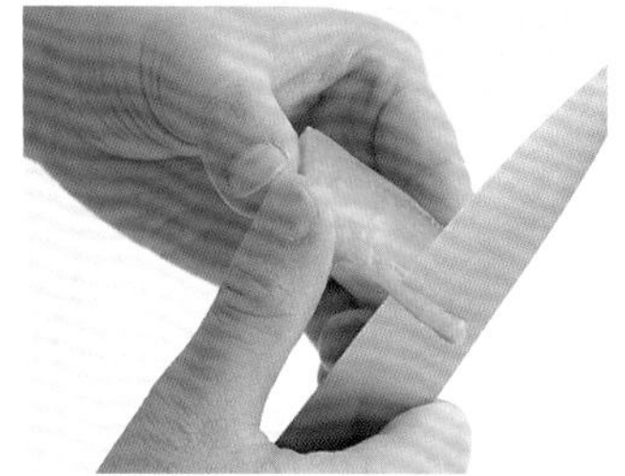

2 가운데 각진 부분을 제거하고 매끄럽게 모서리를 없앤다.

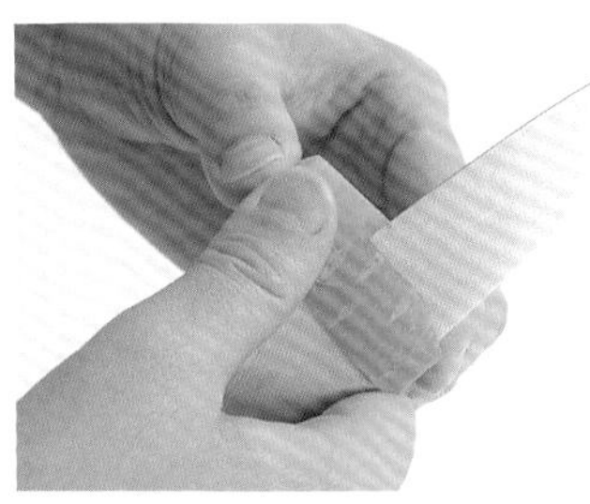

3 껍질을 벗기면서 형태를 잡는다. 한 번에 벗기지 말고 두 번에 걸쳐 모서리를 정돈하면 좋다.

4 둥그스름하고 귀여운 샤토 형태로. 소금을 넣은 물에 삶아 소테나 글라세* 하여 요리의 곁들임으로 사용한다.

*글라세: 물 또는 수프에 버터, 설탕을 넣고 재료를 조려서 윤기를 낸 요리.

당근과 다진 고기 향미볶음

재료(4인분)

당근 2개 · 다진 닭고기 100g · 대파 10cm · 마늘 1알 · 생강 1/2알 · 식용유 2큰술 · A[청주 1큰술, 간장 1작은술, 소금 1/2작은술, 후추 약간]

만드는 법

1 당근은 [illegible] 채 썬다.

2 대파, 마늘, 생강은 다지고 식용유를 달군 프라이팬에 넣어 약불에서 볶다가 향이 올라오면 강불로 바꿔 다진 닭고기를 넣고 잘 풀어질 때까지 볶는다.

3 당근을 넣고 중불로 바꿔 2~3분간 볶은 후 A를 넣어 조미한다.

(후지이 메구미)

대파

생것 그대로 향을 살리거나 가열하여 단맛을 즐기는 등 다양하게 사용되는 채소. 자르는 방법에 따라 맛이 변하는 것도 특징.

제철 1년 내내 유통되나, 제철은 11월~1월.

보관법 신문지에 싸서 비닐봉지에 넣고, 선선한 장소나 냉장고의 채소칸에 보관한다. 자른 대파나 사용하고 남은 대파는 랩으로 싸서 채소실에 넣거나 단면 썰기, 뭉텅 썰기, 채 썰기 하여 냉동용 비닐봉지나 용기에 넣어 냉동 보관해도 좋다.

재료 선택 포인트

제철을 맞이한 대파는 달고 싱싱하다. 재료를 고를 때 푸른 부분과 흰 부분의 경계가 확실히 나누어진 것, 단단하게 꽉 차 있는 대파가 좋다.

단면 썰기

흰 부분을 2mm 정도의 두께로 얇게 썬다(왼쪽 사진). 용도에 따라 그보다 두껍게 써는 경우도 있다(오른쪽 사진).

어슷 썰기

대파를 비스듬히 놓고, 칼을 비스듬하게 넣어 썬다. 스키야키 등의 냄비 요리에는 7~8mm 두께(왼쪽 사진), 볶음이나 조림 등에는 얄팍 썰기 한다(오른쪽 사진).

골패 썰기

4~5cm 길이로 자르고, 각각을 4등분한다. 두꺼운 대파라면 6~8등분해도 좋다. 가열해도 식감이 아삭하다.

다지기

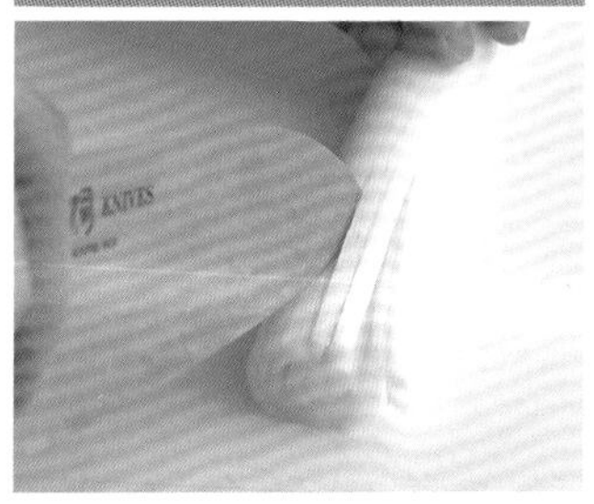

1 밑동을 잘라내고, 생긴 모양 대로 단면을 따라 세로로 6~7cm의 칼집을 촘촘하게 넣는다. 한 번에 긴 칼집을 넣어두면 다지기 힘들어지므로, 많이 필요한 때도 이 정도씩 몇 번에 걸쳐 나눠 칼집을 넣으면 좋다.

2 칼집이 난 부분을 모아 손으로 잡고, 끝에서부터 촘촘하게 썬다.

가늘게 채 썰기

1 5cm 길이로 자르고, 중심 근처까지 세로로 한 줄의 칼집을 넣는다.

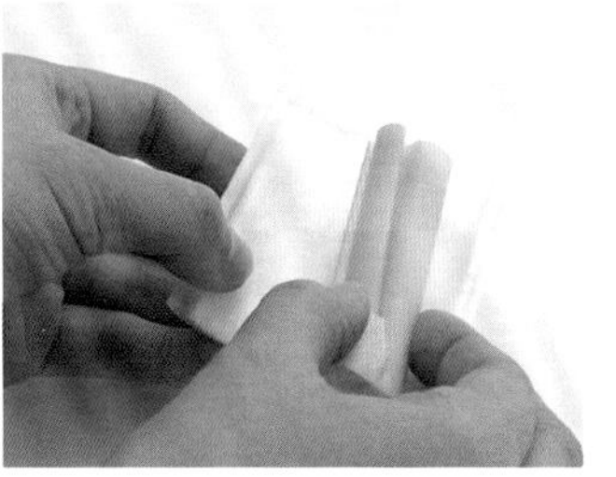

2 칼집 난 곳을 벌려 심을 제거한다. 심은 단면 썰기나 다지는 등 따로 사용하면 좋다.

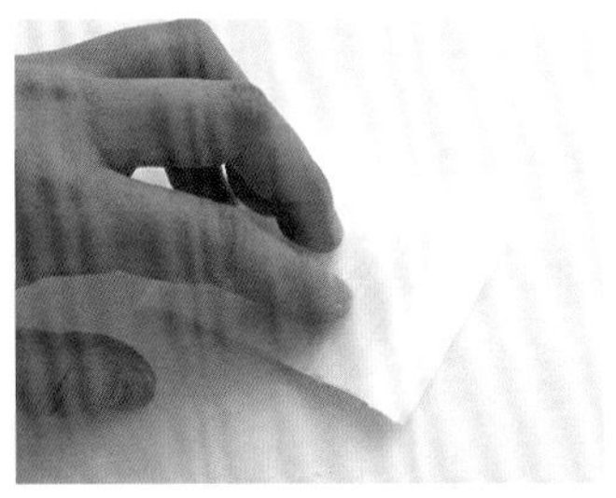

3 벌어진 부분을 펼쳐 안쪽을 밑으로 향하게 해서 전부 겹쳐 쌓는다. 둥글게 말리면 자르기 힘들므로, 손으로 눌러 평평하게 한다.

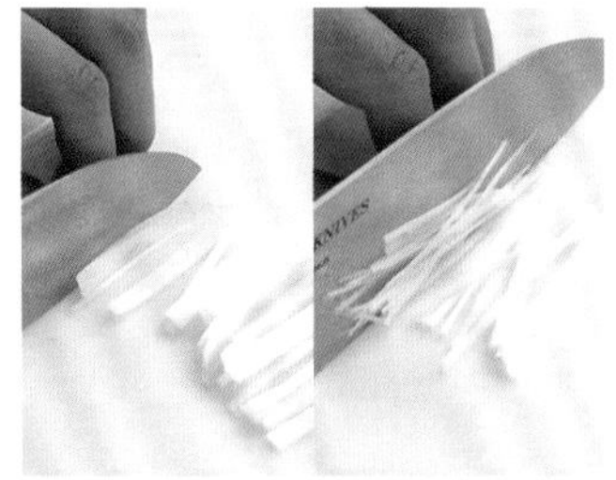

4 끝에서부터 3~4mm 폭으로 썰면 일반적인 채(왼쪽 사진), 아주 가늘게 썰면 백발같이 가는 채가 된다(오른쪽 사진).

대파와 연어 이타메니*

재료(2인분)

대파 2줄기 · 생연어 2덩이 · 생강 슬라이스 3장 · 청주 2큰술 · A[간장, 미림 각 2큰술, 설탕 1/2큰술]

만드는 법

1 연어는 한 입 크기로 자르고, 대파는 3~4cm 길이로 썬다. 생강은 가늘게 채 썬다.

2 프라이팬에 대파를 넣어 양면을 굽고, 연어도 양면을 구운 후 청주를 뿌리고 물 1/2컵을 넣는다.

3 끓어오르면 A와 생강을 넣고 불을 줄인 뒤 뚜껑을 덮어 5~6분 조린다.

(오바 에이코)

*이타메니 : 재료를 기름에 볶다가 간장, 청주, 미림 등을 넣고 조린 요리.

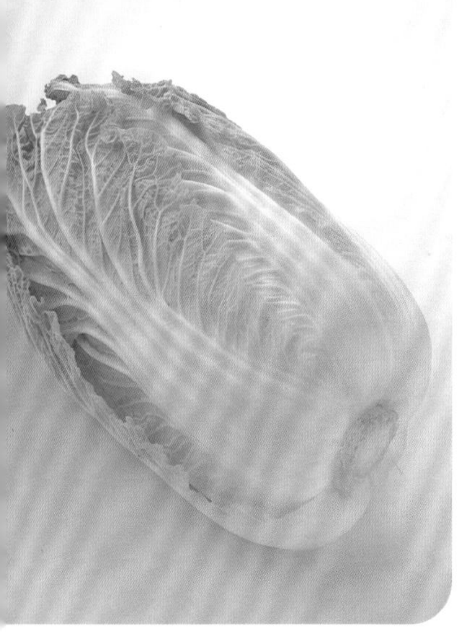

배추

냄비 요리, 볶음, 절임 등으로 겨울철 식탁에서 대활약하는 배추는 씹는 식감과 은은한 단맛이 인기다. 칼로리가 매우 낮고 식물섬유도 풍부하여 다이어트에도 좋은 채소이다.

제철 11월~2월.

보관법 통째로라면 신문지에 싸서 서늘한 장소에 세워 보관하고 겉잎부터 떼어 사용하면 오래간다. 잘라놓은 배추는 랩으로 싸서 냉장고의 채소칸에 보관한다. 단기간이라면 살짝 데치거나 소금을 뿌려 문질러 냉동 보관해도 좋다.

재료 선택 포인트

통째로 구입할 때는 이파리가 확실하게 안쪽으로 말려 있고, 들었을 때 묵직한 것이 좋다. 잘린 배추는 단면이 싱싱하고 밑동에 상처가 없는 것을 선택한다. 잎의 잘린 단면 중심 부위가 볼록하게 올라와 있는 배추는 자른 후 시간이 꽤 경과한 것이다.

한 통을 잘라 나눈다

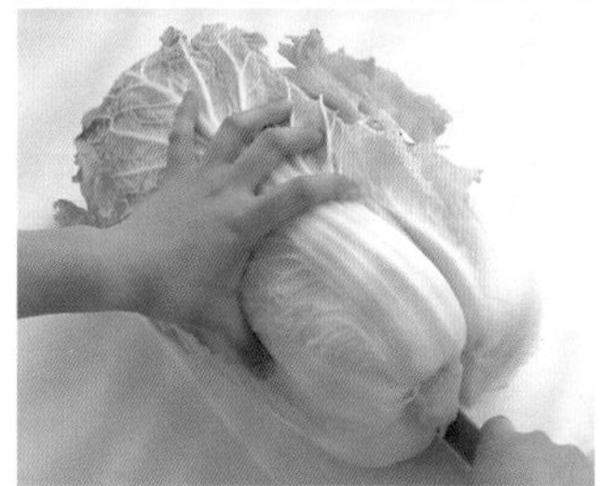

밑동의 중심에 칼을 넣고, 전체 길이의 절반 근처까지 칼집을 넣는다. 이 칼집에 양손 엄지를 쑥 넣고, 절반으로 가른다.

심을 제거한다

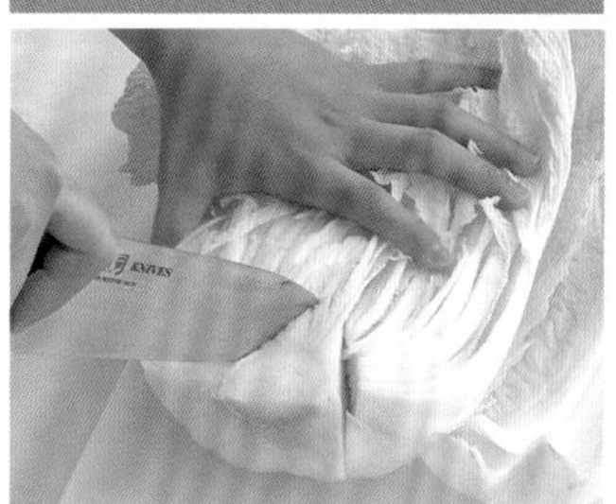

절반 혹은 1/4통을 사용할 때는 먼저 심을 제거해놓으면 나누기 편하다. 사진같이 심에 V자 칼집을 깊게 넣고 심을 잘라낸다.

이파리와 줄기를 잘라 나눈다

이파리와 줄기의 경계에 사진같이 칼을 넣어 잘라 나눈다. 골고루 익히고 싶을 때나 줄기와 이파리를 따로 사용할 때 좋다.

이파리 숭덩숭덩 썰기

잘라 나눈 이파리를 겹쳐 쌓아 용도에 맞는 폭으로 썬다. 사진같이 섬유 결을 수직으로 썰면 연해지고, 섬유 결 방향으로 썰면 아삭해진다.

줄기 저며 썰기

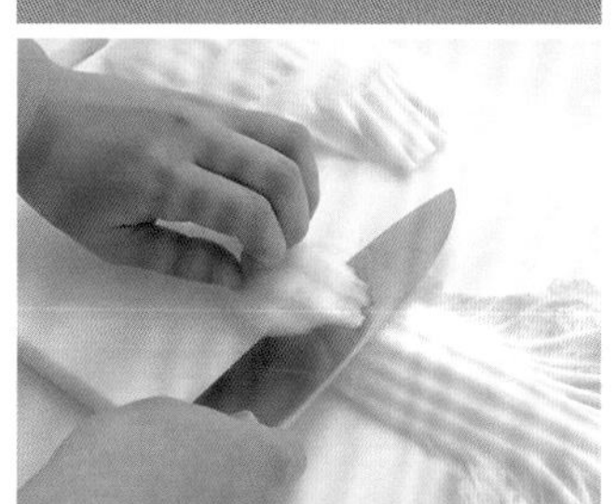

섬유 결 방향에 대해 수직이 되게끔 칼을 눕혀 넣고, 두껍지 않게 저며 썬다. 잘 익고, 맛도 잘 스며들게 된다. 냄비 요리나 볶음 등에 사용한다.

줄기 채 썰기

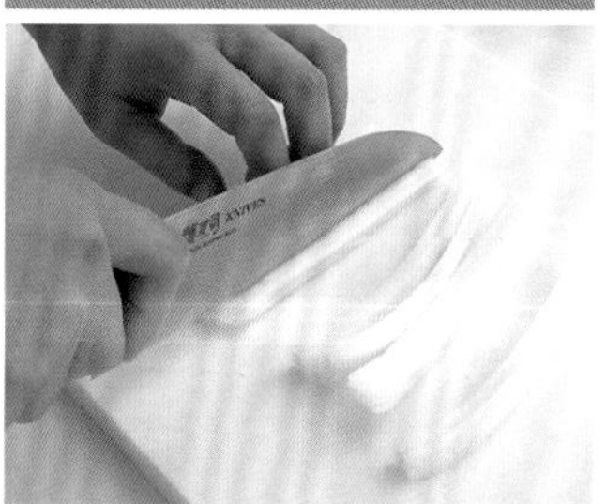

배추 줄기 부분 길이를 3~4등분하고, 각각을 세로로 채 친다. 섬유 결 방향으로 썰게 되므로 아삭아삭한 식감이 된다.

겹쳐 쌓은 배추와 돼지고기 찜

재료(2인분)

배추 1/4통(500g) • 삼겹살 슬라이스 200g • 대파 1/2줄 • 생강 1알 • 청주 1/2컵 • 폰즈 적당량

만드는 법

1 배추는 이파리와 줄기로 나눠 자르고, 이파리는 숭덩숭덩 썰기, 줄기는 저며 썰기 한다. 대파는 어슷 썰고, 생강은 가늘게 채 친다.

2 돼지고기는 3등분한다.

3 냄비에 배추, 돼지고기 순서로 겹쳐 쌓고 대파, 생강을 뿌린다. 이 과정을 반복하며 쌓아 올린다.

4 청주를 두르고 뚜껑을 덮어 가열한다. 보글보글 끓어오르면 약불로 바꿔 20~30분 찌듯이 조린다. 그릇에 담고, 폰즈를 찍어 먹는다.

(겐미자키 사토미)

잘게 썬 배추절임

재료(2인분)

배추 250g • 당근 5cm • 레몬 1/3개 • 차조기잎 5장 • 소금 1작은술

만드는 법

1 배추는 줄기를 저며 썰고, 이파리를 한 입 크기로 썬다. 당근은 가늘게 채 치고, 레몬은 얇게 통 썰기 한다. 차조기잎은 6~8등분한다.

2 볼에 1을 넣고 소금을 뿌려 무친다. 숨이 죽으면 다시 손으로 버무려놓는다.

(겐미자키 사토미)

피망

청피망뿐 아니라 홍피망이나 컬러풀한 파프리카에는 풍부한 비타민이 함유되어 있고, 색감과 싱싱한 식감이 요리를 즐겁게 해준다.

제철 1년 내내 유통되나, 노지재배 제철은 6~8월이다.

보관법 비닐봉지에 넣어 물러지지 않도록 입구를 묶지 않고 냉장고 채소칸에 보관한다. 단기간이라면 생으로 가늘게 채 썰어 냉동 보관도 가능하다.

재료 선택 포인트

청피망과 모양, 크기가 같은 홍피망은 피망이 숙성된 것으로 단맛이 강하다. 모두 표면에 광택이 있고 과육이 탱탱한 것이 좋다.

꼭지와 씨를 제거한다

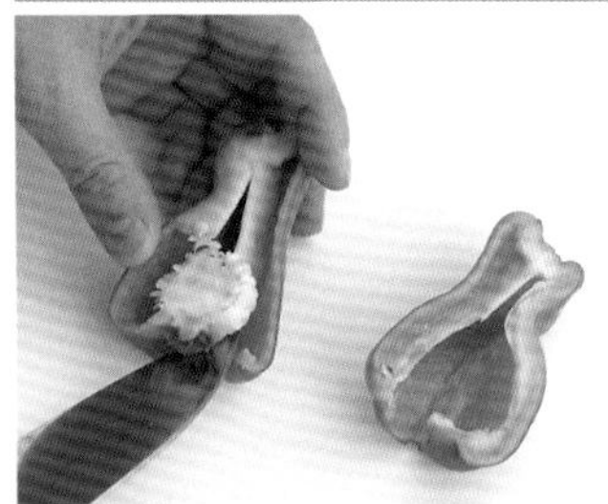

1 세로로 절반 자르고, 꼭지가 붙은 부분에 칼을 빙그르 돌려 넣는다.

2 꼭지와 씨, 속의 내용물은 붙어 있으므로 제대로 칼집을 넣으면 깔끔하게 떨어진다. 안쪽에 흰 부분이 많은 경우에는 칼로 벗겨내면 좋다.

통 썰기

씨를 제거한 피망을 손으로 가볍게 잡고, 용도에 맞는 두께로 끝에서부터 썬다. 피망이 찌그러지지 않게 미끄러트리듯 칼을 넣는다.

마구 썰기

세로로 절반 자르고 꼭지와 씨를 제거, 안쪽을 위로 향하게 놓고 비스듬히 칼을 넣어 같은 크기로 썬다. 탕수육, 조림 등에 사용한다.

가늘게 채 썰기(세로)

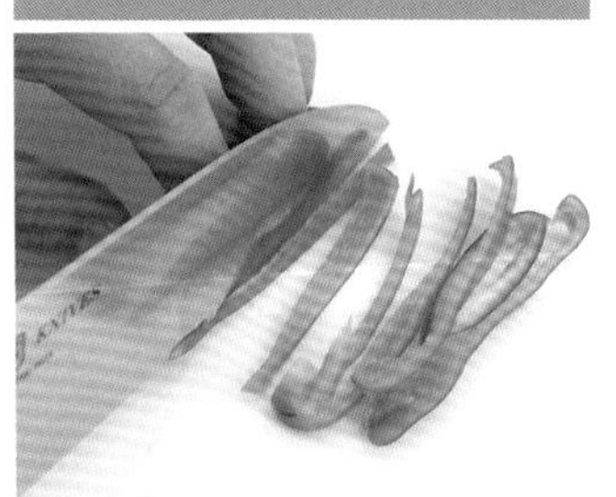

세로로 2등분하고 꼭지와 씨를 제거, 단면을 밑으로 향하게 세로로 놓고 끝에서부터 가늘게 썬다. 섬유 결 방향으로 썰게 되므로 아삭한 식감이 된다.

가늘게 채 썰기(가로)

세로로 2등분하고 꼭지와 씨를 제거, 단면을 밑으로 향하게 가로로 놓고 끝에서부터 가늘게 썬다. 섬유 결을 잘라내는 방향이므로, 부드러운 식감이 된다.

피망과 잔멸치 도자니

재료(4인분)

피망 4개 • 잔멸치 1큰술 • A[청주 2큰술, 미림, 간장 각 1/2큰술]

만드는 법

1 피망은 꼭지와 씨를 모두 제거하고, 세로 1.5cm 두께로 썬다.

2 냄비에 피망과 멸치, A, 물 2큰술을 넣고 조림국물이 거의 졸아들 정도로 조린다.

(후지이 메구미)

피망고기완자

재료(4인분)

피망 4개 • 다진 고기 300g • 양파 1개 • 달걀 1개 • 버터 1큰술 • 소금 약간 • A[소금 1/4작은술, 후추 약간] • 식용유 2큰술 • 박력분, 케첩 각 적당량

만드는 법

1 양파는 다지고 버터에 볶은 뒤 소금을 뿌려 접시에 덜어 식힌다. 피망은 세로로 절반 자르고 꼭지와 씨를 제거한다.

2 다진 고기에 양파와 달걀, A를 넣고 찰기가 생길 때까지 고루 반죽한다.

3 피망 안쪽에 박력분을 빈틈없이 바르고, 2를 균등하게 나눠 채워 넣은 뒤 표면에도 엷게 밀가루를 바른다.

4 프라이팬에 식용유를 달구고 피망의 고기 면부터 굽는다. 노릇한 색이 나면 뒤집어 약불에서 속까지 익힌다. 그릇에 담고 케첩을 뿌린다.

(후지타 마사코)

브로콜리

꽃봉오리를 먹는, 녹황색 채소를 대표하는 채소의 하나로 비타민, 미네랄 등 영양소도 풍부하다. 특히 비타민C가 듬뿍 함유되어 있으며, 데쳐도 잘 파괴되지 않는 것이 특징이다.

제철 11월~2월.

보관법 신선도가 빨리 떨어지므로 바로 데쳐서 냉장, 냉동 보관하는 편이 좋다. 하루 정도라면 신문지 등으로 싸서 비닐봉지에 넣어 냉장고의 채소칸에 보관한다.

재료 선택 포인트

색이 깨끗하고 묵직하며, 봉오리가 촘촘하고 단단하게 밀집해 있는 것이 좋다. 단면이 말라 있는 것은 피하도록 한다.

잘라 나눈다

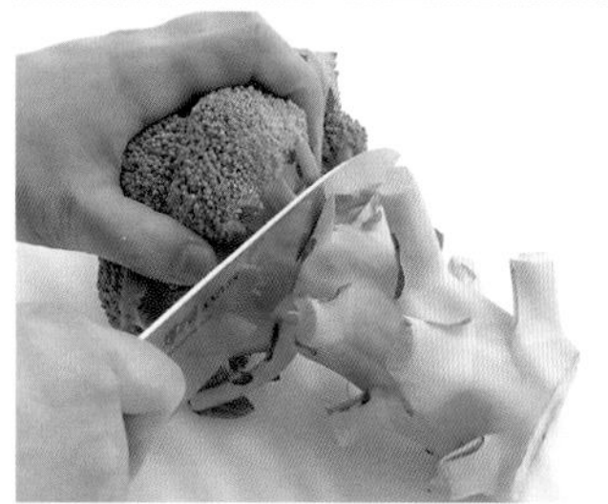

봉오리 부분과 굵은 줄기의 경계에 칼을 넣어 잘라 나눈다.

작은 크기로 나눈다

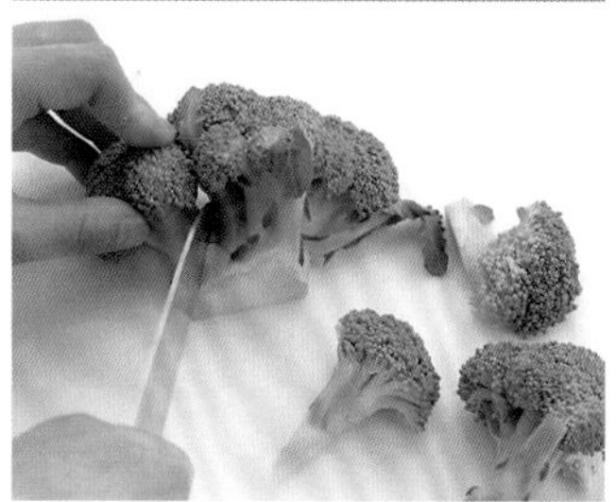

봉오리가 붙어 있는 부분을 기준으로 1개씩 잘라 나눈다. 봉오리에 칼집을 넣으면 데쳤을 때 식감이 물컹거려지므로 주의한다. 볶음에 사용할 때는 균등한 크기로 잘라 나누면 좋다.

줄기 밑손질

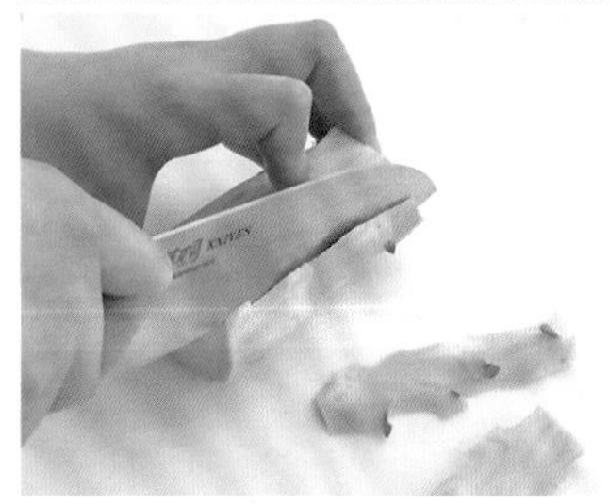

1 줄기의 껍질은 두껍고 질기므로 칼로 잘라낸다. 사진처럼 도마에 눕혀 두껍게 잘라내면 좋다.

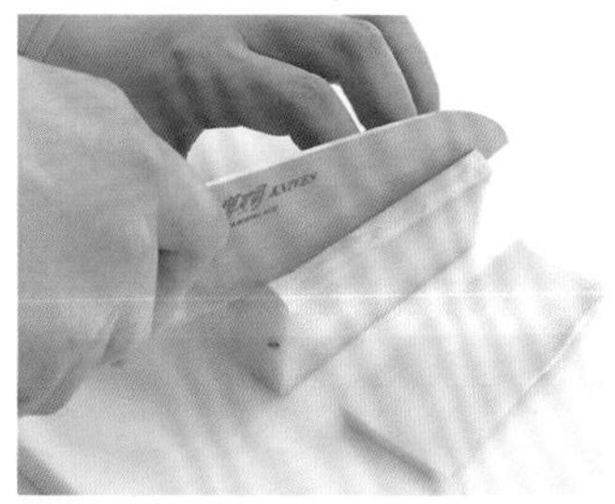

2 껍질을 제거한 후 1~1.5cm 두께로 썬다. 마구 썰기 해도 좋다.

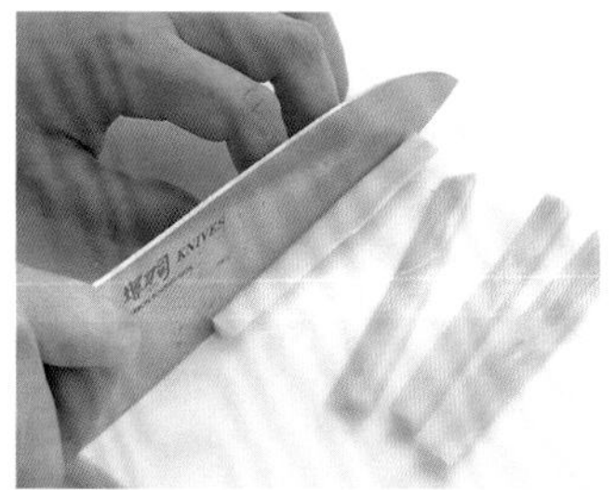

3 일정한 두께로 썬 브로콜리를 1cm 폭 정도로 썰고, 다시 먹기 편한 길이로 썬다. 미리 데쳐놓지 않고 바로 볶아도 잘 익는다.

베이컨드레싱을 곁들인 브로콜리

재료(2인분)

브로콜리 1/2개 • 베이컨 2장 • A[식초 1과 1/2큰술, 간장 1큰술, 설탕 1과 1/2작은술]

만드는 법

1 브로콜리는 작은 크기로 잘라 나눠 색감을 살려 데치고, 물기를 빼서 그릇에 담는다. 베이컨은 가늘게 썬다.

2 코팅이 된 프라이팬을 달궈 베이컨을 약불에서 2~3분 볶고, 기름이 나오면 A를 넣어 살짝 조리다가 불을 끄고 식힌다.

3 브로콜리를 2에 버무린다.

(무사시 유코)

브로콜리와 달걀그라탱

재료(4인분)

브로콜리(큰 것) 1개 • 달걀 2개 • 화이트소스(캔 제품) 1캔(300g) • 마늘 1/2개 • 버터 적당량 • 분말치즈 2~3큰술

만드는 법

1 브로콜리는 작은 크기로 잘라 나누고, 소금(분량 외)을 넣은 끓는 물에 단단한 식감이 남게 데친 뒤 체에 건진다.

2 달걀은 완숙으로 삶고 껍데기를 벗겨, 1cm 크기로 잘라 화이트소스에 버무린다.

3 내열 용기에 마늘을 문질러 향을 더하고, 그 위에 버터를 바른다. 브로콜리를 늘어놓고, 취향에 따라 후추를 약간 뿌린다. 2를 얹고 분말치즈를 뿌린 뒤 오븐토스터에 5~6분 구워 노릇하게 먹음직스러운 색을 낸다.

(후지타 마사코)

연근

연꽃의 땅속줄기로 진흙에서 채취되는 연근에는 당질, 비타민C, 식물섬유가 다량 함유되어 있으며 아삭아삭한 식감이 특징이다. 일본 요리뿐만 아니라 샐러드 등에 사용하는 것도 추천한다.

제철 가을, 겨울. 빨리 채취되는 햇연근은 7월에 유통된다.

보관법 신문지에 싸서 서늘한 장소에 놓아둔다. 자른 연근은 단면에서부터 갈변이 일어나므로, 랩으로 빈틈없이 싸 냉장고의 채소칸에 넣고 가능한 한 빨리 사용한다.

재료 선택 포인트

자른 단면이 하얗고 싱싱한 것, 들었을 때 중량감이 있는 것이 좋다. 구멍 속이 검게 변한 것은 피한다.

껍질을 벗긴다

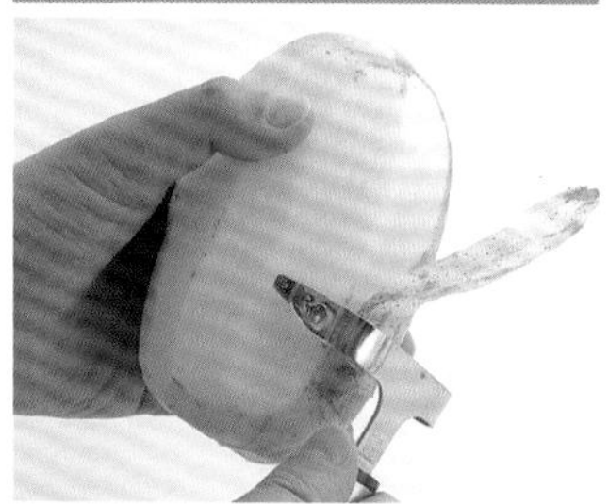

양쪽 끝 단면을 조금 잘라낸 다음, 필러로 껍질을 벗긴다. 칼로 벗기는 것보다 얇게 낭비 없이 벗길 수 있다.

마구 썰기

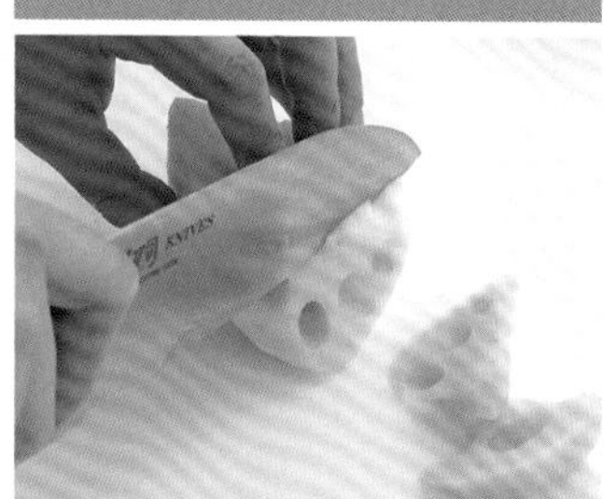

세로로 절반 자른 연근에 비스듬히 칼을 넣어 썬다. 한 번 자른 후 연근을 반회전시켜, 다시 비스듬히 썬다. 이 과정을 반복한다. 단면이 넓어지므로 열 전달이 용이해지고, 맛도 잘 스며들게 된다.

꽃 모양 연근

1 껍질을 벗기지 않고 6~7cm 길이로 잘라 구멍과 구멍 사이에 사진과 같이 삼각으로 칼집을 넣는다.

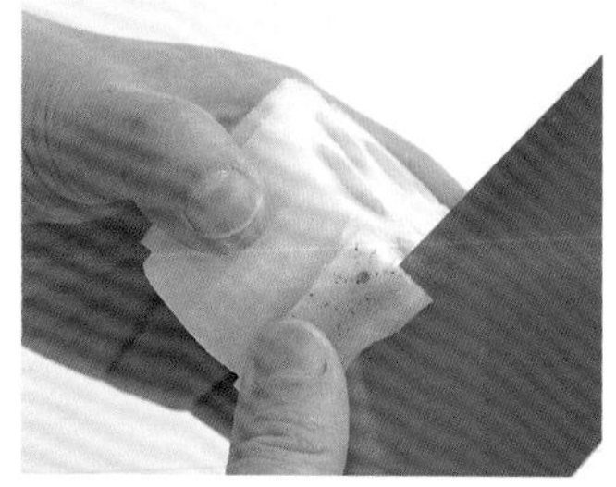

2 칼집을 다 넣으면 남은 껍질을 벗겨낸다. 이때, 칼집의 각을 둥글게 벗겨내듯 하여 꽃 모양으로 만든다.

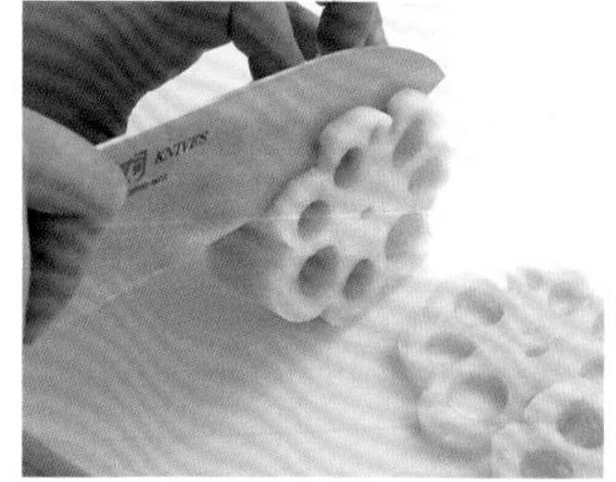

3 끝에서부터 용도에 맞는 두께로 썬다. 초밥 등에 사용할 경우에는 얇게 썰고, 조림 등에는 두껍게 썰면 좋다.

연근데리야키

재료(4인분)

연근 150g • 참기름 1/2큰술 • A[설탕, 간장, 청주 각 2작은술]

만드는 법

1 연근은 1cm 두께로 통 썰기 또는 반달 썰기 한다.

2 프라이팬에 참기름을 넣고 가열하여 연근의 양면을 노릇하게 굽고, A를 넣어 전체적으로 코팅하듯 볶는다.

3 그릇에 담고, 취향에 따라 산초가루를 뿌린다.

(후지이 메구미)

다진 고기를 끼워 넣은 연근튀김

재료(4인분)

연근(작은 것) 2개(300g) • 다진 닭고기 300g • 꽈리고추 12개 • A[청주, 전분 각 1큰술, 소금 2/3작은술, 생강즙 1알분, 후추 약간] • 튀김가루 1컵 • 튀김유 적당량 • 소금 또는 튀김간장 적당량

만드는 법

1 연근은 껍질을 벗겨 촛물(분량 외)에 씻고, 3mm 두께로 통 썰기 한다. 꽈리고추는 줄기 끝을 자르고, 대나무꼬챙이로 구멍을 낸다.

2 닭고기에 A와 물 1큰술을 넣어 반죽하고, 물기를 닦은 연근 2장 사이에 끼운다.

3 튀김가루에 냉수 1컵을 넣고 풀어 2를 묻힌 뒤 160℃의 기름에서 튀긴다. 꽈리고추는 아무것도 묻히지 않고 기름에 넣어 살짝 튀긴다. 레몬이 있으면 곁들이고, 소금 또는 튀김간장을 곁들여 먹는다.

(이마이즈미 쿠미)

약미·향미 채소

상쾌한 향이 식욕을 돋우는 일본풍의 약미 채소와 요리의 풍미를 더하는 데 없어서는 안 되는 향미 채소. 둘 다 풍미가 생명이므로 본연의 맛을 살려주는 밑손질, 사용법을 마스터하자.

고추냉이

연중 유통되나, 매운맛이 강해지는 계절은 가을과 겨울이다. 녹색에 두꺼운 것이 좋고, 크기는 풍미와는 관계없다. 사용 후에는 물에 적신 키친타월과 랩으로 싸서 냉장고의 채소칸에 넣어두면 좋다.

표면을 깎는다

강판에 갈기 전 표면의 돌기를 깎아내면 색이 깨끗하게 완성된다.

강판에 간다

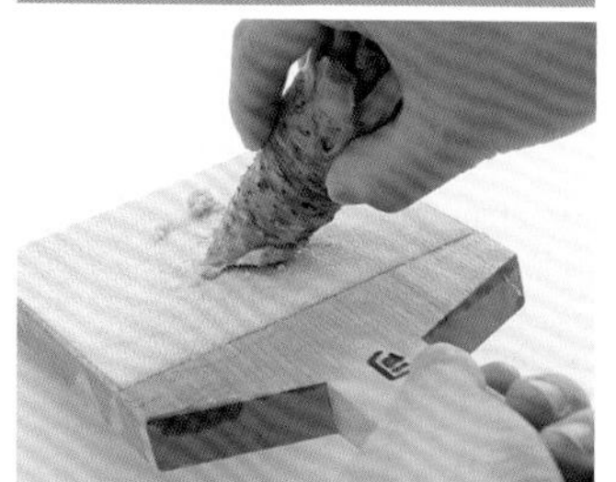

상어 껍질로 만든 촘촘한 고추냉이 강판을 사용하면 좋다. 줄기 쪽에서부터 강판에 갈면 매운맛이 강해지고 점성이 생기며, 반대쪽부터 갈면 맛이 산뜻해진다.

차조기잎

진한 녹색에 평평하며 생기가 있는 것을 고르면 좋다. 물기가 너무 많아도, 너무 말라 있어도 상하므로 살짝 적신 키친타월로 감싸 비닐봉지에 넣고, 냉장고의 채소칸에 보관한다.

줄기, 잎맥을 제거한다

줄기를 잘라내고, 세로로 절반 자른 뒤 중앙의 잎맥을 가늘게 자른다. 연한 차조기잎의 잎맥은 잘라내지 않아도 된다.

가늘게 채 썰기

반으로 자른 차조기잎을 겹쳐 가늘게 말고 끝에서부터 가늘게 썬다.

큼직하게 썬다

사방 1cm 정도로 썰거나 비슷한 크기로 손으로 찢는다. 채 친 것과는 또 다른 풍미를 더할 수 있다.

향 성분의 효과

차조기잎, 양하 등의 향에는 면역력을 높이는 효과가 있다고 알려져 있다. 그 이유는 향 성분이 혈중 백혈구를 자극하여 개수를 늘리기 때문이다. 이처럼 매일 하는 식사에 향미 채소를 조금씩 넣으면 요리가 맛있어질뿐 아니라 건강 증진에도 도움이 된다.

양하

여름 양하는 6~8월, 가을 양하는 9월이 제철이다. 단단하게 여물어 있고 끝이 싱싱한 것을 고른다. 랩으로 싸서 냉장고의 채소칸에 보관하고, 가능한 한 빨리 사용한다.

얄팍 썰기

밑동의 단면을 얇게 잘라낸 후, 세로로 절반 자른 단면을 밑으로 오게 놓고 끝에서부터 얇게 썬다.

단면 썰기

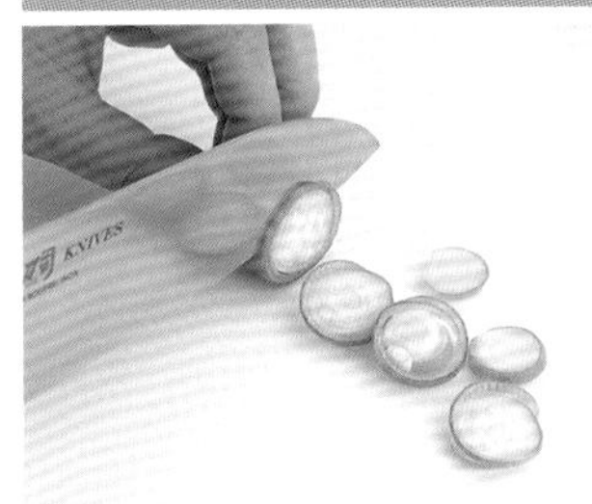

얄팍 썰기와 같은 요령으로 밑동을 잘라낸 뒤 가로로 놓고, 손으로 확실하게 잡아 밑동에서부터 얇게 썬다.

쪽파

이파리 끝이 녹색으로, 빳빳하게 생기가 있는 것을 고른다. 가느다란 수염뿌리를 잘라내고, 적신 키친타월로 말아 랩으로 싸서 냉장고의 채소칸에 보관한다.

단면 썰기

밑동을 조금 잘라내고, 끝에서부터 촘촘하게 썬다. 씻은 후 확실하게 물기를 빼놓으면 칼등에 달라붙지 않아 썰기 편하다.

감귤류

유자, 영귤, 레몬 등 귤과의 과실은 과즙을 폰즈로 만들어 산미와 향을 내는 데 사용하는 것 외에도, 표피를 강판에 갈거나 가늘게 채 쳐 약미로 사용한다.

껍질을 저민다

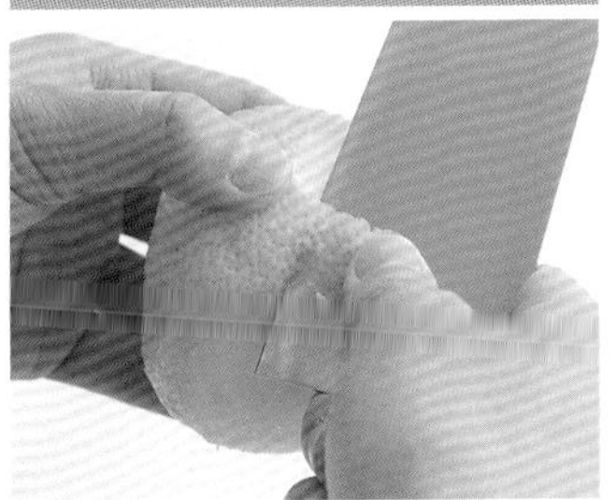

껍질을 벗겨내 국물에 띄워서 사용한다. 가늘게 채 썰 경우에는 노란색 표피만 칼로 얇게 저며낸다.

가늘게 채 썰기

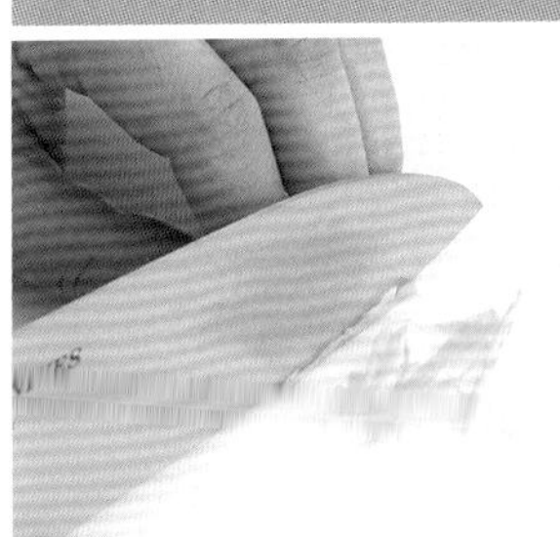

얇게 저민 껍질을 끝에서부터 가늘게 썬다. 조림이나 구이에 뿌려서 사용한다.

마늘

고대 이집트와 그리스에서는 약으로 사용될 정도로 역사가 오래되었고, 일본에는 나라시대에 전해졌다고 알려져 있다. 강한 향 성분인 알리신은 살균 작용, 면역 강화, 강장 효과 등이 있다.

제철 저장되어 유통되므로 1년 내내 품질이 안정되어 있다. 햇마늘은 5~8월에 출하된다.

보관법 물기와 상극이므로 망에 넣어 서늘한 장소에 매달아놓으면 좋다. 강판에 간 것과 다져놓은 것을 냉동 보관해도 좋다.

재료 선택 포인트

표피가 잘 건조되어 있는 것이 좋다.

싹을 제거한다

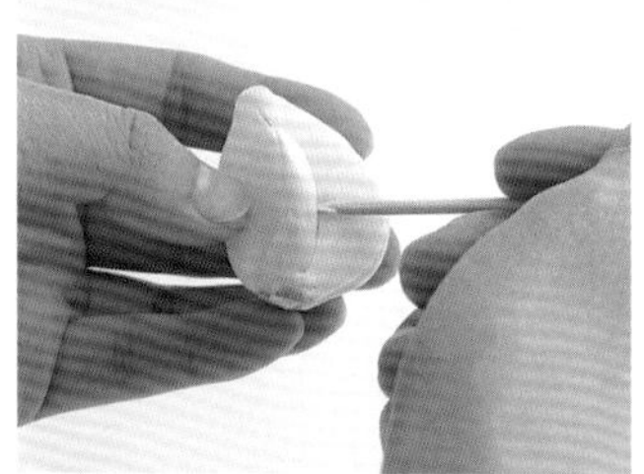

1알을 세로로 절반 자른다. 중앙에 있는 싹은 맛이 없으므로 파낸다. 사진같이 대나무꼬챙이를 사용하거나 칼끝을 사용한다.

얄팍 썰기(가로)

가로로 놓고, 끝에서부터 얇게 썬다. 사진은 얄팍 썰기 해 싹을 제거한 것.

얄팍 썰기(세로)

세로로 놓고, 끝에서부터 얇게 썬다. 마늘을 칼로 살짝 깎아 평평하게 만든 면을 밑으로 향하게 놓으면 안정감이 생겨 썰기 편하다.

두드려 으깬다

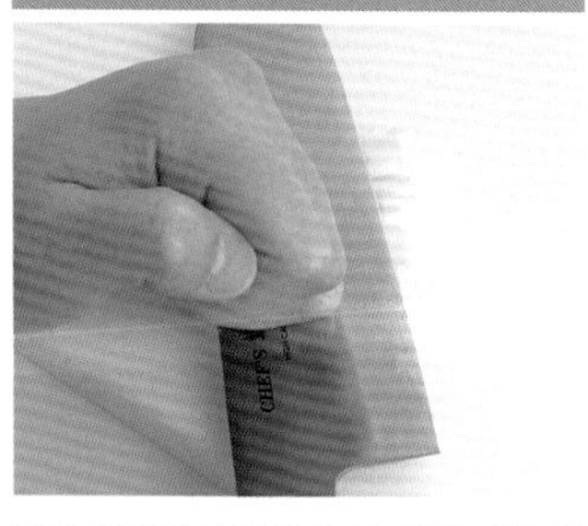

싹을 제거해 도마에 놓고, 칼의 배를 올려 주먹으로 두드려 으깬다. 칼 손잡이가 방해되지 않게 도마 위 내 쪽에 가까이 놓고 사용하면 좋다.

가늘게 채 썰기

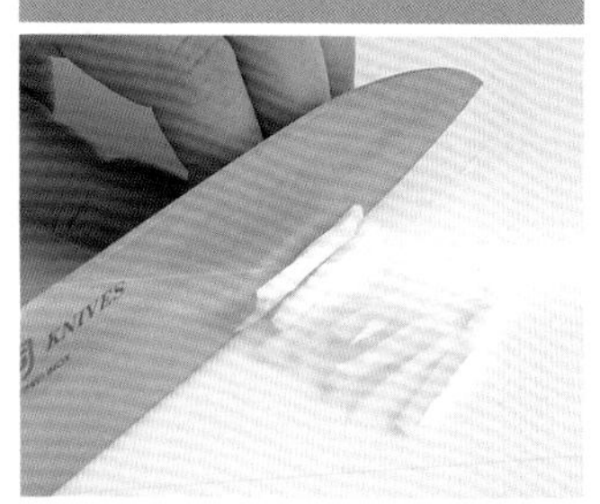

세로로 얄팍 썰기 한 것을 비스듬히 겹쳐 늘어놓고, 끝에서부터 가늘게 썬다.

다지기

가늘게 채 썬 것을 가로 방향으로 놓고, 끝에서부터 촘촘하게 자른다. 두드려 으깬 후에 가로세로로 촘촘하게 다져도 좋다.

생강

산뜻한 향과 매운맛이 특징인 생강은 전 세계에서 사용되는 향신 채소로, 향 성분 시네올에는 강력한 살균 작용이 있다. 또 생강에 함유되어 있는 효소에는 고기를 부드럽게 하는 작용이 있다.

제철 햇생강이 유통되는 시기는 9~11월이다.

보관법 물기는 금물이다. 신문지 등으로 싸서 비닐봉지에 넣고 입구를 묶지 않은 채로 냉장고의 채소칸에 보관한다. 강판에 간 것과 다진 생강을 냉동 보관해도 좋다.

재료 선택 포인트

껍질이 깨끗하고 광택이 있으며, 잘린 단면이 많이 말라 있지 않은 것.

1알은 큰 엄지 크기

분량에 '1알'이라고 되어 있다면, 큰 엄지 정도의 크기(사진 크기)로 잘라 사용한다.

껍질을 벗긴다

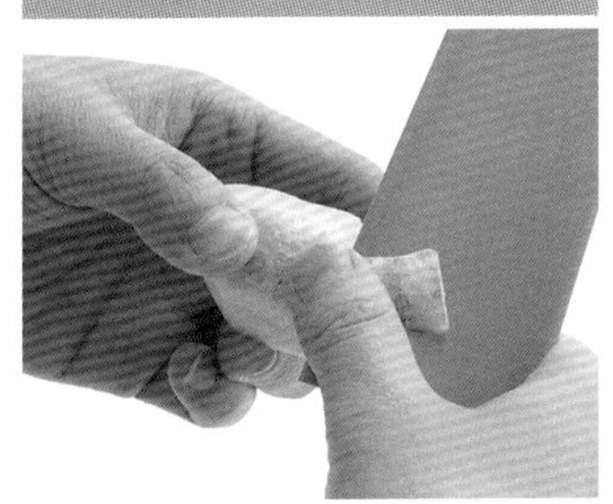

가능한 한 얇게 벗긴다. 얇은 스푼으로 긁어내도 좋다. 단, 바늘처럼 가늘게 채 썰 경우에는 두껍게 벗긴다.

얄팍 썰기

볶음이나 생선조림에 사용할 때는 두껍게 썰고, 채 치거나 바늘처럼 얇게 썰 때는 사진과 같이 아주 얇게 썬다.

가늘게 채 썰기

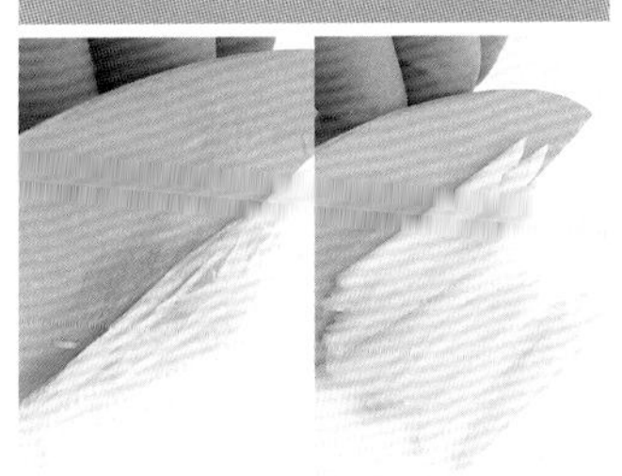

바늘처럼 가늘게 채 썰 경우에는 아주 얇게 썬 생강을 겹쳐 늘어놓고 1~2mm 폭으로 가늘게 썬다(왼쪽 사진). 조림 등의 약미로 사용할 경우에는 2~3mm 폭으로 썰면 좋다(오른쪽 사진).

다지기

2~3mm 폭으로 가늘게 채 썬 것을 방향을 바꿔 끝에서부터 촘촘하게 자른다. 씹는 맛이 좋고, 매운맛도 적다.

두드려 으깬다

1알을 도마에 놓고 칼의 배를 얹어, 주먹으로 두드려 으깬다. 팔의 손잡이가 방해되지 않게, 도마 위 내 앞에 가까이 놓고 사용하면 좋다.

장식 썰기의 기본

간단한 장식 썰기를 기억해두면 그것만으로도 일상의 요리가 화려해지고 즐거워집니다. 기념일이나 도시락에도 제격이죠. 여기에서는 다양한 소재를 사용한 장식 썰기를 소개합니다.

얇게 저민 유자 껍질

사용 도구 우도 또는 우스바보초

산뜻한 향과 선명한 색을 살려 국물 요리에 향을 더하거나 곁들임으로 사용한다.

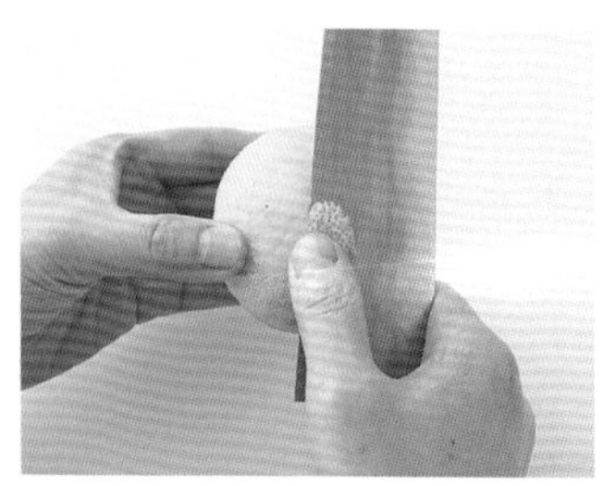

표피의 노란 부분만 1cm 정도 크기로 얇게 저민다. 물에 1~2분 담가 떫은맛을 뺀다. 동그랗게 또는 타원형으로 잘라도 좋다.

바늘처럼 얇게 썬 유자 껍질

사용 도구 우도 또는 우스바보초

조림이나 무침, 초절임 등을 담고 그 위에 마무리로 향미 장식한다.

1 껍질을 4cm 정도 길이로 벗긴다.

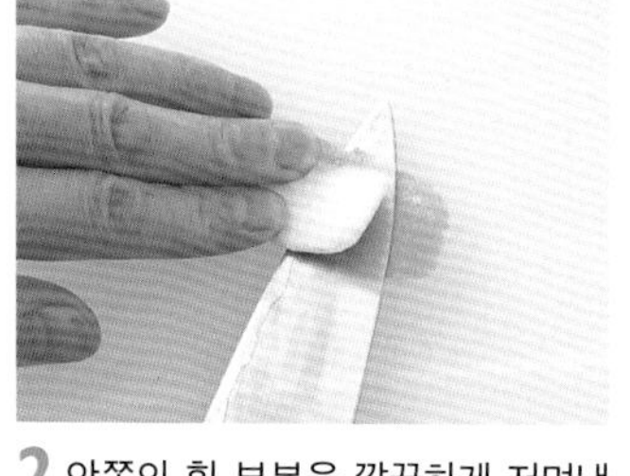

2 안쪽의 흰 부분을 깔끔하게 저며낸다. 이 흰 부분은 남기지 않고 제거한다.

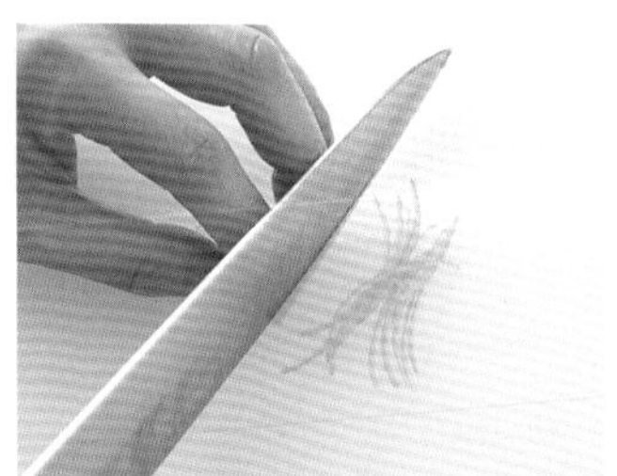

3 끝에서부터 아주 가늘게 채 썬다. 다 썰면 물에 1~2분 담가 떫은맛을 뺀다.

색종이 모양 유자 껍질 싸락눈 모양 유자 껍질

사용 도구 우도 또는 우스바보초

정사각형으로 길이를 맞춰 잘라, 국물 요리에 향을 더하거나 마무리 장식으로 이용한다.

1 껍질을 적당한 길이로 벗기고, 안쪽의 흰 부분을 깔끔하게 제거한다.

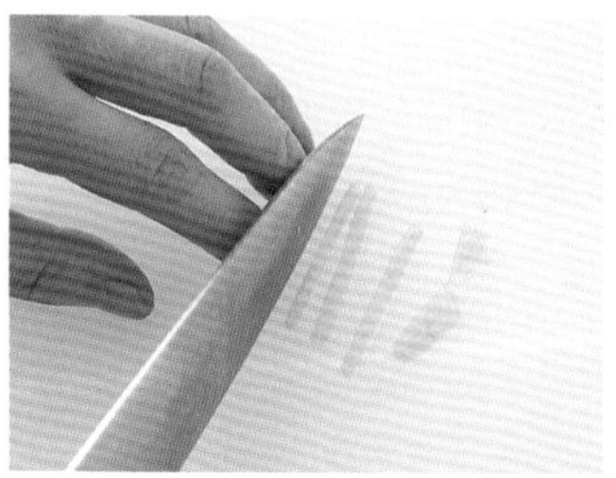

2 사방의 울퉁불퉁한 면을 썰어 정돈하고, 색종이 모양 유자는 8mm~ 1cm, 싸락눈 모양 유자는 2mm 폭으로 하여 세로로 자른다.

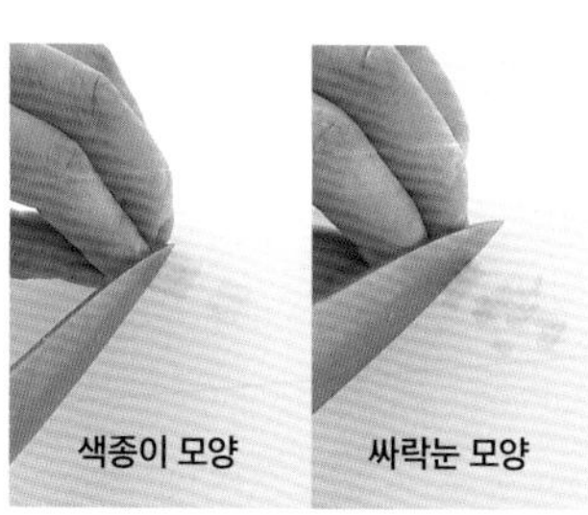

3 정사각형이 되게끔 각각 같은 폭으로 하여 가로로 썬다. 다 썰면 물에 1~2분 담가 떫은맛을 뺀다.

솔잎 모양 썰기

사용 도구 우도 또는 우스바보초

직사각형으로 다듬은 껍질에 칼집을 넣어 솔잎 모양으로 만든다.

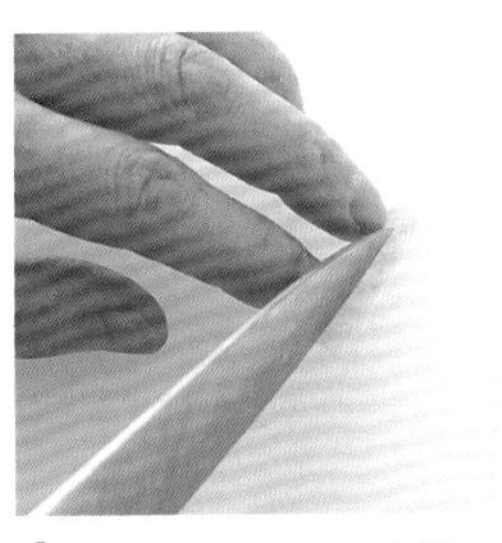

1 흰 부분을 제거한 껍질을 폭 4mm, 길이 3cm의 직사각형으로 사용할 만큼만 자른 뒤 중앙에 세로로 3/4까지 칼집을 넣는다.

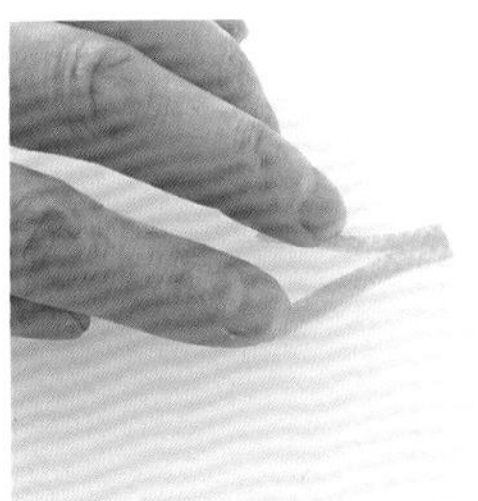

2 손가락 끝으로 칼집을 벌려, 솔잎 모양을 만든다. 물에 1~2분 담가 떫은맛을 뺀다.

꺾인 솔잎

사용 도구 우도 또는 우스바보초

솔잎이 꺾여 겹쳐진 듯한 모습은 보기 좋고 입체적인 장식 썰기이다.

1 폭 8mm, 3cm 길이의 직사각형으로 사용할 만큼 잘라, 오른쪽 끝에서부터 전체 폭의 1/3 지점에 세로로 3/4까지 칼집을 넣는다.

2 위아래를 바꿔 다시 오른쪽 끝에서부터 전체 폭의 1/3 지점에 세로로 3/4까지 칼집을 넣는다.

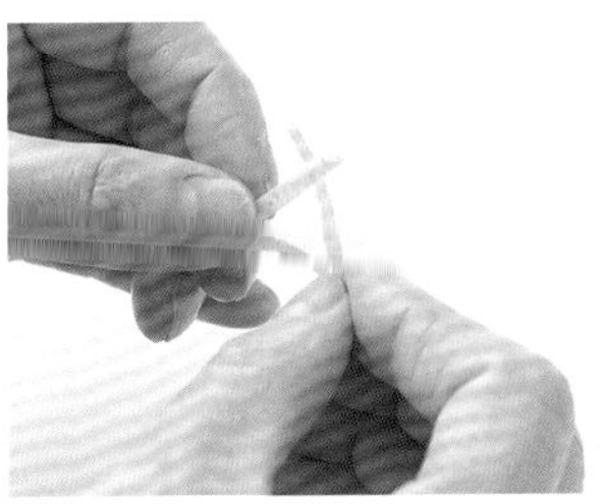

3 자른 끝을 교차시킨다. 물에 1~2분 담가 떫은맛을 뺀다.

유자 그릇

사용 도구 우도 또는 우스바보초, 가시핀셋

무침이나 진미 등을 담는 그릇으로 사용한다. 유자 그릇에 넣고 찜 요리를 하는 것도 추천한다.

1 꼭지에서부터 1cm 정도 지점에 칼을 넣어 자른다.

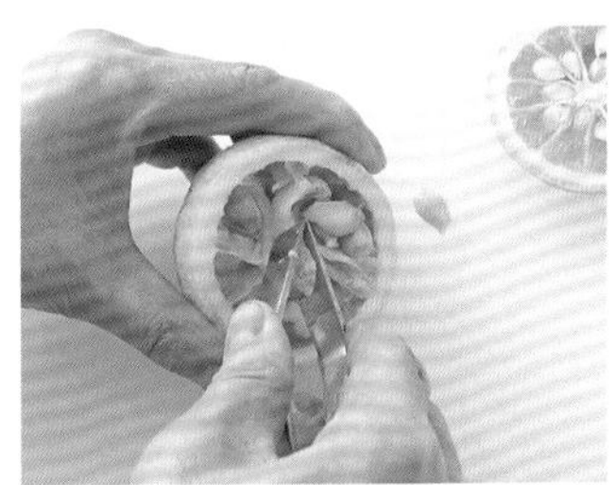

2 가시핀셋을 사용해 과육 부분이 얇은 껍질째 후두둑 떨어지게끔 당겨 떼어낸다. 뚜껑이 되는 윗부분은 씨를 제거해놓는다.

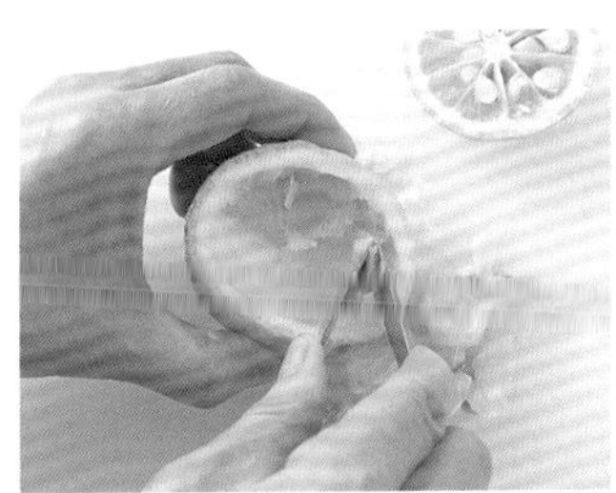

3 안쪽에 남은 질긴 부분과 흰 내용물을 제거한다. 칼로 하면 얇은 껍질에 칼이 닿아 잘리므로 깔끔하게 제거할 수 없다.

꽃 모양 표고버섯

사용 도구 페티나이프

표면에 칼집을 넣음으로써 맛도 잘 배어들게 된다.

1 버섯갓 중앙에 칼을 비스듬하게 좌우로 넣어 얕은 V자 칼집을 낸다. 위치를 바꿔 같은 요령으로 하면 십자 모양이 된다.

2 중앙에서 교차하게끔 **1**과 같은 요령으로 2군데 칼집을 넣는다.

꽃 모양 래디시

사용 도구 페티나이프

풍부한 응용법 중에서 가장 기본적인 방법을 소개한다.

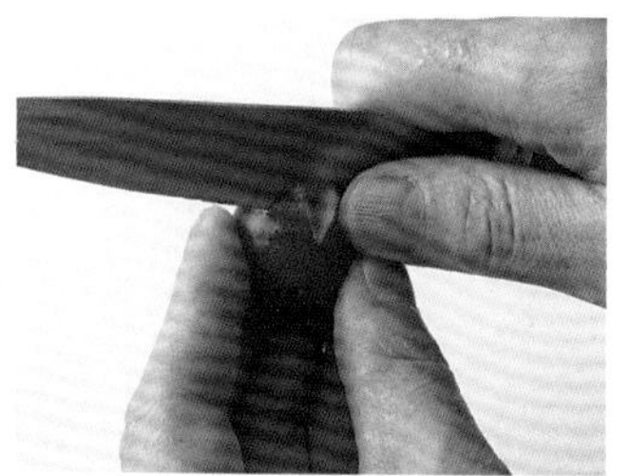

1 이파리와 수염뿌리를 자르고, 십자 모양이 되게끔 칼을 좌우에서 비스듬히 넣어 얕은 V자 칼집을 낸다.

2 사방의 측면을 물방울처럼 작은 원형으로 얇게 벗겨낸다.

3 동그란 형태로 1mm 정도 안쪽과 그 안쪽에 칼집을 넣는다. 물에 5분 정도 담가놓으면 칼집이 벌어진다.

꽃잎 모양 백합근

사용 도구 우도 또는 우스바보초

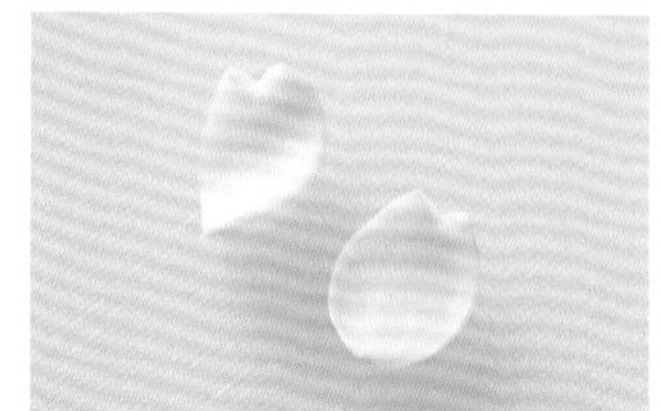

비늘 조각 모양을 이용하여 벚꽃잎을 만든다. 지라시즈시에 곁들인다.

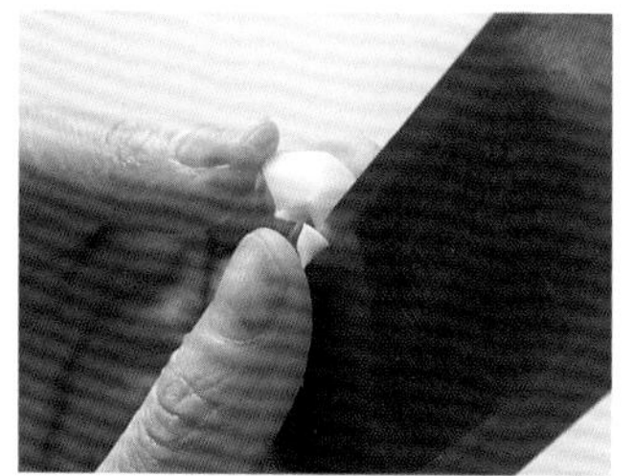

1 끝 쪽에 깊이 2mm 정도의 V자 칼집을 넣는다. 백합근을 1장씩 떼어내 안쪽의 작은 조각을 사용한다.

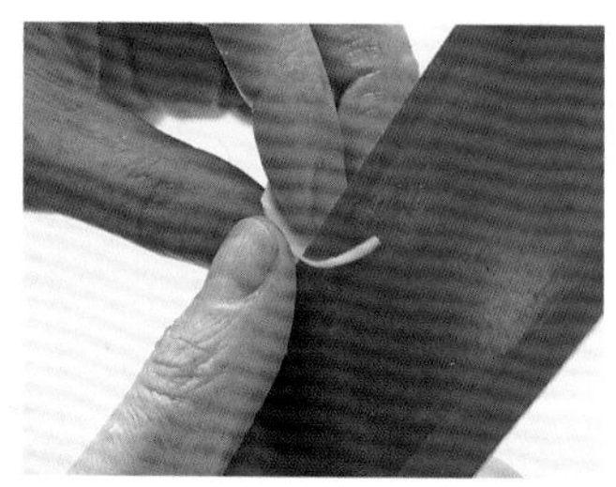

2 끝 쪽을 왼쪽으로, 왼쪽 가장자리를 내 앞으로 오게 잡고 밑동에서부터 끝 쪽을 향해 꽃잎의 완만한 커브를 만들듯이 벗겨낸다.

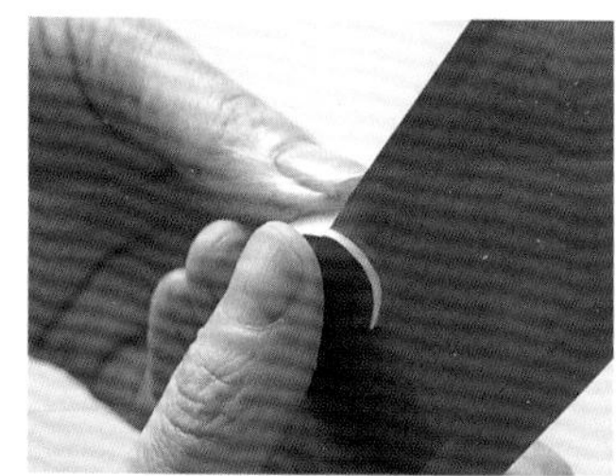

3 오른쪽 가장자리가 내 앞으로 오게 잡고, **2**와 같은 요령으로 커브를 만들듯이 벗긴다.

엇갈려 썰기

사용 도구 페티나이프

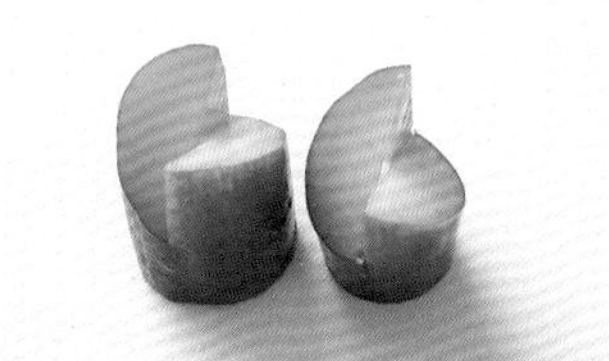

장식이나 고추냉이를 얹는 그릇, 된장을 찍어 먹는 용도 등으로 사용한다. 바나나와 소시지 등에도 응용할 수 있다.

1 오이를 5~6cm 길이로 자르고, 양끝을 1cm 정도 남긴 채로 중앙의 측면에서 칼을 찔러넣어 칼집을 낸다.

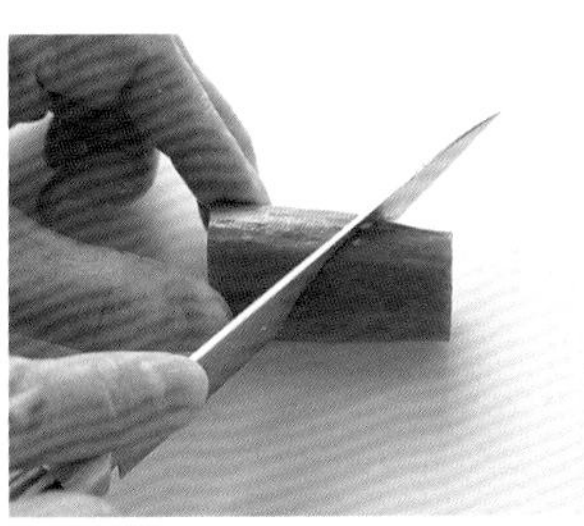

2 가운데 낸 칼집까지 비스듬히 칼을 넣는다.

3 뒤집어서 2와 같은 요령으로 비스듬히 자른다. 양끝에서 2등분한다.

고추냉이 받침

사용 도구 페티나이프

고추냉이나 생강, 겨자 등을 곁들일 때 편리하다.

1 오이의 끝을 잘라내고, 끝이 뾰족하게 되게끔 연필 깎는 요령으로 껍질을 벗겨 형태를 잡는다.

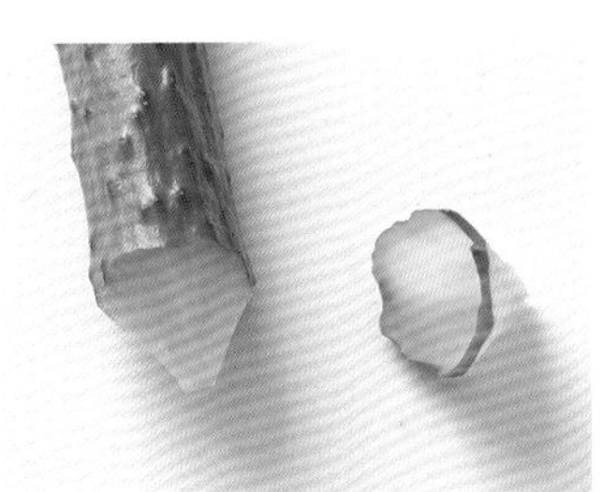

2 뾰족해진 선을 따라 끝 부분이 잘려 나가지 않게 빙그르 한 바퀴 반 돌려 벗긴다.

차선 모양 가지

사용 도구 우도 또는 우스바보초

말차를 갤 때 쓰는 차선과 비슷하게 모양 낸 장식 썰기. 조림, 튀김 등에 곁들인다.

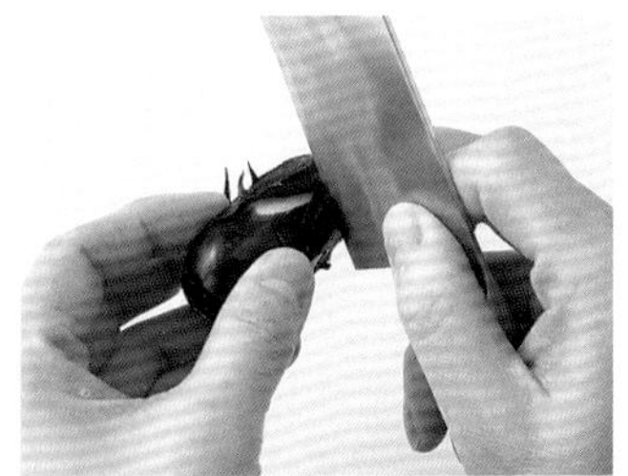

1 미니 가지의 꼭지에 한 바퀴 빙그르 칼집을 넣어, 꼭지 주변을 잘라낸다.

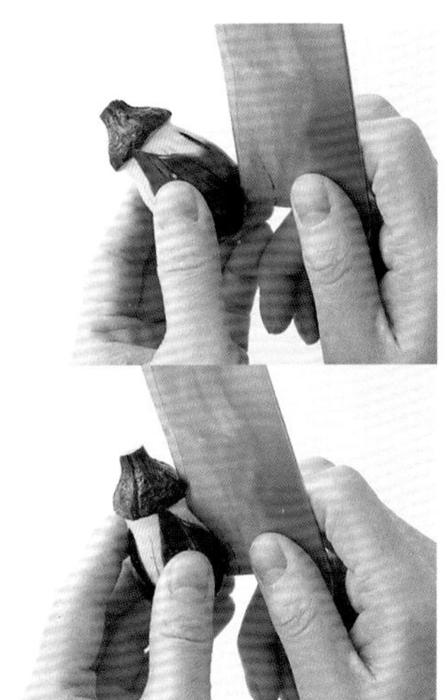

3 위아래를 조금 남기고 세로로 2~3mm 간격으로 5mm 정도 깊이의 칼집을 넣는다. 아래쪽에 [illegible] 끼워넣은 채 실을 고정시키고, 가지를 움직여서 칼집을 넣는다. 가열하여 그릇에 담을 때 꼭지를 비틀어 차선 모양으로 만든다.

매화·입체 매화

사용도구 우스바보초

당근은 홍매화, 무는 백매화. 왼쪽은 매화의 표면을 입체적으로 만든 것이다.

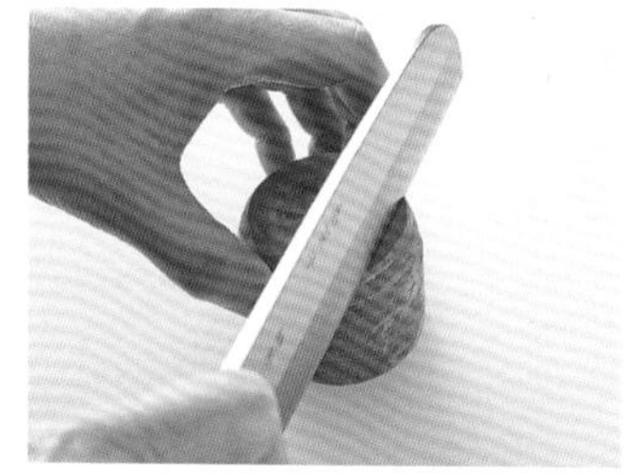

1 당근을 5cm 길이로 자르고, 오른쪽 끝을 정오각형의 한 변으로 잘라낸다.

2 모든 변이 같은 폭, 각도는 108도, 각각의 꼭짓점은 대칭하는 변의 중심의 연장선상에 있게끔 자른다.

3 각 변의 중심에 3mm 정도 깊이의 칼집을 넣는다.

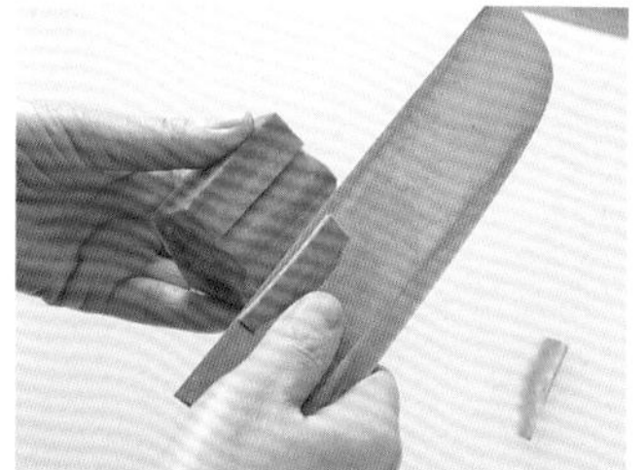

4 모서리에서 3의 칼집 방향으로 동그랗게 벗겨나간다. 당근을 돌려가면서 5회 반복한다.

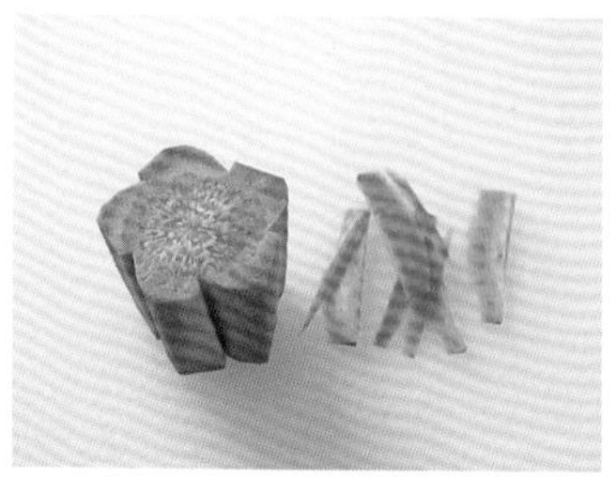

5 한 방향으로 5군데 잘라낸 모습. 다음은 반대쪽으로 벗겨나간다.

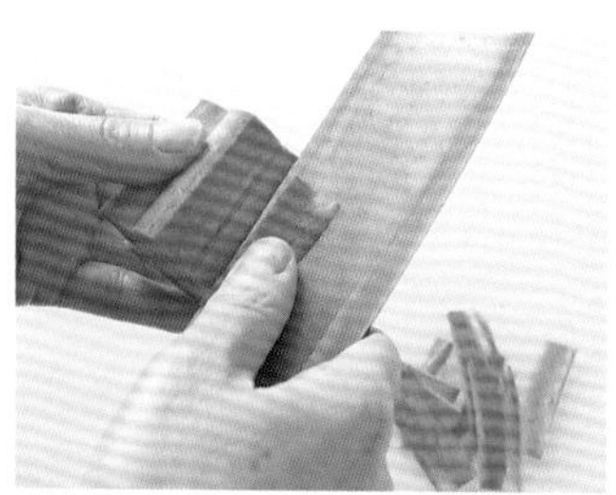

6 칼집 양쪽 주위가 꽃잎 형태가 되게 벗긴다. 모서리를 살짝 잘라내 동그랗게 만든다.

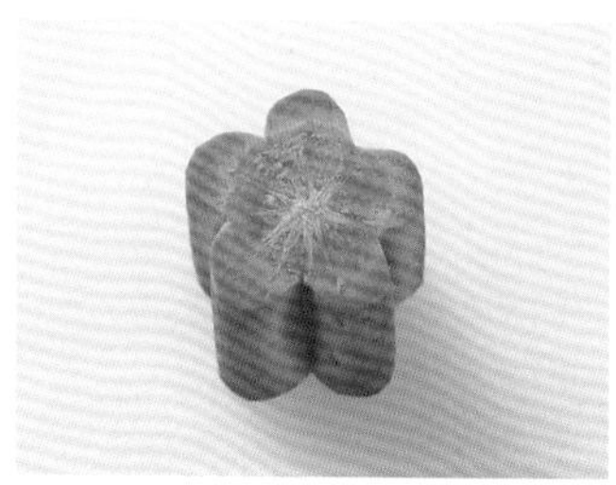

7 꽃잎을 부드럽게 부푼 곡선 모양으로 벗긴다.

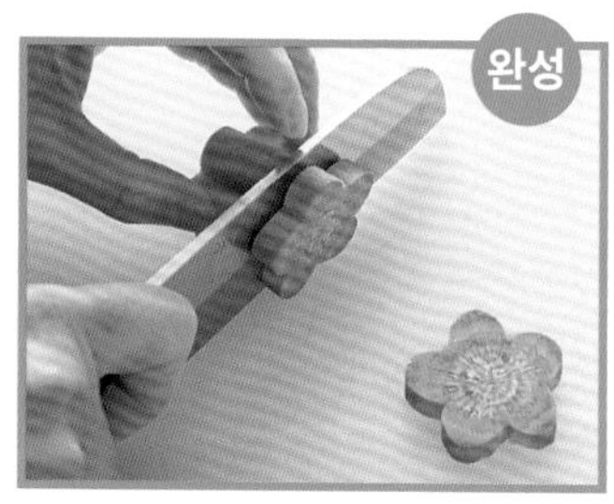

1~1.5cm 두께로 잘라 매화 모양을 만든다. 조림 등에 사용한다.

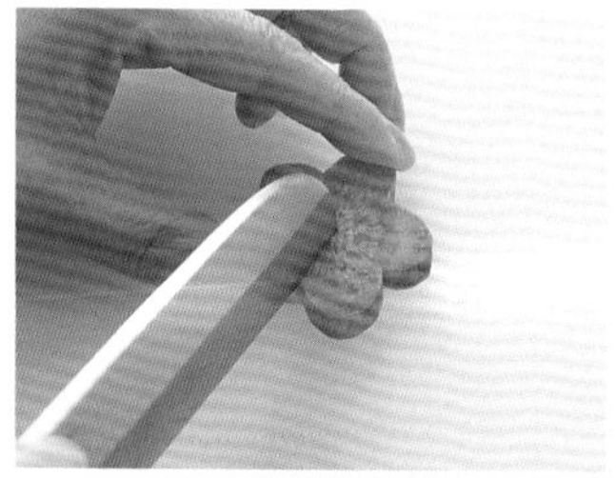

8 꽃잎과 꽃잎 사이 경계에 꽃의 중앙까지 3mm 정도 깊이의 칼집을 넣는다.

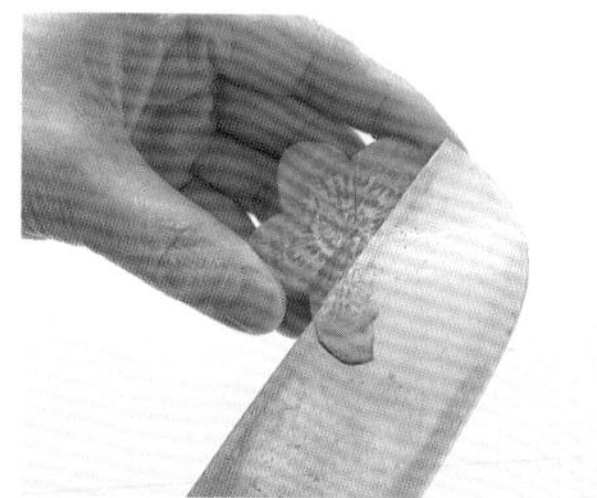

9 칼을 눕혀 가장자리부터 꽃잎의 중앙 부분으로 넣어, 칼집까지 깎아내듯 비스듬히 자른다. 처음은 얕게, 점점 깊게 칼을 넣어 자른다.

표면이 둥그스름하고 부풀어오른 듯한 형태로 만든 입체 매화.

아이오이무스비*

사용 도구 우스바보초

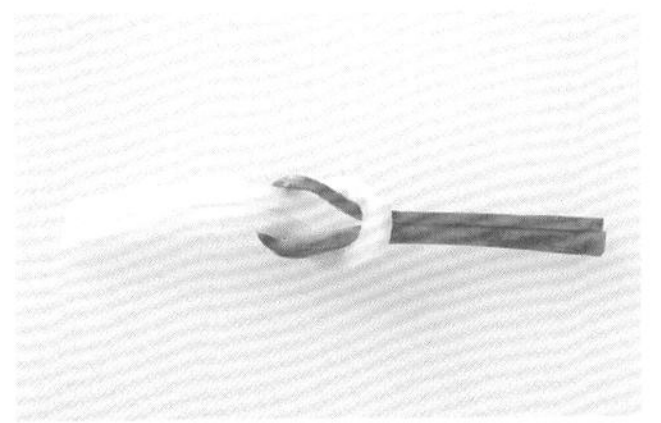

경사스러운 날에 사용하는 매듭을 본떴다. 붉은색을 오른쪽으로 가게 하여 완성한다.

1 무와 당근을 길이 13~14cm, 두께 3mm로 자르고 소금물에 5분 정도 넣어 숨을 죽인다.

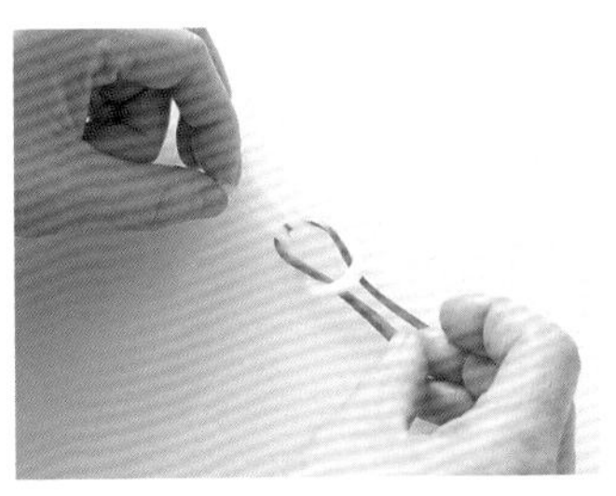

2 무와 당근을 가로로 U자로 하여, 각각을 좌우로 잡고 고리 부분을 겹쳐 각각의 양끝을 다른 한쪽 고리로 빠져나오게 잡아당겨 매듭을 만든다.

*아이오이무스비: 색이 다른 두 가지 채소를 얇고 길게 썰어 엇갈려 매듭지은 것.

눈 결정 모양 연근

사용 도구 우도 또는 우스바보초

눈의 결정 같은 모양을 낸 장식 썰기. 조림이나 초요리, 얇게 썰어 그대로 튀겨서 사용한다.

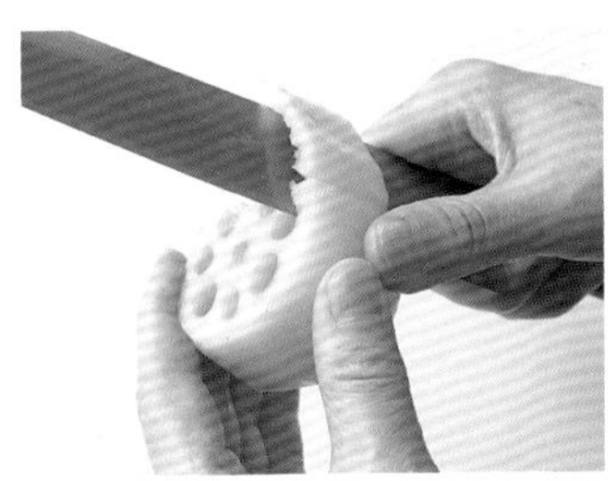

1 연근은 동그랗고 모양이 울퉁불퉁하지 않고 곧게 뻗은 것을 골라 4cm 두께로 썰고, 구멍과 구멍을 연결하듯이 껍질을 두껍게 벗긴다.

2 끝에서부터 5mm 두께로 썰고, 물 또는 촛물에 담가 갈변을 방지한다.

화살깃 모양 연근

사용 도구 우도 또는 우스바보초

하마야*처럼 모양을 내 오세치요리*의 조림이나 초요리에 자주 사용한다.

*하마야 : 잡신을 쫓기 위해 쏘는 화살.
*오세치요리 : 일본의 설음식.

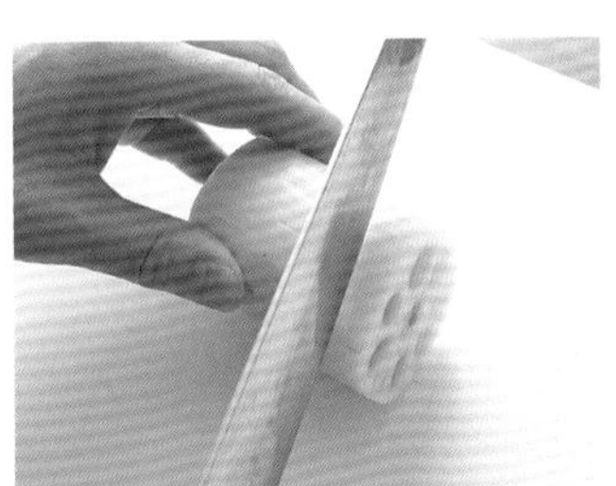

1 연근의 껍질을 벗기고 두께가 얇은 쪽은 1cm, 두꺼운 쪽은 2cm 정도 되게끔 비스듬히 칼을 넣는다. 이 두께가 화살깃의 폭이 된다.

2 자른 면을 위로 하여 두께가 얇은 쪽을 내 쪽으로 놓고, 세로로 절반 자른 뒤 다시 양끝을 잘라낸다. 단면을 위로 향하게 2조각을 합쳐 나란히 놓으면 화살깃 형태가 된다.

꽃 모양

사용 도구 페티나이프

대접 음식의 디저트로 사용할 수 있는 화려한 장식 썰기.

1 키위의 위아래를 조금 잘라낸다. 칼끝을 과육의 중심까지 찔러넣으며 지그재그로 칼집을 넣어간다.

2 칼끝을 중심보다 더 안쪽으로 찔러넣으면 단면이 교차되어, 앞쪽까지 잘라도 분리되지 않는다. 확인하면서 잘라나간다.

3 한 바퀴 돌린 후 양끝을 잡고 천천히 떼어낸다.

토끼 모양

사용 도구 페티나이프

붉은 껍질을 살린 도시락의 인기 아이템, 사과 토끼.

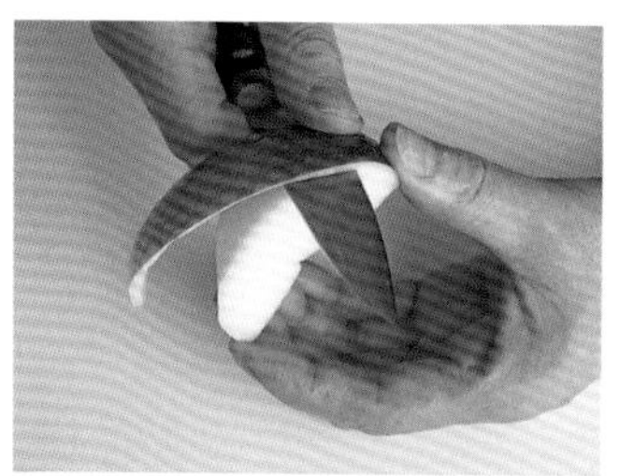

1 사과를 세로로 8등분하고, 심을 제거한다. 껍질이 잘려 떨어지지 않게 2cm 정도 남기고 칼집을 넣는다.

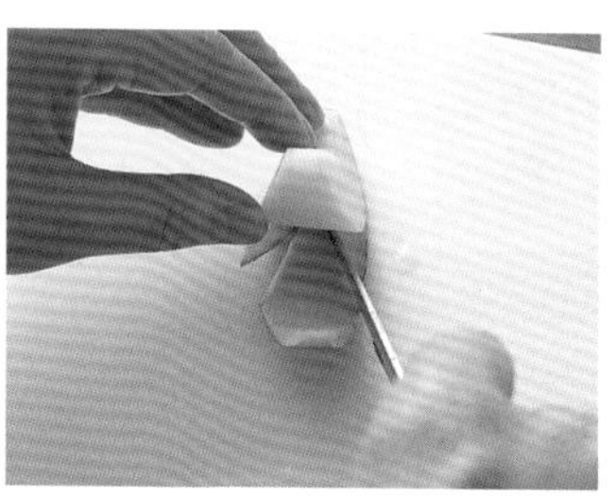

2 껍질에 V자로 칼을 넣어, 귀가 되는 부분을 남기고 껍질을 떼어낸다. 곧바로 레몬물에 담가 갈변을 방지한다.

나뭇잎 모양

사용 도구 페티나이프

V자로 여러 개 칼집을 넣는 것만으로, 존재감 있는 형태가 된다.

1 사과를 8등분으로 빗 모양 썰기 하고, 심 부분을 평평하게 잘라낸다. 껍질 가장자리에서 3mm 안쪽으로 V자 칼집을 넣는다.

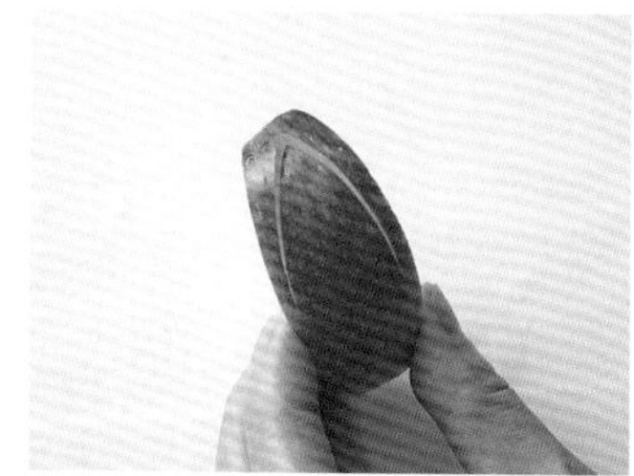

2 V자의 교점이 사과 중앙에 오게끔 좌우로 교차해 칼집을 넣는다.

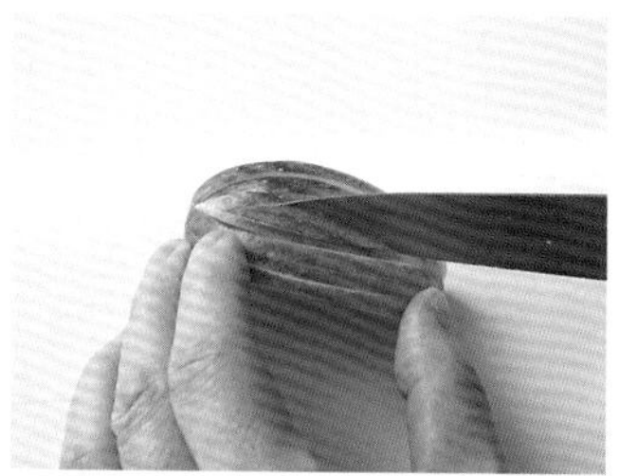

3 가운데까지 V자 칼집을 3mm 간격으로 넣어간다. 칼집 낸 부분을 조금씩 밀어내 나뭇잎 형태로 만든다.

매듭 모양 가마보코 1

사용 도구 페티나이프

홍백색이 함께 있는 가마보코*는, 정월과 히나마쓰리에 없어서는 안 되는 재료.

*가마보코: 어묵의 일종.

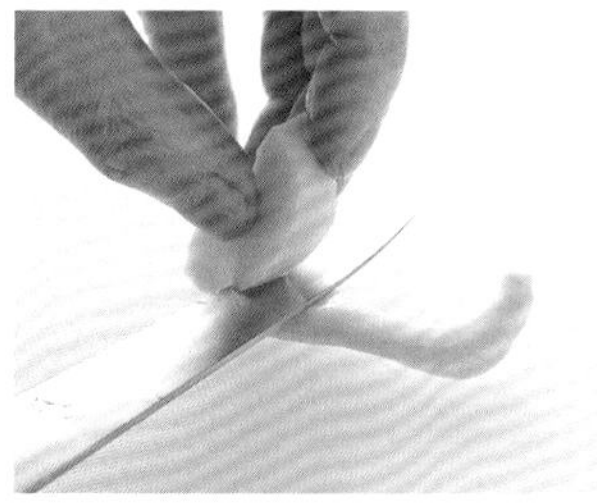

1 가마보코를 1cm 정도 두께로 썬 후, 둥근 쪽을 밑으로 놓고 붉은 부분을 잘라낸다.

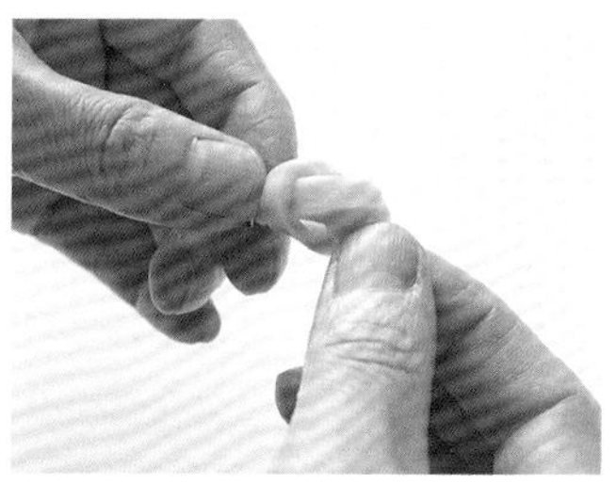

2 잘라낸 붉은 부분을 한 번 매듭짓는다.

매듭 모양 가마보코 2

사용 도구 페티나이프

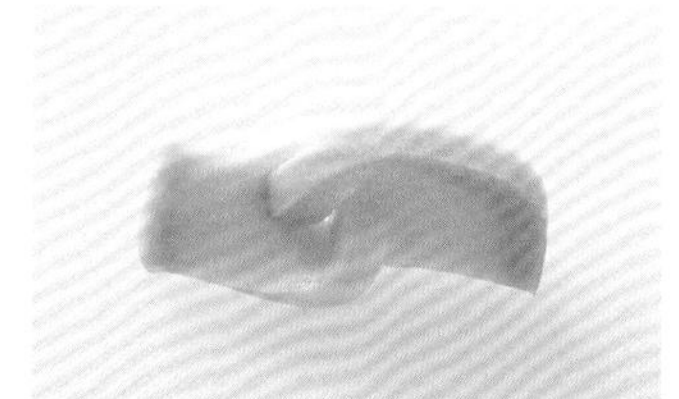

'인연을 맺다', '결실을 맺다'와 같이 좋은 의미를 지닌 매듭을 모티브로 한다.

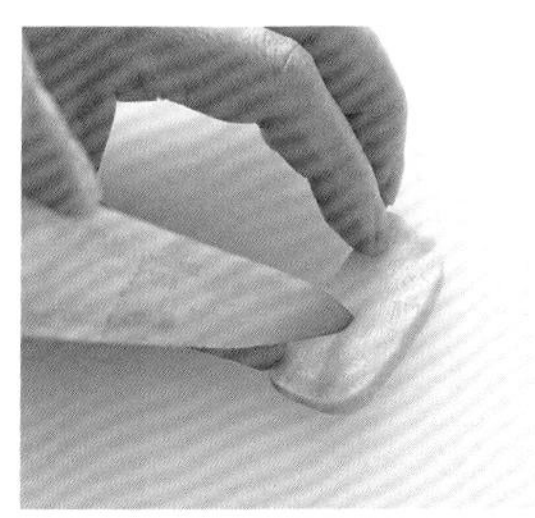

1 가마보코를 5mm 정도 두께로 썰고, 중앙에 칼집을 넣는다.

2 중앙의 칼집을 기준으로 사진과 같이 좌우 끝에 엇갈려 칼집을 넣는다.

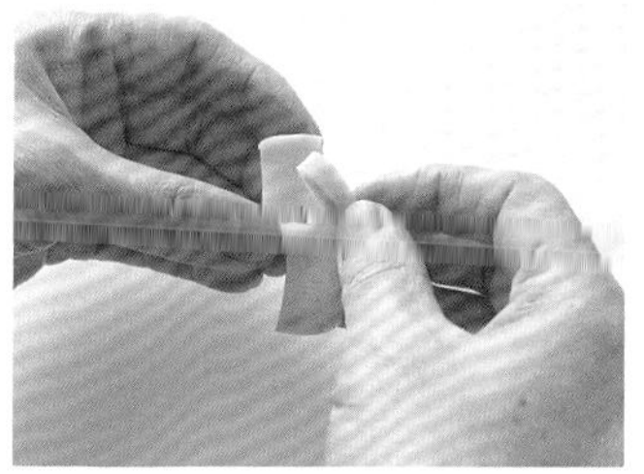

3 칼집을 넣은 좌우 부분을 한쪽은 위에서부터, 다른 한쪽은 밑에서부터 중앙의 칼집으로 집어넣어 매듭 모양을 만든다.

고삐 모양 가마보코

사용 도구 우도 또는 우스바보초

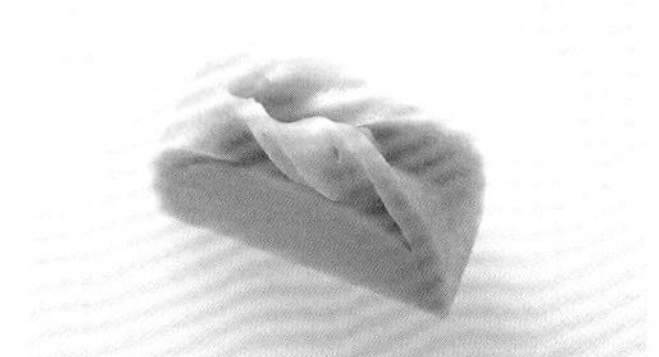

간단하면서 보기에도 좋은 가마보코 장식 썰기. 평범한 도시락도 화려하게 만들어준다.

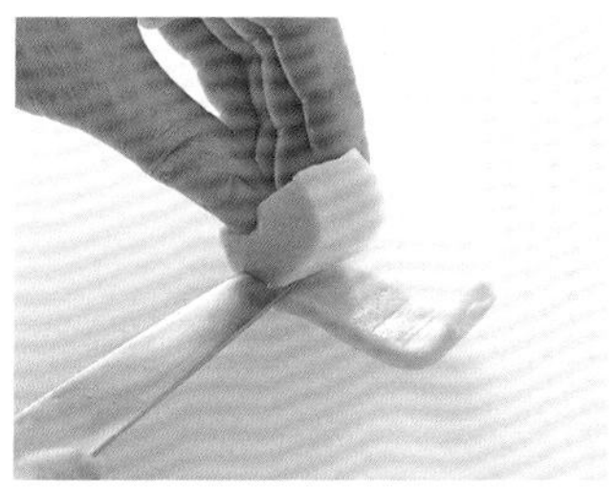

1 2cm 정도 두께로 썰어 둥근 쪽을 밑으로 오게 한 뒤, 붉은색과 흰색 부분의 경계 끝을 1cm 정도 남기고 칼집을 넣는다.

2 붉은 부분 끝에서부터 2cm 위쪽으로 중앙에 칼집을 넣는다.

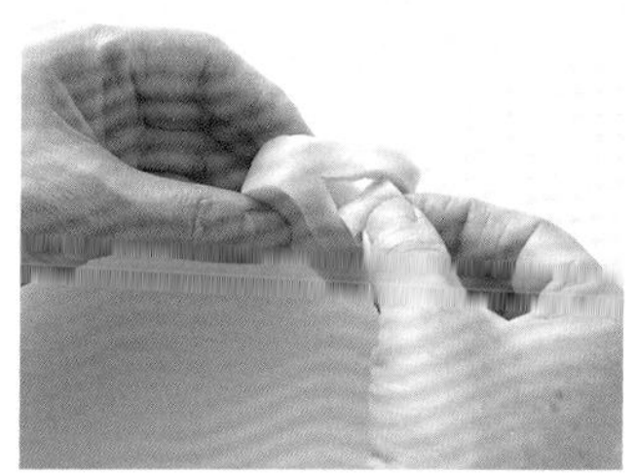

3 끝부분을 칼집 안쪽에서 빠져나오게 끼우고, 원래대로 흰 부분을 덮는다.

고삐 모양 곤약

사용 도구 우도 또는 우스바보초

이런 형태로 만듦으로써 표면적이 늘어나 맛이 잘 배게 된다.

1 끝에서부터 5mm 두께로 썬다.

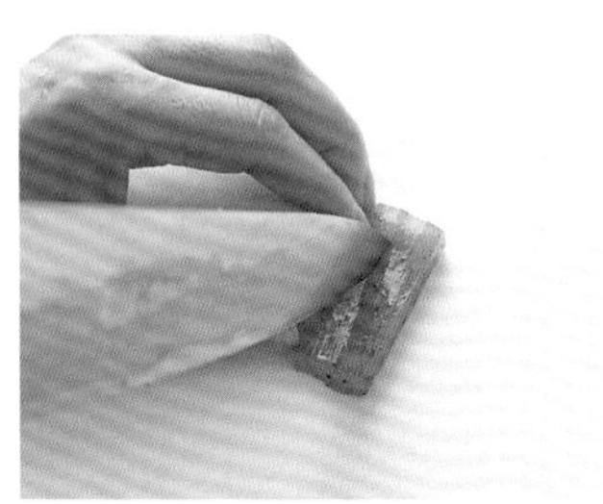

2 중앙에 위아래로 5mm 정도 남기고 세로로 칼집을 넣는다.

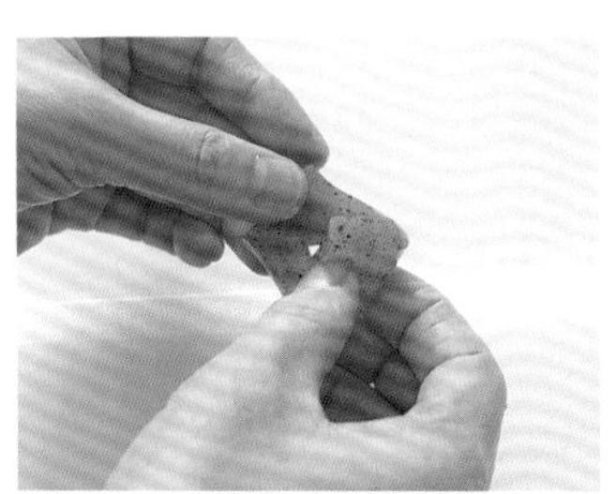

3 칼집으로 한쪽을 끼워 넣고, 양끝을 가볍게 당겨 고삐 모양을 만든다.

문어 모양 비엔나소시지

사용 도구 대나무꼬챙이, 페티나이프

캐릭터 도시락에 빠지지 않는, 간단하고 귀여운 비엔나소시지의 장식 썰기.

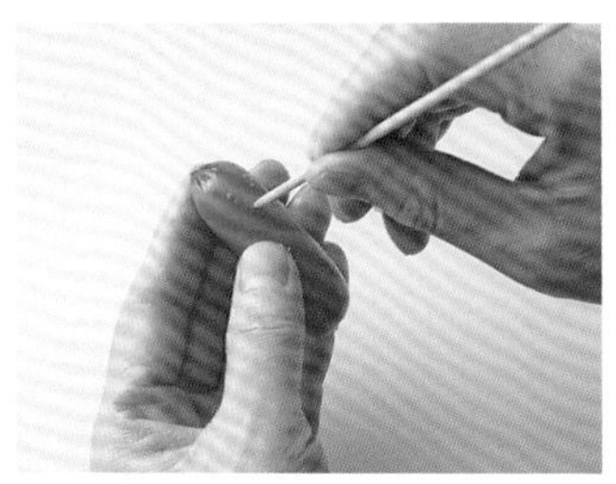

1 소시지 한쪽에 대나무꼬챙이로 눈과 입이 될 구멍을 뚫는다.

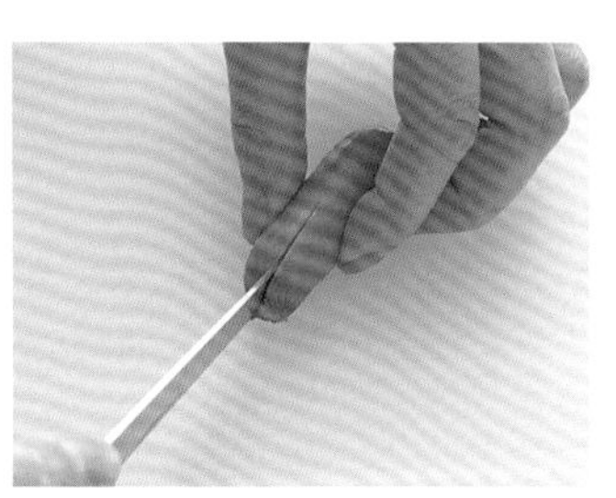

2 다리가 될 부분에 4줄의 칼집을 넣어 8개의 다리를 만든다. 가열하면 칼집이 벌어져, 문어 형태가 된다.

게 모양 비엔나소시지

사용 도구 페티나이프

좌우로 칼집을 넣어 게 모양을 만든다.

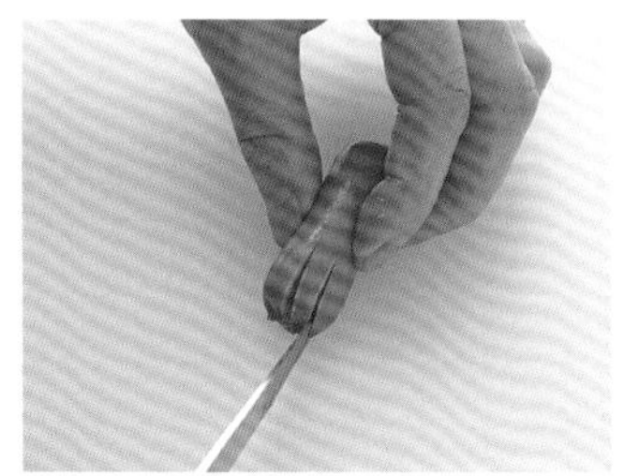

1 소시지 좌우에 3줄씩 칼집을 넣는다.

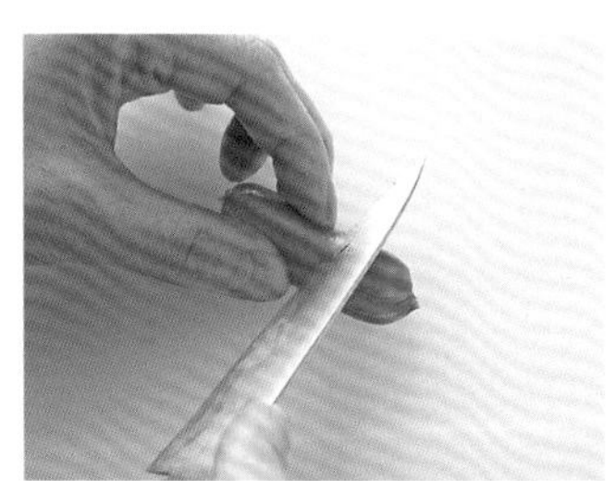

2 소시지를 가로로 놓고 1의 칼집에 2mm 정도 안쪽으로 1줄씩 살짝 비스듬한 칼집을 넣는다. 가열하면 칼집이 벌어져, 게 형태가 된다.

제4장

고기 써는 방법과 요리

번거로운 사전 준비 없이 조리할 수 있는 것이
고기 요리의 장점. 그렇지만 힘줄을 끊고
일정한 두께로 썰고, 먹기 편하게 자르는 등
칼을 사용하는 방법 하나로 완성도가 크게 달라집니다.
이 장에서는 요리에 맞는 기본 테크닉을 익혀봅시다.

닭고기

대부분은 '브로일러'라고 불리는, 대량 생산에 맞게 개량된 식육 전용 영계로 육질이 부드럽고 냄새가 없으며 담백한 맛이다. 최근에는 특유의 감칠맛과 깊은 맛, 씹는 맛을 지닌 토종닭이나 브랜드육도 인기가 높다. 일본에는 '나고야코친', '히나이토종닭'을 포함해 다양한 토종닭과 브랜드 닭고기가 있다.

대표 요리

• 닭다릿살, 닭가슴살

둘 다 닭고기 요리 전반에 걸쳐 사용되지만, 닭다릿살은 운동을 많이 하는 부위라 육질이 단단한 편이라 비교적 지방이 많고 감칠맛도 강하다. 반면 닭가슴살은 부드럽고 지방이 적으며, 맛도 담백해 취향에 맞게 구분해서 사용하면 좋다. 뼈가 붙은 것은 조림이나 소테, 가라아게 등에 알맞다.

• 닭안심살

가장 지방이 적고, 맛도 담백하다. 신선한 것은 회로도 먹고, 쪄서 무침 등을 만들어도 맛있다.

• 닭윙

닭의 날갯죽지에서 날개가 붙어 시작되는 부분(닭봉)과 날갯죽지 끝을 제거한 부분으로, 고기 자체는 적지만 젤라틴이 풍부하고 깊은 맛이 있다. 가라아게나 그릴, 조림 등에 알맞고 하프컷 하거나 튤립 모양으로 다듬으면 먹기 편하다.

재료 선택 포인트

고기 색이 진하고 선명하며 광택이 있다. 껍질의 모공이 솟아 있다. 지방이 누렇지 않고 전체적으로 살이 응축된 느낌이며, 가볍게 눌러보았을 때 감촉이 단단하다.

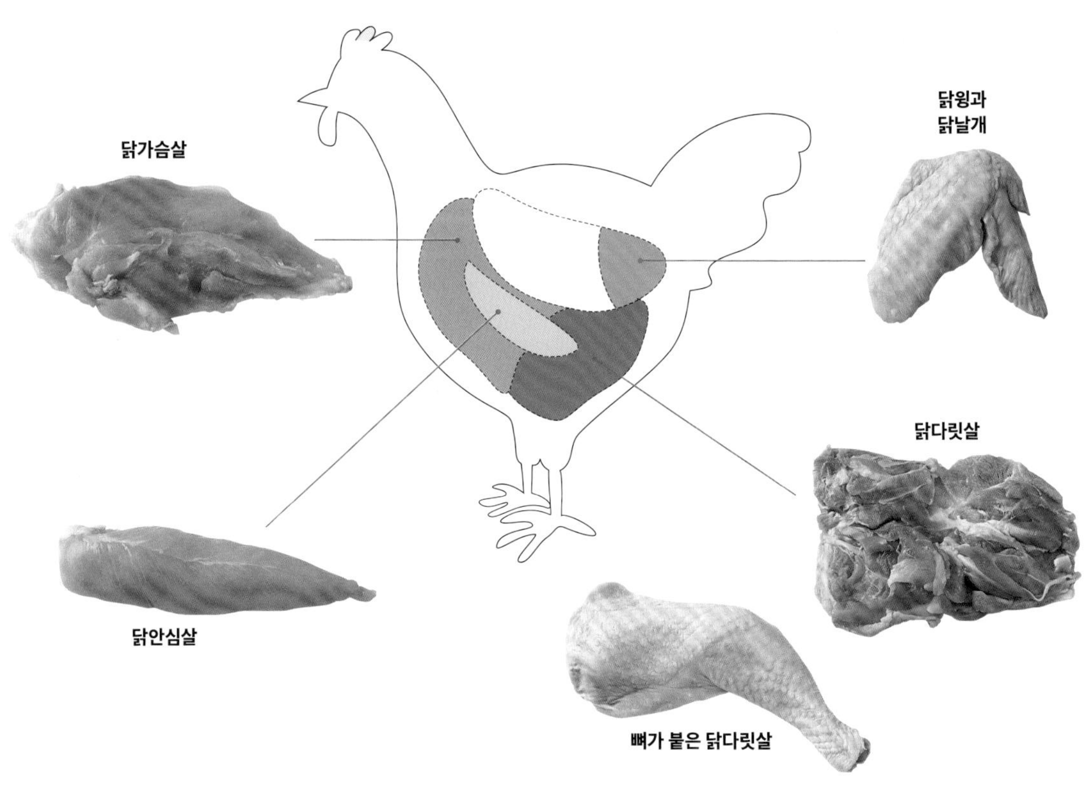

닭다릿살

한 입 크기로 자른다

사용 도구 우도

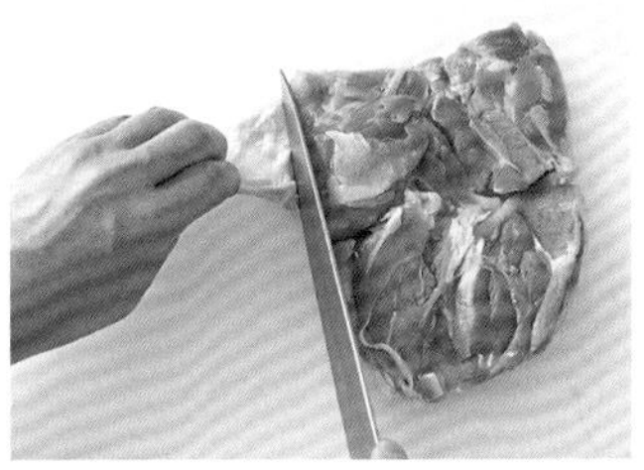

1 껍질을 밑으로 가게 놓고, 불필요한 지방과 껍질을 잘라낸다.

2 칼턱으로 전체를 찌르듯이 두드려 힘줄을 끊는다.

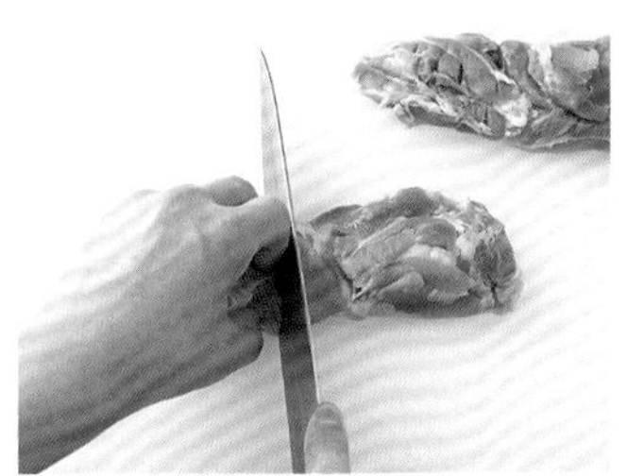

3 세로로 2등분하여 닭다리 윗살과 아랫살로 나누고, 윗살은 각각 3등분, 아랫살은 각각 2등분한다.

한 입 크기로 자른 닭다릿살.

닭가슴살

살을 갈라 펼친다(좌우로 펼치기)

사용 도구 우도

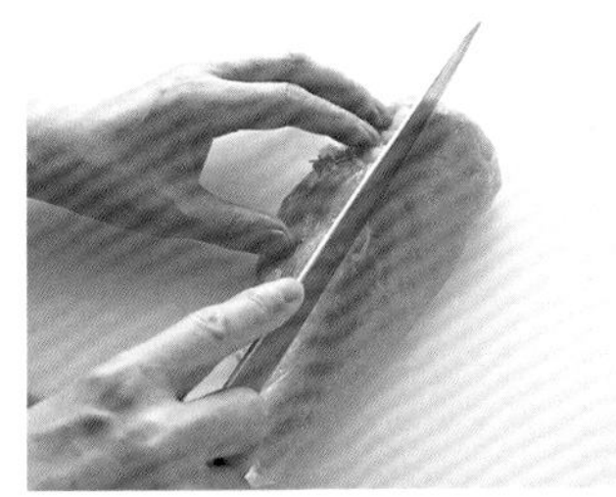

1 고기 중앙에 세로로 1줄, 두께의 절반 정도까지 칼집을 넣는다.

2 칼집을 넣은 곳에 칼을 수평으로 눕혀 넣어 살을 갈라 펼친다.

3 고기의 방향을 바꿔 반대쪽 살에도 2와 같은 요령으로 칼을 넣어 살을 갈라 펼친다.

살을 갈라 좌우로 펼친 모습.

닭가슴살롤찜→284쪽

닭안심살

힘줄을 제거한다

사용 도구 우도

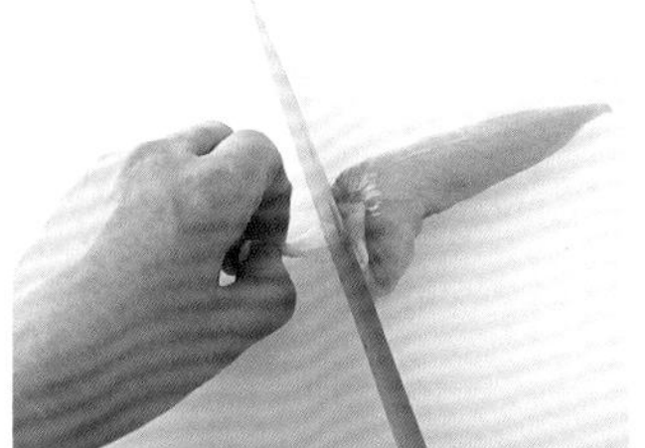

1 살을 조금 잘라 왼손으로 힘줄을 잡고, 힘줄 위에 칼등을 대고 누른다.

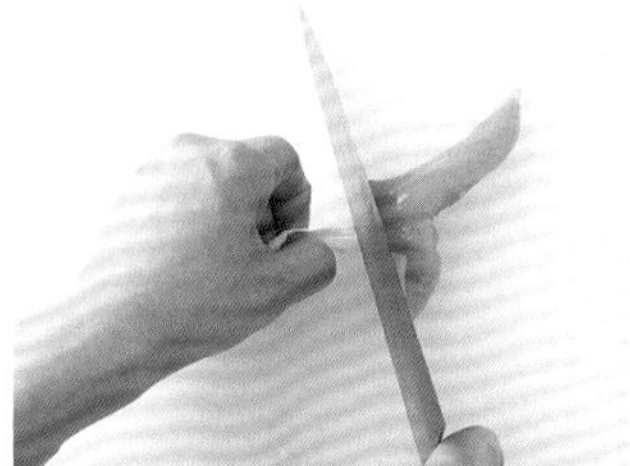

2 왼손을 앞뒤로 조금씩 움직여가면서 당겨 힘줄을 제거한다.

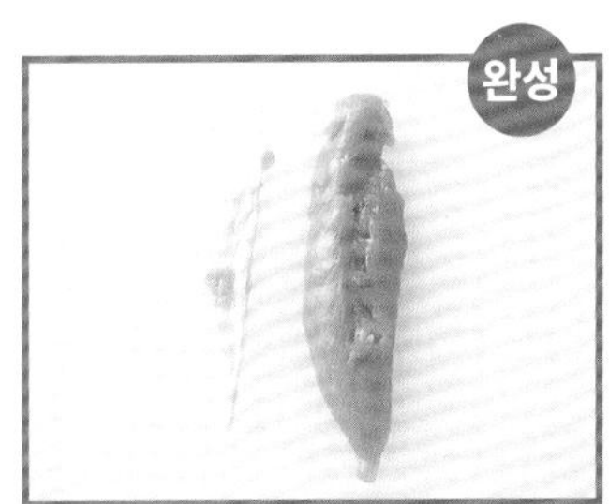

힘줄을 제거한 닭안심살.

닭안심살과 오이깨페이스트무침→284쪽

뼈가 붙은 닭다릿살

잘라 나눈다

사용 도구 우도

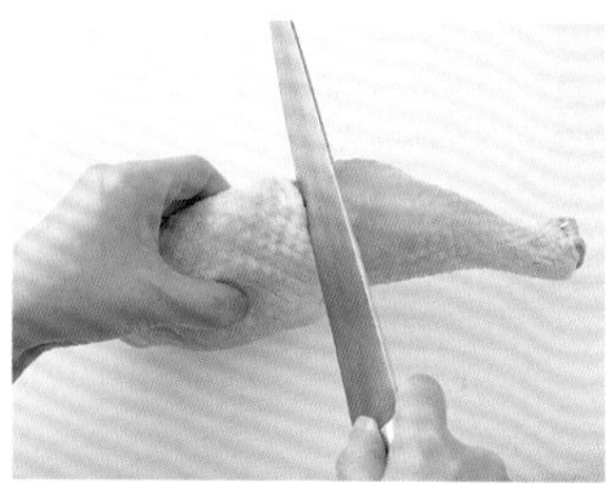

1 두꺼운 쪽을 왼손으로 잡고, 뼈와 뼈 사이의 관절에 칼을 넣는다.

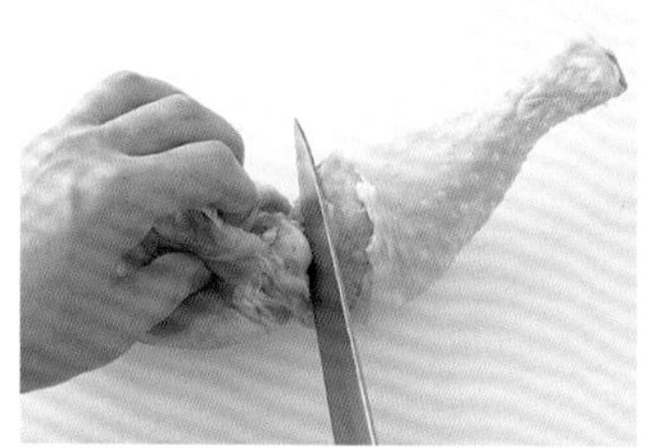

2 칼을 누르면서 당겨 뼈와 뼈 사이의 연골을 잘라, 2개로 나눈다.

뼈가 붙은 닭다릿살을 2등분한 모습.

닭날갯살

하프컷

사용 도구 양식 데바보초

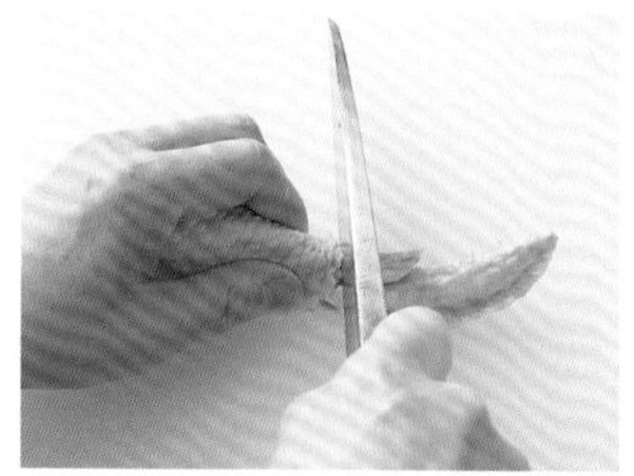

1 닭날개를 똑바로 펼쳐 관절에 칼을 넣고, 힘주어 눌러 자른다.

2 닭윙(왼쪽)과 닭날개팁(오른쪽)으로 잘라 나눈다.

3 닭윙을 세로로 놓고, 뼈와 뼈 사이에 칼을 넣어 세로로 2등분한다.

하프컷 한 모습.

카레가루 닭윙구이→285쪽

닭날갯살

튤립

사용 도구 양식 데바보초

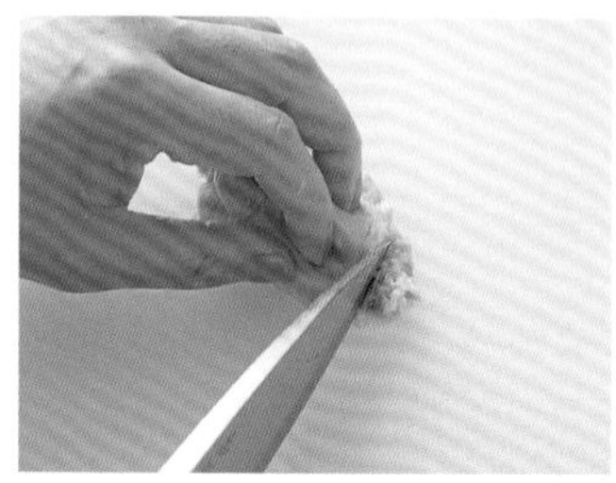

1 닭윙을 닭날개 끝부분이 오른쪽에 가게 놓는다. 오른쪽 끝의 살을 살짝 넘겨, 살과 뼈를 연결하고 있는 힘줄을 칼코로 자른다.

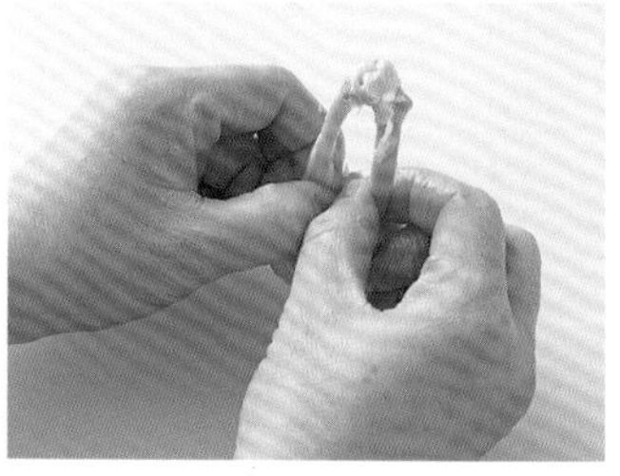

2 닭윙을 세워서 살을 아래쪽으로 눌러 뼈를 노출시킨다.

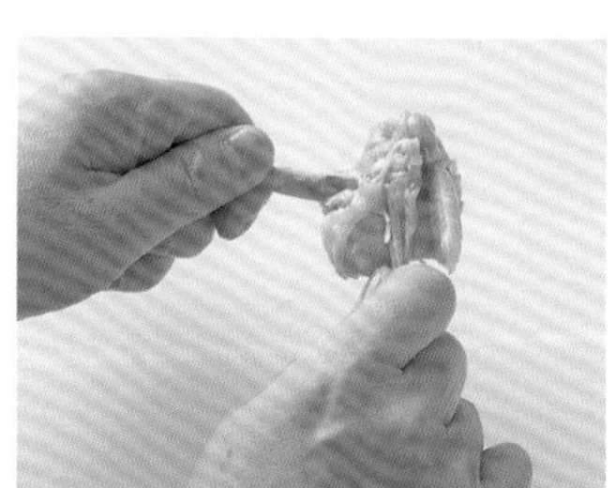

3 양손으로 뼈를 한 개씩 잡고 빙그르 돌려 가느다란 뼈를 뽑아낸다.

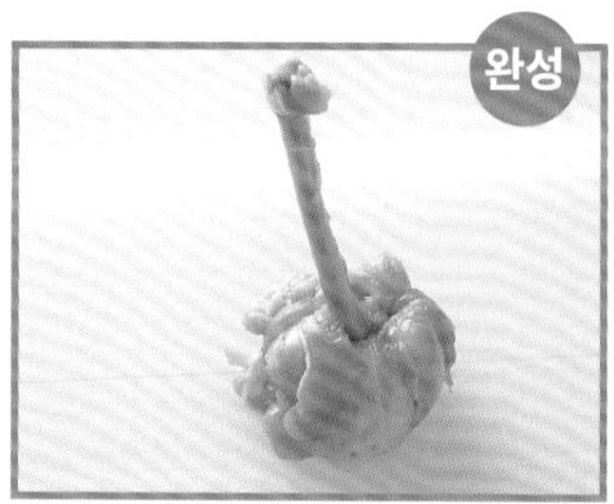

튤립 모양으로 만든 모습.

프로방스풍 닭윙가라아게→285쪽

로스트치킨을 잘라 나눈다

사용 도구
테이블나이프, 포크

로스트치킨

내장을 제거한 닭을 통째로 로스트한 요리. 손님을 대접할 때는 통째로 굽는 것이 정석이므로, 그대로 그릇에 담아 식탁에서 잘라 나눈다. 도구도 조리용 칼이 아니라 테이블나이프와 포크를 사용한다. 다 익은 상태이므로, 순서대로 잘 따라가며 자르면 의외로 간단하게 할 수 있다.

1 꼬리 쪽을 내 앞으로, 가슴살을 위로 향하게 놓고 오른쪽 다리가 붙은 부분을 잘라 벌린다.

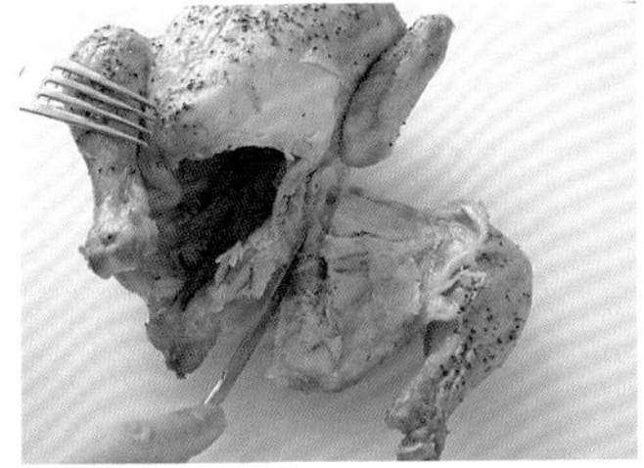

2 칼을 넣으면 고기가 벌어지므로, 밑쪽의 껍질을 잘라 완전히 분리한다. 다른 한쪽도 같은 요령으로 잘라낸다.

3 가슴살의 중앙을 세로로 지나고 있는 뼈의 오른쪽 옆을 따라 깊게 칼집을 낸다.

4 나이프로 고기를 넘어트리면 뼈를 따라 살이 벗겨지므로 밑쪽 껍질을 잘라낸다.

5 3과 같은 요령으로 가슴살의 중앙을 세로로 지나고 있는 뼈의 왼쪽 옆을 따라 깊게 칼집을 낸다.

6 4와 같은 요령으로 가슴살을 벌린 후, 잘라낸다.

먹기 편하게 잘라 나눈 모습.

닭가슴살롤찜

재료(3인분)

닭가슴살(좌우로 갈라 펼친 것) 1장 • 당근(10cm 길이의 가느다란 막대 모양으로 썬 것) 2줄 • 그린빈 2줄 • **양념**[청주, 미림, 간장 각 1큰술, 생강즙 약간] • 소금 적당량

만드는 법

1 닭가슴살에 소금을 뿌려 1시간 정도 두고, 물기를 제거한다.

2 당근과 그린빈은 각각 소금을 넣은 물에 데쳐 식힌 후, 물기를 제거한다.

3 닭가슴살을 펼쳐, **2**를 중심으로 돌돌 만다.

4 랩으로 단단하게 감싸 김이 오른 찜통에 넣고 아주 약한 불에서 20분 찐다. 꺼내서 그대로 식힌다.

5 양념의 재료를 냄비에 넣고 조린 후, 랩을 벗긴 **4**를 넣고 굴려가면서 코팅한다. 국물이 남지 않고 전부 코팅되면 꺼내서 1cm 두께로 썬다.

닭안심살과 오이 깨페이스트무침

재료(2인분)

닭안심살(힘줄을 제거한 것) 1장 • 오이 4cm • 청주 2작은술 • **무침옷**[깨페이스트, 청주 각 1작은술, 미림 1/2작은술, 간장 약간] • 소금, 산초가루 각 적당량

만드는 법

1 닭안심살은 소금과 청주를 뿌려 김이 오른 찜기에 넣고 약 5분 찐다. 수분이 날아가지 않도록 랩으로 싸서 식을 때까지 두고, 물기를 닦아낸 후 손으로 잘게 찢는다.

2 오이는 채 치고 소금물에 담가, 숨이 죽으면 물기를 짠다.

3 무침옷의 청주와 미림을 섞어, 랩을 씌우지 않고 전자레인지에 10초 돌려 알코올을 날린다. 깨페이스트에 넣고 섞은 후, 간장으로 간을 맞춘다.

4 닭안심살과 오이를 섞어 **3**으로 무친 후, 그릇에 담고 산초가루를 뿌린다.

프로방스풍 닭윙가라아게

재료(2인분)

닭윙(튤립 모양으로 만든 것) 4~6개 • 토마토 1개 • 블랙올리브 4개 • 케이퍼(크게 다진 것) 1/2큰술 • 소금, 후추, 밀가루, 튀김유 각 적당량 • 바질 적당량

만드는 법

1 토마토는 5mm 크기로 깍둑 썰기 하고, 블랙올리브는 반달 썰기 한다. 케이퍼와 소금, 후추를 가볍게 뿌려 고루 섞는다.

2 닭윙은 소금, 후추를 뿌리고 밀가루를 묻혀, 165℃의 기름에 넣고 튀긴다. 조금씩 온도를 높여, 속이 익을 때까지 튀긴다.

3 기름을 떨어내 **1**에 넣고 섞은 후 소금, 후추를 뿌려 간을 맞춘다.

4 그릇에 담고, 바질을 큼지막하게 다진 후 뿌린다.

카레가루닭윙구이

재료(2인분)

닭윙(하프컷 한 것) 4개 분량 • 파프리카(적, 황, 오렌지색) 각 1/4개 • 카레가루 1작은술 • 소금, 후추 각 적당량

만드는 법

1 닭윙에는 소금을 뿌려 10분 정도 두고, 물기를 닦은 후 카레가루를 묻힌다.

2 파프리카는 먹기 편한 크기로 자른다.

3 잘 달군 그릴에 **1**, **2**를 구워 그릇에 함께 담는다.

소고기

소고기는 크게 와규, 국산소(일본), 수입소의 3종류가 있다. 와규와 국산소는 혼동하기 쉬우나 와규라는 것은 품종의 하나로, 대표적인 것이 구로게와규이다. 브랜드 소로 유명한 '마쓰자카규'와 '마에사와규' '요네자와규' 등은 이 구로게와종으로, 보기에도 아름다운 사시(마블링)가 퍼져 있는 것이 특징이다. 국산소는 일본에서 태어나 사육된 소로, 3개월 이상 일본 내에서 사육된 수입소도 포함된다.

대표 요리
고기 중에서도 최상의 육질을 자랑하는 설로인과 립로스(소의 등심살로 최상급 고기), 안심스테이크는 그야말로 최고! 로스트비프나 스키야키, 샤부샤부 등도 물론 잘 어울린다. 단, 가격도 비교적 비싸다. 부담스럽지 않고 폭넓게 사용할 수 있는 것은 허벅살과 뱃살로, 허벅살은 곱게 다져 햄버그를 만들면 맛이 한층 좋아진다. 힘줄이 많은 정강이살도 장시간 조리면 맛있다.

재료 선택 포인트

고기의 색이 짙고 선명하며 윤기가 있는 것이 좋다. 소고기는 자른 직후에는 차분한 홍색을 띠나, 공기와 접촉하면 선명하게 발색되고 얼마 안 있어 거무스름한 암적색으로 변한다. 지방은 우유 빛깔이나 크림색이며 점성이 있다.

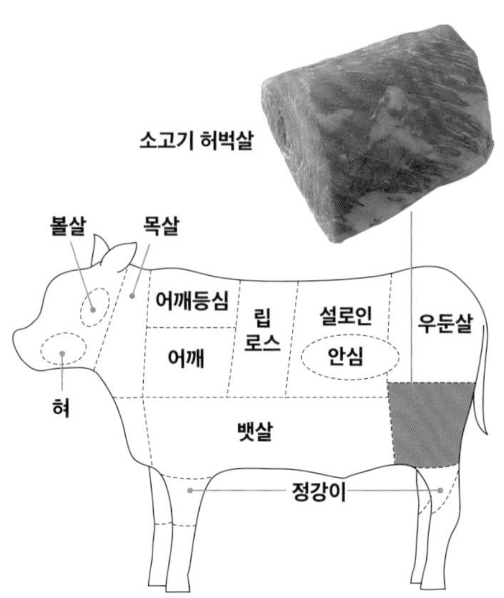

돼지고기

시장에 유통되는 돼지고기의 대부분이 식용으로 사육된 돼지의 고기이다. 최근엔 가고시마의 '가고시마 흑돼지'와 야마가타의 '평목삼원돈(平牧三元豚)' 등 육질과 맛이 독특한 브랜드 돼지도 많다. 브랜드 돼지 중에는 '흑돈'이라고 붙은 것이 많으나, 흑돈이라고 표시할 수 있는 것은 버크셔의 순수종뿐이다. 일반적인 식용 돼지와 비교해서 생육에 시간이 걸리는 흑돈은 섬세한 육질과 양질의 지방이 붙는다.

대표 요리
돼지고기는 소고기만큼 부위에 따른 차이가 없으므로 어느 것도 돼지고기 요리 전반에 사용할 수 있으나, 돈가스나 소테에는 역시 등심과 안심이 최적이다. 붉은 살이 대부분인 허벅살은 지방분이 신경 쓰이는 사람에게 알맞고, 삶거나 조린 돼지고기 등 덩어리째 조리하는 요리에도 적합하다. 뱃살은 네모나게 썰어 조림(가쿠니)을 해도 좋으며, 장시간 조리면 녹아내릴 정도로 부드러워진다.

재료 선택 포인트

신선한 돼지고기는 약간 잿빛이 감도는 엷은 핑크색이다. 신선도가 떨어지면 색이 탁해지고, 그다음으로 푸른 기를 띠게 된다. 지방은 하얗고 촉촉한 점성이 있는 것, 표면이 매끄럽고 전체적으로 탱탱한 탄력이 있는 것이 좋다.

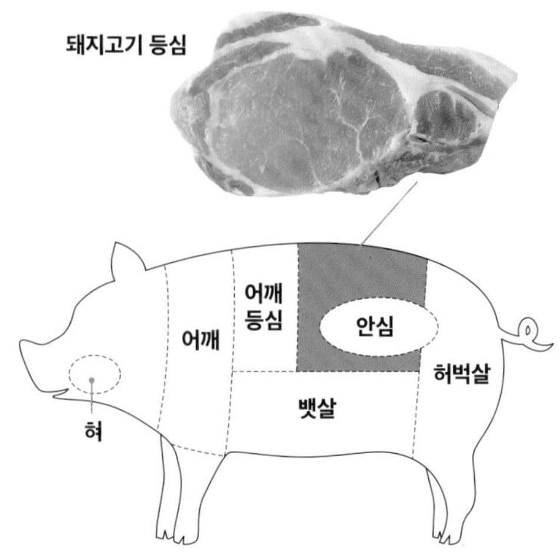

소고기 허벅살 덩어리

가늘게 썰기

사용 도구 우도

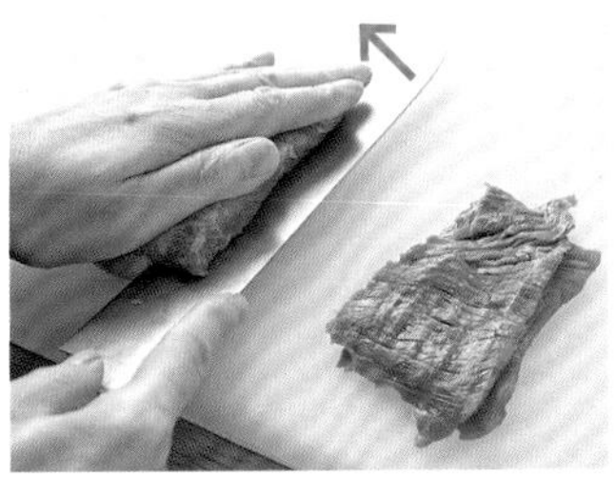

1 왼손으로 고기를 누르고, 칼을 오른쪽에서부터 수평으로 넣어 밑에서부터 5mm 두께로 썰어나간다.

2 자른 고기의 섬유 결을 세로로 하여 겹친 후, 오른쪽 끝에서부터 5mm 폭으로 가늘게 썬다.

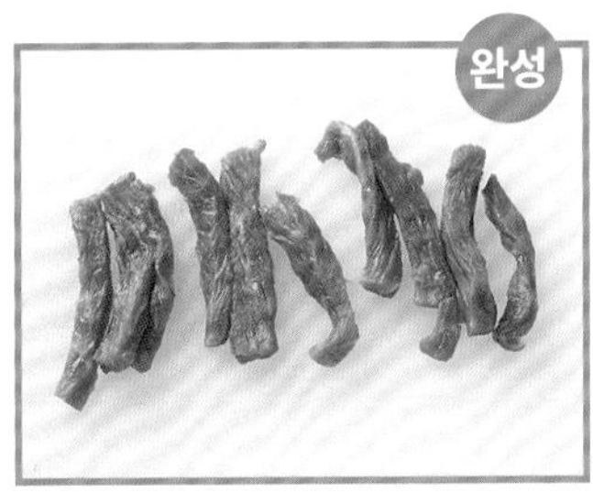

가늘게 썬 모습.

소고기피망볶음→289쪽

소고기 허벅살 덩어리

다진다

사용 도구 우도

1 가늘게 썬 고기를 모아서 가로로 길게 놓고, 오른쪽 끝에서부터 잘게 썬다.

2 다 썰고 나면 칼턱부터 칼의 중간 정도를 사용해 전부 다진다.

3 칼날로 밀어 다진고기를 끌어모아, 원하는 크기가 될 때까지 다진다.

다진 모습.

100% 소고기햄버거→288쪽

두툼하게 썬 돼지고기 등심

힘줄을 자른다

사용 도구 우도

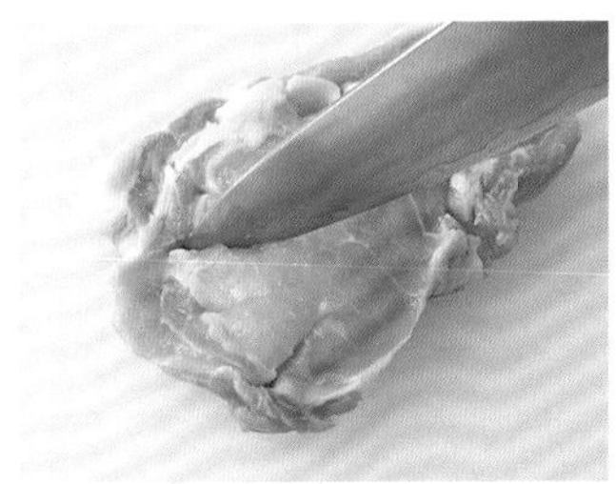

1 칼끝으로 비계와 붉은 살의 경계를 1~1.5cm 간격으로 찔러 힘줄을 자른다.

힘줄을 자른 모습.

포크소테→289쪽

100% 소고기햄버거

재료(2인분)

소고기 허벅살(다진 것) 280g • 소금 1꼬집 • 머스터드 2작은술 • 식용유 약간 • 슬라이스 치즈 2장 • 햄버거 번 2개 • 적양파(얇게 통 썰기 한 것) 1/2개 • 토마토(얄팍 썰기 한 것) 2조각 • 피클(얄팍 썰기 한 것) 2개 • 양상추 2장 • 감자튀김 적당량 • 케첩 적당량

만드는 법

1 소고기는 소금과 머스터드를 섞어 고루 반죽하고, 두드려서 2등분한 후 둥글납작하게 모양을 만든다.

2 프라이팬에 식용유를 넣고 가열하여 **1**을 늘어놓고, 강불에서 양면을 노릇하게 굽는다.

3 100℃로 예열한 오븐에 옮겨 넣어 약 10분 굽고, 치즈를 얹어 오븐의 남은 열로 살짝 녹인다.

4 햄버거 번은 가로로 절반 잘라 데운 뒤 양파, 토마토, 피클, **3**을 순서대로 얹어 포갠다.

5 그릇에 얹고 양상추와 감자튀김을 곁들인다. 취향에 따라 케첩을 뿌린다.

소고기피망볶음

재료(2인분)

소고기 허벅살(가늘게 썬 것) 140g • 피망 3개 • **소고기 밑간**[청주 1큰술, 간장 1작은술, 달걀물 1/3개 분량, 전분, 식용유 각 1작은술] • **양념**[청주 1/2큰술, 설탕 1작은술, 굴소스, 간장 각 1작은술] • 식용유, 참기름 각 적당량

만드는 법

1 소고기에 밑간의 재료를 순서대로 넣고 고루 버무린다.

2 피망은 가로로 가늘게 썬다.

3 중화 냄비에 식용유와 참기름을 넣고 달구다 미지근할 때 1의 소고기를 넣는다. 표면이 하얗게 변하면 잘 풀어주고, 기름기를 빼서 건져낸다.

4 냄비에 있는 기름을 덜고, 남은 기름으로 피망을 볶는다. 전체적으로 기름기가 돌면 소고기를 다시 넣고 살짝 볶아 합친 후, 양념을 넣고 한 번 더 볶는다. 완성 직전에 참기름을 약간 더한다.

포크소테

재료(2인분)

돼지고기 등심(두껍게 썬 것) 2장 • 양상추 2장 • 토마토 1/2개 • 화이트와인 2큰술 • 홀그레인 머스터드 1큰술 • 소금, 후추, 올리브유 각 적당량

만드는 법

1 돼지고기는 힘줄을 자르고 가볍게 두드려 소금, 후추를 뿌린다. 양상추는 채 썰고, 토마토는 빗 모양으로 썬다.

2 프라이팬에 올리브유를 가열, 돼지고기를 접시에 담았을 때 위에서 보이는 쪽을 밑으로 가게 해서 굽는다. 노릇하게 구워져 주위가 하얗게 되면 뒤집고, 약불로 속까지 익힌다. 바트 등에 건져내고 알루미늄포일을 덮어 보온해놓는다.

3 프라이팬의 기름을 버리고 화이트와인을 넣어 가열, 프라이팬에 눌은 부분을 긁어내어 함께 조린다. 홀그레인 머스터드, 소금, 후추를 넣어 간을 맞추고 뜨거운 물 1과 2/3큰술을 넣어 적당한 농도를 맞춘다.

4 돼지고기를 그릇에 담고, 양상추와 토마토를 곁들여 3의 소스를 뿌린다.

일본 지역별 생선 제철 달력

◇ 자료: 전국어업협동조합연합중앙시푸드센터(일본)

❖ 홋카이도·도호쿠

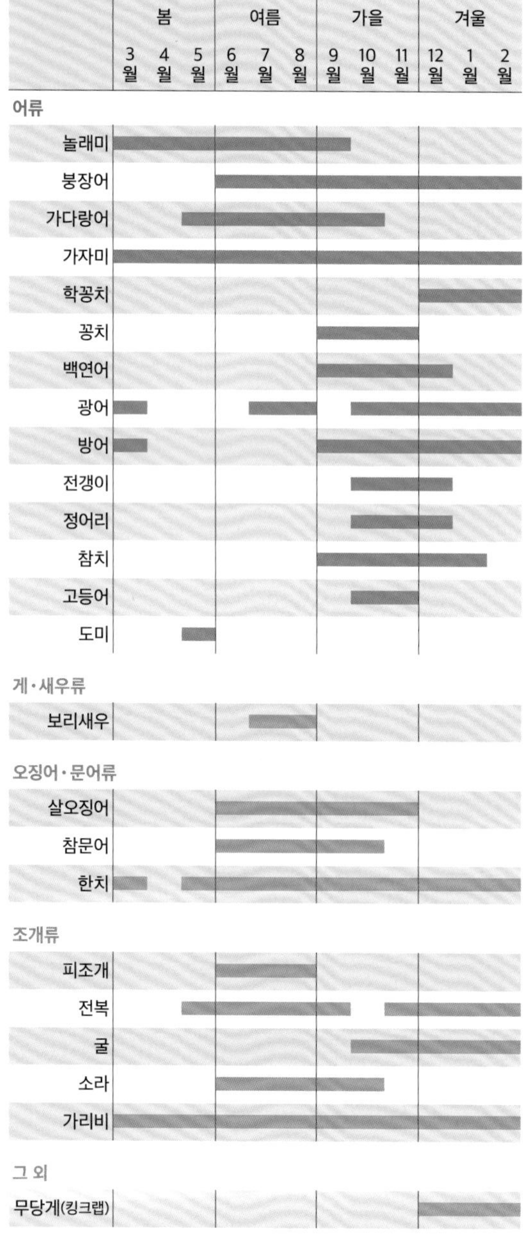

❖ 간토·신에쓰·도카이

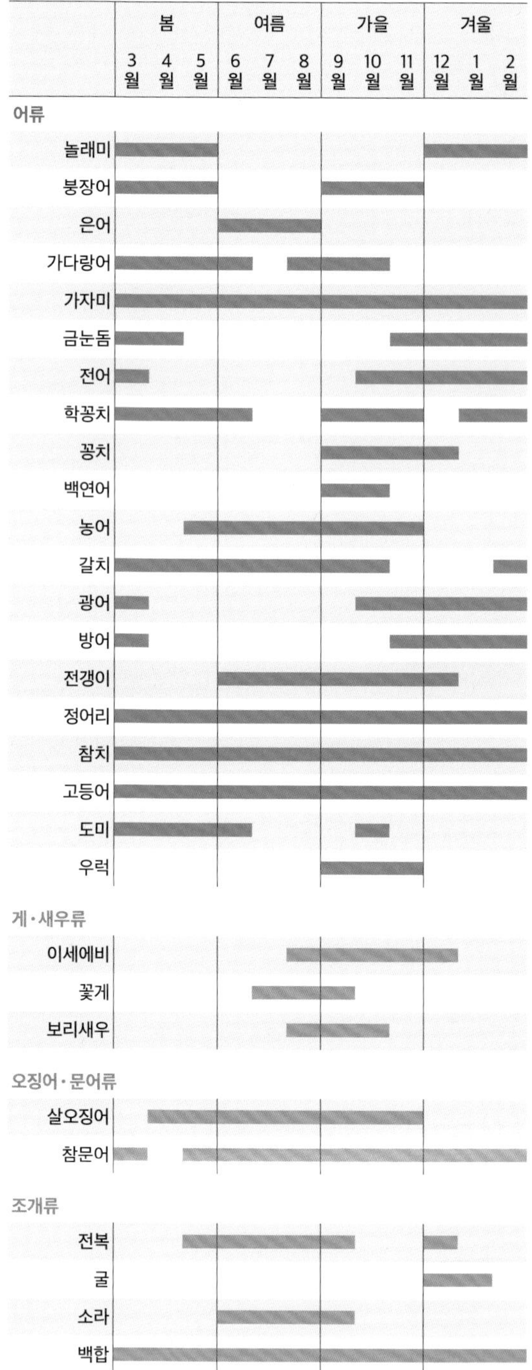

❖ 호쿠리쿠·간사이

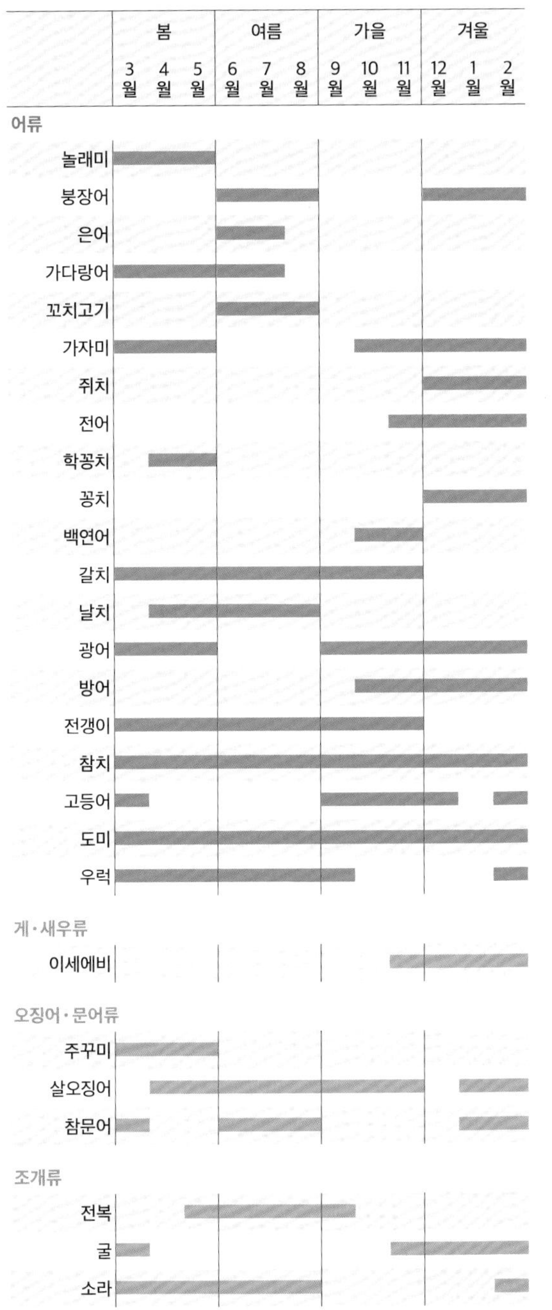

봄
여름
가을
겨울
3 월
4 월
5 월
6 월
7 월
8 월
9 월
10 월
11 월
12 월
1 월
2 월
어류
놀래미
붕장어
은어
가다랑어
꼬치고기
가자미
쥐치
전어
학꽁치
꽁치
백연어
갈치
날치
광어
방어
전갱이
참치
고등어
도미
우럭
게·새우류
이세에비
오징어·문어류
주꾸미
살오징어
참문어
조개류
전복
굴
소라

❖ 주고쿠

봄
여름
가을
겨울
3 월
4 월
5 월
6 월
7 월
8 월
9 월
10 월
11 월
12 월
1 월
2 월
어류
놀래미
붕장어
옥돔
꼬치고기
가자미
전어
학꽁치
갈치
날치
광어
방어
전갱이
정어리
참치
고등어
도미
병어
우럭
게·새우류
꽃게
오징어·문어류
갑오징어
살오징어
참문어
한치
조개류
전복
굴
소라
백합

❖ 시코쿠

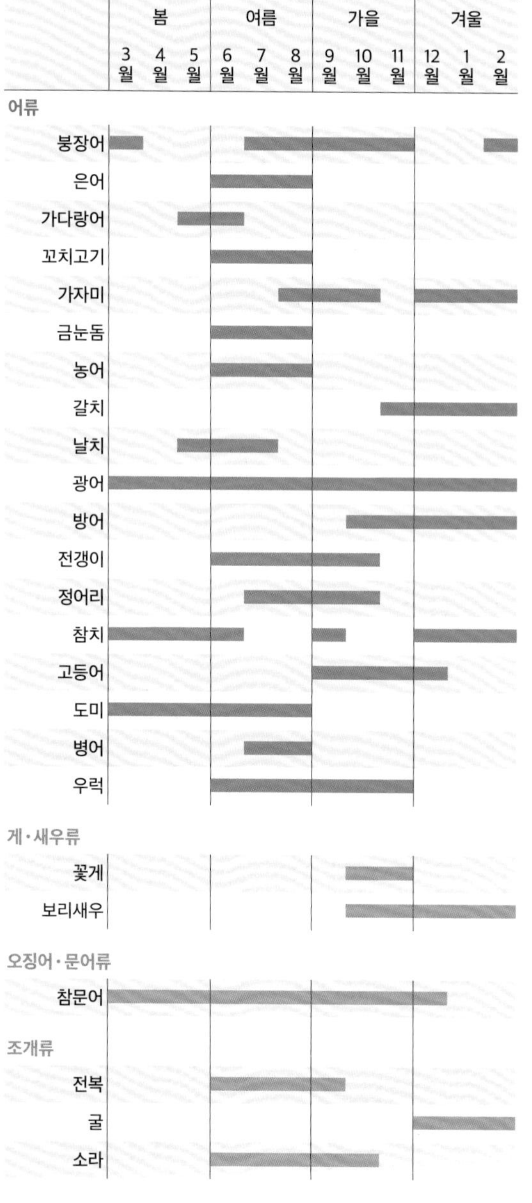
봄
여름
가을
겨울
3월 4월 5월 6월 7월 8월 9월 10월 11월 12월 1월 2월
어류
붕장어
은어
가다랑어
꼬치고기
가자미
금눈돔
농어
갈치
날치
광어
방어
전갱이
정어리
참치
고등어
도미
병어
우럭
게·새우류
꽃게
보리새우
오징어·문어류
참문어
조개류
전복
굴
소라

❖ 규슈·오키나와

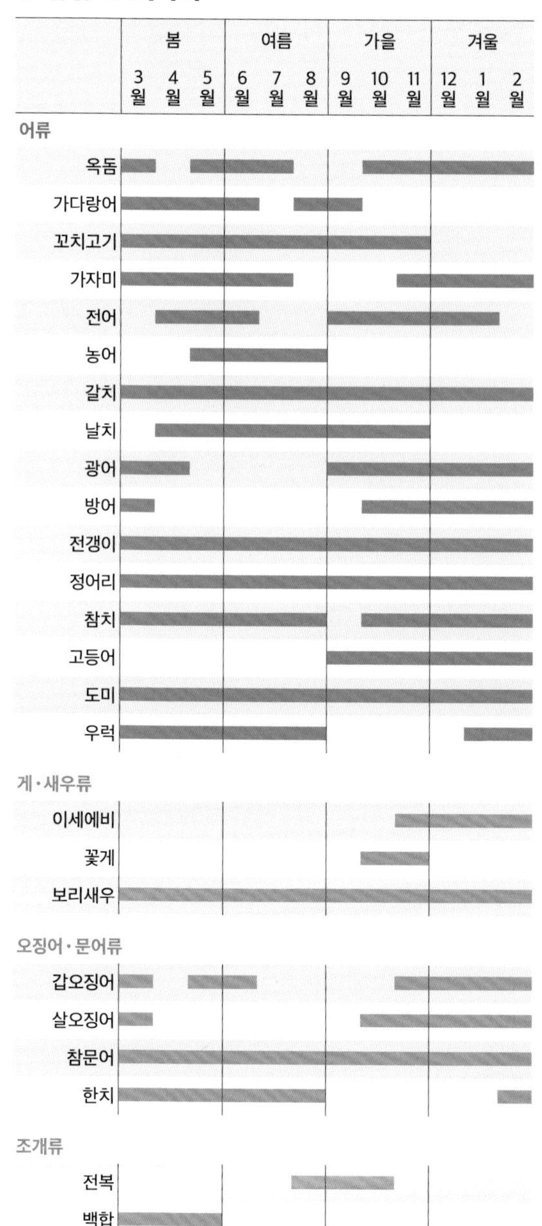
봄
여름
가을
겨울
3월 4월 5월 6월 7월 8월 9월 10월 11월 12월 1월 2월
어류
옥돔
가다랑어
꼬치고기
가자미
전어
농어
갈치
날치
광어
방어
전갱이
정어리
참치
고등어
도미
우럭
게·새우류
이세에비
꽃게
보리새우
오징어·문어류
갑오징어
살오징어
참문어
한치
조개류
전복
백합

색인

식재료

자르는 방법, 취급 방법을 식재료별로 찾을 수 있습니다.

해산물

채소류

육류

요리

주재료, 부재료로 레시피를 찾을 수 있습니다.

해산물

[생선]

구보 가나코 요리·지도(제1장·제2장·장식 썰기·제4장)

요리연구가. 교토 출생. 요리를 너무 좋아해 고등학생 시절부터 오래된 교토 요리 전문점 '갓포'에서 가이세키 요리를 배웠다. 도시샤대학을 졸업한 후, 츠지조리사전문학교에 진학했다. 조리사 면허와 복어 조리 면허를 취득하고, 동 전문학교 출판부 및 도쿄의 출판사에서 요리책 편집을 맡았다. 그 후, 요리연구가로서 독립해 요리 지도와 제작, 스타일링, 레스토랑 메뉴 개발, 테이블 코디네이트 등 음식의 세계에서 장르를 불문하고 활약 중이다. 저서로 『아름답게 음식을 담는 아이디어』『압력솥으로 만드는 매일 반찬』『버리지 않는 요리』 등 다수가 있다.

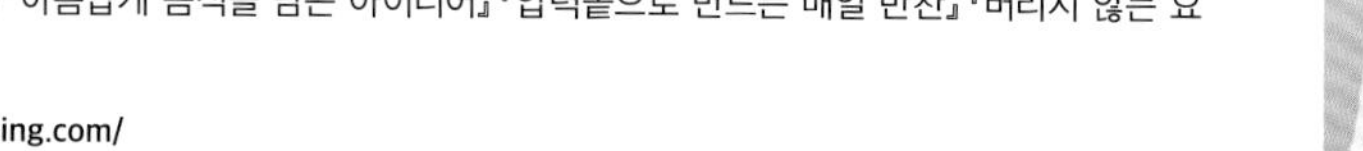

HP http://www.kk-cooking.com/

***제3장 감수 츠지쿠킹스쿨**

감수 츠지쿠킹스쿨(제3장)
제3장 요리 池上保子 今泉久美 大庭英子
検見﨑聡美 夏梅美智子 藤井 恵
藤田雅子 武蔵裕子 森 洋子
촬영 협력 有次(075-221-1091)
スタジオクエスタ 矢沢律子
촬영 山田洋二(表紙, p.1 ~ p.222, p.270 ~ p.289)
主婦の友社写真課(p.224 ～ p.269)
장정 細山田デザイン事務所
레이아웃 大薮胤美 江部憲子 木村陽子(フレーズ)
구성·편집 関澤真紀子三上雅子
일러스트 大森裕美子
편집·진행 어시스턴트 中野桜子
편집 데스크 安藤有公子(主婦の友社)
편집 담당 志岐麻子(主婦の友社)

칼의 기본

1판1쇄 펴냄 2021년 11월 10일
1판3쇄 펴냄 2024년 11월 6일

엮은이 주부의벗사 | **옮긴이** 최강록

펴낸이 김경태
편집 조현주 홍경화 강가연
디자인 김리영 / 박정영 김재현
마케팅 유진선 강주영
펴낸곳 (주)출판사 클
출판등록 2012년 1월 5일 제311-2012-02호
주소 03385 서울시 은평구 연서로26길 25-6
전화 070-4176-4680
팩스 02-354-4680
이메일 bookkl@bookkl.com
ISBN 979-11-90555-71-5 13590